U0286525

玩转
Office

（第**3**版）

轻松过二级

张 宁 编著

清华大学出版社
北 京

<h1 style="text-align:center">内 容 简 介</h1>

本书是全国计算机等级考试二级 MS Office 高级应用科目的辅导教材，内容包括计算机基础知识、Word 2010、Excel 2010、PowerPoint 2010 的应用技术、二级公共基础知识等。本书可供参加二级 MS Office 高级应用考试的考生备考时复习参考，也可作为培训机构的教材使用，尤其适合没有任何计算机基础的初学者学习使用。由于本书既包含零基础的 MS Office 的入门知识，又包含向深层次迈进的高级应用技巧，因此同样可作为广大用户或办公人员日常使用 MS Office 的参考手册。

本书最后一章对全国计算机等级考试"二级公共基础知识"的相关考点做了通俗性的讲解，并包含较多习题。由于公共基础的考试内容对各类科目的二级考试都是相同的，不只限于二级 MS Office 高级应用，因此这一章同样可作为参加其他所有科目的二级考试的读者备考"公共基础"时的不错的复习参考资料。

图书在版编目（CIP）数据

玩转 Office 轻松过二级 / 张宁编著. —3 版. —北京：清华大学出版社，2019（2019.7 重印）
ISBN 978-7-302-51667-5

Ⅰ. ①玩⋯　Ⅱ. ①张⋯　Ⅲ. ①办公自动化-应用软件-水平考试-自学参考资料　Ⅳ. ①TP317.1

中国版本图书馆 CIP 数据核字（2018）第 257500 号

责任编辑：白立军　常建丽
封面设计：傅瑞学
责任校对：徐俊伟
责任印制：李红英

出版发行：清华大学出版社
　　　　　网　　　址：http://www.tup.com.cn, http://www.wqbook.com
　　　　　地　　　址：北京清华大学学研大厦 A 座　　　　邮　　　编：100084
　　　　　社 总 机：010-62770175　　　　邮　　　购：010-62786544
　　　　　投稿与读者服务：010-62776969, c-service@tup.tsinghua.edu.cn
　　　　　质 量 反 馈：010-62772015, zhiliang@tup.tsinghua.edu.cn
印 装 者：三河市龙大印装有限公司
经　　销：全国新华书店
开　　本：185mm×260mm　　印　张：31.25　　字　数：764 千字
版　　次：2015 年 8 月第 1 版　　2019 年 1 月第 3 版　　印　次：2019 年 7 月第 4 次印刷
定　　价：69.00 元

产品编号：079981-01

前　言

你是否有这样的认识："二级 Office，不就是 Word、Excel 嘛，咱用 Word 的时间也不短了。考二级 Office，通过很容易！"然而，在 2017 年的考试中，二级 Office 的全国合格率只有 22%；在最近一次的考试中，合格率进一步下滑到 21.07%……二级 Office 的合格率，不仅比不上高考的录取率，甚至比考研的过线率还要低！如此，你还认为二级 Office 很简单吗？

二级 Office 的考试内容和考试要求不是你想象的那样！！

尽管二级可以考 Office，终于不用程序设计了；但难度并不比程序设计低。二级 Office 与一级 Office 有很大的不同，二级的要求很高！甚至市面上一般 Office 的专著图书都没有这么高的要求。但凡参加过考试或见识过历年考题的读者都清楚，二级 Office 绝不是考打几个字、在 Word 里改改字体、改改段落格式那样简单。即使是使用 Word、Excel 多年的"老手"，对多数考题也"基本没见过"；就算天天使用 Word、Excel 的办公白领，能做出题目要求那样的文档作品（还要在有限的时间内做出来），也堪称"高手中的高手"了！这恐怕也是科目名称"二级 MS Office 高级应用"中"高级"的含义了吧。

不仅如此，二级 Office 还在越来越"高级"。全国计算机等级考试从 2018 年起执行了新的考试大纲，二级 Office 的题库也发生了很多变化，并新增了很多难度很大的考题，而且难度还在逐年加大。

21.07%，二级科目中的程序设计类科目的合格率还有 34.55% 呢……二级 Office 合格率怎么这么低？根本原因在于多数考生对考试没有知己知彼！

很多考生将二级 Office 的考试备考粗暴地等同于"刷题"。在基本概念和基本原理都没有十分了解的基础上，就直接着手于复杂度和难度相当大的完整操作大题上。尤其对于初学者，对综合度很高的整套大题是很难一口气"吃下来"的，基本陷于"刷题"的痛苦之中。很多考生为此寻找解题视频，试图通过观看视频找到捷径，然而仍事与愿违。操作步骤死记硬背，遗忘概率很高；只知其然而不知所以然，考试时往往手忙脚乱，稍遇一点变化，就束手无策；若考试又遇到了没见过的新增考题，就更只能坐以待毙了……

近年来，二级 Office 的考试越来越注重实际操作，注重考查在操作实践中对文档调试调整的能力和遇到实际问题时的解决能力，而并非考"能不能把操作步骤背下来"。否则干嘛要上机考试，笔试不就可以了？因为解决同样一个问题，在不同的场合，操作步骤不会完全相同，操作步骤是根据文档的需要和实际情况的变化调整出来的，而不是"我知道单击这个按钮，考试时闭上眼单击一下就万事大吉了！"。二级 Office 的考试重于文档的制作结果，而不是重于过程，因此，粗暴地刷题、背操作步骤基本上是不适合这种考试要求的。一味粗暴地"刷题"，到头来只能失败！

"只有把知识系统学会，才能灵活应对"，从小学到大学，有哪门课不应该是这样学习的呢？偏偏在备考二级 Office 时，很多考生却抱有侥幸心理：认为刷刷题、看看解题视频就能通过……想想 21.07%，也许这正是通过率如此低下的症结所在。只要端正态度，备考二级也拿出像学习任何一门课程一样的精神，通过二级 Office 就不是难事。因此，正确的学习方法是什么？系统地学习，无论是自学，还是上课，一定要首先系统地学习各个知识点，掌握基本原理和基本操作，然后才能用历年考题巩固练习。千万不能再盲目地"刷题"了！

还有很多考生表示对 Excel 函数"抓不到门"，陷入痛苦的函数背诵的过程中；甚至很多考生萌生了放弃 Excel 考题的想法，试图靠 Word 和 PowerPoint 拉分……这实际就是没有系统的学习、仅盲目"刷题"造成的后果。因为像 Excel 函数这种系统性比较强的知识点，仅靠刷题、看解题视频是很难掌握的。从近几年的考试情况看，基本可以得出一个不争的规律：凡没有掌握 Excel 函数，甚至想放弃 Excel 考题的考生，一般都不能通过考试；凡分数不错的考生，Excel 函数都掌握得不错。

"工欲善其事，必先利其器"。怎样掌握 Excel 函数，怎样按部就班地学会 Office、顺利通过二级？拥有一本得心应手的辅导教材至关重要。在此承诺：使用本书学习 Excel，不需背诵任何一个函数！本书会教给你许多 Excel 函数的学习和使用技巧。掌握了正确的方法，"刷题"再无痛苦，更能节省大量时间。管它新题有多难，就像本书书名那样，仍然助你"轻松过二级"！

本书第 3 版在最新 2018 版考试大纲的基础上——重要的是结合了考试真题，特别是近几年的新增考题——安排章节回目和内容。仍然坚持第 1 版和第 2 版的叙述风格，既突出考试重点，又尽量减少"废话"，依据考试大纲适当安排各章的篇幅比重；把复杂的问题简单化，而不是把简单的问题复杂化。为方便突出学习的侧重点，书中以小字楷体排版的部分是大纲中有要求、但在真考题中却较少涉及的内容；对于这些内容，读者可以有选择性地学习。

本书在叙述风格上，也力争使用轻松活泼的语言，尽量减少专业术语。例如，对于 Word 的文本选择方法，总结了顺口溜：

单击行左选单行，

双击行左选段落。

连续选择连续拖，

不连多选按 Ctrl。

矩形应先按 Alt，

按住左键尽管拖。

又如，本书将公共基础知识也"翻译"成十分轻松活泼的语言，通过与读者"拉家常"的方式交流，使读者（尤其是非计算机专业的读者）可以很轻松地掌握晦涩难懂的专业计算机概念。例如，对于数据库的"参照完整性约束"的概念，本书是这样讲解的：

读者看了这条新记录恐怕会"笑出声来"吧，怎么能有"月球"系呢？这显然是不允许的。也就是说，我们在填写"系名"这一列时，一定要填写本校存在的系，也就是要"参照"着"系信息表"表填；如果填上一个"系信息表"中不存在的系，恐怕要闹出笑话了。这一规则被称为参照完全性约束。

本书的独特栏目

本书第 3 版还增加了以下的独特栏目：

疑难解答

　　针对初学者最容易犯的错误，或是在学习、操作实践中常会遇到的疑难问题，或是应该引起注意的地方，都用"疑难解答"给出强调。零基础的初学者紧紧抓住这些方面，就能在学习和操作实践中减少或避免走很多不必要的弯路，为学习节省大量的时间！

疑难解答

　　为什么 RANK 的计算结果第 1 个单元格正确，拖动填充柄后后面的单元格不正确？分数本来不同，为什么算得都是第 1 名呢？这可能是因为 RANK 函数的第 2 个参数忘记加$绝对引用了。一般来说，排名的数据区对谁都是固定不变的，因此 RANK 的第 2 个参数必须加$。

高手进阶

　　高手进阶是进一步提高水平的知识，一般比较深入或有一些难度。"高手进阶"的内容也是在考试大纲要求的范围内，只不过不作为重点，考试时只会出现少量考题。初学者可以先选择跳过这些内容，这对后续章节知识体系的连贯性不会有影响。然而，对于目标是考试拿到满分的读者，这些内容还是要掌握的哦！

高手进阶

　　在段落结尾处按下 Ctrl+Alt+Enter 组合键，可输入一个特殊的控制符——样式分隔符，它将强制把两个段落拼接在一起。位于样式分隔符两侧的内容可被分别设置不同的段落格式，从而实现在同一段落中使用不同的段落格式。

真题链接

　　全部选自真题题库，100%考试真题，也同时作为本书的习题。本书将二级 Office 题库中的考试真题按照不同章节的知识点进行了独家分解，精心设计和重新整理了可以贯穿在各章节中的小型的【真题链接】，使读者在学习每一步的知识之后，都能得以与考试真题零距离地、有针对性地专项训练；而不是将综合度很高的一套大题一股脑儿地灌输给读者。这样通读本书，就能将各个知识点逐一击破，无形中"刷"下了所有的考试套题！这是本书习题的一大特色。

　　【真题链接】被穿插在知识点讲解的正文中，不像多数教材那样在章后统一安排习题，这就避免了在练习时反复向前查阅知识、反复向后翻阅答案的弊端，减少了翻书的无用功和用在翻书上所浪费的时间。

　　每道【真题链接】题目后还给出了本书独家的解题图示，读者可看图操作，一目了然！这些解题图示一题一图相对应，统一不加图名和图号。如希望查看文字版的详细解题步骤，读者可在本书的随书电子资源中找到。这是本书习题的又一大特色！

　　【真题链接 14-8】小李在课程结业时，需要制作一份介绍第二次世界大战的演示文稿。参考考生文件夹中的"参考图片.docx"文件示例效果，帮助他继续制作。在第 11 张幻灯片文本的下方插入 3 个同样大小的"圆角矩形"形状，并将其设置为顶端对齐及横向均匀分布；在 3 个形状中分别输入文本"成立联合国""民族独立"和"两极阵营"，适当修改字体和颜色。

【解题图示】（完整解题步骤详见随书素材）

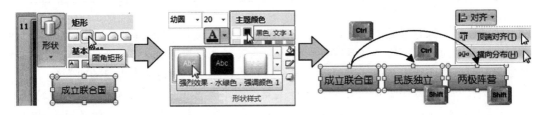

除作为习题的【真题链接】外，在讲解知识点的正文中的实例素材基本上也是全部取自真题题库。这些素材与真实考试时考试系统所提供的素材完全一致。

如果希望综合练习完整的题库套题，而不是分解后的真题，学习完本书后，可通过本书配套资源中的模拟软件练习。你会发现，"这些大题全做过！"。这又是一种怎样的"刷题"体验呢？

模拟软件：简、真、巧

简：市面上大多数的等级考试模拟软件安装程序庞大、系统要求高（例如，还需要事先安装一个.NET Framework，而且这个 Framework 还必须在 XX 版本以上），这使读者（尤其是初学者）十分头疼。而本书配套模拟软件是经过精心设计的免安装版，它不需安装，直接双击可执行文件（.exe）即可直接运行；更不需事先安装任何版本的.NET Framework作为支持（虽然真实考试系统需要.NET Framework 环境，但本书的模拟软件不需要；不需要此环境的本模拟软件却仍可具有与真实系统完全相同的功能！）。本模拟软件可运行在Windows XP、Windows 7、Windows 8、Windows 10 等系统中，同时完美支持 32 位和 64位的系统，为读者的使用带来极大方便。这是本书不同于市面上多数其他辅导教材的又一特色！

真：目前市面上大多数的等级考试模拟软件与真实考试系统相比还只是一个"仿真"；仅从界面上来说，就与真实系统不是特别相同（更不必说里面的内容和功能了）。而本书中的模拟软件是精心制作的，与真实系统界面的大小、颜色、外观等一致，甚至可以精确到每一像素。本书模拟软件的评分也严格按照与真实考试一模一样的评分细则，与考试评分完全一致，可精确到 0.1 分；更主要的是，在评分后本系统可以给出错误的详细提示，指出错在哪里（如"XXX 考生设置了……，而题目要求……"）。

巧：本书模拟系统在窗口上还特殊设计了很多"小机关"：如双击或右击窗口的某些位置，就可以查看答案或自动做题等。而窗口中的这些位置并没有明显的"查看答案"等按钮或其他文字提示，这就不会扰乱正常的窗口界面，使界面既与真实考试环境一致，又具有特殊功能。这些小机关是本书的模拟软件仅有的。关于"小机关"的详细使用方法，读者可参看模拟软件的配套使用帮助。

本书配套资源（包括例题、真题链接的素材文件以及题库和模拟考场软件等），可到清华大学出版社网站 www.tup.com.cn 下载。下载方法是：进入清华大学出版社网站www.tup.com.cn 主页，在右上角的搜索框中输入本书的书名"玩转 Office 轻松过二级（第3 版）"，单击"搜索"按钮，进入本书页面。在本书页面中，单击"资源下载"中的"网络资源"即可。

二级，总有一天你的名字会出现在我的简历里！

致谢

在本书的编写过程中得到兴文教育所有工作人员和广大学员的大力支持，特别感谢兴文教育教研组的刘奇、赵雪、阎京梅等老师为本书提供的指导意见。作为天津市最大的计算机二级培训机构，兴文教育多年来致力于提高教研和教学水平，努力以通俗易懂的方式让零基础学员轻松地学习计算机二级，感谢为此付出过辛勤汗水的所有老师们！感谢天津大学的王淼、隋玉、黄家兴、刘耀鸿等同学对部分习题答案进行的辛勤整理工作。感谢赵佳为本书所做的许多出色的语言润色工作。

由于时间仓促，错误和疏漏在所难免，恳请专家和广大读者不吝赐教、批评指正。我们的联系方式可参见兴文教育官方网站 www.xingwenedu.com，微信号为 xingwenedu，笔者的 E-mail 是 zhni2011@163.com，微博是 weibo.com/zhnitj。

张宁

2018 年 12 月

目　　录

第1章 掀起你的盖头来——计算机基础知识

计算机，俗称电脑，当下已渗透到人们生活的方方面面。从人们每天使用的手机，到各种智能的家用电器，从公司员工的信息档案，到医疗卫生的病历管理，从电影特效再到视频会议，到处可见这位小伙伴的身影。日常生活中，人们也在时刻与这位小伙伴打交道：无论是网上购物，还是去银行 ATM 取款，无论是下载一个 App，还是乘坐公共交通工具，就算去餐厅吃顿饭，餐厅老板也用计算机记录着客人的点菜菜单和消费金额，并用计算机打印结账小票……现如今的社会还能找到哪个旮旯与计算机没有关系呢？要理解这个时代，就必须懂得计算机，学会使用计算机。本章就从计算机的基础知识讲起，为我们进一步学习、使用计算机打下必要的基础。

1.1 计算机的前世今生——概述

1.1.1 计算机的发展

世界上第一台电子计算机于 1946 年在美国宾夕法尼亚大学诞生，称为电子数字积分计算机（Electronic Numerical Integrator And Calculator，ENIAC），如图 1-1 所示。ENIAC 没有存储器，要用布线进行控制，电路连线烦琐耗时。

小窍门：为记住第一台电子计算机的诞生年代，可将 1946 年谐音为"石榴"（46）。可设想那年石榴大丰收，石榴籽太多了，数也数不过来，所以发明了计算机。

不久后，ENIAC 项目组的一个研究人员冯·诺依曼开始研制更快的计算机，冯·诺依曼设计的计算机原理要点有二。

图 1-1 第一台电子数字计算机 ENIAC

（1）采用二进制：计算机内的程序和数据均以二进制形式表示。

（2）存储程序：程序和数据均存储在存储器中，计算机能自动、连续地执行程序，无须人工干预。

根据冯·诺依曼的思想，计算机的硬件由运算器、控制器、存储器、输入设备和输出设备 5 个部分组成。冯·诺依曼体系结构影响深远，现代计算机仍采用这种体系结构。所以冯·诺依曼也被誉为"现代电子计算机之父"。

从第一台电子计算机诞生至今，计算机技术以前所未有的速度迅猛发展。一般根据计算机所采用的物理器件，可将计算机的发展划分为 4 个阶段。

（1）第一代计算机（1946—1958）：主要元件是电子管。

（2）第二代计算机（1958—1964）：主要元件是晶体管。

（3）第三代计算机（1964—1971）：主要元件是中小规模集成电路。

（4）第四代计算机（1971—至今）：主要元件是大规模、超大规模集成电路。

小窍门：为记住电子计算机的 4 个发展阶段的主要元件，可将"电子计算机"一词谐音为"电子晶集↑"。其中"电子"表示第一代的电子管，"晶"代表第二代的"晶体管"，"集"代表第三代的"集成电路"，箭头"↑"代表第四代的大规模、超大规模集成电路。

【真题链接 1-1】世界上公认的第一台电子计算机诞生在（　　　）。

　　A. 中国　　　　　　B. 美国　　　　　　C. 英国　　　　　　D. 日本

【答案】B

【真题链接 1-2】1946 年诞生的世界上公认的第一台电子计算机是（　　　）。

　　A. UNIVAC-1　　　B. EDVAC　　　　　C. ENIAC　　　　　D. IBM560

【答案】C

【真题链接 1-3】在冯·诺依曼型体系结构的计算机中引进了两个重要概念：一个是二进制，另外一个是（　　　）。

　　A. 内存储器　　　　B. 存储程序　　　　C. 机器语言　　　　D. ASCII 编码

【答案】B

【真题链接 1-4】冯·诺依曼结构计算机的五大基本构件包括控制器、存储器、输入设备、输出设备和（　　　）。

　　A. 显示器　　　　　B. 运算器　　　　　C. 硬盘存储器　　　　D. 鼠标器

【答案】B

1.1.2　计算机的特点、用途和分类

计算机的主要特点：处理速度快；计算精度高；逻辑判断能力强；存储容量大；全自动功能；适用范围广；通用性强；具有网络与通信功能。

计算机问世之初，主要用于数值计算，"计算机"也因此得名。而今计算机数值计算仍然是一个重要的领域，如高能物理、气象预报、火箭轨道计算等；但除数值计算外，它也几乎渗透到了所有学科中，如数据/信息处理、过程控制、计算机辅助、网络通信、人工智能、多媒体及嵌入式系统等。办公室自动化（Office Automation，OA）就是计算机在信息处理中的应用。

计算机辅助（或称为计算机辅助工程）是计算机应用的一个非常广泛的领域。几乎所有过去需由人工进行的具有设计性质的过程都可以让计算机帮助实现部分或全部工作。计算机辅助主要有计算机辅助设计（Computer Aided Design，CAD）、计算机辅助制造（Computer Aided Manufacturing，CAM）、计算机辅助教育（Computer-Assisted (Aided) Instruction，CAI）、计算机辅助技术（Computer Aided Technology/Test/Translation/Typesetting，CAT）、计算机集成制造系统（Computer Integrated Manufacturing System，CIMS）、计算机仿真（Simulation）等。

按不同的标准，计算机有多种分类方法。按计算机的性能、规模和处理能力，可分为巨型机、大型通用机、微型计算机、工作站及服务器等。

巨型机是目前速度最快、处理能力最强的计算机，称为高性能计算机，主要用于战略防御、大型预警、航天测控、天气预报、大型科学计算等。大型通用机具有较高的运算速度，为"企业级"计算机，主要应用于大型事物处理、企业内部信息管理、大型科学与工程计算等。微型计算机小巧、轻便、价格便宜，

是计算机的主流，人们日常使用的个人计算机（PC）就属于微型机，现已成为大众化的信息处理工具。工作站是一种高档的微型计算机，主要用于图像处理和计算机辅助设计。服务器可以是大型机、小型机、工作站或高档微机，主要功能是提供业务服务，如信息浏览、电子邮件、文件传送、数据库等服务。

【真题链接 1-5】计算机最早的应用领域是（　　）。

　　A．数值计算　　　　B．辅助工程　　　　C．过程控制　　　　D．数据处理

【答案】A

【真题链接 1-6】下列的英文缩写和中文名字的对照中，正确的是（　　）。

　　A．CAD——计算机辅助设计　　　　　　B．CAM——计算机辅助教育

　　C．CIMS——计算机集成管理系统　　　　D．CA——计算机辅助制造

【答案】A

【真题链接 1-7】某企业需要为普通员工每人购置一台计算机，专门用于日常办公，通常选购的机型是（　　）。

　　A．超级计算机　　　B．大型计算机　　　C．微型计算机（PC）　　　D．小型计算机

【答案】C

1.1.3　计算科学研究和信息技术

如今的计算机可以听、说、看，远远超出"计算的机器"这样狭义的概念。计算机在信息技术中有着广泛的应用。信息技术包括信息基础技术、信息系统技术和信息应用技术。

（1）人工智能：研究如何让计算机完成过去只有人才能做的智能的工作，核心目标是赋予计算机人脑一样的智能，如语音识别、医疗诊断、语言翻译、机器人、无人驾驶等，也可代替人类进行一些高危工种作业。

【真题链接 1-8】下列不属于计算机人工智能应用领域的是（　　）。

　　A．医疗诊断　　　　B．在线订票　　　　C．智能机器人　　　　D．机器翻译

【答案】B

（2）网格计算：研究如何把一个规模巨大的计算任务分成许多小的部分，然后把它们分配给许多计算机进行处理，最后再把这些处理结果综合起来得到最终结果。它利用互联网把分散在不同地理位置的计算机组织成一个"虚拟的超级计算机"。

（3）中间件技术：中间件是介于应用软件和操作系统之间的系统软件。它在客户机和服务器之间增加了一组服务，其他应用程序可以调用它们提供的应用程序接口组件。例如，连接数据库使用的开放数据库互连（Open DataBase Connectivity，ODBC）就是一种数据库中间件。

（4）云计算（Cloud Computing）：是一种基于互联网的计算方式，它将大量用网络连接的计算资源统一管理和调度，构成一个计算资源池向用户提供按需服务。提供资源的网络被称为"云"。云计算有 SaaS、PaaS 和 IaaS 三大服务模式。SaaS（Software as a Service，软件即服务）由运营商提供应用程序，用户可通过客户端（如浏览器）访问；PaaS（Platform as a Service，平台即服务）由运营商提供开发语言或开发工具，让客户把自己开发的应用程序部署到供应商的云计算基础设施上，客户能控制部署的应用程序或配置运行环境；IaaS（Infrastructure as a Service，基础设施即服务）对所有设施提供服务，包括处理、存储、网络等，用户能够部署和运行任意软件，包括操作系统和应用程序。

（5）电子商务：是通过电子手段进行的商业事务活动。例如，在互联网的支持下，消费者的网上购物、网上交易、在线支付等，都属于电子商务。电子商务有如下几种模式：

B2B（Business to Business，2 是英语 two 的谐音，代表 to）即商业对商业，是企业与企业之间通过互联网进行产品、服务及信息的交换。O2O（Online to Offline）即在线到离线（线上到线下），将线下的商务与互联网结合，让互联网成为线下交易的平台。B2C（Business to Customer）即商对客，企业针对个人开展的电子商务活动，如直接面向消费者销售产品。C2B（Customer to Business）即消费者对企业，以消费者为中心、消费者当家做主、消费者平等，如同型号产品无论通过什么渠道购买价格都一样，渠道不掌握定价权。

【真题链接 1-9】企业与企业之间通过互联网进行产品、服务及信息交换的电子商务模式是（　　）。

A．B2B　　　　B．O2O　　　　C．B2C　　　　D．C2B

【答案】A

1.1.4　未来的计算机

未来的计算机将朝着巨型化、微型化、网络化和智能化方向发展。

随着硅芯片技术不断接近极限，未来的计算机将可能在器件、体系结构等上都会出现颠覆性的变革。未来可能会出现以下新一代的计算机。

（1）模糊计算机：用接近、几乎、差不多、差得远等模糊值来表示问题，而不是仅以 0、1 两种状态表示。模糊计算机将具有学习、思考、判断和对话等能力，甚至可帮助人类从事复杂的脑力劳动，如用于地铁运营管理、智能洗衣机、智能吸尘器等。

（2）生物计算机：不是模仿生物大脑的原理来设计计算机，而是直接以生物电子元件构建计算机，如利用蛋白质的开关特性、DNA 的化学反应等实现计算。

（3）光子计算机：用光信号进行数据运算和处理，把光开关、光存储器等集成在一块芯片上，再用光导纤维连接成计算机。1990 年 1 月，贝尔实验室研制出第一台光子计算机。

（4）超导计算机：用超导材料来替代半导体制造计算机。这种计算机具有超导逻辑电路和超导存储器，消耗小，运算速度是传统计算机无法比拟的。

（5）量子计算机：研究量子计算机的目的是为了解决计算机中的能耗问题。传统计算机基于经典物理学规律，而量子计算机则基于量子动力学规律。在量子计算机中，用粒子的量子力学状态表示传统计算机的二进制位，可进行复杂计算，运算速度也是传统计算机无法比拟的。

【真题链接 1-10】研究量子计算机的目的是为了解决计算机中的（　　）。

A．速度问题　　　　　　　　　B．存储容量问题
C．计算精度问题　　　　　　　D．能耗问题

【答案】D

1.2　萌萌哒 0 和 1，让小伙伴惊呆——信息的表示与存储

1.2.1　计算机中的数据

数据（Data）是对客观事物的符号表示。数值、文字、语言、图形、图像等都是不同

形式的数据。信息（Information）则是对各种事物变化和特征的反映，是经过加工处理并对人类客观行为产生影响的数据表现形式。任何事物的属性都是通过数据来表示的；信息必须通过数据才能传播。数据是信息的载体，信息才能对人发挥作用。

计算机内部的数据以二进制表示，二进制数只用 0 和 1 两个数符表示，逢二进一。如 10011 就是一个 5 位的二进制数。二进制数的加法运算：0+0=0、1+0=1、0+1=1、1+1=10。图 1-2 是两个二进制数做加法运算的例子。

计算机中数据的**最小单位**是位 b，英文名称为 bit，也称**比特**。1 位上的数据只能表示 0 或 1。8 个"位"组成一个"**字节**"（B，英文名称为 Byte）。即 1B=8b。

$$
\begin{array}{r}
1011 \\
+)\ \ 0010 \\
\hline
1101
\end{array}
$$

图 1-2　两个二进制数的加法

字节是信息组织和存储的**基本**单位，也是计算机体系结构的基本单位。为了便于衡量存储器的大小，存储容量统一以"字节"为单位，而不是以"位"为单位。

千字节（KB）　　1KB = 1024 B = 2^{10} B

兆字节（MB）　　1MB = 1024 KB = 2^{20} B

吉字节（GB）　　1GB = 1024 MB = 2^{30} B

太字节（TB）　　1TB = 1024 GB = 2^{40} B

将计算机一次能够并行处理的二进制数位数称该机器的**字长**，也称计算机的一个"字"。计算机的字长通常是字节的整数倍，如 8 位、16 位、32 位、64 位等。

【真题链接 1-11】在计算机中，组成一个字节的二进制位位数是（　　）。

A．1　　　　　　　　B．2　　　　　　　　C．4　　　　　　　　D．8

【答案】D

【真题链接 1-12】小明的手机还剩余 6GB 存储空间，如果每个视频文件为 280MB，他可以下载到手机中的视频文件数量为（　　）。

A．60　　　　　　　　B．21　　　　　　　　C．15　　　　　　　　D．32

【答案】B

【解析】6GB=6×1024MB。6×1024MB÷280MB≈21。

1.2.2　天平秤物问题——进制转换

由于位数较多，直接处理二进制数对人类很不方便。人们把一个二进制数的一串 0101……序列分组书写和处理。可以每 3 位或每 4 位一组（从小数点开始分组）。

若每 3 位一组，再将每组的二进制数用一个数符代表，就构成了**八进制数**。八进制数由 0~7 的 8 种数符组成，逢八进一。注意：八进制数中不会出现 8 和 9。

若每 4 位一组，再将每组的二进制数用一个数符代表，就构成了**十六进制数**。十六进制数由 0~9 的 10 个数字字符和 A~F（或小写 a~f）6 个字母字符组成（共 16 种字符），逢十六进一。其中 A、B、C、D、E、F（或小写）分别对应于 10、11、12、13、14、15。

例如，二进制数 11001000 10110010 表示为八进制数是 144262，表示为十六进制数是 C8B2。二进制数 11010001 10100101 表示为八进制数是 150645，表示为十六进制数是 D1A5。

可在数字后加不同的字母来表示不同的进制数：常在二进制数后加字母 B，在八进制数后加字母 Q，在十六进制数后加字母 H。例如，101B 表示二进制的 101，17H 表示十六进制的 17。

【真题链接 1-13】下列各进制的整数中，值最小的是（　　）。

A. 十进制数 11　　　　　B. 八进制数 11　　　C. 十六进制数 11　　　D. 二进制数 11

【答案】D

【真题链接 1-14】计算机中所有的信息的存储都采用（　　）。

A. 二进制　　　　　　B. 八进制　　　　　C. 十进制　　　　　D. 十六进制

【答案】A

1.2.2.1　十进制数转换为二进制数

在讲进制转换之前，先来做一个小游戏。现有一架天平和 4 种质量的砝码，分别重 8 克、4 克、2 克、1 克（每种砝码只有一个）。现要用此天平称重 13 克的物体，物体放在左盘上，如图 1-3 所示。请问在右盘上应怎样选放 4 种砝码，才能使左右两盘同样重？

图 1-3　用天平称量重物

显然，在右盘上应选放 8 克、4 克、1 克这 3 种砝码，使右盘总质量也为 13 克。将选放的砝码用 1 表示，未选放的砝码用 0 表示（只有 2 克的砝码未选），按 8、4、2、1 的顺序依次写出就是：1101，则 1101 就是十进制数 13 的二进制形式。

无形中已经完成十进制数 13 到二进制的转换。这种转换方法归纳起来就是：用 8、4、2、1 四个数去"凑"一个十进制数，选用的数用 1 表示，未选用的用 0 表示，按 8、4、2、1 由高到低的顺序依次写出 1、0 序列就是对应的二进制数了。

又如，十进制数 8 转换为二进制可直接写为 1000。因为重物重 8 克，恰好有一个 8 克的砝码，只选放这一个 8 克的砝码就可以了。仅 8 的对应位写 1，其他 3 位都写 0。

这四个砝码的重量 8、4、2、1 是通过由 1 开始，向左依次 ×2 得到的，这些数实际是二进制**权值**。当然，还可以再继续向左 ×2 得到更大的权值 16、32、64、128…。当要转换的十进制数在 16 以上时，就要用更大的权值"凑"这个十进制数，转换方法不变。这种通过用权值"凑"十进制数转换二进制的方法属于降幂法，这是一种比"除 2 取余"更简便的方法。

【真题链接 1-15】十进制数 18 转换成二进制数是（　　）。

A. 010101　　　　　B. 101000　　　　　C. 010010　　　　　D. 001010

【答案】C

【解析】用 16、8、4、2、1 凑 18，显然用 16 和 2 即可，则 16 和 2 对应位写 1，其余对应位写 0，按 16、8、4、2、1 的顺序依次写出各位为 10010。因为在数字前加 0 大小不变，所以也可写为 010010。

对于较大的十进制数不易直接看出权值的"凑"法，这时可由大到小依次考虑各位权值：如果某位权值≤目前"剩余"的数值，就选用它；否则不选用。例如，十进制数 117 转换成二进制数为 1110101B。写出权值 64、32、16、8、4、2、1，权值的"凑法"如下。

（1）考虑权值 64 是否选用，由于 64<117，应该选用。这时要凑的数值还剩 117–64=53。

（2）然后考虑权值 32，由于 32<53（注意要与"剩余"的数值来比，不要再与 117 比），也应选用。又选用 32 后，目前要凑的数值还剩 53–32=21。

（3）再考虑权值 16，由于 16<21，也应选用 16，目前要凑的数值还剩 21–16=5。

（4）再考虑权值 8，由于 8>5，因此不选用 8，目前要凑的数值仍还剩 5。

（5）再考虑权值 4，由于 4<5，选用 4，目前要凑的数值还剩 1。

（6）再考虑权值 2，由于 2>1，因此不选用 2，目前要凑的数值仍还剩 1。

（7）再考虑权值 1，1=1，选用此权值 1，恰好凑完。

在实际换算时，可画出如图 1-4 所示的过程：先依次写出各位权值（第二行），然后在第一行最左边写出 117，从左到右递推。根据每位权值是否选用，在对应位的权值下（第三行）依次写 1 或 0。

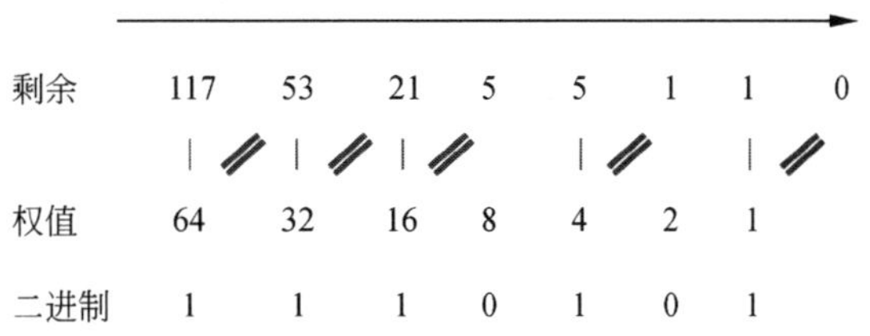

剩余	117	53	21	5	5	1	1	0
权值	64	32	16	8	4	2	1	
二进制	1	1	1	0	1	0	1	

图 1-4　用降幂法将十进制数 117 转换为二进制数的递推过程（灰色线条表示减法计算的减号和等号，例如 117–64=53）

【真题链接 1-16】十进制数 60 转换成无符号二进制整数是（　　）。

　　A. 0111100　　　　　B. 0111010　　　　　C. 0111000　　　　　D. 0110110

【答案】A

【解析】32、16、8、4 这四个权值刚好凑出 60（32+8=40，16+4=20；40+20=60），这四个权值对应位写 1。只剩 2、1 两个权值对应位写 0，依次写出各位就是 111100。而在数字前加 0，大小不变。题目中的"无符号"含义是非负数。在二进制的补码表示中，首位为 1 表示负数，为 0 表示非负，因此答案在数字前加一个 0 强调非负，更为严谨。

1.2.2.2　二进制数转换为十进制数

二进制数转换为十进制数为十进制数转换为二进制数的逆过程：已知二进制数即已知各位权值的"凑法"，所使用的权值之和即为对应的十进制数。例如，二进制数 1101B 转换为十进制数是 13，其转换方法是：把二进制数 1101 按从左至右的顺序依次读作 8、4、2、1，将二进制数为 1 的位对应所读数字相加就可以了，如图 1-5 所示。又如：二进制数 1010B 转换为十进制数是 10，二进制数 101B 转换为十进制数是 5。

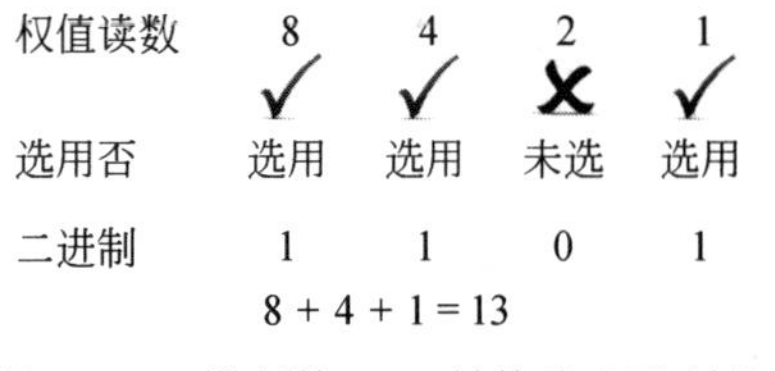

权值读数	8	4	2	1
选用否	✓	✓	✗	✓
	选用	选用	未选	选用
二进制	1	1	0	1

8 + 4 + 1 = 13

图 1-5　二进制数 1101 转换为十进制的读数递推过程

【真题链接 1-17】如删除一个非零无符号二进制偶整数后的 2 个 0，则此数的值为原数的（　　）。

　　A. 4 倍　　　　　B. 2 倍　　　　　C. 1/2　　　　　D. 1/4

【答案】D

【真题链接 1-18】8 位二进制数能表示的最大的无符号整数等于十进制整数（　　）。

　　A. 255　　　　　B. 256　　　　　C. 128　　　　　D. 127

【答案】A

【解析】答案是 1111 1111（8 个 1），但在分析的时候，并不分析 1111 1111，而分析 1 0000 0000 更简便。后者是在 1111 1111 基础上 +1 得到的，而后者的十进制形式是 256（最右边一位"砝码重"1，向左各位依次 ×2 得到 2、4、8、16…至最左边的 1 对应 256。只有 256 对应位为 1，其他位均为 0，只放了 256 这一个砝码，十进制数当然是 256）。1111 1111 比 256 小 1，当然是 255 了。

1.2.2.3　其他进制数间的转换

其他进制数间的转换，基于上述两种转换方法和图 1-6 即可，具体法则如下。

（1）二进制数转换为八/十六进制数：与二进制数转换为十进制数类似，只要每 3 位/4 位一组（从小数点开始分组）分别转换每组的二进制数为十进制数，注意当转换为十六进制数时，10～15 写为 A～F（或 a～f）。

图 1-6　进制之间的转换过程

（2）八/十六进制数转换为二进制数：与十进制数转换为二进制数类似，只要将每位数符看作十进制数分别转换为二进制数，但每次转换后的二进制数必须满 3 位/4位，不够在前补 0。

（3）十与八/十六进制数的互换、八进制数与十六进制数的互换：先转换为二进制数，再做转换。

下面通过几个实例说明。

① 二进制数 1101 转换为八进制数是 15。

把 1101 每 3 位分一组，注意要从小数点开始分组（方向是从右到左，而不是从左到右）："001 101"。后 3 位 101 为一组；1 之前补两个 0 为 001 一组。再将两组的这两个二进制数（001、101）分别转换为十进制数：001 转换为十进制数为 1、101 转换为十进制数为 5，于是得到八进制数为 15。

② 二进制数 1110 0011 转换为十六进制数是 E3。

从小数点开始每 4 位分一组，0011 为一组、1110 为一组。将两组的这两个二进制数（1110、0011）分别转换为十进制数：1110 十进制为 14、0011 十进制为 3，再将 14 写为 E（或 e）。

③ 十六进制数 A19C 转换为二进制数是 1010 0001 1001 1100。

A19C 虽包含字母，但也是数字，它是个十六进制数，注意初学者这里可能不太习惯。这个数由 4 位数符组成：C、9、1、A。将这 4 位数符分别当作"十进制数"转换为二进制数。将 C 当作十进制数（C 为 12）转换为二进制数为 1100；将 9 当作十进制数转换为二进制数为 1001；将 1 当作十进制数转换为二进制数为 0001；将 A 当作十进制数（A 为 10）转换为二进制数为 1010。注意，每次转换的结果二进制数都要满 4 位，不够前补 0。再将每组转换的 4 位二进制数从左到右串联起来即可。转换过程如图 1-7 所示。

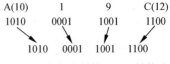

图 1-7　十六进制数 A19C 转换为二进制的转换过程

④ 八进制数 317 转换为十进制数是 207。

先转换为二进制数为 11 001 111，方法是将每位数符 3、1、7 都当作十进制数分别转换为二进制数（每次转换的二进制数满 3 位）。再将此二进制数转换为十进制数，二进制位为 1 的对应权值相加即可：128+64+8+4+2+1=207。

1.2.3　字符的编码

1.2.3.1　西文字符的编码

字符在计算机中还是以数值方式存储的（整数），存储的内容为字符的 ASCII 码值。ASCII 码是字符编码的一种，称美国信息交换标准代码（American Standard Code for Information Interchange, ASCII）。如字符 A 的 ASCII 码是 65，字符 A 在计算机中存作 65；字符 a 的 ASCII 码是 97，字符 a 在计算机中存作 97。

ASCII 码有 7 位码和 8 位码两种版本，但都用 1 个字节（8 位）存放一个字符的 ASCII 码。对 7 位 ASCII 码来说，这个字节的最高位总为 0，即用 7 位二进制数表示一个字符的编码，共有 2^7=128 种不同的编码值，可表示 128 种不同的字符。国际通用的标准 ASCII 码是 7 位 ASCII 码，这些编码和它们所表示的字符如表 1-1 所示。

表 1-1　西文字符 7 位 ASCII 码对照表

编码	字符	编码	字符	编码	字符	编码	字符	编码	字符	编码	字符	编码	字符	编码	字符
0	NULL	16	DLE	32	空格	48	0	64	@	80	P	96	`	112	p
1	SOH	17	DC1	33	!	49	1	65	A	81	Q	97	a	113	q
2	STX	18	DC2	34	"	50	2	66	B	82	R	98	b	114	r
3	ETX	19	DC3	35	#	51	3	67	C	83	S	99	c	115	s
4	EOT	20	DC4	36	$	52	4	68	D	84	T	100	d	116	t
5	EDQ	21	NAK	37	%	53	5	69	E	85	U	101	e	117	u
6	ACK	22	SYN	38	&	54	6	70	F	86	V	102	f	118	v
7	BEL	23	ETB	39	'	55	7	71	G	87	W	103	g	119	w
8	BS	24	CAN	40	(	56	8	72	H	88	X	104	h	120	x
9	HT	25	EM	41	)	57	9	73	I	89	Y	105	i	121	y
10	LF	26	SUB	42	*	58	:	74	J	90	Z	106	j	122	z
11	VT	27	ESC	43	+	59	;	75	K	91	[	107	k	123	{
12	FF	28	FS	44	,	60	<	76	L	92	\	108	l	124		
13	CR	29	GS	45	-	61	=	77	M	93	]	109	m	125	}
14	SO	30	RS	46	.	62	>	78	N	94	^	110	n	126	~
15	SI	31	US	47	/	63	?	79	O	95	_	111	o	127	del

从表 1-1 中，可得出各种字符 ASCII 码的大小关系如下：

控制字符（除 del 外）< 空格 < 数字字符 < 大写字母 < 小写字母

数字字符的 ASCII 码是按照 0～9 逐 1 递增的，大写字母的 ASCII 码是按照 A～Z 逐 1 递增的，小写字母的 ASCII 码是按照 a～z 逐 1 递增的。我们要记住这个规律，例如，当已知字符 A 的 ASCII 码是 65 时，应能算出字符 B 的 ASCII 码为 66，字符 C 的 ASCII 码为 67……

大写字母的 ASCII 码比对应小写字母的小 32。例如，当已知字符 A 的 ASCII 码是 65 时，应能算出 b 的 ASCII 码为 98（先算出 a 的 ASCII 码是 65+32=97，b 的 ASCII 码为 97+1=98）。

8 位 ASCII 码可在 127 之后继续编号 128，129，…，255，这些编号的字符为扩展字符，例如，可作为非英语国家本国语言字符的代码。

【真题链接 1-19】在微机中，西文字符所采用的编码是（　　　）。

A．EBCDIC 码　　　　B．ASCII 码　　　　C．国标码　　　　D．BCD 码

【答案】B

【真题链接 1-20】下列关于 ASCII 编码的叙述中，正确的是（　　　）。

A．一个字符的标准 ASCII 码占一个字节，其最高二进制位总为 1

B．所有大写英文字母的 ASCII 码值都小于小写英文字母 a 的 ASCII 码值

C．所有大写英文字母的 ASCII 码值都大于小写英文字母 a 的 ASCII 码值

D．标准 ASCII 码表有 256 个不同的字符编码

【答案】B

【真题链接 1-21】已知英文字母 m 的 ASCII 码值是 109，英文字母 j 的 ASCII 码值是（　　　）。

A．111　　　　　　　B．105　　　　　　　C．106　　　　　　　D．112

【答案】C

1.2.3.2　汉字的编码

汉字也需要被编码才能存入计算机。我国于 1980 年发布了国家汉字编码标准 GB2312—1980，全称是《信息交换用汉字编码字符集——基本集》（简称 **GB 码**或**国标码**）。其中把最常用的 6763 个汉字分成两级：一级汉字 3755 个，按汉语拼音字母的次序排列；二级汉字 3008 个，按偏旁部首排列。由于 1 个字节（8 位）只能表示 256 种编码，是不足以表示 6763 个汉字的，所以一个国标码需用 2 个字节表示，每个字节的最高位为 0。

区位码也称为国标区位码，是国标码的一种变形。区位码是个 4 位的十进制数字，由区码和位码组成，前 2 位为区码，后 2 位为位码。区码和位码都是 1～94 的 2 位十进制数字。区位码也可作为一种汉字输入方法，其特点是无重码（一码一字），缺点是难以记忆。

除了 GB2312—1980 外，还有其他的汉字编码方法：中国台湾、香港等地区使用的汉字是繁体字，编码为 BIG5 码；此外还有 GBK（扩展汉字编码）、UCS、Unicode 编码等。

人们通过键盘输入汉字时，所输入的内容称汉字**输入码**，也称为**外码**。由于输入法的不同，一个汉字的输入码可以有很多种，例如"中"字的全拼输入码是 zhong，双拼输入码是 vs，五笔输入码是 kh，等等。

汉字**内码**是在计算机内部对汉字进行存储、处理的汉字代码。当将一个汉字输入计算机后，应将之转换为内码，才能在计算机内存储和处理。目前，对于国标码，一个汉字的内码用 2 个字节存储，并把每个字节的二进制最高位置 1 作为汉字内码的标识，以免与单字节的 ASCII 码混淆。如果用十六进制表示，就是把汉字国标码的每个字节加上 80H（也就是二进制数 1000 0000）。所以，2 个字节的汉字的国标码与其内码存在下列关系：

$$汉字的内码 = 汉字的国标码 + 8080H$$

例如，已知"中"字的国标码为 5650H，根据上述公式得：

$$"中"字的内码 = 5650H + 8080H = D6D0H$$

要将汉字在计算机屏幕上显示出来或通过打印机打印出来，还需要一种汉字的**字形码**。字形码是存放汉字字形形状的编码，有点阵字形和矢量字形两种。操作系统的字体文件中保存的正是汉字的字形码。字库中每一个汉字的字形都有一个地址，称汉字**地址码**，它与汉字内码有简单的对应关系，以方便通过一个汉字的内码就能找到它的字形（简化内码到地址码的转换）。计算机对汉字信息的处理过程实际上是各种汉字编码间的转换过程。

【真题链接 1-22】汉字的国标码与其内码存在的关系是：汉字的内码=汉字的国标码+（　　）。

A．1010H　　　　　　B．8081H　　　　　　C．8080H　　　　　　D．8180H

【答案】C

【真题链接 1-23】在拼音输入法中，输入拼音 zhengchang，其编码属于（　　）。

A．字形码　　　　　　B．地址码　　　　　　C．外码　　　　　　D．内码

【答案】C

1.3　机箱里的那些事儿——计算机硬件系统

计算机系统由硬件（Hardware）系统和软件（Software）系统组成。硬件是计算机的

物质基础，软件是计算机的灵魂。按照冯·诺依曼体系结构，计算机硬件由运算器、控制器、存储器、输入设备和输出设备 5 个部分组成。其中运算器和控制器共同组成了中央处理器（CPU）；而 CPU 和存储器又构成了计算机的主机；输入设备和输出设备合称外部设备，如图 1-8 所示。

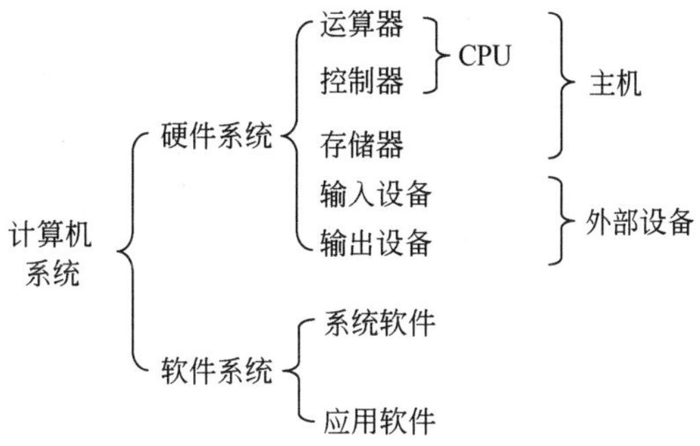

图 1-8　计算机系统的组成

1.3.1　运算器

运算器（ALU）是计算机处理数据的加工厂，它的主要功能是对二进制数码进行算术运算与逻辑运算。所以，也称为算术逻辑部件（Arithmetic and Logic Unit，ALU）。所谓算术运算，就是加、减、乘、除、乘方等的运算；而逻辑运算是与、或、非等对二进制数的逻辑判断。

在计算机内各种运算均可归结为相加和移位这两个基本操作。所以运算器的核心是加法器（Adder）。为了能将数据暂时存放，运算器还需要若干个**寄存器**（Register）用于寄存数据。

计算机之所以能完成各种复杂操作，最根本原因是由于运算器的运行。参加运算的数全部是在控制器的统一指挥下从内存储器取到运算器中，由运算器完成处理。与运算器相关的性能指标有**字长**和**运算速度**。

（1）**字长**是计算机一次能同时处理的二进制数据的位数。字长越长，所能处理的数的范围越大，运算精度越高、处理速度越快。目前微处理器大多支持 32 位或 64 位字长，意味着可并行处理 32 位或 64 位的二进制算术运算和逻辑运算。

（2）**运算速度**通常可用每秒钟所能执行加法指令的条数来表示，常用单位是百万次/秒（Million Instructions Per Second，MIPS）。这个指标更能直观地反映计算机的速度。

【真题链接 1-24】某台微机安装的是 64 位操作系统，"64 位"指的是（　　）。
A．CPU 的运算速度，即 CPU 每秒钟能计算 64 位二进制数据
B．CPU 的字长，即 CPU 每次能处理 64 位二进制数据
C．CPU 的时钟主频
D．CPU 的型号

【答案】B

【真题链接 1-25】字长作为 CPU 的主要性能指标之一，主要表现在（　　）。
A．CPU 计算结果的有效数字长度　　　　　B．CPU 一次能处理的二进制数据的位数
C．CPU 能表示的最长的十进制整数的位数　　D．CPU 能表示的最大的有效数字位数

【答案】B

【真题链接 1-26】度量计算机运算速度常用的单位是（　　）。
A．MIPS　　　　　B．MHz　　　　　C．MB/s　　　　　D．Mb/s

【答案】A

【真题链接 1-27】在控制器的控制下，接收数据并完成程序指令指定的基于二进制数的算术运算或逻辑运算的部件是（　　）。
A．鼠标　　　　　B．运算器　　　　　C．显示器　　　　　D．存储器

【答案】B

1.3.2　控制器

控制器（Control Unit，CU）负责统一控制计算机，指挥计算机的各个硬件部件自动、协调一致地工作。计算机的工作过程就是按照控制器的控制信号，自动、有序地执行指令。

为了让计算机按照人的要求正确运行，必须设计一系列计算机可以识别和执行的命令——**机器指令**。机器指令是按照一定格式构成的二进制代码串，用来描述计算机可以理解并执行的一个基本操作。一条条指令的序列就组成**程序**。

机器指令通常由**操作码**和**操作数**两部分组成。

（1）操作码：指明指令所要完成操作的性质和功能。

（2）操作数：指明指令执行时的操作对象（某些指令的操作数部分可以省略）。操作数可以就是数据本身，也可以是存放数据的内存单元的地址或寄存器的名称。操作数又分为**源操作数**和**目的操作数**，源操作数指明参加运算的数据的来源；目的操作数一般以地址或寄存器名表示，指明运算后应将运算结果保存到的位置。指令的基本格式如图 1-9 所示。

运算器和控制器是计算机的核心部件，这两部分合称为**中央处理器**（Central Processing Unit，CPU），如图 1-10 所示，也称为微处理器（Micro Processing Unit，MPU）。

操作码	源操作数（或地址）	目的操作数的地址

图 1-9　指令的基本格式　　　　　　　图 1-10　CPU

CPU 的时钟频率，也称为时钟主频，是微机性能的一个重要指标，它的高低在一定程度上决定了计算机的速度。主频以吉赫兹（GHz）为单位。例如，目前 Intel 系列和 AMD 系列的处理器一般 CPU 主频都能达到 1～5GHz。

【真题链接 1-28】在微型计算机中，控制器的基本功能是（　　）。

A．实现算术运算　　　　　　　　　　B．存储各种信息

C．控制机器各个部件协调一致工作　　D．保持各种控制状态

【答案】C

【真题链接 1-29】CPU 中，除了内部总线和必要的寄存器外，主要的两大部件分别是运算器和（　　）。

A．控制器　　　　B．存储器　　　　C．Cache　　　　D．编辑器

【答案】A

【真题链接 1-30】CPU 主要性能指标之一的（　　）是用来表示 CPU 内核工作的时钟频率。

A．外频　　　　B．主频　　　　C．位　　　　D．字长

【答案】B

【真题链接 1-31】下列关于指令系统的描述，正确的是（　　）。

A．指令由操作码和控制码两部分组成

B．指令的地址码部分可能是操作数，也可能是操作数的内存单元地址

C．指令的地址码部分是不可缺少的

D．指令的操作码部分描述了完成指令所需要的操作数类型

【答案】B

【真题链接 1-32】计算机中控制器的功能主要是（　　　）。

　　A．指挥、协调计算机各相关硬件和软件工作　　B．指挥、协调计算机各相关软件工作

　　C．指挥、协调计算机各相关硬件工作　　　　　D．控制数据的输入和输出

【答案】C

【解析】控制器是指挥硬件工作的，不能指挥软件；相反，它是按照软件中的指令指挥各硬件进行工作的。

1.3.3　存储器

存储器（Memory）是计算机系统的记忆设备，可存储程序和数据。存储器分内存储器（简称内存，又称为主存）和外存储器（简称外存，又称为辅存）两大类。

1.3.3.1　内存储器

内存是主板上的存储部件，用来存储当前正在执行的程序和程序所用数据；内存容量小、存取速度快，CPU 可以直接访问和处理其中的数据。

内存储器又分为随机存储器（Random Access Memory，RAM）和只读存储器（Read Only Memory，ROM）。RAM 既可以进行读操作，也可以进行写操作；但在断电后其中的信息全部消失。RAM 又分为 SRAM（Static RAM，静态随机存储器）和 DRAM（Dynamic RAM，动态随机存储器）两种，SRAM 只要正常供电，其中的信息就能被稳定的存储；而 DRAM 不仅要正常供电，而且必须每隔一定时间被刷新一次，其中的信息才能被保存。计算机的内存条就属于 DRAM，如图 1-11 所示。

图 1-11　内存条

ROM 中存放的信息只读不写，里面一般存放由计算机制造厂商写入并经固化处理的系统管理程序，如开机自检程序、基本输入输出系统模块 BIOS 等；即使断电，ROM 中的信息也不会丢失。

早期内存的容量有 256MB、512MB 等；目前内存的容量有 1GB、2GB、4GB 或更多。为有条不紊地管理内存中的存储空间，为内存中每个字节的存储空间都设置一个从 0 开始的编号，类似大楼的房间编号；每个字节的编号唯一，互不相同。在计算机中，这种为内存字节的编号称**地址**。例如 2GB 的内存有 2^{31} 个字节，各字节编号范围是 $0\sim2^{31}-1$。

内存读写的速度大大慢于 CPU 执行指令的速度，为缓解速度之间的矛盾，通过设计一款小型存储器即高速缓冲存储器（Cache）来中转内容。Cache 的存取速度接近于 CPU；但 Cache 造价昂贵，为节约成本，Cache 的存储容量不能被设计得过大，它的容量远小于内存。当 CPU 要从内存中存取数据时，就将该内存区附近的若干单元的内容调入 Cache，然后再从 Cache 中存取；当需要再次存取这些信息时，就直接从 Cache 中存取，而不再存取较慢的内存。

【真题链接 1-33】在计算机中，每个存储单元都有一个连续的编号，此编号称为（　　　）。

　　A．地址　　　　　　B．位置号　　　　　　C．门牌号　　　　　　D．房号

【答案】A

【真题链接 1-34】用来存储当前正在运行的应用程序和其相应数据的存储器是（　　　）。

A. RAM　　　　　B. 硬盘　　　　　C. ROM　　　　　D. CD-ROM

【答案】A

【真题链接 1-35】在微型计算机的内存储器中，不能随机修改其存储内容的是（　　）。

A. RAM　　　　　B. DRAM　　　　C. ROM　　　　　D. SRAM

【答案】C

1.3.3.2　外存储器

外存是软盘、磁盘、光盘、U 盘、SD 卡、TF 卡等部件，用来存储长期需要保存的内容。外存容量大、在断电后所存内容不会丢失；但存取速度慢、CPU 不能直接访问和处理其中的数据。当需要外存中的数据时，首先应将数据调入内存，然后再从内存中读取。计算机之所以在断电后再重新加电启动可以重新执行程序或处理数据，就是因为有外存储器，可以将内容从外存调入内存。

【真题链接 1-36】能直接与 CPU 交换信息的存储器是（　　）。

A. 硬盘存储器　　B. CD-ROM　　　C. 内存储器　　　D. U 盘存储器

【答案】C

1. 硬盘

硬盘（Hard Disk）如图 1-12 所示。一个硬盘包含多个盘片，这些盘片被安排在一个同心轴上，每个盘片分上下两个盘面。如图 1-13 所示，每盘面以圆心为中心，在表面上被分为许多同心圆，称为**磁道**。磁道最外圈编号为 0，依次向内圈编号逐渐增大。不同盘片相同编号的磁道（半径相同）所组成的圆柱称**柱面**，显然柱面数（Cylinders）与每盘面被划分的磁道数相等。

图 1-12　硬盘

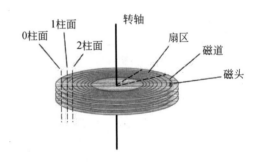

图 1-13　硬盘的内部结构

每一个磁道又被等分为若干个弧段，每一弧段称为一个**扇区**，如图 1-13 所示。扇区是硬盘的读写单位。显然，越接近中心，磁道的同心圆就越小，磁道上的扇区面积也就越小。然而，每一扇区的容量大小是相同的，扇区中所能保存数据的容量并不决定于扇区面积的大小。

硬盘的每个盘面有一个读写磁头，故磁头数（Heads）应与有效盘面数相等。在任何时刻，所有磁头保持在不同盘面的同一磁道。一个硬盘的容量 = 磁头数（H）×柱面数（C）×每磁道扇区数（S）×每扇区字节数（B）。早期的硬盘容量有 20GB、40GB、80GB 等，目前硬盘的容量已达到 320GB、500GB 等，甚至已达到 TB 量级。

硬盘转速是硬盘内主轴的旋转速度，单位为 RPM（Revolutions Per Minute），即"转/每分钟"。例如，目前有 5400rpm、7200rpm 等。转速快慢是决定硬盘数据传输率的关键因素之一。

【真题链接 1-37】20GB 的硬盘表示容量约为（　　　）。

　　A．20 亿个字节　　　B．20 亿个二进制位　　　C．200 亿个字节　　　D．200 亿个二进制位

【答案】C

【真题链接 1-38】假设某台式计算机的内存储器容量为 256MB，硬盘容量为 40GB。硬盘容量是内存容量的（　　　）倍。

　　A．200　　　　　　B．160　　　　　　　C．120　　　　　　D．100

【答案】B

【真题链接 1-39】下列关于磁道的说法中，正确的是（　　　）。

　　A．盘面上的磁道是一组同心圆

　　B．由于每一磁道的周长不同，所以每一磁道的存储容量也不同

　　C．盘面上的磁道是一条阿基米德螺线

　　D．磁道的编号是最内圈为 0，并次序由内向外逐渐增大，最外圈的编号最大

【答案】A

2．光盘

光盘（Optical Disc）可分为两类：一类是只读型光盘；另一类是可记录型光盘。

只读型光盘包括 CD-ROM 和 DVD-ROM 等，它们是用一张母盘压制而成的。上面的数据只能被读取不能被写入或修改。

记录在光盘上的数据呈螺旋状，由中心向外散开。盘中的信息存储在螺旋形光道中。光道内部排列着一个个蚀刻的"凹坑"，这些"凹坑"和"平地"用来记录二进制的 0 和 1。读 CD-ROM 上的数据时，利用激光束扫描光盘，根据激光在小坑上的反射变化得到数字信息。

可记录型光盘包括 CD-R、CD-RW（CD-ReWritable）、DVD-R、DVD+R、DVD+RW 等。CD-R 是一次性写入光盘，它只能被写入一次，写完后数据便无法再被改写，但可以被多次读取。CD-RW 是可擦写型光盘，盘片上镀有能够呈现出结晶和非结晶两种状态的材质，用来表示数字信息 0 和 1。在刻录 CD-RW 时，由于晶体材料能在结晶和非结晶两种状态之间来回转换，从而 CD-RW 上的数据可以被重复擦除和改写。

DVD 采用波长更短的激光，具有更高的密度，并支持双面。在与 CD 大小相同的盘片上，DVD 可提供相当于普通 CD 8～25 倍的存储容量及 9 倍以上的读取速度。

CD 光盘最大容量大约是 700MB。DVD 盘片单面最大容量为 4.7GB、双面为 8.5GB。继 DVD 之后的下一代蓝光光盘单面单层为 25GB，双面为 50GB。

衡量光盘驱动器（光驱）数据传输速率的指标称**倍速**。以 150Kbps 数据传输率的单倍速为基准，现在的传输速率已达到 32 倍速、40 倍速甚至更高。

【真题链接 1-40】光盘是一种已广泛使用的外存储器，英文缩写 CD-ROM 指的是（　　　）。

　　A．只读型光盘　　　B．一次写入光盘　　　C．追记型读写光盘　　　D．可抹型光盘

【答案】A

【真题链接 1-41】下列 4 种存储器中，存取速度最快的是（　　　）。

　　A．硬盘　　　　　　B．RAM　　　　　　C．U 盘　　　　　　D．CD-ROM

【答案】B

1.3.4　输入输出设备

是"输入"还是"输出"，是从计算机主机的角度而言的，有内容从计算机主机里出来者为**输出**，有内容进入计算机主机者为**输入**，如图 1-14 所示。

输入输出设备（Input/Output devices，I/O 设备）也称为外部设备。**输入设备**用来向计算机内输入信息，例如键盘、鼠标器、摄像头、扫描仪、光笔、手写输入板、游戏杆、语音输入装置等。**输出设备**将各种内容从计算机内表现出来，表现形式可以是数字、字符、图像、声音等，例如显示器、打印机、绘图仪、影像输出设备、语音输出设备、磁记录设备等。

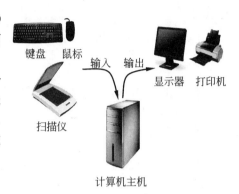

图 1-14　输入与输出

还有不少设备同时集成了输入输出两种功能，例如调制解调器（Modem），是数字信号和模拟信号之间的桥梁，它既能将计算机内部的数字信号转换为模拟信号，再通过电话线传送到另一台调制解调器上；又能将模拟信号转换为数字信号送入计算机。又如，光盘刻录机可作为输入设备，将光盘上的数据读入到计算机内存；也可作为输出设备将数据刻录到 CD-R 或 CD-RW 光盘上。同样，磁盘驱动器既可被当作输入设备，也可被当作输出设备。

【真题链接 1-42】下列设备组中，完全属于计算机输出设备的一组是（　　　）。
　A．喷墨打印机，显示器，键盘　　　　　B．激光打印机，键盘，鼠标器
　C．键盘，鼠标器，扫描仪　　　　　　　D．打印机，绘图仪，显示器

【答案】D

【真题链接 1-43】在微机的硬件设备中，有一种设备在程序设计中既可以当作输出设备，又可以当作输入设备，这种设备是（　　　）。
　A．绘图仪　　　　B．网络摄像头　　　　C．手写笔　　　D．磁盘驱动器

【答案】D

1.3.5　连接楼上的那些家伙——计算机的总线结构

计算机硬件的五大部件运算器、控制器、存储器、输入设备和输出设备不是孤立存在的，它们需要相互连接共同协同工作。现代计算机普遍采用总线结构的连接方式。**总线**（Bus）就是系统部件之间传送信息的公共通道，各部件由总线连接并通过它传递数据和控制信号。总线又分为 3 种：**数据总线、地址总线、控制总线**，分别用于传送数据信息、地址信息、控制命令信息。基于总线的计算机体系结构如图 1-15 所示。

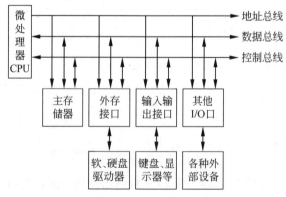

图 1-15　微型计算机系统结构图

数据总线是 CPU 和主存储器、I/O 接口之间双向传送数据的通道，通常与 CPU 的位数相对应。地址总线用于传送地址信息，地址是识别存放信息位置的编号。地址总线的位数决定了 CPU 可以直接寻址的内存范围。控制总线用于 CPU 向主存储器、I/O 接口发出命令信号，或后者向 CPU 传送状态信息。

通用串行总线（Universal Serial Bus，USB）是连接主机与外部设备的一种串口总线标准，为不同的多种设备提供统一的连接接口，且支持热插拔，现已被广泛应用于个人计算机和移动设备。USB 2.0 的理论最大传输带宽为 480Mbps，而 USB 3.0 的理论最大传输带宽可达 5.0Gbps，新一代的 USB 3.1 最大传输带宽可高达 10Gbps。

总线体现在硬件上就是计算机主板，主板上有 CPU、内存条、显示卡、键盘、鼠标等各类扩展槽或接口。每个外设都要通过接口与主机系统相连。某些主板还配有高清多媒体接口 HDMI，可同时传送音频和影像信号，用于连接液晶电视、高清投影仪等设备。

【真题链接 1-44】计算机的系统总线是计算机各部件间传递信息的公共通道，它分（　　　）。

A．数据总线和控制总线　　　　　　　　B．地址总线和数据总线
C．数据总线、控制总线和地址总线　　　D．地址总线和控制总线

【答案】C

【真题链接 1-45】现代计算机普遍采用总线结构，包括数据总线、地址总线、控制总线，通常与数据总线位数对应相同的部件是（　　　）。

A．CPU　　　　　　B．存储器　　　　　　C．地址总线　　　　　　D．控制总线

【答案】A

【真题链接 1-46】USB 3.0 接口的理论最快传输速率为（　　　）。

A．5.0Gbps　　　　B．3.0Gbps　　　　C．1.0Gbps　　　　D．800Mbps

【答案】A

1.4　上 QQ 还是打 DOTA？——计算机软件系统

计算机系统由硬件（Hardware）系统和软件（Software）系统组成。硬件、软件和用户之间是一种层次结构，其中硬件处于最内层，用户在最外层，软件在硬件与用户之间，用户需通过软件使用硬件。没有软件仅有硬件的计算机也称裸机，它只是一台机器而已，是无法工作的。

1.4.1　程序和计算机语言

程序是按照一定顺序执行的、能够完成某一任务的指令集合。"算法+数据结构=程序"，其中，算法是解决问题的方法，数据结构是数据的组织形式。

人们让计算机完成某项任务，也需要与计算机"沟通"。这要借助于特定的语言，就是计算机语言，也称为**程序设计语言**。程序设计语言主要有以下 3 类。

1．机器语言

在计算机中，指挥计算机完成某个基本操作的命令称为指令。机器语言是直接用二进制的 0 和 1 代码表达指令的计算机语言。机器语言是计算机硬件唯一可以识别的语言。机器语言程序无须"翻译"，直接可以被计算机执行，因而它的运行效率最高、执行速度最快。

但是其对于人类使用非常烦琐，很难掌握。

2．汇编语言

汇编语言是用英文单词或单词缩写来代替晦涩难懂的二进制的机器语言指令的计算机语言。由于汇编语言不再是 0 和 1 的代码，而是英文单词或单词缩写，因而相对于机器语言，汇编语言更容易被人们掌握。但计算机无法自动识别和执行汇编语言的程序，必须用专门的计算机软件（称为编译系统、编译程序或编译器）首先对汇编语言的程序进行"翻译"，将之"翻译"为等价的二进制的机器语言程序再执行。这一翻译过程称**编译**，编译后的二进制的机器语言程序称为**目标程序**。这里汇编语言程序称为**源程序**。

汇编语言虽然比机器语言前进了一步，然而它与机器语言实际是"换汤不换药"：汇编语言仅是二进制指令的一种"符号代换"，和机器语言的指令是一一对应的；汇编语言的指令也是对计算机硬件进行直接操作的基本指令。使用汇编语言必须从计算机硬件角度出发，按照最基本的指令编写程序，使用起来很不方便，掌握起来仍然比较困难。于是出现了高级语言。

3．高级语言

高级语言是最接近人类自然语言和思维习惯的计算机语言，其中可以直接使用数学公式编写程序，因而人类最容易理解，其可读性最强。高级语言程序基本脱离了硬件系统，因此其可移植性也最强。高级语言分很多种，目前常用的高级语言有 C 语言、C++语言、Java 语言、Visual Basic 语言、Fortran 语言、Python 语言等。

用高级语言编写的程序不是二进制代码，所以也是不能被计算机自动识别和执行的，必须由专门的计算机软件（称为编译系统、编译程序或编译器）首先对高级语言的程序进行"翻译"，将之"翻译"为二进制的机器语言程序再执行，这里源程序是高级语言程序，翻译后的程序为目标程序，目标程序经链接后得到可执行程序。在翻译的过程中如果遇到错误，就给出错误信息，并停止翻译。由于高级语言程序都需要翻译，所以其执行效率最低。

对高级语言程序通常有两种翻译方式：编译方式和解释方式。**编译方式**是将高级语言的源程序整个编译为目标程序，然后再将目标程序链接成可执行程序，可执行程序可单独被执行。**解释方式**是将源程序逐句翻译，翻译一句执行一句，不产生目标程序，因而执行效率低于编译方式。

相对于高级语言，机器语言和汇编语言也被称为**低级语言**。3 种程序设计语言的特点比较如图 1-16 所示。

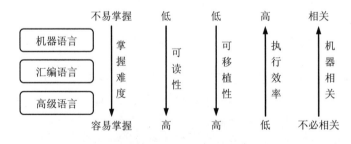

图 1-16　3 种程序设计语言的特点比较

【真题链接 1-47】计算机硬件能直接识别、执行的语言是（　　　　）。

A．汇编语言　　　　　B．机器语言　　　　　C．高级程序语言　　　　　D．C++语言

【答案】B

【真题链接 1-48】下列各类计算机程序语言中，不属于高级程序设计语言的是（　　）。

A．Visual Basic 语言　　　B．FORTAN 语言　　　　　C．C++语言　　　　　　　　D．汇编语言

【答案】D

【真题链接 1-49】汇编语言程序（　　）。

A．相对于高级程序设计语言程序具有良好的可移植性

B．相对于高级程序设计语言程序具有良好的可读性

C．相对于机器语言程序具有良好的可移植性

D．相对于机器语言程序具有较高的执行效率

【答案】C

【真题链接 1-50】以下关于编译程序的说法正确的是（　　）。

A．编译程序属于计算机应用软件，所有用户都需要编译程序

B．编译程序不会生成目标程序，而是直接执行源程序

C．编译程序完成高级语言程序到低级语言程序的等价翻译

D．编译程序构造比较复杂，一般不进行出错处理

【答案】C

1.4.2　你若安好，便是晴天——软件

计算机软件不等于程序，计算机软件是为运行、管理和维护计算机而编制的程序、数据和文档的总称。计算机软件分为系统软件（System Software）和应用软件（Application Software）。

系统软件主要包括操作系统（Operating System，OS）、数据库管理系统、语言处理系统等，其中最主要的就是操作系统，它在计算机软件系统中处于最基本、最核心位置。如 Windows 系列的 Windows XP、Windows Vista、Windows 7、Windows 8、Windows 10 等就属于操作系统。除 Windows 系列的操作系统外，还有早期的 MS-DOS，以及 UNIX、Linux、安卓（Android）、苹果 iOS 都属操作系统，它们都是系统软件。操作系统是最底层的软件，提供了其他所有应用软件运行的环境。操作系统管理的核心就是资源管理，即如何有效地发掘资源、监控资源、分配资源和回收资源。操作系统的五大功能是处理器（CPU）管理、存储管理、文件管理、设备管理和作业管理。

在操作系统中，一般会提供很多系统维护工具。例如，在 Windows 7 操作系统中，就提供了磁盘检查、磁盘清理和磁盘碎片整理等工具。其中，磁盘检查用于检查和修复磁盘文件系统错误；磁盘清理用于清理磁盘上的垃圾文件，以获得更多的存储空间；磁盘碎片整理用于优化磁盘上的文件存储，提高数据存取效率。

除了个人计算机的操作系统外，还有以下常见的操作系统类型。

（1）批处理操作系统：用户不直接操作计算机，而是将作业提交给系统操作员。由操作员将作业成批地提交给计算机，由操作系统自动、依次执行每个作业，而在执行期间不需用户干预。

（2）分时操作系统：支持位于不同的多个终端的多个用户同时使用一台计算机，用户彼此独立互不干扰。系统采用时间片轮转方式轮流处理每个用户的请求。由于时间片很小、轮询很频繁，每个用户并不感到有其他用户存在，而好像整台计算机全为他所用。

（3）实时操作系统：计算机可及时响应随机发生的外部事件，并在严格的时间范围内完成处理。实时操作系统需要有高可靠性。

（4）网络操作系统：基于计算机网络，将地理上分散的具有自治功能的多个计算机系统互连起

来，在原来各自计算机的操作系统上，使多个计算机相互通信和资源共享。

（5）分布式操作系统：也是基于计算机网络，将地理上分散的具有自治功能的多个计算机系统互连起来，协作完成任务。分布式操作系统负责全系统的资源分配和调度，提供统一的操作界面。用户通过该界面实现操作，至于操作具体要在哪台计算机上执行或具体使用的是哪台计算机上的资源，则是由操作系统决定的，用户不必知道。

数据库管理系统是用于创建、操纵或维护数据库的软件，如 Oracle、SQL Server 和 Access 等。

应用软件是为满足不同问题、不同领域需求的软件。在我们接触到的计算机软件中，大多都属于应用软件，从办公软件、多媒体处理软件到 Internet 工具软件等都属应用软件。例如 Microsoft Office（MS Office）、WPS、QQ、Photoshop、Flash、Web 浏览器、各种信息系统等。

【真题链接 1-51】下列软件中，不是操作系统的是（　　）。
A．Linux   B．UNIX   C．MS DOS   D．MS Office

【答案】D

【真题链接 1-52】计算机操作系统的主要功能是（　　）。
A．管理计算机系统的软硬件资源，以充分发挥计算机资源的效率，并为其他软件提供良好的运行环境
B．把高级程序设计语言和汇编语言编写的程序翻译到计算机硬件可以直接执行的目标程序，为用户提供良好的软件开发环境
C．对各类计算机文件进行有效的管理，并提交计算机硬件高效处理
D．为用户提供方便地操作和使用计算机

【答案】A

【真题链接 1-53】为了保证独立的微机能够正常工作，必须安装的软件是（　　）。
A．操作系统   B．网站开发工具   C．高级程序开发语言   D．办公应用软件

【答案】A

【真题链接 1-54】如果某台微机用于日常办公事务，除了操作系统外，还应该安装的软件类别是（　　）。
A．SQL Server 2005 及以上版本   B．Java、C、C++开发工具
C．办公应用软件，如 Microsoft Office   D．游戏软件

【答案】C

【真题链接 1-55】一个完整的计算机系统的组成部分的确切提法应该是（　　）。
A．计算机主机、键盘、显示器和软件   B．计算机硬件和应用软件
C．计算机硬件和系统软件   D．计算机硬件和软件

【答案】D

1.5　计算机能说会唱本领的背后——多媒体技术简介

媒体（Medium，复数形式为 Media）是指文字、声音、图像、动画和视频等内容。多媒体（Multimedia）是指能够同时对两种或两种以上媒体进行综合处理的技术。多媒体技术具有交互性、集成性、多样性、实时性等特征。

多媒体的文、图、声等信息在计算机内部都是以转换成 0 和 1 的数字化信息后进行存

储和处理的。

1.5.1　声音的数字化

为了记录声音，需要每隔一定的时间间隔，获取并记录一次声音信号的幅度值，这个过程称为**采样**。时间间隔称为**采样周期**，采样周期的倒数就是**采样频率**。显然，该时间间隔越短，记录的信息就越精确，但采样得到的数据量越大，需要的存储空间就越大。

记录声音时，每次只产生一组声波数据的，称为**单声道**；每次产生两组声波数据的，称为**双声道**。双声道具有立体空间效果，但所占空间比单声道多一倍。

获取的样本幅度值用数字量表示，这个过程称为**量化**。经过采样和量化后，还需要进行编码，即将量化后的数值转换为二进制数的形式表示。表示采样点幅值的二进制位数称为**量化位数**。一般量化位数有 8 位、16 位等。量化位数是决定数字音频质量的另一重要参数，量化位数越大，精度越高，声音的质量也越高；但需要的存储空间也随之增大。最终产生的音频数据量的计算公式如下：

$$音频数据量（字节 B）=采样时间（s）×采样频率（Hz）×$$
$$量化位数（二进制位 b）×声道数/8$$

例如，计算 3min（180s）双声道、16 位量化位数、44.1kHz 采样频率声音的不压缩的数据量为：音频数据量 $= 180×44\,100×16×2 / 8 = 31\,752\,000(B)≈30.28（MB）$

【真题链接 1-56】若对音频信号以 10kHz 采样率、16 位量化精度进行数字化，则每分钟的双声道数字化声音信号产生的数据量约为（　　）。

A．1.2MB　　　　　　B．1.6MB　　　　　　C．2.4MB　　　　　　D．4.8MB

【答案】C

存储声音的文件格式有很多种，WAV 格式的文件（文件名后缀为.wav）直接记录真实声音的采样数据，通常文件较大。而压缩存储格式如 MPEG 格式（文件名后缀为.mp1、.mp2、.mp3）、RealAudio 格式（文件名后缀为.ra、.rm、.rmx）等的文件具有较小的文件大小。电子乐器数字接口 MIDI 格式的文件（文件名后缀为.mid、.rmi）具有更小的文件大小，但 MIDI 格式的文件中所保存的是乐曲演奏的内容而不是实际的声音，播放依赖硬件质量，整体效果不如 WAV 格式的文件。

【真题链接 1-57】在声音的数字化过程中，采样时间、采样频率、量化位数和声道数都相同的情况下，所占存储空间最大的声音文件格式是（　　）。

A．WAV 波形文件　　　　　　　　　B．MPEG 音频文件

C．RealAudio 音频文件　　　　　　　D．MIDI 电子乐器数字接口文件

【答案】A

1.5.2　图像的数字化

一幅图片是由一个个称为**像素**的小点组成的，每个像素取不同的颜色就形成了千姿百态的各种图形。例如，一台 800 万像素的数码相机,其拍摄照片的最高分辨率可达大约 3200×2400。这种分辨率的一张图片，就是由 3200 列、2400 行共 3200×2400=7 680 000 个

像素小点组成的。要在计算机中存储一张图片，只要分别存储这些像素小点的颜色就可以了。

　　BMP 数字图像格式的图片文件就是直接存储组成图片的所有像素小点的颜色，但每个像素所占的位数（称颜色深度）可以不同，所占的位数越多，所能表示的颜色种类数越多，图像越细腻。如上例图片，如果每像素用 1B（8b）存储，就需要 7 680 000B（大约 8MB）。其中，每个像素可以表示 2^8=256 种不同的颜色，称为 **256 色**。如果每像素用 3B 存储（24b），就需要 3200×2400×3≈24MB 的存储空间。每个像素的 3B 分别表示该像素颜色调色的红、绿、蓝三原色值，这样每个像素就可以表示 2^{24} = 16 777 216 种不同的颜色，这么多种颜色已超过人类肉眼能够分辨的颜色种数，称为**真彩色**。

　　直接存储图像像素数据，所得数据量往往非常庞大。为节省存储空间，通常还可以将数据经过压缩后再行存储，仅当使用这些数据时，才把数据解压缩以还原。压缩又分为无损压缩（如 png、gif）和有损压缩（如 jpeg、jpg），这两种压缩都可以大大减少图片文件的大小。如上例，3200×2400 分辨率的真彩色图像用 BMP 格式存储需要 24MB 的存储空间，而若采用 jpeg 压缩后，图片文件的大小一般只有 2MB 左右。

　　常见的图像文件格式有 bmp、gif、tiff、png、wmf、dxf 等。常见的视频文件格式有 avi、mov、asf、wmv、rm 等。

　　【真题链接 1-58】若将一幅图片以不同的文件格式保存，占用空间最大的图形文件格式是（　　）。

A．Bmp　　　　　　B．Jpg　　　　　　C．Gif　　　　　　D．Png

【答案】A

　　【真题链接 1-59】数字媒体已经广泛使用，属于视频文件格式的是（　　）。

A．MP3 格式　　　B．WAV 格式　　　C．RM 格式　　　D．PNG 格式

【答案】C

1.6　计算机也得病？——计算机病毒及防治

1.6.1　计算机病毒

　　计算机病毒（Computer Virus）并不是生物的细菌、病毒，它实质上是一种特殊的计算机程序，可非法入侵计算机而隐藏（存储）在磁盘、光盘、U 盘等存储设备中。有些病毒还寄存在其他正常的计算机程序中，很难被发现。病毒程序还具有自我复制能力，当被激活时，它又可以复制自身，并将自身复制到其他程序或其他存储媒体内。病毒程序的运行将影响和破坏计算机正常程序的运行以及破坏正常的数据，有些病毒对计算机系统具有极大的破坏性。计算机病毒的特征有寄生性、破坏性、传染性、潜伏性和隐蔽性等。

　　当计算机感染病毒时，其常见症状是：磁盘文件数目无故增多；系统的内存空间明显变小；文件的日期/时间被自动修改为最近的日期/时间；感染病毒的可执行文件的长度一般明显增加；正常情况下可以运行的程序突然因内存不足而不能运行；即使可以运行，加载时间也明显变长；计算机经常死机或不能正常启动；屏幕上经常出现一些莫名其妙的信

息或现象，等等。

1.6.2　计算机病毒的分类

计算机病毒的分类方法很多，按感染方式，可分为以下 5 类。

（1）引导区型病毒：感染硬盘的主引导记录，常以病毒程序替代主引导记录中的系统程序。在系统开机时，病毒总是先于或随操作系统的系统文件被装入内存，获得控制权并进行破坏，并企图再感染插入计算机的其他 U 盘、移动硬盘等移动存储介质的引导区。

（2）文件型病毒：感染文件名后缀为.exe、.com、.sys 等的可执行文件。当染毒的可执行文件被执行时，病毒程序才能被执行和发作。

（3）混合型病毒：既可以感染磁盘的引导区，也可以感染可执行文件，兼有上述两类病毒的特点，增加了病毒的传染性及存活率，也最难被杀灭。

（4）宏病毒：可以寄存在 Microsoft Office 文档或模板的宏中。例如，当对感染了病毒的 Word 文档进行操作时，它就可能进行破坏和传播。

（5）网络病毒：网络病毒大多通过 E-mail 传播，如当不小心打开了来历不明的 E-mail 时，就可能会执行其中附带的"黑客程序"，从而会破坏计算机系统并会驻留在计算机系统内。

【真题链接 1-60】先于或随着操作系统的系统文件装入内存储器，从而获得计算机特定控制权并进行传染和破坏的病毒是（　　）。
　　A．文件型病毒　　　　B．引导区型病毒　　　C．宏病毒　　　D．网络病毒

【答案】B

1.6.3　木马病毒

木马病毒是目前比较流行的一种计算机病毒，木马（Trojan）这个词来源于古希腊神话《木马屠城记》的故事。在古希腊传说中，希腊联军围困特洛伊久攻不下，于是假装撤退，留下一具巨大的中空木马。特洛伊守军不知是计，把木马运进城中作为战利品。夜深人静之际，在木马腹中躲藏的希腊士兵打开城门，特洛伊沦陷。后人常用"特洛伊木马"来比喻在敌方营垒里埋下伏兵里应外合的活动。

现在有些病毒也可伪装自身，如伪装成一个实用工具、一个可爱的游戏、一个图片文件等，诱使用户将其安装在计算机上。然后病毒便向木马施种者打开该计算机的门户，使施种者可以任意远程控制、破坏该计算机系统，或窃取该计算机中的私密数据。这类病毒借用"特洛伊木马"的名字，表示其"一经潜入，后患无穷"之意。

特洛伊木马病毒本身没有复制能力，主要是通过伪装自身诱使用户安装。特洛伊木马病毒按照功能可分为如下几类。

（1）网游木马：针对网络游戏，通过记录用户键盘操作、在游戏进程中创建钩子（HOOK）等盗取用户账号和密码，并通过电子邮件或远程脚本程序等方式发送给木马施种者。

（2）网银木马：针对网上交易系统，盗取用户的卡号、密码，甚至安全证书。

（3）即时通信软件木马：针对即时通信软件如 QQ、UC、MSN 等的木马，感染后进行非法发送消息（如发送含有恶意网址的消息）、盗号或传播自身。

（4）网页点击类木马：恶意模拟用户点击广告等动作，在短时间内产生数以万计的点击量。这种病毒的施种者一般是为了赚取高额的广告推广费用。

（5）下载类木马：功能是从网络上下载其他病毒程序或安装广告软件。这类木马体积一般很小，更容易传播。有很多功能较强、体积较大的病毒，其传播都是通过先使用户感染一个小巧的下载型木马，再由后者把主病毒程序下载到用户计算机上。

（6）代理类木马：木马会在被感染的计算机上开启代理服务功能，黑客将被感染的计算机作为跳板，以该计算机用户的身份进行黑客活动，达到隐藏自己的目的。

（7）摆渡木马：不需要网络连接，通过 U 盘等移动存储介质间接窃取信息。它一旦发现有 U 盘连接到计算机上，就感染此 U 盘并隐藏自己的踪迹。然后唯一的动作就是扫描计算机中的文件，并将感兴趣的文件悄悄写入 U 盘。一旦这个 U 盘今后被插到连接互联网的计算机上，木马就会将其中的这些文件通过互联网发送给木马施种者，以窃取信息。

1.6.4　计算机病毒的防治

用反病毒软件（杀毒软件）消除病毒是比较好的方法，它既方便又安全，一般不会破坏系统的正常数据。一般的杀毒软件都具有清除/删除病毒的功能。清除病毒是指从被病毒感染的文件中，把病毒清除掉，恢复原有文件内容；删除是指把整个病毒文件删除掉。然而，反病毒软件只能检测已知的病毒并能清除/删除它们，对新病毒或病毒的变种是不能识别的。所以，各种反病毒软件都不是一劳永逸，都要随新病毒的出现而不断升级。应经常升级反病毒软件，以应对新病毒。目前较流行的反病毒软件有瑞星、诺顿、卡巴斯基、金山毒霸及江民等。

当计算机感染病毒后，用反病毒软件清除/删除病毒是被迫的措施。如果病毒已经永久性地破坏了程序和数据，在反病毒软件消灭病毒后，也不能将原有文件和数据彻底恢复了。因此防范计算机病毒的侵入则更为重要。计算机病毒主要通过可移动存储介质（如 U 盘、移动硬盘等）和计算机网络两大途径进行传播，因此我们养成日常良好的使用计算机的习惯，就能大大减少病毒的侵入。良好的使用计算机的习惯主要包括如下。

（1）安装有效的杀毒软件并定期升级，经常全盘查毒。

（2）扫描系统漏洞，及时更新补丁。

（3）可移动存储介质如 U 盘、移动硬盘中的文件，首先经过杀毒软件的检测后再使用。

（4）分类管理数据，经常对数据进行备份。

（5）尽量使用有杀毒功能的电子邮箱，尽量不要打开来路不明的电子邮件。

（6）浏览网页、下载文件时要选择正规的网站，不下载来路不明的软件或程序。

（7）关注流行病毒的感染途径及防范方法，做到预先防范。

（8）开启 Window 7 防火墙，屏蔽来路不明的网络访问。

（9）修改计算机安全的相关设置：如管理系统账户、创建密码、权限管理、禁用 Guest

账户、禁用远程功能、关闭不需要的系统服务、修改 IE 浏览器的相关设置等。

【真题链接 1-61】计算机病毒是指"能够侵入计算机系统并在计算机系统中潜伏、传播，破坏系统正常工作的一种具有繁殖能力的（　　）"。

    A．特殊程序　　　　　B．源程序　　　　　C．特殊微生物　　　D．流行性感冒病毒

【答案】A

【真题链接 1-62】计算机染上病毒后可能出现的现象是（　　）。

    A．系统出现异常启动或经常"死机"　　B．程序或数据突然丢失

    C．磁盘空间突然变小　　　　　　　　　D．以上都是

【答案】D

【真题链接 1-63】下列关于计算机病毒的叙述中，正确的是（　　）。

    A．反病毒软件可以查、杀任何种类的病毒

    B．计算机病毒是一种被破坏了的程序

    C．反病毒软件必须随着新病毒的出现而升级，提高查、杀病毒的功能

    D．感染过计算机病毒的计算机具有对该病毒的免疫性

【答案】C

【真题链接 1-64】下列选项属于"计算机安全设置"的是（　　）。

    A．定期备份重要数据　　　　　　　　B．不下载来路不明的软件及程序

    C．停掉 Guest 账号　　　　　　　　　D．安装杀（防）毒软件

【答案】C

1.7　玩好它你也能当土豪——Internet 基础及应用

Internet（因特网）是 20 世纪最伟大的发明之一。Internet 由成千上万个计算机网络组成，现如今几乎已经涵盖了社会应用的各个领域。

1.7.1　计算机网络

1.7.1.1　计算机网络和分类

计算机网络是分布在不同地理位置上、具有独立功能的多个计算机系统，通过通信设备连接起来，实现数据传输和共享的系统。计算机网络最突出的优点是资源共享和快速传递信息。计算机网络的主要功能有：信息交换和通信；资源共享；提高系统的可靠性；均衡负荷，分布处理；综合信息服务。

计算机网络的分类标准有很多，最普遍的分类方法是根据网络覆盖的地理范围和规模来分类；根据这个标准，可将计算机网络分为 3 种：局域网、城域网和广域网。

（1）局域网（Local Area Network，LAN）：是一种在有限区域使用的网络，其传送距离一般在几千米之内，适用于一个部门或一个单位组建的网络。例如，办公室网络、企业与学校的局域网、机关和工厂的局域网等。以太网（Ethernet）就是常见的一种局域网。局域网传输效率高，一般在 10Mbps～10Gbps（bps 表示每秒传输的比特数；该值除以 8 才是每秒传输的字节数）。

（2）城域网（Metropolitan Area Network，MAN）：介于局域网与广域网之间，可满足几十千米范围之内的大量企业、学校、公司等的多个局域网互联。

（3）广域网（Wide Area Network，WAN）：又称为远程网，覆盖范围从几十千米到几千千米。广域网可覆盖一个地区、国家或几个洲，形成国际性的远程计算机网络。

【真题链接 1-65】计算机网络最突出的优点是（　　）。

A．提高可靠性　　　　　　　　　　B．提高计算机的存储容量

C．运算速度快　　　　　　　　　　D．实现资源共享和快速通信

【答案】D

【真题链接 1-66】以 1200bps 的速率传送 15000 字节的文件所需时间约为（　　）。

A．80 秒　　　　　B．12 秒　　　　　C．200 秒　　　　　D．100 秒

【答案】D

【解析】bps 是二进制位/秒，即比特/秒，需除以 8 才能转换为字节。15 000/(1200/8)=100。

【真题链接 1-67】"千兆以太网"通常是一种高速局域网，其网络数据传输速率大约为（　　）。

A．1000 位/秒　　B．1 000 000 000 位/秒　C．1000 字节/秒　D．1 000 000 000 字节/秒

【答案】B

【真题链接 1-68】某企业需要在一个办公室构建适用于 20 多人的小型办公网络环境，这样的网络环境属于（　　）。

A．城域网　　　　B．局域网　　　　C．广域网　　　　D．互联网

【答案】B

1.7.1.2　网络拓扑结构

拓扑学是几何学的一个分支，从图论演变而来，它研究与大小、形状无关的点、线、面构成的图形特征。计算机网络拓扑是将构成网络的节点和连接节点的线路抽象为点和线，用几何关系表示网络结构。常见的网络拓扑结构有星形、环形、总线型、树形、网状等，如图 1-17 所示。

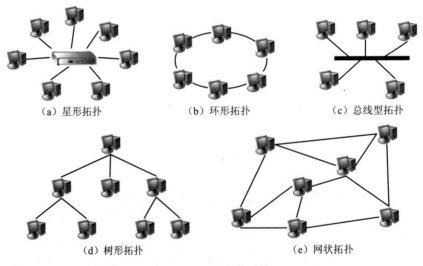

（a）星形拓扑　　　　　　　（b）环形拓扑　　　　　　　（c）总线型拓扑

（d）树形拓扑　　　　　　　　　　　（e）网状拓扑

图 1-17　网络拓扑结构

（1）星形拓扑：每个节点都与中心节点相连，任何两个节点之间的通信都要通过中心节点。要求中心节点可靠性较高，一旦中心节点出现故障，就会造成全网瘫痪。

（2）环形拓扑：各个节点通过中继器连接到一个闭合的环路上，环中的数据沿一个方向传输。环形拓扑结构简单，成本低，但环中的任何一个节点出现故障，都会造成整个网络瘫痪。

（3）总线型拓扑：各个节点由一根总线相连，数据在总线上由一个节点传向另一个节点；在线路两端连有防止信号反射的装置。节点加入和退出网络都非常方便，某个节点出现故障，也不会造成网络瘫痪，可靠性较高且结构简单、成本低。这种结构是局域网普遍采用的形式。

（4）树形拓扑：节点按层次连接，像树一样，有根节点、分支、叶子节点等。信息交换主要在上、下节点之间进行。树形拓扑可被看作是星形拓扑的扩展，主要用于汇集信息的应用。

（5）网状拓扑：网状拓扑没有上述 4 种拓扑那样明显的规则，节点连接是任意的。网状拓扑系统可靠性高，但由于结构复杂，必须采用路由协议、流量控制等方法。广域网基本采用网状拓扑结构。

【真题链接 1-69】在计算机网络中，所有的计算机均连接到一条通信传输线路上，在线路两端连有防止信号反射的装置，这种连接结构被称为（　　　）。
　　A．总线结构　　　　B．星形结构　　　　C．环形结构　　　　D．网状结构

【答案】A

【真题链接 1-70】（　　　）拓扑结构是将网络的各个节点通过中继器连接成一个闭合环路。
　　A．星形　　　　　　B．树形　　　　　　C．总线型　　　　　D．环形

【答案】D

【真题链接 1-71】以太网的拓扑结构是（　　　）。
　　A．星形　　　　　　B．总线型　　　　　C．环形　　　　　　D．树形

【答案】B

【真题链接 1-72】某家庭采用 ADSL 宽带接入方式连接 Internet，ADSL 调制解调器连接一个无线路由器，家中的计算机、手机、电视机、PAD 等设备均可通过 WiFi 实现无线上网，该网络拓扑结构是（　　　）。
　　A．环形拓扑　　　　B．总线型拓扑　　　C．网状拓扑　　　　D．星形拓扑

【答案】D

1.7.1.3　网络硬件

与计算机系统类似，计算机网络也由网络硬件和网络软件组成。常见的网络硬件设备有以下几种。

（1）传输介质：常用的有同轴电缆、双绞线和光缆。现如今无线局域网（Wireless Local Area Networks，WLAN）也有越来越多的应用，它利用射频（RF）取代双绞线构成局域网络，并提供有线局域网的所有功能，无线局域网的标准是 IEEE 802.11 系列标准。

（2）网络接口卡（简称网卡）：是构成网络必需的基本设备，用于将计算机和通信电缆连接起来。每台连接到局域网的计算机都需要安装一块网卡。

（3）交换机（Switch）：共享式局域网在每个时间片上只允许一个节点占用共用的通信信道。交换机支持端口连接的节点之间的多个并发连接，从而增大网络带宽。

（4）无线 AP（Access Point）：也称为无线访问点或网络桥接器，含义较广，可以是单纯的无线接入点，也可以是无线路由器等类设备的统称，是有线网和无线网之间的桥梁。

（5）路由器（Router）：处于不同地理位置的局域网通过广域网进行互联是当前网络互联的常见方式。路由器是实现局域网与广域网互联的主要设备。路由器检测数据的目的地

址，对路径进行动态分配，根据不同的地址，选择一条合适的路径，将数据分流到不同的路径中。

（6）网关（Gateway）：是一个复杂的网络设备，用于两个高层协议不同的网络互联，在它们之间充当一个翻译器的作用；也可以提供过滤和安全功能。网关常在家庭或者小型企业网络中使用，用于连接局域网和 Internet。

【真题链接 1-73】若要将计算机与局域网连接，至少需要具有的硬件是（　　）。

　A．集线器　　　　　B．网关　　　　　C．网卡　　　　　D．路由器

【答案】C

【真题链接 1-74】某企业为了组建内部办公网络，需要具备（　　）。

　A．大容量硬盘　　　B．路由器　　　　C．DVD 光盘　　　　D．投影仪

【答案】B

1.7.1.4　网络软件

由于提供网络硬件设备的厂商很多，不同的硬件设备如何统一通信，就需要单独的网络软件——通信协议来实现。通信协议就是通信双方都必须要遵守的通信规则，是一种约定。TCP/IP 是当前最流行的商业化协议，这一标准将计算机网络划分为 4 个层次：应用层、传输层、网络层（也称互联层）、数据链路层（也称网络接口层、主机至网络层）。

【真题链接 1-75】计算机网络是一个（　　）。

　A．在协议控制下的多机互连系统　　　　B．网上购物系统

　C．编译系统　　　　　　　　　　　　　D．管理信息系统

【答案】A

1.7.2　Internet 基础

1.7.2.1　Internet 的起源与发展

Internet 是一个全球范围内的信息资源网，也称为"国际互联网"。Internet 最早起源于 1968 年美国国防部高级研究计划局（ARPA）提出并资助的 ARPANET 网络计划，此后，大量的网络、主机与用户接入 ARPANET，并逐渐扩展到其他国家和地区。我国于 1994 年 4 月正式接入 Internet，从此我国的网络建设进入了大规模发展阶段。到 1996 年年初，我国的 Internet 已经形成了中国科技网（CSTNET）、中国教育和科研计算机网（CERNET）、中国公用计算机互联网（CHINANET）和中国金桥信息网（CHINAGBN）四大具有国际出口的网络体系。

1.7.2.2　IP 地址和域名

就像每一部电话都有一个全球唯一的电话号码一样，在 Internet 上的每个节点（包括主机、路由）必须都有一个全局唯一的地址标识，这个标识就是 IP 地址。IP 地址用 32 位（4 个字节）标识，并被分为四段，每段 1 字节、用一个十进制数表示（每段十进制数范围 0～255），段和段之间用"."隔开。例如，202.205.16.23、10.2.8.11 都是合法的 IP 地址。

IP 地址由各级 Internet 管理组织进行分配，它们被分为不同的类别。根据地址的第一段分为五类：0～127 为 A 类，128～191 为 B 类，192～223 为 C 类，D 类和 E 类留作特殊用途。

显然，用 IP 地址这种数字的方式标识 Internet 上的节点，不便记忆。为此 TCP/IP 引进了一种字符型的主机命名制，这就是域名（Domain Name）。域名的实质就是用一组由字符组成的名字代替 IP 地址。为了避免重名，域名采用层次结构，各层次的子域名之间用"."隔开。从右至左分别是第一级域名（或称顶级域名）、第二级域名……直至主机名。其结构为

主机名.…….第二级域名.第一级域名

国际上，第一级域名采用通用的标准代码，如表 1-2 所示。

表 1-2 常用一级域名的标准代码

域名代码	意义	域名代码	意义
com	商业组织	ac	科研院及科技管理部门
edu	教育机构	int	国际组织
gov	政府机关	cn	国家代码：中国
mil	军事部门	jp	国家代码：日本
net	网络支持中心	kr	国家代码：韩国
org	社会团体或非营利组织	uk	国家代码：英国

由于 Internet 诞生在美国，美国域名的第一级域名采用组织机构域名，其他国家都采用主机所在国家的代码为一级域名。我国一级域名是 cn，用二级域名表示类别或省市地区。例如：pku.edu.cn 是北京大学的域名，pku 是北京大学的缩写，edu 为教育机构，cn 为中国；yale.edu 是美国耶鲁大学的域名。

关于域名还需注意：

① 域名不区分大小写。

② 整个域名的长度不超过 255 个字符。

③ 一台计算机一般只能拥有一个 IP 地址，但可以拥有多个域名。

IP 地址和域名都表示主机的地址，实际是同一事物的不同表示。人们可以使用主机的 IP 地址，也可以使用域名。从域名到 IP 地址，或者从 IP 地址到域名的转换由域名解析服务器 DNS（Domain Name Server）完成。

例如，百度网站的域名是 www.baidu.com，IP 地址是 220.181.111.188，因此当在浏览器的地址栏中输入 www.baidu.com 时，DNS 服务器就将 www.baidu.com 转换为 220.181.111.188。当然，也可以直接在浏览器的地址栏中输入 220.181.111.188 登录百度网站，只是后者的数字不如前者容易记忆和使用方便。

【真题链接 1-76】某企业为了建设一个可供客户在互联网上浏览的网站，需要申请一个（   ）。
A．密码   B．邮编   C．门牌号   D．域名
【答案】D

【真题链接 1-77】在 Internet 中完成从域名到 IP 地址或从 IP 地址到域名转换服务的是（   ）。
A．DNS   B．FTP   C．WWW   D．ADSL
【答案】A

【真题链接 1-78】有一域名为 bit.edu.cn，根据域名代码的规定，此域名表示（   ）。
A．教育机构   B．商业组织   C．军事部门   D．政府机关
【答案】A

【真题链接 1-79】正确的 IP 地址是（   ）。
A．202.112.111.1 B．202.2.2.2.2 C．202.202.1 D．202.257.14.13
【答案】A

1.7.2.3　Internet 的接入

要使用 Internet，首先要接入 Internet。Internet 接入的方式有：①电话线接入，如 ADSL；②专线接入：通过 Internet 服务提供商（ISP）接入；③无线连接；④局域网连接。目前 ISDN（综合业务数字网，又称为"一线通"）可实现上网通话两不误。

防火墙（Firewall）是一项信息安全的防护系统，可能是一台专属的硬件或是一套软件，它依照特定的规则允许你"同意"的人和数据进入你的网络，同时将你"不同意"的人和数据拒之门外。防火墙实际上是一种隔离技术，是一种将内部网和公众访问网（如 Internet）分开的方法。如果不通过防火墙，公司内部的人就无法访问 Internet，Internet 上的人也无法和公司内部的人进行通信。

【真题链接 1-80】用"综合业务数字网"（又称为"一线通"）接入因特网的优点是上网通话两不误，它的英文缩写是（　　）。

A．ADSL　　　　　　B．ISDN　　　　　C．ISP　　　　　　D．TCP

【答案】B

【真题链接 1-81】一般而言，Internet 环境中的防火墙建立在（　　）。

A．每个子网的内部　　　　　　　　B．内部子网之间
C．内部网络与外部网络的交叉点　　D．以上 3 个都不对

【答案】C

1.7.3　Internet 的应用

（1）万维网（World Wide Web）又称为 3W、WWW、Web 或全球信息等，是建立在 Internet 上的一种实现信息浏览查询的网络服务。WWW 遵循超文本传输协议（HyperText Transmission Protocol，HTTP）。WWW 允许用户在各 Internet 站点之间漫游，浏览文本、图形和声音等各种信息。WWW 网站中包含许多网页（又称为 Web 页），网页是用超文本标记语言（HyperText Markup Language，HTML）编写的，并在 HTTP 支持下运行。

（2）超文本和超链接：WWW 中有超文本（Hypertext），超文本不仅含有文本信息，而且还可以包含图形、声音和视频等多媒体信息，还包含指向其他网页的链接，称为**超链接**。有了超链接，用户可以打破传统顺序阅读文本，而能从一个网页直接跳转到另一个网页阅读。

（3）统一资源定位器（Uniform Resource Locator，URL）：每一个 Web 页都有一个唯一的地址，可用 URL 表示。URL 的格式为：协议://IP 地址或域名/路径/文件名。其中，协议就是服务方式或获取数据的方法，常见的有 HTTP、FTP 等。例如：http://www.china.com.cn/news/tech/2012-07/09/content_25859266.htm 就是一个网页的 URL。浏览器可以通过这个 URL 得知：使用协议 HTTP，资源所在主机域名为 www.china.com.cn，要访问的文件具体位置在文件夹 news/tech/2012-07/09 下，文件名为 content_25859266.htm。

（4）浏览器：是用于浏览 WWW 的软件，它能把超文本标记语言（HTML）编写的信息转换为便于理解的形式。它是用户与 WWW 之间的桥梁。常用的 Web 浏览器有 Internet Explorer（IE）、Firefox 等。在浏览网页时，很多浏览器（如 IE）提供的收藏夹功能能够保存 Web 页地址，可让人们将喜爱的网页地址保存起来，以便下次访问。收入收藏夹的网页地址可被起一个简单、便于记忆的名字；以后单击该名字就能访问这个页面，省去了输入

网页地址的麻烦。

（5）文件传输：使用文件传输协议（File Transfer Protocol，FTP）可以在 Internet 上将文件从一台计算机传送到另一台计算机。在客户进入 FTP 站点并下载文件之前，必须使用一个账号和密码登录。有些 FTP 站点允许匿名登录，即允许任何人登录；这时以 anonymous作为账号名，以自己的电子邮箱地址作为密码登录即可。

（6）电子邮件（E-mail）：与通过邮局邮寄信件必须分别写明寄件人和收件人的地址一样，使用电子邮件，首先也要拥有一个电子邮箱和电子邮箱的地址。电子邮箱地址格式是"用户标识@主机域名"。字符@读作 at，用于分隔用户标识和主机域名。地址中间不能有空格或逗号，例如，benlinus@sohu.com 是一个电子邮箱地址，它表示在 sohu.com 主机上有一个名为 benlinus 的电子邮箱账户。只要在一台计算机上申请了电子信箱，以后就可通过任何联网的计算机使用它收发邮件。要向他人发送电子邮件，也必须知道收件人的电子邮箱地址。在电子邮件中还允许插入附件文件，通过电子邮件向他人发送计算机上的文件。电子邮件客户端软件有 Outlook、Foxmail 等。使用这些软件，设置好自己的电子邮箱账号、密码等，就可以收发电子邮件了。

（7）新闻组（Usenet 或 NewsGroup）：是一个基于网络的完全交互式的超级电子论坛。不同的用户通过一些软件可连接到新闻服务器上阅读其他人的消息并可以参与讨论。

（8）远程登录（rlogin）：允许授权用户进入网络中的其他计算机；并且就像在现场操作一样，用户可以操作该计算机中允许的任何事情，比如：读文件、编辑文件或删除文件等。

（9）搜索引擎（Search Engine）：是根据一定的策略、运用特定的计算机程序从互联网上搜集信息，并对信息进行组织和处理后为用户提供检索服务。代表性产品有 Google、Baidu、Sogou、Bing、360 等。

【真题链接 1-82】在 Internet 为人们提供许多服务项目，最常用的是在各 Internet 站点之间漫游，浏览文本、图形和声音各种信息，这项服务称为（　　）。

　　A．电子邮件　　　　B．网络新闻组　　　C．文件传输　　　　D．WWW

【答案】D

【真题链接 1-83】在 Internet 上浏览时，浏览器和 WWW 服务器之间传输网页使用的协议是（　　）。

　　A．HTTP　　　　　B．IP　　　　　　C．FTP　　　　　D．SMTP

【答案】A

【真题链接 1-84】IE 浏览器收藏夹的作用是（　　）。

　　A．搜集感兴趣的页面地址　　　　　　B．记忆感兴趣的页面内容
　　C．收集感兴趣的文件内容　　　　　　D．收集感兴趣的文件名

【答案】A

【真题链接 1-85】关于电子邮件，下列说法错误的是（　　）。

　　A．必须知道收件人的 E-mail 地址　　　B．发件人必须有自己的 E-mail 账户
　　C．收件人必须有自己的邮政编码　　　　D．可以使用 Outlook 管理联系人信息

【答案】C

第 2 章　电脑办公之旅，从 Word 开始——Word 的基本操作

这年头，谁的计算机里没有几个 Word 文件？作为微软公司 Office 套装软件中的组件之一，Word 可是家喻户晓。Word 实际是一款文字处理软件，拥有强大的文字处理能力，能够方便地创建和编辑各种图文并茂的办公文档，如宣传单、海报、各类合同、行政公文等。

学习 Word，无非就是使用计算机代替人工书写，以打印代替手写。这比人工手写要灵活方便得多：想怎么改就怎么改，想设置什么格式就设置什么格式；不像使用纸张手写，写错了或要改变格式，就要重新抄写一遍。除此之外，使用计算机代替人工手写，更可实现人工手写无法实现的效果：例如，在同一篇文档中可以先用楷体，隔一段再用宋体，再隔一段用隶书……而人工手写时一个人很难同时写出来几种不同的字体。

2.1　Office 2010 的安装

要使用 Word 强大的文字处理功能，需要在计算机中首先安装 Word 软件。Word 2010 是 Office 2010 套装软件的组件之一，我们只要安装 Office 2010，就安装了 Word 2010，并且同时还安装了套装软件中的其他组件如 Excel 2010、PowerPoint 2010 等。

原始 Office 2010 的安装程序是位于一张光盘中的，然而光盘不便携带，且在没有光驱的计算机上也无法使用。因此常将原始的安装光盘制作为一个**光盘映像文件**，即将原始光盘中的所有内容打包，以一种特定的格式存放到一个文件中，该文件真实反映原始光盘的内容，称为光盘映像文件（又称为光盘镜像文件）。光盘映像文件一般都比较庞大，文件大小通常是光盘中所有文件大小之总和。这样只要得到光盘映像文件，便得到了整张光盘的内容。该文件还可被上传到互联网提供下载，更可被复制到 U 盘中便于携带。最常见的光盘映像文件的后缀为 ISO。例如，我们得到一个 Office 2010 安装程序的光盘映像文件为 office2010_sp1_32bit_pro_chs.ISO。

光盘映像文件可用解压缩软件解压缩，而得到原始光盘中的所有文件，然而这不是一个最好的做法。一般应使用虚拟光驱软件直接打开光盘映像文件，这样可在计算机中安装一个虚拟的光驱，通过虚拟光驱直接加载光盘映像文件，就可在文件资源管理器中直接查看原始光盘的内容，犹如真地将原始光盘放入了该计算机的真实光驱中一般，如图 2-1 所示。图 2-1 中的 S 盘并不是一个真正的光驱，它是由软件"虚拟"出来的，但使用起来犹如将 Office 2010 的原始安装光盘放入了该驱动器一般（读者在实际操作中的盘符不一定是 S）。

图 2-1　用虚拟光驱软件加载光盘映像文件的效果

　　要达到这种效果,需首先安装虚拟光驱软件.常见的虚拟光驱软件有很多,如 UltraISO、Daemon Tools、Alcohol 120%等,可任意选用。例如, 在安装 UltraISO 后, 可通过如下方式直接加载光盘映像文件: 在文件资源管理器中右击光盘映像文件, 从快捷菜单中选择 UltraISO 中的"加载到驱动器"命令 (或英文版 Mount to drive 命令), 如图 2-2 (a) 所示。注意, 如果在计算机系统中还安装有其他可打开光盘映像文件的软件, 则右击菜单可能与图 2-2 (a) 有所不同, 这时选择"打开方式"中的"选择默认程序", 在弹出的对话框中浏览并选择 UltraISO, 设置为选用 UltraISO 软件打开光盘映像文件即可。

（a）加载光盘映像文件（在资源管理器中操作）　　　　　（b）对压缩文件请先解压缩

图 2-2　用 UltraISO 的虚拟光驱功能加载光盘映像文件

疑难解答　　　　要注意区分**文件资源管理器窗口**和**解压缩软件窗口**。图 2-2 (a) 的操作是在资源管理器窗口中进行的, 而不是在解压缩软件窗口中进行。对压缩格式的安装包 (如 xxx.rar), 以解压缩软件打开, 如图 2-2 (b) 所示。这时在解压软件窗口中尽管可以预览文件, 但不应在此窗口中操作文件。应首先单击窗口顶部的"解压到"按钮, 将文件解压到某一文件夹中 (例如, 解压到"C:\Office2010 安装\"), 然后再通过资源管理器进入该文件夹操作 (双击桌面上的"计算机"或"此电脑", 然后依次进入 C 盘、"Office2010 安装"文件夹)。

　　在用虚拟光驱软件加载了 Office 2010 安装光盘的光盘映像文件后, 就可以开始安装了。在资源管理器中进入虚拟光盘, 如图 2-1 为双击 S 盘即可。进入光盘后, 右击光盘中的 setup 文件, 在弹出的快捷菜单中选择"以管理员身份运行", 则弹出如图 2-3 所示的安装界面, 稍后弹出图 2-4 所示的界面。

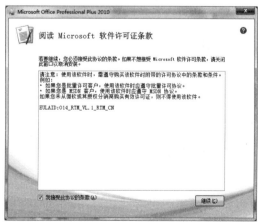

图 2-3　Office 2010 的安装准备界面　　　　图 2-4　Office 2010 安装的软件许可证条款界面

在图 2-4 的界面中，选中"我接受此协议的条款"，然后单击"继续"按钮。弹出图 2-5 所示的界面，单击"立即安装"按钮，弹出图 2-6 所示的安装进度。等待安装结束，则显示图 2-7 所示界面，表示安装成功，单击"关闭"按钮退出安装程序即可。

图 2-5　Office 2010 的安装选项界面　　　　图 2-6　Office 2010 的安装进度界面

在安装后还要对 Office 2010 进行激活操作，激活是微软公司对所安装的 Office 2010 的正版验证。激活可以通过连接到 Internet 激活，也可选择电话激活，按提示操作即可。如果不激活一般可试用 30 天。

在安装 Office 2010 时还要注意以下问题。

（1）如果在计算机系统中已安装有早期其他版本的 Office，如 Office 2003、Office 2007 等，则图 2-5 所示的步骤界面会如图 2-8 所示。这时可选择保留这些早期版本的 Office 软件，同时再安装 Office 2010，这样 Office 2010 可与其他早期版本的 Office 共存；也可选择先删除早期版本的 Office 软件再安装 Office 2010。如需保留早期版本，应单击"自定义"按钮，在之后的对话框中再详细设置如何保留，如需删除早期的版本，直接单击"升级"按钮即可。

图 2-7　Office 2010 安装完成界面　　　　图 2-8　发现有早期版本 Office 时的安装选项

（2）如果在计算机系统中已安装有更新版本的 Office，如 Office 2013 或 Office 2016，此时不能直接安装 Office 2010。应先运行 Office 2013 或 Office 2016 的卸载程序完全卸载 Office 2013 或 Office 2016 后再安装 Office 2010。

（3）如果在计算机系统中已安装有其他办公软件，如 WPS，有时容易与 Office 软件造成软件冲突，使 Office 2010 无法正常工作。此时也建议首先卸载 WPS，在卸载时注意一定不要选中"保留用户配置"（默认是选中的），使 WPS 完全卸载。然后再安装 Office 2010。

为何无法启动安装，或安装中途报错退出？Office 2010 对系统的软件环境要求较高，也容易与其他已安装在系统中的很多软件造成软件冲突，使安装失败。这时应卸载可能有软件冲突的其他软件，且保证卸载干净，然后再尝试安装 Office 2010。如安装仍不成功，应重新安装 Windows 系统，这样才能将系统彻底清理干净。一般在重新安装原版的、干净的 Windows 系统后（安装系统后先不要安装其他软件），就可以成功安装 Office 2010 了。

疑难解答

2.2　计算机的基本操作

2.2.1　鼠标的基本操作

有关鼠标的基本操作如下。

（1）指向：移动鼠标器，屏幕上的鼠标指针（一般为箭头形状）也会对应跟随移动。通过移动鼠标器移动屏幕上的鼠标指针并指向屏幕上的某个内容，以便对该内容做后续操作。

（2）单击：按下鼠标左键 1 次。一般单击均指单击左键，如单击右键，要明确说明是右键。单击用于按下屏幕上的一个按钮、选择一个项目等，这是鼠标最常用的操作。

（3）右击：按下鼠标右键 1 次，右击的功能一般是弹出一个快捷菜单。

（4）双击：连续快速地按鼠标左键 2 次，注意要连续且快速，如果慢吞吞地按 2 次是单击 2 次，而不是双击。一般双击均指双击左键，很少有双击右键的操作。双击可用于打开一个文件，在不同场合双击屏幕上的不同内容还能实现很多特殊功能。

（5）滚轮：向上或向下推动鼠标滚轮，一般用于向上或向下翻页，不同场合也有特殊功能。

（6）拖动：按住鼠标左键不放，同时移动鼠标器。拖动一般均为按住左键拖动，个别场合也有按住右键拖动的情况。拖动用于将屏幕上的某内容从一个地方移动到另一个地方，或者用于选中一个区域等。

（7）键盘按键配合：做上述鼠标操作时，有时还可配合键盘的 Ctrl、Alt、Shift 等按键，即按住这些键中的 1 个或多个，再同时做上述鼠标操作，以实现更多不同的功能。如按下 Ctrl 键不放，同时做拖动的操作；按下 Shift 键不放，同时做单击操作，等等。不同场合这些操作实现的功能不同，后面将会逐渐学习到。

2.2.2　文字的基本输入方法

要输入小写字母，直接按下键盘上的字母键；要输入大写字母，应按住 Shift 键不放再按下字母键。也可按一次 Caps Lock 键，切换默认大小写字母状态为"大写"，然后直接按下字母键输入的就是大写字母,此时如按 Shift+字母键反而输入的是小写字母。再按一次 ▦ 键又可切换回默认是小写字母的输入状态。

键盘上有些按键标有两种符号,如 ▦、▦、▦ 等。直接按下该键,输入的是标记在下面的符号。要输入标记在上面的符号,要按住 Shift 键不放同时再按下该键。例如,直接按 ▦ 键输入的是数字 1;按 Shift+▦ 组合键,输入的是叹号（!）。读者可打开任意 Word 窗口,练习输入大、小写英文字母及以下字符:!、@、$、%、&、*、(、]、{、<、:、"、\、/等。注意,\和/两个斜杠的方向是不同的,它们是两种不同的符号,不要混淆。/的使用场合较多（如除法符号、网址中的间隔符等）,最好通过小数字键输入/,因为小数字键区只有/,没有\,这样肯定不会输错。

要输入汉字,需首先打开中文输入法。单击任务栏右侧的输入法图标 ▦ ,在弹出的菜单中选择一种合适的汉字输入法,然后即可录入汉字。也可按下键盘的“Ctrl+空格”组合键,在中/英文输入法之间切换,或连续按 Ctrl+Shift 组合键在不同的输入法之间切换。

输入时,一定要注意目前是处于中文输入状态,还是处于英文输入状态,在两种输入状态下输入的内容往往是不同的。例如:

（1）英文状态下按 ▦ 键输入英文句号“.”,而中文状态下输入中文句号“。”。

（2）英文状态下按 ▦ 键输入“\”,而中文状态下输入顿号“、”。

（3）英文状态下按 Shift+▦ 键输入“>”,而中文状态下输入书名号“》”。

（4）英文状态下按 Shift+▦ 键输入“^”,而中文状态下输入省略号“……”。

还有一些字符虽然看上去相似,但中、英文状态下输入的仍是两种不同的字符,如英文的“(”与中文的“（”是不同的（英文的略窄）,读者在输入时一定要细心。

输入时,还要注意目前是处于半角状态,还是处于全角状态。单击输入法指示器上的半月形图标 ☽ ,使图标变为满月形 ● ,则表示已切换到全角状态,此时输入的内容都是全角字符。再次单击该图标,使之变回半月形 ☽ 则又切换回半角输入状态。一般汉字都是全角的,即输入汉字时在全角、半角状态下均可。但输入英文字符时,处于全角、半角状态下就截然不同了:一般在半角状态下输入的英文才是真正意义上的英文;而在全角状态输入的英文字符将类似汉字（略宽）,这与真正的英文字符是截然不同的。即使对于空格,也是如此:在半角状态下输入的空格略窄,在全角状态下输入的空格略宽,两种空格也是两种不同的字符。

使用中文输入法还可以输入很多特殊符号,如希腊字母（α、β、π）、中文标点符号（〖、·、々）、数学符号（±、÷、≈）、特殊符号（℃、○、★）等。打开中文输入法后,右击输入法指示器上的软键盘图标 ▦ （注意,是右击,不是左键单击）,弹出各种符号的软键盘菜单,如图 2-9（a）所示。从菜单中选择需要的符号类型,则屏幕上将弹出一个类似键盘的窗口,称**软键盘**,图 2-9（b）为从菜单中选择了“特殊符号”项后弹出的软键盘。将插入点定位到需要输入的位置,用鼠标单击软键盘上的按钮或直接按下键盘上对应的按键,即可输入对应字符。注意,在打开软键盘后,按下键盘上的按键输入的都是特殊符号,不能再输入原义的英文字母、数字、英文符号等。因此,在特殊符号输入完毕后,应再次单击输入法指示器上的软键盘图标 ▦ ,关闭软键盘,以恢复正常的输入状态。

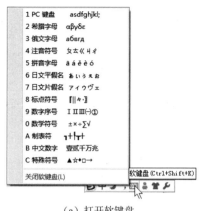

（a）打开软键盘

（b）使用软键盘输入特殊符号

图 2-9　使用软键盘

要删除文字，有以下方法。

（1）按下键盘上的 Backspace 键可删除插入点左侧的文字。

（2）按下键盘上的 Delete 键可删除插入点右侧的文字。

（3）选择一些文字，按下键盘上的 Backspace 键或 Delete 键，可将选中内容全部删除。

2.2.3　组合键的按键方法

键盘上的 Ctrl、Alt、Shift 键（有时也包括 Win 键）经常可以和其他键组合使用，完成特定的功能。多键组合用"+"表示。例如，组合键 Ctrl+S 执行保存功能（而单独按 Ctrl 键一般没有功能、单独按 S 键是输入字母 S）、组合键 Ctrl+C 执行复制功能、组合键 Shift+F5 跳转到上次编辑位置、组合键 Alt+F9 切换域代码等。使用组合键而不是通过鼠标操作，会大大提高操作效率，因而组合键有时也称快捷键；在一些场合，使用鼠标无法完成操作，只能通过组合键完成。

Ctrl+S 的按键方法是：首先按下键盘上的 Ctrl 键（左右 Ctrl 键均可），按住 Ctrl 键不放，再按一次 S 键并抬起 S 键（注意，Ctrl 键一直处于按下状态），最后再抬起 Ctrl 键。有的读者按下 Ctrl 键后就抬起了 Ctrl 键，然后再去按 S 键，就不正确了。还有的读者分别用两个手指试图同时按下 Ctrl 键和 S 键，由于很难保证同时进行，二者稍有时间差就会失败。所以，后者的方法偶尔成功，偶尔不成功，因而也是不正确的。

其他组合键的按键方法类似。一定保证首先按住 Ctrl、Alt 或 Shift 键不放，再按另一个键。如 Ctrl+Shift+End 的按键方法是首先按住 Ctrl 键不放，再按住 Shift 键不放，同时按住两个键不放的情况下再按 End 键、抬起 End 键，最后再抬起 Ctrl 键和 Shift 键。

2.2.4　文件名和隐藏扩展名

每个文件都有一个文件名。文件名由主名和扩展名两部分组成，之间用圆点"."分隔，即"主名.扩展名"的形式。主名由用户自己命名，但最好"见名知义"。扩展名通常用来区分文件的类型，如扩展名 jpg 表示图片文件、avi 表示视频文件、mp3 表示音乐文件、txt 表示文本文件等。有些文件可以没有扩展名，当没有扩展名时，也没有圆点"."。

在资源管理器中，文件名的扩展名可被隐藏，也可以显示出来，分别如图 2-10（a）、（b）所示。需要注意的是，如果文件的扩展名被隐藏，并不表示它没有扩展名。在更改文件名时，也要注意不要为文件名误增加两个连续的扩展名。例如，图 2-10（a）的"批量结算单"实际的文件名是"批量结算单.docx"（.docx 被隐藏）。如果在该窗口中将之更名为"批量结算单.docx"，虽然看上去是"批量结算单.docx"，但实际的文件名将变成"批量结算单.docx.docx"，这将导致错误（图 2-10 中没有包含更名后错误文件名的示例）。这是因为看到的后缀.docx 这里实际是文件主名的一部分，而非扩展名；此外，文件还有一个隐藏的扩展名.docx，因而实际上它具有连续的两个.docx。如果在考试过程中发生后者情况，由于评分系统找不到仅带有一个.docx 的正确文件，考生将得不到成绩。

（a）隐藏文件扩展名　　　　　　　　　　　　　　（b）显示文件扩展名

图 2-10　在资源管理器中文件扩展名可以被隐藏，也可显示出来

在图 2-10（a）中，"看到的文件名 ≠ 真实的文件名"，故容易出错。因此建议读者最好将自己的资源管理器设置为"显示文件扩展名"，而不要隐藏它，即让效果如图 2-10（b）所示，这样使"看到的文件名=真实的文件名"，就不会出现类似的错误。设置的方法是：在任意一个资源管理器窗口中单击"组织"按钮，从下拉菜单中选择"文件夹和搜索选项"，如图 2-11 所示。在弹出的"文件夹选项"对话框中切换到"查看"选项卡，然后在下方找到"隐藏已知文件类型的扩展名"，不要选中该项（如果该项前有对钩标记，则单击它取消对钩标记），单击"确定"按钮。只要在任意一个资源管理器窗口中做此设置，所有的资源管理器窗口都将自动应用同样的设置，都不会再隐藏文件扩展名了。

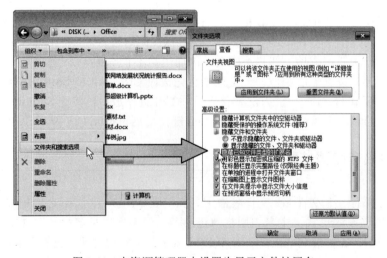

图 2-11　在资源管理器中设置为显示文件扩展名

2.3　认识 Word

2.3.1　Word 的启动和退出

如图 2-12 所示，单击"开始"按钮，选择"所有程序"→Microsoft Office→Microsoft Word 2010 命令；或者双击桌面上的 Word 图标 ，即可启动 Word。Word 启动后，会自动创建一个新文档，可以直接在其中输入和编辑新文档的内容。

在文件夹中双击某个 Word 文件，同样可以启动 Word，并同时将此 Word 文档打开。

单击 Word 窗口右上角的 ╳ 按钮，或单击"文件"中的"退出"，可退出 Word。如果单击"文件"中的"关闭"，则只关闭文档，并不退出 Word，可继续用 Word 新建或打开其他文档进行编辑。

图 2-12　用开始菜单启动 Word

2.3.2　Word 的操作界面

Word 2010 的操作界面如图 2-13 所示。

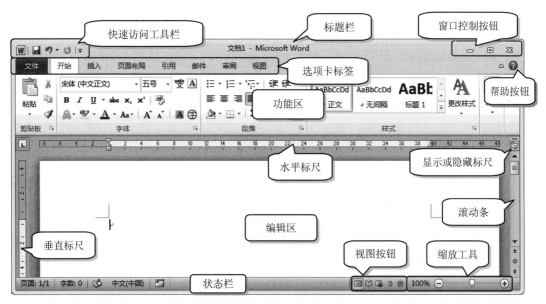

图 2-13　Word 2010 的操作界面

2.3.2.1　通过后台视图管理文件

单击功能区最左侧的"文件"选项卡，打开后台视图，在其中可执行文件的创建、保存、打印、共享和发送、检查文档附带的元数据或个人信息、设置选项等。后台视图主要用于管理文件和文档信息，而非编辑文档的内容本身。针对文档内容的操作，要通过功能区的其他选项卡进行。要关闭后台视图，再次单击"文件"选项卡或按 Esc 键即可。

2.3.2.2　使用功能区编辑文档

除"文件"选项卡外，功能区将 Word 2010 的各种工具按钮收纳为若干门类，如"开始""插入""页面布局"等，单击相应的选项卡标签，可使功能区切换为显示对应门类的按钮，以便使用其中的功能。

某一选项卡中的功能按钮，又按类别被分为不同的组（也称工具组、选项组，或简称组）。例如，在"开始"选项卡中又分为剪贴板、字体、段落、样式等组。如果某个组右下角有 按钮，单击它一般还能打开一个对话框，在对话框中可进行该组有关的详细设置（"对话框"就是一个窗口，其中一般提供了很多设置选项并有"确定""取消"等按钮。用这个窗口按照人们的需要做各种设置，就好像是在和计算机"对话"，故得名）。例如，单击"字体"组右下角的 按钮，将弹出"字体"对话框，在其中可进行字体格式的详细设置；单击"段落"组右下角的 按钮，将弹出"段落"对话框，在其中可进行段落格式的详细设置。

功能区中包含大量按钮，如何记住这些按钮的功能呢？可以把鼠标指针移动到某个按钮上（不要单击），Word 会弹出有关该按钮的说明。要善用这一功能，免去记忆的麻烦。当需要使用自己不熟悉的功能或 Word 的新功能时，这也是一种很好的自学探索方法。

疑难解答

功能区的大小还会随屏幕尺寸和 Word 窗口大小的变化而变化。如果功能区尺寸较小，无法容纳所有的按钮和名称，Word 会自动将部分按钮缩小，或改用缩略显示，如图 2-14 所示。因此，在本章和后续章节中，读者实际操作的窗口状态可能与本书示范的画面略有差异。

（a）当功能区尺寸较小时，按钮显示为三排，一些列表或功能按钮被压缩显示

（b）当功能区尺寸较大时，按钮显示为两排，一些列表或功能按钮被扩展显示

图 2-14　功能区尺寸对功能区中按钮显示方式的影响

单击功能区右上角的 按钮，可最小化功能区，功能区将只显示选项卡标签，编辑区

将扩大，以方便编辑文档内容。这时右上角的按钮变为 ♡；单击 ♡ 又可恢复功能区的展开状态。

2.3.2.3　通过快速访问工具栏执行常用操作

Word 窗口左上角有一个"快速访问工具栏"，如图 2-13 所示，其中包含一些常用的操作命令按钮，如"保存""撤销""恢复"等。

"快速访问工具栏"包含的按钮是可以自己设置的。单击右侧的■按钮，在菜单中选中命令项，即可将对应的命令按钮加入"快速访问工具栏"；而取消命令项前的对钩，则可从工具栏中删除该按钮。在菜单中选择"其他命令"，还可以向"快速访问工具栏"中添加或删除更多的命令按钮。

2.3.2.4　由状态栏查看文档信息和切换视图

状态栏位于 Word 窗口的最下方（图 2-13），可以显示文档的多种信息，包括插入点所在的页数、文档总页数、字数统计、插入/改写状态等。

Word 提供了 5 种查看文档的视图方式，见表 2-1。可针对不同需求，单击状态栏右侧的相应按钮切换，以不同的视图方式显示文档。

表 2-1　Word 的视图

视图	说明
页面视图	Word 默认的视图方式，完全显示文本及其格式、图片、表格等，与打印效果相同，页面视图常用于对文档排版和设置格式等
阅读版式视图	便于在计算机屏幕上阅读文档
Web 版式视图	将文档显示为网页的形式，不带分页，便于用 Word 制作网页
大纲视图	显示文档各级标题大纲层次，当需整体把握和调整文档的大纲结构时使用
草稿	只显示文本，简化了页面布局，可快速输入和编辑文本

状态栏右侧提供了显示缩放工具，可单击 ⊖ 缩小、单击 ⊕ 增大显示比例，或拖动中间的滑竿 ◻ 改变显示比例。单击目前的显示比例，如 **100%**，弹出"显示比例"对话框，也可在对话中设置显示比例。实际上，按住 Ctrl 键的同时，向上或向下推动鼠标滚轮，即可放大或缩小显示比例，实际工作中应采用后者的方法缩放文档显示，这比通过状态栏按钮操作更便捷。

调整显示比例只是放大或缩小文档的显示，以方便在屏幕上的查看而已，并不会放大或缩小文档中文本的字体，也不会影响文档打印出来的效果。可以把显示比例理解为一种文档放大镜，放大镜只会影响看上去的效果，而不会实际改变物体的大小。

【真题链接 2-1】在 Word 功能区中，拥有的选项卡分别是（　　）。

A. 开始、插入、页面布局、引用、邮件、审阅等

B. 开始、插入、编辑、页面布局、引用、邮件等

C. 开始、插入、编辑、页面布局、选项、邮件等

D. 开始、插入、编辑、页面布局、选项、帮助等

【答案】A

2.4　Word 文档的新建、打开和保存

　　Word 启动后，会自动创建一个新文档，可直接在其中输入和编辑内容。也可单击"文件"打开后台视图，再选择"新建"命令，在可用模板中双击"空白文档"新建一个文档。

　　要打开现有的文档，单击"文件"打开后台视图，再选择"打开"命令，在弹出的"打开"对话框中选择文件所在的位置，单击要打开的文件，然后单击"打开"按钮。也可以在资源管理器的文件夹中直接双击某个 Word 文档文件，自动启动 Word 并在 Word 中将之打开。Word 2010 文档文件的扩展名为 docx，Word 2003 及更早期版本的 Word 文档文件的扩展名为 doc，后者也可被 Word 2010 兼容，可由 Word 2010 打开编辑。

　　如果编辑好的文档没有保存就被关闭，那么先前的工作就白费了。因此，在文档编辑结束前，必须记得保存文档。保存文档的方法是：单击"快速访问工具栏"中的"保存"按钮 ；或者单击"文件"打开后台视图，再选择"保存"命令；或者按下 Ctrl+S 组合键。当对文档进行初次保存时，会弹出"另存为"对话框，如图 2-15 所示，在对话框中选择要保存的位置，并输入文件名。文件名的英文字母大小写均可；是否包含".docx"均可，如不包含，Word 会自动添加（只要在保存类型中选择了"Word 文档"）。单击"保存"按钮。

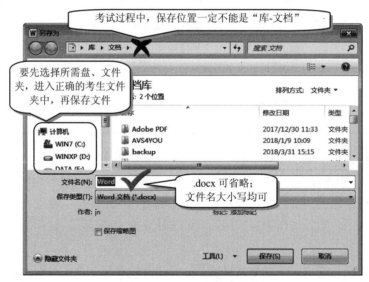

图 2-15　"另存为"对话框

　　只有对文档进行初次保存时（例如，对新建的文档第一次保存），才会弹出"另存为"对话框。当文档被保存后，如果再次执行"保存"操作，Word 会将修改直接保存，而不再弹出"另存为"对话框。当打开一个先前保存过的文档后，执行"保存"操作时，Word 也会将修改直接保存回原来的文件，而不弹出"另存为"对话框。如果希望再次弹出"另存为"对话框，可单击"文件"打开后台视图，再选择"另存为"命令，这样可为文档另外起名保存为一个新文件，以后的修改也将保存到新文件中；而原来的文件自动被关闭，内容不再改变。

疑难解答

如果将 Word 素材.docx 另存为 Word.docx，则之后对文档的操作是对 Word 素材.docx，还是对 Word.docx 呢？答案是后者。当打开文档 Word 素材.docx 时，Word 窗口标题栏显示"Word 素材.docx"，即对该文档操作。"另存为"后，系统将自动关闭 Word 素材.docx，窗口标题栏显示 Word.docx，表示之后的操作都将针对 Word.docx，修改后再保存也都将保存到 Word.docx 中。"Word 素材.docx"已被关闭，之后的操作不会再对它有任何影响。

在编辑文档的过程中，应经常单击"保存"按钮，或按下 Ctrl+S 组合键，及时保存文档。而不是待所有编辑工作结束后再保存。这样可最大限度地避免因编辑中途的意外情况（如死机、断电等）造成的工作损失。这种及时存盘的操作习惯在实际工作中是非常重要的！

高手进阶

Word 有自动保存的功能，会每隔一定时间（默认为 10 分钟）自动保存一次文档。这在一定程度上可以减少在用户忘记及时存盘时，由于发生意外情况导致的大量工作成果丢失。但自动保存也是每过一段时间后的保存，仍不能完全避免损失。另外注意，自动保存并非将内容自动保存到原文档中，而是只保存到一个临时文件中，需要恢复时应按照 Word 的提示从临时文件中恢复内容，然后再另行保存到原文档中。要设置自动保存功能，单击"文件"|"选项"，在打开的"Word 选项"对话框左侧选择"保存"，在右侧选中"保存自动恢复信息时间间隔"并设置自动保存的时间间隔分钟数。

在"另存为"对话框中，一般选择保存类型为"Word 文档"。根据需要，也可选择其他要保存的文件类型：如 Word 97-2003 文档（早期 Word 文档格式，扩展名为 doc）、PDF 文件（扩展名为 pdf）、XPS 文件（扩展名为 xps）、Word 模板（扩展名为 dotx、dotm 或 dot）、网页（扩展名为 htm 或 html）等。

PDF（可移植文档格式）可保留文档中的格式，方便阅读，但他人无法轻易更改文件中的内容和格式，且支持多种平台。实际工作中，编辑好的文档常另存为 PDF 格式供他人阅读。此外，XPS（XML 纸张规格格式）也可以保留文档格式并支持共享，他人也无法轻易更改文件。XPS 格式可以在文件中嵌入所有的字体，这样即使在用户计算机上没有安装相应的字体，也能使文字以正确的字体显示。XPS 比 PDF 能够呈现更加精确的图像和颜色。

【真题链接 2-2】下列文件扩展名，不属于 Word 模板文件的是（　　　）。

A．.DOCX　　　　　B．.DOTM　　　　　C．.DOTX　　　　　D．.DOT

【答案】A

【真题链接 2-3】北京明华中学学生发展中心的小刘老师负责向校本部及相关分校的学生家长传达有关学生儿童医保扣款方式更新的通知。该通知需要下发至每位学生，并请家长填写回执。

（1）在考生文件夹下，将"Word 素材.docx"文件另存为"Word.docx"（".docx"为扩展名），后续操作均基于此文件，否则不得分。

（2）由于已将灰色底纹文字制作为流程图，请删除"附件 1：学校、托幼机构"前面的灰色底纹文字及用于提示的多余文字。

【解题图示】（完整解题步骤详见随书素材）

2.5　会打字的人很多，你想排老几——文本录入

2.5.1　文本录入的基本操作

2.5.1.1　插入点和插入、改写状态

编辑区是输入、显示、编辑文档的场所，是 Word 窗口的主体部分。编辑区中有一个不断闪烁的短竖线，称为**插入点**，它指出下一个字符将要被输入到的位置。要移动插入点，可单击相应位置；也可通过键盘按键，见表 2-2。

表 2-2　移动插入点的键盘按键操作

按键	移动
方向键←、→	将插入点向左、向右移动一个字符的位置
方向键↑、↓	将插入点上移一行、下移一行
Ctrl+方向键←、→	将插入点向左、向右移动一个字词
Ctrl+方向键↑、↓	将插入点向上、向下移动一段
Home	将插入点移到本行行首
End	将插入点移到本行行尾
Ctrl+Home	将插入点移到整篇文档的开头
Ctrl+End	将插入点移到整篇文档的末尾
Shift+F5*	将插入点移到上次编辑过的位置

* 注意，如果用笔记本电脑操作，可能要同时按下 Fn 键才是按下真正的 F5 键。

在输入文本时，有插入和改写两种输入状态。

（1）**插入状态**：所输入的文本将被"插入"到插入点（短竖线）所在的位置，插入点后面的文本自动跟随后移。

（2）**改写状态**：所输入的文本将替换插入点（短竖线）后面的文本，打一字消一字。

要在这两种状态之间来回切换，按下键盘上的 Insert 键 即可。

【真题链接 2-4】王老师在 Word 中修改一篇长文档时不慎将光标移动了位置，若希望返回最近编辑过的位置，最快捷的操作方法是(　　)。

A. 按 Ctrl+F5 组合键　　　　　　　　B. 按 Shift+F5 组合键

C. 按 Alt+F5 组合键　　　　　　　　D. 操作滚动条找到最近编辑过的位置并单击

【答案】B

【解析】Shift+F5 将插入点移至上次编辑位置，Alt+F5 还原活动窗口大小，Ctrl+F5 没有功能。

2.5.1.2　分行与分段

在输入文字时，要注意分行与分段的操作，如图 2-16 所示。

（1）当文字长度超过一行时，Word 会自动按照页面宽度换行，不要按 Enter 键。

（2）当要另起一个新段落时，才按 Enter 键，这时文档中出现 ↵ 标记，称**硬回车**，又称**段落标记**。如果删除 ↵ 标记（插入点在此标记前按 Delete 键），本段将与下段合为一段。

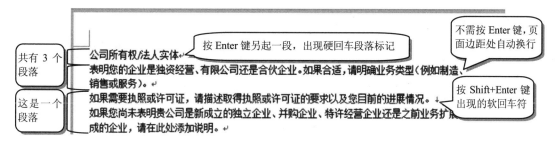

图 2-16　分行与分段（📁素材 2-1 分行和分段.docx）

（3）如果希望另起一行，但新行仍与上行属同一段，应按 Shift+Enter 组合键，这时文档中出现 ↓ 标记，称**软回车**，又称**手动换行符**。

↵ 和 ↓ 只在编辑文档时作为控制字符使用，在打印文档时它们都不会被打印出来。

在段落结尾处按下 Ctrl + Alt + Enter 组合键，可输入一个特殊的控制符——样式分隔符，它将强制把两个段落拼接在一起。位于样式分隔符两侧的内容可被分别设置不同的段落格式，从而实现在同一段落中使用不同的段落格式。

高手进阶

【真题链接 2-5】在某旅行社就职的小许为了开发德国旅游业务，在 Word 中整理了介绍德国主要城市的文档，帮助他将标题"慕尼黑"下方的文本"Muenchen"修改为"München"。

【解题图示】（完整解题步骤详见随书素材）

2.5.1.3　插入特殊符号

在 Word 文档中要输入特殊符号,除可通过汉字输入法的软键盘输入外,还可通过 Word 提供的"符号"对话框输入更多、更丰富的符号。将插入点定位到文档中要插入特殊符号的位置，单击"插入"选项卡"符号"组的"符号"按钮，从下拉列表中选择"其他符号"，弹出"符号"对话框，如图 2-17 所示。在对话框的"子集"中选择所需符号的类型，再在下方符号窗格中选择符号，单击"插入"按钮即将符号插入到文档中。

从"符号"对话框的底部提示中可见"数学运算符"中的"竖线"符号对应的快捷键为"2223,Alt+X"，如图 2-17 所示。这就是说，在文档中只要输入 2223，然后再按 Alt+X 组合键即可插入一个"竖线"符号，这比通过打开**高手进阶**　"符号"对话框选择符号插入更快捷。

2.5.1.4　插入日期和时间

在 Word 中可快速插入日期和时间，而不需手动输入。将插入点定位到文档中要插入日期和时间的位置，单击"插入"选项卡"文本"组的"日期和时间"按钮，弹出"日期和时间"对话框，如图 2-18 所示。在"语言（国家/地区）"中选择"中文（中国）"，在"可用格式"中选择一种日期格式，然后单击"确定"按钮，则在插入点处插入了当前的日期和时间。如果在"日期和时间"对话框中选中了"自动更新"，那么在每次打开文档时，该日期时间都会自动更新为现在的时间。

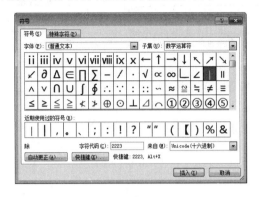 

图 2-17 "符号"对话框　　　　　　图 2-18 "日期和时间"对话框

【真题链接 2-6】公司将于今年举办"创新产品展示说明会"，市场部助理小王需要将会议邀请函制作完成。请将 Word.docx 文档末尾处的日期调整为可以根据邀请函生成日期而自动更新的格式，日期格式显示为"2014 年 1 月 1 日"。

【解题图示】（完整解题步骤详见随书素材）

2.5.1.5　撤销、恢复和重复

如果在编辑过程中执行了错误的操作，可以用 Word 的**撤销**功能将文档恢复到操作之前的状态。单击"快速访问工具栏"的"撤销"按钮 一次，或按下 Ctrl+Z 组合键一次，可撤销前一步的操作；连续单击该按钮或连续按下 Ctrl+Z 组合键，可连续撤销前面多步的操作。也可以单击该按钮右侧的向下箭头，从下拉列表中选择要撤销到的步骤直接连续撤销多步。注意，某些操作不能撤销，这时"撤销"按钮会变成"无法撤销"。

恢复是对"撤销"的撤销。如果在撤销之后又发现刚刚对文档的修改是正确的，刚才不应撤销，可单击"快速访问工具栏"的"恢复"按钮 ，可多次单击该按钮，恢复多次前面的"撤销"操作。也可按下键盘中的 Ctrl+Y 组合键或 F4 键恢复。注意，恢复与撤销是对应的，只有执行了撤销后，才能恢复。

"重复"是指重复刚刚进行的上一次的操作。在执行了新的操作，或在恢复所有已撤销的操作后，"恢复"按钮变为"重复"按钮 。要重复上一次的操作，单击该按钮，或同样按下键盘中的 Ctrl+Y 组合键或 F4 键。通过重复功能可提高工作效率，如刚刚设置了一处文字格式，现要设置另一处文字为相同的格式时，只要选中另一处文字后按 Ctrl+Y 组合键或 F4 键即可，而不必重新打开对话框再做一遍同样的设置。某些操作如不能重复，"重复"按钮将变为"无法重复"。

2.5.2　文本的选择

在编辑文档时，应遵循"选中谁，操作谁"的原则，被选中的文本将是下一步要操作的对象。被选中的文本将以蓝色背景显示。在 Word 中有多种选择文本的方法。

（1）将鼠标定位到要选择文本的起始位置，按住鼠标左键不放拖动鼠标至要选择文本的结束位置后松开鼠标左键。

（2）按住 Shift 键同时移动插入点，可选中插入点移过的部分（无论是用鼠标移动，还是用键盘光标移动键移动）。因此可将插入点定位到要选中文本的起始位置，然后按住 Shift 键不放，再在要选中文本的结束位置处单击。在选中跨越多页的连续内容时，用这种方法选择文本比拖动鼠标更方便。

（3）将鼠标放在文档左侧的空白区，当指针变为 ⁄ 形时，单击可选中一行，双击可选中一段，连续快速单击三次将选中整篇文档。

（4）按住键盘上的 Alt 键不放，拖动鼠标，可选中矩形区域的文字。

（5）按下键盘的 Ctrl+A 组合键，将选中整篇文档。

以上是选中一块连续内容的方法。也可以选中多块不连续的内容，方法是：先按上述方法选中一块内容，再按住 Ctrl 键不放，按上述方法继续选择第二、第三块的内容……待全部内容选择完成后，再松开 Ctrl 键。中途要取消一块区域的选择，按住 Ctrl 键的同时单击这块区域即可。

选中文档内容后，要取消选中，只需在文档的任意位置处单击即可。

以上文本选择的方法可总结口诀如下：

单击行左选单行，

双击行左选段落。

连续选择连续拖，

不连多选按 Ctrl。

矩形应先按 Alt，

按住左键尽管拖。

【真题链接 2-7】在 Word 文档中，选择从某一段落开始位置到文档末尾的全部内容，最优的操作方法是（　　）。

A．将指针移动到该段落的开始位置，按 Ctrl+A 组合键

B．将指针移动到该段落的开始位置，按住 Shift 键，单击文档的结束位置

C．将指针移动到该段落的开始位置，按 Ctrl+Shift+End 组合键

D．将指针移动到该段落的开始位置，按 Alt+Ctrl+Shift+PageDown 组合键

【答案】C

【解析】选项 A 是选中整个文档；选项 B 可以实现目的但不是最方便，尤其对于包含多页的文档，还需浏览到文档末尾；选项 D 是选中从开始位置到当前视野范围的结束位置的内容。选项 C 中 Ctrl+End 键可将插入点移到文档末尾，而按住 Shift 键同时移动插入点将选中移过的部分，因而选项 C 正确。

高手进阶

还有一些其他选择文本的方法：双击一个单词可以选中该单词，按住 Ctrl 键的同时单击一个句子中的任意位置可以选中整个句子。按 F8 键可打开选择模式，然后按上、下、左、右方向键即选择内容；再按 F8 键选中单词、按 3 次选中句子、按 4 次选中段落、按 5 次选中文档；按 Esc 键关闭选择模式。按 Ctrl+Shift+F8 组合键可打开垂直文本的选择模式。

2.5.3 文本的复制和移动

要复制文本，首先选中文本，然后单击"开始"选项卡"剪贴板"组的"复制"按钮，再将插入点定位到文档中要复制到的目标位置，最后单击"剪贴板"组的"粘贴"按钮。也可按 Ctrl+C 组合键"复制"，在目标位置按 Ctrl+V 组合键"粘贴"。如果在选中文本后单击"剪切"按钮，到目标位置再单击"粘贴"按钮，则完成的是文本移动。也可按 Ctrl+X 组合键完成"剪切"操作。

高手进阶　通常，剪贴板只能存放一个内容，当再次剪切或复制其他内容后，之前在剪贴板上的内容就被覆盖了。而 Word 提供了特有的 Office 剪贴板，可存放最多 24 个内容。单击"剪贴板"组右下角的对话框启动器 ，可打开剪贴板任务窗格。在任务窗格中可见最近剪切或复制的多个内容，根据需要选择某项都可以粘贴。然而，Office 剪贴板只能在 Office 软件中使用，在其他软件中是无法使用的，在其他软件中使用的剪贴板仍只能存放一个内容。

用鼠标直接拖动选中文本也可实现文本的移动，如果在拖动文本的同时按住 Ctrl 键，就可实现文本的复制。

2.5.4 查找和替换

单击"开始"选项卡"编辑"组的"查找"按钮，在弹出的"导航"窗格的文本框中输入要查找的内容，如输入"软件"，则在导航窗格中列出所有"软件"文字的出现位置，单击某项即可跳转到文档中的对应位置；同时，在文档中也自动用高亮颜色标记出了这些位置，如图 2-19 所示。

图 2-19　查找和替换（📁素材 2-2 查找和替换.docx）

有时需要对文档中的某些特定内容全部进行修改，如要将文档中多次出现的"电脑"文字都替换为"计算机"。如果用肉眼一个一个地找和手工一个一个地改，不仅烦琐，而且很容易遗漏。可利用 Word 的查找和替换功能进行高效的自动查找和替换。单击"开始"

选项卡"编辑"组的"替换"按钮（或按 Ctrl+H 组合键），弹出"查找和替换"对话框并自动切换到对话框的"替换"选项卡。在"查找内容"框中输入"电脑"，在"替换为"框中输入"计算机"，如图 2-19 所示。单击"替换"按钮，可进行下一处文本的替换。连续单击"替换"按钮继续替换以后各处文本。单击"全部替换"按钮，则无一遗漏地全部替换。

　　如果在"替换为"框中不输入任何内容，单击"全部替换"按钮，则可将文档中所有出现的"电脑"文字全部删除。这是一种快速删除文档中所有特定文字的技巧。

　　【真题链接 2-8】文档 Word.docx 是一篇从互联网上获取的文字资料，请将该文档中的西文空格全部删除。

　　【解题图示】（完整解题步骤详见随书素材）

　　【真题链接 2-9】某出版社的编辑小刘手中有一篇有关财务软件应用的书稿 Word.docx。请打开该文档，将书稿中各级标题文字后面括号中的提示文字及括号"（一级标题）""（二级标题）""（三级标题）"全部删除，并按原文件名进行保存。

　　【解题图示】（完整解题步骤详见随书素材）

　　在"查找和替换"对话框中，还可以输入特殊符号，以对特殊符号进行查找和替换。单击对话框中的"更多"按钮，将显示出更多的选项，如图 2-20 所示。先将插入点定位在"查找内容"或"替换为"框中，再单击"特殊格式"按钮，从弹出的菜单中选择对应的特殊字符，即可将对应特殊字符输入到"查找内容"或"替换为"框中，以便查找或替换该特殊字符。

图 2-20　单击"更多"后的"查找和替换"对话框

　　例如，从弹出的菜单中单击"段落标记"，将查找或替换**硬回车符**；从弹出的菜单中单击"手动换行符"，将查找或替换**软回车**符；从弹出的菜单中单击"制表符"，将查找或替换**制表符**（Tab 符）；等等。由于很多特殊字符不能被直接显示出来，在"查找内容"或"替换为"框中是以"^字母"的形式表示特殊字符的，如软回车符表示为"^l"（字母[el]不是数字[yi]）、**硬回车**符表示为"^p"、**制表符**表示为"^t"等。因此，除了从"特殊格式"按钮的菜单中选择外，也可以在"查找内容"或"替换为"框中直接输入对应的"^字母"内容表示特殊字符。

如要删除文档中的所有空行（空白段落），该怎样做呢？只要查找连续的 2 个硬回车符（^p^p），将之替换为一个硬回车符（^p）就可以了。因为如有两个硬回车符连在一起，它们之间没有任何内容，则它们之间就是一个空行；否则，如果两个硬回车符之间有任何内容，这些内容都是本行的内容，就说明本行并非空行。但要注意，需连续多次单击"全部替换"按钮，直到再找不到^p^p 为止，以处理连续的多个空行的情况；因为连续的多个^p 也要两个一组两个一组地替换，不能经过一次替换全被删除。这里有一个特例，文档开头的第一个空行不能通过这种方式删除（因为它前面没有^p，只有一个^p），这个空行可以手工删除：按 Delete 键删除文档开头的硬回车符即可。另外，如多次替换后仍有少数几个空行始终不能被替换，可能在页眉、页脚处有空行，或在文档结尾有空行，或在脚注尾注中有空行，或在目录、索引后有空行等，这些空行也应手工删除。

【真题链接 2-10】为了更好地介绍公司的服务与市场战略，市场部助理小王需要协助制作完成公司战略规划文档 Word.docx，并调整文档的外观与格式。请将文档中出现的全部"软回车"符号（手动换行符）更改为"硬回车"符号（段落标记）。

【解题图示】（完整解题步骤详见随书素材）

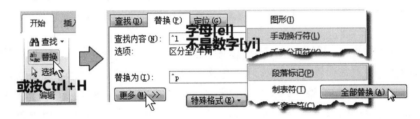

【真题链接 2-11】办事员小李需要整理一份有关高新技术企业的政策文件呈送给总经理查阅。试帮助小李删除文档 Word.docx 中所有的空行和全角（中文）空格。

【解题图示】（完整解题步骤详见随书素材）

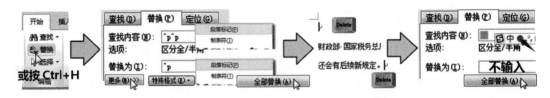

【真题链接 2-12】在 Word 文档中，学生"张小民"的名字被多次错误地输入为"张晓明""张晓敏""张晓民""张晓名"，纠正该错误的最优操作方法是（　　）。
　　A．从前往后逐个查找错误的名字，并更正
　　B．利用 Word "查找"功能搜索文本"张晓"，并逐一更正
　　C．利用 Word "查找和替换"功能搜索文本"张晓*"，并将其全部替换为"张小民"
　　D．利用 Word "查找和替换"功能搜索文本"张晓^?"，并将其全部替换为"张小民"

【答案】D

【解析】"^?"表示一个任意字符，单击"特殊格式"菜单中的"任意字符"，便可输入该代码。所以要查找"张晓^?"便能找到"张晓明""张晓敏""张晓民""张晓名"等，将它们统一替换。

在"查找和替换"对话框中，如果选中"使用通配符"，可以英文问号（?）代表任意一个字符（注意没有^），以星号（*）代表任意多个字符查找内容。如【真题链接 2-12】的问题也可查找"张晓?"进行替换，注意此时必须选中"使用通配符"，否则其中的?将被作为普通的问号，而并不能代表任意一个字符。

在"查找和替换"对话框中，还可以查找具有特定格式的内容，或将内容替换为特定的格式。如查找具有某种字体、段落格式的内容，或将找到的内容替换为（设置为）某种字体、段落格式等。方法是：单击"更多"按钮展开对话框的更多选项，先将插入点定位到"查找内容"框中，再单击"格式"按钮，从下拉菜单中选择相应的格式类型，设置要查找的格式。先将插入点定位到"替换为"框中，再单击"格式"按钮，从下拉菜单中选择相应的格式类型，设置要替换为的格式。如果不需要查找或替换格式，则先将插入点定位到"查找内容"或"替换为"框中后，再单击"不限定格式"按钮。有关查找和替换格式的例子，将在下一章给出。

2.5.5　自动更正

在文档中输入内容时，可利用 Word 的自动更正功能自动检查并更正拼写错误的单词，更可利用自动更正功能快速插入符号或快速插入一段长文本片断。

单击"文件"选项卡打开后台视图，再单击"选项"，打开"Word 选项"对话框。在对话框左侧选择"校对"，在右侧单击"自动更正选项"按钮，弹出"自动更正"对话框，如图 2-21 所示。在对话框的"自动更正"选项卡中选中"键入时自动替换"，这使得在文档中输入下列列表左侧的任一内容，都将自动被替换为右侧的对应内容。例如，列表中有一项其左侧内容为":)"，右侧内容为☺，这使得在文档中输入的":)"将自动被替换为☺。

图 2-21　Word 的自动更正设置

在列表中没有的替换规则，也可以自行添加。例如，在"替换"框中输入"(a)"，在"替换为"框中输入@，单击"添加"按钮，则今后在文档中输入"(a)"，就能自动变为@（如某处又不希望替换，可在自动替换后按 Ctrl+Z 组合键撤回"(a)"）。如果在"替换为"框中设置为一个较长的文本片段，则可实现通过输入简单的字符就能自动替换为长文本片段，这对要频繁输入的长文本将大大提高输入效率。

自动更正在 Office 中是共享的，设置好后，不仅能在 Word 中使用，在其他所有支持自动更正的 Office 软件中都可以使用。

2.5.6 中文版式

Word 还能实现一些特殊的中文版式效果，使文字更生动、引人注意，见表 2-3。

表 2-3 Word 的特殊中文版式效果

设置	含义	效果实例
拼音指南	为汉字添加拼音	pīnyīnzhǐnán 拼音指南
带圈字符	将字符用圆圈（或矩形、菱形、三角形）加以强调	带 圈 字 符
纵横混排	在横排文字中，将部分文字改为纵排；或在纵排文字中，将部分文字改为横排	纵横 文字
合并字符	将多个文字合并编排，使其只占据一个文字位置	合并字符 效果
双行合一	将同行内部分文字变为两行编排，其余文字不变	北京XX大学学生会 北京XX大学团委 双行合一
调整宽度	调整文字间距，使若干文字共同占据固定的总宽度（如实例"调整宽度"这 4 个字占据 6 个字的宽度）	正常文字宽度 调 整 宽 度
字符缩放	通过拉伸或压缩字符的形状，以缩放文字宽度	文字压缩和拉伸
简繁转换	中文简体字/繁体字互换	简体字繁體字

对应的功能按钮分别位于功能区"开始"选项卡"字体"组和"段落"组，以及"审阅"选项卡中，如图 2-22 所示。

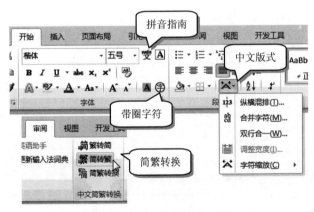

图 2-22 中文版式效果的功能区位置

　　例如，如图 2-23 所示，令三个科目名称均等宽占用 6 个字符宽度，操作方法是：选中文字，单击"开始"选项卡"段落"组的"中文版式"按钮，从下拉菜单中选择"调整宽度"。在弹出的对话框中设置文字宽度为"6 字符"，单击"确定"按钮。完成的效果如图 2-23 所示。

　　又如，要对图 2-24 所示的文字"成绩报告 2015 年度"应用双行合一的排版格式，使"2015 年度"显示在第 2 行，且要求有一个竖线符号。首先在文字"员工绩效考核"后单击"插入"选项卡"符号"组的"符号"按钮，从下拉列表中选择"其他符号"，在打开的"符号"对话框中的"数学运算符"子集中找到并插入一个竖线符号"｜"，然后选中文字"成绩报告 2015 年度"，单击"中文版式"按钮，从下拉菜单中选择"双行合一"。在打开的对话框中单击"确定"按钮，完成后的效果如图 2-24 所示。

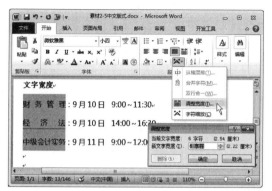 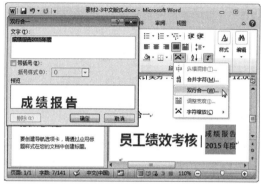

图 2-23　文字宽度（■素材 2-3 中文版式.docx）　　图 2-24　双行合一（■素材 2-3 中文版式.docx）

　　【真题链接 2-13】在某旅行社就职的小许为了开发德国旅游业务，在 Word 中整理了介绍德国主要城市的文档，按照如下要求帮助他完善标题"柏林"下方制表符分隔的 4 列文字，将第 1 列文字的宽度设置为 5 字符，将第 3 列文字的宽度设置为 4 字符。

　　【解题图示】（完整解题步骤详见随书素材）

　　【真题链接 2-14】公司将于今年举办"创新产品展示说明会"，市场部助理小王需要制作会议邀请函，并寄送给相关的客户。本次会议邀请的客户均来自台资企业，因此，请将"Word-邀请函.docx"中的所有文字内容设置为繁体中文格式，以便于客户阅读。

　　【解题图示】（完整解题步骤详见随书素材）

2.6 输入数学公式

Word 提供了强有力的公式编辑工具，可在文档中输入复杂的数学公式。单击"插入"选项卡"符号"组"公式"按钮右侧的向下箭头，从下拉列表中选择"插入新公式"，如图2-25 所示，则在文档中出现"在此处键入公式"占位符，且在功能区出现"公式工具|设计"选项卡，如图 2-26 所示。

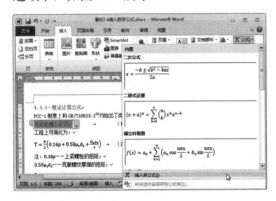
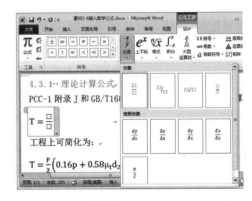

图 2-25 插入公式（📁素材 2-4 插入数学公式.docx） 图 2-26 输入公式（📁素材 2-4 插入数学公式.docx）

利用"公式工具|设计"选项卡中提供的各种公式元素模板，就可以输入公式了。例如，这里首先自行输入"T="，然后单击"公式工具|设计"选项卡"结构"组的"分数"按钮，从下拉列表中选择上下型分数模板▯，则在公式中自动输入了此模板结构。然后在虚线框▯内分别输入分子和分母即可。在虚线框▯内既可自行输入内容，也可再单击插入其他模板，如在分子的虚线框内，再单击"上下标"模板▯，可在分子中输入带下标的公式元素。输入公式时，要注意插入点所在的层次，例如是位于分子、或分母上，或是位于上下标层次，还是位于正文的层次上等。将插入点定位到正确的层次和位置，才能输入内容。除通过鼠标单击外，也可按键盘上的光标移动键控制插入点在各层次元素间移动。例如，在通过模板输入分数 $\frac{F}{2}$ 后，应单击分数线的右侧或连续按 ← 键，将插入点定位到正文层次后，再输入"("。

读者可练习在素材文档中输入公式：$T = \dfrac{F}{2}\left(\dfrac{p}{\pi} + \dfrac{\mu_1 d_2}{\cos\beta} + De\mu_n\right)$

公式有两种排版方式：内嵌和显示。单击公式占位符右侧的向下箭头按钮，如从下拉菜单中看到有选项"更改为'显示'"，则表示目前公式是内嵌方式的；否则目前为显示方式。当公式所在行内还有其他文字时，必须使用内嵌方式；如果公式可单独占用一行（同行内没有其他文字），则可使用显示方式。显示方式的公式不受文字影响，显示比例一般比内嵌方式的更大，对于复杂公式，显示得更清晰。本例由于公式所在行有 Tab 符和公式编号"（1）"这些文字，所以本例公式必须使用内嵌方式。

第 3 章　让文本改头换面——Word 文本和段落的格式设置

谁说只有文字的文档就没有靓仔？手写一篇文字可能枯燥无味，然而 Word 具有强大的文字处理能力，用 Word 编辑文档，可以设置丰富的字体、段落格式、边框和底纹、项目符号和编号，以及应用强大的"样式"，会把文字一样修饰得美观、漂亮、专业！不信？我们一起来看看 Word 都能把文字搞出什么花样来吧。

3.1　字体格式

3.1.1　基本字体格式

在"开始"选项卡的"字体"组中，Word 提供了许多字体格式设置的工具按钮，如图 3-1 所示。选中要设置的文本，再单击对应的按钮即可为选中的文本设置字体格式。其中，设置字号时，在"字号"下拉列表中既可选择中文表示的字号大小（如五号、小四、三号等，字号越大，字越小），也可选择数字表示的字号大小（数字表示磅值，数值越大，字越大）。两种表示形式有等同的对应关系，如 10.5 磅相当于五号、12 磅相当于小四号、16 磅相当于三号等，设置这些字号大小时，选择中文表示的字号，或选择数值表示的字号均可。另外，既可从"字号"下拉列表中选择，也可自行输入磅值数字（如 32、50、100 等），按 Enter 键确认；当在下拉列表中没有所需磅值大小时，应使用后者方法。功能区中常用字体格式设置的按钮和效果实例见表 3-1。

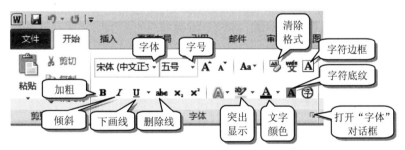

图 3-1　用于设置字体格式的"开始"选项卡"字体"组

表 3-1　功能区中常用字体格式设置的按钮和效果实例

按钮	功能	效果实例
宋体	设置文本的字体，如宋体、仿宋、微软雅黑等	仿宋，四号字
五号	设置文本字号，既可使用中文字号（字号越大，字越小），也可使用数字磅值（数值越大，字越大）	微软雅黑，二号字

续表

按钮	功能	效果实例
B	将文本的线型加粗	**加粗文字**
I	将文本倾斜	*倾斜文字*
U ˅	为文本添加下画线效果。单击旁边的下箭头，从下拉列表中还可选择不同样式的下画线，或设置下画线颜色	下画线 各种样式的下画线
abc	为文本添加删除线效果	删除线
x₂	将文本缩小并设置为下标	文字下标
x²	将文本缩小并设置为上标	文字上标
A	为文本添加边框效果	字符边框
A	为文本添加底纹效果	字符底纹
A ˅	设置文本颜色；从下拉列表中选择"其他颜色"，可在"颜色"对话框中选择更多的标准色或自定义颜色	深蓝，深色 25%
aby ˅	为文本添加类似用荧光笔做了标记的醒目效果	突出显示

　　当设置了文本的粗体字、斜体字、下画线等字形效果后，"字体"组的相应按钮就变为高亮状态（被框起黄色底纹的突出显示状态）。这些按钮的状态类似一个两项开关，可被来回切换。如希望变回正常文本，只选中该文本后再次单击"字体"组的相应按钮，使按钮变为非高亮状态即可。或者也可以单击"清除格式"按钮还原文本格式。

　　还可以用"字体"对话框进行字体设置。首先选中要设置的文本，然后单击"字体"组右下角的对话框启动器🢄，打开"字体"对话框，如图 3-2 所示。对话框的"字体"选项卡中的部分功能与功能区（"开始"选项卡"字体"组）的对应功能是一致的，如字体、字号、字形（加粗、倾斜）、颜色等。当进行这些设置时，既可通过功能区按钮进行，也可通过"字体"对话框进行。然而，有些功能在功能区中并未提供，如分别设置中文字体、西文字体，或设置着重号、双删除线、隐藏等效果时，只能通过对话框设置。

图 3-2　"字体"对话框

例如，图 3-3 是将一篇论文的部分内容设置字体格式的例子。选中论文题目"基于频率域……"，在"开始"选项卡"字体"组中设置字体为黑体，字号为三号，字体颜色为自动或"黑色，文字 1"。采用同样的方法将作者"张东明……"一行文字字体设置为仿宋、小四。

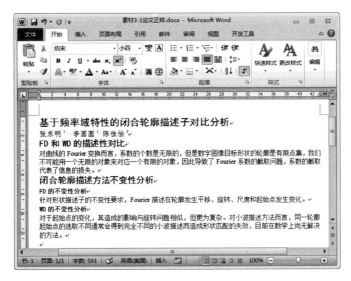

图 3-3　设置基本字体格式（📁素材 3-1 基本字体格式.docx）

选中"FD 和 WD 的描述性对比"，然后按住 Ctrl 键再同时选中"闭合轮廓描述方法不变性分析"，将这些文字设置为黑体、四号、颜色为自动或"黑色，文字 1"。再将次级标题"FD 的不变性分析"和"WD 的不变性分析"设置为黑体、五号、颜色为自动或"黑色，文字 1"。

以上设置的字体将中文、英文的文字均设置了同一种字体。也可分别设置中文、英文为不同字体。选中其他正文部分的文字，单击"开始"选项卡"字体"组右下角的对话框启动器，打开"字体"对话框。在对话框的"字体"选项卡中设置"中文字体"为"宋体"，设置"西文字体"为 Times New Roman，这样 Word 会自动对这些文字进行"挑选"，将其中的中文部分字体设置为"宋体"，西文部分字体设置为 Times New Roman。在对话框中同时将"字号"设置为"五号"，单击"确定"按钮。

还希望将三位作者名字后面的数字（1、2）设置为上标：选中 1，然后按住 Ctrl 键的同时选中第二个 1 和 2，单击"开始"选项卡"字体"组的"上标"按钮，使按钮为高亮状态即可；设置上标也可打开"字体"对话框，选中对话框中的"上标"。

Word 2010 还提供了"浮动工具栏"的功能。在文档中选中文字后，会有一个半透明的浮动工具栏出现，当将鼠标移动到此工具栏中时，工具栏就变为不透明；可直接单击工具栏上的按钮进行常用字体格式的设置，如字体、字号、颜色等。

在Word中，英文字母的大小写状态也可通过字体格式的设置来改变，这在需要更改英文字母大小写时就免去了重新输入的麻烦。方法是：选中要修改的英文文字，单击"开始"选项卡"字体"组的"更改大小写"按钮，从下拉菜单中选择对应的命令即可，如图3-4所示。

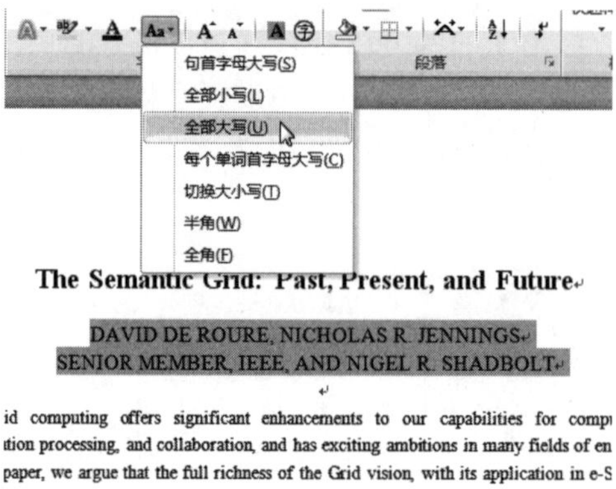

图 3-4　通过字体格式更改英文字母大小写

【真题链接 3-1】小许正在撰写一篇有关质量管理的论文，请帮助小许将表格外的所有中文字体设为仿宋、四号，将表格外的所有英文字体设为 Times New Roman、四号，表格中内容的字体、字号不变。

【解题图示】（完整解题步骤详见随书素材）

【真题链接 3-2】将 Word 文档中的大写英文字母转换为小写，最优的操作方法是（　　　）。
A. 执行"开始"选项卡"字体"组的"更改大小写"命令
B. 执行"审阅"选项卡"格式"组的"更改大小写"命令
C. 执行"引用"选项卡"格式"组的"更改大小写"命令
D. 右击，执行快捷菜单中的"更改大小写"命令

【答案】A

3.1.2　高级字体格式

在"字体"对话框中切换到"高级"选项卡，可设置高级字体格式，如图 3-5 所示。

（1）字符缩放：对文字进行横向拉伸或压缩，可选择或自行输入缩放百分比，百分比高于 100%则拉伸文本，低于 100%则压缩文本。

（2）字符间距：调整字符之间的距离，有标准、加宽、紧缩 3 种选项，然后在右边设置加宽或紧缩的磅值。

（3）位置：调整文本相对于基准线的位置，有标准、提升、降低 3 种选项，然后在右边设置提升或降低的磅值。

（4）为字体调整字间距：用于调整两个特定字符或特定字母组合间的距离（如 A 和 V 之间相互配合的字符间距），以使文字看上去更加美观、匀称。

（5）如果定义了文档网格，则对齐到网格：将字符自动对齐为适应网格设置中所指定的每行字符数（文档网格的设置将在第 4 章介绍，位于"页面设置"对话框的"文档网格"选项卡）。

例如，在素材 3-2 中，将"德国主要城市"标题文字的字符间距设置为"加宽，6 磅"。

单击对话框底部的"文字效果"按钮，在弹出的"设置文本效果格式"对话框中可详细设置文本填充、文本边框、轮廓样式、阴影、映像、发光等效果。单击功能区"字体"组的"文本效果"按钮，也可直接应用预设的文本效果，如图 3-6 所示。例如，这里将标题文字"德国主要城市"的文本效果设置为"填充-橄榄色，强调文字颜色 3，轮廓-文本 2"。设置一种预设的文本效果后，之前字符间距的设置被取消，如仍需要字符间距，应重新设置字符间距。

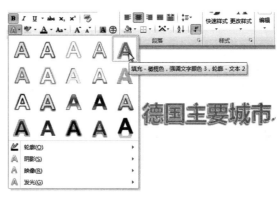

图 3-5　字体的高级设置

图 3-6　设置预设文本效果
（素材 3-2 高级字体格式.docx）

3.2　段落格式

设置字体格式表现的是文档中局部文本的格式，而设置段落格式则是以一整段为独立单位设置格式。段落是以 Enter 键结束的一段文字，段尾有 ↵ （硬回车标记）。

3.2.1　段落的对齐方式和大纲级别

要设置某一个段落的格式，既可选中整个段落，也可将插入点定位到该段落中的任意位置。后者插入点所在的一整段都将被设置段落格式，而不论该段有多少行。但如果要同时设置多个段落时，则应首先同时选中这些段落。

在 Word 中，可设置一个段落为 5 种对齐方式，见表 3-2。各种对齐方式的效果如图 3-7 所示。单击"开始"选项卡"段落"组中的对应按钮即可设置对应的对齐方式。

表 3-2　段落的 5 种对齐方式

对齐	功能作用
≣ 左对齐	段落中的各行文本都以文档的左页边距为基准左对齐。对于中文文本，左对齐与"两端对齐"的作用相同。但对于英文文本，左对齐会使英文文本各行右边缘参差不齐。对于英文文本，若采用"两端对齐"，各行右边缘就对齐了

续表

对齐	功能作用
≡ 居中对齐	段落中的各行文本都以文档左右页边距的中间为基准居中对齐
≡ 右对齐	段落中的各行文本都以文档右页边距为基准右对齐
≡ 两端对齐	段落中最后一行文本左对齐，其余各行文本以文档左右页边距为基准两端对齐。一般书籍中的段落都采用这种对齐方式
↔ 分散对齐	段落中的各行文本以文档左右页边距为基准两端对齐

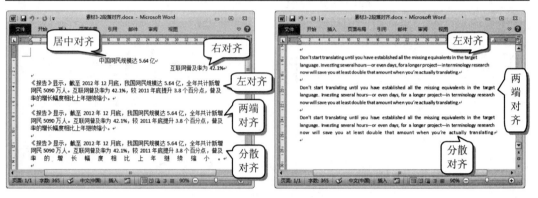

图 3-7　段落的对齐方式（📁素材 3-3 段落对齐.docx）

单击"开始"选项卡"段落"组右下角的对话框启动器 ，打开"段落"对话框，如图 3-8 所示。在对话框的"缩进和间距"选项卡中，在"对齐方式"下拉列表中同样可以设置段落的对齐方式。

在对话框的"大纲级别"下拉列表中可设置段落的大纲级别，分为"正文文本"（最低级别）和"1 级""2 级"……"9 级"。一般应将文档中不同层次的标题段落分别设置为"1 级""2 级"……，而非标题的正文内容设置为"正文文本"。将不同级别的标题设置为正确的大纲级别有助于在大纲视图中浏览文档结构，也方便以后生成目录。

读者可为素材 3-1 中的各级标题段落分别设置不同的大纲级别（例如，将红色文字段落设为 1 级、将黄色文字段落设为 2 级、将蓝色文字段落设为 3 级），设置后在"视图"选项卡"显示"组中选中"导航窗格"，可在导航窗格中显示被设置了各级别的标题，单击即可跳转到对应内容处。单击状态栏底部的视图按钮切换到大纲视图，然后在"大纲"选项卡"大纲"组的"显示级别"下拉列表中选择不同的级别，可显示对应级别的标题，而隐藏更低级别的内容，以便查看文档的框架大纲。

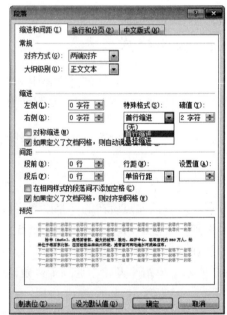

图 3-8　"段落"对话框"缩进和间距"选项卡

3.2.2　段落的缩进

段落缩进是指段落相对于文档左、右页边距向页内缩进的一段距离，分首行缩进、悬挂缩进以及左缩进、右缩进等，见表 3-3。

表 3-3　段落的缩进

段落缩进	功能作用
首行缩进	段落首行向右缩进，其余各行不缩进，使之区别于前面的段落
悬挂缩进	段落除首行外的其余各行的左边界都向右缩进
左（右）缩进	整个段落的所有行都向左（右）缩进，可产生嵌套段落的效果

在"段落"对话框"缩进和间距"选项卡中的"特殊格式"下拉框中，选择"首行缩进"或"悬挂缩进"，并在右侧"磅值"中输入缩进的距离（可以"字符"或"厘米"为单位，可在文本框中直接输入汉字"字符"或"厘米"）。要取消首行缩进和悬挂缩进，可在该下拉框中选择"无"。一般书籍或文章中的各段常设置为"首行缩进""2 字符"。

在"左侧""右侧"框中分别输入以"字符"或"厘米"为单位的距离，可设置左缩进、右缩进，效果如图 3-9 所示。

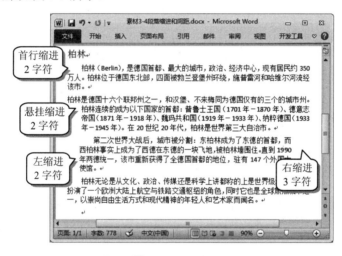

图 3-9　段落缩进（素材 3-4 段落缩进和间距.docx）

【真题链接 3-3】小李准备在校园科技周向同学讲解与黑客技术相关的知识，请帮助小李将正文部分内容字号设为四号，每个段落设为 1.2 倍行距，且段落首行缩进 2 字符。

【解题图示】（完整解题步骤详见随书素材）

3.2.3　段间距和行间距

段间距是相邻两个段落之间的距离，可分别设置与上一段的间隔距离、与下一段的间隔距离。行间距是段内行与行之间的距离。段落的行间距见表 3-4。

表 3-4　段落的行间距

行距方式	功能作用
单倍行距	段中各行行距为该行字体的最大高度加上一些额外的间距，额外间距的大小取决于所用字体
1.5 倍行距	单倍行距的 1.5 倍
2 倍行距	单倍行距的 2 倍
最小值	在行距右侧进一步设置磅值，系统进行自动调整的行距不会小于该值
固定值	在行距右侧进一步设置磅值，行距固定，系统不会进行自动调整
多倍行距	单倍行距的若干倍，在行距右侧进一步设置倍数值（可含小数，如 1.2 倍）

选中要设置的段落（或当只设置一个段落时，也可将插入点定位到该段中的任意位置），在"段落"对话框的"缩进和间距"选项卡中，在"间距"组下设置段前、段后的段间距和行间距。例如，在图 3-9 的文档中，设置"柏林"段的段前、段后间距为 0.5 行，行距为固定值 18 磅。再设置"柏林"段下方所有正文段落为两端对齐，首行缩进 2 字符，段前、段后间距为 0.5 行。

在"段前"和"段后"框中除可设置以"行"或"磅"为单位的段落间距外，还可将间距设置为"自动"。"自动"的含义是 Word 将调整段前/段后的间距为默认大小（"文件"|"选项"中的某些设置可影响该值，一般保持默认设置即可）。

若选中"如果定义了文档网格，则对齐到网格"，段落还会自动与网格对齐，适应网格设置中指定的每页总行数，即段间距和行间距还会受网格设置的影响，这在使用时要注意（文档网格设置将在第 4 章介绍，位于"页面设置"对话框的"文档网格"选项卡）。

【真题链接 3-4】在 Word 文档编辑状态下，将光标定位于任一段落位置，设置 1.5 倍行距后，结果将是（　　）。

A. 光标所在行按 1.5 倍行距调整格式　　　　B. 全部文档按 1.5 倍行距调整段落格式
C. 光标所在段落按 1.5 倍行距调整格式　　　D. 全部文档没有任何改变

【答案】C

【解析】设置 1.5 倍行距属于设置段落格式，当没有选中段落设置段落格式时，光标所在段整段被设置段落格式，而不论该段有多少行。

【真题链接 3-5】书娟是海明公司的前台文秘，她的主要工作是管理各种档案，为总经理起草各种文件。新年将至，公司定于 2013 年 2 月 5 日下午 2:00，在中关村海龙大厦办公大楼五层多功能厅举办一个联谊会。

请制作一份请柬，以"董事长：王海龙"名义向王选同志发出邀请，请柬中需要包含标题、收件人名称、联谊会时间、联谊会地点和邀请人。

然后对请柬进行适当的排版：改变字体、加大字号，且标题部分（"请柬"）与正文部分（以"尊敬的 王选"开头）采用不相同的字体和字号；加大行间距和段间距；对必要的段落改变对齐方式，适当设置左、右及首行缩进，以美观且符合中国人阅读习惯为准。文档以 Word.docx 为文件名保存。

【解题图示】（完整解题步骤详见随书素材）

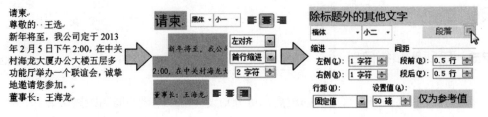

【真题链接 3-6】某高校学生会计划举办一场"大学生网络创业交流会"活动，拟邀请部分专家和老师给在校学生演讲。因此，校学生会外联部需制作一批邀请函，并分别递送给相关的专家和老师。请打开"真题链接 3-6"文件夹下的文档 WORD.DOCX，按下列要求进行格式设置。

（1）根据"Word-邀请函参考样式.docx"文件，调整邀请函中内容文字的字体、字号和颜色。

（2）调整邀请函中内容文字的段落对齐方式。

（3）根据页面布局需要，调整邀请函中"大学生网络创业交流会"和"邀请函"两个段落的间距。

【解题图示】（完整解题步骤详见随书素材）

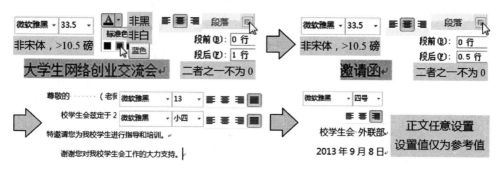

有时，页面内容占满一页，仅多出一个空白段落，空白段落将移至下一页，产生一个空白页。要删除空白页，只要设置这个最后多出的空白段落的段前、段后间距都为 0 行，且行间距非常小，如"固定值"、1 磅，就可以使空白段被压缩到前一页，从而删除空白页。

【真题链接 3-7】在某学校任教的林涵需要对一篇 Word 格式的科普文章进行排版，按照如下要求，帮助她完成相关工作。文档最后如存在空白页，则将其删除。

【解题图示】（完整解题步骤详见随书素材）

当同一段内不同文字具有不同的字体大小时，各文字高低不同，默认情况下，文字是基线对齐的。如需改变文字在同行内的垂直对齐方式，可在"段落"对话框中切换到"中文版式"选项卡，再设置该选项卡中的"文本对齐方式"为"顶端对齐""居中""底端对齐"等。

高手进阶

3.2.4 制表位

孙悟空有如意金箍棒，可长可短；Office 也有如意金箍空格，可大可小。这个"如意金箍空格"就是一种特殊的字符，称 **Tab 符**（也称**跳格符**、**水平制表符**），在键盘上按一次 Tab 键 即产生一个这样的字符。

Tab 符的显示和打印类似于空格，也是产生空白间隔，但它与空格是截然不同的两种字符。可把 Tab 符认为是一种可伸缩的"空格"。一个 Tab 符产生的空白间隔可大到近一整行的宽度，可小到几乎看不到空白间隔。正因有此特点，Tab 符比空格更容易对齐文本。

如图 3-10 所示，每行文本都有时间、演讲主题、演讲人 3 段内容，每行这 3 段内容之间的空白间隔都是通过按 Tab 键输入的 **1 个** Tab 符，而不是若干个空格。要对齐文本，同时选中所有行的文本，在水平标尺的合适位置单击一次（如果没有显示标尺，单击编辑区右上角、垂直滚动条上方的 显示标尺），则标尺上出现了 ⌐ 标记，说明已设置了一个制表位，原来在各行中输入的第 1 个 Tab 符都将伸缩大小延伸到这一位置，这就使属于"演讲主题"的文字都在此处对齐，如图 3-10 所示。保持这些行的文字为选中状态，在标尺上后面的适当位置再单击一次，标尺上出现第 2 个 ⌐ 标记，设置了第 2 个制表位，则原来在各行中输入的第 2 个 Tab 符都将伸缩大小延伸到第 2 个 ⌐ 的位置，"演讲人"的文字都在第 2 个 ⌐ 处对齐了。

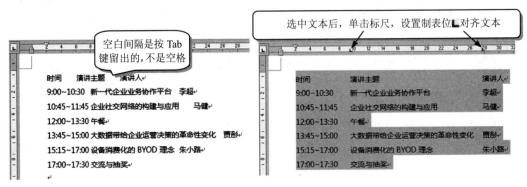

图 3-10 用 Tab 符对齐文本（素材 3-5 用 Tab 符对齐文本.docx）

保持这些行的文字为选中状态，在标尺上拖动 ⌐ 标记还可进一步调整对齐位置。将 ⌐ 标记拖离开标尺可删除它，文字将不在此处对齐，然后可再单击标尺的其他位置重新设置对齐。

疑难解答　为什么单击标尺对齐文本不能成功？一定确保同时选中了所有行的文本，然后再单击标尺，且只单击标尺 1~2 次，然后就应拖动 ⌐ 标记调整位置，切忌过多地在标尺上单击。有的读者忘记了选中所有行的文本，就单击标尺；然后发现不正确，又再选中所有行的文本，试图通过再单击标尺重做修正错误，这是不能成功的。因为先前误操作已设置了错误的制表位，一定要先撤销刚才的操作，或者在"制表位"对话框中"全部清除"制表位，然后才能重新操作。很多时候，有误操作后，试图仅重做一遍是不能修正错误的。

⌐ 标记表示左对齐制表位，它的作用是控制每行的 Tab 符伸缩大小后，让 Tab 符后面的内容都在此处左对齐。单击编辑区左上角的水平、垂直标尺交界处的 ⌐ 图标，可改变使用其他类型的制表位，如居中对齐制表位 ⊥、右对齐制表位 ⌐、小数点对齐制表位 ⊥ 等。然后再单击标尺设置的就是那种类型的制表位，以控制 Tab 符后的内容在对应位置居中对齐、右对齐或小数点对齐。

除了通过单击标尺设置制表位外，在段落格式中还可精确设置制表位，使文字在精确位置对齐。还有更有趣的功能，可以让 Tab 符不是产生空白间隔，而是变成各种样式的前导符（……）。

如图 3-11 所示，每行各段文字间的留白不是按若干空格实现的，前导符也不是连续输入小数点（.）或省略号（…）实现的。所有的留白及前导符都是在设置了制表位格式后，按 Tab 键输入的 1 个 Tab 符实现的效果。

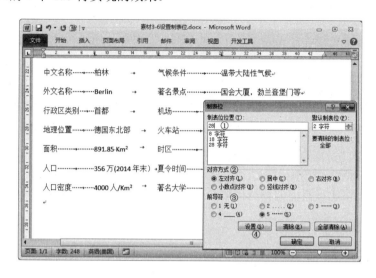

图 3-11　设置制表位（📁素材 3-6 设置制表位.docx）

具体做法是：选中各行文字，打开"段落"对话框，单击"段落"对话框左下角的"制表位"按钮，弹出"制表位"对话框，如图 3-11 所示。在"制表位"对话框中依次设置每个制表位的位置（几个字符）、对齐方式及该位置的前导符。本例每行文字分 4 列，因此应依次设置 3 个制表位。首先在"制表位位置"框中输入第 1 个制表位位置"8"（表示 8 字符），选择对齐方式为"左对齐"，前导符为第 5 个前导符样式，单击"设置"按钮，则"8字符"被添加到列表中。然后依次再添加"18 字符"（左对齐、无前导符）和"28 字符"（左对齐，第 5 个前导符样式），单击"确定"按钮。

设置好后，在每一行中需要分列的位置按 Tab 键输入 Tab 符就可以了。在同行中输入的第 1 个 Tab 符将伸缩大小对齐到第 8 个字符处，且该 Tab 符产生的不是空白，而是前导符。在同行中输入的第 2 个 Tab 符将伸缩大小对齐到第 18 个字符处，该 Tab 符只产生空白。在同行中输入的第 3 个 Tab 符将伸缩大小对齐到第 28 个字符处，且产生前导符。

3.2.5　段落分页控制

在编辑文档时，当满一页内容后 Word 会自动分页。根据内容多少，分页可刚好位于一个段落的结束，也可能位于一个段落的中间。如果不希望刚好在标题段落和后面的正文之间分段，或者不希望在某一段落的中间分段等，这也可通过 Word 的段落格式进行控制。

选中要进行分页控制的段落，单击"开始"选项卡"段落"组右下角的对话框启动器 🔲，打开"段落"对话框。切换到"换行和分页"选项卡，其中有若干控制段落分页的设置，如图 3-12（a）所示。Word 的段落分页控制见表 3-5。

表 3-5　Word 的段落分页控制

设置	含义
孤行控制	由于分页使某段的最后一行单独落在一页的顶部，或某段的第一行单独落在一页的底部，称为孤行。选中此选项可避免该段落出现这种情况，即 Word 会将该段落调整到至少有两行在同一页
与下段同页	选中此选项后 Word 不会在本段与后面一段间分页，即总保持本段与下段要么同时位于前一页，要么同时位于后一页
段中不分页	选中此选项后 Word 不会在本段落的中间自动分页
段前分页	选中此选项后强制 Word 在本段前分页

设置段落为"与下段同页"的例子如图3-12（a）所示。如果根据内容分页，分页将刚好位于标题"二、趋势与特点"之后，如图3-12（b）所示，这使该标题下的正文内容都位于下一页，而标题在上一页不便查看。将"二、趋势与特点"的段落格式设置为"与下段同页"后，Word将此标题也调整到了下一页，而在前一页末尾处留出一些空白，如图3-12（c）所示。

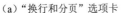
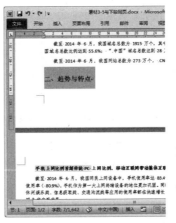

（a）"换行和分页"选项卡　　　　（b）设置前　　　　（c）设置后

图 3-12　设置段落格式为"与下段同页"（素材 3-7 与下段同页.docx）

3.2.6　首字下沉

首字下沉包括"下沉"与"悬挂"两种效果。"下沉"的效果是将某段的第一个字符放大并下沉，字符置于页边距内；而"悬挂"是字符下沉后将其置于页边距之外。

选中段落，或选中段落中的第1个字或前2～3个字（最多可设置3个字），单击"插入"选项卡"文本"组的"首字下沉"按钮，从下拉菜单中选择"下沉"或"悬挂"命令，如图3-13（a）所示。如果在下拉菜单中单击"首字下沉选项"，将弹出"首字下沉"对话框，如图3-13（b）所示，在其中可以进行更多的设置，例如，进一步设置下沉行数等。

　　（a）首字下沉和悬挂效果　　　　　　　　（b）"首字下沉"对话框

图 3-13　首字下沉（📁素材 3-8 首字下沉.docx）

【真题链接 3-8】小李准备在校园科技周向同学讲解与黑客技术相关的知识，请在本题文件夹下打开文档 Word.docx，将正文第一段落的首字"很"下沉 2 行。

【解题图示】（完整解题步骤详见随书素材）

3.2.7　段落排序

　　文档中的各段落一般是按照输入的先后顺序编排的，Word 还可以按照一定的规则排列段落的先后顺序。

　　例如，如图 3-14 所示，文档中 4 个附件标题段落排列位置不正确，为将其按附件 1、2、3、4 的正确顺序排列，操作方法是：选中 4 个段落，单击"开始"选项卡"段落"组的"排序"按钮，打开"排序文字"对话框。在对话框中设置主要关键字为"段落数"，类型为"拼音"，选中"升序"单选框，单击"确定"按钮。可见，4 段文字已按正确顺序排列。

图 3-14　段落排序（📁素材 3-9 段落排序.docx）

　　【真题链接 3-9】在某旅行社就职的小许为了开发德国旅游业务，在 Word 中整理了介绍德国主要城市的文档 Word.docx，其中已将"柏林""法兰克福"、……、"波斯坦"等标题内容的大纲级别设为"1 级"。请帮助他完善这篇文档：将 Word.docx 文件另存为"笔划顺序.docx"到本题文件夹；在"笔划顺序.docx"文件中，将所有的城市名称标题（包含下方的介绍文字）按照笔划顺序升序排列。

【解题图示】（完整解题步骤详见随书素材）

3.3　呆萌变奇葩——边框和底纹

通过"开始"选项卡"字体"组的"字符边框"按钮 A 和"字符底纹"按钮 A 可为文字加上简单的边框和底纹。本节介绍设置更多边框和底纹效果的方法。

3.3.1　为文字和段落添加边框和底纹

选中要设置效果的文字或段落，如图 3-15 所示，选中"柏林"段。单击"开始"选项卡"段落"组的"边框"按钮 ▦ ▾ 右侧的向下箭头，从下拉菜单中可直接选择一种边框；如选择"边框和底纹"命令，打开如图 3-16 所示的"边框和底纹"对话框。

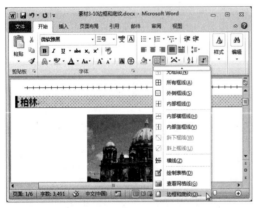 

图 3-15　设置边框和底纹　　　　　　　　图 3-16　"边框和底纹"对话框
（📁素材 3-10 边框和底纹.docx）

在该对话框的"边框"选项卡中设置边框效果。首先在"样式"列表中选择边框样式、在"颜色"列表中选择边框颜色、在"宽度"列表中选择边框宽度，然后再在右侧"预览"区中单击所需边框设置对应边框为刚刚设置的那种效果（样式、颜色、宽度），单击预览图的四周，或单击对应边框按钮均可。例如，这里首先选择颜色为"深蓝，文字 2"，宽度为4.5 磅，再单击"预览"区的左框线设置左框线为这种粗线型。再在"宽度"中选择为 1.0磅，单击"预览"区的下框线设置下框线为 1.0 磅的线型。不设置上框线和右框线。再单击"选项"按钮，弹出如图 3-17 所示的"边框和底纹选项"对话框，设置边框"距正文间距"的上、下、左、右均为"0 磅"。单击"确定"按钮，回到"边框和底纹"对话框。

如还要设置文字或段落的底纹，可切换对话框到"底纹"选项卡，如图 3-18 所示。底纹可以是一种纯色，也可以是在纯色基础上再添加一些花纹。首先设置底纹填充颜色；如果需要花纹，再在"图案"中选择花纹的样式和颜色。例如，这里设置"填充"为"蓝色，强调文字颜色 1，淡色 80%"，图案"样式"为 5%，"颜色"为"自动"。再在"应用于"下拉框中选择"文字"或"段落"。

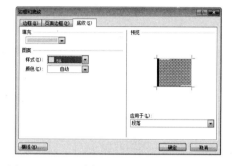

图 3-17　"边框和底纹选项"对话框　　　　图 3-18　用"边框和底纹"对话框设置底纹

单击"确定"按钮，设置的"柏林"段的边框和底纹效果如图 3-15 所示。

3.3.2　添加页面边框

切换到"边框和底纹"对话框中的"页面边框"选项卡，还可为整个文档添加边框。例如，如图 3-19 所示，在"设置"中选择"阴影"，在"应用于"中选择"整篇文档"，单击"确定"按钮，则为整个文档页面添加了"阴影"型页面边框。

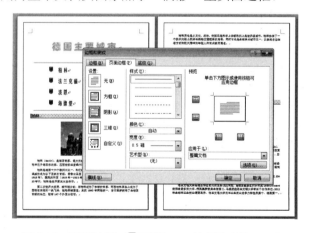

图 3-19　页面边框（📁素材 3-10 边框和底纹.docx）

3.3.3　插入横线

在 Word 文档中可以很方便地插入横线。如图 3-20 所示，要在文号与通知标题之间插入横线，将插入点定位到通知标题的"…123 号"文字末尾，单击"开始"选项卡"段落"组的"边框"按钮 ⊞ ▾右侧的向下箭头，从下拉菜单中单击"横线"即可插入一条横线。

右击插入的横线，从快捷菜单中选择"设置横线格式"命令。在弹出的对话框中设置宽度为 40%，度量单位为"百分比"，高度为 2 磅，在"颜色"中选中"使用纯色（无底纹）"，并设置为标准色"红色"，将"对齐方式"设置为居中，单击"确定"按钮。

图 3-20　插入横线（📁素材 3-11 横线.docx）

除了插入纯色样式的横线外，在"边框和底纹"对话框中单击对话框左下角的 横线(H)... 按钮，在弹出的"横线"对话框中还有多种横线样式可供选择。

【真题链接 3-10】在某旅行社就职的小许为了开发德国旅游业务，在 Word 中整理了介绍德国主要城市的文档，按照如下要求帮助他完善这篇文档。在文档第 1 页表格的上、下方插入恰当的横线作为修饰（效果可参考考生文件夹下的"表格效果.png"示例）。

【解题图示】（完整解题步骤详见随书素材）

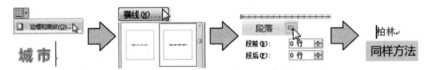

【真题链接 3-11】晓云是企业人力资源部工作人员，现需要将上一年度的员工考核成绩发给每一位员工，按照如下要求，帮助她完成此项工作。打开文档"管理办法.docx"，设置"MicroMacro 公司人力资源部文件"文字字号为 32，在该文字下方插入水平横线（注意：不要使用形状中的直线），将横线的颜色设置为标准红色；将以上文字和下方水平横线都设置为左侧和右侧各缩进-1.5 字符。

【解题图示】（完整解题步骤详见随书素材）

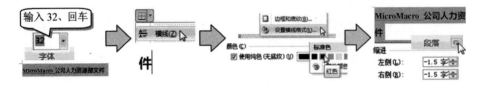

3.4　时间节省器——样式

3.4.1　什么是样式

样式是一套预先设定好的格式，包括字体、颜色、对齐方式、缩进、边框底纹等。注意，样式是格式设置，而不是文字内容。样式有什么用呢？直接把这些预先设定好的样式应用于文档中的文字或段落，就能一步到位地设置好文字或段落的格式，而不必再对其字体、段落、边框底纹等格式一点一点地进行设置了。这不仅减少了设置格式的重复劳动，节省了设置格式的时间，更可保证格式的一致性。例如，编排本书时就使用了一套样式。章标题是一种样式，小节的标题是一种样式，正文是一种样式，小字提示部分是一种样式，每种样式都不同。

3.4.2　使用 Word 自带的内置样式

Word 系统已预先定义了许多样式，可以直接使用它们设置文字或段落的格式。每种样式都有名字，如正文、标题 1、标题 2、标题 3 等。

如图 3-21（a）所示，选中标题段落"一、报到、会务组"，然后单击"开始"选项卡"样式"组"快速样式"列表中的某个样式，如"标题 1"，即将此段落应用为"标题 1"样式，其中的字体、段落格式均一步到位都设置好了（如果读者的屏幕宽度足够大，"快速样式"将被展开，可直接单击"标题 1"或单击 ▼ 展开列表，再从中选择"标题 1"）。同样的方法，将"二、会议须知""三、会议安排""四、专家及会议代表名单"几个标题段落也都设置为"标题 1"样式；或按住 Ctrl 键的同时选中 4 个标题段落，再单击"标题 1"，一次性将它们都设为"标题 1"样式。最终效果如图 3-21（b）所示。

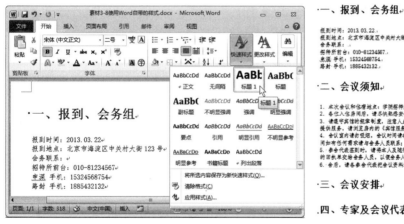

（a）设置样式　　　　　　　　　　　　　　　　　（b）最终效果

图 3-21　将标题段落设为"标题 1"样式（📁素材 3-12 使用预设快速样式.docx）

要取消样式，单击"快速样式"列表中的"清除格式"命令，或单击"开始"选项卡"字体"组的"清除格式"按钮或按 Ctrl+Shift+Z 组合键。

Word 2010 还内置了许多专业设计的**样式集**，每个样式集都包含一整套样式。不同的样式集可包含同名的"标题 1""标题 2""正文"等样式。然而，名称相同各自其中预设的格式却不同。直接选用样式集，则整个文档中被应用了不同样式的部分都会分别改变格式。这样不必为各段重新应用样式，而仅改变样式集，就能改变各段的格式。在"样式"组中单击"更改样式"按钮，从下拉菜单的"样式集"级联菜单中选择样式集即可，如"流行""现代""新闻纸"等。

【真题链接 3-12】文档 Word.docx 是一篇从互联网上获取的文字资料，请将文档中以"一、"
"二、"……开头的段落设为"标题 1"样式；以"（一）""（二）"……开头的段落设为"标题 2"样
式；以 "1.""2."……开头的段落设为"标题 3"样式。

【解题图示】（完整解题步骤详见随书素材）

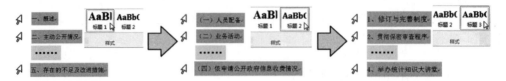

3.4.3　样式的新建、修改和导入

3.4.3.1　新建样式

可以自己创建新的样式并给新样式命名。创建后，就可以像使用 Word 自带的内置样
式那样使用新样式设置文档格式了。

单击"开始"选项卡"样式"组右下角的对话框启动器 ，打开"样式"任务窗格，
如图 3-22 所示。在窗格中单击下面的"新建样式"按钮 ，弹出"新建样式"对话框，
如图 3-23 所示。在弹出的对话框中输入新样式名称。选择样式类型，样式类型不同，样式
应用的范围也不同。其中常用的是字符类型和段落类型，字符类型的样式用于设置文字格
式，段落类型的样式用于设置整个段落的格式。

图 3-22 "样式"任务窗格　　图 3-23 "新建样式"对话框（ 素材 3-13 新建样式.docx）

如果要创建的新样式与文档中现有的某个样式比较接近，则可以从"样式基准"下拉
框中选择该样式，然后在此现有样式的格式基础上稍加修改即可创建新样式。"后续段落样
式"也列出了当前文档中的所有样式，它的作用是设定将来在编辑套用了新样式的一个段
落的过程中，按下 Enter 键转到下一段落时，下一段落自动套用的样式。

然后设置新样式的格式。对话框的"格式"组中仅提供了常用的字体和段落格式设置
的工具按钮，更多详细设置应单击对话框左下角的 格式(O) ▾ 按钮，从弹出的菜单中选择格

式类型，在随后打开的对话框中详细设置。除字体和段落格式外，通过此菜单还可打开对话框详细设置边框、编号、文字效果等格式。

例如，这里输入新样式名为"城市介绍"，在下面"格式"组中设置字号为"小四"。单击左下角的 格式(O) ▾ 按钮，从菜单中选择"段落"，在打开的"段落"对话框中设置对齐方式为"两端对齐"、首行缩进 2 字符，段前、段后间距都为 0.5 行；取消选中"如果定义了文档网格，则对齐到网格"，单击"确定"按钮。回到创建新样式的对话框，再单击"确定"按钮，则新样式创建完成，在样式任务窗格和"样式"组的"快速样式"列表中可见新建的样式"城市介绍"，就可以使用了。除了可在"快速样式"列表中单击样式外，也可在样式任务窗格中单击样式将样式应用于所选文本段落。读者可练习将素材 3-13 文档中的所有黑色文本都应用此样式。

除通过对话框新建样式外，还可将文档中某段文字的格式提取出来，直接创建为一个样式。其方法是：右击一段文字，从快捷菜单中选择"样式"中的"将所选内容保存为新快速样式"，在弹出的对话框中输入新样式名称，即可创建一种新样式。新样式的字体、段落等格式都与之前所选的这段文字的字体、段落等格式相同。

3.4.3.2　修改和删除样式

修改样式就是修改一个样式中规定的那套格式。如果该样式事先已被应用到一些文字，那么样式修改了，那些文字的格式也会自动地对应发生变化。例如，在某书稿中样式"标题 1"规定了字体格式为"微软雅黑、二号"，则把各章标题应用为"标题 1"的样式，各章标题的字体就是"微软雅黑、二号"。现需把各章标题的字体改为"黑体、三号"，只修改样式"标题 1"，将这种样式中规定的字体格式由"微软雅黑、二号"改为"黑体、三号"就可以了，书稿中各章标题的字体会立即对应发生变化。如果之前各章标题未使用样式，而是通过直接设置的字体为"微软雅黑、二号"，当希望改为"黑体、三号"时，就没那么幸运了，恐怕要逐个一章一章地修改！

在 Word 中修改样式有两种方法。

（1）在"开始"选项卡"样式"组的"快速样式"列表中，或在样式任务窗格中，右击要修改的样式，从快捷菜单中选择"修改样式"，弹出类似图 3-23 的对话框，在其中可对样式进行修改。

"快速样式"列表中列出的仅是一部分的样式，而不是全部样式，如果在"快速样式"列表中没有找到样式，应到样式任务窗格中找。如果在样式任务窗格中也没有找到，则可单击任务窗格右下角的"选项"超链接，在弹出的对话框中设置显示"所有样式"。

（2）在文档中直接设置一段文字的字体、段落等格式，然后让 Word 把这段文字中的格式提取出来，赋予到某个样式中。方法是：选中设好格式的文字后，在"快速样式"列表或"样式"任务窗格中右击要修改的样式，从快捷菜单中选择"更新 XX 以匹配所选内容"。

【真题链接 3-13】财务部助理小王需要协助公司管理层制作本财年的年度报告，请你打开本题对应文件夹下的文档 Word.docx，按照如下需求完成制作工作。

（1）查看文档中含有绿色标记的标题，如"致我们的股东""财务概要"等，将其段落格式赋予到本文档样式库中的"样式 1"。

（2）修改"样式 1"样式，设置其字体为黑色、黑体，并为该样式添加 0.5 磅的黑色、单线条下画线边框，该下画线边框应用于"样式 1"匹配的段落，将"样式 1"重新命名为"报告标题 1"。

（3）将文档中所有含有绿色标记的标题文字段落都应用"报告标题 1"样式。

【解题图示】（完整解题步骤详见随书素材）

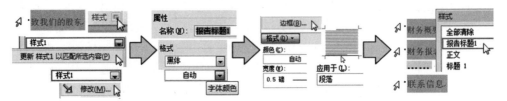

在应用了样式的基础上，还可再附加设置格式。例如，若"标题 1"样式中规定了文字颜色为红色，将文档中某段文字应用了样式"标题 1"后，该段文字就为红色。之后若又在"开始"选项卡"字体"组改变该段文字颜色为"蓝色"，则文字会变为"蓝色"，文字格式称"基于标题 1 样式附加了蓝色"，但"标题 1"样式并不会因此变为"蓝色"，因而文档中其他具有"标题 1"样式的文字仍为"红色"并不对应改变。如果希望"标题 1"样式也能因此自动改为"蓝色"，应在新建或修改样式时在图 3-23 的对话框中选中"自动更新"，这样，只要修改一处被应用该样式的文字的格式，该样式就会被修改，文档中所有应用该样式的内容格式都会变化。

同时选中多处不连续的文字，除可按住 Ctrl 键逐一选中外，如果这些文字具有相似的格式，还可让 Word 一次性地全部选中它们。方法有两种。

（1）在"开始"选项卡"样式"组的"快速样式"列表中右击某个样式，或者在"样式"任务窗格中右击某个样式，从快捷菜单中选择"全选（选择所有实例）"命令，一次性同时选中所有已被应用该样式的文字。

（2）首先选中任意一处具有某格式的文字，然后单击"开始"选项卡"编辑"组的"选择"按钮，从下拉菜单中选择"选择格式相似的文本"命令。注意，如果在某种样式基础上附加设置了格式，则该命令是选择那些既被应用了此样式，又具有附加格式的文字，而没有附加格式或附加不同格式的文字不会被选中。

要删除样式，在"样式"任务窗格中右击要删除的样式（或单击该样式条目右侧的下三角按钮），从菜单中选择"删除"，可将样式删除。注意，只有用户自己创建的样式才能被删除，Word 系统的内置样式不能被删除，但可以被修改。

【真题链接 3-14】小李准备在校园科技周向同学讲解与黑客技术相关的知识，请将文档的第一行"黑客技术"设置为 1 级标题，文档中所有"黑体"字体的段落设为 2 级标题，所有"斜体"字形的段落设为 3 级标题。

【解题图示】（完整解题步骤详见随书素材）

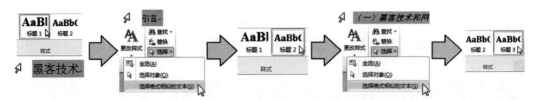

【真题链接 3-15】某单位的办公室秘书小马接到领导的指示，要求其提供一份最新的中国互联网络发展状况统计情况文稿。小马从网上下载了一份未经整理的原稿，文稿中包含 3 个级别的标题，

其文字分别用不同的颜色显示。请帮助他按表 3-6 的要求对书稿应用样式，并对样式格式进行修改。

表 3-6　【真题链接 3-15】题目要求

文字颜色	样式	格式
红色（章标题）	标 题 1	小二号字、华文中宋、不加粗、标准深蓝色，段前 1.5 行、段后 1 行，行距最小值 12 磅，居中，与下段同页
蓝色【用一，二，三，……标示的段落】	标 题 2	小三号字、华文中宋、不加粗、标准深蓝色，段前 1 行、段后 0.5 行，行距最小值 12 磅
绿色【用（一），（二），（三），……标示的段落】	标 题 3	小四号字、宋体、加粗、标准深蓝色，段前 12 磅、段后 6 磅，行距最小值 12 磅
除上述三个级别标题外的所有正文（不含表格、图表及题注）	正文	仿宋体，首行缩进 2 字符、1.25 倍行距、段后 6 磅、两端对齐

【解题图示】（完整解题步骤详见随书素材）

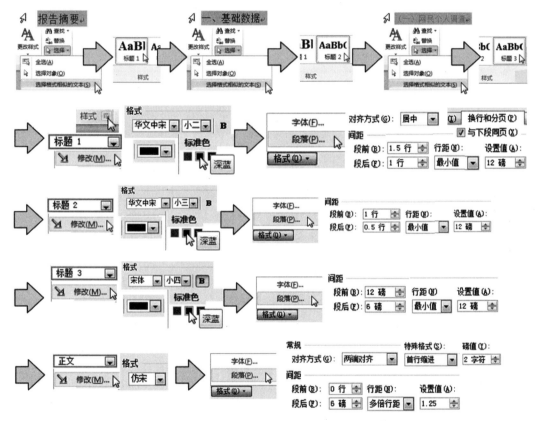

【真题链接 3-16】小王需要在 Word 文档中将应用了"标题 1"样式的所有段落格式调整为"段前、段后各 12 磅，单倍行距"，最优的操作方法（　　　）。

　　A. 将每个段落逐一设置为"段前、段后各 12 磅，单倍行距"

　　B. 将其中一个段落设置为"段前、段后各 12 磅，单倍行距"，然后利用格式刷功能将格式复制到其他段落

　　C. 修改"标题 1"样式，将其段落格式设置为"段前、段后各 12 磅，单倍行距"

　　D. 利用查找替换功能，将"样式：标题 1"替换为"行距：单倍行距，段落间距段前：12 磅，段后：12 磅"

【答案】C

3.4.3.3 导入/导出样式

可将一个 Word 文档中的一种（些）样式导入到另一个 Word 文档中，以在另一个文档中使用这种（些）样式。方法是：打开"样式"任务窗格，在"样式"窗格中单击"管理样式"按钮，弹出"管理样式"对话框，单击对话框左下角的"导入/导出"按钮，弹出"管理器"对话框，如图 3-24 所示。

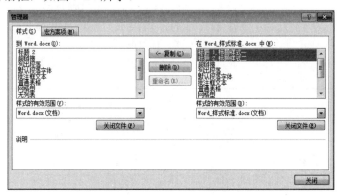

图 3-24 "管理器"对话框

要打开"管理器"对话框，还有一种方法是：单击"文件"|"选项"中的"加载项"，在下面的"管理"下拉列表中选择"模板"，再单击"转到"按钮，弹出"模板和加载项"对话框，再在对话框中单击"管理器"按钮。

图 3-24 所示对话框的左栏和右栏分别有两套内容（样式列表以及"关闭文件"按钮等）。在这两栏处分别可以打开或关闭两个 Word 文档（或模板），并分别列出这两个文档（或模板）中的样式。然后先选中左栏或右栏中的一种（些）样式，就可通过中间的"复制"按钮将这些样式从左侧文档复制导入到右侧文档中，或者从右侧文档复制导入到左侧文档中（留意"复制"按钮上的箭头方向 >> 或 <<）。然后在右侧/左侧文档中就可以使用这种（些）样式了。

复制样式时，如果目标文档中已存在相同名称的样式，Word 会提示是否要覆盖这些样式。如果要覆盖，在提示框中单击"是"或"全是"按钮；如果不希望覆盖，应首先对样式重命名，保证样式名称互不相同，然后再复制样式。

【真题链接 3-17】为了更好地介绍公司的服务与市场战略，市场部助理小王需要协助制作完成公司战略规划文档，并调整文档的外观与格式。请按照如下需求，在 Word.docx 文档中完成制作。

（1）打开"真题链接 3-17"文件夹下的"Word_样式标准.docx"文件，将其文档样式库中的"标题 1,标题样式一"和"标题 2,标题样式二"复制到 Word.docx 文档样式库中。

（2）将 Word.docx 文档中的所有红颜色文字段落应用为"标题 1,标题样式一"段落样式。

（3）将 Word.docx 文档中的所有绿颜色文字段落应用为"标题 2,标题样式二"段落样式。

（4）修改文档样式库中的"正文"样式，使得文档中的所有正文段落首行缩进 2 个字符。

【解题图示】（完整解题步骤详见随书素材）

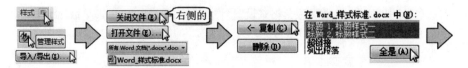

 为什么在单击"打开文件"按钮后的对话框中找不到"Word_样式标准.docx"呢？这可能是由于忘记了在文件类型下拉框中选择"所有 Word 文档（*.docx）"。

疑难解答

【真题链接 3-18】办事员小李需要整理一份有关高新技术企业的政策文件呈送给总经理查阅。请帮助小李将文档"附件 4　新旧政策对比.docx"中的"标题 1""标题 2""标题 3"及"附件正文"4 个样式的格式应用到 Word.docx 文档中的同名样式；然后将文档"附件 4　新旧政策对比.docx"中的全部内容插入到 Word.docx 文档的最下面。

【解题图示】（完整解题步骤详见随书素材）

在"管理器"对话框中还可对样式进行其他管理，如要批量删除样式，在此对话框中可同时选中这些样式，再单击"删除"按钮。

【真题链接 3-19】某学术杂志的编辑徐雅雯需要对一篇关于艺术史的 Word 格式的文章进行编辑和排版，请帮助她删除文档中所有以"a"和"b"开头的样式。

【解题图示】（完整解题步骤详见随书素材）

3.5　排排站——项目符号和编号

如果有一组并列关系的段落，在各段前添加**项目符号**，如添加◆，可增强层次感和逻辑性。如果段落有先后顺序关系，还可使用**项目编号**。例如，在每段之前分别添加"一""二""三"等。Word 有自动添加项目符号和编号的功能，这就免去了自己输入的麻烦。

3.5.1　添加项目符号和编号

选中要设置项目符号或编号的段落，在"开始"选项卡"段落"组中单击"项目符号" ⋮⋮▾ 右侧的下三角按钮，从下拉列表中选择一种符号样式，则设置项目符号，如图 3-25（a）所示。单击"编号" ⋮⋮▾ 右侧的下三角按钮，从下拉列表中选择一种编号样式，则设置项目编号，如图 3-25（b）所示（素材 3-15 中原来的 1）、2）、3）是手工输入的，应删除并以自动编号替换）。

　　（a）设置项目符号　　　　　　　　　　（b）设置项目编号

图 3-25　设置项目符号和编号（📁素材 3-14 项目符号.docx 和素材 3-15 项目编号.docx）

　　还可使用图片作为项目符号。单击"项目符号" ≔ ▾ 右侧的下三角按钮，从下拉列表中选择"定义新项目符号"。如图 3-26 所示，在弹出的对话框中单击"图片"按钮，在随后弹出的对话框中再单击"导入"按钮，在浏览文件对话框中选择图片文件即可。例如，图 3-26 为表格中的文字都添加了图片项目符号，符号来自图片文件"项目符号.png"。

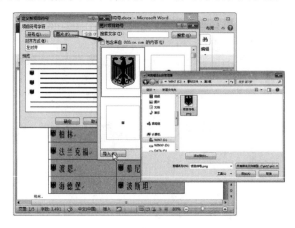

图 3-26　定义图片项目符号（📁素材 3-16 图片项目符号.docx）

　　单击"编号" ≔ ▾ 右侧的下三角按钮，从下拉列表中选择"定义新编号格式"，打开如图 3-27 所示的对话框。除可从"编号样式"下拉列表中选择样式外，还可在编号之前、之后添加任意其他内容。例如，如图 3-27 所示，在"编号格式"框中的灰色底纹的"一"是可以变化的（将来可变为"二""三"……），在它之前和之后分别自行输入"第"和"条"，"第"和"条"不带灰色底纹，表示在任何一项编号中都是不变的，即实现的是"第一条""第二条""第三条"……样式的项目编号。对话框中的"对齐方式"是指列表中各编号彼此的对齐方式，当编号位数相同时没有明显区别，但如位

图 3-27　定义新编号格式

数不同，如编号 9（一位数）和 10（两位数）之间就有区别：左对齐是 9 与 10 中的 1 对齐，右对齐是 9 与 10 中的 0 对齐。

选中带有项目符号（编号）的文字后设置格式，则文字和符号（编号）的格式将一同改变。若单击选中任意一行文字前面的项目符号（编号），而不是选中文字，则可单独改变项目符号（编号）的格式，如字体、字号、颜色等。例如，单独将项目符号（编号）的字号设置为"小一号"，而文字的字号不变。也可以在"定义新项目符号"或"定义新编号格式"的对话框中单击"字体"按钮单独设置项目符号（编号）的格式。另外，默认情况下，项目符号（编号）与文字是底端基线对齐的，若要调整与文字在同行中的垂直对齐方式，仍然在"段落"对话框"中文版式"选项卡中设置"文本对齐方式"，如"顶端对齐""居中"等。

设置项目符号后，"项目符号"按钮便成为高亮状态 ；设置项目编号后，"编号"按钮 便成为高亮状态。这两个按钮的工作原理与"字体"的"加粗" 、"倾斜" 、"下画线" 等按钮的工作原理类似：高亮时表示具有对应的格式，非高亮时表示没有对应的格式。因此，要取消项目符号或编号，只要再次单击这两个按钮，使它成为非高亮状态即可。

在文档中输入以 1. 开头的一段文字后按 Enter 键，Word 会自动创建项目编号列表。输入以*+空格或 Tab 开头的一段文字后按 Enter 键，Word 会自动创建项目编号列表。之后输入每项文字后按 Enter 键即可继续列表。当列表完成后，连续按两次 Enter 键，或按退格键删除下一行开头的自动符号或编号即可。

【真题链接 3-20】北京计算机大学组织专家对《学生成绩管理系统》的需求方案进行评审，为使参会人员对会议流程和内容有一个清晰的了解，需要会议会务组提前制作一份有关评审会的秩序手册。请将标题"一、报到、会务组"等内容以自动编号格式"一、二、……"替代原来的手动编号。

【解题图示】（完整解题步骤详见随书素材）

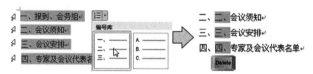

【真题链接 3-21】张老师撰写了一篇学术论文，拟投稿于大学学报，发表之前需要根据学报要求完成论文样式排版。请将参考文献列表采用项目编号，编号格式为"[序号]"。

【解题图示】（完整解题步骤详见随书素材）

【真题链接 3-22】办事员小李需要整理一份有关高新技术企业的政策文件呈送给总经理查阅。按下列要求帮助小李完成文档的编排：将所有应用"正文 1"样式的文本段落以"第一条、第二条、第三条……"的格式连续编号并替换原文中的纯文本编号、字号设为五号、首行缩进 2 字符。

【解题图示】（完整解题步骤详见随书素材）

3.5.2　设置多级列表

当文档的内容较多时，通常都会使用多级列表：将文档分割为章、节、小节等多个层次，并为每一层次编号。例如：

（1）将"第 1 章"编号为 1，"第 2 章"编号为 2，……这是第一级。

（2）将"第 1 章第 1 节"编号为 1.1，"第 1 章第 2 节"编号为 1.2，"第 2 章第 1 节"编号为 2.1……这是第二级。

（3）将"第 1 章第 1 节的第 1 小节"编号为 1.1.1，"第 1 章第 1 节的第 2 小节"编号为 1.1.2……这是第三级。

使用 Word 的多级列表功能，可由 Word 自动为各级标题编号，这免去了人工编号的麻烦，也避免出错，更可在调整章节顺序、级别时，编号能自动更新。在使用多级列表时，先将各级标题与不同的"样式"链接起来，然后再设置多级列表比较方便。

选中要设置多级列表的段落，在"开始"选项卡"段落"组中单击"多级列表"按钮，从下拉列表中选择一种预设格式即可为选中段落添加多级编号。添加后，如需改变某段文本的编号级别，只要在本段开头按 Tab 或 Shift+Tab 组合键；或者右击此段，从快捷菜单中选择"减少缩进量"或"增加缩进量"。这是一种简单应用多级列表的方法。而在实际工作中，经常将多级列表与不同的标题样式链接起来，后者更适合在长文档中设置多级列表，且能实现在为段落应用标题样式时，将同时应用多级列表。

首先设置各级标题的样式：将所有"章标题"段落都应用为"标题 1"样式，所有"节标题"段落都应用为"标题 2"样式，所有"小节标题"段落都应用为"标题 3"样式，设置后的文档如图 3-28 所示（可逐一设置，也可采用"查找和替换"的方法设置，后者方法将在 3.6 节介绍）。

将插入点定位到第一个一级标题段落中（或者选中该段），单击"开始"选项卡"段落"组的"多级列表"按钮，从下拉列表中选择"定义新的多级列表"，如图 3-28 所示。弹出"定义新多级列表"

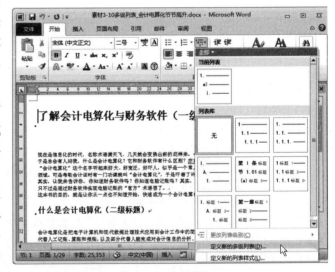

图 3-28　定义新的多级列表（　素材 3-17 多级列表.docx）

对话框，如图 3-29 所示。如果对话框中的内容未完全显示，单击左下角的"更多>>"按钮，使其完全显示。

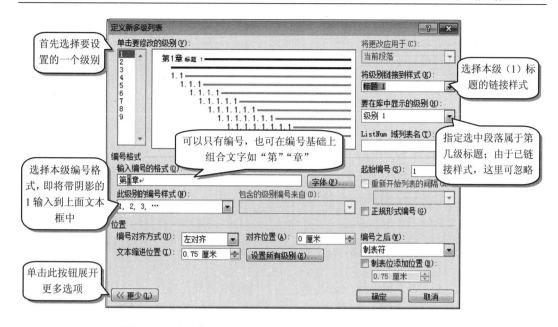

图 3-29　"定义新多级列表"对话框（设置多级列表的第一级）

　　首先单击对话框左侧的 1 准备设置多级列表的第一级，然后最重要的设置就是在对话框右侧"将级别链接到样式"下拉框中选择"标题 1"样式，如图 3-29 所示。这样，文档中凡是应用了"标题 1"样式的段落，都将具有第一级编号。然后设置编号格式，默认格式是"1、2、…"，如希望是"第 1 章、第 2 章…"，可在"输入编号的格式"文本框的带阴影的 1 的左侧、右侧分别输入"第"和"章"，使文本框内容为"第 1 章"。注意其中 1 必须为原来文本框中带阴影的 1，不得自行输入 1；带阴影表示它将是变化的，对第 1 章是 1，对第 2 章将自动变为 2。而"第"和"章"字没有阴影，说明这两个字是不变的，即对于哪一章标题中都将含有这两个字。如果带阴影的 1 消失或被误删除，在"此级别的编号样式"下拉框中选择"1, 2, 3…"即可将带阴影的 1 重新输入；而自行在文本框中输入 1 是不行的。

　　然后继续在此对话框中设置多级列表的第二级，单击对话框左侧的 2，在对话框右侧"将级别链接到样式"下拉框中选择"标题 2"样式，如图 3-30（a）所示。这样，文档中凡是应用了"标题 2"样式的段落，都将具有第二级编号。然后设置第二级的编号格式，默认编号是"1.1、1.2、2.1…"，"."前面的数字表示它所属的章号，后面的数字表示本章内的节号。如果希望编号是"1-1、1-2、2-1…"，在"输入编号的格式"文本框中将两个带阴影的 1 之间的圆点"."删除，并改为连字符"-"，使文本框内容为 1-1。其中两个 1 都必须带阴影，表示它们都是变化的，对不同章节编号不同；而中间的"-"不带阴影表示所有节标题都有"-"。如果第 1 个带阴影的 1 消失或被误删除，可在"包含的级别编号来自"下拉框中选择"级别 1"。如果第 2 个带阴影的 1 消失或被误删除，可在"此级别的编号样式"下拉框中选择"1, 2, 3…"。

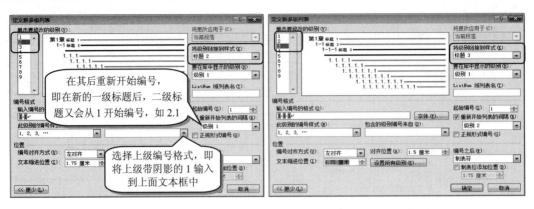

（a）设置多级列表的第二级　　　　　　　　（b）设置多级列表的第三级

图 3-30　设置多级列表的第二级和第三级

继续在此对话框中设置多级列表的第三级，单击对话框左侧的 3，然后在对话框右侧"将级别链接到样式"下拉框中选择"标题 3"样式，如图 3-30（b）所示。这样，文档中凡是应用了"标题 3"样式的段落，都将具有第三级编号。然后设置第三级的编号格式，默认编号是"1.1.1、1.1.2、1.2.1…"，其中"."之间的 3 个数字分别表示它所属的章号、节号和小节号，同样可在"输入编号的格式"文本框中将 3 个带阴影的 1 之间的两个圆点"."都删除，并都改为连字符"-"，其中"-"不带阴影，使将来编号为"1-1-1、1-1-2、1-2-1…"。

如 3 个带阴影的 1 消失或被误删除，重新输入的方法分别是：在"包含的级别编号来自"中选择"级别 1""级别 2"及在"此级别的编号样式"下拉框中选择"1，2，3…"。

在对话框底部的"位置"组中，还可分别控制每一级编号的对齐方式、对齐位置、文本缩进位置、编号之后的字符（制表符、空格或不特别标注）等。例如，这里将第 3 级标题的"文本缩进位置"设置为与第 2 级的相同，均为"1.75 厘米"。

单击"确定"按钮，则多级列表设置后的效果如图 3-31 所示。图 3-31 所示为将视图切换为大纲视图，并设置为显示前 3 级标题，以便观察。

图 3-31　多级列表设置后的效果（图为大纲视图；素材 3-17 多级列表.docx）

【真题链接 3-23】张老师撰写了一篇学术论文，拟投稿于大学学报，发表之前需要根据学报要求完成论文样式排版。素材中黄色字体部分为论文的第一层标题，样式为标题 2，多级项目编号格式为"1、2、3…"；素材中蓝色字体部分为论文的第二层标题，样式为标题 3，对应的多级项目编号格式为"2.1、2.2、…、3.1、3.2、…"，其中参考文献无多级编号。

【解题图示】（完整解题步骤详见随书素材）

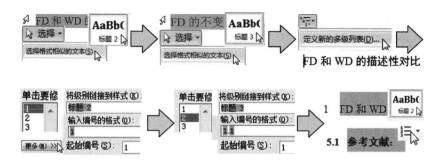

在多级列表的设置中，如果将第一级编号格式设置为中文数字的"一、二、三"，而非"1、2、3"，则第二级编号将成为"一.1、一.2"，第三级编号也将成为"一.1.1、一.1.2"，这将不符合常规习惯。能否将第二、三级编号变为阿拉伯数字的"1.1、1.2"和"1.1.1、1.1.2"，而保持第一级编号仍为中文数字呢？答案是肯定的，只要在设置第二级和第三级编号时选中对话框右侧靠下位置的"正规形式编号"，就可以强制第二、三级编号使用阿拉伯数字了。

3.6　格式的复制和替换

在 Word 中有很多工作技巧，解决同一问题也有多种不同的方法。尤其对于长文档，适当使用技巧，而不是靠"蛮力"一个一个地设置，更能事半功倍，提高工作效率。

3.6.1　使用格式刷复制格式

在 Word 中除可以复制文字内容外，还可以复制格式；复制格式时，不影响文字内容。当要让多处的文字或段落都套用相同的格式时，只需设置一处，然后便可用"格式刷"将格式复制到其他各处，快速完成其他各处的格式设置。

使用"格式刷"的方法是：首先选定某一处已设置好格式的文字或段落，然后单击"开始"选项卡"剪贴板"组的"格式刷"按钮，此时鼠标光标变为形状（似乎是将一把刷子从已设好格式的一处文字上沾上了墨水，则以后将刷子刷到哪里，哪里就将变为同样的格式）。再用鼠标拖动选择其他需要被复制格式的文本或段落，则这些文本或段落都将立即被设置为相同的格式。复制一处后，鼠标光标就恢复正常形状，复制结束。如果要连续地复制到多处，可双击"格式刷"按钮，这样复制一处后，鼠标光标不会自动恢复正常，还可继续将格式复制到其他多处。直到按下 Esc 键，或再次单击"格式刷"按钮，鼠标光标才会恢复正常，复制结束。

需要注意的是，必须通过其他方式首先设置好一处文字的格式（如通过"字体"或"段落"组的按钮），然后才能使用格式刷设置其他各处；不能所有各处文字都通过格式刷设置。这好比刷子需在一处已设好格式的文字上去"蘸墨水"，通过其他方式必须先设置好一处文字的格式，趁文字上的"墨迹未干"，用格式刷在文字上"蘸上墨水"，才能刷其他文字。

3.6.2 使用查找和替换功能设置格式

在第 2 章介绍了用 Word 的"查找和替换"功能来查找和替换文字内容，实际上"查找和替换"功能还可以带格式地进行查找和替换，如果用后者的方法来设置格式会非常方便。

图 3-32 所示为一篇有关财务软件应用的书稿。书稿中包含 3 个级别的标题，已分别用"（一级标题）""（二级标题）""（三级标题）"字样标出，但尚未设置样式。现希望将标记为"（一级标题）"的段落设为"标题 1"样式，将标记为"（二级标题）"的段落设为"标题 2"样式，将标记为"（三级标题）"的段落设为"标题 3"样式。如果逐一选择段落、逐一设置样式虽能达到目的，但比较麻烦；而通过"查找和替换"功能替换格式，则会很方便。

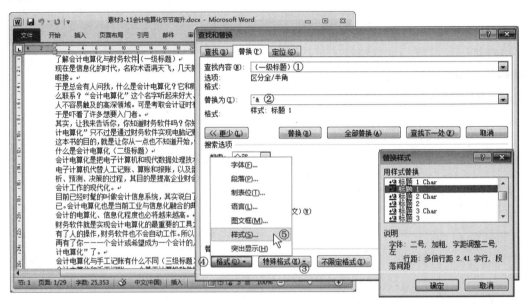

图 3-32 用"查找和替换"功能批设置含"（一级标题）"字样的段落的样式为"标题 1"（📁素材 3-18
用查找替换设置样式.docx）

单击"开始"选项卡"编辑"组的"替换"按钮，弹出"查找和替换"对话框。在对话框中切换到"替换"选项卡，在"查找内容"框中输入"（一级标题）"（注意括号为中文括号）。单击对话框左下角的"更多"按钮，展开对话框的更多内容。然后将插入点放在"替换为"输入框中，单击对话框底部的"特殊格式"按钮，从菜单中选择"查找内容"命令，则在"替换为"框中自动输入了代码"^&"（也可让"替换为"框中的内容为空白，因为还要设置"替换为"内容的格式）。仍保持插入点位于"替换为"框中，再单击对话框底部的"格式"按钮，从菜单中选择"样式"。在弹出的"替换样式"对话框中选择"标题 1"（不要选择"标题 1 char"），如图 3-32 所示。单击"确定"按钮，关闭"替换样式"对话框。返回"查找和替换"对话框，单击"全部替换"按钮，则全部有"（一级标题）"字样的段落都被应用了"标题 1"样式。

　　采用同样的方法，在"查找内容"框中输入"（二级标题）"，将插入点放在"替换为"框中，单击"格式"按钮→"样式"并选择"标题 2"样式，"全部替换"具有"（二级标题）"字样的段落为"标题 2"样式。再在"查找内容"框中输入"（三级标题）"，将插入点放在"替换为"框中，单击"格式"按钮→"样式"并选择"标题 3"样式，"全部替换"具有"（三级标题）"字样的段落为"标题 3"样式。

　　在"查找内容"框中或在"替换为"框中都可单击"格式"按钮设置格式，使带格式进行查找和替换。设置格式后，要不希望带格式进行查找和替换，将插入点定位到"查找内容"框中或"替换为"框中后，单击"不限定格式"按钮则取消格式。

　　【真题链接 3-24】某编辑部收到一篇科技论文的译文审校稿，并希望将其发表在内部刊物上。现需要根据专家意见进行文档修订与排版：请删除文档中所有以黄色突出显示的注释性文字，将文档中所有标记为红色字体的文字修改为黑色。

　　【解题图示】（完整解题步骤详见随书素材）

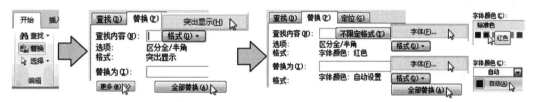

第 4 章　妙手著文章——Word 文档页面与版式设置

不是么？要制作一篇美观大方的文档，只考虑字体、段落格式是不够的，还要通篇考虑整体排版和布局，如分页、分栏、页面大小、页边距、页面版式以及页眉、页脚等。有了 Word，再不必为长文档的排版大费周折，现在就来领略 Word 文档排版的强大功能吧！

4.1　分页和分节

在编辑一篇文档时，当内容写满一页后，Word 会自动新建一页并将后续内容放入下一页。然而在书籍、杂志中也常见这样的情况：当一章结束后，无论这章内容是否写满一页，下一章一定从新的一页开始，这是怎样实现的呢？

4.1.1　分页符

还记得在第 2 章曾介绍过的段落标记符 ↵ 用于分段吗？在 Word 中还有很多种这样的控制符。分页符就是另一种，顾名思义，这种符号起到分页作用，即强制开始下一页，而无论之前的内容是否写满一页。

按 Enter 键输入段落标记 ↵ 开始新段，按 Ctrl+Enter 组合键则可输入分页符开始新页。插入分页符还可通过功能区进行。将插入点定位到将要位于下一页的段落开头，在"页面布局"选项卡"页面设置"组中单击"分隔符"按钮，从下拉菜单中选择"分页符"，如图 4-1 所示。

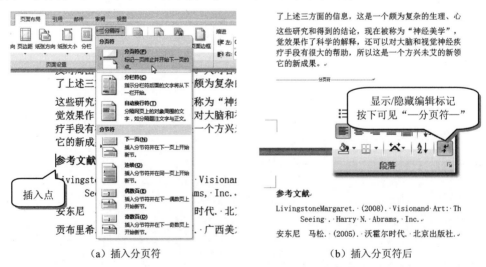

（a）插入分页符　　　　　　　　　　（b）插入分页符后

图 4-1　插入分页符（📁素材 4-1 分页.docx）

在"开始"选项卡"段落"组中单击"显示/隐藏编辑标记"按钮 ⯐，使按钮为高亮状态，则在文档中将显示出分页符、分节符等控制符号；如再次单击该按钮，使按钮恢复为正常状态，则隐藏这些符号（默认情况段落标记符除外），它们在文档中不被显示但它们仍然起作用。该按钮类似于显微镜：打开显微镜就能够观察到细菌（Word 文档中的特殊控制符号），关闭显微镜则不能观察到细菌，但细菌仍然存在仍能发挥作用。打开显微镜时，半角空格还显示为点（.），全角空格显示为方框（□），TAB 符显示为箭头（→）。

4.1.2　节与分节

Word 通过为文档分**节**将文档划分为多个部分，每一部分可以有不同的页面设置，如不同页边距、页面方向、页眉、页脚、页码等。这使同一篇文档的不同部分可以具有不同的页面外观。例如，一本书的每一章可被划分为一"节"，这使每章的页眉可以具有不同的内容（如分别是对应那章的章标题）；一本书的前言和目录部分也可被划分为不同的"节"，这使前言和目录部分有与正文不同的页眉，而且它们的页码格式也与正文不同（一般为罗马数字的页码 i、ii、iii…）。注意 Word 里"节"的概念与图书的"章节"不同，虽然有时一个"章节"可被划分为一"节"，但也可以不那样做，分节与否关键决定于是否要实现不同的页面设置。

在 Word 中分节，要通过插入另一种特殊字符——分节符来完成。在 Word 中有 4 种分节符可供选择，如表 4-1 所示。

表 4-1　Word 的分节符

分节符	功能作用
下一页	该分节符也会同时**强制分页**（即兼有**分页符**的功能），在下一页开始新的节。一般图书在每一章的结尾都会有一个这样的分节符，使下一章从新页开始；并开始新的一节，以便使后续内容和上一章具有不同的页面外观
连续	该分节符仅分节，不分页。当需要上一段落和下一段落具有不同的版式时，例如，上一段落不分栏，下一段落分栏（但又不开始新的一页），可在两段之间插入"连续"分节符。这样两段的分栏情况不同，但它们仍可位于同一页
偶数页	该分节符也会同时**强制分页**（即兼有**分页符**的功能），与"下一页"分节符不同的是：该分节符总是在下一**偶数页**上开始新节。如果下一页刚好是**奇数页**，该分节符会自动再插入一张空白页，再在下一**偶数页**上起始新节
奇数页	该分节符也会同时**强制分页**（即兼有**分页符**的功能），与"下一页"分节符不同的是：该分节符总是在下一**奇数页**上开始新节。如果下一页刚好是**偶数页**，该分节符会自动再插入一张空白页，再在下一**奇数页**上起始新节

插入分节符的方法与插入分页符类似，将插入点定位到文档中要插入分节符的位置（也就是要实现不同页面设置的分界处），在"页面布局"选项卡"页面设置"组中单击"分隔符"按钮，从下拉菜单中选择"下一页""连续""偶数页"或"奇数页"（参见图 4-1）。

在 Word 中使用分节符的实例如图 4-2 所示：使用分节符，可以在同一文档中使用不同大小和不同方向的纸张（上一节内使用纵向纸张、下一节内又使用横向纸张）；也可以在同一文档中给部分文本分栏（上一节内不分栏、下一节内分栏）；还可以设置不同的页码格式（上一节内使用罗马数字页码、下一节内使用阿拉伯数字页码且又从 1 起始）；等等。要实现这些目的，在不同格式的"分界处"插入"分节符"即可。关于如何调整文档版面、分栏及设置页码格式的方法，将在稍后介绍。

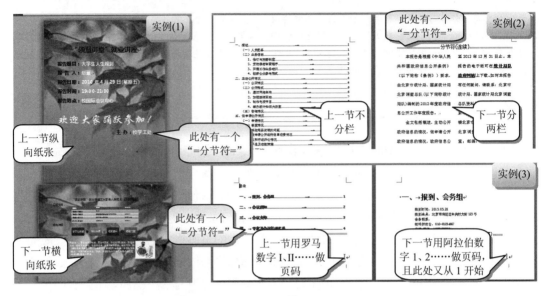

图 4-2　分节符应用的 3 个实例（📁素材 4-2 分节实例.docx）

【真题链接 4-1】某出版社的编辑小刘手中有一篇有关财务软件应用的书稿 Word.docx，试帮助小刘将目录、书稿的每一章均设为独立的一节，每一节的页码均以奇数页为起始页码。

【解题图示】（完整解题步骤详见随书素材）

4.2　分栏

　　分栏排版经常被用在报纸、杂志和词典中。分栏后，文档的正文将逐栏排列。排列顺序是先从最左边一栏开始，自上而下地填满一栏后，就自动在右边开始新的一栏；文本从左栏的底部接续到右栏的顶端。分栏有助于版面美观，并减少留白、节约纸张。

　　选中要分栏的文本内容，如果不选中，将对整个文档分栏。然后单击"页面布局"选项卡"页面设置"组的"分栏"按钮，从下拉菜单中选择一种预定的分栏效果，如"两栏"，如图 4-3 所示。单击菜单中的"更多分栏"，弹出如图 4-4 所示的"分栏"对话框，在对话框中不仅可设置分栏栏数、还可设置

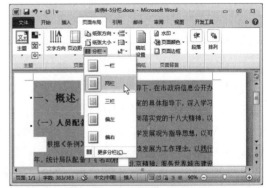

图 4-3　分栏（📁素材 4-3 分栏.docx）

栏宽和栏间距，以及在栏间插入分隔线。如选中"栏宽相等"，则只需设置第 1 栏的宽度和间距，其他栏的将被自动计算。在"应用于"下拉列表中选择分栏作用的区域，有"所选

文字""插入点之后""本节"或"整篇文档"等
选项。如果选择"所选文字",或是"插入点之后",
则在分栏边界处 Word 会自动插入"连续"分节符。

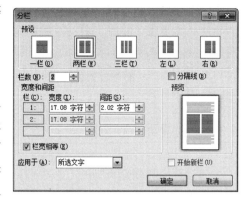

仅在页面视图或打印预览中才能看到分栏的效果。
在其他视图中仍显示一栏,但以分栏的栏宽显示。

如果希望强制从某段文字处就开始新的一
栏,而不等一栏排满后再换栏,则可在该段文字
前插入分栏符:单击"页面布局"选项卡"页面
设置"组的"分隔符"按钮,从下拉菜单中选择
"分栏符"。如需取消分栏排版,在"分栏"按钮
的下拉菜单中选择"一栏"即可。

图 4-4 "分栏"对话框

【真题链接 4-2】《石油化工设备技术》杂志社编辑
老马正在对一篇来稿进行处理,按下列要求帮助老马修订与编排稿件,最终的稿件不应超过 9 页。
自"关键词"所在的段落之后将文档分为等宽两栏,其中图 4、图 5、表 2 及其题注不分栏。最后一页
的内容无论多少,均应平均分为两栏排列。

【解题图示】(完整解题步骤详见随书素材)

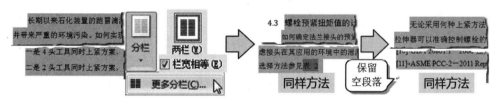

【真题链接 4-3】某单位财务处请小张设计"经费联审结算单"模板,以提高日常报账和结算单
审核效率。请设置页面为两栏,栏间距为 2 字符,其中左栏内容为"经费联审结算单"表格,右栏
内容为《XX 研究所科研经费报账须知》文字。

【解题图示】(完整解题步骤详见随书素材)

【真题链接 4-4】小张的毕业论文设置为 2 栏页面布局,现需在分栏之上插入一横跨两栏内容的
论文标题,最优的操作方法是(　　　)。

　A. 在两栏内容之前空出几行,打印出来后手动写上标题

　B. 在两栏内容之上插入一个分节符,然后设置论文标题位置

　C. 在两栏内容之上插入一个文本框,输入标题,并设置文本框的环绕方式

　D. 在两栏内容之上插入一个艺术字标题

【答案】B

4.3　顶天立地——页眉和页脚

在很多书籍或杂志中常见每页顶部或底部还会有一些内容,如书名、该页所在章节的

标题、出版信息或页码、总页数等，这就是页眉和页脚。页面顶部的部分为**页眉**，页面底部的部分为**页脚**（有时页眉、页脚的含义也被延伸到左、右两侧页边距中的区域，即页面四周边缘区域都称页眉和页脚）。使用 Word 制作页眉和页脚，不必为每一页都亲自输入页眉和页脚的内容；只要在任意一页上输入一次，Word 就会自动在本节内的所有页中添加相同的页眉和页脚内容。

4.3.1　创建页眉和页脚

创建页眉和创建页脚的方法类似，下面以创建页眉为例介绍具体的操作方法。

在"插入"选项卡"页眉和页脚"组中单击"页眉"按钮，从下拉列表中选择"编辑页眉"命令；或者直接双击页眉区，即可进入页眉编辑状态，同时功能区右侧出现"页眉和页脚工具|设计"选项卡，如图 4-5 所示。然后可直接在页眉中输入内容，也可单击该选项卡中的相应按钮，插入"日期和时间""图片""剪贴画"等。例如，这里仅输入文字内容为公司联系电话"010－66668888"（其中减号为全角字符；输入全角字符的方法请参见第 2 章）。输入后，本节内的所有页面都将具有相同的页眉内容（如文档未分节，则整个文档的所有页面都将具有相同的页眉内容）。

图 4-5　在页眉处输入公司电话（📁素材 4-4 页眉.docx）

"页眉和页脚工具｜设计"选项卡只在编辑页眉、页脚时才会出现，而在编辑正文时自动隐藏。像这种根据正在操作内容的"上下文"动态显示/隐藏的选项卡，称**上下文选项卡**。Word 中还有很多上下文选项卡，如"表格工具|设计""图片工具|格式""SmartArt 工具|设计"等，它们在需要时都会自动出现引导相关操作，而在未执行相关任务时则自动隐藏，以简化操作界面。

单击"页眉和页脚工具|设计"选项卡中的"转至页脚"按钮 🖳，将切换到页脚区，可设置页脚。当然，也可拉动滚动条到页面底端，然后将插入点直接定位到页脚区。

在页眉/页脚编辑状态下，正文区呈灰色显示，是不能被编辑修改的。而双击正文区可切换回正文编辑状态（或单击"页眉和页脚工具|设计"选项卡中的"关闭页眉页脚"按钮 🗙 返回正文编辑状态）。但在正文编辑状态，页眉/页脚区又呈灰色显示，不能被编辑。而双击页眉/页脚区，又可切换回页眉/页脚的编辑状态。正文、页眉/页脚区的编辑状态是两种不同的状态，要在两种状态下切换，最简便的方法就是双击要编辑的区域。

　　页眉内容下方的"横线"是由于页眉内容被自动套用了样式"页眉"，该样式中预设了边框和底纹中的下框线。如不希望显示"横线"，可修改名称为"页眉"的样式，清除其中的"下框线"格式即可。也可直接将页眉/页脚区的文字样式应用为"正文"或"清除格式"。

　　Word 还内置了很多页眉/页脚样式，可使用这些内置样式直接创建漂亮的页眉/页脚。例如，如图 4-6 所示，双击任意一页的页眉区进入页眉编辑状态后，单击"页眉和页脚工具|设计"选项卡"页眉和页脚"组的"页眉"按钮，从下拉列表中单击"细条纹"。可见，在所有页面中均插入了这种样式的页眉。

图 4-6　插入"细条纹"式的页眉（■素材 4-5 细条纹页眉.docx）

　　在插入内置样式的页眉/页脚后，在页眉/页脚区往往会自动出现一些占位符，便于输入内容。如上例在页眉区会自动出现"标题"占位符（其中含有"[键入文档标题]"字样），如图 4-6 所示。如不希望使用占位符输入内容，可单击占位符上的选择手柄 ■标题 选中它，然后按 Delete 键将它删除，然后再在页眉/页脚区自行输入内容。

　　【真题链接 4-5】刘老师正准备制作家长会通知，根据考生文件夹下的相关资料及示例，按下列要求帮助刘老师完成编辑操作。插入"空白（三栏）"型页眉，在左侧的内容控件中输入学校名称"北京市向阳路中学"，删除中间的内容控件。将页眉下方的分隔线设为标准红色、2.25 磅、上宽下细的双线型。插入"瓷砖型"页脚，输入学校地址"北京市海淀区中关村北大街 55 号　邮编：100871"。

　　【解题图示】（完整解题步骤详见随书素材）

4.3.2　为不同节创建不同的页眉和页脚

　　图 4-7 为一篇介绍"黑客技术"相关知识的文档。进入页眉/页脚编辑状态后，在任意页的页眉处输入文字"黑客技术"，则本文档的所有页的页眉都将显示文字"黑客技术"。

现希望仅在正文页页眉中显示文字，而在目录页页眉中没有内容，就需要在目录和正文之间分节。在不同的"节"中，可以分别设置不同的页眉/页脚内容。

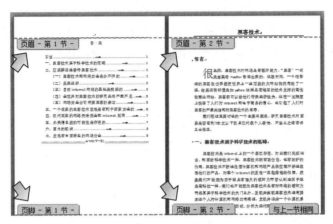

图 4-7　为不同节设置不同的页眉（📁素材 4-6 创建不同页眉.docx）

　　将插入点定位到"黑客技术"标题前，单击"页面布局"选项卡"页面设置"组的"分隔符"按钮，从下拉列表中选择"下一页"分节符，在目录和正文之间分节。

　　分节后，只要为某节中的任意一个页面输入了页眉/页脚，则该节的所有页面都将具有相同的页眉/页脚内容。在输入页眉/页脚内容时，要留意 Word 在页眉/页脚旁边给出的提示，如"页眉 - 第 1 节""页脚 - 第 2 节"等，以明确正在输入的是哪种情况，如图 4-7 所示。

　　分节后，默认情况下，下一节自动接受上一节的页眉或页脚内容，即两节之间存在链接关系，这时仍无法实现在不同节中设置不同的页眉/页脚内容。因为在这一节设置了页眉/页脚，如果有链接，它的上一节，或者下一节也都将被自动设置相同的页眉/页脚内容；在上一节或者下一节设置页眉/页脚内容时，本节亦然。因此，在设置页眉/页脚内容前，应留意本节与其他节是否存在链接关系。

　　将插入点定位到某节的页眉/页脚后，观察"页眉和页脚工具|设计"选项卡"导航"组的 链接到前一条页眉 按钮，如果按钮为高亮状态，则表示它与前一节有链接，此时在页眉/页脚区 Word 也有提示"与上一节相同"（如图 4-7 文档第 2 页的页脚区右侧所示）。在本节设置页眉/页脚，前一节也会被设置为相同内容；在前一节设置页眉/页脚，本节也会被设置为相同内容。单击该按钮使之切换为非高亮状态，就断开了它与前一节的链接，此时页眉/页脚区的"与上一节相同"的提示消失。这时由于断开了链接，本节和前一节可分别设置不同的页眉/页脚，互不影响。注意，只能查看或断开本节与**前一节**的链接。本节与后一节是否有链接？这就无法从本节中获知，要到后一节查看 链接到前一条页眉 按钮才能确定。

　　页眉链接和页脚链接是分别设置的，页眉有链接不影响页脚，页脚有链接也不影响页眉，应将插入点首先定位到页眉、页脚区域，再单击该按钮分别设置页眉的链接、页脚的链接。

　　在将插入点定位到后一节的页脚区，设置与前一节页脚的链接时，该按钮的名称也为"链接到前一条页眉"，但它的作用是针对页脚的，而不是针对页眉，这在实际操作中要注意。实际上，如果此时按钮名称变为"链接到前一条页脚"似乎更能体现作用，但 Word 2010 软件在该版本中并没有将按钮如此改名。

为什么"链接到前一条页眉"按钮呈灰色不可用？链接只能在"后一节"中修改与"前一节"的链接。也就是说，对于第 1、2 两节之间的链接，只能到第 2 节中修改，而在第 1 节中是无法修改的。同理，对第 2、3 两节之间的链接，也必须到第 3 节中修改，在第 2 节中无法修改。显然，如果插入点位于第 1 节的页眉/页脚，或尚未对文档分节，该按钮是灰色不可用的。原因不难理解，因为第 1 节没有"前一节"，若没有为文档分节时，更没有"前一节"，既然都没有"前一节"，又何谈修改与"前一节"的链接呢？请检查插入点是否位于第 1 节，以及是否已为文档分节。

在"黑客技术"文档中，将插入点定位到第 2 节（即正文节）任意一页的页眉区域，单击 链接到前一条页眉 按钮，使之为非高亮，然后在第 2 节页眉中输入文字"黑客技术"。再通过浏览文档，或单击"页眉和页脚工具|设计"选项卡"导航"组的 上一节 按钮，将插入点定位到第 1 节（即目录节）的页眉区域，在页眉中不输入任何内容，就实现了目录无页眉，正文页眉为"黑客技术"。

需要注意的是，并不是所有情况都要让 链接到前一条页眉 按钮为非高亮。当既要分节，又要使后一节与前一节具有相同的页眉/页脚内容时，应保持该按钮为高亮，这时 Word 会自动设置链接节的页眉/页脚为相同内容，就免去了再由人工逐一设置各节的麻烦。

4.3.3　为奇偶页或首页创建不同的页眉和页脚

只要为某节中的任意一个页面设置了页眉/页脚，则该节的所有页面都将自动具有相同的页眉/页脚内容。然而，有时还需要在同一节中分别设置几种不同的页眉/页脚内容：例如，奇数页显示书名、偶数页显示章标题。或者对于双面打印的文档，要使奇数页页码右对齐，偶数页页码左对齐（以使页码都位于书刊的"外缘"）。这不必再通过分节实现，只要在"页眉和页脚工具|设计"选项卡"选项"组中选中"奇偶页不同"复选框，就可以对奇数页和偶数页的页眉/页脚分别做两套不同的设置。

注意，如果在任意一节内选中了"奇偶页不同"，则全文所有节的页眉/页脚都将"奇偶页不同"；不能只针对某一节单独设置"奇偶页不同"。如仅希望在某节内"奇偶页不同"、其他节奇偶页相同，也要先将全文设置为"奇偶页不同"，然后在奇偶相同的节中也分别设置奇数页、偶数页的页眉/页脚，只是设置两遍相同的内容就可以了。

继续前面的例子，现希望在"黑客技术"文档的正文部分，偶数页页眉显示"黑客技术"，奇数页页眉没有内容。选中"选项"组的"奇偶页不同"复选框，这时 Word 在页眉/页脚旁给出的提示变为"奇数页页眉 - 第 2 节""偶数页页眉 - 第 2 节"等。只要设置本节内任意一个奇数页的页眉/页脚，本节内其他奇数页的页眉/页脚就都设置好了。然而，本节的偶数页不受影响，还需要设置本节内任意一个偶数页的页眉/页脚，之后本节内其他偶数页的页眉/页脚也都设置好了。在本例中，先设置奇数页的情况：在"奇数页页眉 - 第 2 节"的提示下，删除页眉中的任何内容（或单击"页眉和页脚工具|设计"选项卡"页眉和页脚"组的"页眉"按钮，从下拉列表中选择"删除页眉"）。再设置偶数页的情况，单击"导航"组的 上一节 或 下一节 按钮，将插入点定位到本节任意一页偶数页的页眉，在"偶数页页眉 - 第 2 节"的提示下，仍保持页眉内容为"黑客技术"。

　　如果在"选项"组选中"首页不同"复选框，还能为每节的首页再单独设置一套页眉/页脚，它将不影响其他页。例如，需要首页没有页眉/页脚，选中此复选框后，将首页的页眉/页脚内容删除即可。

　　在选中/不选中"奇偶页不同"或"首页不同"复选框时，之前在页眉/页脚中输入的内容可能会消失，需要重新输入。因此，一般应首先选中复选框，然后再输入页眉/页脚内容。

　　在"页眉和页脚工具|设计"选项卡"导航"组的 ▤上一节 或 ▤下一节 按钮，实际并不是切换"上一节""下一节"的含义，它们实现的功能是切换"上一种情况""下一种情况"。例如，如果既选中了"奇偶页不同"，又选中了"首页不同"，每节内将有首页、奇数页、偶数页 3 种情况。单击 ▤下一节 按钮，首先切换的是本节内的这 3 种情况（尚没有进入下一节），只有第 4 次单击 ▤下一节 按钮才能进入下一节，在切换下一节的 3 种情况之后，才能进入第三节……因此，这两个按钮名称如改为"上一种情况""下一种情况"似乎更见名知意，但 Word 2010 软件在该版本中并没有如此改名。

　　提示：在设置页眉/页脚时，需要考虑的选项较多，也比较烦琐。建议读者在修改任何页眉/页脚的内容之前，首先考虑以下 3 点，即"三思而后行"，就能避免很多错误。

　　（1）是否正确地选中/不选中了"奇偶页不同"和"首页不同"复选框。

　　（2）将插入点定位到页眉区域，设置"链接到前一条页眉"按钮高亮/非高亮，调整页眉链接；将插入点定位到页脚区域，设置"链接到前一条页眉"按钮高亮/非高亮，调整页脚链接。

　　（3）要留意 Word 在页眉/页脚旁边给出的提示，如"首页页眉-第 1 节""奇数页页眉-第 2 节""偶数页页眉 - 第 3 节"等，以明确正在设置的是哪种情况。

4.3.4　插入页码和域

　　在页眉/页脚区直接输入的内容是固定的文本，它们在每一页的页眉/页脚中都固定不变。在页眉/页脚区还可插入"动态"的内容，称为**域**。这些"动态"的内容不是由人们通过键盘直接输入的，而必须通过 Word 的功能插入；插入后，如果单击这些内容，它们还会出现有灰色阴影的底纹。

　　为什么还需要"动态"的内容呢？例如，每页的页码就是一种"动态"内容。页码也是位于页眉/页脚区的内容，但设想如果在第一页的页眉区直接输入文字 1，是不是所有页面的页眉内容将都是 1 了呢？要让第一页是 1、第二页能自动变为 2……，就需要插入一种动态内容——页码。这样插入的页码不但在不同页中数字可变，还能随文档的修改（如新增、删除内容等）自动更新。除页码外，Word 还允许插入很多其他"动态"内容，如本页内某种样式的文字、文档标题、文档作者等，这些都是带有灰色阴影底纹的内容，都是域，可以自动变化自动更新。

4.3.4.1　插入页码

　　Word 提供了许多预设的页码格式，不仅可将页码插入到页面顶端和底端，还可将页码插入到左侧和右侧页边距的区域中。双击页眉/页脚区，进入页眉/页脚编辑状态后，在"插入"选项卡（或"页眉和页脚工具|设计"选项卡）"页眉和页脚"组中单击"页码"按钮 ▤页码 ▾，从下拉列表中选择一种预设格式就可以了。

例如，如图 4-8 所示，将插入点定位到页脚区，然后从下拉菜单中选择"当前位置"中的"普通数字"插入普通页码，可见页码（一个带阴影的数字）被插入到插入点所在位置。页码也像一个被输入到页眉/页脚区的普通文字一样，可被设置格式，如字体格式、段落对齐格式等。例如，可在"开始"选项卡"段落"组中将页码左对齐、居中对齐或右对齐。

当从"页码"按钮的下拉菜单中选择预设页码，如"页面顶端"或"页面底端"中的"普通数字 1""普通数字 2"等时，插入页码后可能会删除页眉/页脚区的原有内容。当需

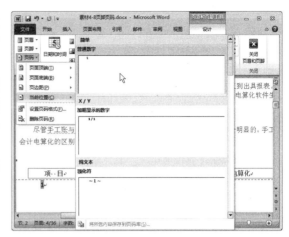

图 4-8　在页脚处插入页码(📖素材 4-7 页脚页码.docx)

要页眉/页脚区既有页码，也有其他内容时，应通过选择"当前位置"插入页码。

有时还要在同一文档的不同部分设置不同的页码格式。例如，正文部分的页码使用阿拉伯数字（1, 2, 3…），目录部分的页码使用大写罗马数字（Ⅰ，Ⅱ，Ⅲ…）。要实现这一效果，必须在不同页码格式的内容部分之间分节：如上例应至少目录部分为一节、正文部分为一节（素材 4-7 文档在目录、每一章均进行了分节，且插入了奇数页分节符，参见"真题链接 4-1"）。

然后将插入点定位到目录部分任意一页的页眉/页脚区，仍单击上述"页码"按钮，从下拉菜单中选择"设置页码格式"。弹出"页码格式"对话框，如图 4-9 所示。在对话框的"编号格式"中有多种编号格式，如"1,2,3…""-1-,-2-,-3-…""i,ii,iii…"等。例如，这里从中选择大写罗马数字格式"I,II,III…"。

在对话框中还可设置页码编号值为"续前节"或固定"起始页码"，续前节是指接续前节最后一页的页码值继续编号页码，如前节页码到第 4 页，本节页码将从第 5 页开始（当分节符是奇数页或偶数页分节符时，会跳过一页偶

图 4-9　"页码格式"对话框

数页或奇数页）。"起始页码"是直接设置页码编号的起始值，而无论前节页码编号如何。如在右侧文本框中输入 1，则强制本节从第 1 页开始编页码。一般在目录节、或正文第 1 章中，都应设置为"起始页码"、1。而对正文第 2 章及以后各章应选择"续前节"。

注意：*"编号格式"和"页码编号"都只影响本节，如其他节也需要相同的页码格式，需在其他节中重复打开"页码格式"对话框重复设置。*

在素材 4-7 的文档中，还希望目录首页和每章首页不显示页码，其余页面奇数页页码显示在页脚右侧，偶数页页码显示在页脚左侧。在目录的页脚编辑状态，选中"页眉和页脚工具|设计"选项卡"选项"组的"奇偶页不同"和"首页不同"，则目录的页脚被分为 3 种情况：①在"首页页脚 - 第 1 节"的提示下，删除页脚的任何内容；②单击📑下一节按钮，在"偶数页页脚 - 第 1 节"的提示下，插入页码后设置段落为左对齐；③单击📑下一节按钮，在"奇数页页脚 - 第 1 节"的提示下，插入页码后设置段落为右对齐。

再单击 ![下一节] 按钮，进入第 2 节（第 1 章），同样首先确认选中了"奇偶页不同"和"首页不同"，然后分别设置第 2 节 3 种情况的页脚：①首页（不输入页脚内容）；②偶数页（插入页码并左对齐）；③奇数页（插入页码并右对齐）。如果页码格式不是"1,2,3…"，或页码编号未从 1 开始（首页是第 1 页不显示页码），打开"页码格式"对话框再调整正确即可。

再逐一设置第 3 节及以后各节的页脚，同样首先确认选中了"奇偶页不同"和"首页不同"，然后分别设置每一节的 3 种情况的页脚：①首页（不输入页脚内容）；②偶数页（插入页码并左对齐）；③奇数页（插入页码并右对齐）。页码格式为"1,2,3…"，但页码编号均为"续前节"（由于分节符是"奇数页"分节符，在各章交界处的页码编号可能出现跳跃一个偶数编号的情况）。由于"链接到前一条页眉"按钮默认是被高亮的，第 3 节及以后各节的很多设置都应已由 Word 自动完成，多数设置只需查看和检查，并不都要进行操作。

【真题链接4-6】北京计算机大学组织专家对《学生成绩管理系统》的需求方案进行评审，为使参会人员对会议流程和内容有一个清晰的了解，需要会议会务组提前制作一份有关评审会的秩序手册。会议秩序册由封面、目录、正文三大块内容组成。其中，正文又分为四个部分，每部分的标题均已经以中文大写数字一、二、三、四进行编排。请将封面、目录，以及正文中包含的四个部分分别独立设置为 Word 文档的一节。页码编排要求为：封面无页码；目录采用罗马数字编排；正文从第一部分内容开始连续编码，起始页码为 1（如采用格式- 1 -），页码设置在页脚右侧位置。

【解题图示】（完整解题步骤详见随书素材）

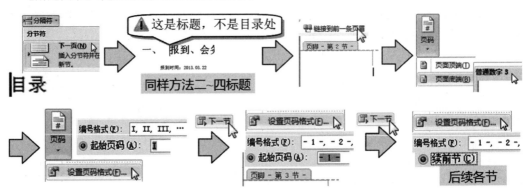

【真题链接4-7】2012 级企业管理专业的林楚楠同学选修了"供应链管理"课程，并撰写了题目为"供应链中的库存管理研究"的课程论文。论文的排版和参考文献还需要进一步修改，根据以下要求，帮助林楚楠完善论文。在文档的页脚正中插入页码，要求封面页无页码，目录和图表目录部分使用"Ⅰ、Ⅱ、Ⅲ…"格式，正文以及参考书目和专业词汇索引部分使用"1、2、3…"格式。

【解题图示】（完整解题步骤详见随书素材）

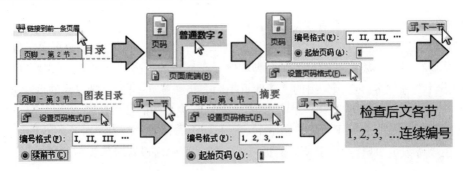

【真题链接 4-8】小华利用 Word 编辑一份书稿，出版社要求目录和正文的页码分别采用不同的格式，且均从第 1 页开始，最优的操作方法是（　　）。

A. 将目录和正文分别存在两个文档中，分别设置页码

B. 在目录与正文之间插入分节符，在不同的节中设置不同的页码

C. 在目录与正文之间插入分页符，在分页符前后设置不同的页码

D. 在 Word 中不设置页码，将其转换为 PDF 格式时再增加页码

【答案】B

4.3.4.2　插入域

文档中可能发生变化的内容可通过插入**域**来输入，**域**是一种插入到文档中的代码，它所表现的内容可以自动变化，而不像直接输入到文档中的内容那样固定不变。Word 的很多功能实际都是通过**域**来实现的：例如，自动更新的日期、页码、目录等。当将插入点定位到域上时，域内容往往会以浅灰色底纹显示，以与普通的固定内容相区别。

插入域后，还可以对域进行编辑或修改。右击文档中的域，从快捷菜单中选择"编辑域"命令，打开"域"对话框，在对话框中做修改。或者，从快捷菜单中选择"切换域代码"命令，将看到由一对"{　}"括起的内容，就是域代码，编程高手们常直接对其代码进行修改来设置内容。

Word 还提供了很多对域操作的快捷键：F9 键更新域；Ctrl+F9 组合键插入域；Shift+F9 组合键对所选的域切换域代码和它的显示内容；Alt+F9 组合键对所有域切换域代码和它的显示内容；Ctrl+Shift+F9 组合键将域转换为普通文本（文字将不带底纹，并失去自动更新的功能）。

注意，如果是用笔记本操作，可能还要同时按下 Fn 键，才是按下真正的 F9 键。

如果所插入的页码或域默认就显示域代码，而非显示内容，则可单击"文件"|"选项"，在"Word 选项"对话框左侧选择"高级"，在右侧"显示文档内容"组中取消选中"显示域代码而非域值"。

如图 4-10 所示，文档中有 3 个一级标题"企业摘要""企业描述""企业营销"已被应用了"标题 1，标题样式一"样式，它们分属不同的页面。现要使每页中这种样式的标题文字自动显示在本页页眉区域中。显然每页页眉内容都是不同的，本页中"标题 1，标题样式一"样式的文字是什么，页眉内容就是什么；如果本页该样式的文字内容变化了，页眉也要自动变化。因此需要在页眉区中插入**域**。

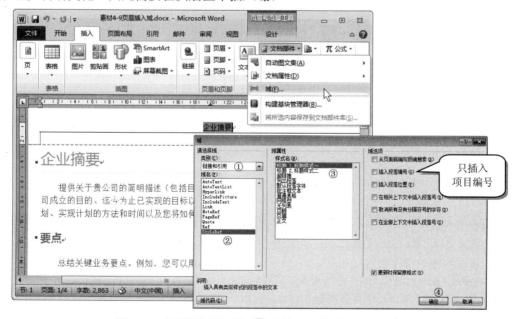

图 4-10　在页眉处插入域（　素材 4-8 页眉插入域.docx）

如图 4-10 所示，双击任意一页的页眉区进入页眉编辑状态。单击"插入"选项卡"文本"组的"文档部件"按钮，从下拉列表中选择"域"。在打开的"域"对话框中，在"类别"中选择"链接和引用"，再在下方"域名"列表中选择 StyleRef 表示要引用特定样式的文本。再在右侧"样式名"列表中选择"标题 1,标题样式一"，表示要引用文档中具有"标题 1，标题样式一"样式的文本。单击"确定"按钮，则在页眉插入了本页中具有"标题 1,标题样式一"样式的文本，当将插入点定位到所插入的内容上时，该内容会以浅灰色底纹显示。

标题被设置了项目编号或多级列表的编号后，可实现在页眉中只显示段落的编号（而不显示标题内容），这只要在"域"对话框的右侧选中"插入段落编号"即可。例如，如图 4-11 所示，文档的各章标题已被设置为"标题 1"样式并添加了多级列表编号（各章标题的编号为"第一章""第二章"……）。要在页眉处插入本页所属章的编号和章标题，需先后两次单击"文档部件"按钮的"域"命令，打开"域"对话框，先后插入两个域。在两次的对话框中都选择"链接和引用"、StyleRef、"标题 1"，只是在第 1 次打开的对话框中选中"插入段落编号"，以仅插入"第 X 章"的编号（插入后再在页眉处自行输入一个空格分隔），在第 2 次打开的对话框中不选中此项，以仅插入章标题的内容（不包含编号）。

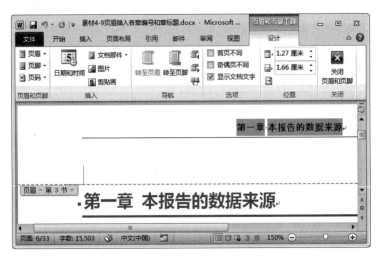

图 4-11　在页眉处插入章节编号和章节标题（🗂素材 4-9 页眉插入各章编号和章标题.docx）

Word 中的域还有很丰富的内容，例如，在页眉/页脚区还可插入文档标题、作者姓名、备注等。在图 4-10 的"域"对话框的"类别"中选择"文档信息"，然后在"域名"中选择某种文档信息即可。这些文档标题、作者姓名、备注等的文档信息可通过单击"文件"中的"信息"，然后在后台视图中设置，具体内容将在第 7 章（7.3.4 小节）介绍。这些信息也是动态变化的，通过插入域在页眉/页脚显示这些信息，可跟随同步更新。如果在后台视图中改变了文档标题、作者姓名、备注等内容，页眉/页脚的内容也会对应改变，这比通过手工输入再逐一修改要方便很多。

　　页码和域不仅可以被插入到页眉/页脚中，如果有必要，也可以被插入到文档正文中。

【真题链接 4-9】某单位的办公室秘书小马接到领导的指示，要求其提供一份最新的中国互联网络发展状况统计情况。小马从网上下载了一份未经整理的原稿，请按下列要求帮助他对该文档进行排版操作。

（1）目录页眉居中插入文档标题属性信息。

（2）自报告摘要开始为正文。为正文设计下述格式的页码：起始页码为 1，页码格式为阿拉伯数字 1，2，3…。偶数页页眉内容依次显示：页码、一个全角空格、文档属性中的作者信息，居左显示。奇数页页眉内容依次显示：章标题、一个全角空格、页码，居右显示。

【解题图示】（完整解题步骤详见随书素材）

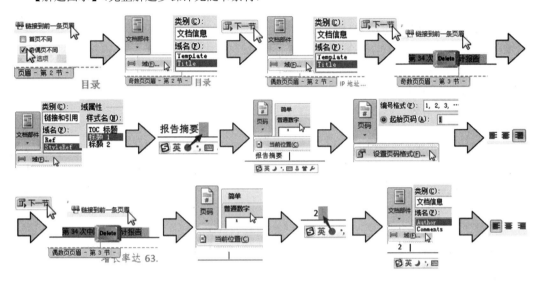

4.3.4.3　修改域代码

根据需要，还可对所插入域的域代码进行修改。例如，如图 4-12 所示，要在第 2 节（正文节）的页脚中显示"第几页共几页"。在第 2 节页脚中单击"页码"按钮，选择"页面底端"的"X/Y"中的"加粗显示的数字 3"，以同时插入页码和总页数（可见，"/"的两侧分别有 2 个带底纹的数字，即分别是页码和总页数的域）。然后在所插入的内容前输入"第"，将"/"删除并输入为"页共"，再在内容最后输入"页"，将页码和总页数部分取消加粗字体效果。

图 4-12　修改总页数的域代码（📄素材 4-10 修改页码域.docx）

然而，本文档的第 1 页为目录页，希望计算总页数时不计目录页，这就应修改域代码，使总页数域减 1，即将"共 X 页"中间的域代码 X 改为"=总页数域–1"（其中等号(=)必不可少）。而这样一个–1 操作也要通过域实现，而"总页数域"也是域，域中套域，因而这是一个嵌套的域代码。

构造这样一个嵌套的域代码"=总页数域–1"操作并不复杂，因为目前已得到了"总页数域"部分，即目前"共 9 页"中带阴影的 9。选中带阴影的 9，按 Ctrl+X 组合键剪切到剪贴板，以备后用（注意，带阴影的 9 是域，而不能直接输入 9，否则与此不同）。然后在"共页"之间按 Ctrl+F9 组合键再插入一个域。在自动出现的带阴影的{ }中间首先输入"="，再按 Ctrl+V 组合键通过粘贴的方式输入"总页数域"，再在后面输入–1 完成。右击域，从快捷菜单中选择"切换域代码"，切换为"第 X 页共 8 页"的状态，可见其中总页数–1 的计算已生效。

通常是在文档正文中插入域，而以上操作的本质是在域代码中再插入域。对于操作熟练的读者，也可通过"文档部件"按钮的"域"命令，而不必通过剪贴板完成，即操作过程是：按 Ctrl+F9 组合键插入空白域、输入"="、通过"文档部件"按钮的"域"命令插入 NumPages 域（位于类别文档信息中）、输入"–1"。注意，NumPages 域被插入在上一层的域代码中，而不是被插入在正文中。

4.4 目录、索引和引文

4.4.1 创建目录

对于长文档，目录是必不可少的。Word 可以自动创建目录（目录实际上也是一种域）。要使用这一功能，必须首先将相应的章节标题段落设置为一定的大纲级别。Word 是依靠大纲级别区分章节标题或正文的，并把不同级别的内容提取出来制作为目录。要设置段落的"大纲级别"，在"段落"对话框"缩进和间距"选项卡的"大纲级别"下拉框中设置即可。

当为段落设置内置标题样式（如"标题 1""标题 2"）时，实际同时设置了大纲级别，当然也可不设置样式，而直接设置大纲级别。

在为文档中所有章节标题设置了正确的大纲级别后，将插入点定位到文档中要插入目录的位置（通常位于文档开头），单击"引用"选项卡"目录"组的"目录"按钮，从下拉列表中选择一种自动目录样式即可快速生成目录，如图 4-13 所示。

从下拉列表中选择"插入目录"，弹出"目录"对话框，可对目录做详细设置，如是否包含页码、目录中显示的标题级别等。在"格式"下拉列表中还可为目录指定一种预设的格式，如"来自模板""古典""流行""正式"等。

单击对话框的"选项"按钮，弹出"目录选项"对话框，如图 4-14 所示，在对话框中调整各级标题样式和目录项的关系。在各样式名称旁边的文本框中输入目录级别（1～9 的一个数字）。如果不希望某种样式的对应标题出现在目录中，则删除对应文本框中的数字。

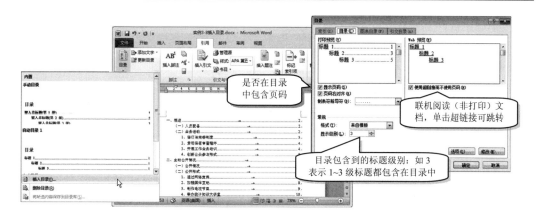

图 4-13　插入目录和"目录"对话框（■素材 4-11 插入目录.docx）

　　对所插入的目录还可进行一定的编辑，如删除某些行、设置字体、段落格式等。为了让目录单独占一页，一般在插入目录后，在目录的结尾处还要插入一个"分页符"或者"下一页"的分节符。

　　Word 自动生成的目录项是带有"超链接"的，但单击它并不会跳转到对应章节。需按住 Ctrl 键的同时单击目录项才能跳转。

　　【真题链接 4-10】北京计算机大学组织专家对《学生成绩管理系统》的需求方案进行评审，为使参会人员对会议流程和内容有一个清晰的了解，需要会议会务组提前制作一份有关评审会的秩序手册。请自动生成文档的目录，插入到目录页中的相应位置，并将目录内容设置为四号字。

　　【解题图示】（完整解题步骤详见随书素材）

图 4-14　"目录选项"对话框

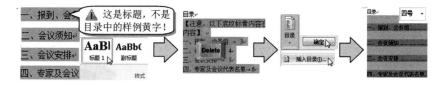

　　【真题链接 4-11】小李准备在校园科技周向同学讲解与黑客技术相关的知识，文档各级标题已设置好标题样式（仅"黑客技术"为 1 级标题，其余均为 2 级以上标题或正文），请在文档第一页开始位置插入只显示 2 级和 3 级标题的目录，并用分节方式令其独占一页。

　　【解题图示】（完整解题步骤详见随书素材）

　　【真题链接 4-12】2012 级企业管理专业的林楚楠同学选修了"供应链管理"课程，并撰写了题目为"供应链中的库存管理研究"的课程论文。帮助林楚楠在"目录"节中插入"流行"格式的目录，替换"请在此插入目录！"文字；目录中需包含各级标题和"摘要""参考书目"以及"专业词汇索引"，其中"摘要""参考书目"和"专业词汇索引"在目录中需和标题 1 同级别。

【解题图示】（完整解题步骤详见随书素材）

【真题链接 4-13】北京明华中学学生发展中心的小刘老师负责向校本部及相关分校的学生家长传达有关学生儿童医保扣款方式更新的通知。该通知需要下发至每位学生，并请家长填写回执。现其中"附件 1、附件 2、附件 3、附件 4"所示标题段落已被应用了"标题 2"样式。请在信件正文之后（黄色底纹标示处）插入有关附件的目录，不显示页码，且目录内容能够随文章变化而更新。

【解题图示】（完整解题步骤详见随书素材）

【真题链接 4-14】Word 文档中包含了文档目录，将文档目录转变为纯文本格式的最优操作方法是（　　）。

A．文档目录本身就是纯文本格式，不需要进行进一步操作

B．使用 Ctrl+Shift+F9 组合键

C．在文档目录上右击，然后执行"转换"命令

D．复制文档目录，然后通过选择性粘贴功能以纯文本方式显示

【答案】B

【解析】目录是一种域，Ctrl+Shift+F9 组合键用于将域转换为普通文本。

创建目录后，如果又对标题进行了修改，或者由于又对正文的修改而使标题所在页的页码发生变化，这时需要对目录进行更新。将插入点定位到目录中的任意位置（整个目录将被加阴影显示），单击"引用"选项卡"目录"组的"更新目录"按钮；或右击文档中的目录，从快捷菜单中选择"更新域"，如图 4-15 所示。然后在弹出的对话框中选择"只更新页码"或"更新整个目录"，前者表示只更新现在目录各标题的页码、标题内容不更新；后者表示标题内容和页码全部更新，即重建目录。如果有标题的增删或修改，则应选后者。

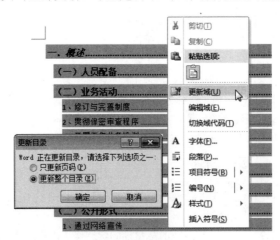

图 4-15　更新目录

【真题链接 4-15】某单位的办公室秘书小马接到领导的指示，要求其提供一份最新的中国互联网络发展状况统计情况。小马从网上下载了一份未经整理的原稿，请按下列要求帮助他对该文档进

行排版操作并保存。

（1）在前言内容和报告摘要之间插入自动目录，要求包含标题第 1～3 级及对应页码，目录页码自奇数页码开始，正文也自奇数页码开始。

（2）将文稿中所有的西文空格删除，然后对目录进行更新。

【解题图示】（完整解题步骤详见随书素材）

【真题链接 4-16】小张完成了毕业论文，现需要在正文前添加论文目录，以便检索和阅读，最优的操作方法是（　　）。

　A．利用 Word 提供的"手动目录"功能创建目录

　B．直接输入作为目录的标题文字和对应的页码创建目录

　C．将文档的各级标题设置为内置标题样式，然后基于内置标题样式自动插入目录

　D．不使用内置标题样式，而是直接基于自定义样式创建目录

【答案】C

4.4.2　制作索引

不少科技书籍在末尾会包含索引表，其内容是在本书中出现的某些词语（称关键词）及它们在书中对应的页码，这可为读者快速查找书中的关键词提供方便，如图 4-16 所示。

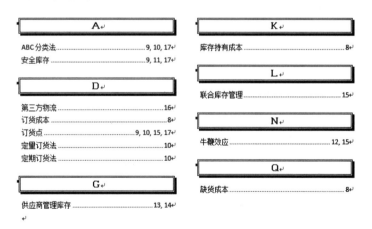

图 4-16　索引表实例（素材 4-12 索引.docx）

4.4.2.1　标记索引项

要创建索引表，必须在文档中首先标记关键词。标记后，才能创建图 4-16 那样的索引表，其中列出的实际是 Word 收集的之前被标记过的词及它们所在的页码。例如，在图 4-17 的文档中，现要对"ABC 分类法"这一关键词创建一个索引项，即希望将来在文档末尾的索引表中列出"ABC 分类法"这一关键词的所有出现页码。操作方法是：

图 4-17　标记索引项（📁素材 4-12 索引.docx）

　　选中文档中的任意一处"ABC 分类法"，在"引用"选项卡"索引"组中单击"标记索引项"按钮，弹出"标记索引项"对话框，如图 4-17 所示。其中，在"主索引项"中自动填入了所选文字，可根据需要修改或不修改，也可在"次索引项"中进一步设置下一级，即第 2 级索引项（如需设置第 3 级索引项，在"次索引项"中应输入：第 2 级索引项+英文冒号(:)+第 3 级索引项）。单击"标记"按钮可标记一处（此处的页码将来会在索引表中列出）。然后不必关闭对话框，继续在文档中选择其他关键词位置，再单击"标记"按钮标记。

　　同一词汇可能在文档中出现多次，这时需要对该词汇的所有出现位置逐一进行标记。因为标记了哪个地方的出现位置，对应位置的页码才会出现在将来的索引表中，而没有标记过的那处出现位置的页码则不会出现在索引表中。靠人工一个个地逐一标记所有出现位置操作较烦琐，Word 提供了自动全部标记的功能可辅助这一操作。在对话框中单击"标记全部"按钮，Word 将自动找出文档中该词汇的所有出现位置并自动对它们一一作标记。

　　如使用"全部标记"，当关键词在同一段落中多次出现时，只有其第一次出现的位置才被标记，同段内第 2 次及以后的出现位置不被标记。

　　要创建对另一个索引项的交叉引用，即引用其他索引项的索引，在对话框的"选项"组中选择"交叉引用"单选框，然后在其后的文本框中输入另一个索引项。

　　标记关键词本质上是 Word 在每个关键词的后面自动添加了一个域。这些域是非打印字符，默认情况不可打印，也是不可见的。但如果单击了"显示/隐藏编辑标记"按钮，使按钮为高亮状态，即可看到在被标记的关键词后有形如{ XE "ABC 分类法"}的域。Word 将来是依据这些域创建如图 4-16 那样的索引表的。因此，若要取消索引标记，只要连同{ }一起删除该域即可。

　　例如，本例单击"标记全部"按钮，则全文中所有出现的"ABC 分类法"均被标记，目录中的也不例外。而目录中的词不应被标记，这时应找到目录中"ABC 分类法"后面的{XE " ABC 分类法 " }，连同{ }按 Delete 键一起删除，如图 4-18 所示（必须使 按钮为高亮状态，才能看到被标记词后面的域）。同理，再删除图表目录中的一处标记词后面的域。

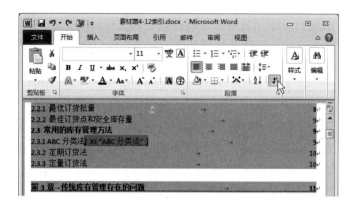

图 4-18　删除目录中关键词的索引标记（📁素材 4-12 索引.docx）

当索引标记域较多时，逐个删除较烦琐，也可通过查找替换的方法批量完成，即替换"关键词+域"的内容为"关键词"。例如，上例文档中已对关键词"供应链"事先标记了索引，要取消这些标记，单击"开始"选项卡"编辑"组的"替换"按钮，打开"查找和替换"对话框。在"查找内容"中输入"供应链^d"（其中^d 可通过单击"特殊格式"-"域"输入）。在"替换为"框中输入"供应链"，单击"全部替换"按钮。

4.4.2.2　自动标记索引项

当要标记的关键词较多时，逐个词标记较烦琐，也可通过索引文件自动完成。索引文件可以是一个 Word 文件，在其中列出所有要标记的关键词，然后即可让 Word 按照此文件自动标记文档中的所有这些关键词。例如，图 4-19（a）就是一个索引文件的例子。在这一索引文件中，表格第 1 列是要被标记的在文档中搜索的文字（应与文档中出现的形式完全一致，否则将不能被搜索到）。第 2 列是索引项，其中主、次索引项之间以英文冒号（:）分隔。如图 4-19（a）所示，各索引条目要按照画家名称和作品名称分类，前 7 行属于作品，其他行属于画家。因此，画家、作品为主索引项，各条目如"阿尔诺菲尼夫妇肖像"等为次索引项。将来要生成的索引表如图 4-19（b）所示。

阿尔诺菲尼夫妇肖像	作品:阿尔诺菲尼夫妇肖像
哀马墟的晚餐	作品:哀马墟的晚餐
大使	作品:大使
夫妻像	作品:夫妻像
帕埃勒主教像	作品:帕埃勒主教像
天使	作品:天使
绣花女工	作品:绣花女工
布鲁内斯基	画家:布鲁内斯基
丢勒	画家:丢勒
霍尔拜因	画家:霍尔拜因
霍克尼	画家:霍克尼
卡拉瓦乔	画家:卡拉瓦乔
伦勃朗	画家:伦勃朗
洛托	画家:洛托
维米尔	画家:维米尔
沃霍尔	画家:沃霍尔
杨·凡·埃克	画家:杨·凡·埃克

画家与作品名称索引

画家　　　　　　　　　　杨·凡·埃克, 5, 11
布鲁内斯基, 2　　　　　**作品**
丢勒, 2, 5　　　　　　　阿尔诺菲尼夫妇肖像, 11
霍尔拜因, 5, 6, 10　　　哀马墟的晚餐, 8
霍克尼, 5, 6, 8, 9, 10, 11, 12, 13　大使, 5, 6, 10
卡拉瓦乔, 6, 7, 8, 11　夫妻像, 9
伦勃朗, 2, 3, 5　　　　帕埃勒主教像, 11
洛托, 9, 10　　　　　　天使, 7
维米尔, 3, 4, 5, 6, 11　绣花女工, 4, 5
沃霍尔, 5

（a）一个索引文件的实例　　　　　　　（b）自动标记索引项后生成的索引表

图 4-19　索引文件和通过索引文件自动标记索引项后生成的索引表
（📁素材 4-13 画家与作品.docx 和素材 4-13 自动标记索引.docx）

在索引文件中，也可不使用表格而直接输入 2 列文字，2 列文字之间以 Tab 键分隔。如索引文件只包含 1 列，则该列既是搜索文字，也是主索引项（将无次索引项）。注意，本书提供的素材 4-13 只包含 1 列，需首先照图 4-19（a）加工为 2 列，再保存后才能使用。

准备好索引文件"素材 4-13 画家与作品.docx"后，单击"引用"选项卡"索引"组的"插入索引"按钮，打开"索引"对话框，如图 4-20 所示。单击对话框的"自动标记"按钮，浏览选择刚刚加工制作好的索引文件"素材 4-13 画家与作品.docx"，则自动完成所有关键词的索引项标记，非常方便。

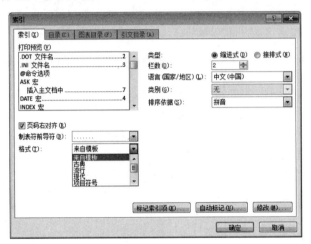

图 4-20 "索引"对话框

4.4.2.3 创建索引表

标记索引项的域是非打印文字，然而，如将这些文字显示出来，将会额外占用一些页面空间，可能影响后续索引项，使其所在页码后移。因此，在创建索引表前，应先取消高亮"显示/隐藏编辑标记"按钮，隐藏这些文字，以使各索引项位于正确页码的页面中。

将插入点定位到文档中要插入索引表的地方（如文档末尾），单击"引用"选项卡"索引"组的"插入索引"按钮，打开"索引"对话框，如图 4-20 所示。设置索引的格式、类型、栏数、排序依据等，其中类型有"缩进式"和"接排式"两种选项，前者是次索引项将相对于主索引项缩进编排，后者是主次索引项都将排在一行中。例如，选择类型为缩进式、格式为"流行"、栏数为 2、类别为"无"、排序依据为"拼音"，单击"确定"按钮，创建的索引表如图 4-19（b）所示。

同更新目录类似，如需更新索引表，右击索引表，从快捷菜单中选择"更新域"。

【真题链接 4-17】在某学校任教的林涵需要对一篇 Word 格式的科普文章进行排版，试帮助她在标题"人名索引"下方插入格式为"流行"的索引，栏数为 2，排序依据为拼音，索引项来自于文档"人名.docx"。

【解题图示】（完整解题步骤详见随书素材）

4.4.3　插入引文和书目

使用 Word 撰写类似学术论文的文档时，一般要在某句话后给出所引用的参考文献的序号，或给出所引用的参考文献的作者、年份等，这称为插入**引文**。而要想插入引文，必须添加或导入该篇参考文献的信息（一本书或一篇期刊文章的作者、标题、年份等），这称为添加引文的**源**。在文档中（一般位于文档结尾），还要给出参考文献列表，列出本文引用的所有参考文献的作者、标题、年份等，这称为插入**书目**。

插入引文和添加源可以同时进行：将插入点定位到文档中要插入引文的位置（如某句话之后），单击"引用"选项卡"引文与书目"组的"插入引文"按钮，从下拉菜单中选择"添加新源"。在"创建源"对话框中输入一篇参考文献的信息（如一本书或一篇期刊文章的作者、标题、年份等），单击"确定"按钮即可将此参考文献的信息添加到 Word 文档，并在文档插入点位置插入本参考文献的引用（如写出角标指示参考文献序号）。之后该参考文献也会自动出现在"插入引文"按钮的下拉菜单中，如需在文档的其他位置再次引用这篇文献，不必重新输入参考文献信息，可直接单击对应的菜单项再次插入引文。

如果从"插入引文"按钮的下拉菜单中选择"添加新占位符"，则只在文档中的该位置处添加一个占位符，待需要时再插入引文和填写源信息。

还可通过导入的方式批量添加源。通过逐篇输入每篇参考文献的作者、标题、年份等添加源比较麻烦，如果所有参考文献的信息已被整理到一个外部文件中（一般为 XML 文件，包含所有参考文献的作者、标题、年份等），可将它们一次性导入。单击"管理源"按钮打开"源管理器"对话框，如图 4-21 所示。单击对话框中的"浏览"按钮，找到并打开 XML 文件（例如，导入本例的"参考文献.xml"）。可见，对话框左侧列表列出了 XML 文件中包含的所有参考文献。选中左侧列表中的所有参考文献（单击选中第 1 项，然后按住 Shift 键的同时再单击列表的最后一项），单击中间的"复制 ->"按钮，将这些内容复制到右侧列表，则这些参考文献就被导入到本 Word 文档中了。单击"关闭"按钮关闭对话框。

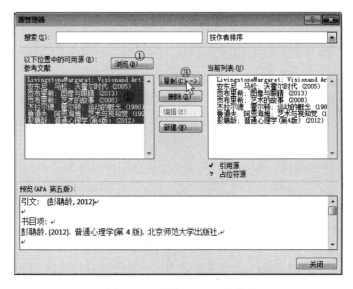

图 4-21　"源管理器"对话框

在文档中添加或导入了引文源（一篇或一篇以上的参考文献信息）后，就可以创建书目了（如参考文献列表）。首先在该组"样式"列表中选择一种书目样式，如"APA 第五版"。将插入点定位到文档中要创建书目的位置（如文档末尾"参考文献"标题下方），单击"书目"按钮，从下拉列表中选择一种书目格式或单击"插入书目"命令，如图 4-22 所示。

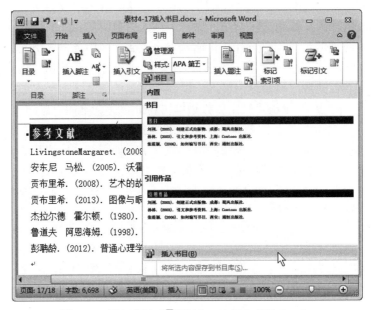

图 4-22　插入书目（📁素材 4-14 插入书目.docx）

【真题链接 4-18】小王利用 Word 撰写专业学术论文时，需要在论文结尾处罗列出所有参考文献或书目，最优的操作方法是（　　）

　　A．直接在论文结尾处输入参考文献的相关信息

　　B．把所有的参考文献信息保存在一个单独表格中，然后复制到论文结尾处

　　C．利用 Word 中的"管理源"和"插入书目"功能，在论文结尾处插入参考文献或书目列表

　　D．利用 Word 中的"插入尾注"功能，在论文结尾处插入参考文献或书目列表

【答案】C

4.5　脚注和尾注

脚注和尾注常用于学术论文或专著中，它们是对正文添加的注释：在页面底端或文字区域下方所加的注释称**脚注**，如图 4-23 所示；在每节的末尾或全篇文档末尾添加的注释称**尾注**。脚注和尾注一般均通过一条短横线与正文分隔开。Word 提供了自动插入脚注和尾注的功能，并会自动为脚注和尾注编号。

将插入点定位到要插入注释的位置。如果要插入脚注，单击"引用"选项卡"脚注"组的"插入脚注"按钮，如图 4-23 所示；如果要插入尾注，单击"插入尾注"按钮。此时，Word 会自动将插入点定位到脚注或尾注区域中，直接输入注释内容即可。

要查看插入的脚注或尾注内容，不必将页面翻到底部或文档末尾处，只要将鼠标指针停留在文档中被添加了脚注或尾注文本后面的数字编号上，注释文本就会出现在屏幕提示中。

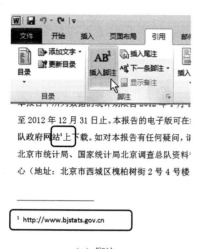

（a）脚注

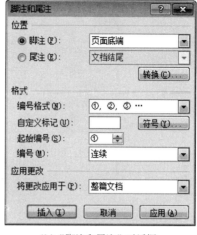

（b）"脚注和尾注"对话框

图 4-23　脚注（📁素材 4-15 脚注.docx）

　　单击"脚注"组右下角的对话框启动器▣，打开"脚注和尾注"对话框，如图 4-23（b）所示。在对话框中可对脚注/尾注格式进行详细设置，如设置编号格式为①、②…。

　　【真题链接 4-19】某单位的办公室秘书小马接到领导的指示，要求其提供一份最新的中国互联网络发展状况统计情况文稿。小马从网上下载了一份未经整理的原稿，请按下列要求帮助他对该文档进行排版操作并保存：为书稿中用黄色底纹标出的文字"手机上网比例首超传统 PC"添加脚注，脚注位于页面底部，编号格式为①、②…，内容为"网民最近半年使用过台式机或笔记本或同时使用台式机和笔记本统称为传统 PC 用户"。

　　【解题图示】（完整解题步骤详见随书素材）

　　在"脚注和尾注"对话框中单击"转换"按钮，还可将脚注和尾注进行互换。例如，在素材文档"素材 4-16 脚注转换为尾注"中，将脚注全部转换为尾注。

　　在"脚注和尾注"对话框中，发现脚注或尾注的编号格式只有"1, 2, 3,…"，而没有一种格式为"[1], [2], [3],…"。如何在文档中设置后者的编号格式呢？可先设置编号格式为"1, 2, 3,…"，然后通过查找-替换的方式，在每个编号上都增加"[ ]"达到目的。

　　这里以素材 4-16 中已转换后的尾注为例，具体做法是：单击"开始"选项卡"编辑"组的"替换"按钮，打开"查找和替换"对话框。在对话框的"查找内容"框中输入"^e"（可通过单击"特殊格式"按钮-"尾注标记"输入），在"替换为"框中输入"[^&]"（其中，"^&"部分可通过单击"特殊格式"-"查找内容"输入）。如果还要使正文中的尾注编号使用上标，保持插入点在"替换为"框中，再单击"格式"按钮-"字体"，在弹出的"字体"对话框中选中"上标"。单击"全部替换"按钮，如图 4-24 所示。

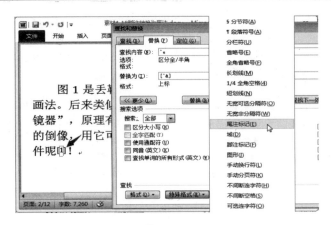

图 4-24　为尾注编号加[ ]（📁素材 4-16 脚注转换为尾注.docx）

一般地，脚注或尾注内容会有一条短分隔线，用于与正文内容隔开。该分隔线也是可以被修改的，只不过要在脚注或尾注的编辑窗格中修改，而不能在正文中直接修改。例如，在素材 4-16 文档中，要将尾注的分隔线改为文字"参考文献"，操作方法是：在"视图"选项卡"文档视图"组中单击"草稿"，切换为草稿视图，然后单击"引用"选项卡"脚注"组的"显示备注"按钮，文档底部出现脚注或尾注的编辑窗格，如图 4-25 所示。在窗格中的"尾注"下拉列表中选择"尾注分隔符"，然后在窗格中就可以修改分隔符了。可按 Delete 键删除分隔符的横线，再输入文本"参考文献"即可。单击"视图"选项卡的"页面视图"切换回页面视图，可发现文档末尾的尾注分隔符已被修改。

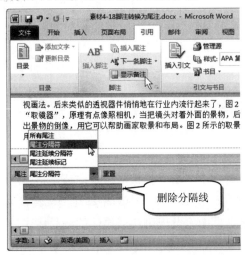

图 4-25　修改尾注分隔线（📁素材 4-16 脚注转换为尾注.docx）

【真题链接 4-20】2012 级企业管理专业的林楚楠同学选修了"供应链管理"课程，并撰写了题目为"供应链中的库存管理研究"的课程论文。将文档中的所有脚注转换为尾注，并使其位于每节的末尾。

【解题图示】（完整解题步骤详见随书素材）

4.6 书签和超链接

与我们读书时使用的书签类似，Word 文档中的书签也用于在文档中做标记，便于今后快速找到文档中的这个位置。要在 Word 文档中插入书签，先将插入点定位到要插入书签的位置，或选中要插入书签的文本；单击"插入"选项卡"链接"组的"书签"按钮，弹出"书签"对话框。在对话框中输入书签名称（不能包含空格），之后单击"添加"按钮即可。

有了书签，就可以快速定位到文档中的书签位置，这对于浏览长文档非常有效。单击"书签"按钮，在弹出的"书签"对话框中选择要跳转到的书签，单击"定位"按钮即可快速定位到书签的位置。在"开始"选项卡"编辑"组中单击"查找"按钮旁边的箭头，从下拉菜单中选择"转到"命令，打开"查找和替换"对话框的"定位"选项卡，输入书签名称也可直接定位到文档中书签的位置。在"定位"选项卡中，也可选择定位到特定的页码、节、行、批注、脚注、表格、图形等，这在编辑长文档时非常有用。

Word 中的书签默认是不显示出来的（虽然它能发挥作用）。要显示书签，单击"文件"|"选项"命令，在弹出的"Word 选项"对话框中左侧选择"高级"，在右侧的"显示文档内容"列表中选中"显示书签"。显示书签时，如果是选中文本插入的书签，该书签的文本将以"[　]"括起来；如果是定位插入点插入的书签，该书签将以"|"标记。

超链接是网页中的常见元素，单击它即可跳转到所链接的网页或者打开某个视频、声音、图片或文件等。在 Word 文档中也可添加超链接，它可将文档中的文字和某个对象、位置等链接起来。在 Word 文档中设置超链接后，按住 Ctrl 键单击超链接，就可跳转到目标位置，或是打开某个视频、声音、图片或文件等。

在 Word 文档中选择要添加超链接的文本，如选中图 4-26 所示文档正文第 2 段红色文字"统计局队政府网站"，再单击"插入"选项卡"链接"组的"超链接"按钮，在弹出的"插入超链接"对话框左侧"链接到"列表中选择"现有文件或网页"，表示超链接可链接到某个文件或网站，然后选择要链接到的文件，或在地址栏中输入要链接到的网站网址。例如，这里在地址栏中输入网址"http://www.bjstats.gov.cn"，单击"确定"按钮。

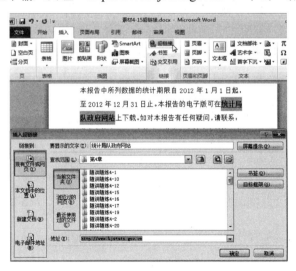

图 4-26　插入超链接（素材 4-17 超链接.docx）

选择左侧"链接到"列表中的"电子邮件地址"，还可创建电子邮件超链接。例如，若将文档中的"联系我们"或"站长信箱"之类的文字设为电子邮件超链接，则将来用户按住 Ctrl 键单击这些文字就能直接给设定的电子邮箱发邮件了。

　　如果在文档中设置过书签，还可添加书签超链接。这种链接被用户单击后，将直接跳转到文档中的书签位置。利用这个功能，可以在文档中添加诸如"快速移动到文档首""跳转到指定标题"等功能。

　　如果要改变超链接的文字颜色，应修改主题颜色。方法是：单击"开始"选项卡"样式"组的"更改样式"按钮，从下拉菜单中选择"颜色"中的"新建主题颜色"命令。在打开的"新建主题颜色"对话框中，可设置超链接的颜色和访问过的超链接的颜色，如图4-27 所示。

图 4-27　通过"新建主题颜色"对话框设置超链接的文字颜色

　　已经添加的超链接还可被编辑修改。在需要编辑的超链接上右击，从快捷菜单中选择"编辑超链接"命令即可对已添加的超链接进行修改，如从快捷菜单中选择"取消超链接"命令，则可删除超链接，原有的超链接文本将会变成普通文本。如果在文档中删除了带有超链接的文本，也能删除超链接，这时文本连同其超链接将被一起删除。

　　【真题链接 4-21】培训部小郑正在为本部门报考会计职称的考生准备相关通知及准考证，请帮助小郑将文档最后的两个附件标题分别超链接到考生文件夹下的同名文档。修改超链接的格式，使其访问前为标准紫色，访问后变为标准红色。

　　【解题图示】（完整解题步骤详见随书素材）

　　【真题链接 4-22】在某旅行社就职的小许为了开发德国旅游业务，在 Word 中整理了介绍德国主要城市的文档，请帮助他取消标题"柏林"下方蓝色文本段落中的所有超链接。

　　【解题图示】（完整解题步骤详见随书素材）

4.7　页面设置和打印

4.7.1　页面设置

4.7.1.1　纸张和页边距

使用计算机制作文档，一般都会需要将文档打印到纸张上。因此在制作文档时还要设计文档将要打印的纸张大小。例如，平时常见的文档一般都使用 A4 纸，也有的用 B5 纸，还有诸如 16 开、32 开等多种纸张规格。如何在 Word 中设置所需要的纸张大小呢？

单击"页面布局"选项卡"页面设置"组右下角的对话框启动器 ，打开"页面设置"对话框，如图 4-28 所示。切换到"纸张"选项卡，在"纸张大小"下拉列表中选择预设的纸张大小（如 A4、B5、16 开、32 开等），也可从下拉列表中选择"自定义大小"，然后在下面的"宽度"和"高度"中自己定义纸张大小。

在"页面设置"对话框切换到"页边距"选项卡，设置文档页边距，如图 4-29 所示。页边距是指将要打印到纸张上的内容距离纸张上、下、左、右边界的距离。在"上""下""左""右"的文本框中，分别输入页边距的数值，或单击文本框右侧的上下箭头微调数值。如果打印后还需装订，则在"装订线"框中设置装订线的宽度，在"装订线位置"中选择"左"或"上"，则 Word 会在页面上对应位置预留出装订位置的空白。

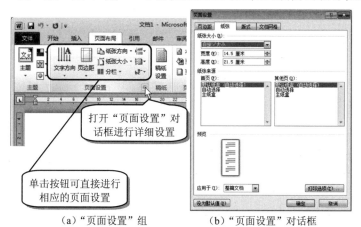

（a）"页面设置"组　　　（b）"页面设置"对话框

图 4-28　功能区"页面设置"组和"页面设置"对话框

图 4-29　设置页边距和纸张方向

如果对文档设置了页眉和页脚，则在设置页边距时，一定要将"页眉"边距值设置成小于"上"边距值，"页脚"边距值设置成小于"下"边距值（页眉/页脚边距值在该对话框的"版式"选项卡中设置）；否则页眉、页脚会与文档内容重叠。

在"纸张方向"中选择纸张为纵向或横向，Word 默认打印输出为"纵向"；编辑特殊文档时也可能会使用横向纸张（将宽、高互换），如制作贺卡、打印较宽的表格等。

疑难解答

一般应先设置纸张方向为纵向或横向，再设置上、下、左、右页边距。否则，若之后又调整了纸张方向，则先前设置的上、下和左、右页边距可能会发生颠倒。对纸张大小的设置（在"纸张"选项卡设置纸张宽度和高度）也有类似问题，纵向纸张应设置宽度值较小、高度值较大，横向纸张应设置宽度值较大、高度值较小，不要将宽度值和高度值填写颠倒。

【真题链接 4-23】为了更好地介绍公司的服务与市场战略，市场部助理小王需要协助制作完成公司战略规划文档，并调整文档的外观与格式。现在，请你按照如下需求，在 Word.docx 文档中调整文档纸张大小为 A4 幅面，纸张方向为纵向；并调整上、下页边距为 2.5 厘米，左、右页边距为3.2 厘米。

【解题图示】（完整解题步骤详见随书素材）

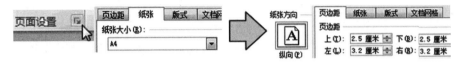

在图 4-29 所示的对话框中，还有"页码范围"下的"多页"选项，其中又有"普通""对称页边距""拼页""书籍折页""反向书籍折页"等选项。页码范围的"多页"选项及含义见表 4-2。

表 4-2　页码范围的"多页"选项及含义

选项	含义	图示
普通	正常的打印方式，每页打印到一张纸上，每页页边距相同	
对称页边距	主要用于双面打印，左侧页的"左页边距"与右侧页的"右页边距"相同，左侧页的"右页边距"与右侧页的"左页边距"相同。设置此选项后，左、右页边距的名称将变为内侧、外侧	
拼页	两页的内容拼在一张纸上一起打印，主要用于按照小幅面排版、但是又用大幅面纸张打印的时候	
书籍折页	用来打印从左向右折页的开合式文档（如请柬之类），打印结果以"日"字双面分布，"日"字中间的"一字线"是折叠线。具体效果为：纸张正面的左边为第 2 页，右边为第 3 页；反面的左边为第 4 页，右边为第 1 页。纸张从左向右对折后，页码顺序正好是 1，2，3，4	
反向书籍折页	与"书籍折页"类似，但它是反向折页的，可用于创建从右向左折页的开合式文档（如古装书籍的小册子）。具体效果为：纸张正面的左边为第 3 页，右边为第 2 页；反面的左边为第 1 页，右边为第 4 页。从右向左对折后，页码顺序正好是 1，2，3，4	

4.7.1.2　版式和文档网格

在"页面设置"对话框中，切换到"版式"选项卡，如图 4-30 所示，可设置页眉和页脚距页边距的距离、页面的垂直对齐方式以及为文档中的各行添加行号等。页面的"垂直对齐方式"用于控制不满一个页面的内容在页面中的垂直对齐方式。页面的"垂直对齐方式"设置及含义见表 4-3。

在很多文档的排版中，要求每页有固定的行数，或者每行有固定的字数，这就要设置文档网格。什么是文档网格呢？在生活中，人们用方格稿纸写文章，按格子每一个格写一个字，每页要写的行数也是固定的，稿纸中的方格就是一种文档网格。在 Word 中设置文档网格就好像是在页面中设置了隐藏的横竖格子，并依据它们安排各文字行和行中的每个字。在"页面设置"对话框中，切换到"文档网格"选项卡，如图 4-31 所示，可设置每页包含的行数和每行包含的字数，但要配合选择"网格"组中的对应单选框才能分别设置行数和每行的字数。单击"绘图网格"按钮，将弹出"绘图网格"对话框，选中其中的"在屏幕上显示网格线"，Word 会自动在文档的页面中绘制出网格辅助线，以方便对齐内容。

图 4-30 "版式"选项卡　　　　　　图 4-31 "文档网格"选项卡

表 4-3　页面的"垂直对齐方式"设置及含义

选项	顶端对齐	居中	两端对齐	底端对齐
含义	不满一页内容的上端与页面上边距对齐，使下方留白	不满一页的内容位于上、下页边距垂直居中的位置，使上、下留白	不满一页内容的上、下端分别与页面上、下页边距对齐，使段落中间留白（增大段间距）	不满一页内容的下端与页面下边距对齐，使上方留白
图示				

设置网格之后，还要设置段落和字体的格式，使其与网格对齐。在"段落"对话框"缩进和间距"选项卡中选中"如果定义了文档网格，则对齐到网格"，使段落对齐到网格适应每页行数的设置。在"字体"对话框的"高级"选项卡中选中"如果定义了文档网格，则对齐到网格"，使字符对齐到网格适应每行字符数的设置。

要为文档中的各行添加行号，单击"行号"按钮，在弹出的"行号"对话框中设置即可。

【真题链接 4-24】北京明华中学学生发展中心的小刘老师负责向校本部及相关分校的学生家长传达有关学生儿童医保扣款方式更新的通知。该通知需要下发至每位学生，并请家长填写回执。请进行页面设置：纸张方向横向、纸张大小 A3（宽 42 厘米×高 29.7 厘米），上、下边距均为 2.5厘米，左、右边距均为 2.0 厘米，页眉、页脚分别距边界 1.2 厘米。要求每张 A3 纸从左到右按顺序打印两页内容，左、右两页均于页面底部中间位置显示格式为"-1-、-2-"类型的页码，页码从 1开始。

【解题图示】（完整解题步骤详见随书素材）

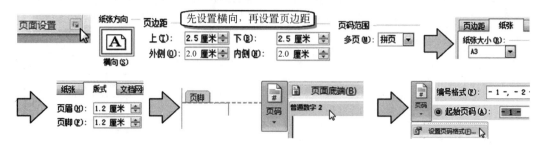

【真题链接 4-25】某学术杂志的编辑徐雅雯需要对一篇关于艺术史的 Word 格式的文章进行编辑和排版，请帮助她取消文档中的行号显示。

【解题图示】（完整解题步骤详见随书素材）

【真题链接 4-26】某编辑部收到一篇科技论文的译文审校稿，并希望将其发表在内部刊物上。现需要根据专家意见进行文档修订与排版。设置文档的纸张大小为"信纸（宽 21.59 厘米×高 27.94厘米）"，纸张方向为"纵向"，页码范围为多页的"对称页边距"；设置页边距上、下均为 2 厘米，内侧页边距为 2 厘米，外侧页边距为 2.5 厘米；页眉和页脚距边界均为 1.2 厘米；设置仅指定文档行网格，每页 41 行。

【解题图示】（完整解题步骤详见随书素材）

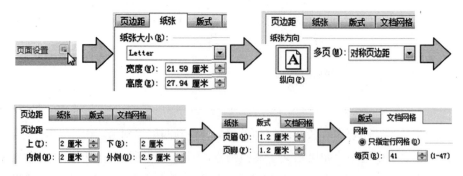

疑难解答　　　为什么文档网格每页最多只能设置 30 几行，而题目要求设置 41 行，无法完成设置？文档网格每页最多能设置的行数与多种因素有关，如页面大小、页面方向、页边距等，如页面设置不正确使页面过小，自然在页面上无法安排过多的行数。因此，应首先进行页面设置并设置正确，然后才能设置每页的行数。

Word 还提供了稿纸功能，可以很方便地选择使用各类稿纸样式书写文档。单击"页面布局"选项卡"稿纸"组的"稿纸设置"按钮，弹出"稿纸设置"对话框，可对稿纸的样式、行数、列数等进行设置，单击"确定"按钮，文档就具有了稿纸效果，可在稿纸的方格内输入文字，如图 4-32 所示。

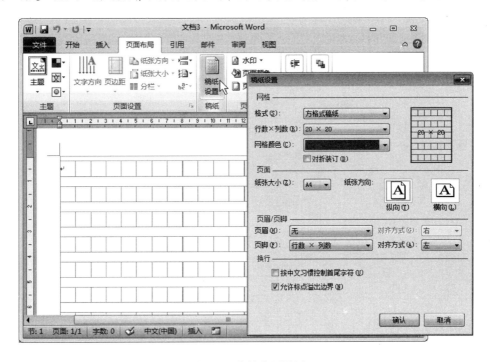

图 4-32   文档稿纸设置

【真题链接 4-27】小明需要将 Word 文档内容以稿纸格式输出，最优的操作方法是（   ）。

A. 适当调整文档内容的字号，然后将其直接打印到稿纸上

B. 利用 Word 中"稿纸设置"功能即可

C. 利用 Word 中"表格"功能绘制稿纸，然后将文字内容复制到表格中

D. 利用 Word 中"文档网格"功能即可

【答案】B

4.7.1.3 同一文档的各部分使用不同的页面设置

在同一文档中，也可以设置不同部分分别使用不同的纸张大小、纸张方向、页边距等，其方法是在文档中需变换页面的地方分节。然后将插入点定位到上一节的任意位置，打开"页面设置"对话框，设置上一节的页面；但在"页面设置"对话框底部"应用于"列表中，必须选择"本节"而不是"整篇文档"。再将插入点定位到下一节的任意位置，打开"页面设置"对话框，设置下一节的页面；同样在对话框底部的"应用于"列表中，必须选择"本节"而不是"整篇文档"。这样分别设置每一节的页面就可以了。

如果在"应用于"列表中选择"所选文字"，则 Word 只将所选文字部分进行页面设置，并会自动插入适当的分节符自动在所选文字之前或之后分节。如果在"应用于"列表中选择"插入点之后"，则 Word 也会自动在插入点处插入适当的分节符，并设置插入点后的节为所选页面格式。

除通过"页面设置"对话框外，也可直接单击"页面设置"组的相应按钮进行页面设

置，而后者可直接使用某些预设的格式，使设置一步到位。如已为文档分节，则通过这些按钮的设置默认是只针对本节的。例如，图 4-33 是设置本节的页边距为"普通"页边距的例子。

图 4-33　设置页边距为"普通"页边距

【真题链接 4-28】小许正在撰写一篇有关质量管理的论文，请帮助小许将表格及其上方的表格标题"表 1 质量信息表"排版在 1 页内，并将该页的纸张方向设为横向。

【解题图示】（完整解题步骤详见随书素材）

4.7.2　页面背景

4.7.2.1　设置页面背景颜色和背景图片

白色背景的页面看久了也容易造成视觉疲劳，能否改变背景，获得更美观的视觉效果呢？在"页面布局"选项卡"页面背景"组中单击"页面颜色"按钮，从下拉列表中选择一种颜色，可设置页面背景为一种纯色，如图 4-34 所示。从下拉列表中选择"填充效果"命令，打开"填充效果"对话框，还可设置页面背景为渐变颜色、纹理、图案或图片等。如需将一张图片作为 Word 文档的背景，将对话框切换到"图片"选项卡，如图 4-35 所示。单击"选择图片"按钮，在浏览文件对话框中选择图片文件即可。读者可练习为"素材 4-19 页面背景图片.docx"设置页面背景图片为"Word-海报背景图片.jpg"。

默认情况下，页面背景颜色和图形是不被打印的。要设置为打印，单击"文件"中的"选项"，然后在"Word 选项"对话框中选中"打印背景色和图像"，如图 4-36 所示。

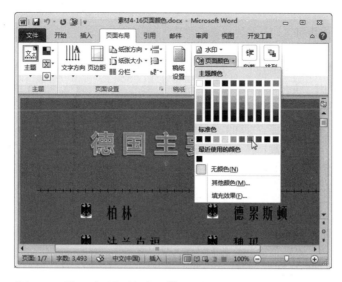

图 4-34　设置页面背景颜色（🗀素材 4-18 页面颜色.docx）

图 4-35　"图片"选项卡（🗀素材 4-19 页面
背景图片.docx）

图 4-36　在 Word 选项中设置打印背景色和图像

【真题链接 4-29】新年来临，公司宣传部需要为销售部门设计并制作一份新年贺卡以及包含邮寄地址的标签，由销售部门分送给相关客户。参照示例文档"贺卡样例.jpg"，将张纸大小自定义为宽 18 厘米、高 26 厘米，上边距 13 厘米、下、左、右页边距均为 3 厘米。将考生文件夹下的图片"背景.jpg"作为一种"纹理"形式设置为页面背景。

【解题图示】（完整解题步骤详见随书素材）

4.7.2.2　制作水印

在很多宣传单、公告或技术资料的文档正文下方常常有淡淡的文字，写着"机密""严禁复制""请勿带出"等标语提醒读者，或者在正文下方衬着浅浅的底图。这些经过淡化处理且压在正文下面的文字或图片称**水印**。水印包括**文字水印**和**图片水印**两种。

在"页面布局"选项卡"页面背景"组中单击"水印"按钮，从下拉列表中选择"自定义水印"命令，弹出"水印"对话框，如图 4-37 所示。在对话框中选择"文字水印"选项，再在"文字"文本框中输入要设置为水印的文字，如输入"质量是企业的生命"。还可对水印文字的字体、字号、颜色及版式等进行设置，如设为宋体、字号 80、黄色、斜式。若要以半透明显示文字水印，再选中"半透明"复选框，否则水印有可能干扰正文文字。单击"确定"按钮，设置好的水印效果可参看图 4-37 中的文档部分。

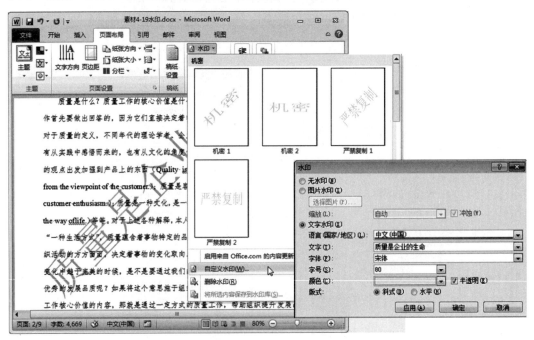

图 4-37　设置水印（📁素材 4-20 水印.docx）

如果要制作图片水印，在"水印"对话框中选择"图片水印"选项，再单击"选择图片"按钮，在浏览文件对话框中选择一张图片即可。可选中"冲蚀"，以免图片干扰正文文字。

【真题链接 4-30】某出版社的编辑小刘手中有一篇有关财务软件应用的书稿 Word.docx。将本题文件夹下的图片 Tulips.jpg 设置为本文稿的水印，水印处于书稿页面的中间位置、图片增加"冲蚀"效果。

【解题图示】（完整解题步骤详见随书素材）

【真题链接 4-31】如果希望为一个多页的 Word 文档添加页面图片背景，最优的操作方法是（　　）。

　　A．在每一页中分别插入图片，并设置图片的环绕方式为衬于文字下方

　　B．利用水印功能，将图片设置为文档水印

　　C．利用页面填充效果功能，将图片设置为页面背景

　　D．执行"插入"选项卡中的"页面背景"命令，将图片设置为页面背景

【答案】C

4.7.3　打印

　　单击"文件"进入后台视图，再选择"打印"命令，如图 4-38 所示。设置打印份数、打印机、打印的页面范围（或仅奇数页/偶数页）、单双面打印、每版打印页数等，在右侧窗格预览打印效果。单击左上方的按钮就可以打印了。

　　当打印机不支持双面打印时，需要设置手动双面打印。单击按钮开始打印，当奇数页打完后，系统提示重新放纸，这时将打印出的纸翻面后再重新放入打印机，单击"确定"按钮继续打印偶数页。

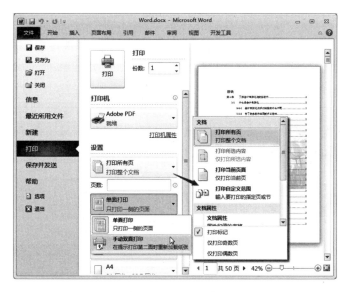

图 4-38　打印文档

【真题链接 4-32】小李的打印机不支持自动双面打印，但他希望将一篇在 Word 中编辑好的论文连续打印在 A4 纸的正反两面上，最优的操作方法是（　　）。

　　A．先单面打印一份论文，然后找复印机进行双面复印

　　B．先在文档中选择所有奇数页并在打印时设置"打印所选内容"，将纸张翻过来后，再选择打印偶数页

　　C．打印时先指定打印所有奇数页，将纸张翻过来后，再指定打印偶数页

　　D．打印时先设置"手动双面打印"，等 Word 提示打印第二面时，将纸张翻过来继续打印

【答案】D

第 5 章　独具一格表心意——Word 的办公表格与图表

　　表格表达的信息量大、结构严谨，是办公文档中的常客。Word 也有很强的制作表格的本领，虽不如 Excel 的功能强大，但其独具一格的创建、编辑和修饰表格的功能，对付日常办公文档还是绰绰有余，操作起来亦轻松自如。在 Word 中同样可以制作图表，将表格数据转换为图表，就能把藏于表格心中的数据含义直观地"表白"出来了。Word 实际上是调用了 Excel 的图表功能来制作图表的，因而 Excel 能制作的图表，Word 都能实现。Word 的这种拿来主义是不是很聪明呢？来，用表格和图表，把数据生动地呈现出来吧！

5.1　创建表格的基本方法

5.1.1　创建表格

　　将插入点定位到文档中要插入表格的位置，单击"插入"选项卡"表格"组的"表格"按钮，在下拉列表的预设方格内移动鼠标到所需的行、列数后单击，即可创建一个该行数和列数的表格，如图 5-1 所示。

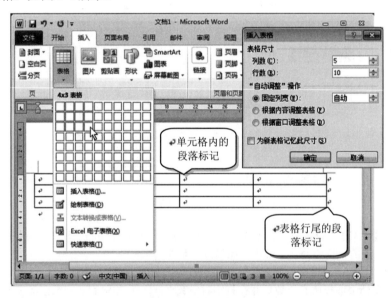

图 5-1　创建表格

　　然而，通过这种方法只能创建 8 行、10 列以内的表格。要创建更大的表格，应从"表格"按钮的下拉列表中选择"插入表格"命令，然后在弹出的"插入表格"对话框中直接设置表格的行数和列数，如输入 5 列 10 行，如图 5-1 所示。在对话框中还可设置表格的"自动调整"方式（表 5-1），单击"确定"按钮即创建表格。

表 5-1 Word 表格的"自动调整"方式

名称	功能作用
固定列宽	在右侧文本框中再输入具体数值表示列宽；使表格中每个单元格的宽度保持该尺寸
根据内容调整表格	每个单元格根据内容多少自动调整高度和宽度
根据窗口调整表格	表格尺寸将根据可用空间（如 Word 页面和页边距）的大小自动改变

在"插入表格"对话框中如选中了"为新表格记忆此尺寸"，则在下次打开此对话框插入新表格时，在对话框中就会默认被填写为上次创建表格时的行数、列数和对齐方式的设置值，方便再创建同样大小的表格。

"表格"按钮的下拉菜单中还提供了"快速表格"，其中包含很多预设的表格，可直接快速创建表格（包括表格的格式），然后只要修改其中的数据内容就可以了。

表格是由行和列组成的，行列交叉点的一个小方格称**单元格**，可在单元格内输入文字或插入图片。在表格中输入内容与在表格外输入内容相同，在一个单元格内也可输入多个段落，按 Enter 键开始一个新的段落。

表格的每个单元格内至少有一个段落标记↵（包含多段时可能会有多个），它指示该单元格内容中的一个段落，在此段落标记之前输入文字，即将文字输入到本单元格内。在表格每一行的末尾、右边框线之外还有一个行尾段落标记↵，它表示该表格行结束，在此标记前按 Enter 键可插入新表格行。

5.1.2 手动绘制表格

在 Word 中还可以通过直接手动绘制表格线的方式绘制表格。创建不规则表格时用这种方法比较方便。单击"插入"选项卡"表格"组的"表格"按钮，从下拉列表中选择"绘制表格"命令。当鼠标指针变为 ⌀ 形时，将鼠标移动到文档编辑区，按住鼠标左键从左上角拖动鼠标到右下角，绘制表格的外围边框线轮廓，如图 5-2 所示。然后再在轮廓区域内按住鼠标左键从左到右拖动鼠标绘制行线，采用同样的方法可绘制列线，甚至斜线。

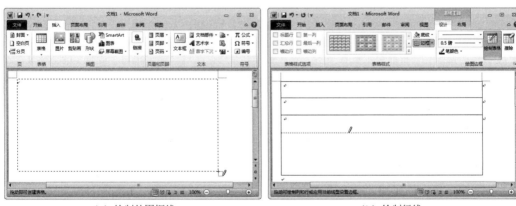

（a）绘制外围框线   （b）绘制行线

图 5-2 手动绘制表格

完成绘制表格后，在"表格工具|设计"选项卡"绘图边框"组中单击"绘制表格"按钮，使之非高亮，或按下键盘上的 Esc 键，就可退出表格绘制状态，鼠标指针恢复正常形状。

如果要清除表格中不需要的线段，在"表格工具|设计"选项卡"绘图边框"组中单击"擦除"按钮，鼠标指针变为橡皮擦形状 ✎，单击不需要的边框线或在边框线上拖动，即可擦除边框线。完成后再次单击"擦除"按钮，或按 Esc 键，鼠标指针恢复正常形状。

5.1.3 将文本转换为表格

Word 可以将文档中的文本自动转换为表格。文本中要包含一定的分隔符，作为划分列的标识：例如，在各列文本之间添加空格、制表符（Tab）、逗号等都是可以的，但分隔符的字符长度只能是一个。

选中文档中要转换为表格的文本，如选中文档中"会议议程："段落后的 7 行文字，如图 5-3 所示，然后在"插入"选项卡"表格"组中单击"表格"按钮，从下拉列表中选择"文本转换成表格"命令，弹出"将文字转换成表格"对话框。在对话框中设置列数和文字分隔位置（通常在对话框中 Word 会自动默认选中相应的选项，同时自动识别出表格的行列数）。这里，文字是以制表符（Tab）分隔的，选中"制表符"，并设置表格的自动调整方式，如"根据窗口调整表格"。单击"确定"按钮，将文字转换为 7 行 3 列的表格。

图 5-3　文本转换为表格（📁素材 5-1 文本转换为表格.docx）

【真题链接 5-1】《石油化工设备技术》杂志社编辑老马正在对一篇来稿进行处理。请将标注"表 2　紧固方法和载荷控制技术选择"下方以逗号分隔的紫色文本转换为一个表格，令其始终与页面等宽。

【解题图示】（完整解题步骤详见随书素材）

【真题链接 5-2】办事员小李需要整理一份有关高新技术企业的政策文件呈送给总经理查阅，按下列要求帮助小李完成文档的编排。将标题段落"附件 4：高新技术企业认定管理办法新旧政策对比"下的以连续符号"###"分隔的蓝色文本转换为一个表格。

【解题图示】（完整解题步骤详见随书素材）

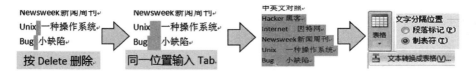

【真题链接 5-3】小李准备在校园科技周向同学讲解与黑客技术相关的知识，请将文档 Word.docx 最后 5 行转换为 2 列 5 行的表格，将倒数第 6 行的文字"中英文对照"作为该表格的标题。

【解题图示】（完整解题步骤详见随书素材）

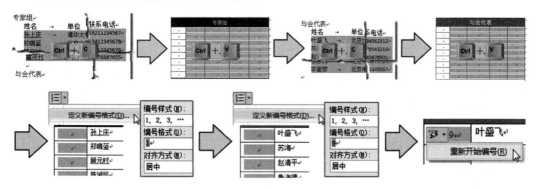

【真题链接 5-4】在 Word 中，不能作为文本转换为表格的分隔符是（　　）。

A. 段落标记　　　　　　　B. 制表符　　　　　　　C. @　　　　　　　D. ##

【答案】D

【解析】文本转换为表格的分隔符只能是一个字符，因而 D 是不正确的；以"@"分隔时，可通过在对话框中选择"其他字符"并输入"@"。

还可以首先创建表格，然后再将文本按行列复制、粘贴到对应单元格中。这需要各列文本以 Tab 符（制表符）分隔；粘贴时，还要在表格中选中同样行数、列数的单元格再进行粘贴。如果不首先选中单元格粘贴，则所有文本只能被粘贴到一个单元格中；如果选中的单元格过少，文本将不能被完全复制；如果选中的单元格过多，文本将被重复填充。

【真题链接 5-5】北京计算机大学组织专家对《学生成绩管理系统》的需求方案进行评审，为使参会人员对会议流程和内容有一个清晰的了解，需要会议会务组提前制作一份有关评审会的秩序手册。请参照素材图片"表 2.jpg"中的样例完成专家及会议代表名单的制作，并插入到第四部分表格的相应单元格中，表格中的内容可从素材文档"秩序册文本素材.docx"中获取。要求序号自动排序并居中。

【解题图示】（完整解题步骤详见随书素材）

【真题链接 5-6】某 Word 文档中有一个 5 行×4 列的表格，如果要将另外一个文本文件中的 5 行文字复制到该表格中，并且使其正好成为该表格一列的内容，最优的操作方法是（　　）。

A. 在文本文件中选中这 5 行文字，复制到剪贴板；然后回到 Word 文档中，将光标置于指定列的第一个单元格，将剪贴板内容粘贴过来

B. 将文本文件中的 5 行文字，一行一行地复制、粘贴到 Word 文档表格对应列的 5 个单元格中

C. 在文本文件中选中这 5 行文字，复制到剪贴板，然后回到 Word 文档中，选中对应列的 5 个

单元格，将剪贴板内容粘贴过来

  D. 在文本文件中选中这 5 行文字，复制到剪贴板，然后回到 Word 文档中，选中该表格，将
剪贴板内容粘贴过来

【答案】C

  【解析】选项 A 只能将文本复制到一个单元格中；选项 B 的方法虽能达到目的，但过于麻烦；
选项 D，文本将被重复填充到表格的所有列中。

  在 Word 中，还可以直接调用 Excel 软件制作表格。单击"插入"选项卡"表格"组的"表格"按钮，
从下拉列表中选择"Excel 电子表格"命令。此时，Word 界面将自动切换为 Excel 界面，可以像使用 Excel
一样在这里制作表格；制作好后，单击表格外的任意区域即返回到 Word。

  在表格中还可以再创建表格，构成嵌套表格。将插入点定位到表格中的单元格内，然后通过任何创建表格的方法创建表格就可以创建嵌套表格。当然，将现有表格复制、粘贴到其他表格内，也是一种创建嵌套表格的方法。

高手进阶

5.2　行走网格间——编辑表格

5.2.1　选择表格、行、列或单元格

  遵循"选中谁，操作谁"的原则：对表格整体进行编辑时，要选中表格；对整行（列）
进行编辑时，要选中整行（列）；仅对某单元格进行编辑时，则要选中该单元格。

  将插入点定位到表格中，在"表格工具 | 布局"选项卡"表"组中单击"选择"按钮，
在下拉菜单中单击相应命令，即可选择整个表格、行、列或单元格，如图 5-4 所示。
选择整个表格、行、列或单元格另外的方法如下。

  （1）单击表格左上角的十字标记 ⊞ 可选择整个表格。

  （2）将鼠标指针指向需选择的行的最左端，当鼠标指针变为 ◿ 形时，单击可选择一行；如果按住鼠标左键不放向上或向下拖动，则可选择连续的多行。

  （3）将鼠标指针指向需选择的列的顶部，当鼠标指针变为 ↓ 形时，单击可选择一列；如果按住鼠标左键不放向左或向右拖动，则可选择连续的多列。

图 5-4　选择表格（🗀素材 5-2 编辑表格.docx）

  （4）将鼠标指针指向某个单元格的左下角，当鼠标指针变为 ◥ 形时，单击选择相应的
单元格；如果按住鼠标左键不放拖动，则可选择连续的多个单元格。

  （5）如果按住键盘上的 Ctrl 键不放再做选择操作，可选择不连续的行、列或者单
元格。

5.2.2　添加和删除行、列或单元格

将插入点定位到表格中要插入行或列的位置，单击"表格工具|布局"选项卡"行和列"组的"在下方插入"或"在上方插入"按钮，即可在插入点所在行"之下"或"之上"插入新行；单击"在右侧插入"或"在左侧插入"按钮，即可在插入点所在列之"右侧"或"左侧"插入新列。也可右击，从快捷菜单中选择"插入"命令。如果要一次插入多行（多列），先在表格中选中同样行数（列数）的行（列），再单击"插入"命令，可一次插入多行（多列）。

图 5-5　"插入单元格"
对话框

将插入点定位到表格某行最后一个单元格的外侧、行尾段落标记↵之前，按 Enter 键将在本行下方插入一个新行；将插入点定位到表格最后一行的最后一个单元格内，按 Tab 键可在整个表格最下方插入一个新行。

要插入单元格，选择表格中要插入单元格的位置，右击，选择"插入"命令中的"插入单元格"，弹出如图 5-5 所示的"插入单元格"对话框。选择要插入的方式，单击"确定"按钮。

要删除行或列，选择要删除的行或列，在"表格工具|布局"选项卡"行和列"组中单击"删除"按钮。也可在要删除的行或列上右击，从快捷菜单中选择"删除行"或"删除列"命令。

图 5-6　"删除单元格"
对话框

要删除单元格，将插入点定位到表格中要删除的单元格，右击，选择"删除单元格"命令，弹出如图 5-6 所示的"删除单元格"对话框。选择要删的方式，单击"确定"按钮。

读者可在素材 5-2 中，练习选中表格的最后一行空白行，并通过快捷菜单删除该行。

高手进阶

选中行、列或单元格后，按退格键（Backspace）将直接删除行、列或单元格，按 Delete 键则只清除单元格中的内容，仍保留单元格。如果单击表格左上角的十字标记✛选中了整个表格，再按退格键（Backspace），则将删除整个表格。

5.2.3　合并与拆分单元格

可以将表格中的相邻几个单元格合并（行或列相邻均可）成为一个较大的单元格。合并单元格在编辑不规则表格中经常用到。例如，在如图 5-7 所示的表格中，希望将第二行"专家组"的 5 个单元格合并为一个，选择该行的这 5 个单元格右击，从快捷菜单中选择"合并单元格"命令（也可单击"表格工具|布局"选项卡"合并"组的"合并单元格"按钮）。合并后单元格内部文字还是两端对齐状态；可再单击"开始"选项卡"段落"组的"居中"按钮，使"专家组"文字在这个单元格内居中对齐。

拆分单元格与合并单元格相反，它是将一个单元格分解为多个单元格。选择要拆分的单元格，右击，从快捷菜单中选择"拆分单元格"命令；也可单击"表格工具|布局"选项卡"合并"组的"拆分单元格"按钮，弹出"拆分单元格"对话框，在"行数""列数"框中设置要拆分为的行、列数，单击"确定"按钮，即可将此单元格拆分。如果选定了多个单元格进行拆分，还可在对话框中选中"拆分前合并单元格"复选框，这时将在拆分前把选定的多个单元格先合并，然后再拆分。

单击"合并"组的"拆分表格"按钮，可将表格从当前插入点所在的行位置拆分为两个表格。

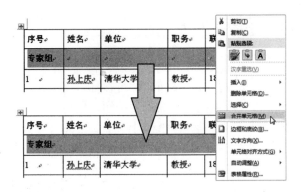

图 5-7　合并单元格（📁素材 5-3 合并单元格.docx）

【真题链接 5-7】北京计算机大学组织专家对《学生成绩管理系统》的需求方案进行评审，为使参会人员对会议流程和内容有一个清晰的了解，需要会议会务组提前制作一份有关评审会的秩序手册。请参照素材图片"表 1.jpg"中的样例，合并相应单元格，完成第三部分会议安排表的制作。

【解题图示】（完整解题步骤详见随书素材）

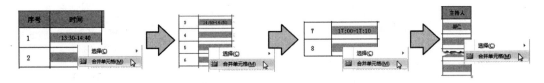

5.2.4　调整行高与列宽

5.2.4.1　自动调整

Word 可对表格大小进行自动调整，分为"根据内容自动调整表格""根据窗口自动调整表格"和"固定列宽"3 种方式，在创建表格时可指定为其中的一种（表 5-1）。如果在创建表格后还希望改变表格的自动调整方式，在"表格工具|布局"选项卡"单元格大小"组中单击"自动调整"按钮，从下拉菜单中选择相应的方式即可，如图 5-8 所示。

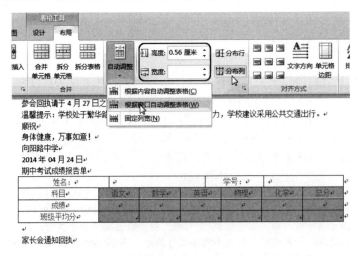

图 5-8　表格自动调整和自动分布列宽（📁素材 5-4 行高与列宽.docx）

选中表格后右击，从快捷菜单中选择"表格属性"，在弹出的"表格属性"对话框的"表格"选项卡中，可精确设置表格宽度（可以百分比或厘米为单位）。例如，如图 5-9 所示，将表格宽度设置为页面的 80%。

图 5-9　"表格属性"对话框

5.2.4.2　调整行高与列宽

将鼠标指针指向表格右下角的缩放标记□上，当鼠标指针变为 ◤ 形时按下鼠标左键并拖动鼠标，可调整表格的大小。当要单独调整某些行的行高或某些列的列宽时，可将鼠标指针指向表格的行线或列线上，当鼠标指针变为 ↕ 或 ↔ 形时按下鼠标左键并拖动鼠标，即可调整行高或列宽。如果先选择单元格，再拖动单元格的边框线，则只能调整该单元格的大小。读者可在素材 5-2 中，练习调整表格大小，使该表格和表格标题尽量占满一个页面。

拖动表格线调整行高或列宽时，按住键盘上的 Alt 键不放拖动鼠标，可对表格进行微调。

5.2.4.3　平均分布行列

Word 还提供了平均分布行列的功能，可一次性将多行或多列的大小调整为平均分配它们的总高度或总宽度。此功能可用于整个表格，也可只对选中的多行或多列使用。选中要平均分布的多行或多列（可以是相邻的，也可以是不相邻的），在"表格工具|布局"选项卡"单元格大小"组中单击 ▦ 分布行 按钮或 ▥ 分布列 按钮，如图 5-8 所示。

5.2.4.4　通过输入尺寸指定行高与列宽

选择要调整大小的单元格（可选择多个单元格，或整行、整列），在"表格工具|布局"选项卡"单元格大小"组的"宽度"与"高度"数值框中直接输入数值，可更精确地调整单元格大小，或调整整行行高或整列列宽，如图 5-8 所示。

【真题链接 5-8】某单位财务处请小张设计"经费联审结算单"模板，以提高日常报账和结算单审核效率。请参考本题文件夹下的"结算单样例.jpg"，适当调整表格行高和列宽，其中两个"意见"的行高不低于 2.5 厘米，其余各行行高不低于 0.9 厘米。表格内容要不跨栏、不跨页。

【解题图示】（完整解题步骤详见随书素材）

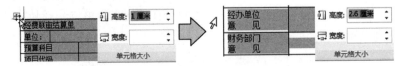

5.2.5 表格转换为文本

通过文本转换为表格可以创建表格，还可以将表格转换回文本，以在正文中编辑。选中表格或表格中的部分行，在"表格工具|布局"选项卡"数据"组中单击"转换为文本"按钮。在弹出的对话框中，设置转换为文本后列之间的分隔符，单击"确定"按钮。

【真题链接 5-9】某编辑部收到一篇科技论文的译文审校稿，并希望将其发表在内部刊物上。现需要根据专家意见进行文档修订与排版。在考生文件夹下，为"Word 素材.docx"文件中全部译文内容创建一个名为 Word.docx 的文件（.docx 为文件扩展名），并保留原素材文档中的所有译文内容、格式设置、修订批注等，后续操作将均基于此文件，否则不得分。

【解题图示】（完整解题步骤详见随书素材）

5.3 做表格界的武媚娘——设置表格格式

5.3.1 表格样式

Word 预设了一些表格样式，可直接应用这些样式快速设置表格格式、美化表格。单击"表格工具|设计"选项卡"表格样式"组的"其他"按钮，在表格样式的下拉列表中选择一种样式即可，如选择"浅色底纹-强调文字颜色 1"，如图 5-10 所示。

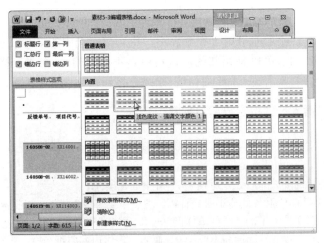

图 5-10　表格自动样式（素材 5-2 编辑表格.docx）

在"表格样式选项"组中，还可进一步调整格式。例如，如需取消第一列的特殊格式，则取消选中"第一列"；如希望交替的行或列有不同格式，应选中"镶边行"或"镶边列"。

如对 Word 的预设样式不满意，还可修改表格样式。单击"表格工具|设计"选项卡"表格样式"组的"其他"按钮 ▼，在下拉列表中单击下面的"修改表格样式"命令，弹出"修改样式"对话框。可在其中"格式"组的"填充颜色"中设置单元格颜色、在"对齐方式"中设置文本对齐方式等。

为表格应用了预设样式后，要恢复表格的默认格式，可单击"表格工具|设计"选项卡"表格样式"组的"网格型"图标。

【真题链接 5-10】在某学术期刊杂志社实习的李楠需要对一份调查报告进行美化和排版。请帮助她调整标题 3.1 下方的表格各列为等宽，并应用一种恰当的样式，取消表格第一列的特殊格式。

【解题图示】（完整解题步骤详见随书素材）

5.3.2　单元格中文本的格式

"开始"选项卡"字体"和"段落"组的文字和段落格式设置同样适用于表格的单元格内。例如，要调整单元格内文字的水平对齐方式，只要将插入点定位到表格的单元格内，再单击"段落"组的相应对齐按钮即可（如两端对齐、居中、右对齐等）。

单元格中的文字不仅有水平方向的对齐方式，还有垂直方向的对齐方式。将插入点定位到单元格内，在"表格工具|布局"选项卡"对齐方式"组中可设置单元格内的文字在水平、垂直两个方向上的对齐方式，如图 5-11 所示。读者可在素材 5-2 中，练习设置表格所有单元格内容为水平和垂直都居中对齐。

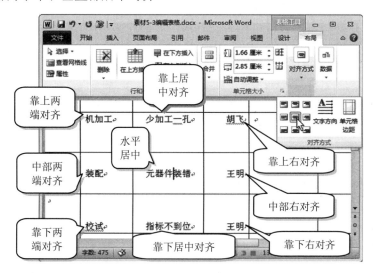

图 5-11　单元格中文本的对齐方式（素材 5-2 编辑表格.docx）

在"表格工具|布局"选项卡"对齐方式"组中单击"文字方向"按钮，可切换单元格内文字的水平/垂直方向。例如，如图 5-12 所示，将表格最后一行的"意见及建议"单元格改为垂直文字方向。

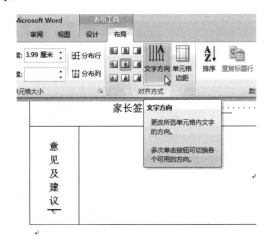

图 5-12　单元格文字方向（素材 5-5 文字方向和边框.docx）

要设置单元格内的文字距离单元格边线的距离，首先选中单元格，然后单击"对齐方式"组的"单元格边距"按钮，在打开的"表格选项"对话框中设置即可，如图 5-13 所示。例如，当单元格宽度有限时，可适当缩小左、右边距，这使单元格中的一行可容纳更多的文字，使一些文字略多的单元格的文字不至于换行。

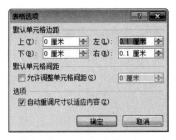

【真题链接 5-11】某单位财务处请小张设计"经费联审结算单"模板，以提高日常报账和结算单审核效率。请设置"经费联审结算单"表格所有单元格内容垂直居中对齐。标题（表格第一行）水平居中，字体为小二、华文中宋，其他单元格中已有文字字体均为小四、仿宋、加粗；除"单位："为左对齐外，其余含有文字的单元格均为居中对齐。表格第二行的最后一个空白单元格将填写填报日期，字体为四号、楷体，并右对齐；其他空白单元格格式均为四号、楷体、左对齐。表格内容要不跨栏、不跨页。

图 5-13　单元格内的文字边距

【解题图示】（完整解题步骤详见随书素材）

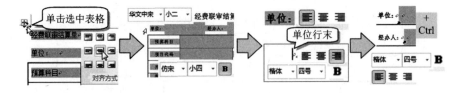

5.3.3　调整表格在文档中的位置

如果将插入点定位到表格的单元格内，或选中了单元格，再单击"开始"选项卡"段落"组的对齐按钮，设置的是单元格内文本的对齐方式。如果选中了整个表格，再单击对齐按钮，则设置的是整个表格在文档中的对齐方式。例如，要让整体宽度并不占满页面宽的"小型表格"在页面水平居中，则单击左上角十字标记选择整个表格后，再单击"开始"选项卡"段落"组的"居中"按钮。

【真题链接 5-12】小李准备在校园科技周向同学讲解与黑客技术相关的知识,请将最后一页的表格和它的标题"中英文对照"居中。

【解题图示】(完整解题步骤详见随书素材)

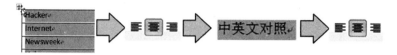

5.3.4 表格的边框和底纹

可为整个表格或单独的单元格添加边框和底纹。选中表格或部分单元格右击,从快捷菜单中选择"边框和底纹"命令,弹出"边框和底纹"对话框,如图 5-14 所示。在对话框的"边框"选项卡中先选择框线样式、颜色和宽度,然后在"预览"组中单击对应的框线按钮设置不同位置的框线。在"应用于"下拉列表中选择设置是针对单元格,还是针对表格。在对话框的"底纹"选项卡可设置底纹,同样在"应用于"下拉列表中选择设置是针对单元格,还是针对表格(如果单元格的文字颜色为"自动",当设置某些深色的底纹时,文字颜色可自动切换为白色)。

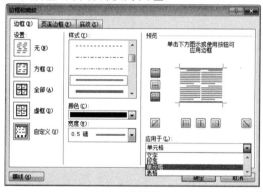

(a) 设置边框

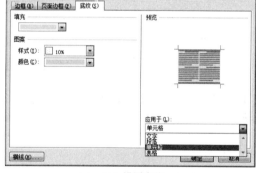

(b) 设置底纹

图 5-14 设置表格或单元格的边框和底纹

也可在"表格工具|设计"选项卡"绘图边框"组选择线框样式和粗细,再在"表格样式"组中单击"边框"按钮,从下拉列表中直接选择边框样式设置边框;单击"底纹"按钮,从下拉列表中直接选择底纹颜色设置底纹。例如,如图 5-15 所示,首先选中表格第 1 行,单击"边框"按钮的右侧箭头,从下拉菜单中选择"无框线"。仍选中表格第 1 行,在"绘图边框"组中选择"笔样式"为"点划线","笔画粗细"为 1.5 磅,"笔颜色"为"自动",再单击"边框"按钮-"上框线",使在表格第 1 行之前绘制出点画线的剪裁线效果。采用同样的方法,为表格第 2 行及以后各行设置"外侧框线"为紫色的——————,"内部框线"为 0.5 磅的紫色直线。

在"绘图边框"组中选择好线框样式、粗细和颜色后,也可单击旁边的"绘制表格"按钮,当鼠标指针变为 ⃒ 形时,直接单击表格中单元格的边框线,将边框线设置为这种线型。

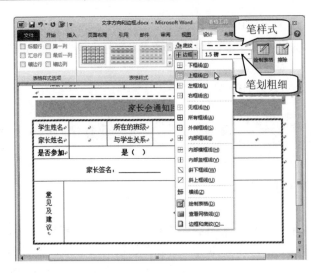

图 5-15　通过功能区按钮设置表格边框线（▢素材 5-5 文字方向和边框.docx）

【真题链接 5-13】某单位财务处请小张设计"经费联审结算单"模板，以提高日常报账和结算单审核效率。请参考本题文件夹下的"结算单样例.jpg"，设置"经费联审结算单"表格单元格的边框，细线宽度为 0.5 磅，粗线宽度为 1.5 磅。

【解题图示】（完整解题步骤详见随书素材）

【真题链接 5-14】北京计算机大学组织专家对"学生成绩管理系统"的需求方案进行评审，为使参会人员对会议流程和内容有一个清晰的了解，需要会议会务组提前制作一份有关评审会的秩序手册。请参照素材图片"表 2.jpg"中的样例为相应单元格填充颜色，完成第四部分专家及会议代表名单的制作。

【解题图示】（完整解题步骤详见随书素材）

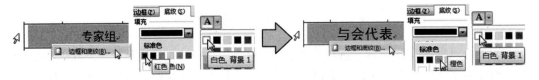

【真题链接 5-15】培训部小郑正在为本部门报考会计职称的考生准备相关通知及准考证，按下列要求帮助小郑完成文档的编排：打开文档"准考证.docx"，按照"准考证素材及示例.docx"中的示例图完善准考证主文档，具体要求如下。

①　准考证表格整体水平、垂直方向均位于页面的中间位置。

②　表格宽度根据页面自动调整，为表格添加任一图案样式的底纹，以不影响阅读其中的文字为宜。

③　适当加大表格第一行中标题文本的字号、字符间距。

④　"考生须知"四字竖排且水平、垂直方向均在单元格内居中，"考生须知"下包含的文本以自动编号排列。

【解题图示】（完整解题步骤详见随书素材）

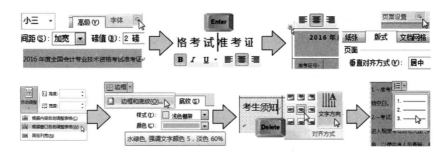

5.3.5　表格的跨页设置

当在 Word 文档中处理大型表格时，表格内容可能占据多页，在分页处表格会被 Word 自动分割。默认情况下，分页后的表格从第 2 页起就没有标题行了，这对于表格的查看不是很方便。要使分页后的每页表格都重复标题行，选中表格中需要重复的标题行（一行或多行），单击"表格工具|布局"选项卡"数据"组的"重复标题行"按钮。

【真题链接 5-16】某出版社的编辑小刘手中有一篇有关财务软件应用的书稿 Word.docx，请帮助小刘为第 2 张表格"表 1-2 好朋友财务软件版本及功能简表"套用一个合适的表格样式，保证表格第 1 行在跨页时能够自动重复，且表格上方的题注与表格总在一页上。

【解题图示】（完整解题步骤详见随书素材）

【真题链接 5-17】在 Word 文档中有一个占用 3 页篇幅的表格，如需将这个表格的标题行都出现在各页面首行，最优的操作方法是（　　　）。

A．将表格的标题行复制到另外 2 页中
B．利用"重复标题行"功能
C．打开"表格属性"对话框，在列属性中进行设置
D．打开"表格属性"对话框，在行属性中进行设置

【答案】B

5.3.6　对象可选文字

在 Office 文档中，可对表格设置**可选文字**（alternative text）。可选文字是对表格的一种描述说明，这主要用于通过某些屏幕阅读器查看文档的场合。例如，若将文档另存为网页文件，则用户浏览此网页时，将鼠标指针移动到表格上，就能在鼠标指针旁边得到一个提示，提示内容就是这里设置的"可选文字"。

要设置可选文字，选中表格后右击，从快捷菜单中选择"表格属性"。在弹出的"表格属性"对话框中，切换到"可选文字"选项卡，设置可选文字的标题和描述。例如，这里为素材 5-6 中的表格设置可选文字属性的标题为"员工绩效考核成绩单"，如图 5-16 所示。

图 5-16　为表格设置可选文字（📁素材 5-6 表格可选文字.docx）

除表格外，在 Office 文档中的其他对象，包括第 6 章将要介绍的图片、形状、图表、SmartArt 图形或其他对象等，一般均可设置可选文字，设置方法与此相同。

5.4　文武双全响当当——表格数据的排序与计算

使用 Word 创建表格，还可对表格中的数据内容进行排序与计算。虽然 Word 的表格数据处理和计算功能没有 Excel 强大，但也能应对常用的需求。

5.4.1　表格数据的排序

Word 可以依据拼音、比划、日期或数字等将表格内容以升序或降序排列。将插入点定位到表格中的一个单元格或是选择要排序列的整列，单击"表格工具|布局"选项卡"数据"组的"排序"按钮，弹出"排序"对话框，如图 5-17 所示。如果表格有标题行，则应首先选择"有标题行"，以使标题行的内容不参与排序，且在对话框的"关键字"下拉列表中显示出正确的列标题。在"主要关键字"中选择排序所依据的列、排序类型（如"拼音"），再选择"升序"或"降序"，单击"确定"按钮。

如果要以多列数据作为排序依据，在"次要关键字"中继续选择，这样，当"主要关键字"列的内容相同时，将依据"次要关键字"列进行排序。还可继续选择"第三关键字"，这样对"主要关键字"和"次要关键字"列都相同的行，将依据"第三关键字"的列进行排序。

5.4.2　表格数据的简单计算

Word 表格还提供了一些简单的计算功能，如图 5-18 所示，将插入点定位到最后一行企业数量合计的单元格内，单击"表格工具|布局"选项卡"数据"组的"公式"按钮，弹

出"公式"对话框。在对话框中将自动出现求和的计算公式"=SUM(ABOVE)"，其中 SUM 是求和函数，ABOVE 表示要求和的数据位于目前单元格的"上方"所有单元格（而 LEFT、RIGHT 和 BELOW 分别表示数据位于左边、右边和下方的单元格）。再在"编号格式"中选择"0"，以保留整数（0 为数字占位符，又如 0.00 表示保留 2 位小数）。单击"确定"按钮，即可在此单元格中计算出总和结果 5287。采用同样的方法，在最后一行百分比合计单元格内也插入公式"=SUM(ABOVE)*100"，"编号格式"选择为 0%，则计算出的结果为 100%。

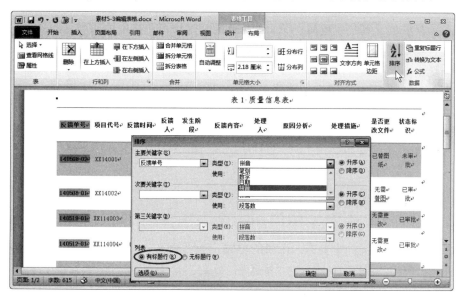

图 5-17 使用"排序"对话框为表格排序（素材 5-2 编辑表格.docx）

图 5-18 表格计算（素材 5-7 表格计算.docx）

除求和外，在"公式"对话框的"粘贴函数"下拉列表中还可选择其他计算方式，如计算左侧各列数据的平均值，公式为"=AVERAGE(LEFT)"；如计算上方各行单元格相乘，则公式为"=PRODUCT(ABOVE)"。

输入计算公式时，既可使用 LEFT、RIGHT、ABOVE、BELOW 等指定数据所在的单元格；也可像 Excel 那样，使用"字母+数字"的方式引用单元格：表格的"行"用数字 1，2，3……表示，表格的"列"用 A、B、C……表示，单元格则用 A1、A2、B1、B2 等表示。例如，要求 G2 与 F2 的差，可输入公式为"=G2–F2"（可直接进行加、减、乘、除运算，不必使用函数）。

要表示单元格区域，应用冒号（:）将表格区域中的首个单元格名称和最后一个单元格名称连接起来。例如，同一列中 C2、C3、C4 组成的单元格区域可表示为 C2:C4，要求这三个单元格的和，公式可表示为"=SUM(C2:C4)"。而用逗号（,）则表示不连续的区域，如要求 B2、D2、F2 三个单元格的和，公式可表示为"=SUM(B2,D2,F2)"。

在单元格中的计算公式也属于域。如果还要在多个单元格中输入相同的公式，可以将公式复制、粘贴到其他单元格。然而，粘贴后，还要更新域，完成其他单元格中的计算。方法是：选中那些单元格，然后按 F9 键更新域。如果在计算后要将计算结果转换为普通文本（而不是域的状态），可选中那些单元格，按 Ctrl+Shift+F9 组合键。

5.5　图表

5.5.1　创建图表

将插入点定位到文档中要插入图表的位置，在"插入"选项卡"插图"组中单击"图表"按钮，弹出如图 5-19 所示的"插入图表"对话框。在对话框中选择一种图表类型，如"柱形图"中的"簇状柱形图"，单击"确定"按钮，则在 Word 文档中立即出现了一张图表，且 Word 自动启动了 Excel 软件，在 Excel 窗口的表格中也已经包含了一些示例数据。Word 文档中的图表就是根据这些示例数据制作出来的。虽然示例数据并非所需，然而可以修改示例数据为所需数据。随着数据的修改，Word 文档中的图表会自动变化。

图 5-19　"插入图表"对话框

因此，只要在 Excel 窗口中将数据修改完成，则 Word 文档中的图表也就制作完成了。这种通过"修改数据"而非"重头新建"的方式创建图表非常直观、方便（称为以工作成果为导向的用户界面）。

要修改数据，将鼠标指针移动到 Excel 表格数据区右下角的 上，当指针变为 形时拖动鼠标调整数据区的大小（如调整为 6 行 8 列；可删除区域外的内容），再将所需数据输入或粘贴到数据区内，如图 5-20（b）所示。修改数据后，Word 文档中的图表如图 5-20（a）所示。

图 5-20（a）图表的横轴为班级，不同颜色的柱形（称为数据系列）代表不同的科目。如希望使横轴为科目、不同柱形代表班级，选中图表后，在"图表工具|设计"选项卡"数据"组中单击"切换行/列"按钮，切换后的图表如图 5-21 所示。

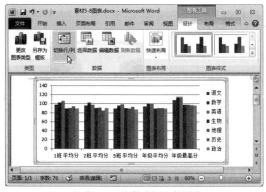
（a）在 Word 文档中插入的图表

（b）在 Excel 窗口中输入数据

图 5-20　通过在 Excel 窗口中修改数据制作图表（📁素材 5-8 图表.docx）

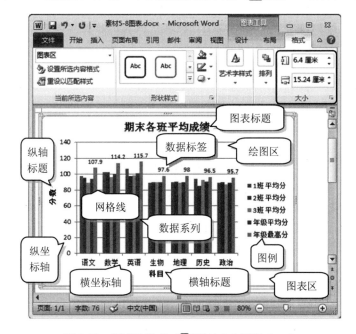

图 5-21　图表的组成（📁素材 5-8 图表.docx）

为什么"切换行/列"按钮是灰色的不可用？输入图表数据的 Excel 窗口必须在打开的状态下，"切换行/列"按钮才可用。如果关闭了 Excel 窗口，"切换行/列"按钮就变灰不可用了。这时单击"编辑数据"按钮重新打开 Excel 窗口，就可以"切换行/列"。

Excel 窗口是由 Word 打开的，其中的内容都包含在 Word 文档中。因此，图表制作完成后，不必保存 Excel 文档，可直接关闭 Excel 窗口，只保存 Word 文档即可。

在关闭了 Excel 窗口后，如还希望修改数据，可在"图表工具|设计"选项卡"数据"组中单击"编辑数据"按钮，则 Word 会重新打开 Excel，可在其中修改数据。数据修改后，图表会自动变化更新。

在 Word 文档中选中图表，图表四周出现浅灰色边框。将鼠标指针移动到边框中的任一控制点上（如▮、▬、🔳等），当鼠标指针变为双向箭头时拖动鼠标可改变图表大小。在"图表工具|格式"选项卡"大小"组中还可精确设置图表的高度和宽度，如图 5-21 所示。

图表包含的数据系列、数据系列的名称、各分类标签名称等可由系统自动识别，因此，一般只要设置了正确的数据，就可创建图表。然而，在创建图表后，还可对这些设置做进一步调整。在"图表工具|设计"选项卡"数据"组中单击"选择数据"按钮，打开"选择数据源"对话框。在对话框中可对图表中的各系列再进行修改、删除，或添加新系列，以及设置水平标签等。

高手进阶

5.5.2　图表布局

选定图表后，功能区将出现 3 个选项卡："图表工具|设计""图表工具|布局"和"图表工具|格式"。通过这 3 个选项卡中的按钮，可对图表进行各种编辑和修改。

5.5.2.1　选中图表

单击图表上的空白位置，图表四周出现浅灰色的边框，表示选中了图表（选中整个图表区），这时可对图表整体进行修改。

要对图表内的元素进行修改，还要选中图表内的具体元素。如图 5-21 所示，组成图表的各项元素主要有以下内容。

（1）图表区：包含图表图形及标题、图例等所有图表元素的最外围矩形区域。

（2）绘图区：是图表区的一部分，是仅包含图表主体图形的矩形区域。

（3）图表标题：用来说明图表内容的标题文字。

（4）坐标轴和坐标轴标题：坐标轴是标识数值大小及分类的水平线和垂直线，也是界定绘图区的线条。坐标轴上有标定数值的刻度，用作度量参照。一般图表都有横坐标轴和纵坐标轴。通常，横坐标轴指示分类，纵坐标轴指示数值。有些图表还有次要横坐标轴（一般位于图表上方）、次要纵坐标轴（一般位于图表右侧），三维图表还有竖坐标轴（Z 轴），饼图和圆环图没有坐标轴。在坐标轴上可添加标题，用来说明坐标轴的分类及内容，如图 5-21 所示的横坐标轴的标题是"科目"，纵坐标轴的标题是"分数"。

（5）数据系列：创建图表的原始数据的一行（或一列）数据构成一组数据系列，由数据标记组成，一个数据标记一般对应一个单元格。图表可有一组或多组数据系列（饼图只有一组数据系列），多组数据系列之间常用不同图案、颜色或符号区分。例如，在图 5-21 所示的图表中，"1 班平均分""2 班平均分""3 班平均分""年级平均分""年级最高分"是 5 组数据系列。

（6）数据标签：标记在图表上的文本说明，可在图表上标记数据值的大小（如 107.9），也可标记数据值的分类名称（如"语文"），或系列名称（如"1 班 平均分"）。

（7）图例：指出图表中的不同符号、颜色或形状代表的内容。图例由两部分组成：①图例标示，即不同颜色的小方块，代表数据系列；②图例项，即对应的数据系列名称，一种图例标示只能对应一种图例项。

（8）网格线：贯穿绘图区的线条，是坐标轴上刻度线的延伸，用于估算图上数据系列大小的标准。

在三维图表中还有背景墙和基底，背景墙用于显示图表的维度和边界；基底是三维图表下方的填充区域，相当于图表的底座。三维图表有两个背景墙和一个基底。

单击图表内的某一元素可单独将其选定。在选定数据标记时，单击一个图案（数据标记）将选定整个数据系列，再次单击该图案才能将其单独选定。也可在"图表工具|布局"

（或"格式"）选项卡"当前所选内容"组的"图表元素"下拉框中选择，如图 5-22 所示。

图 5-22 选中图表元素和设置图表标题

5.5.2.2 设置图表标题

选中图表，在"图表工具|布局"选项卡"标签"组中单击"图表标题"按钮，从下拉菜单中选择一种放置标题的方式，如"图表上方"，如图 5-22 所示。然后在图表标题的文本框中删除"图表标题"文字并输入自己的标题内容即可。

选中图表标题，用"开始"选项卡"字体"组中的按钮可设置标题文字的字体。在"图表工具|布局"（或"格式"）选项卡"当前所选内容"组中单击"设置所选内容格式"按钮，打开"设置图表标题格式"对话框，可设置标题的填充、边框颜色、边框样式、阴影、发光、柔化边缘、三维格式等。

【真题链接 5-18】为了更好地介绍公司的服务与市场战略，市场部助理小王需要协助制作完成公司战略规划文档，请打开文档 Word.docx，按要求修改，并以该文件名保存。

在文档的第 4 个段落后（标题为"目标"的段落之前）插入一个空段落，并按照下面的数据方式在此空段落中插入一个折线图图表，将图表的标题命名为"公司业务指标"。

	销售额	成本	利润
2010 年	4.3	2.4	1.9
2011 年	6.3	5.1	1.2
2012 年	5.9	3.6	2.3
2013 年	7.8	3.2	4.6

【解题图示】（完整解题步骤详见随书素材）

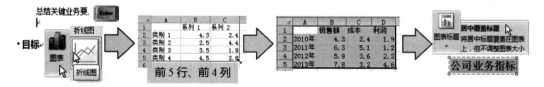

5.5.2.3 设置坐标轴和坐标轴标题

可以设置是否在图表中显示坐标轴以及显示的方式。选中图表，在"图表工具|布局"选项卡"坐标轴"组中单击"坐标轴"按钮，选择"主要横坐标轴"或"主要纵坐标轴"，从级联菜单中选择所需选项，如图 5-23（a）所示。

还可为坐标轴添加标题。在"布局"选项卡"标签"组中单击"坐标轴标题"按钮，选择"主要横坐标轴标题"或"主要纵坐标轴标题"级联菜单中的选项，如图 5-23（b）所示，然后在图表的坐标轴标题文本框中输入内容即可。

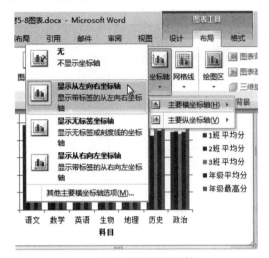
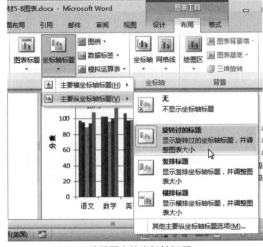

（a）设置图表的坐标轴　　　　　　　　　　　（b）设置图表的坐标轴标题

图 5-23　设置图表的坐标轴和坐标轴标题

选中横坐标轴或纵坐标轴，在"图表工具|布局"（或"格式"）选项卡"当前所选内容"组中单击"设置所选内容格式"按钮，或右击坐标轴，从快捷菜单中选择"设置坐标轴格式"命令，打开"设置坐标轴格式"对话框，可对坐标轴的数值范围、刻度线以及填充、线条等进行详细设置。图 5-24（a）为对纵坐标轴打开的"设置坐标轴格式"对话框，在对话框中设置"最小值"为 60.0，"最大值"为 120.0，"主要刻度单位"为 10.0 后的效果如图 5-24（b）所示。

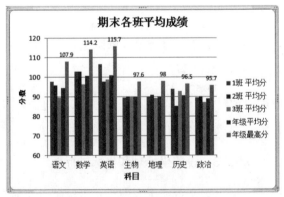

（a）设置纵坐标轴的最小值、最大值、主要刻度单位　　　　　（b）设置后的效果

图 5-24　设置纵轴坐标轴格式

5.5.2.4　设置网格线

贯穿绘图区的线条称为网格线，它们是坐标轴上刻度线的延伸，起到估算图上数据值大小的作用。从横轴或纵轴都可以延伸出纵向或横向的网格线（如果有次坐标轴，从次坐标轴也可延伸出网格线）。要设置网格线的位置，应设置坐标轴的主要刻度单位或次要刻度单位。要设置网格线的有无或线条线型等格式，在"图表工具|布局"选项卡"坐标轴"组中单击"网格线"按钮，再从下拉菜单及其下级菜单中选择所需选项。

5.5.2.5　设置图例

上例图表的图例位于绘图区右侧，要调整图例的位置，在"图表工具|布局"选项卡"标签"组中单击"图例"按钮，从下拉列表中选择所需选项，如"在底部显示图例"，图例将位于绘图区下方且绘图区会自动调整大小，以适应新布局，如图 5-25 所示。

图 5-25　设置图表的图例、数据标签和趋势线

右击图例，从快捷菜单中选择"设置图例格式"命令，打开"设置图例格式"对话框，可设置图例填充、边框、阴影等格式效果。

要删除图例，从单击"图例"按钮的下拉列表中选择"无"即可。

5.5.2.6　添加数据标签

将系列的具体数值（或分类名、系列名等）标注到图表上，称数据标签。应用数据标签时，所选图表元素不同，则数据标签被应用到的范围就不同。如果选定了整个图表，则数据标签将被应用到图表的所有数据系列；如果只选定了某个数据系列，则数据标签只被应用到所选数据系列；如果只选定了数据系列中的某个数据点，则数据标签只被应用到该数据点。

选中要应用数据标签的图表元素，在"图表工具|布局"选项卡"标签"组中单击"数据标签"按钮，从下拉列表中选择一种位置即可添加数据标签（对不同图表类型可有不同的选项），如图 5-25 所示。从下拉列表中选择"其他数据标签选项"，在弹出的"设置数据

标签格式"对话框中还可对数据标签进行详细设置，如显示"值"、显示"类别名称"或显示"系列名称"等。对不同类型的图表，该对话框中的内容略有不同。如图 5-26 所示，为对应一个饼图的对话框，相比柱形图，在饼图上还可标记"百分比"和"显示引导线"。在对话框中切换到"数字"选项卡，可设置数据标签的格式，如保留的小数位数、百分比格式、日期格式等。

图 5-26　"设置数据标签格式"对话框

【真题链接 5-19】文档 Word.docx 是一篇从互联网上获取的文字资料，请基于标题"（三）咨询情况"下的表格数据，在表格下方插入一个饼图，用于反映各咨询形式所占比例，要求在饼图中仅显示百分比。

【解题图示】（完整解题步骤详见随书素材）

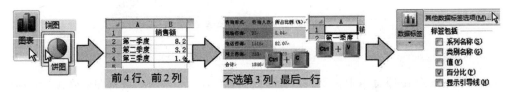

【真题链接 5-20】财务部助理小王需要协助公司管理层制作本财年的年度报告，请在"产品销售一览表"段落区域的表格下方插入一个产品销售分析图，图表样式请参考"分析图样例.jpg"文件，并将图表调整到与文档页面宽度相匹配。

【解题图示】（完整解题步骤详见随书素材）

5.5.2.7　添加趋势线

在图表中添加趋势线，可显示数据趋势，这种分析也称回归分析。通过趋势线，可以帮助预测未来值（例如，在每年销量的柱形图中，某产品在过去几年的销量逐年上升，则

绘制一条斜向上的趋势线表示上升趋势，可预测将来一年的销量还会继续上升）。单击"图表工具|布局"选项卡"分析"组的"趋势线"按钮，从下拉列表中选择一种趋势线，如"线性趋势线"，如图 5-25 所示。在弹出的对话框中选择要添加趋势线的系列，单击"确定"按钮（图中仅显示趋势线功能，本例中的图表并未实际添加趋势线）。

5.5.2.8　设置图表布局和样式

"图表工具|设计"选项卡"图表布局"组中提供了很多预设的图表布局，可用于快速设置图表中的各元素及其位置，这比前面介绍的分步设置图表的方法更方便。"图表样式"组中还提供了很多预设的图表样式，用于快速美化图表。

5.5.2.9　设置图表区和绘图区

在"图表工具|布局"（或"格式"）选项卡"当前所选内容"组的"图表元素"下拉框中选择"图表区"，然后单击"设置所选内容格式"按钮，在弹出的"设置图表区格式"对话框中可设置图表区的填充、边框颜色、边框样式等，如在"填充"中选择"图片或纹理填充"，再单击"文件"按钮还可使用一张图片填充图表区，并可拖动滑块设置图片的透明度，使图片自然融入图表中。

设置绘图区格式的方法与此类似：在"当前所选内容"组的"图表元素"下拉框中选择"绘图区"，再单击"设置所选内容格式"按钮。

对三维图表，还可单击该选项卡"背景"组的"图表背景墙"按钮，或"图表基底"按钮，从下拉列表中选择相应选项对图表背景墙或图表基底的格式进行设置。

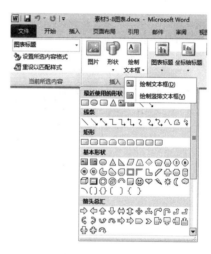

图 5-27　向图表中添加其他形状元素

除图表固有的元素外，还可在图表中自行任意添加图片、形状、文本框等元素，丰富图表的内容。在"图表工具|布局"选项卡"插入"组中单击"图片""形状"或"绘制文本框"按钮，如图 5-27 所示，然后可将相应元素插入到图表区，这与在文档中操作的方法一致（第 6 章将介绍在文档中插入图片或绘制形状的方法）。与在文档中插入不同的是，这些元素将成为图表的一部分，且无法被拖曳到图表区外。

5.5.3　数据系列格式

5.5.3.1　更改系列图表类型

创建图表时，可以选择图表类型。创建图表后，如果还希望改变图表类型，选中图表，单击"图表工具|设计"选项卡"类型"组的"更改图表类型"按钮，弹出"更改图表类型"对话框（类似于图 5-19 的"插入图表"对话框），另选一种图表类型就可以了。

在同一个图表中还可以同时使用两种或两种以上的图表类型，这称为更改系列图表类型。例如，在上例图表中选中"年级最高分"的数据系列，然后再单击"更改图表类型"按钮，从"更改图表类型"对话框中选择"折线图"中的"带数据标记的折线图"，单击"确定"按钮，图表效果如图 5-28 所示。其中，"年级最高分"的数据系列以折线图显示，其他系列仍以柱形图显示。

5.5.3.2 更改数据标记形状

在图 5-28 的折线图上的数据点是以*型表示的，要改变数据点的形状，在图表中选中"年级最高分"的数据系列，然后在"图表工具|布局"选项卡"当前所选内容"组中单击"设置所选内容格式"按钮，弹出"设置数据系列格式"对话框。在对话框的左侧选择"数据标记选项"，再在右侧"内置"的"类型"中选择标记图形，如×，如图 5-29 所示。在该对话框的左侧选择"标记线颜色""标记线样式"等还可进一步设置标记形状的相应格式。

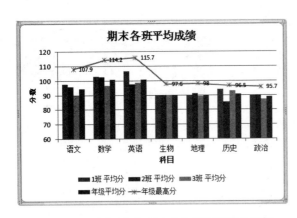

图 5-28　更改"年级最高分"系列的图表类型

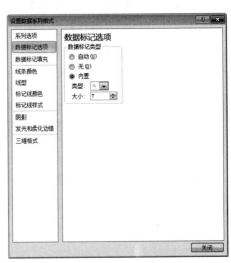

图 5-29　更改数据系列中的数据标记

5.5.3.3 添加次坐标轴

在同一图表中可以同时包含两个横坐标轴、两个纵坐标轴，其中一个称主要横（纵）坐标轴，另一个称次要横（纵）坐标轴。次要坐标轴可以具有与主坐标轴不同的刻度单位，当图表包含的多个数据系列有不同的数值范围，要反映不同的信息时，次要坐标轴就很有用了。

例如，如图 5-30 所示，其中系列"网民数"使用左侧的主要纵坐标轴，系列"互联网普及率"使用右侧的次要纵坐标轴。因为"网民数"需要 0～70 000 范围的纵坐标轴，而"互联网普及率"的值为 0.0～0.6 的小数，二者无法在同一坐标轴上统一范围和刻度，而采用主要、次要两个坐标轴，就可以分别设置不同的数值范围和刻度了。

要使某数据系列使用次坐标轴，选中该数据系列后，在"图表工具|布局"选项卡"当前所选内容"组中单击"设置所选内容格式"按钮，弹出"设置数据系列格式"对话框。在对话框的左侧选择"系列选项"，再在右侧选择"次坐标轴"选项即可，如图 5-30 所示。

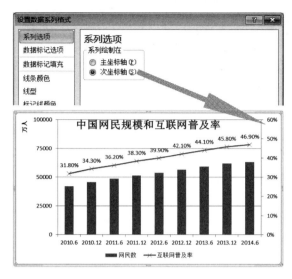

图 5-30　设置普及率百分比的系列使用次坐标轴

5.5.3.4　数据系列的其他设置

在"期末各班平均成绩"的图表中，各系列均为同样比例的分数，可以使用同一坐标轴统一范围和刻度。然而，若将"年级平均分"数据系列设置为使用"次坐标轴"，并对系列进行其他一些格式设置，可达到图 5-31 所示的效果。其中，"年级平均分"系列使用"短划线"的虚线框、无填充颜色，且与 3 个班级平均分的柱形形状覆盖显示。

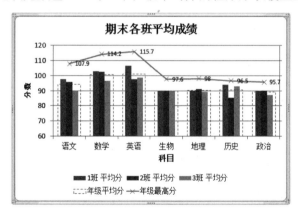

图 5-31　"年级平均分"系列的设置效果

设置方法如下：选中"年级平均分"的数据系列，同样单击"设置所选内容格式"按钮，弹出"设置数据系列格式"对话框。在对话框中设置系列位于"次坐标轴"，再设置分类间距为"40%"，如图 5-32（a）所示。这样，"年级平均分"的柱形形状间距将缩小，同时被拉宽，与 3 个班级平均分的柱形形状覆盖显示。在对话框中继续设置填充颜色为"无"，如图 5-32（b）所示；设置边框颜色为"实线"，如图 5-32（c）所示，设置边框样式的短划线类型为"短划线"，宽度为 1.5 磅，如图 5-32（d）所示。

再设置次坐标轴的刻度与主坐标轴的刻度相同：最小值为 0，最大值为 120，主要刻

度单位为 10，并隐藏次坐标轴的标签，即设置次坐标轴的标签为"无"。对话框可参考图
5-24（a），只不过图 5-24（a）是对主坐标轴的设置，而这里是对次坐标轴的设置。最终效
果如图 5-31 所示。

（a）设置分类间距和次坐标轴

（b）设置填充

（c）设置边框颜色

（d）设置边框样式

图 5-32　设置"年级平均分"数据系列的格式

【真题链接 5-21】某单位的办公室秘书小马接到领导的指示，要求其提供一份最新的中国互联
网络发展状况统计情况。小马从网上下载了一份未经整理的原稿，请根据第二章中的表 1 内容生成
一张如示例文件 chart.png 所示的图表，插入到表格后的空行中，并居中显示。要求图表的标题、纵
坐标轴和折线图的格式和位置与示例图相同。

【解题图示】（完整解题步骤详见随书素材）

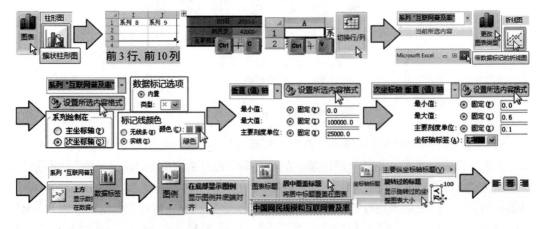

第6章 时尚靓丽小清新——Word 的图文混排

俗话说：一图解千文。在平面媒体的表现上，图形的感染力往往胜过文字的千言万语。在文档中插入适当的图片不仅能丰富版面，更可增强表现力、便于读者理解内容。本章将介绍如何在 Word 文档中插入图片、剪贴画、自选图形等，还将介绍制作 SmartArt 图示，以及应用艺术字和文本框等方面的技巧，让你的文档图文并茂、更加亮丽！

6.1 图片

6.1.1 插入图片

将插入点定位到文档中要插入图片的位置，在"插入"选项卡"插图"组中单击"图片"按钮，在弹出的"插入图片"对话框中选择图片文件，单击"插入"按钮即可插入文件中的图片，如图 6-1 所示。

图 6-1 插入图片（素材 6-1 插入图片.docx）

要插入文件中的图片，还可在文件夹中选中图片文件，按 Ctrl+C 组合键复制，再到 Word 文档中按 Ctrl+V 组合键粘贴，直接将图片插入到文档中。

Word 系统内部还提供了很多剪贴画。在"插入"选项卡"插图"组中单击"剪贴画"按钮，弹出"剪贴画"任务窗格，在其中输入与剪贴画相关的描述单词、词组或文件名，单击"搜索"按钮找到剪贴画。再单击需要的剪贴画，即可将剪贴画插入到文档中。

还可以截取计算机上打开窗口的外观作为图片插入到 Word 文档中。单击"插入"选项卡"插图"组的"屏幕截图"按钮，从下拉列表中选择要截取的程序窗口，即可将程序窗口的运行画面截图作为图片插入到文档中。如果选择"屏幕剪辑"命令，当屏幕变灰且鼠标指针变为十形时，按住鼠标左键不放拖动鼠标，可在屏幕上截取任意部分范围的截图。

要删除文档中的图片，单击选中图片，按键盘上的 Delete 键或 Backspace 键即可。

【真题链接 6-1】在 Word 文档编辑过程中，如需将特定的计算机应用程序窗口画面作为文档的插图，最优的操作方法是（　　）。

A. 使所需画面窗口处于活动状态，按下 PrintScreen 键，再粘贴到 Word 文档指定位置

B. 使所需画面窗口处于活动状态，按下 Alt+PrintScreen 组合键，再粘贴到 Word 文档指定位置

C. 利用 Word 插入"屏幕截图"功能，直接将所需窗口画面插入到 Word 文档指定位置

D. 在计算机系统中安装截屏工具软件，利用该软件实现屏幕画面的截取

【答案】C

【真题链接 6-2】某单位的办公室秘书小马接到领导的指示，要求其提供一份最新的中国互联网络发展状况统计情况文档。小马从网上下载了一份未经整理的原稿，请帮助他将考试文件夹下的图片 pic1.png 插入到书稿中用浅绿色底纹标出的文字"调查总体细分图示"上方的空行中。

【解题图示】（完整解题步骤详见随书素材）

6.1.2　编辑图片

6.1.2.1　调整图片大小

单击插入到文档中的图片即可选中它。选中图片后，图片周围出现 8 个白色的控点◎或▯，将鼠标指针移动到控点上时，鼠标指针会变成各种方向的双箭头，按住鼠标左键不放拖动鼠标即可沿对应方向缩放图片大小，如图 6-2 所示。当要横向或纵向缩放图片时，应拖动图片四边的控点；当要保持宽度和高度的比例缩放图片时，应拖动图片四角的控点。如果用鼠标拖动图片上方的绿色控点 🟢，还可任意角度旋转图片。

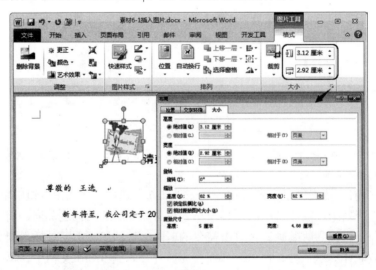

图 6-2　调整图片大小（📁素材 6-1 插入图片.docx）

如需更精确地调整图片大小，选中图片后，可在"图片工具|格式"选项卡"大小"组中直接输入图片的"高度"和"宽度"数值，如图 6-2 所示。在"排列"组中单击"旋转"按钮，可直接将图片向左或向右旋转 90°，或垂直翻转、水平翻转等。

单击"图片格式|工具"选项卡"大小"组右下角的对话框启动器 ，弹出"布局"对话框，如图 6-2 所示，可在对话框中精确设置图片大小和旋转角度。如选中了"锁定纵横比"，则更改"高度"值的同时"宽度"值会自动变化，以适应纵横比，更改"宽度"值的同时，"高度"值也会自动变化，以适应纵横比。要分别设置"高度"和"宽度"值为固定大小，应先取消选中"锁定纵横比"，然后再分别设置"高度"和"宽度"值。

6.1.2.2　图片的文字环绕方式

默认情况下，插入的图片是被"嵌入"到文档的正文中的（图片在文字层中），这种图片相当于文档中的一个"文字"。这使很多操作受到限制，如只能像移动文字一样在文档的正文文字范围内移动图片，但可像设置普通文本的段落一样，用"开始"选项卡"段落"组的"左对齐""居中对齐""右对齐"等按钮调整整段（包含图片）的水平对齐方式。

当"嵌入型"图片高度与文字高度不一致时，默认情况下，在段落中文字的底端将与图片的底端对齐（将图片也看成段落中的一个文字），如图 6-2 所示，插入的图片与"请柬"文字是底端对齐的。通过"段落"对话框的"中文版式"选项卡的"文本对齐方式"可设置图片和文字在垂直方向上的对齐方式，如图 6-3 所示。

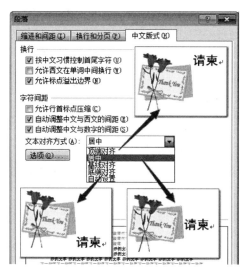

图 6-3　在"段落"对话框中设置中文版式的文本对齐方式

图片只有被设置为"非嵌入型"的其他环绕方式（图片在图形层中），才能在文档中被任意拖动位置，以及实现与正文文字的"图文混排"效果。

图片的环绕方式见表 6-1。除"嵌入型"外，其他环绕方式均属非嵌入型。

选中图片，在"图片工具|格式"选项卡"排列"组中单击"自动换行"按钮，从下拉菜单中选择一种"非嵌入型"的环绕方式，如"上下型环绕"，然后将图片拖动到文档的适当位置，可见文档正文文字已围绕图片上、下排版，如图 6-4 所示。

图 6-4　图片的环绕方式和非嵌入型图片的对齐设置（📁素材 6-1 插入图片.docx）

表 6-1　图片的环绕方式

环绕方式	功能作用
嵌入型	图片类似文档正文中的一个文字字符，图片只能在正文文字区域范围内移动
四周型环绕	图片形成一个矩形的无文字区域，文字在图片四周环绕排列，图片四周和文字之间有一定的间隔空间
紧密型环绕	图片形成一个与图片轮廓相同的无文字区域（可通过设置环绕顶点改变此区域的形状），文字密布在图片四周，图片和文字之间的间隔空间很小，图片被文字紧紧包围
穿越型环绕	文字密布在图片四周，类似于紧密型环绕，但可穿过图形的空心部分，适用于空心图形（也可通过设置环绕顶点改变图片占据的"无文字区域"的形状）
上下型环绕	图片覆盖的"行"形成无文字区域，文字只位于图片的上部和下部
衬于文字下方	图片作为背景，位于文字下方，不影响文字排列
浮于文字上方	图片覆盖在文字的上方遮挡文字，不影响文字排列

　　单击"自动换行"按钮，从下拉菜单中选择"其他布局选项"，打开"布局"对话框并切换到"文字环绕"选项卡，如图 6-5 所示。在对话框中可详细设置环绕方式，以及设置文字允许环绕的位置和图片环绕时距离文字的距离。

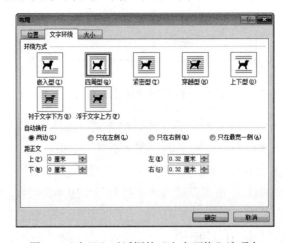

图 6-5　"布局"对话框的"文字环绕"选项卡

【真题链接 6-3】某学术杂志的编辑徐雅雯需要对一篇关于艺术史的 Word 格式的文章进行编辑和排版，请帮助她保持纵横比不变，将图 1 到图 10 的图片宽度都调整为 10 厘米，居中对齐并与下段同页。

【解题图示】（完整解题步骤详见随书素材）

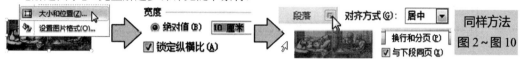

6.1.2.3　调整图片在文档中的位置

"嵌入型"的图片像一个文字，它只能在文档区域内被移动位置。但图片像文字一样也位于一个段落中，可通过设置该段的段落对齐方式调整图片在页面中的水平对齐。

"非嵌入型"图片可通过鼠标拖动的方法，在页面中被任意移动位置，而不只局限于仅能在文字区域内移动。如果文档中有多张图片（非嵌入型环绕方式），按住 Ctrl 键和 Shift 键的同时再依次单击每张图片，可同时选中多张图片，然后拖动其中一张图片的控点就可同时改变所有选中图片的大小，拖动任意一张图片的移动位置即可同时移动多张图片的位置（保持各图相对位置）。

要设置"非嵌入型"图片相对于页面（或页边距）的水平或垂直对齐方式，应通过"图片工具|格式"选项卡"排列"组"对齐"按钮中的相应命令，如图 6-4 所示。

对于"非嵌入型"的图片，可通过对话框精确设置图片位置。右击图片，从快捷菜单中选择"大小和位置"，在弹出的"布局"对话框中切换到"位置"选项卡，如图 6-6 所示。可通过指定对齐方式、绝对位置、相对位置等多种方式精确调整图片在文档中的位置。例如，在图 6-6 中将图片的水平位置设置为"相对位置：相对于右边距 10%"，垂直位置设置为"对齐方式：相对于页边距顶端对齐"。

图 6-6　"布局"对话框的"位置"选项卡

对于"非嵌入型"的图片，还可通过锚定标记，方便地将图片与某段文字锁定在一起，从而依据文字定位图片的位置。单击"开始"选项卡"段落"组的"显示/隐藏编辑标记"按钮，使按钮为高亮状态。这时选中图片，即可见图片附近段落左侧有锚定标记，指示该图片目前与此段落锚定，如图 6-4 所示（只有图片周围有文字，且图片被选中时，锚定标记才会出现）。当移动图片位置时，锚定标记将跟随移动，并自动与图片附近的其他段落锚定；也可直接拖动锚定标记，将图片与其他段落锚定。

锚定标记和对应的图片是不能分别位于不同页中的，图片与它所绑定的文字始终在一起，这有助于控制图片位于的页面。控制图片与某段文字锚定后，锚定标记和图片都会位于这一页中；然后，在这一页中再拖动图片微调它在本页中的位置。

如果希望图片与某段文字固定地锚定在一起，而不希望锚定标记能被随意改变位置，则右击图片，从快捷菜单中选择"大小和位置"，在打开的"布局"对话框的"位置"选项卡中选中"锁定标记"，单击"确定"按钮。可见，锚定标记被加了锁头形状⚓，表示锚定标记已被锁定，将始终与本段锚定在一起，不能再与其他段的文字锚定。

6.1.2.4　图片的层叠顺序

如果在文档中插入了多张图片，图片与图片之间就有"谁在谁之上""谁遮挡谁"的问题，这可通过图片层叠顺序控制（只有图片为"非嵌入型"环绕方式，才能设置层叠顺序）。右击图片，从快捷菜单中调整层叠顺序，如"置于顶层"，如图 6-7 所示；或单击"图片工具|格式"选项卡"排列"组的 上移一层 按钮或 下移一层 按钮。图片的层叠顺序见表 6-2。

（a）设置第 3 张图片的层叠顺序为置于顶层　　（b）设置后第 3 张图片覆盖另两张图片

图 6-7　设置图片的层叠顺序（📁素材 6-2 图片层叠顺序.docx）

表 6-2　图片的层叠顺序

图片层叠顺序	功能作用
置于顶层	图片位于其他所有图片之上，遮挡其他图片
置于底层	图片位于其他所有图片之下，被其他图片遮挡
上移一层	将图片的层叠顺序上移一层
下移一层	将图片的层叠顺序下移一层
浮于文字上方	图片位于文字的上方，遮挡文字
衬于文字下方	图片位于文字的下方，被文字遮挡

如果图片被置于其他图片下方或文字下方，就不容易被鼠标选中。这时要选中图片，可单击"开始"选项卡"编辑"组的"选择"按钮，从下拉菜单中单击"选择对象"命

令。当鼠标指针变为 ⊵ 形时，将只能选择文档中的图形对象，不能再选择文本，这样即使图形位于文字下方，也能选中图形。再次单击此命令，鼠标指针恢复为] 形，恢复优先选择文本状态。

如果从"选择"按钮的下拉菜单中单击"选择窗格"命令，将弹出"选择和可见性"任务窗格，如图 6-8 所示。窗格中列出了插入点所在页中的所有图形，单击一个条目即可选中该图形，单击两次可为图形重命名。而单击各条目右侧的眼睛图标 ◨ 可隐藏对应图形，隐藏图形后图标变为空白方框 ☐；单击空白方框又恢复显示图形（只对非嵌入型图片可设置隐藏/显示，嵌入型图片不可隐藏/显示）。单击下方的 ▲ 和 ▼ 按钮也可调整层叠顺序。

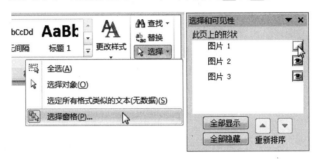

图 6-8　"选择和可见性"窗格

【真题链接 6-4】在某旅行社就职的小许为了开发德国旅游业务，在 Word 中整理了介绍德国主要城市的文档，帮助他在标题"波斯坦"下方显示名为"会议图片"的隐藏图片。

【解题图示】（完整解题步骤详见随书素材）

6.1.2.5　剪裁图片

利用 Word 对图片的剪裁功能，可将插入到文档中的图片去除外周的一部分。选中图片，在"图片工具|格式"选项卡"大小"组中单击"剪裁"按钮。图片四周的控点变为黑色的剪裁控点，将鼠标指针移动到剪裁控点上，当指针变为倒 T 形或直角形时，按住鼠标左键拖动即可切去图片中的外周部分，如图 6-9 所示。单击文档空白处完成剪裁。

若单击"剪裁"按钮的向下三角，从菜单中选择"剪裁为形状"，可将图片剪裁为某个自选图形的形状，如将图片剪裁为圆形、三角形、五角星形等。

图 6-9　剪裁图片（📁素材 6-1 插入图片.docx）

剪裁后图片的多余区域实际仍保留在文档中，只不过看不到而已。当再次单击"剪裁"按钮并沿相反方向拖动倒 T 形或直角形的剪裁控点时，还可将剪掉的区域恢复回来。如希望彻底删除被剪裁掉的多余区域，单击"调整"组的"压缩图片"按钮，在打开的"压缩图片"对话框中选中"删除图片的剪裁区域"，单击"确定"按钮即可。

【真题链接6-5】某单位的办公室秘书小马接到领导的指示，要求其提供一份最新的中国互联网络发展状况统计情况文档。小马从网上下载了一份未经整理的原稿，请帮助他参照示例文件 cover.png，为文档设计封面，封面和前言必须位于同一节中。封面上的图片可取自本题文件下的文件 Logo.jpg，并应进行适当的剪裁。

【解题图示】（完整解题步骤详见随书素材）

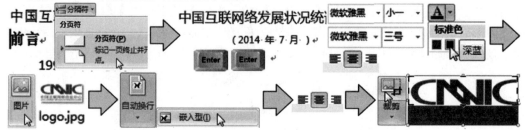

6.1.2.6 图片样式和图片效果

选中图片，出现"图片工具|格式"选项卡。在该选项卡中，Word 提供了大量图片样式和图片效果的选项，可使图片更加美观。很多需要 Photoshop 等专业图像处理软件才能完成的特殊效果，现在 Word 中就可以轻松获得。

单击"图片样式"组中的一种快速样式，可快速设置图片为一种预设效果，如"居中矩形阴影""映像圆角矩形""金属椭圆"等。例如，图6-10为证书图片设置了"剪裁对角线，白色"的效果。单击"图片效果"按钮，可对图片效果进行更精细的调整。单击"图片边框"按钮，还可为图片添加边框。

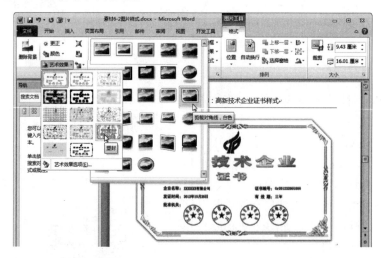

图6-10　设置图片样式和图片效果（■素材6-3图片样式.docx）

用"调整"组中的相应按钮，可进一步调整图片的亮度、对比度、颜色、艺术效果（如铅笔素描、线条图、粉笔素描、发光散射等）等。如图6-10所示，又设置了证书图片的"艺术效果"为"塑封"，并设置了"颜色"为"色温,4700K"。

如果要为图片设置透明色，在"图片工具|格式"选项卡"调整"组中单击"颜色"按钮，从下拉列表中选择"设置透明色"命令即可。当鼠标指针变为 形时，在图片中单击要设置透明色的那种颜色的任意位置，如图片周围任意白色部分，则图片中所有该颜色的

区域都会变成"透明"，被图片上这种颜色的部分覆盖的图片下面的内容就会显示出来。

　　在"调整"组中单击"删除背景"按钮，然后拖动图片上的线条，使之包含希望保留的图片部分，可删除图片背景，这样将图片中杂乱的细节删除，可使图片的内容主题更突出。

　　如果对图片的加工不满意，可在"图片工具|格式"选项卡"调整"组中单击"重设图片"按钮，将图片恢复到原始状态。

6.1.3　题注和交叉引用

6.1.3.1　为图片和表格插入题注

　　题注是添加到图片、表格、图表或公式等元素上的带编号标签，如"图 2-1 系统管理模块""图 2-2 操作流程图""表 2-1 手工记账与会计电算化的区别"等。使用题注，可以保证 Word 文档（尤其是长文档中的图、表等元素）按顺序自动编号，当移动、添加或删除图、表时，各题注的编号会自动更新；这比手工逐一修改编号要方便很多，也避免了编号出错。

　　将插入点定位到要添加题注的位置，如表格的上方或图片的下方（当图片为"非嵌入型"环绕时，应选中图片）。在"引用"选项卡"题注"组中单击"插入题注"按钮，如图 6-11 所示，弹出"题注"对话框。

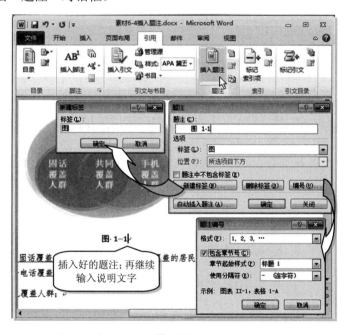

图 6-11　插入题注（■素材 6-4 插入题注.docx）

　　在"题注"对话框中给出的题注方式是"图表 1"。如不希望使用"图表"作为标签名称，而希望用"图"作为标签名称（使将来题注为"图 1""图 2"……），单击"新建标签"按钮，弹出"新建标签"对话框。在其中输入新标签"图"，单击"确定"按钮回到"题注"对话框。

　　如希望在编号中再带上章节号（如第 1 章的图依次被编号为"图 1-1""图 1-2"……

第 2 章的图依次被编号为"图 2-1""图 2-2"……），再单击"编号"按钮，弹出"题注编号"对话框。选中"包含章节号"复选框，再从"章节起始样式"中选择"标题 1"（文档中的章标题已被应用了这种标题样式），分隔符选择"-（连字符）"，单击"确定"按钮回到"题注"对话框。再单击"确定"按钮即插入了题注标签和编号，如图 6-11 所示，然后只要在此内容后输入图片的文字说明就可以了（如"调查总体细分图示"）。选中所插入的题注，可见编号数字带有灰色阴影底纹，因此也是一种域，这使编号可以自动变化，免去了用户自己编号的麻烦。

当为文档中的第 2 张图片及以后各图片插入题注时，在单击"插入题注"按钮后弹出的"题注"对话框中，Word 会自动选择上一次创建的新标签"图"和章节编号样式。这样，用户不必重新设置，直接单击"确定"按钮即可插入题注。

6.1.3.2 创建交叉引用

插入题注后，在正文内容中也要有相应的引用说明。例如，创建了题注"图 1-1 调查总体细分图示"后，相应的正文内容就要有引用说明，如"请见图 1-1"或"如图 1-1 所示"。而正文的引用说明应和图表的题注编号一一对应：若图表的题注编号发生改变（如变为1-2），正文中引用它的文字也应发生对应改变（如变为"请见图 1-2"）。这一引用关系称**交叉引用**。

将插入点定位到要创建交叉引用的地方，如图片的上一段落的文字"调查总体划分如下所示"中的"如"字之后（并删除"下"字），在"引用"选项卡"题注"组中单击"交叉引用"按钮，弹出如图 6-12 所示的"交叉引用"对话框。在"引用类型"中选择"图"。在"引用内容"中选择"只有标签和编号"，这样将仅插入"图 1-1"，而不是插入"图 1-1调查总体细分图示"。如果选中"插入为超链接"，则引用的内容还会以超链接的方式插入到文档中，将来按住 Ctrl 键同时单击它，可跳转到所引用的内容处。在"引用哪一个题注"中选择要引用的题注，如"图 1-1 调查总体细分图示"。单击"插入"按钮，则交叉引用插入后形成文字"调查总体划分如图 1-1 所示"。其中，"图 1-1"部分带有灰色阴影底纹。显然，这一部分也属于域。

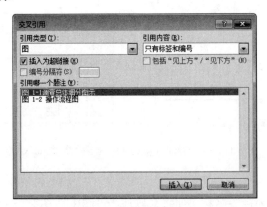

图 6-12 "交叉引用"对话框

如果在文档的后续位置还有要插入的交叉引用，则不要关闭"交叉引用"对话框，而可继续在文档中的其他位置定位插入点，然后在对话框中选择对应项并单击"插入"按钮继续插入。当所有交叉引用都插入完成后，再单击对话框的"关闭"按钮关闭对话框。

交叉引用除可链接到题注外，还可链接到同一文档中的各级标题文字，被应用了项目符号的段落、脚注、尾注、书签等。在图 6-12 所示的对话框的"引用类型"中选择对应项即可。

疑难解答　明明设置了正确的字体或段落格式，在考试评分时却提示没有设置并扣分是什么原因？考试系统的评分，一般只测试全文第 1 处出现的文字。如果在插入交叉引用时误选了"整项题注"，而不是"只有标签和编号"，就可能在之前又插入了一处同样的文字。例如，交叉引用本应为"如表 1-2 所示"，却误插入为"如表 1-2 好朋友财务软件…所示"，就会使后文要求设置格式的那处文字"好朋友财务软件"变为第 2 处，不再是第 1 处了。这样，无论后文那处文字如何设置格式，都不会被评分系统承认了，因为评分系统检查的将是第 1 处出现的、位于交叉引用处的文字，而不会再检查后文那处。交叉引用设置错误有时不一定在交叉引用处扣分，可能在另一个测试点，如字体或段落格式处扣分。这更说明需整体把握文档，遇到问题不宜断章取义。

【真题链接 6-6】某出版社的编辑小刘手中有一篇有关财务软件应用的书稿 Word.docx，打开该文档，按下列要求帮助小刘对书稿进行排版操作，并按原文件名保存。

（1）书稿中有若干表格及图片，分别在表格上方和图片下方的说明文字左侧添加形如"表 1-1""表 2-1""图 1-1""图 2-1"的题注，其中连字符"-"前面的数字代表章号、"-"后面的数字代表图表的序号，各章节图和表分别连续编号。添加完毕，将样式"题注"的格式修改为仿宋、小五号字、居中。

（2）在书稿中用红色标出的文字的适当位置，为前两个表格和前 3 个图片设置自动引用其题注号。

【解题图示】（完整解题步骤详见随书素材）

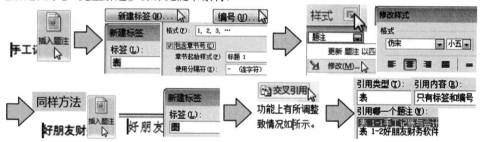

【真题链接 6-7】在 Word 2010 文档中为图表插入形如"图 1、图 2"的题注时，删除标签与编号之间自动出现的空格的最优操作方法是（　　）。

A. 在新建题注标签时，直接将其后面的空格删除即可

B. 一个一个手动删除该空格

C. 选择所有题注，利用查找和替换功能将西文空格全部替换为空

D. 选择整个文档，利用查找和替换功能逐个将题注中的西文空格替换为空

【答案】C

【解析】Word 的题注标签是针对英文设计的，标签和编号之间始终会有空格；无法在新建题注标签时删除标签后的空格。可将所有题注设置为样式"题注"，然后右击样式"题注"，单击"全选"选择所有题注文字，再替换所有选中部分的空格为空白。当提示是否搜索文档其余部分时，单击"否"按钮。

6.1.3.3　插入表目录

当为文档中的图、表、公式等插入了题注后，还可创建一个图表目录。图表目录不同

于普通的文档目录，它不列出各章节标题，而是列出文档中的题注，以方便了解文档中都有哪些图、表或公式等。在"引用"选项卡"题注"组中单击"插入表目录"按钮，弹出"图表目录"对话框，如图 6-13 所示。在对话框中设置要创建目录的题注标签（如"图"），并选择格式，单击"确定"按钮即创建图表目录。

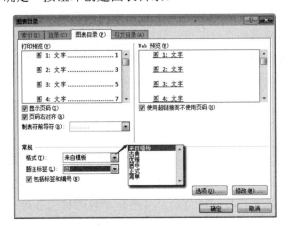

图 6-13　"图表目录"对话框

【真题链接 6-8】2012 级企业管理专业的林楚楠同学选修了"供应链管理"课程，并撰写了题目为"供应链中的库存管理研究"的课程论文。帮助林楚楠使用题注功能，修改图片下方的标题编号，以便其编号可以自动排序和更新，在"图表目录"节中插入格式为"正式"的图表目录。

【解题图示】（完整解题步骤详见随书素材）

6.2　自选图形

Word 提供了许多预设的形状，如矩形、圆形、线条、箭头、流程图符号、标注等，称自选图形。要在文档中使用这些形状，可直接用 Word 绘制它们，这样即使没有很强的美术功底，也能绘制出十分专业、漂亮的图形。

6.2.1　绘制自选图形

在"插入"选项卡"插图"组中单击"形状"按钮，从下拉列表中选择一种需要的形状，如"矩形"，然后在 Word 文档中按住鼠标左键拖动鼠标，即可绘制出这种形状，如图 6-14 所示。鼠标拖动的起点位置为图形左上角，拖动的终点位置为图形的右下角。

某些类型的图形还可以调整形状，如果可以调整，选中它后在图形上会出现 1 到多个黄色的控制点，用鼠标拖动这些控制点即可调整形状。不同类型的自选图形带有的黄色控制点不同，拖动控制点的效果也不同。例如，拖动圆角矩形的黄色控制点可改变四个角的弯曲弧度，如图 6-15 所示；拖动箭头的黄色控制点可改变箭头顶部三角形的大小或尾部矩形的胖瘦。有些自选图形（如矩形、圆形等）没有黄色控制点，因为它们没有再调整形状的必要。

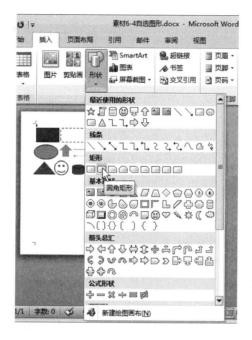

图 6-14　绘制自选图形（📁素材 6-5 自选图形.docx）

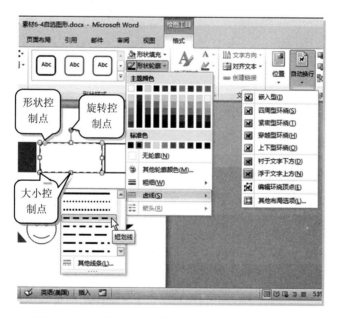

图 6-15　改变自选图形（📁素材 6-5 自选图形.docx）

右击形状，从快捷菜单中选择"编辑顶点"，然后拖动顶点的控点可精细地改变形状的外形，还可增加或删除顶点。在顶点上右击，可选择多种顶点类型，如"平滑顶点"将使拐点处平滑。

要绘制规则图形，可按住 Shift 键的同时拖动鼠标绘制。例如，要绘制正方形，单击"矩形"按钮后，按住 Shift 键的同时拖动鼠标；如要绘制圆形，单击"椭圆"按钮后，按住 Shift 键的同时拖动鼠标。绘制线条或线条类的箭头时，按住 Shift 键的同时可使角度为水平、垂直、45°或 135°方向。

"绘图工具|格式"选项卡"形状样式"组中提供了多种预设的形状样式。选中形状后，单击"其他"按钮 ▾ 展开列表，从中选择一种样式可快速设置形状的格式。

要对形状格式进行详细的设置，单击"形状样式"组的"形状轮廓"按钮，从下拉列表中设置形状的边框，包括颜色、粗细、线型等。图 6-15 将一个圆角矩形的边框设为了"短画线"的虚线。若选择"无轮廓"，形状将没有轮廓线。单击"形状填充"按钮，从下拉列表中设置形状的填充颜色，如选择"无填充颜色"，形状内部将是透明状态。如图 6-15 所示的圆角矩形，就被设置为"无填充颜色"。除填充纯色外，还可以为形状填充为图片、渐变色或纹理，从"形状填充"按钮的下拉列表中选择所需选项即可。单击"形状效果"按钮可设置形状的阴影、映像、发光、柔化边缘、棱台、三维旋转效果等。

【真题链接 6-9】北京明华中学学生发展中心的刘老师负责向校本部及相关分校的学生家长传达有关学生儿童医保扣款方式更新的通知。该通知需要下发至每位学生，并请家长填写回执。参照"结果示例 4.png"，在"附件 4：关于办理学生医保缴费银行卡通知的回执"下方将制作好的回执复制一份，将其中的"（此联家长留存）"改为"（此联学校留存）"，在两份回执之间绘制一条剪裁线，并保证两份回执在一页上。

【解题图示】（完整解题步骤详见随书素材）

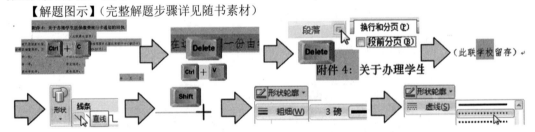

6.2.2　编辑自选图形

6.2.2.1　图形大小和位置

对自选图形的操作与对图片的操作有很多类似之处。单击选中一个自选图形，也会像选中图片那样在图形四周出现 8 个控制点，如图 6-15 所示，拖动控制点可以改变图形的大小，拖动图形上绿色的控制点可旋转图形。将鼠标移动到自选图形上（对于空心或无填充色的图形，要移动到图形的边框上），当鼠标指针变成四向箭头 ⊕ 时，按住鼠标左键拖动鼠标，可移动图形在文档中的位置（只有被设置为"非嵌入型"的环绕方式，才能任意拖动位置）。也可在"绘图工具|格式"选项卡"大小"组中精确设置图形大小，或单击"大小"组右下角的对话框启动器 🖝，在弹出的"布局"对话框中精确设置图形的大小、位置及旋转角度等。

如需对齐多个自选图形的位置，通过鼠标拖动的方法并不准确。可按住 Ctrl 键或 Shift 键的同时，依次单击每个形状同时选中多个形状，然后在"绘图工具|格式"选项卡"排列"组中单击"对齐"按钮，从下拉菜单中选择一种对齐方式，使多个图形彼此对齐。

6.2.2.2　图形的文字环绕方式和层叠顺序

与图片相同，图形也有环绕方式，被设为"嵌入型"环绕方式的图形也相当于文档中的一个"文字"，只能在文字之间移动。要使图形与文字混排，必须设置为"非嵌入型"的环绕方式。在"绘图工具|格式"选项卡"排列"组中单击"自动换行"按钮，从下拉菜单中改变环绕方式，如图 6-15 所示。

自选图形也与图片一样具有层叠顺序，位于"上层"的图形或图片将覆盖"下层"的图形或图片。选中图形，在图形上右击（对无填充色的图形，需在边框上右击），从快捷菜单中选择排列方式，如"上移一层"；也可在"绘图工具|格式"选项卡"排列"组中单击 ⬛上移一层▾或 ⬛下移一层▾按钮。层叠顺序同样影响自选图形与图片之间的覆盖关系。

6.2.2.3　在自选图形上添加文字

多数自选图形都允许在其上添加文字。在选中的自选图形上右击，从快捷菜单中选择"添加文字"命令，然后输入文字即可。添加文字后，还可以使用"开始"选项卡"字体"组或"段落"组中的按钮设置图形中的文字格式。

【真题链接 6-10】张静是一名大学本科三年级学生，经多方面了解、分析，她希望在下一个暑期去一家公司实习。为获得难得的实习机会，她打算利用 Word 精心制作一份简洁而醒目的个人简历，示例样式如"简历参考样式.jpg"所示，请按要求完成下列操作，并以文件名 Word.docx 保存文档。

（1）调整纸张大小为 A4，根据页面布局需要，在适当的位置插入标准色为橙色与白色的两个矩形，其中橙色矩形占满 A4 幅面，文字环绕方式设为"浮于文字上方"，作为简历的背景。

（2）根据页面布局需要，插入本题文件夹下的图片 1. png，依据样例进行裁剪和调整，并删除图片的剪裁区域。

（3）参照示例文件，插入标准色为橙色的圆角矩形，并添加文字"实习经验"，插入 1 个短画线的虚线圆角矩形框。

（4）参照示例文件，在适当的位置使用形状中的标准色橙色箭头（提示：其中横向箭头使用线条类型箭头）。

【解题图示】（完整解题步骤详见随书素材）

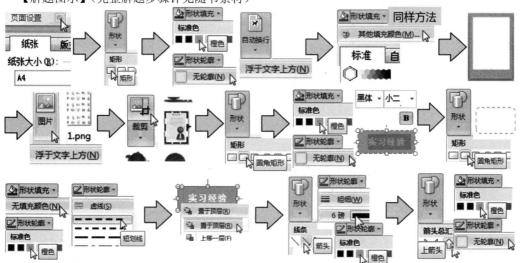

6.2.2.4　组合图形

多个自选图形可以进行"组合"，使它们成为一个图形。这样，无论移动位置、调整大小、复制等操作，它们都会被同时进行，且始终保持着相对位置关系。

要组合图形，按住 Ctrl 键或 Shift 键同时选中多个图形，在"绘图工具|格式"选项卡"排列"组中单击"组合"按钮，从下拉菜单中选择"组合"命令。或在同时选中的多个图形中的任意一个图形上右击（无填充色的图形要右击它的边框），从快捷菜单中选择"组合"中的"组合"。

要取消组合，右击图形，从快捷菜单中选择"组合"中的"取消组合"命令即可。取消组合后，各个图形又可被独立地进行编辑，互不影响。

6.3　写哪可以？随心所欲——文本框和艺术字

文本框是一种文字容器，在其中可像在 Word 文档正文里一样输入文字，并设置文字和段落格式（也可以在其中插入图片）。与文档正文不同的是，文本框连同其中的文字又作为一个整体，可像图片一样被设置环绕方式、层叠顺序，并可被拖放到文档中的任意位置。

6.3.1　文本框

6.3.1.1　使用内置文本框

Word 提供了许多内置的文本框模板，用于快速创建特定样式的文本框。如图 6-16 所示，将插入点定位到文档开头，在"插入"选项卡"文本"组中单击"文本框"按钮，从下拉列表中选择一种样式，如"瓷砖型提要栏"，则在文档开头插入了该种样式的文本框。删除文本框中的示例文字，然后输入自己的内容即可。例如，这里将原文档正文中的文字"财政部　国家税务总局……2016 年 1 月 29 日"剪切、粘贴到文本框中。

图 6-16　插入内置文本框"瓷砖型提要栏"（📁素材 6-6 文本框示例一.docx）

可设置文本框内部的文字距文本框边界的距离。右击文本框的边框（带有四周 8 个控制点的文本框外围虚线），从快捷菜单中选择"设置形状格式"命令。在弹出的对话框左侧中选择"文本框"，在右侧"内部边距"中分别设置左、右、上、下为 1 厘米、1 厘米、0.5厘米、0.2 厘米，如图 6-17 所示。

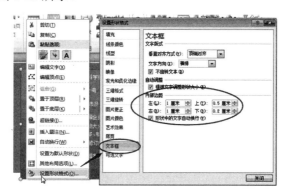

图 6-17　设置文本框内部边距（🔲素材 6-6 文本框示例一.docx）

在文本框内编辑文字和设置文字格式的方法与在正文中相同。例如，在"科学技术部"和"关于"之间按 Enter 键，使此处分为 2 段。选中文本框中的前 3 段文字，在"段落"组中单击"居中"按钮将文字居中对齐，采用同样的方法可将最后两行文字（落款和日期）右对齐。将"根据…"一段文字用"段落"对话框设置为"首行缩进""2 字符"。

文本框内的文字较多，使文本框高度较高。在不删除文字的条件下，为减少文本框高度，可通过缩小文本框内的文字行距、段落间距等实现。选中文本框中的所有文字，通过"段落"对话框设置一种较小的行距，如固定值、16 磅；再适当减少"段后"间距，如设置为 6 磅。在"绘图工具|格式"选项卡"大小"组中，可检查文本框的高度，按照本题考试要求，文本框高度应不超过 12 厘米。

【真题链接 6-11】在某学校任教的林涵需要对一篇 Word 格式的科普文章进行排版，帮助她在文档的第 2 页插入飞越型提要栏的内置文本框，并将红色文本"一幅画最优美的地方和最大的生命力就在于它能够表现运动，画家们将运动称为绘画的灵魂。——拉玛左（16 世纪画家）"移动到文本框内。

【解题图示】（完整解题步骤详见随书素材）

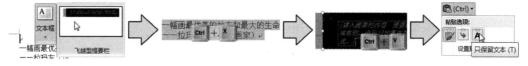

6.3.1.2　绘制文本框

除使用内置的文本框模板创建文本框外，还可以自己绘制空白的文本框，包括横排文本框和竖排文本框。在"插入"选项卡"文本"组中单击"文本框"按钮，从下拉列表中选择"绘制文本框"命令，然后在文档的编辑区中按住鼠标左键拖动鼠标绘制文本框。

如图 6-18 所示，在一个简历文档中绘制了 8 个文本框，并在文本框中输入了文字。这样，可将文本框随同其中的文字移动到任意位置，灵活地布置简历版面。当希望在文档页面的任意位置输入文字，不受段落限制时，应使用文本框。

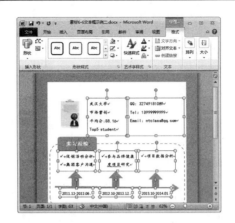

图 6-18　使用文本框在文档任意位置输入文字（素材 6-6 文本框示例二.docx）

　　实际上，文本框与被添加了文字后的自选图形是同类事物，可像自选图形一样被编辑修改。选中文本框后，文本框的四周也会出现 8 个控制点；按住鼠标左键拖动控制点可改变文本框的大小。将鼠标指针指向文本框的边框，当鼠标指针变成四向箭头时，按住鼠标左键拖动鼠标，可调整文本框在文档中的位置。文本框也可被设置环绕方式，只有被设为"非嵌入型"环绕方式的文本框才能被任意在文档中移动。图 6-18 中的文本框都是"浮于文字上方"。

　　与自选图形一样，选中文本框后，可在"绘图工具|格式"选项卡"形状样式"组中用"形状填充"按钮设置填充色，用"形状轮廓"按钮设置边框线颜色、粗细、线型等。

　　同图片、图形一样，文本框也可以被旋转。方法是：选中文本框后，单击"绘图工具|格式"选项卡"排列"组的"旋转"按钮，从下拉菜单中选择一种旋转方式。或单击"大小"组右下角的对话框启动器，打开对话框精确输入旋转角度。文本框被旋转后，其中的文字也跟随一起旋转，达到任意角度旋转文字的效果，如图 6-19 所示。

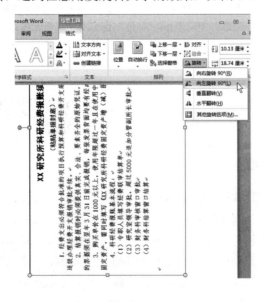

图 6-19　旋转文本框（素材 6-6 文本框示例三.docx）

文本框内部是文字，单击文本框内部将选中其内的文字或将插入点定位到其内的文字区域中。因此，要选中文本框本身，应单击文本框的**边框线**，而不能单击文本框的内部。例如，右击文本框内部是针对文字的快捷菜单，右击边框线是针对文本框的快捷菜单，两个菜单是不同的。如不注意操作位置，所打开的快捷菜单不同，很多操作便无法进行。

在"绘图工具|格式"选项卡"插入形状"组中单击"编辑形状"按钮，从下拉列表中单击"更改形状"命令，然后再从列表里选择一种形状，可将文本框更改为一种自选图形的形状，这样与首先绘制这种自选图形，然后再在图形上输入文字的效果就相同了。

所插入的图片为什么不能被设置环绕方式？当插入文本框后，插入点既可位于文档正文中，也可位于文本框中，两个位置的层次是不同的。要留意插入点所在的位置，然后再进行操作。如当插入点位于文本框中时，进行插入图片的操作，图片将被插入到文本框中，而不是文档正文中。被插入到文本框中的图片不能被设置环绕方式（"自动换行"按钮不可用）。

【真题链接 6-12】张静是一名大学本科三年级学生，经多方面了解、分析，她希望在下一个暑期去一家公司实习。为获得难得的实习机会，她打算利用 Word 精心制作一份简洁而醒目的个人简历，示例样式如"简历参考样式.jpg"所示，文字素材可到文本文件"WORD 素材.txt"中获取。请打开文档 Word.docx，按要求进一步修改：参照示例文件，插入文本框和"促销活动分析"等文字，并调整文字的字体、字号、位置和颜色。在"促销活动分析"等 4 处使用项目符号"对勾"。根据需要插入图片 2.jpg、3.jpg、4.jpg，并调整图片位置。

【解题图示】（完整解题步骤详见随书素材）

【真题链接 6-13】北京计算机大学组织专家对"学生成绩管理系统"的需求方案进行评审，为使参会人员对会议流程和内容有一个清晰的了解，需要会议会务组提前制作一份有关评审会的秩序手册。将封面设置为文档的一节，然后按照素材"封面.jpg"所示的样例将封面上的文字"北京计算机大学"学生成绩管理系统"需求评审会"设置为二号、华文中宋；将文字"会议秩序册"放置在一个文本框中，设置为竖排文字、华文中宋、小一；将其余文字设置为四号、仿宋，并调整到页面合适位置。

【解题图示】（完整解题步骤详见随书素材）

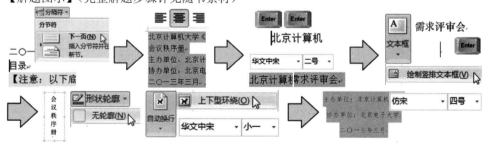

【真题链接 6-14】2012 级企业管理专业的林楚楠同学选修了"供应链管理"课程，并撰写了题目为"供应链中的库存管理研究"的课程论文。论文的排版和参考文献还需要进一步修改，根据以

下要求，帮助林楚楠对论文进行完善。为论文创建封面，将论文题目、作者姓名和作者专业放置在文本框中，并居中对齐；文本框的环绕方式为四周型，在页面中的对齐方式为左右居中。在页面的下侧插入图片"图片 1.jpg"，环绕方式为四周型，并应用一种映像效果。整体效果可参考示例文件"封面效果.docx"。要求封面页中不得出现空行。

【解题图示】（完整解题步骤详见随书素材）

【真题链接 6-15】《石油化工设备技术》杂志社编辑老马正在对一篇来稿进行处理，利用考生文件夹下提供的相关素材、参考样例文档，按下列要求帮助老马对稿件进行修订与编排。在"图 4 4 个上紧头工具同时上紧方案"上方的红色底纹标出的位置插入考生文件夹下的图片"图 4.jpg"，缩放为原大小的 70%，将其上方的紫色文本作为图片的注释以独立文本框的形式放置在图片第二排圆形的右侧（效果可参考"图 4 示例.jpg"），并令其始终与图片锁定在一起。

【解题图示】（完整解题步骤详见随书素材）

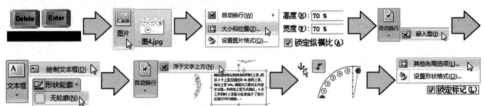

当文本框中的文字较多时，多余的文字不能完全显示，除了通过扩大文本框的大小使文字完全显示外，还可以创建与其他文本框的链接，将多余的文字自动转到另一个文本框中延续。首先绘制一个空白的文本框，然后选中要创建链接的文本框，单击"绘图工具|格式"选项卡"文本"组的"创建链接"按钮，当鼠标变为杯形 时，单击空白文本框，即与空白文本框建立了链接。当第一个文本框写满文字后，多余的文字将自动在此空白文本框中延续。同时"创建链接"按钮变为"断开链接"按钮，单击该按钮可断开链接。

6.3.2 艺术字

艺术字本质上也是一个文本框，但文字被增加了特殊效果，具有非常美丽的外观。

在"插入"选项卡"文本"组中单击"艺术字"按钮，从下拉列表中选择一种艺术字格式，如图 6-20 所示，然后在文档中出现的"请在此放置您的文字"提示框中输入文字即可。还可在"开始"选项卡"字体"组中对艺术字字体进行更改。

选中艺术字，在"绘图工具|格式"选项卡"艺术字样式"组中单击"文本填充"按钮，可设置艺术字文字填充颜色。单击"文本轮廓"按钮，可设置艺术字文字轮廓颜色、粗细、线型等。单击"文本效果"按钮，可设置艺术字阴影、映像、发光、转换（跟随路径、弯曲）等效果。艺术字的这些设置实际与第 3 章介绍的字体高级设置的"文本效果"类似，

只不过艺术字位于文本框中。

图 6-20　艺术字（📁素材 6-7 艺术字.docx）

【真题链接 6-16】张静是一名大学本科三年级学生，经多方面了解、分析，她希望在下一个暑期去一家公司实习。为获得难得的实习机会，她打算利用 Word 精心制作一份简洁而醒目的个人简历。请打开文档 Word.docx，按照"简历参考样式.jpg"和文本素材"WORD 素材.txt"进一步加工简历：插入"张静"和"寻求能够…"两个艺术字，"张静"应为标准色橙色的艺术字，"寻求能够…"文本效果应为跟随路径的"上弯弧"。

【解题图示】（完整解题步骤详见随书素材）

【真题链接 6-17】新年来临，公司宣传部需要为销售部门设计并制作一份新年贺卡以及包含邮寄地址的标签，由销售部门分送给相关客户。按照下列要求，完成贺卡以及标签的设计和制作。参照示例文档"贺卡样例.jpg"，在页眉居中位置插入名为 good luck 的剪贴画，将其颜色更改为某一红色系列，在剪贴画上叠加一幅内容为"恭贺新禧"的艺术字，并适当调整其大小和位置及方向。在页面的居中位置绘制一条贯穿页面且与页面等宽的虚横线，要求其相对于页面水平、垂直均居中。

【解题图示】（完整解题步骤详见随书素材）

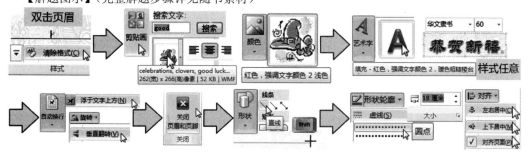

6.3.3　使用绘图画布

既可把图片、自选图形、文本框、艺术字等直接插入或绘制到文档中，也可在文档中先插入绘图画布，然后再在绘图画布中插入或绘制这些元素。绘图画布提供了一个容器，将画布内的图形和文档的其他部分有效分隔开。无论画布内包含多少图形，一个绘图画布在文档中只作为一个整体排版（整个绘图画布类似于一张图片），这可有效防止画布内的图形与文档中的其他部分相互干扰、导致位置错乱。如果计划在一个插图中包含多个形状或图片，最佳的做法是将这些形状或图片插入到绘图画布中，而不要都零散地直接插入到文档中。

在"插入"选项卡"插图"组中单击"形状"按钮，从下拉列表中选择"新建绘图画布"（图 6-14），则在文档中插入了一个浅灰色边框的矩形绘图区（称绘图画布），然后就可在其中绘制各种形状或插入图片、文本框、艺术字等。如图 6-21 所示，插入绘图画布后，又在绘图画布中绘制了"流程图:准备""流程图:过程""流程图:文档"、箭头等形状，以及绘制了文本框并添加了文字，这使流程图中的多个形状和文本框都被组织在一个"容器"中。

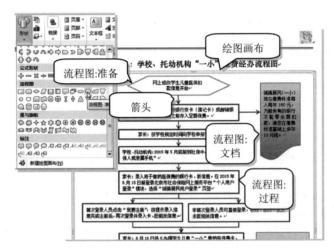

图 6-21　在绘图画布中插入流程图形状（🗀 素材 6-8 绘图画布.docx）

当绘制完一个图形和设置好它的格式后，按住 Ctrl 键的同时拖动图形，可快速复制图形。如果图形上有不同文字，之后只要再更改新图形中的文字即可，这免去了逐个绘制图形和设置格式的麻烦，也比复制、粘贴更快捷。

高手进阶

有的读者在图形中输入文字时发现文字不能显示，这并非无法在图形中添加文字，而可能是由于文字颜色与图形填充颜色相同（例如，在白色底色的图形上就无法看到白色的文字）。这时只要设置文字为不同的字体颜色或设置图形的不同填充颜色，就可以看到文字了。

疑难解答

在绘图画布中绘制的线条类形状（如直线、箭头、曲线等）还同时具有连接符的功能，可用于连接其他图形。拖动线条（箭头）的两端控点之一，向要连接的图形的边框线上靠近，当在图形的边框线上出现红色控点时，将线条的一端拖动到该红色控点上即完成一端的连接，如图 6-22 所示。采用同样的方法将线条（箭头）的另一端拖动到另一个图形的边框线的红色控点上，完成两端的连接。连接后的线条（箭头）将被绑定到所连接的 2 个图形上，会随 2 个图形的移动自动调整位置或自动伸缩。绘制线条（箭头）时，也可按住鼠标左键直接从一个形状的边框红色控点开始拖动到另一个形状边框的红色控点上，直接完成与 2 个图形的连接。

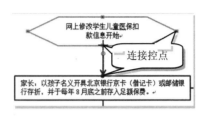

图 6-22　在绘图画布中将连接符拖动到图形边框上的连接控点上

默认情况下，绘图画布没有背景，也没有边框的轮廓线，单击绘图画布的浅灰色边框选中它，在"绘图工具|格式"选项卡"形状样式"组中通过"形状填充""形状轮廓"和"形状效果"按钮可设置绘图画布的背景和边框；在"大小"组中可精确设置画布的大小。

【真题链接 6-18】《石油化工设备技术》杂志社编辑老马正在对一篇来稿进行处理，帮助老马参考考生文件夹下的"示例图 1"，根据"图 1 ASME 法兰密封设计体系"上方表格中的内容绘制图形，令该绘图中的所有形状均位于一幅绘图画布中，画布宽度不大于 7.8cm、高度小于 6.9cm，之后删除原表格。

【解题图示】（完整解题步骤详见随书素材）

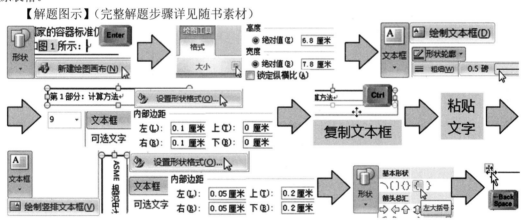

6.4　SmartArt 是"神马"？肯定不是"浮云"——SmartArt 图形

SmartArt 图形（智能图形）是预先组合并设置好格式的一组文本框、形状、线条等，可把单调乏味的文字以美轮美奂的效果呈现出来，比单纯用文字更容易传递信息和表达观点。通过 SmartArt 绘制诸如生产流程、公司组织结构图或反映相互关系的图示等，都能轻松达到专业的设计师水准。SmartArt 图形包括多种类型，如表 6-3 所示，每种类型又包括多种图形布局。

表 6-3　**SmartArt 图形的类型和功能**

类型	功能作用
列表	显示无序信息
流程	在流程、时间线或日程表中显示步骤
循环	显示连续循环过程
层次结构	创建组织结构图，以便反映各种层次关系，也可以显示决策树
关系	对连接进行图解
矩阵	显示各部分如何与整体关联
棱锥图	显示与顶部或底部最大一部分之间的比例关系
图片	使用图片传达或强调内容，用于显示非有序信息块或者分组信息块，可最大化形状的水平和垂直显示空间

6.4.1　插入 SmartArt 图形

在"插入"选项卡"插图"组中单击 SmartArt 按钮，弹出"SmartArt 图形"对话框，如图 6-23 所示。选择一种需要的图形布局，如"流程"中的"基本流程"，单击"确定"按钮即插入了 SmartArt 图形，然后在图形上输入文字就可以了：单击其中的示例文字激活输入；或右击一个形状元素，从快捷菜单中选择"编辑文字"。

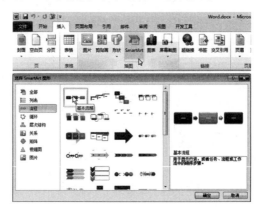

图 6-23　插入 SmartArt 图形

SmartArt 图形实际是一个容器，其中包含有文本框、箭头等形状。选中 SmartArt 后，SmartArt 四周出现浅灰色边框，拖动边框四周的控制手柄可调整 SmartArt 整体的大小。再单击其内的某个形状时，该形状四周会出现控点，表示选中了其内的某个形状，拖动控点只调整形状的大小。除调整大小外，其他操作也与此类似。遵循"选中谁，操作谁"的原则，在操作时要留意所选中的内容。当其内各形状的四周都无控点而仅 SmartArt 整体外围有浅灰色边框时，表示整个 SmartArt 被选中，设置将针对 SmartArt 整体进行；若其内某个（些）形状四周有控点，则表示仅选中了这个（些）形状，设置将只针对其内这个（些）形状进行。

在"开始"选项卡"字体"组中可为 SmartArt 中的全部或部分形状元素设置字体、字号等格式。例如，在图 6-24 中，将 SmartArt 的各图形元素设置字体为"微软雅黑"、14 磅。

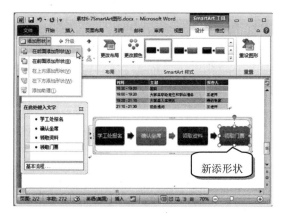

图 6-24　在 SmartArt 图形中添加形状和输入文字（📁素材 6-9 SmartArt 图形.docx）

6.4.2　添加和删除形状

如果 SmartArt 中的形状元素不够，还可添加。选中一个形状元素，在"SmartArt 工具 |设计"选项卡"创建图形"组中单击"添加形状"按钮，再从下拉菜单中选择所需项，如图 6-24 所示。其中，"在后面/前面添加形状"是添加与选中形状同级别的形状，"在上方/下方添加形状"是添加选中形状的上一级或下一级形状（本例"基本流程"的 SmartArt 只有一个级别，因此不能在上方/下方添加）。在"创建图形"组中单击"升级/降级"按钮可进一步调整形状的级别，单击"上移/下移"按钮可进一步调整形状在同一层次中的先后次序。

要删除 SmartArt 中的形状元素，选中形状元素，按下 Delete 键或 Backspace 键即可。

某些 SmartArt 类型的布局包含的形状个数是固定的，如"关系"类型中的"反向箭头"布局用于显示两个对立的观点或概念，只能有两个形状，不能添加更多的形状。

单击 SmartArt 图形边框上的⁅按钮，或在"创建图形"组中单击"文本窗格"按钮，可打开文本窗格，如图 6-24 所示。在文本窗格中不仅可直接输入各形状中的文字，而且也能控制增删形状或调整形状的层次。

文本窗格的工作方式类似于大纲或项目符号列表，按 Enter 键新增一行文本即对应插入一个形状，删除一行文本则对应删除一个形状。按 Tab 键使文字降低一个层次，按 Shift+Tab 组合键使文字提高一个层次，也可单击"创建图形"组的"升级/降级"按钮调整层次（但不能跳跃层次升降级，也不能对顶层形状升降级）。在文本窗格中对文字的操作都会直接使 SmartArt 图形中的对应形状发生变化。

有时，通过在文本窗格中直接输入和调整带层次的文本，控制 SmartArt 中的形状更为方便。例如，如图 6-25 所示，已准备好"网上报名……"开始的几段文字，这里通过左缩进使文字划分为两个层次：第 2 级文本左缩进两字符，第 1 级文本没有左缩进（除通过左缩进划分层次外，使用 Tab 键在文字开头输入若干 Tab 符或设置不同级别的项目符号也均可）。现直接使用这几段文字一次性地创建 SmartArt 中的形状元素。

首先选中这几段文字，按 Ctrl+C 组合键复制到剪贴板。再单击"插入"选项卡"插图"组的 SmartArt 按钮，在打开的对话框中选择"流程"中的"分段流程"，单击"确定"按钮。单击插入的 SmartArt 图形边框上的⁴按钮，打开文本窗格。按 Ctrl+A 组合键先全选文本窗格内的所有原有内容，按 Delete 键删除它们。再按 Ctrl+V 组合键粘贴事先准备好的文字，则 SmartArt 中的各形状（包括下层形状）一次性创建完成，如图 6-25 所示。

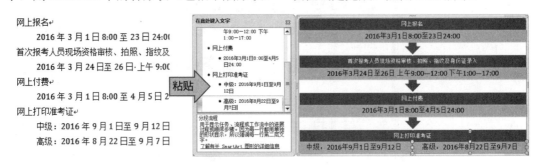

图 6-25　通过粘贴大纲文本创建 SmartArt 图形（📁素材 6-10 SmartArt 图形 2.docx）

在 SmartArt 中粘贴文字最好使用 Ctrl+V 组合键，尽量避免用右键菜单粘贴，否则可能会发生问题。

疑难解答

6.4.3　SmartArt 样式

Word 还提供了很多预设的 SmartArt 样式和颜色方案，用于对 SmartArt 图形进行美化修饰，这免去了像设置自选图形格式那样，逐一设置各图形元素格式的麻烦。在"SmartArt 工具|设计"选项卡"SmartArt 样式"组中选择一种预设样式；单击"更改颜色"按钮，选择一种颜色方案。例如，在图 6-24 中为 SmartArt 图形选择了"中等效果"的样式和"彩色-强调文字颜色"的颜色方案。读者还可在素材 6-10 中练习为创建的 SmartArt 图形设置"优雅"的样式和"彩色-强调文字颜色"的颜色方案。

除使用预设方案外，当然也可逐一设置 SmartArt 中各形状元素的格式，方法是：选中其中的形状元素，然后使用"SmartArt 工具|格式"选项卡中的相应按钮设置。

【真题链接 6-19】某单位财务处请小张设计"经费联审结算单"模板，以提高日常报账和结算单审核效率。参考"结算单样例.jpg"，将"科研经费报账基本流程"中的 4 个步骤改用"垂直流程"SmartArt 图形显示，颜色为"强调文字颜色 1"，样式为"简单填充"。

【解题图示】（完整解题步骤详见随书素材）

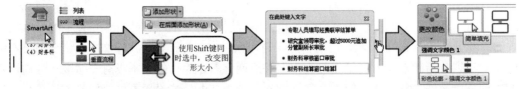

【真题链接 6-20】张静是一名大学本科三年级学生，经多方面了解、分析，她希望在下一个暑期去一家公司实习。为获得难得的实习机会，她打算利用 Word 精心制作一份简洁而醒目的个人简历，示例样式如"简历参考样式.jpg"所示，本素材可到文本文件"Word 素材.txt"中获取。请打开文档 Word.docx，按要求进一步修改：参照示例文件，插入 SmartArt 图形，并进行适当编辑。在"曾

任班长"等 4 处插入符号"五角星"、颜色为标准色红色。

【解题图示】（完整解题步骤详见随书素材）

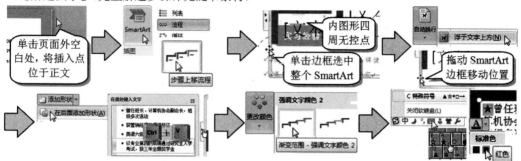

疑难解答

【真题链接 6-20】文档中的文本框或带文字的图形较多，一定留意不要将 SmartArt 图形插入到其中的某个文本框中，而必须在正文的层次中插入。如插入时未留意插入点正位于某个文本框中，就会有此失误。当文本框较小时，被插入其中的 SmartArt 图形还可能不被完全看到，使错误无法察觉。另须注意，如有失误，必须首先删除文本框内的错误的 SmartArt 图形，然后再重新插入正确的 SmartArt 图形。如直接另插入新图形，是无法修正错误的，而且会使文档中存在两个或多个 SmartArt 图形，这在考试中将没有成绩（因为考试评分要求只测试第 1 个 SmartArt 图形），如图 6-26 所示。

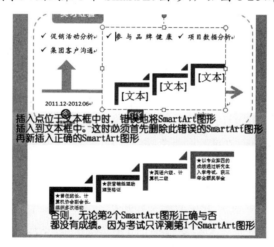

图 6-26　真题链接 6-20 不要将 SmartArt 图形错误地插入到某个文本框中

【真题链接 6-21】在 Word 文档中，不可直接操作的是（　　）。
A. 录制屏幕操作视频　　　B. 插入 Excel 图表　　　C. 插入 SmartArt　　　D. 屏幕截图

【答案】A

6.5　插入对象

在 Word 文档中，还可以以对象方式插入其他的 Word 文档，或插入来自其他应用程序的文档。所插入的文档还可以与外部文件链接，后者当外部文件被修改后，本 Word 文档中插入的对象也会对应修改。

例如，如图 6-27 所示，要将另一个 Word 文档"附件 1 高新技术领域.docx"以对象方式插入到正编辑的 Word 文档中。操作方法是：将插入点定位到正编辑的文档的标题段落"附件 1"的下方空白段落上，在"插入"选项卡"文本"组中单击"对象"按钮的右侧向下箭头，从下拉菜单中选择"对象"。在打开的"对象"对话框中，切换到"由文件创建"选项卡，单击"浏览"按钮，再浏览找到要插入的文件"附件 1 高新技术领域.docx"，单击"插入"按钮。

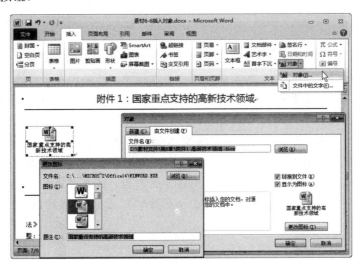

图 6-27 插入对象（📁素材 6-11 插入对象.docx）

回到"对象"对话框，如需以链接方式插入，则选中"链接到文件"，这样外部文件如发生变化，本文档中插入的内容也会同步变化。如需将所插入的内容以图标显示，则选中"显示为图标"。这时出现"更改图标"按钮，单击它，在弹出的"更改图标"对话框可设置图标和修改题注文字，这里修改题注为"国家重点支持的高新技术领域"，单击"确定"按钮。回到"对象"对话框，再单击"确定"按钮，可见文件以图标方式插入到文档中。双击插入到文档中的图标，能打开相应的文档进行阅读。

如不选中"显示为图标"，则对象将以一个类似图片的方式被插入到文档中，在这个"图片"上直接可以看到文档的全部或部分内容，双击这个"图片"也能打开相应的文档进行阅读。又如，现需在 Word 文档"素材 6-12 插入对象 2.docx"中插入 Excel 文件"表 1-螺栓预紧应力表.xlsx"的部分单元格区域，且要求在 Excel 中的修改可及时更新到 Word 文档中（即粘贴链接）。本例使用另一种插入对象的方法——复制+粘贴的方法。

打开 Excel 文件，选中 B2:H29 单元格区域，按 Ctrl+C 组合键复制。不要关闭 Excel 窗口，切换到 Word 窗口，删除"表 1 螺栓预紧应力表"下方的红色底纹文字，单击"开始"选项卡"剪贴板"组的"粘贴"按钮的下半部分，从下拉菜单中选择"选择性粘贴"。在弹出的对话框中选择"粘贴链接"，在"形式"中选择"Microsoft Excel 工作表对象"，单击"确定"按钮。如图 6-28 所示，所插入的对象的显示类似一个"图片"，在"图片"上可直接看到 Excel 的表格内容，且可按照调整"图片"的方式调整此对象的大小。右击对象，从快捷菜单中选择"设置对象格式"。在弹出的对话框中切换到"大小"选项卡，取消"锁定纵横比"的选中状态，然后设置高度为 11.4 厘米、宽度为 6.85 厘米，最后单击"确定"按钮。

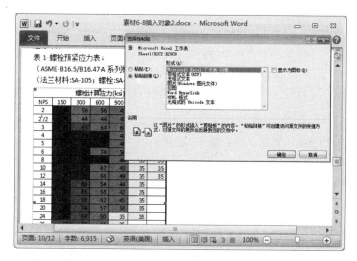

图 6-28　通过复制+粘贴插入对象（📁素材 6-12 插入对象 2.docx）

　　尽管说"Word 文档中的表格将随 Excel 文件内容的变化而同步变化"，但如若 Excel 文件中的内容发生了变化，Word 文档中的表格是不会自动变化的。可在 Word 表格上右击，从快捷菜单中选择"更新链接"命令，强制同步更新。重新打开 Word 文档后，系统会弹出提示"此文档包含的链接可能引用了其他文件，是否要用链接文件中的数据更新此文档？"，单击"是"，则文档中的表格才会被更新；如果单击"否"，表格仍不能被更新，需要在鼠标右键的快捷菜单中通过单击"更新链接"更新。

　　【真题链接 6-22】培训部小郑正在为本部门报考会计职称的考生准备相关通知及准考证，请帮助小郑在文档的最后以图标形式将"个人准考证.docx"嵌入到 Word.docx 文档中，任何情况下单击该图标都可开启相关文档。

　　【解题图示】（完整解题步骤详见随书素材）

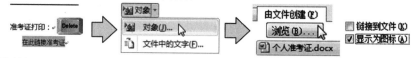

　　【真题链接 6-23】晓云是企业人力资源部工作人员，现需要将上一年度的员工考核成绩发给每一位员工，帮助她修改 Word.docx 文件中表格右下角插入的文件对象下方的题注文字为"指标说明"。

　　【解题图示】（完整解题步骤详见随书素材）

　　【真题链接 6-24】小江需要在 Word 中插入一个利用 Excel 制作好的表格，并希望 Word 文档中的表格内容随 Excel 源文件的数据变化而自动变化，最快捷的操作方法是（　　）。

　　A．在 Word 中通过"插入"|"对象"功能插入一个可以链接到原文件的 Excel 表格

　　B．在 Word 中通过"插入"|"表格"|"Excel 电子表格"命令链接 Excel 表格

　　C．复制 Excel 数据源，然后在 Word 中通过"开始"|"粘贴"|"选择性粘贴"命令进行粘贴链接

　　D．复制 Excel 数据源，然后在 Word 右键快捷菜单上选择带有链接功能的粘贴选项

【答案】D

【解析】在 Excel 中选择表格内容，按 Ctrl+C 组合键复制，切换到 Word，在要插入表格的地方右击，在快捷菜单中单击"链接与保留源格式"或"链接与使用目标格式"图标即可。比通过"选择性粘贴"对话框操作要方便。

【真题链接 6-25】姚老师正在将一篇来自互联网的以.html 格式保存的文档内容插入到 Word 中，最优的操作方法是（   ）

    A．通过"复制"|"粘贴"功能，将其复制到 Word 文档中

    B．通过"插入"|"对象"|"文件中的文字"功能，将其插入到 Word 文档中

    C．通过"文件"|"打开"命令，直接打开.html 格式的文档

    D．通过"插入"|"文件"功能，将其插入到 Word 文档中

【答案】B

【解析】如果使用"文件"|"打开"，将直接打开 html 文件，不能将其内容插入到当前位置，没有"插入"|"文件"命令，复制、粘贴将过于烦琐。

6.6 高大上——文档的高级编排

6.6.1 插入封面页

Word 提供了许多漂亮的预设封面，内含设计好的图片、文本框等元素，这使得为一篇文档制作封面变得非常简单。在"插入"选项卡"页"组中单击"封面"按钮，从下拉列表中选择一种封面样式就可以了。如图 6-29 所示，为文档插入了"字母表型"封面，封面自动插入到文档的第一页中，其他内容自动后移。

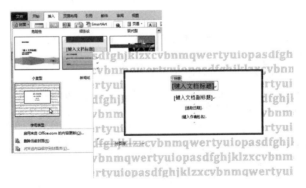

图 6-29 插入封面页（📁素材 6-13 插入封面.docx）

封面中一般都提供有预设的文本框或占位符（也称输入控件），只要在其中输入相应内容，一个漂亮的封面就制作好了。例如，这里将文档开头的标题文本"西方绘画对运动的描述和它的科学基础"剪切到封面页的标题占位符中，将作者姓名"林凤生"剪切到封面页的作者占位符中，并适当设置它们的字体格式。单击"文档副标题"和"选取日期"占位符上的标签选中它，然后按 Delete 键删除占位符。也可在封面上自行插入文本框输入更多内容。

在封面页的占位符中输入内容时，要注意很多情况下将同时修改文档的属性（将在第7 章介绍通过单击"文件"选项卡进入的后台视图设置文档属性；这里通过在占位符中输

入内容，是设置文档属性的又一方法）。例如，在"标题"占位符中输入内容，将同时修改文档的标题属性；在"作者"占位符中输入内容，将同时修改文档的作者属性。

　　然而，本例素材文件被事先进行了共享设置，设置为作者属性是不能被保存的，这样尽管可以将"林凤生"输入到"作者"占位符中，但当保存文档时，占位符中的"林凤生"将消失。单击"文件"进入后台视图，再选择"信息"，然后在右侧内容的"检查问题"按钮旁边可见"保存文件时将自动删除属性和个人信息的设置"字样，说明为这种状态，如图 6-30 所示。因此，要使作者占位符中的"林凤生"能随文档保存，应首先撤销这种设置。方法是：在"检查问题"按钮旁边单击"允许将此信息保存在您的文件中"超链接。

图 6-30　在后台视图设置允许保存属性

　　也可使用如下方法设置允许保存属性信息：单击"文件"｜"选项"，在弹出的"Word 选项"对话框中左侧选择"信任中心"，在右侧单击"信任中心设置"按钮，在弹出的"信任中心"对话框的左侧选择"个人信息选项"，右侧取消选中"保存时从文件属性中删除个人信息"。

　　要在文档中自行插入标题、作者、备注等反映文档属性的占位符，单击"插入"选项卡"文本"组的"文档部件"按钮，从下拉菜单的"文档属性"子菜单中选择所需项。

　　【真题链接 6-26】文档 Word.docx 是一篇从互联网上获取的文字资料，请利用文档的前三行文字内容制作一个封面，将其放置在文档的最前端，并独占一页（封面样式可参考"封面样例.png"文件）。

　　【解题图示】（完整解题步骤详见随书素材）

　　【真题链接 6-27】某学术杂志的编辑徐雅雯需要对一篇关于艺术史的 Word 格式的文章进行编辑和排版，按照如下要求，帮助她完成相关工作。为文档插入"透视"型封面，其中标题占位符中的内容为"鲜为人知的秘密"，副标题占位符中的内容为"光学器材如何助力西方写实绘画"，摘要占位符中的内容为"借助光学器材作画的绝非维米尔一人，参与者还有很多，其中不乏名家大腕，如杨·凡·埃克、霍尔拜因、伦勃朗、哈里斯和委拉斯开兹等，几乎贯穿了 15 世纪之后的西方绘画史。"，上述内容的文本位于文档开头的段落中，将所需部分移动到相应占位符中后，删除多余的字符。

　　【解题图示】（完整解题步骤详见随书素材）

6.6.2　使用文档部件

对于需要在文档中反复使用的文本段落、表格或图片等元素，可以将它们保存为文档部件。这样以后再需要使用它们时，可以快速将它们插入到文档中，而不必再去查找原文位置以及进行"复制""粘贴"等工作了。

选中需重复使用的内容，例如选中图 6-31 所示的表格，在"插入"选项卡"文本"组中单击"文档部件"按钮，从下拉菜单中选择"将所选内容保存到文档部件库"命令，如图 6-31 所示。打开图 6-32 的"新建构建基块"对话框，在"名称"文本框中输入此文档部件的名称，如"会议日程"；在"库"中选择要放入的库，如选择"表格"，单击"确定"按钮，表格即被保存到文档部件库中以备以后使用。

图 6-31　构建文档部件　　　　　　　图 6-32　"新建构建模块"对话框

这样，在以后的文档编辑过程中，如需再次使用这一表格，只要再单击"文档部件"按钮，从下拉列表中选择"构建基块管理器"命令。在弹出的"构建基块管理器"对话框中选择所需内容，单击"插入"按钮即可将此内容插入，如图 6-33 所示。

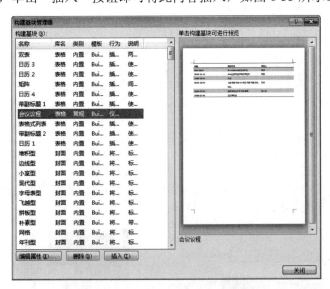

图 6-33　"构建基块管理器"对话框

在文档中直接输入文档部件的名称，如"会议议程"文字，然后按 F3 键，即可快速插入对应的文档部件。这比从"构建基块管理器"对话框中选择所需项再插入更方便。

高手进阶

在"文档部件"按钮的下拉菜单中，还有自动图文集的选项。自动图文集也属类似功能，它也是先将要反复使用的某些固定内容（如公司名称、通信地址、电话联系方式等）作为一个词条添加到自动图文集库，然后在需要重复使用该词条内容时，单击"插入"选项卡"文本"组的"文档部件"按钮，然后单击"自动图文集"中的对应词条，即可将该词条插入到文档中。这免去了重新输入该词条或从以前键入过的位置复制、粘贴的麻烦。

【真题链接 6-28】公司将举办"创新产品展示说明会"，市场部助理小王需要制作邀请函，并寄送给相关客户。为了可以在以后的邀请函制作中再利用会议议程内容，将文档中的表格内容保存至"表格"部件库，并将其命名为"会议议程"。

【解题图示】（完整解题步骤详见随书素材）

【真题链接 6-29】小马在一篇 Word 文档中创建了一个漂亮的页眉，她希望在其他文档中还可以直接使用该页眉格式，最优的操作方法是（　　　）。

A. 将该页眉保存在页眉文档部件库中，以备下次调用

B. 将该文档保存为模板，下次可以在该模板的基础上创建新文档

C. 下次创建新文档时，直接从该文档中将页眉复制到新文档中

D. 将该文档另存为新文档，并在此基础上修改即可

【答案】A

【解析】单击"文档部件"中的"将所选内容保存到文档部件库"。在弹出的对话框中，在"库"下拉框中选择"页眉"，单击"确定"按钮。当其他文档需要使用该页眉时，再单击"文档部件"-"构建基块管理器"，在打开的对话框中，选择之前添加的页眉，单击"插入"按钮。

6.6.3　使用文档主题

使用文档主题，可以快速改变文档的整体格式，赋予它专业和时尚的外观。主题是一套具有统一设计元素的格式选项，比样式集的设置范围更大，主题包括主题颜色（配色方案的集合）、主题字体（标题字体、正文字体等）和主题效果（应用于形状、图表、艺术字、SmartArt 图形等的效果外观）。主题在 Office 中是共享的，同一主题不仅可在 Word 文档中使用，也可在 Excel、PowerPoint 等其他 Office 文档中使用，通过使用同一主题可以确保不同 Office 文档都具有统一的外观。

在"页面布局"选项卡"主题"组中单击"主题"按钮，如图 6-34 所示，从下拉列表中选择一种主题即可快速改变文档的外观。读者可练习为素材 6-14 的文档设置一种非 Office 的任意主题。

如有需要，还可以对主题进行自定义，在"主题"组中分别单击"颜色""字体""效果"按钮，再按需进行设置。例如，本书在第 4 章介绍了通过修改主题颜色修改超链接的颜色（参见 4.6 节）。

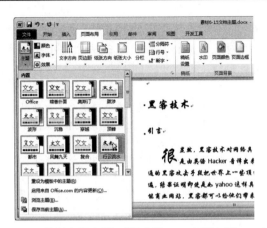

图 6-34　使用文档主题（📁素材 6-14 文档主题.docx）

对主题的修改将立即影响到本文档，如需将这些更改也应用到新文档，可将它们另存为自定义的文档主题，方法是：在"主题"按钮的下拉菜单中选择"保存当前主题"。

第 7 章 举手投足间，轻舟已过万重山——
Word 的邮件合并与文档审阅

生活越来越繁了，工作越来越累了？有没有在计算机上找找省时省力的法子呢。比方说，要向多人发送主体内容和格式相同，仅姓名、称谓、地址等几处内容不同的请帖、邀请函、通知信件等，如果分别为每个人制作一份 Word 文档，修改一张打印一张，那就是一件很麻烦的事！Word 提供了"邮件合并"功能，这使得人们无需再为制作信件而大费周折；只制作一份，然后根据名单，Word 就会自动生成分别要发送给每个人的文档，是不是很轻松？

当老师批改学生的作业时，常用不同颜色的笔进行批注。对于 Word 的电子文档，也能记录和标记审阅者对文档的修改，同时可以添加批注，让每条修改明明白白、清清楚楚！

7.1 制作中文信封

使用 Word 的"中文信封向导"可以快速制作出既标准，又漂亮的信封，单击"邮件"选项卡"创建"组的"中文信封"按钮，弹出"信封制作向导"。

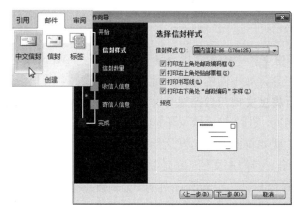

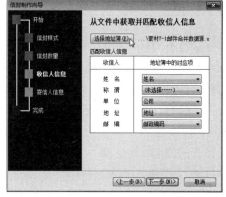

(a) 选择信封样式　　　　　　　　　　　　　(b) 设置收件人信息

图 7-1　信封制作向导（📁素材 7-1 邮件合并数据源.xlsx）

向导左侧有一个树状的制作流程，当前步骤以绿色显示。单击向导的"下一步"按钮，进入"信封样式"的设置，如图 7-1（a）所示。选择信封样式，并根据需要选中有关信封样式的选项。

既可以制作一个信封，也可以基于地址簿文件批量制作多个信封。使用后者的功能时，需事先制作一个名单信息的表格，其中包括所有收信人的姓名、称谓、地址、邮编等，每行对应一个人的信息且第一行必须是标题行。例如，本例事先用 Excel 制作了"素材 7-1 邮件合并数据源.xlsx"文件，可用于制作信封（除了使用 Excel 文件外，也可以使用文本编辑软件制作以 Tab 符分隔的 txt 文件）。本例要制作多个信封，单击"下一步"按钮，在"信封数量"步骤中选择"基于地址簿文件，生成批量信封"。

　　再单击"下一步"按钮，设置收信人信息，如图 7-1（b）所示。单击"选择地址簿"按钮，在弹出的浏览文件对话框中选择文件类型为 Excel，再选择数据源素材文件，如"素材 7-1 邮件合并数据源.xlsx"。然后在"地址簿中的对应项"区域的各个下拉列表中分别选择源素材文件中与收信人对应信息相匹配的列。单击"下一步"按钮，最后设置寄信人信息，直接输入寄信人的姓名、单位、地址、邮编即可。单击"完成"按钮，Word 自动生成一个新文档，即制作好的信封，如图 7-2 所示，最后保存该文档即可。

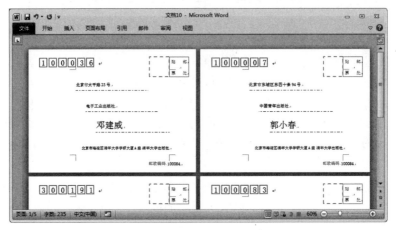

图 7-2　生成的中文信封

7.2　邮件合并

7.2.1　邮件合并概述

　　邮件合并的原理是：将需要制作的多份文档中的相同内容部分制作为一个 Word 文档，称**主文档**。再将多份文档中的不同内容部分，如不同的称呼、地址、收件人姓名等以表格形式制作为另一个文档，称**数据源**。然后将**主文档**与**数据源**合并起来，利用 Word 的邮件合并功能自动生成最终所需的这种主体相同，但关键内容又不同的多份文档。

　　例如，图 7-3 所示的是一份邀请函，现要将此邀请函发送给多位不同的受邀人，每个受邀人的姓名、地址都不同。图 7-3 所示的文档为**主文档**。它是制作最终合并后文档的"蓝图"，主文档包含的文本和图形都会应用到合并后文档的所有副本中。制作主文档应利用本章之前介绍的文档编辑方法，如设置文本、段落格式、添加页眉、页脚等。

　　所有受邀者的信息都位于另一份 Excel 表格中，如图 7-4 所示，为**数据源**。数据源一般以表格表示，表格第一行必须是列标题，如姓名、地址等；以下各行每行为一条数据记录，如为一位受邀人的姓名、地址等信息。数据源可以是 Excel 文件（可使用工作簿内的任意工作表或命名区域），也可以是 Word 文件（其中只含 1 个表格）、Outlook 联系人列表、Access 数据库或网页 HTML 文件（其中只含 1 个表格）等，还可以在邮件合并过程中通过直接键入的方式创建一个新的数据源列表。

　　通过邮件合并功能，把上述数据源合并到主文档中，就能自动生成主文档的多份副本，每份副本中都分别有不同的姓名，可被分别分发给一位受邀者，合并后的文档如图 7-5

所示。

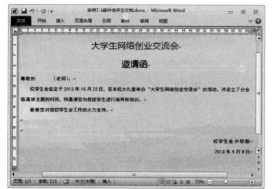

图 7-3　邀请函主文档（素材 7-1
邮件合并主文档.docx）

图 7-4　邀请函要合并的数据源
（素材 7-1 邮件合并数据源.xlsx）

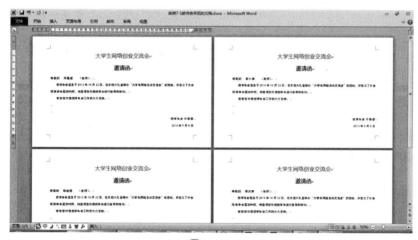

图 7-5　邮件合并后的文档（素材 7-1 邮件合并后的文档.docx）

如果在主文档中设置了页面背景图片，则背景图片会在合并后的文档中消失。要在合并后的文档中使用背景图片，可待邮件合并后，在最终合并后的文档中再重新设置背景图片。

疑难解答

【真题链接 7-1】在 Word 中，邮件合并功能支持的数据源不包括（　　）。
A. Word 数据源　　　B. Excel 工作表　　　C. PowerPoint 演示文稿　　　D. HTML 文件

【答案】C

7.2.2　邮件合并的使用

当主文档和数据源文档分别制作完成后，就可以进行邮件合并了。

7.2.2.1　邮件合并的基本操作

打开主文档，在"邮件"选项卡"开始邮件合并"组中单击"开始邮件合并"按钮，从下拉菜单中选择"信函"。再在该组中单击"选择收件人"按钮，从下拉菜单中选择"使用现有列表"命令，如图 7-6 所示。在弹出的浏览文件对话框中找到并选择数据源文件（例如，"素材 7-1 邮件合并数据源.xlsx"），单击"打开"按钮。由于一个 Excel 文件可包含多个表，之后还要从弹出的"选择表格"对话框中选择某张表（如"通讯录"），单击"确定"按钮。

返回主文档，此时"编写和插入域"组被激活，如图 7-7 所示。在文档中将插入点定位到各邀请函中不同内容的位置，如"姓名"处，即"尊敬的"和"（老师）"之间。单击"编写和插入域"组的"插入合并域"按钮的向下箭头，从下拉菜单中选择要插入的标签。本例仅插入拟邀请人的姓名，从下拉菜单中选择"姓名"，如图 7-7 所示可见被插入的《姓名》字样带有灰色底纹，显然也是域，即这一内容可以动态变化，反映不同人的姓名。

 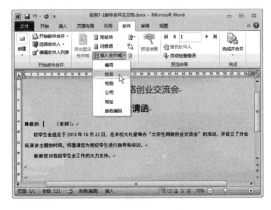

图 7-6　选择收件人　　　　　　　　图 7-7　插入合并域

可以单击"预览结果"组的"预览结果"按钮，查看合并后的效果。单击"完成"组的"完成并合并"按钮，从下拉菜单中选择"编辑单个文档"命令，如图 7-8 所示，弹出"合并到新文档"对话框，在其中选择"全部"，单击"确定"按钮，Word 自动生成了一份合并后的文档，如图 7-5 所示，其内包含多页邀请函，在每页邀请函中只包含 1 位专家或老师的姓名。应将此文档另存为一个 Word 文件，单击"文件"中的"另存为"命令，将文档保存为"Word-邀请函.docx"（减号为英文半角符号）。

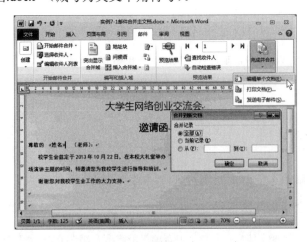

图 7-8　完成并合并

返回主文档，在主文档中由于已进行了邮件合并的操作，也应保存主文档。单击主文档的"快速访问"工具栏中的"保存"按钮，仍以原文件名保存（"素材 7-1 邮件合并主文档.docx"）。

【真题链接 7-2】书娟是海明公司的前台文秘，她的主要工作是管理各种档案，为总经理起草各种文件。新年将至，公司定于 2013 年 2 月 5 日下午 2:00 在中关村海龙大厦办公大楼五层多功能厅举办一个联谊会，重要客人名录保存在名为"重要客户名录.docx"的 Word 文档中，公司联系电话为 010－66668888。根据上述内容制作请柬。

请打开本题文件夹下的 Word.docx。运用邮件合并功能制作内容相同、收件人不同（收件人为"重要客户名录.docx"中的每个人，采用导入方式）的多份请柬，要求先将合并主文档以 Word.docx为文件名进行保存，再进行效果预览后生成可以单独编辑的单个文档"请柬.docx"。

【解题图示】（完整解题步骤详见随书素材）

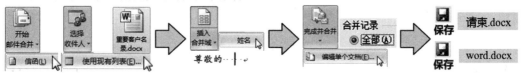

也可以使用"邮件合并分步向导"进行邮件合并。在"邮件"选项卡"开始邮件合并"组中单击"开始邮件合并"按钮，从下拉菜单中选择"邮件合并分步向导"命令。打开"邮件合并"任务窗格，在窗格中按提示操作并依此单击"下一步"即可，如图 7-9 所示。其各步操作与通过功能区按钮进行是类似的，在第 4 步插入合并域时，还要单击"其他项目"，弹出"插入合并域"对话框进行插入，实际上，其操作过程比通过功能区按钮的操作烦琐。

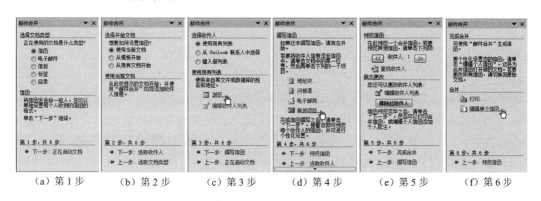

（a）第 1 步　　　（b）第 2 步　　　（c）第 3 步　　　（d）第 4 步　　　（e）第 5 步　　　（f）第 6 步

图 7-9　邮件合并分布向导

7.2.2.2　编辑收件人列表

如果不希望为数据源中的所有人都生成邀请函，而是要从中挑选一部分的人生成邀请函；或者对各收件人的顺序还要进行排序调整，则可编辑收件人列表。

例如，要通过邮件合并为学生家长生成家长信，家长信的主文档为"素材 7-2 主文档 Word.docx"，学生名单位于"素材 7-2 数据源学生档案.xlsx"的 Excel 文档中，其中包含 39 位学生。现不需为全部 39 位学生生成家长信，而仅为其中初三年级的、在校状态为"在读"的女生生成家长信（只有 6 位学生符合此条件），操作方法为：

在"选择数据源"并在文档中"插入合并域"后，单击"邮件"选项卡"开始邮件合并"组的"编辑收件人列表"按钮，在打开的"邮件合并收件人"对话框中单击"筛选"

超链接，如图 7-10 所示。然后在弹出的如图 7-11 所示的对话框中，如图设置各筛选条件，单击"确定"按钮，即可筛选出所需的 6 位学生。然后再单击"完成并合并"-"编辑单个文档"命令生成这 6 位学生的家长信（结果如"素材 7-2 邮件合并后的文档_正式通知.docx"所示）。

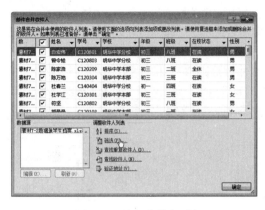 

图 7-10　编辑收件人列表　　　　　图 7-11　对收件人列表进行筛选

也可以在图 7-10 所示的对话框中单击"年级""在校状态""性别"列标题右侧的下三角按钮▼，从下拉菜单中分别选择"初三""在读""女"，来进行筛选。

本例中的 3 个筛选条件均为"与"的关系，即 3 个条件要同时成立。如果设置为"或"的关系，则各条件满足之一即可。如果若干个条件之间有些为"与"的关系，有些为"或"的关系，则"与"的优先级大于"或"，将先判断"与"的条件，后判断"或"的条件。

7.2.2.3　使用规则

有时，在合并后的文档中还希望根据规则添加一些内容。例如，在生成的邀请函中，除包含每个人的姓名外，还希望根据每个人的性别自动在姓名后添加"（先生）"或"（女士）"字样。例如，"范俊弟（先生）""黄雅玲（女士）"等。这可通过插入规则实现，这一规则就是：如果性别为男，则添加"（先生）"字样，否则添加"（女士）"字样。

如图 7-12 所示，将插入点定位到已插入的"姓名"域之后，在功能区"邮件"选项卡"编写和插入域"组中单击"规则"下拉菜单中的"如果…那么…否则…"命令。打开"插入 Word 域"对话框，如图 7-13 所示。如图 7-13 所示对话框中的各选项，即"性别""等于""男"，则插入此文字"（先生）"，否则插入此文字"（女士）"，单击"确定"按钮。根据需要，可设置插入到主文档中的域"（先生）"的字体、字号等格式，使其与同段文字格式一致。合并后文档的效果如图 7-14 所示。

疑难解答

有的读者在图 7-13 的对话框中操作时，会出现"Microsoft Word 已停止工作"的问题，这可能是使用微软拼音输入法输入汉字时，未完成输入就单击"确定"按钮导致的。微软拼音输入法默认不显示输入窗格，而将文字直接显示到对话框中。但要注意此时文字并未上屏，即并未完成输入（文字下有虚线下画线），如此时误认为已完成输入，单击"确定"按钮关闭对话框就会发生问题。应在输入文字后按 Enter 键将文字上屏（虚线下画线消失），然后才能单击"确定"按钮。如读者对微软拼音输入法不熟悉，换用其他输入法，则不需按 Enter 键。同时，这也提醒考生及时存盘的重要性，否则一旦出现意外问题，未保存的工作都将丢失。

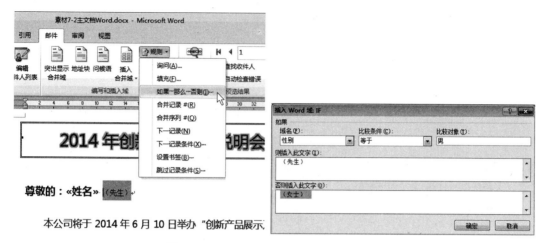

图 7-12　插入规则（素材 7-2 主文档 Word.docx）

图 7-13　“插入 Word 域”对话框

（a）合并后文档的第 1 页效果

（b）合并后文档的第 12 页效果

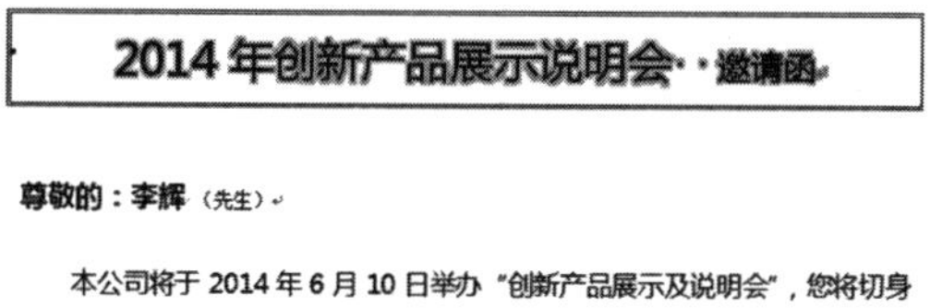

图 7-14　合并后文档的效果（素材 7-3 邮件合并后的文档_Word-邀请函.docx）

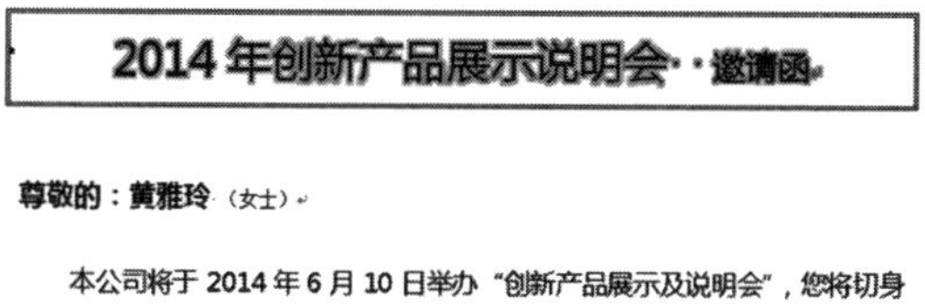

在“规则”按钮的下拉菜单中单击“跳过记录条件”，将弹出如图 7-15 所示的对话框。在这里可设置某个条件，使 Word 能自动跳过满足条件的那些记录，使那些记录不参与邮件合并。

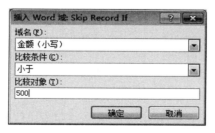

图 7-15　设置跳过记录条件

【真题链接 7-3】某单位财务处请小张设计"经费联审结算单"模板，以提高日常报账和结算单审核效率。请打开 Word.docx 并根据本题文件夹下的"Word 素材 2.xlsx"文件完成制作任务，具体要求如下："Word 素材 2.xlsx"文件中包含了报账单据信息，需使用 Word.docx 自动批量生成所有结算单。其中，对于结算金额为 5000 元（含）以下的单据，"经办单位意见"栏填写"同意，送财务审核。"；否则填写"情况属实，拟同意，请领导审批。"。表格第二行的最后一个空白单元格填写填报日期。另外，因结算金额低于 500 元的单据不再单独审核，需在批量生成结算单据时自动跳过这些单据记录。生成的批量单据存放在本题文件夹下，以"批量结算单.docx"命名。

【解题图示】（完整解题步骤详见随书素材）

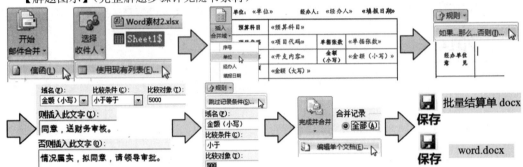

【真题链接 7-4】小王计划邀请 30 家客户参加答谢会，并为客户发送邀请函。快速制作 30 份邀请函的最优操作方法是（　　　）。

  A. 发动同事帮忙制作邀请函，每个人写几份

  B. 利用 Word 的邮件合并功能自动生成

  C. 先制作好一份邀请函，然后复印 30 份，在每份上添加客户名称

  D. 先在 Word 中制作一份邀请函，通过复制、粘贴功能生成 30 份，然后分别添加客户名称

【答案】B

7.2.2.4　编辑域代码

在主文档中插入的邮件合并域的域代码还可被编辑修改。例如，如图 7-16 所示，已插入各科成绩和总分的邮件合并域，在邮件合并时，这些合并域将变为数据源中的原始得分（可能含有多位小数）。若要对所有成绩均保留两位小数，则要通过编辑域代码实现。

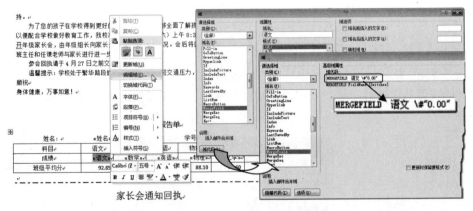

图 7-16　编辑域代码使"语文"成绩保留 2 位小数（📁素材 7-4 主文档.docx）

如图 7-16 所示，右击插入到文档中的语文成绩字段"语文"，从快捷菜单中选择"编辑域"。在弹出的"域"对话框中单击左下角的"域代码"按钮，在对话框右侧可查看到域

代码为"MERGEFIELD　语文"。在此内容后再添加内容：\#"0.00"，单击"确定"按钮。同样应分别修改文档中的"数学""英语"……"总分"各字段的域代码。

　　如何得知保留两位小数的域代码是要添加\#"0.00"内容呢？对不熟悉编写域代码的读者，可通过在对话框中查看其他预设代码获得。在"域"对话框的下方"域名"列表中选择任意可设置数字格式的域名，如 NumChars（或 FileSize、NumPages、Section 等均可），然后在对话框右侧的"数字格式"列表中选择 0.00（表示保留两位小数的数字格式）。单击对话框左下角的"域代码"按钮，即可在对话框右侧查看到域代码，如图 7-17 所示。选中其中的"\# "0.00""部分，按 Ctrl+C 组合键复制到剪贴板，之后在修改"语文"等域的域代码时只要粘贴即可，免去自行记忆和编写的麻烦。

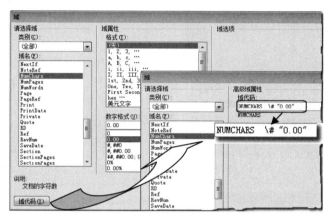

图 7-17　获得保留两位小数的域代码

　　【真题链接 7-5】培训部小郑正在为本部门报考会计职称的考生准备相关通知及准考证，利用考生文件夹下提供的相关素材，按下列要求帮助小郑为指定的考生每人生成一份准考证，要求如下。

　　① 在主文档"准考证.docx"中将表格中的红色文字替换为相应的考生信息，考生信息保存在考试文件夹下的 Excel 文档"考生名单.xlsx"中。

　　② 标题中的考试级别信息根据考生所报考科目自动生成："考试科目"为"高级会计实务"时，考试级别为"高级"，否则为"中级"。

　　③ 在"贴照片"处插入考生照片（提示：只有部分考生有照片）。

　　④ 为所属"门头沟区"且报考中级全部三个科目（中级会计实务、财务管理、经济法）或报考高级科目（高级会计实务）的考生每人生成一份准考证，并以"个人准考证.docx"为文件名保存到考生文件夹下，同时保存主文档"准考证.docx"的编辑结果。

　　【解题图示】（完整解题步骤详见随书素材）

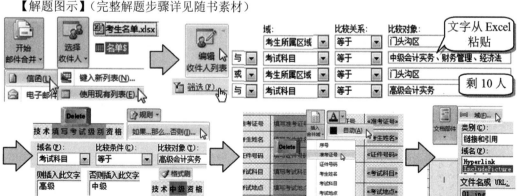

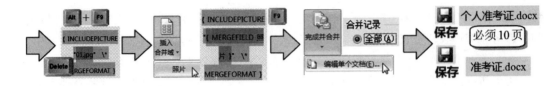

7.2.3 制作标签

使用 Word 的邮件合并功能还可以方便地制作标签，如参会人员胸卡、贺卡、贴在信封上指示邮寄地址和姓名的标签等。在标签中也可插入合并域，使对不同人员显示不同的信息（如不同的姓名、地址等）。与邮件合并不同的是，在一张纸上一般可以安排多个标签，因此在制作标签前，需首先规划在一张纸上要制作多少个标签，以及如何安排各标签的布局。

新建一个 Word 文档，单击"邮件"选项卡"开始邮件合并"组的"开始邮件合并"按钮，从下拉菜单中选择"标签"，弹出"标签选项"对话框，如图 7-18（a）所示。可以选择一种预定的标签布局，也可单击"新建标签"新建一种布局。这里单击"新建标签"，弹出"标签详情"对话框。

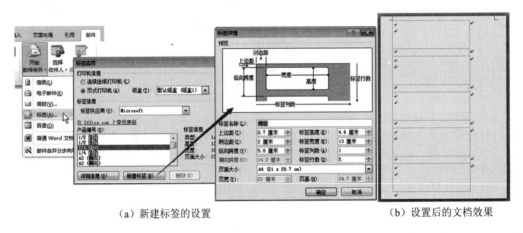

（a）新建标签的设置　　　　　　　　　　　（b）设置后的文档效果

图 7-18　新建标签的设置和设置后的文档效果（实际操作读者看不到表格线）

在"标签详情"对话框中输入新标签的标签名称为"地址"，选择页面大小为 A4。设置标签宽为 13 厘米、高为 4.6 厘米，标签距纸张上边距 0.7 厘米、左边距 2 厘米。

按题目要求，标签之间间隔应为 1.2 厘米，则对宽 13 厘米的标签横向跨度就需 13+1.2 = 14.2 厘米，如 2 列就至少需要 28.4 厘米，而 A4 纸宽度总共只有 21 厘米，因此横向是无法容纳 2 列的，只能设置标签列数为 1。题目又要求在一张纸上应制作 5 个标签，则应设置标签行数为 5，纵向跨度就为：标签高 4.6 厘米+间隔 1.2 厘米=5.8 厘米。最后单击"确定"按钮。

设置标签后的文档结构如图 7-18（b）所示，在文档中实际被自动插入了一个无框线的表格（图 7-18（b）为表格增加了框线，以便观察）。一个标签占据表格的一个单元格，标签之间的空隙又占据一个单元格。然而，不需在每个单元格中都输入文字，只要在左上角的第一个单元格中制作第一张标签，就可利用 Word 的更新标签功能使其他单元格的内容自动填充。

　　然后与邮件合并的做法相同，单击"邮件"选项卡"开始邮件合并"组"选择收件人"按钮的"使用现有列表"，选择数据源为"素材 7-5 数据源客户通讯录.xlsx"。然后在主文档中分别插入"邮政编码""地址"和"收件人"的合并域，如图 7-19 所示。按照题目要求，仅为上海和北京的客户每人生成一份标签，因此同样单击"编辑收件人列表"按钮，并在弹出的对话框中单击"筛选"，设置两个筛选条件为："通讯地址包含北京""通讯地址包含上海"，两个条件之间的关系为"或"（应只筛选出 20 条记录）。

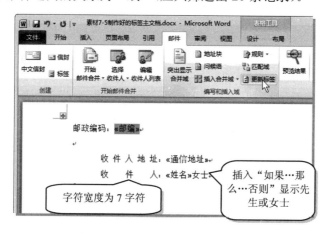

图 7-19　主文档中的标签内容和更新标签

　　制作好后，单击"邮件"选项卡"编写和插入域"组的"更新标签"按钮，可见表格其他单元格均被自动填充了相同的标签内容。再单击"邮件"选项卡"完成"组的"完成并合并"按钮，从下拉菜单中选择"编辑单个文档"。在弹出的对话框中选择"全部"，单击"确定"按钮，则弹出新文档为制作好的标签（共 20 个标签，文档共 4 页），将此文档另存为"标签.docx"，回到主文档再保存主文档。

7.3　文档的编辑限制

　　有时需要限制他人，仅能对文档的一部分修改内容或修改格式，其他部分不允许修改。这可通过 Word 文档的限制编辑功能实现。如图 7-20 所示，单击"审阅"选项卡"保护"组的"限制编辑"按钮，打开"限制格式和编辑"任务窗格。

　　在任务窗格的第 1 项中，可对文档的格式设置进行限制。单击"设置…"超链接打开"格式设置限制"对话框做详细设置。其中第 1 项下面的复选框"限制对选定的样式设置格式"与对话框中的第一项相同。

　　在任务窗格的第 2 项中，可对文档的内容编辑进行限制。要限制内容编辑，应选中下面的复选框，并在下拉列表中选择限制方式。如果仅允许他人对文档的部分内容进行修改，其他内容不允许修改，一般应选择"填写窗体"。

　　"填写窗体"的本意是在文档中创建了窗体，在窗体上布置控件，以便让用户在控件中填写内容（如在文本框控件中输入姓名、在下拉控件中选择性别男/女、在日期控件中选择出生日期等）。在制作申报表、登记表等时常用这种做法，使用户只能在控件中填写，而不能修改控件本身或修改文档中的其他内容，如填写说明文字等。实际上，"填写窗体"也可用于保护文档中特定的节，使某一节（几节）允许被他人修改，其他节不允许被修改。

本例的素材 7-6 文档已被划分为 4 节，其中有一个横向页面的表格单独占一页且单独位于第 3 节，现希望保护此表格，不允许用户对该表格所在的页面进行编辑修改，因此应选择"填写窗体"。然后单击下方的"选择节…"超链接，在弹出的"节保护"对话框中选中不允许用户修改的节"第 3 节"，如图 7-20 所示，单击"确定"按钮。

图 7-20　限制编辑（📁素材 7-6 限制编辑.docx）

要希望他人仅能阅读文档、无法更改文档内容，但可以添加批注、添加注释意见，在任务窗格的第 2 项中选中复选框，并在下方的下拉列表中选择"批注"。

在任务窗格的第 3 项中单击 是，启动强制保护 按钮，在弹出的对话框中设置保护密码。如不设置密码，保持密码输入框为空白，直接单击"确定"按钮完成保护。

要撤销文档保护，仍打开"限制格式和编辑"任务窗格，在任务窗格中单击 停止保护 按钮。如之前在设置保护时设置过密码，还需输入正确的密码才能撤销保护。

【真题链接 7-6】某学术杂志的编辑徐雅雯需要对一篇关于艺术史的 Word 格式的文章进行编辑和排版，请按照如下要求，帮助她完成相关工作。为文档应用名为"正式"的样式集，并阻止快速样式集切换。

【解题图示】（完整解题步骤详见随书素材）

7.4　漫漫文档路，总会错几步——文档校对与审阅

7.4.1　检查拼写和语法

Word 具有拼写和语法检查功能。要开启此功能，单击"文件"|"选项"，在"Word 选项"对话框的左侧选择"校对"，在右侧选中"键入时检查拼写"和"键入时标记语法错误"。功能开启后，如 Word 发现文档中有拼写和语法的错误，则会以红色波浪线画出拼写错误的词句，以绿色波浪线画出语法错误的词

句。需要注意这些标记出的错误是机器自动识别的，仅起到提醒作用，不一定说明真正有错。

右击带有波浪线的词句，将弹出快捷菜单，在快捷菜单中 Word 会提供一些修改建议，可按照建议修改，或选择忽略错误。如属于 Word 系统不识别的新词，而并非拼写错误的单词，还可将它添加到词典，这样今后 Word 就不会再认为该单词拼写错误。在"审阅"选项卡"校对"组中单击"拼写和语法"按钮，弹出"拼写和语法"对话框，在对话框中也可做更改或忽略等操作。

7.4.2　文档字数统计

当需要统计一篇文档中的字数时，不必人工费力去数。Word 提供了字数统计的功能。在文档中输入内容时，Word 自动统计文档中的页数和字数，并将其显示在底部的状态栏上。

也可对选定的一段文字进行统计，选定一段文字后，单击"审阅"选项卡"校对"组的"字数统计"按钮，弹出"字数统计"对话框，显示"页数""字数""段落数""行数"等信息。

7.4.3　审阅与修订文档

7.4.3.1　批注

审阅文档时，可在文档中使用批注说明意见建议、询问问题或添加注释批语。批注并不是在原文基础上进行修改，只是在页面旁边显示的注释信息。选定要批注的文本，单击"审阅"选项卡"批注"组的"新建批注"按钮，如图 7-21 所示。文档右侧将显示批注框，在批注框中输入批注内容即可。当文档中的批注较多时，可在"批注"组中单击"上一条""下一条"按钮，逐条查看批注。单击"删除"按钮可删除批注。

图 7-21　批注和审阅文档

在早期版本的 Word 中，除了插入文本批注外，还可录制声音插入声音批注。但在 Word 2010 版本中已取消此功能，不再支持声音批注。有的书中说 Word 2010 仍可插入声音批注是不正确的。

【真题链接 7-7】某编辑部收到一篇科技论文的译文审校稿，并希望将其发表在内部刊物上。现需要根据专家意见进行文档修订与排版。在 Word.docx 中，保留有原素材文档"Word 素材.docx"中的所有中文译文内容。请在 Word.docx 中根据文档批注中指出的引注缺失或引注错误修订文档，并确保文档中所有引注的方括号均为半角的"[ ]"，修订结束后将文档中的批注全部删除，并将结果保存到 Word.docx 中。

【解题图示】（完整解题步骤详见随书素材）

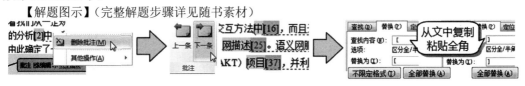

7.4.3.2 修订文档

当要修订文档，并希望他人能够清晰地看出更改了哪些内容时，应启用"修订"功能：在"审阅"选项卡"修订"组中单击"修订"按钮，从下拉菜单中选择"修订"命令，"修订"按钮变为高亮状态。这时对文档的所有修改都会被跟踪记录，并添加修订标记：新添加的文字被加下画线且颜色会与原文字的颜色不同；删除的文字被加删除标记或在右侧页边空白处显示；修改的文字也会被改变颜色。同时，在所有修改位置段落的左侧显示一条竖线，指示此位置有修改。

对文档的修订记录，既可以内嵌方式显示，也可在右侧页边空白处显示。要切换两种显示方式，在"审阅"选项卡"修订"组中单击"显示标记"按钮，从下拉菜单中选择"批注框"，再从下级菜单中选择所需选项。

当对文档修订结束后，一定要退出"修订状态"，否则对文档的任何操作仍属修订。要退出"修订状态"，只要再次单击"修订"按钮，使按钮非高亮即可。这时文档恢复为常规编辑状态，对文档的所有修改将直接被改变到文档中，不再添加任何修订标记。

7.4.3.3 审阅文档

使用修订功能可以突出显示审阅者对文档的修订。修订之后，原作者或其他审阅者可以决定是否接受或拒绝其部分或全部的修订；如拒绝修订，文档还能恢复为被修订之前的状态。要接受或拒绝修订，只要在修订内容上右击，从快捷菜单中选择"接受修订"或"拒绝修订"；或在"审阅"选项卡"更改"组中单击"接受"或"拒绝"按钮，从下拉菜单中选择对应命令，如图 7-21 所示。

可以调整修订的显示方式，以便查阅修订。可使文档只显示最初状态（不显示修订），或只显示修订后的状态，而不显示修订标记等，在"审阅"选项卡"修订"组的"显示以供审阅"下拉列表中选择需要的显示方式即可。

如果有多人修订过同一篇文档，则不同人的修订可被标记为不同的颜色。可同时显示所有人的修订，也可只显示一部分人的修订：在"审阅"选项卡"修订"组中单击"显示标记"按钮，从下拉菜单的"审阅者"的下级菜单中选中要显示的审阅者，只会显示那些审阅者的修订，如图 7-21 所示。单击"修订"按钮，从下拉菜单中选择"修订选项"命令，在打开的"修订选项"对话框中可做更多修订显示的设置（如各种修改的显示方式、显示颜色等）。

对文档修订时，如需更改修订者名称，在"审阅"选项卡"修订"组中单击"修订"按钮的向下箭头，从下拉菜单中选择"更改用户名"命令。在打开的"Word 选项"对话框中设置新用户名称。

7.4.3.4 比较和合并文档

当多人对同一篇文档进行了修订后，可能形成多个版本，可通过 Word 的"比较"功能比较两个文档的差异。在"审阅"选项卡"比较"组中单击"比较"按钮，从下拉菜单中选择"比较"命令。在弹出的"比较文档"对话框中设置原始文档和修订的文档，单击"确定"按钮则会新建一个比较结果的 Word 文档，在其中突出显示两个文档之间的不同。

还可通过 Word 的"合并"功能将不同版本的文档合并为一个。仍单击"比较"按钮，从下拉菜单中选择"合并"命令。在打开的"合并文档"对话框中设置原始文档和修订的文档，单击"确定"按钮则会新建一个合并结果文档，在其中审阅修订，接受或拒绝修订。

【真题链接 7-8】某学术杂志的编辑徐雅雯需要对一篇关于艺术史的 Word 格式的文章进行编辑和排版，帮助她接受审阅者文晓雨对文档的所有修订，拒绝审阅者李东阳对文档的所有修订。

【解题图示】（完整解题步骤详见随书素材）

【真题链接 7-9】张经理在对 Word 文档格式的工作报告修改过程中，希望在原始文档显示其修改的内容和状态，最优的操作方法是（　　　）。

  A. 利用"审阅"选项卡的批注功能，为文档中每一处需要修改的地方添加批注，将自己的意见写到批注框里

  B. 利用"插入"选项卡的文本功能，为文档中的每一处需要修改的地方添加文档部件，将自己的意见写到文档部件中

  C. 利用"审阅"选项卡的修订功能，选择带"显示标记"的文档修订查看方式后按下"修订"按钮，然后在文档中直接修改内容

  D. 利用"插入"选项卡的修订标记功能，为文档中每一处需要修改的地方插入修订符号，然后在文档中直接修改内容

【答案】C

【解析】A 选项的做法虽勉强达到目的，但过于烦琐。B 选项的文档部件是为方便在文档中重复使用某些段落、表格、图片等元素的功能（免于频繁复制、粘贴）。D 选项的操作是错误的。

【真题链接 7-10】小明的毕业论文分别请两位老师进行了审阅，每位老师分别通过 Word 的修订功能对该论文进行了修改。现在，小明需要将两份经过修订的文档合并为一份，最优的操作方法是（　　　）。

  A. 小明可以在一份修订较多的文档中将另一份修订较少的文档修改内容手动对照补充进去

  B. 请一位老师在另一位老师修订后的文档中再进行一次修订

  C. 利用 Word 比较功能，将两位老师的修订合并到一个文档中

  D. 将修订较少的那部分舍弃，只保留修订较多的那份论文作为终稿

【答案】C

7.4.4　文档属性

单击"文件"选项卡，进入后台视图。在后台视图左侧单击"信息"，可以查看或修改文档的属性，如图 7-22 所示。文档的属性是与文档捆绑在一起的相关信息，随文档一起保存；但这些信息并不属文档正文中的内容，如文档的标题、标记、备注、作者等。

单击"属性"按钮，从下拉菜单中选择"高级属性"，弹出"属性"对话框。在"属性"对话框中切换到"摘要"选项卡，可详细设置摘要属性，如图 7-23 所示。例如，这里为文档添加一个摘要属性为：作者"林凤生"。

再切换到"自定义"选项卡，如图 7-24 所示，这里还可添加更多的自定义属性。例如，添加两个自定义属性。① 输入名称为"机密"、选择类型为"是或否"、选择取值为"否"，单击"添加"按钮，此属性被添加到下方列表。② 然后再添加一个属性，输入名称为"分类"、选择类型为"文本"，输入"取值"为"艺术史"，再单击"添加"按钮，此属性也被添加到下方列表。单击"确定"按钮关闭对话框，返回后台视图。

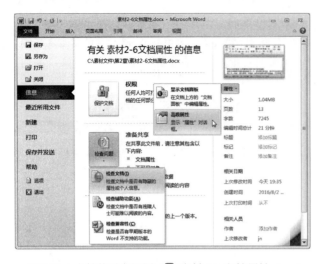

图 7-22　文档的后台视图（▣素材 7-7 文档属性.docx）　　　　图 7-23　添加摘要属性

7.4.5　检查和删除文档中的个人信息和隐藏信息

　　当完成编辑一篇文档后，在将文档共享给他人使用前，最好先检查一下文档是否包含隐藏信息或个人信息，如不希望他人看到这些信息，可先将它们删除。

　　在后台视图单击"检查问题"按钮，从下拉菜单中选择"检查文档"，如图 7-22 所示。弹出"文档检查器"对话框，如图 7-25 所示。这里可检查文档中的属性、不可见内容、隐藏文字等，检查后如果发现存在这些内容，可在检查结果的对应信息旁边单击"删除"按钮将它们删除。例如，这里要删除素材 7-7 文档中的不可见内容，在对话框中确保选中了"不可见内容"，单击"检查"按钮，然后在检查结果中单击"不可见内容"旁边的"删除"按钮即可。

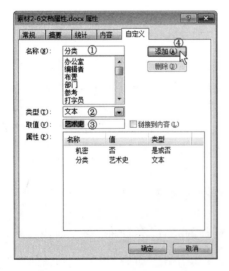

图 7-24　添加自定义属性　　　　　　　图 7-25　"文档检查器"对话框

【真题链接 7-11】在某学校任教的林涵需要对一篇 Word 格式的科普文章进行排版，按照如下要求，帮助她完成相关工作。为文档添加自定义属性，名称为"类别"，类型为文本，取值为"科普"。
【解题图示】（完整解题步骤详见随书素材）

7.4.6　标记文档的最终状态

如果已对文档完成了编辑修改，可将文档标记为最终状态，这会将文档设置为"只读"，并禁用相关的内容编辑命令，防止再修改。单击"文件"选项卡，进入后台视图，在左侧选择"信息"，在右侧单击"保护文档"按钮，从下拉菜单中选择"标记为最终状态"命令，如图 7-26 所示。在随后弹出的两个提示框中单击"确定"按钮，则将文档标记了最终状态。此时再单击"文件"关闭后台视图，可见功能区的多数按钮都已变灰不可用，也不能在文档中再录入和修改文字，并在文档顶部可见"标记为最终版本"的提示，如图 7-26 右下角图所示。

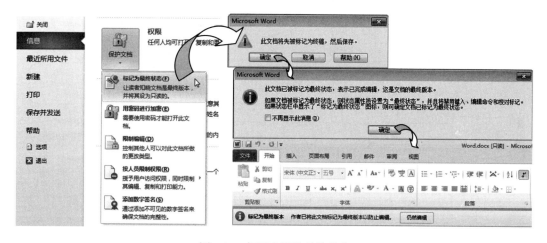

图 7-26　标记文档的最终状态

要取消最终版本状态，进入后台视图再次单击"保护文档"按钮下拉菜单中的"标记为最终状态"命令，或在文档视图顶部"标记为最终版本"的提示中单击"仍然编辑"按钮。

第 8 章　杰出的表格利器——Excel 的基本使用

Excel 是微软公司 Office 套装软件中的另一个重要组成部分。Excel，来自英文单词"杰出的"；正像它的名字那样，Excel 确实是世界知名的优秀电子表格软件。它绝非打打表格、输输文字、画画图表那样简单，Excel 在许多数字的和非数字的应用领域，都具有独特的能耐和非凡的功力！本章就来认识 Excel 并学习它的基本用法。

8.1　认识 Excel

Excel 软件的启动和退出方法与 Word 软件是一致的，其使用界面也与 Word 软件有许多相似之处。在启动 Excel 后，可见软件界面如图 8-1 所示。

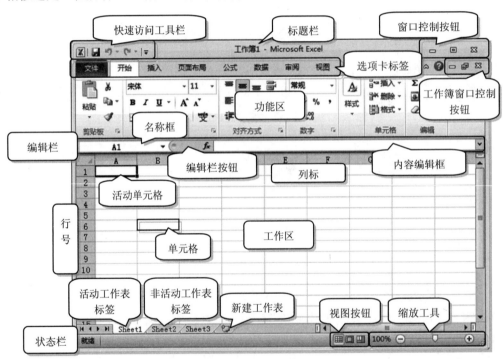

图 8-1　Excel 2010 的操作界面

同 Word 类似，在 Excel 主窗口中也包含快速访问工具栏、选项卡标签等元素。然而 Excel 还具有很多特有的界面元素，下面仅对这些特有的界面元素或概念进行介绍。

（1）编辑栏：在工作区的上方、功能区的下方有一行栏目，是 Excel 特有的，称为**编辑栏**。编辑栏从左到右又包括名称框、编辑栏按钮和内容编辑框 3 部分。在表格中输入内容时，除可在单元格中直接输入外，还可通过编辑栏输入；在输入公式时编辑栏尤其有用。

（2）工作表：工作表占据了窗口绝大部分区域，Excel 天生行列式的数据表架构，使更容易地进行表格相关的工作。整张表格称为一张**工作表**，它由行、列组成。行标常用 1、2、3…的数字表示（范围 1～1048576），列标常用 A、B、C、…、Z、AA、AB、…、AZ、BA、BB、…的字母表示（范围 A～XFD，最大 16384 列）。

（3）单元格：在工作表中由行、列交叉处围成的一个"小方格"称单元格。可在单元格中输入内容。每个单元格都有一个固定的地址编号，由"列标+行号"构成。例如，第 1 行第 1 列的单元格地址是 A1、第 1 行第 2 列的单元格地址是 B1、第 2 行第 1 列的单元格地址是 A2、第 3 行第 27 列的单元格地址是 AA3。

（4）活动单元格：在一张工作表的众多单元格中，总有一个单元格被"黑框"框住，称为**活动单元格**，它表示当下正在编辑的单元格。一张工作表只能有一个单元格为活动单元格。单击一个单元格，即让它成为活动单元格；编辑栏将同步显示当下活动单元格的地址编号（或名称）和单元格中的内容。

（5）工作簿：一个 Excel 文件（文件名后缀为.xlsx）称为一个工作簿。工作簿类似于记账的账簿，在一本账簿中可有多页表格；在一个 Excel 的工作簿中也可包含 1 到多张的工作表（最多包含 255 张工作表）。当包含多张工作表时，在工作区下方的"工作表标签"区将显示本文件（工作簿）包含的所有工作表的表名标签（当工作表较多，各标签显示不下时，可单击标签区左侧的 4 个黑色三角按钮 ￼滚动浏览）。单击某个标签，即可切换到对应的工作表，这类似于在一本账簿中的翻页动作。例如图 8-1 中的工作簿有 3 张工作表，它们的工作表名分别是 Sheet1、Sheet2、Sheet3。

右击工作表标签区左侧的 4 个黑色三角按钮，将弹出快捷菜单，列出工作簿中的所有工作表。单击选择一个菜单项，即可快速切换到对应的工作表。

高手进阶

8.2　工作簿和工作表的基本操作

8.2.1　工作簿的新建、打开和保存

一般情况下，Excel 在启动后就自动新建了一个空白的工作簿，其中默认包含 3 张工作表，可直接在其中输入数据。若需自行新建工作簿，单击"文件"中的"新建"命令，然后在右侧列表中双击"空白工作簿"。除了新建"空白工作簿"外，也可以用模板新建工作簿；在右侧列表中选择相应的模板工作簿即可。模板中包含了许多预定义的结构和样式，可直接使用以提高工作效率。新建的工作簿会依顺序以"工作簿 1""工作簿 2"……命名。工作簿的名称与文件名相同；要改变工作簿名称，在保存文件时指定文件名即可。

要打开现有的工作簿，单击"文件"中的"打开"命令，在弹出的"打开"对话框中

选择工作簿文件，单击"打开"按钮。也可以在资源管理器的文件夹中，双击某个 Excel 工作簿文件（文件名后缀为 xlsx），Excel 将自动启动并在 Excel 中自动将工作簿打开。

要保存工作簿，单击"快速访问工具栏"中的"保存"按钮 ■；或者单击"文件"中的"保存"命令；或者按下 Ctrl+S 组合键。如果工作簿尚未保存过，会弹出"另存为"对话框，输入文件名单击"保存"按钮即可，这与对 Word 文档的操作方法是相同的（参见第 2 章）。

在"另存为"对话框中，还可进一步选择保存类型，将文档保存为其他类型的文件：如 Excel 97-2003 工作簿（早期 Excel 文件格式，扩展名为 xls）、PDF 文件（扩展名为 pdf）、Excel 模板（扩展名为 xltx、xltm 或 xlt）、网页（扩展名为.htm 或.html）、文本文件（扩展名为.txt）、逗号分隔文件（扩展名为.csv）等。

【真题链接 8-1】小刘用 Excel 2010 制作了一份员工档案表，但经理的计算机中只安装了 Office 2003，能让经理正常打开员工档案表的最优操作方法是（　　　）。

A. 将文档另存为 Excel 97-2003 文档格式
B. 将文档另存为 PDF 格式
C. 建议经理安装 Office 2010
D. 小刘自行安装 Office 2003，并重新制作一份员工档案表

【答案】A

8.2.2 窗口和视图控制

对于 Excel 窗口中的某些界面元素，可以控制显示或隐藏它。在"视图"选项卡"显示"组中选中/取消选中对应的复选框，即可显示/隐藏对应的界面元素。例如，图 8-2 为隐藏了编辑栏和工作表中的网格线后的效果（要隐藏网格线，也可在"页面布局"选项卡"工作表选项"组中取消选中网格线的"查看"）。

如果一个工作表包含的数据内容很多，在拖动滚动条浏览后面的内容时，标题行或标题列将被滚动到视图外，这就无法了解到后面内容的行列含义了。这时可通过冻结窗格锁定行列标题，使行列标题不随滚动条滚动。选定某个单元格，在"视图"选项卡"窗口"组中单击"冻结窗格"按钮，从下拉菜单中选择"冻结拆分窗格"，如图 8-3 所示，则选定单元格上方的行和左侧的列将被冻结，它们将不随滚动条滚动而始终可见。要取消冻结，只要从"冻结窗格"按钮的下拉菜单中选择"取消冻结窗格"即可。

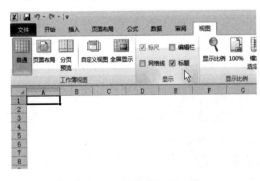

图 8-2　显示或隐藏界面元素

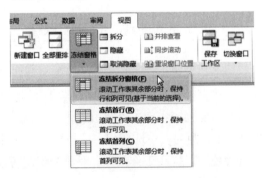

图 8-3　功能区"视图"选项卡的"窗口"组

高手进阶

单击"窗口"组的"新建窗口"按钮,将创建一个新窗口,新窗口和原窗口都操作同一工作簿内容,无论在哪个窗口操作,另一个窗口的内容都将同步变化。单击"拆分"按钮,将以活动单元格为坐标,将当前窗口拆分为 4 个窗口,在每个窗口中也都可以操作同一工作表内容。这两种方式对于操作内容较多的表格数据比较方便。例如,在一个窗口中操作前若干行数据,在另一个窗口操作后若干行数据,这就减少了来回操作滚动条翻页的麻烦。

单击"窗口"组的"并排查看"命令,可方便比较两个窗口中的内容,在一个窗口中滚动滚动条翻页时,另一个窗口会同步滚动(若单击"窗口"组的"同步滚动"按钮,使其取消高亮可取消两个窗口的联动)。

【真题链接 8-2】税务员小刘接到上级指派的整理有关减免税政策的任务,请帮助小刘设置"政策目录"工作表的窗口视图,保持第 1～3 行、第 A:E 列总是可见。

【解题图示】(完整解题步骤详见随书素材)

8.2.3　工作表的基本操作

8.2.3.1　插入工作表

一个工作簿包含多张工作表。新建工作簿时,Excel 默认建立了 3 张工作表。如果工作表不够,还可以插入新工作表。如图 8-4 所示,单击工作表标签区最右侧的"插入工作表"按钮 ;或在任意已有工作表标签上右击,从快捷菜单中选择"插入"命令,在弹出的"插入"对话框中选择"工作表",再单击"确定"按钮,则插入一张新工作表。

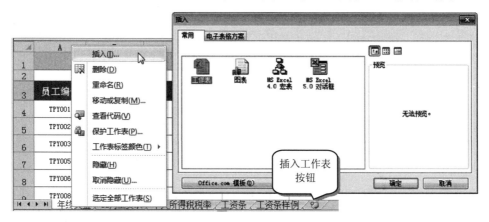

图 8-4　插入工作表(素材 8-1 工作表基本操作.xlsx)

8.2.3.2　重命名工作表

工作表的名称默认为 Sheet1、Sheet2 等。要为它改名,右击相应的工作表标签,从快捷菜单中选择"重命名",或直接双击工作表标签,然后在标签中输入新名称即可。例如,这里将在素材 8-1 中刚刚插入的新工作表 Sheet1 重命名为"员工基础档案"。

8.2.3.3 更改工作表标签颜色

可为工作表标签设置不同的颜色。在要设置标签颜色的工作表标签上右击，从快捷菜单中选择"工作表标签颜色"命令（图 8-4），再从下级列表中选择一种颜色即可。例如，为新建的"员工基础档案"工作表设置标签颜色为标准红色。

8.2.3.4 移动和复制工作表

Excel 允许任意改变一个工作簿中多张工作表的先后顺序。使用鼠标直接拖动工作表标签，当小三角箭头到达新位置后，释放鼠标即可将工作表移动到新位置。

【真题链接 8-3】李东阳是某家用电器企业的战略规划人员，正在参与制订本年度的生产与营销计划。为此，他需要对上一年度不同产品的销售情况进行汇总和分析，从中提炼出有价值的信息。请帮助李东阳完成分析工作。

（1）在考生文件夹下，将文档"Excel 素材.xlsx"另存为 Excel.xlsx（".xlsx"为扩展名），之后所有的操作均基于此文档，否则不得分。

（2）将工作表 Sheet1 重命名为"销售记录"。新建名为"销售量汇总"的新工作表，将"销售量汇总"工作表移动到"销售记录"工作表的右侧。在"销售量汇总"工作表右侧再创建一个新的工作表，名称为"大额订单"。

【解题图示】（完整解题步骤详见随书素材）

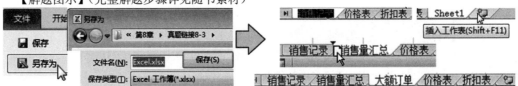

使用鼠标拖动的方法只能在同一工作簿中移动工作表，如果要将工作表移动到另一个工作簿中，就要借助对话框进行。在要移动的工作表标签上右击，从快捷菜单中选择"移动或复制"命令，弹出"移动或复制工作表"对话框，如图 8-5 所示。在对话框的"工作簿"列表中选择要移动到的工作簿（如果要移动到另一工作簿，则另一工作簿文件也要被事先打开，否则这个列表中不会出现那个工作簿）；在工作表列表中再选择在工作簿中该工作表要被移动到的位置，单击"确定"按钮。

图 8-5 "移动或复制工作表"对话框

如果希望复制工作表，包括在同一工作簿中复制或将工作表复制到其他工作簿中，操作方法类似，也是打开"移动或复制工作表"对话框，只要在该对话框中选中"建立副本"即可。

【真题链接 8-4】税务员小刘接到上级指派的整理有关减免税政策的任务，请帮助小刘将考生文件夹下"代码对应.xlsx"工作簿中的 Sheet1 工作表插入到 Excel.xlsx 工作簿"政策目录"工作表的右侧，重命名工作表 Sheet1 为"代码"，并将其标签颜色设为标准蓝色，不显示工作表网格线。

【解题图示】（完整解题步骤详见随书素材）

【真题链接 8-5】初二年级各班的成绩单分别保存在独立的 Excel 工作簿文件中，李老师需要将这些成绩单合并到一个工作簿文件中进行管理，最优的操作方法是（　　　）。

　　A. 将各班成绩单中的数据分别通过复制、粘贴的命令整合到一个工作簿中

　　B. 通过移动或复制工作表功能，将各班成绩单整合到一个工作簿中

　　C. 打开一个班的成绩单，将其他班级的数据录入到同一个工作簿的不同工作表中

　　D. 通过插入对象功能，将各班成绩单整合到一个工作簿中

【答案】B

【解析】选项 A 虽能达到目的，但不如选项 B 的操作简洁；选项 C 过于烦琐且仅能输入数据，无法导入数据的格式；选项 D 对对象操作过于烦琐。

实际上，工作簿窗口都是作为子窗口，被嵌入在 Excel 的父窗口中的。只不过默认情况下，子窗口被最大化充满整个 Excel 的父窗口，不易被觉察。如果单击工作簿窗口控制按钮中的"还原"按钮 🗗（图 8-1 右上角的第 2 排按钮，不是 Excel 窗口的"还原"按钮），则工作簿窗口被还原。

图 8-6 同时打开了 Excel.xlsx 和"代码对应.xlsx"两个工作簿并将工作簿窗口还原，可以明显看出，两个工作簿分别是一个子窗口，均被嵌入在 Excel 的父窗口中。这两个子窗口可被移动位置、改变大小，但它们都被限制在 Excel 父窗口的"框架"内，不能被移到"框架"外。当子窗口较大时，位于"框架"视野外的部分还将被框架遮挡。例如，子窗口底部的工作表标签区就被父窗口的框架遮挡不可见，这时可缩小子窗口，或移动它在父窗口内的位置，将子窗口底部的工作表标签区移动到父框架的可见视野内。也可单击子窗口右上角的"最大化"按钮 🗖，使子窗口充满整个 Excel 的父窗口，恢复默认的窗口状态。

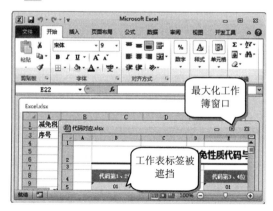

图 8-6　工作簿窗口还原后，将明显看出它们分别是被嵌入在 Excel 父窗口中的子窗口

当同时打开多个工作簿时，可暂时隐藏其中的一个或几个，需要时再显示出来。隐藏工作簿的方法是：单击"视图"选项卡"窗口"组的"隐藏"按钮，当前工作簿就被隐藏。要取消隐藏，再单击功能区该组的"取消隐藏"按钮，在打开的对话框中选择要取消隐藏的工作簿，单击"确定"按钮。

高手进阶

8.2.3.5　隐藏和删除工作表

当不希望某些工作表被他人看到或要防止对工作表的误操作时，可将工作表隐藏起来。右击工作表标签，从快捷菜单中选择"隐藏"命令即可。要取消隐藏，在任意可见工作表的标签上右击，从快捷菜单中选择"取消隐藏"命令，再在"取消隐藏"对话框中选择要取消隐藏的工作表。在一个工作簿中不能将所有工作表都隐藏起来，至少应有一个工作表可见。

要删除工作表，右击该工作表的标签，从快捷菜单中选择"删除"命令。如果工作表中包含数据，Excel 会提示"是否永久删除数据"，单击"删除"按钮即可删除工作表。

【真题链接 8-6】税务员小刘接到上级指派的整理有关减免税政策的任务，请帮助小刘显示隐藏的工作表"说明"。

【解题图示】（完整解题步骤详见随书素材）

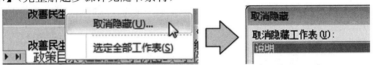

8.2.3.6　同时操作多张工作表

Excel 允许同时对多张工作表进行相同的操作，如输入数据、修改格式等。这为快速处理一组结构或布局相同或相似的工作表提供了方便。

首先同时选中多张工作表，使其成为"工作表组"。方法是：按住 Shift 键单击工作表标签，可选中连续的多张工作表；按住 Ctrl 键依次单击每个工作表标签，可选中不连续的多张工作表。右击工作表标签，选择"选定全部工作表"可选中全部工作表。

当选中多张工作表后，Excel 窗口的标题栏的工作簿文件名后面会显示"[工作组]"字样。这时在其中一张工作表中操作都会同时作用到组中的所有工作表。例如，在某个单元格中输入数据，则组中所有工作表的对应单元格都被输入了同样的数据；设置单元格格式，则组中所有工作表的对应单元格都被设置了同样的格式；调整行高/列宽，则组中所有工作表的行高/列宽也都将发生同样改变。此外，进行对工作表的操作，如设置工作表标签颜色、移动或复制工作表、隐藏工作表等，所有成组的工作表也都将同时变化。

要取消工作表组合，单击非组合的其他任意一张工作表标签，或在工作表标签上右击，从快捷菜单中选择"取消组合工作表"。

如果已在一张工作表中输入好了数据和设置好了格式，要将数据或格式复制到其他工作表中，可先在这张工作表中选择要复制的单元格区域，然后选中多张工作表。再在"开始"选项卡"编辑"组中单击"填充"按钮，从下拉菜单中选择"成组工作表"命令，在打开的对话框中选择要复制"全部"，或是仅复制"内容"，或是仅复制"格式"，单击"确定"按钮。

高手进阶

【真题链接 8-7】正则明事务所的统计员小任需要对本所外汇报告的完成情况进行统计分析，并据此计算员工奖金。将文档中以每位员工姓名命名的 5 个工作表隐藏。

【解题图示】（完整解题步骤详见随书素材）

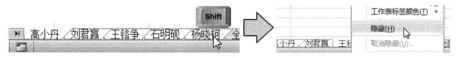

8.2.4 单元格的基本操作

8.2.4.1 选择单元格

与 Word 类似，Excel 也遵循"选中谁，操作谁"的原则。对单元格进行编辑，首先是选中要编辑的单元格。

（1）单击一个单元格，即可将其选中，该单元格被"黑框"框住，成为活动单元格。

（2）按住鼠标左键拖动可选择一个单元格区域，被选区域以浅色底色显示，如图 8-7（b）所示；按住 Shift 键的同时移动插入点，可选中插入点移过的部分（无论是通过鼠标移动，还是用键盘光标移动键移动）。因此，选择区域也可先单击区域左上角的一个单元格，然后按住 Shift 键再单击区域右下角的一个单元格。

（3）将鼠标指针移动到行号上，当鼠标指针变为向右的箭头➡时，单击可选择整行；按住鼠标左键拖动可选择连续的多行。

（4）将鼠标指针移动到列标上，当鼠标指针变为向下的箭头⬇时，单击可选择整列；按住鼠标左键拖动可选择连续的多列。

（5）按住 Ctrl 键的同时再按上述方法，可选择多个不连续的区域，如图 8-7（b）所示。

（6）单击工作表左上角行列标交界处的灰色方块▨，将选中本工作表的所有单元格。

（7）在编辑栏左侧的"名称框"中直接输入单元格的地址或已定义的名称（将在第 9.2.4节介绍定义名称），可跳转到或直接选中对应的单元格（区域）。

如果选择了一个或多个单元格区域，在被选区域中，只有一个单元格未以浅色底色显示，它是活动单元格，如图 8-7（a）所示的 A2 单元格，即活动单元格在任何时刻只能有一个，即使有多个单元格被同时选中。

（a）选择连续的单元格区域　　　　　（b）选择不连续的单元格区域

图 8-7 选择单元格（▨素材 8-2 单元格基本操作.xlsx）

高手进阶

按 Ctrl+光标移动键可直接跳转到数据区的最后一个单元格。例如，按 Ctrl+↓组合键将跳转到数据区的最后一行。而按住 Shift 键同时移动光标可选中光标移过的区域。因此，如再同时按 Shift 键，将选中到最后一行。不难得出快速选中数据区一列的方法是：先选中该列的第一个单元格，然后按 Ctrl+Shift+↓组合键。

同理，按 Ctrl+Home 和 Ctrl+End 组合键分别跳转到工作表中的第一个和最后一个所用单元格（包含内容或格式的单元格），若再同时按 Shift 键将同时选中到那个单元格。不难得出全选数据区的方法是：先选中第一个单元格，然后按 Ctrl+Shift+End 组合键。全选数据区也可按 Ctrl+A 或 CTRL+SHIFT+*键；而按两次 Ctrl+A 组合键将选中整张工作表（包括没有使用到的区域）。

选中的单元格被黑框框住，双击黑框的 4 条边线的任一条线可跳转到数据区对应方向的第一个或最后一个单元格。例如，双击黑框线的左边框跳转到本行第一列，双击下边框跳转到本列最后一行。如果同时按住 Shift 键，将选中移过的区域。因此，快速选中一列的方法还可以是：先选中该列的第一个单元格，然后按住 Shift 的同时双击该单元格黑框的下框线。

注意，如果数据区包含空白单元格，以上方法的选区将终止于空白单元格，而不能完全选中数据区。这时要完成选区，只能再通过其他方法。

如果要选中的不连续的单元格区域具有同类内容（如都为数值或都为文本，或都有公式计算的错误，或都为空白单元格等），还可通过定位选择的方法一次性选中它们。方法是：单击"开始"选项卡"编辑"组的"查找和选择"按钮，从下拉菜单中选择"定位条件"。在弹出的"定位条件"对话框中选择所需项，单击"确定"按钮即可选中这些内容。

例如，如图 8-8 所示，要选中数据区 A2:I33 中的所有空白单元格，操作方法是：首先选中 A2:I33 单元格区域，然后单击"查找和选择"下拉菜单中的"定位条件"。在弹出的"定位条件"对话框中选择"空值"单选项，单击"确定"按钮。可见，所有空白单元格（不连续）已被同时选中（共 21 个单元格）。选中这些单元格后，就可对它们进行统一操作。例如，将所有空白单元格都填充数字 0，则在编辑栏中输入 0 后按 Ctrl+Enter 组合

图 8-8　通过定位条件选中所有空白单元格（📁素材 8-2 单元格基本操作.xlsx）

键确认输入。当要为选中的多个单元格同时输入相同内容时，必须按 Ctrl+Enter 组合键；否则如果只按 Enter 键确认输入，则只会有其中一个单元格（即活动单元格，选区中未加底色的单元格）能被输入内容。

【真题链接 8-8】人事部统计员小马负责本次公务员考试成绩数据的整理，请帮助小马在"性别"列的空白单元格中输入"男"。

【解题图示】（完整解题步骤详见随书素材）

8.2.4.2　插入单元格

在要插入单元格的位置右击，从快捷菜单中选择"插入"命令，弹出"插入"对话框，如图 8-9 所示。在对话框中选择"活动单元格右移"或"活动单元格下移"表示插入单元格后，原位置及以后的单元格将向右或向下移动，为新单元格誊出位置；如果选择"整行"（"整列"）将插入新的整行（整列），原位置及以后的各行都整行下移（各列都整列右移）。如果单击行标（或列标）事先选中了整行（或整列），右击，从快捷菜单中选择"插入"命令，则直接插入整行（或整列）。

图 8-9　插入单元格

当选中一个单元格时，执行插入操作将插入一个单元格；当选中多个单元格时，执行插入操作也插入多个单元格，所插入的单元格与所选中的单元格个数相同。要一次性插入多行（或多列）时，可在插入位置前事先选中同样个数的行（或列），然后执行插入操作。

要插入单元格、行或列，还可以在"开始"选项卡"单元格"组中单击"插入"按钮，从下拉菜单中选择相应的命令，如图 8-9 所示。

如果在执行插入操作前已剪切或复制过一些单元格，右键菜单中的"插入"命令将变为"插入剪切（复制）的单元格"，只能插入剪贴板中的单元格，而不能插入空白单元格。这时只要按 Esc 键，清除被剪切或复制单元格的活动框线状态即可。或者清除剪贴板的内容，或复制其他内容（如任意一段文本）使剪贴板中的内容不再是单元格，就可以恢复右键菜单的"插入"命令了。也可以在功能区"单元格"组中执行插入操作，插入空白单元格。

8.2.4.3　删除单元格

按下 Delete 键，可以清除单元格中的内容；但单元格本身仍然存在，还可以在单元格中输入新内容。而删除单元格是包括单元格本身及其中的内容全被删除。

要删除单元格，在"开始"选项卡"单元格"组中单击"删除"按钮，或者右击选中的单元格，从快捷菜单中选择"删除"。在弹出的"删除"对话框中进一步选择当单元格被删除后，其右侧或下方的其他单元格如何移动填补空缺，如图 8-10 所示。

图 8-10　删除单元格

如果单击行标（或列标）事先选中了整行（或整列），右击，从快捷菜单中选择"删除"命令，则直接删除整行（或整列）。

8.2.4.4　设置行高与列宽

在各行行号区，当鼠标指针变为 ↕ 形时，拖动行标之间的分隔线可调整行高；在各列列标区，当鼠标指针变为 ↔ 形时，拖动列标之间的分隔线可调整列宽。注意，必须在行号区和列标区才能拖动分隔线，工作表中单元格之间的分隔线是不能被拖动的。

用拖动鼠标的方法同时调整多行的行高或多列的列宽：在行号或列标上单击并拖动鼠标，同时选中多行或多列（必须完全选中整行或整列）后，再拖动其中任意一行（或一列）的行号区（或列标区）的分隔线，可同时调整所选的多行（多列）的行高（列宽），这些行（列）将具有同样的大小。

高手进阶

在行号或列标的分隔线上，当鼠标指针变为 ↕ 形或 ↔ 形时，双击分隔线，Excel 将自动调整该行或列为最合适的行高或列宽，适应本行或本列的所有文字。同时选中多行（多列）时，双击其中任意一行（列）的分隔线，可自动调整所有选中行（列）为最适行高（列宽）。

为什么双击分隔线自动调整行高（列宽）不能成功？该操作要注意：① 一定要在行号区（列标区）进行，而双击工作表内单元格之间的分隔线是不行的。② 必须**全选**整行（整列），如只选择了某个单元格区域，也是不能成功的。

疑难解答

读者可练习在素材 8-2 中设置自动调整表格数据区域的行高和列宽。方法是：在行号区单击行号"1"选中第 1 行，然后按住 Shift 键单击行号 33，同时选中 1～33 行的整行区域。最后双击行号区的、这些行中的任意一行的底分隔线，将这些行自动调整到最佳行高。在列标区按住鼠标左键拖动鼠标，同时选中 A～I 列的整列，然后双击列标区的、这些列中的任意一列的右分隔线，将这些列自动调整到最佳列宽。

要精确设置行高或列宽，则要通过对话框进行。选择要设置行高或列宽的一个或多个单元格，在"开始"选项卡"单元格"组中单击"格式"按钮，从下拉菜单中选择"行高"

或"列宽"命令，如图 8-11 所示；在弹出的"行高"或"列宽"对话框中输入行高或列宽的磅值。

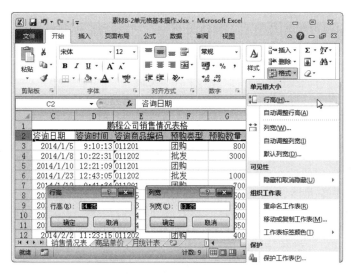

图 8-11　设置行高与列宽（📁素材 8-2 单元格基本操作.xlsx）

读者可练习在素材 8-2 中，通过对话框查看第 2 行的行高，再通过对话框设置第 1 行的行高为第 2 行的行高的 2 倍。方法是：选中第 2 行的任意一个单元格，或选中第 2 行整行，单击"格式"按钮下拉菜单中的"行高"，打开"行高"对话框查看并记下行高为 14.25。单击"取消"按钮关闭对话框。采用同样的方法，打开对话框设置第 1 行的行高为刚才数值的 2 倍，即 28.5（考试时的得分条件是：第 1 行的行高必须精确为 28.5）。

如果发现单元格中的内容不能显示，取而代之的是#####标记，则表示单元格的宽度不够，数据无法完全显示。这时只要拖动列标的分隔线或通过对话框增大单元格的列宽，数据就能显示出来了。

【真题链接 8-9】在 Excel 2010 中，将单元格 B5 中显示为"#"号的数据完整显示出的最快捷的方法是（　　）。
　A．将单元格 B5 的字号减小
　B．将单元格 B5 与右侧的单元格 C5 合并
　C．设置单元格 B5 自动换行
　D．双击 B 列列标的右边框

【答案】D

【解析】双击 B 列列标的右边框将使 Excel 自动调整 B 列为最佳列宽，这种操作最简便。

8.2.4.5　隐藏行列

工作表中的某些行或列可被隐藏起来。选择要隐藏的多行（多列）右击，从快捷菜单中选择"隐藏"命令即可。例如，如图 8-12 所示，将工作表的第 2 行隐藏。

要取消隐藏，将鼠标指针移动到隐藏行（列）的行号（列标）的分隔线上，当鼠标指针变为 ÷（↔）形时，按住鼠标左键拖动即可显示出隐藏的行（列），如图 8-12 所示。也可在右键菜单中选择"取消隐藏"命令，或在"开始"选项卡"单元格"组中单击"格式"按钮，从下拉菜单中选择"隐藏和取消隐藏"命令。

图 8-12　隐藏行（📁素材 8-3 隐藏行.xlsx）

8.2.4.6　合并单元格

Excel 也可将相邻的几个单元格合并为一个单元格，如对表格的标题行，习惯上往往使之跨越多列合并单元格并使标题内容居中。

选择要合并的多个单元格（可以跨越多行或多列），在"开始"选项卡"对齐方式"组中单击"合并单元格"按钮 右侧的向下箭头，从下拉菜单中选择"合并后居中"命令即可合并这些单元格，并让其中的内容居中对齐。例如，图 8-13 为将第 1 行的几个单元格合并，使表格标题跨越几列单元格并居中排版。

图 8-13　合并单元格（📁素材 8-4 合并单元格.xlsx）

在表格的第一行放置整张表格的标题并合并了单元格，虽然看起来漂亮，但可能会对数据统计分析带来一些问题。因为在 Excel 的默认规则中，表格的首行应为表格各列的标题（不能是第 2 行再是各列标题）。因此，对于要进行数据统计分析的表格，尽量不要合并单元格和用整张表格的标题占用首行。

合并单元格时，不要在行号区单击 1 个行号选择整行后合并单元格，否则全行 16384 列的单元格都将被合并，这是一个巨大的单元格！在一个窗口视野中将不能完整地看到这个单元格了。如果其中的内容再居中对齐，将很难找到其中居中的文字。

疑难解答

对于已合并的单元格，还可以取消合并。方法是：选择已合并的单元格，在"开始"选项卡"对齐方式"组中再次单击"合并单元格"按钮 ，使之成为非高亮状态 ；或者单击它右侧的向下箭头，从下拉菜单中选择"取消单元格合并"命令。

【真题链接 8-10】小赵是一名参加工作不久的大学生。他习惯使用 Excel 表格记录每月的个人开支情况。2013 年底，小赵将每个月各类支出的明细数据录入了文件名为 Excel.xlsx 的 Excel 工作簿文档中。请在工作表"小赵的美好生活"的第一行添加表名"小赵 2013 年开支明细表"，并通过合并单元格放于整个工作表的上端、居中。

【解题图示】（完整解题步骤详见随书素材）

8.3　是狼就练牙，是羊就练腿——输入与编辑数据

在 Excel 工作表的单元格中，可以输入文本、数值、日期和时间、公式等多种数据，而且可以利用 Excel 的自动填充功能自动输入数据。

8.3.1　输入数据

8.3.1.1　基本输入方法

在单元格中输入数据有 3 种方法。

（1）单击一个单元格使之成为活动单元格后，直接输入数据。

（2）单击一个单元格后，在工作表上方的编辑栏中将显示该单元格中的内容，可在编辑栏中输入或修改，单元格中的内容将同步更新，如图 8-14 所示。

（3）双击一个单元格，插入点将被定位到该单元格内，可直接输入或修改。

在输入数据时，编辑栏的按钮区将同时出现几个按钮：单击 ✔ 按钮将确认输入；单击 ✘ 按钮将取消输入，单元格中的内容恢复之前的状态，如图 8-14 所示。

在 Excel 中，如果在单元格中输入的是文本型数据，默认是左对齐的；如果输入数值型、日期型数据，默认是右对齐的，如图 8-15 所示。

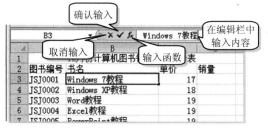

图 8-14　在编辑栏中输入数据

图 8-15　输入文本和数值数据（📁素材 8-5 输入数据.xlsx）

在单元格中输入数据时，还可以按下键盘上的按键控制输入，这可在输入数据时连续地通过键盘操作，以提高输入效率。

（1）按下 Enter 键表示确认输入，同时还将下一行的同列单元格选为活动单元格，可为下一行的这个单元格继续输入数据。

（2）按上、下、左、右的光标移动键也表示确认输入，同时还将本单元格的上、下、左、右侧的那个单元格选为活动单元格，可为那个单元格继续输入数据。注意：如果按下上、下、左、右的光标移动键是窗口视野滚动，则是因为按下了 Scroll Lock 键切换为滚动状态，这时只要再按一次 Scroll Lock 键关闭滚动状态即可。

（3）按下 Tab 键，也表示确认输入，同时还将下一个单元格选为活动单元格，可为下一个单元格继续输入数据。如在输入数据前，事先选中了一个单元格区域，下一个单元格只在所选区域范围内逐个跳转，区域中最右边一个单元格的下一单元格是该区域中下一行的第一个单元格，区域中最后一个单元格的下一单元格是该区域的第一个单元格。如在输入数据前事先未选中单元格区域，按 Tab 键跳转到的下一单元格是本行右侧一列的单元格。如按下 Shift+Tab 组合键，则确认输入并向相反方向跳转到上一单元格。

（4）按下 Esc 键表示取消输入，这与单击 ✖ 按钮的作用相同。

在单元格中输入数据时，由于按下 Enter 键是表示确认输入，并不能在单元格的内容中换行。要在单元格的内容中输入换行，应按下 Alt+Enter 组合键，如图 8-15 的 B3 单元格所示。

如果希望按上、下、左、右的光标移动键是使插入点在本单元格内的文本间移动，而不是确认输入和移动单元格，应在工作表上方的"编辑栏"中编辑文本，在"编辑栏"中按光标移动键；或者双击已有内容的单元格后编辑内容，这时 Excel 的状态栏最左端显示"编辑"字样而不是"输入"。

Excel 还允许在多个单元格中同时输入相同的内容，方法是：选中多个单元格，输入内容，则内容暂时仅在活动单元格中显示。输入完毕后，按下 Ctrl+Enter 组合键，则选中的所有单元格都被同时输入了同样的内容。如图 8-15 所示，为选定的 5 个单元格同时输入了 abc。

【真题链接 8-11】在 Excel 工作表多个不相邻的单元格中输入相同的数据，最优的操作方法是（　　）。

A. 在其中一个位置输入数据，然后逐次将其复制到其他单元格

B. 在输入区域最左上方的单元格中输入数据，双击填充柄，将其填充到其他单元格

C. 在其中一个位置输入数据，将其复制后，利用 Ctrl 键选择其他全部输入区域，再粘贴内容

D. 同时选中所有不相邻单元格，在活动单元格中输入数据，然后按 Ctrl+Enter 组合键

【答案】D

【解析】选项 A、C 的做法都过于烦琐；选项 B 是为连续整列的单元格输入数据。

【真题链接 8-12】李晓玲是某企业的采购部门员工，现在需要使用 Excel 分析采购成本并进行辅助决策。帮助她将工作表"经济订货批量分析"的 B2:B5 单元格区域的内容分为两行显示并居中对齐（保持字号不变），如文档"换行样式.png"所示，括号中的内容（含括号）显示于第 2 行，然后适当调整 B 列的列宽。

【解题图示】（完整解题步骤详见随书素材）

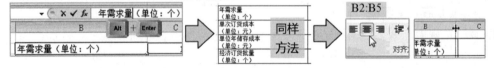

8.3.1.2　输入宽度越界内容

在听报告会或在影院观影的时候，如果旁边座位没有人，就可以把自己的书包放在旁边的座位上；这时尽管书包"延伸"到了旁边的座位，但书包仍属于自己，并不属于旁边座位。但如果旁边座位上有人，就不能把书包放在那里了，而只能把书包蜷缩起来放在自己的大腿上或挤在自己身后。在 Excel 单元格中输入内容，也有类似的规则。

当输入的文本超过单元格宽度时，如果右侧相邻的单元格中没有任何内容，则超出的文本将延伸到右侧单元格中显示（但它仍属于本单元格中的内容，并不是右侧单元格中的内容），如图 8-16 所示。如果右侧相邻单元格中已有内容，则本单元格中超出的部分将被隐藏显示，只有增大列宽或设置单元格自动换行后，才能显示完整的内容，如图 8-16 所示。

当输入的文本超过单元格宽度时，还可以让文本在单元格右边界处自动换行。单元格中的文本默认是不自动换行的，要设置自动换行，选中单元格右击，从快捷菜单中选择"设置单元格格式"命令（或者单击"开始"选项卡"对齐方式"组右下角的对话框启动器 ，或者按快捷键 Ctrl+1），打开"设置单元格格式"对话框。在对话框的"对齐"选项卡中选中"自动换行"复选框，如图 8-17 所示。设置此效果的实例如图 8-16 所示。

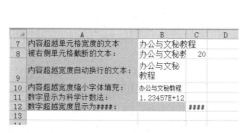

图 8-16　输入宽度越界内容（ 素材 8-5
输入数据.xlsx）

图 8-17　"设置单元格格式"对话框的
"对齐"选项卡

当输入的文本超过单元格宽度时，Excel 还提供了"缩小字体填充"的功能，会自动缩小字体以在一行容纳文本。仍打开上述对话框（见图 8-17），选中"缩小字体填充"复选框即可（必须取消选中"自动换行"才能使用此功能）。缩小字体填充效果的实例如图 8-16 所示。

当输入一个较长的数字而单元格较窄时，Excel 在单元格中会把数字显示为科学计数法的形式（如 2.34E+09），其中由 E 分隔科学记数法的小数和指数部分（如 2.34E+09 表示 2.34×10^9），如图 8-16 所示。当单元格过窄时，数字会显示为####，如图 8-16 所示。这时，只要拖动列标的分隔线或通过对话框增大单元格的列宽，数据就能完全显示出来了。

【真题链接 8-13】税务员小刘接到上级指派的整理有关减免税政策的任务，请帮助小刘将工作表"政策目录"中的 F:I 列设为自动换行。

【解题图示】（完整解题步骤详见随书素材）

8.3.1.3　特殊内容的输入

输入日期和时间：使用"/"或"-"分隔日期的年、月、日；使用"："分隔时间的时、分、秒（所有分隔符都必须是英文半角符号）；如使用 12 小时制时间，还可在时间后加上一个空格，再输入 AM 或 A 表示上午、输入 PM 或 P 表示下午。例如，在单元格中输入 14/10/28，确认输入后，会被 Excel 自动格式化为 2014/10/28，又如输入时间"7:28 AM"，如图 8-18 所示。

	A	B	C	D
15	输入日期：	2014/10/28		
16	输入时间：	7:28 AM		
17	错误输入分数1/2的效果：	1月2日		
18	输入分数：	1/2		
19	非法日期不会转换：	1/32		
20	直接输入的数字编号：	3.21028E+17		
21	用单引号开始输入的数字编号：	321028197205093152		
22	设置单元格格式为文本：	321028197205093152		
23	输入特殊符号：	※℃		
24	下标：	H_2O		
25				
26				

图 8-18　输入特殊内容（📁素材 8-5 输入数据.xlsx）

输入分数：在 Excel 的单元格内，如果输入形如 1/2 的常规分数，将被 Excel 认为是日期内容，确认输入后将被格式化为 "1 月 2 日"，如图 8-18 所示。如果希望输入分数，而不是日期，应在分数前加上 0 和空格，如输入 "0 1/2"，这样确认输入后，才被格式化为 1/2。

输入数字编号：在输入多位数字的编号如 0 开始的编号（001、002、…）、身份证号、电话号码等时，要使用特殊的方法，否则是不能输入成功的。

例如，输入的身份证号，会被 Excel 认为是一个数字，这样 15 位以后的数字会变为 0。例如，输入 321028197205093152 将被 Excel 认为是数字并被格式化为 321028197205093000（且用科学记数法表示），如图 8-18 所示。应让 Excel 将所输入的数字编号作为 "文本" 处理，而不是作为 "数字" 处理，方法是：在单元格中首先输入一个英文半角的单引号 "'"，再输入数字编号如身份证号就可以了。

还有一种方法是：选定单元格后，单击 "开始" 选项卡 "数字" 组右下角的对话框启动器🔲，打开 "设置单元格格式" 对话框。切换到 "数字" 选项卡，在 "分类" 中选择 "文本" 类型，如图 8-19 所示，单击 "确定" 按钮（或者在 "开始" 选项卡 "数字" 组中单击 "数字格式" 右侧的下三角按钮，在下拉菜单中选择 "文本" 类型）。然后再在此单元格中输入数字编号，则数字编号就会被当作文本处理可以被正确输入了。

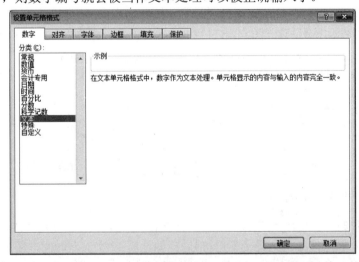

图 8-19　用 "设置单元格格式" 对话框设置为文本

输入特殊符号：要输入诸如℃、※、$ 等特殊符号，可使用输入法的软键盘输入，也可在功能区 "插入"选项卡"符号"组中单击"符号"按钮，打开"插入特殊符号"对话框，从中选择符号输入，实例如图 8-18 所示。

输入上标和下标：双击单元格，或者选定单元格后，单击"编辑栏"，使之成为编辑状态。然后选中单元格内容中要设置为上标或下标的部分文本，单击"开始"选项卡"字体"组右下角的对话框启动器 （或右击，从快捷菜单中选择"设置单元格格式"），打开"设置单元格格式"对话框。在对话框中切换到"字体"选项卡，如图 8-20 所示，在其中选中"上标"或"下标"即可。实例如图 8-18 所示。

图 8-20　"设置单元格格式"对话框的"字体"选项卡

以上在 Excel 单元格中输入各种数据的方法可总结口诀如下：

日期背短线，

冒号隔时间。

分数排头零，

空格中间站。

文本也不难，

撇字首当先。

换行加 Alt，

使劲往里钻。

其中"背短线"是说既可以"/"分隔年、月、日，也可以"-"分隔；"/"可形象地看作"背着东西"。"撇字首当先"是说在文本前面加"'"。最后两句是说在单元格中输入换行不能直接按 Enter 键，而应按 Alt+Enter 键。

8.3.2　自动填充

如果要在连续的几个单元格中依次输入"1，2，3…"等有规律的数字序列，或者"星期一、星期二、星期三……"等有规律的文本序列时，可以使用 Excel 的自动填充功能快速输入。

Excel 的活动单元格被黑框框住，在黑框的右下角有一个小的正方形黑块，称**填充柄**。当将鼠标指针移动到填充柄上时，鼠标指针变为**+**形。填充柄是一个强大的工具，利用填充柄可自动填充数字序列、时间序列、文本编号乃至以后要介绍的公式等，大大提高输入效率。

8.3.2.1 通过自动填充复制单元格

例如，在 B1 单元格中输入 1，将鼠标指针移动到 B1 单元格的填充柄上，当鼠标指针变为╋形时，按住鼠标左键不放向下拖动鼠标，鼠标拖放过的单元格都将自动填充 1，如图 8-21 所示。这是一种复制填充方式，是 Excel 的默认方式。填充后，在填充区域旁边还将出现自动填充选项图标（属于智能标记）⊞，单击它会弹出一个菜单，从中可选择"复制单元格"或"填充序列"等；如果希望填充 1，2，3…的序列，可在菜单中选择相应选项进行修改。

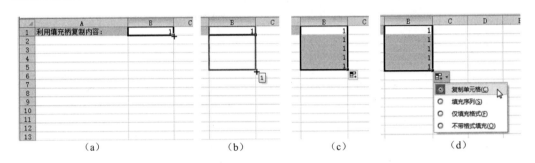

图 8-21　利用填充柄复制填充（🗀素材 8-6 自动填充.xlsx）

拖动填充柄不只局限于向下拖动，可以向上、下、左、右四个方向拖动填充周围的单元格。

如果要填充的列位于数据表中，还可双击填充柄自动向下填充本列到数据区的最后一行，这与拖动填充柄的效果相同。但对于数据行较多的表格，使用双击填充柄的方式更方便。

当拖动填充柄自动填充数据时，默认情况下单元格的格式也将被一起复制，而覆盖被填充单元格的原有格式，这在使用时要注意。如果不希望修改被填充单元格的格式，可在填充后单击自动填充选项图标⊞，从下拉菜单中选择"不带格式填充"。

高手进阶

还可以用鼠标右键拖动填充柄，释放鼠标后则立即弹出快捷菜单，从菜单中选择填充方式。

单击"开始"选项卡"编辑"组的"填充"按钮，从下拉菜单中可选择向下、向右、向上、向左填充。其中，向下填充也可通过 Ctrl+D 组合键完成，即将选定范围内最顶端单元格的内容和格式复制到它下面的所有单元格中，如果选定范围只有一行，则复制它上行的相邻单元格。向右填充也可通过 Ctrl+R 组合键完成，即将选定范围最左边单元格的内容和格式复制到它右侧的所有单元格中，如果选定范围只有一列，则复制它左列的相邻单元格。

8.3.2.2 自动填充数值序列

在相邻的上、下两个单元格（如 B8 和 B9）中分别输入 1 和 2，也就是需要两个初始值，以便让 Excel 判断等差序列的间距。然后同时选中这两个单元格按住鼠标左键不放，向下拖动它们右下角的填充柄，则拖动过的单元格将被自动填充为等差序列"1，2，3…"。
这时 Excel 默认是以序列方式填充的；如果不希望填充序列，在填充结束后，也可单击自
动填充选项图标，从菜单中选择其他选项，如图 8-22 所示。

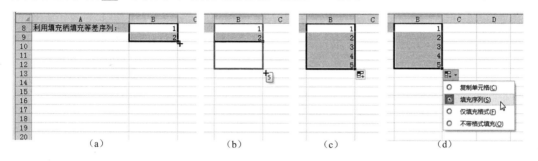

|（a）|（b）|（c）|（d）|

图 8-22　利用填充柄自动填充等差序列（素材 8-6 自动填充.xlsx）

如果要填充到的数值较大，拖动填充柄填充不是很方便，这时可采用双击填充柄的方
法向下填充到数据区的最后一行。也可以在单元格中输入序列的第一个值（如 1 后），单击
"开始"选项卡"编辑"组的"填充"按钮，从下拉菜单中选择"系列"，在弹出的"序列"
对话框中直接输入要填充到的"终止值"，并设置序列产生在"列"、类型为"等差序列"，
单击"确定"按钮填充，如图 8-23 所示。

图 8-23　"序列"对话框

等差序列既可通过拖动填充柄的方式填充，也可通过对话框填充，但等比序列只能通过对话框填充。
例如，要创建"5，25，125…"的等比序列，首先在起始单元格（如 B41 单元格）中输入 5，然后选择单
元格区域 B41:B46，在"开始"选项卡"编辑"组中单击"填充"按钮，从下拉菜单中选择"系列"。在
弹出的"序列"对话框中选择"等比序列"，设置"步长值"为 5，单击"确定"按钮。

【真题链接 8-14】小李是东方公司的会计，为节省时间，同时又确保记账的准确性，她使用 Excel
编制了员工工资表 Excel.xlsx。请在"序号"列中分别填入 1 到 15。

【解题图示】（完整解题步骤详见随书素材）

8.3.2.3　自动填充日期

在单元格中输入日期，如"2015/1/15"，然后向下拖动填充柄，则拖动过的单元格将

被自动填充日期 2015/1/16、2015/1/17…，如图 8-24 所示。单击自动填充选项图标，从菜单中还可选择其他选项，如选择"以工作日填充"将跳过周末或一些法定节假日进行填充；如选择"以月填充"将依次填充为 2015/2/15、2015/3/15…。

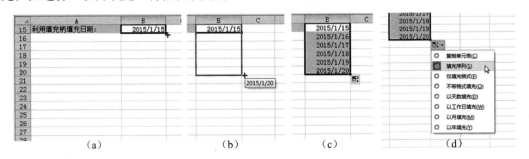

图 8-24　利用填充柄自动填充日期（素材 8-6 自动填充.xlsx）

【真题链接 8-15】在 Excel 某列单元格中，快速填充 2011～2013 年每月最后一天日期的最优操作方法是（　　）
  A. 在第一个单元格中输入"2011-1-31"，然后使用 MONTH 函数填充其余 35 个单元格
  B. 在第一个单元格中输入"2011-1-31"，拖动填充柄，然后使用智能标记自动填充其余 35 个单元格
  C. 在第一个单元格中输入"2011-1-31"，然后使用格式刷直接填充其余 35 个单元格
  D. 在第一个单元格中输入"2011-1-31"，然后执行"开始"选项卡中的"填充"命令

【答案】B

【解析】选项 A 的 MONTH 函数是用于提取一个日期中的月份部分的（将在第 9 章介绍），不能用于本题的需求；选项 C 只是复制格式，无法填充数据；选项 D 操作过于复杂；选项 B 的操作是：拖动填充柄后，单击自动填充选项图标，从下拉菜单中选择"以月填充"即可。

8.3.2.4　自动填充数字编号序列

数字编号的序列，如 001，002，003…等也可通过填充柄自动填充输入。在起始单元格（如 B23 单元格）中输入'001（注意开头的单引号"'"），然后向下拖动该单元格的填充柄，则拖动过的单元格将被自动填充 002，003…，如图 8-25 所示。

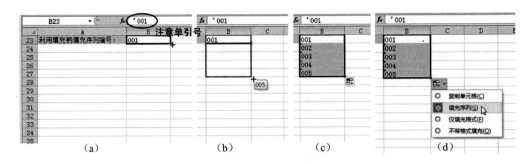

图 8-25　利用填充柄自动填充数字编号序列（素材 8-6 自动填充.xlsx）

序列中的编号还可以是被嵌在文本之内的。例如，在起始单元格中输入"第 1 分公司"，拖动填充柄，则 Excel 能够自动填充"第 2 分公司""第 3 分公司"……

【真题链接 8-16】文涵是大地公司的销售部助理，负责对全公司的销售情况进行统计分析，并将结果提交给销售部经理。年底，她将根据各门店提交的销售报表进行统计分析，请帮助文涵在"销售情况"表的"店铺"列左侧插入一个空列，输入列标题为"序号"，并以 001，002，003……的方式向下填充该列到最后一个数据行。

【解题图示】（完整解题步骤详见随书素材）

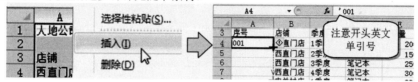

8.3.2.5　自动填充有规律的文本序列

诸如"星期一""星期二""星期三"……有规律的文本序列，也可通过填充柄自动填充。在起始单元格中输入"星期一"，然后向下拖动它的填充柄，则拖动过的单元格将依次被填充"星期二""星期三"……，如图 8-26 所示。

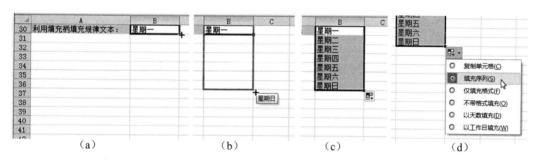

图 8-26　利用填充柄自动填充规律文本序列（📁素材 8-6 自动填充.xlsx）

Excel 能自动填充诸如"星期一""星期二""星期三"……等有规律的文本序列，是因为 Excel 系统已被预先设置了这些序列，这使 Excel 有自动填充这些序列的能力。而其他一些序列，如"春、夏、秋、冬"，如果系统中没有被预先设置，Excel 就不能自动填充。但 Excel 允许用户自己定义序列，让 Excel "认识"新序列，定义后，Excel 同样能自动填充这一序列。

单击"文件"|"选项"命令，在打开的"Excel 选项"对话框的左侧选择"高级"，拖动右侧内容的垂直滚动条到比较靠下的位置，再单击右侧的"编辑自定义列表"按钮。打开"自定义序列"对话框。在对话框的"输入序列"文本框中依次输入序列中的各项，每项末尾都要按 Enter 键；或者在下方单击"导入"按钮导入工作表中某个单元格区域的内容作为序列，单击"添加"按钮即可添加此序列。这样，Excel 就拥有了自动填充此序列的能力。

8.3.3　数据有效性

使用数据有效性，可以限制在单元格中输入的数据内容及其类型。可限制在单元格中只能输入一个序列中的特定值（例如只能输入 5 位员工姓名"高小丹、刘君赢、王铬争、石明砚、杨晓柯"中的 1 个），或者限制输入的整数、小数或日期时间必须在某个范围内，或者限制输入的文本的长度等。使用数据有效性，还可实现在单元格旁边显示下拉箭头，实现以下拉列表的方式输入数据。

例如，如图 8-27 所示，要在"性别"列中控制仅可输入"男"或"女"，当输入其他内容时，能弹出出错警告，就可以利用 Excel 的数据有效性功能实现。选中 B 列的 B2:B101 单元格区域，在"数据"选项卡"数据工具"组中单击"数据有效性"按钮，从下拉菜单中选择"数据有效性"，打开"数据有效性"对话框。

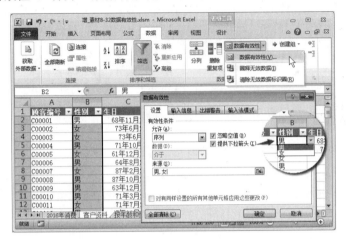

图 8-27 数据有效性（📁素材 8-7 数据有效性.xlsm）

在对话框中切换到"设置"选项卡，在"允许"下拉框中选择"序列"，在"来源"中输入英文逗号分隔的所有允许输入的内容，本例只有"男"或"女"两项，因此输入为"男,女"（注意，要用半角逗号分隔）。如果序列内容已位于工作表的某个单元格区域中，也可将插入点定位到"来源"框中，然后选择工作表中的这个单元格区域，免去在对话框中再重新输入一遍的麻烦。如果选中"提供下拉箭头"，则在将来单元格右侧会出现下拉箭头，单击它会打开下拉列表列出所有允许输入的内容，以方便输入数据时在此选择。

如果希望在输入数据时在单元格的旁边能够自动出现一些提示文字，可在对话框中切换到"输入信息"选项卡设置提示文字，如图 8-28 所示。例如，这里设置提示文字"只能输入'男'和'女'"后再输入数据时的效果如图 8-28 所示。

切换到对话框的"出错警告"选项卡，如图 8-29 所示，这里设置当用户输入其他不允许的内容时如何弹出出错警告。出错时 Excel 将弹出一个出错警告的消息框，在这里可设置此消息框的标题和内容文字，以及消息框的样式（在消息框中显示的图标）。例如，这里输入提示文字为"仅可输入中文!"，并设置样式为"停止"（即将来消息框中的图标是一个红色的叉）。

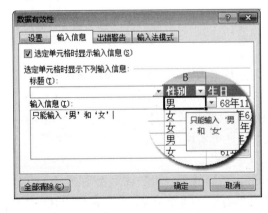

图 8-28 设置数据有效性的输入信息

图 8-29 设置数据有效性的出错警告

单击"确定"按钮设置数据有效性后，在"性别"列中只能输入"男"或"女"，如试图输入其他内容，会弹出如图 8-30 所示的出错警告并拒绝输入。该出错警告是之前在对话框的"出错警告"选项卡中设置的。

图 8-30　输入违反有效性规则数据时的出错警告

设置数据有效性后，若输入无效数据 Excel，将拒绝输入。但是，对在设置数据有效性之前，已经被输入到单元格中的那些无效数据，Excel 不会将它们删除，这些数据在单元格中仍保持原状。但若修改这些数据，则必须修改为有效的数据，Excel 才能接受修改。

【真题链接 8-17】小李在 Excel 中整理职工档案，希望"性别"一列只能从"男""女"两个值中进行选择，否则系统提示错误信息，最优的操作方法是（　　　）。

A. 通过 if 函数进行判断，控制"性别"列的输入内容
B. 请同事帮忙进行检查，错误内容用红色标记
C. 设置条件格式，标记不符合要求的数据
D. 设置数据有效性，控制"性别"列的输入内容

【答案】D

【解析】选项 A 的 if 函数只能根据不同情况得到不同的结果值，不具有限制输入内容或提示错误信息的功能；选项 B 过于烦琐，且选项 B 和选项 C 也都无法限制输入内容或提示错误信息。

【真题链接 8-18】人事部统计员小马负责本次公务员考试成绩数据的整理，按照下列要求帮助小马完成相关的整理工作：在工作表"名单"中，正确的准考证号为 12 位文本，面试分数的范围为 0～100 的整数（含本数），试检测这两列数据的有效性，当输入错误时，给出提示信息"超出范围请重新输入！"。

【解题图示】（完整解题步骤详见随书素材）

还可以通过公式设置更复杂的数据有效性条件。例如，要实现不允许输入重复的学号值，就要通过公式构建条件。在"数据有效性"对话框的"设置"选项卡中选择"允许"为"自定义"，然后就可以输入公式了。通过公式构建条件的方法将在第 9 章介绍。

8.3.4　查找和替换

同 Word 类似，Excel 也有查找和替换的功能。例如，如图 8-31 所示，为将 B 列即"性别"列中的所有 M 替换为"男"，首先选中 B 列，然后在"开始"选项卡"编辑"组中单击"查找和选择"按钮，从下拉菜单中选择"替换"命令，弹出"查找和替换"对话框。在"查找内容"和"替换为"文本框中分别输入 M 和"男"，单击"全部替换"按钮。读

者可练习继续将 B 列的所有 F 替换为"女"。

图 8-31　用替换功能将 B 列中的 M 替换为'男'（📁素材 8-8 查找和替换.xlsm）

Excel 的查找和替换功能不如 Word 强大，如有 Excel 不能完成的查找和替换需求，可以切换到 Word 中完成，然后再将结果粘贴回 Excel。

【真题链接 8-19】陈颖是某环境科学院的研究人员，现在需要使用 Excel 分析我国主要城市的降水量。请帮助她在"主要城市降水量"工作表中将 A 列数据中城市名称的汉语拼音删除，并在城市名后面添加文本"市"，如"北京市"。

【解题图示】（完整解题步骤详见随书素材）

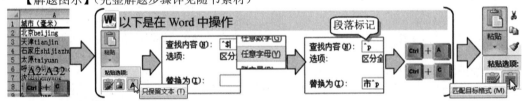

8.4　表格换新衣——格式化工作表

8.4.1　单元格的数字格式

8.4.1.1　使用内置数字格式

在单元格中输入数据后，要实现诸如四舍五入保留若干小数位、添加%、千位分隔符（,）、人民币符号￥，或将日期数据改为"XX 年 XX 月 XX 日"的形式等，不必亲力亲为地再逐个修改单元格的数据内容，只要设置单元格格式就可以了。

选中要设置格式的单元格或单元格区域右击，从快捷菜单中选择"设置单元格格式"命令，弹出"设置单元格格式"对话框。对话框的"数字"选项卡提供了多种内置格式供选用，如图 8-32 所示。这些内置格式的含义见表 8-1。

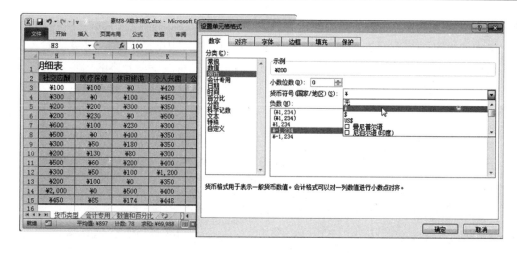

图 8-32　设置货币格式（📁素材 8-9 数字格式.xlsx）

表 8-1　Excel 单元格的内置数字格式

格式	功能说明
常规	默认格式，一般显示为所键入数据的原貌，但若单元格宽度不够，会适当四舍五入保留部分小数位，或对较大的数字（12 位及以上）采用科学记数法形式显示
数值	用于数字的一般显示。可指定四舍五入要保留到的小数位数、是否使用千位分隔符（,），以及如何显示负数（用负号、红色、括号或同时用红色和括号）
货币	用于表示货币值，并总是带有千位分隔符（,），可带有某种货币符号（如￥）或无货币符号，可指定四舍五入要保留到的小数位数，以及如何显示负数
会计专用	也用于表示货币值，并总是带有千位分隔符（,），可带有某种货币符号（如￥）或无货币符号，也可指定四舍五入要保留到的小数位数。与"货币"格式的区别是，"会计专用"会对齐货币符号和小数点，而"货币"格式不对齐。另外，对 0 值，"货币"格式显示为 0，而"会计专用"格式则显示一个连字符"-"
日期	可进一步选择"2001 年 3 月 14 日""2001/3/14""14-Mar-01"等多种日期格式。其中以星号（*）开头的日期格式受系统"控制面板"中区域和日期时间设置的影响，不带星号（*）的格式不受"控制面板"设置的影响
时间	可进一步选择"13:30""1:30 PM""13 时 30 分""13 时 30 分 55 秒"等时间格式。格式中星号（*）的含义同上
百分比	将单元格原数据值乘以 100，并总是显示百分号（%），可指定四舍五入保留到的小数位数
分数	可进一步设置分母为 2 位或 3 位数，或以 2、4、8、10、16、100 等为分母显示分数
科学记数	以科学记数法的形式显示数字，用 E 表示"乘以 10 的次幂"，如 1.23E+5 表示 1.23×10^5，可指定 E 的左边小数四舍五入要保留到的小数位数
文本	将单元格的内容视为文本，即使键入数字，也视为文本，如键入 001、002，则可原样显示 001、002；如不设置为"文本"格式，将被视为数字，并显示为 1、2
特殊	将数字显示为邮政编码、中文小写数字、中文大写数字等

　　例如，如图 8-32 所示，将每月各类支出及总支出对应的单元格数据类型都设置为"货币"类型，包含人民币符号￥，无小数（即四舍五入取整）。又如，如图 8-33 所示，将"单价"和"小计"列的数字都设置为"会计专用"格式，包含人民币符号￥并保留 2 位小数。

　　注意，设置单元格格式只会改变数据内容的外观（包括屏幕显示和打印效果），不会更改数据内容本身。设置单元格格式后，在编辑栏中仍可查看数据内容的原貌。例如，从

图 8-32 的编辑栏可见 H3 单元格中的内容原貌为 100，但却显示为"￥100"；图 8-33 的 F3 单元格中的内容原貌为 432，但却显示为"￥　432.00"。其中，￥符号、必要的对齐空格及小数位都是通过设置单元格格式得到的外观效果，并没有改变单元格的内容本身。也就是说，在单元格中所见并不一定都是直接通过键入得到的，可能仅是通过设置格式的外观表现。这使当需要其他外观形式时，只要切换为另一种格式就可以了，而数据内容本身自始至终都不必改变。

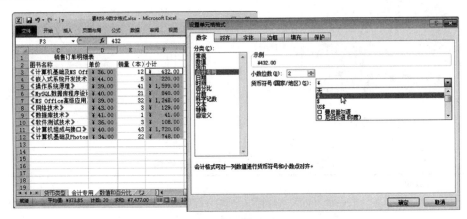

图 8-33　设置会计专用格式（📂素材 8-9 数字格式.xlsx）

同样，要改变单元格中显示的日期和时间格式，如希望日期显示为"2018 年 10 月 28 日"，而不是"2018/10/28"，也可通过调整单元格的格式实现。仍在单元格中输入"2018/10/28"，然后只要在"设置单元格格式"对话框中选择一种日期格式即可，如图 8-34 所示。对时间数据也有多种不同的格式供选择。

图 8-34　设置单元格的日期格式

Excel 中的日期和时间数据实际是一个带小数位的十进制实数，单位是"天"，即整数部分代表整天数，小数部分代表不到 1 天的部分。默认规定值为 1 代表"1900 年 1 月 1 日午夜 0:00"；值为 1.25 代表"1900 年 1 月 1 日上午 6:00"，因为 0.25 天就是 6 小时；值为 42614.35 代表"2016 年 9 月 1 日上午 8:24"。日期都通过这样一个实数表示，实数为相对于"1900 年 1 月 1 日"经过的天数，也称日期序列值或日期序列号。在单元格中显示日期时间，而不显示一个实数，是由单元格格式决定的。当把单元格格式设为"数值"格式，就能看到实数的本来面貌了。

在"开始"选项卡的"数字"组中，也提供有若干设置常用单元格格式的按钮，如图 8-35 所示。对常用的数字格式也可通过这些按钮实现。例如，将图 8-35 的 B 列人口数通

过单击 按钮设置为千位分隔样式，再通过单击 和 按钮调整小数位使保留整数。将 C 列比重数据通过单击 % 按钮设置为百分比样式，再通过单击 和 按钮调整小数位使保留两位小数。这些设置也可在"设置单元格格式"对话框中完成，分别如图 8-35 的右侧图所示。

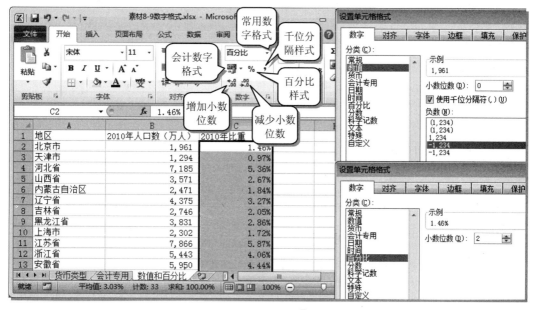

图 8-35　设置数值格式和百分比格式（📁素材 8-9 数字格式.xlsx）

【真题链接 8-20】小李是东方公司的会计，为节省时间，同时又确保记账的准确性，她使用 Excel 编制了员工工资表 Excel.xlsx。请根据下列要求帮助小李对该工资表进行整理：将"基础工资"（含）右侧各列设置为会计专用格式、保留两位小数、无货币符号。

【解题图示】（完整解题步骤详见随书素材）

【真题链接 8-21】李东阳是某家用电器企业的战略规划人员，正在参与制订本年度的生产与营销计划。为此，他需要对上一年度不同产品的销售情况进行汇总和分析，从中提炼出有价值的信息。请帮助李东阳在"销售记录"工作表中，将 B 列（日期）中数据的数字格式修改为只包含月和日的格式（3/14）。

【解题图示】（完整解题步骤详见随书素材）

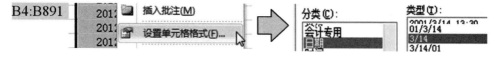

8.4.1.2　自定义数字格式

单元格的格式实际是由一段代码控制的。在"设置单元格格式"对话框的"数字"选项卡中，当选择了一种内置格式（如会计专用、百分比、日期等）时，实际是应用了这一格式对应的、事先已由 Excel 系统编写好的代码，因此可直接使用这些内置格式，而不需关心代码如何。但如果这些内置格式都不能满足需要，就要自己编写代码自定义格式。在"数字"选项卡中选择"自定义"即可自行编写格式代码，如图 8-36 所示。

控制一个单元格格式的代码有 4 段，各段之间由英文分号（;）隔开，形式如下。

　　正数格式；负数格式；零值格式；文本格式

即将来单元格中的内容如是正数，就自动按照第 1 段代码设置格式；如是负数，就自动按照第 2 段代码设置格式……代码也可少于 4 段，此时几种情况共用一段代码。如只有 2 段代码，则第 1 段用于正数和零，第 2 段用于负数。如只有 1 段代码，则将用于所有数字。某段代码也可保持为空白，以使用默认设置，但这时不能省略分号。

在每段代码中都使用各种占位符表示单元格格式。单元格自定义数字格式的常用占位符见表 8-2。

图 8-36　自定义单元格的数字格式

表 8-2　单元格自定义数字格式的常用占位符

格式*	功能说明
[颜色]	在每段代码的开头都可指定一种颜色，颜色要放在一对[ ]中。可使用以下 8 种颜色：[黑色]、[绿色]、[白色]、[蓝色]、[洋红色]、[黄色]、[蓝绿色]、[红色]，或使用编号为 1~56 的颜色，如[颜色 10]。如不指定颜色，默认使用黑色
0（零）	数字占位符，且该位数字不能省略，即使对于数字开头的 0 和小数末位的 0（称无意义的 0），也要显示出 0。例如，格式 000.00 将使单元格数字保留两位小数，且整数部分显示至少 3 位数，对数据 1.2，将显示为 001.20（数字开头的 0、末位 0 都不能省略）
#	数字占位符，该位数字如属无意义的 0，将省略。例如，格式#.##也使单元格数字保留两位小数，但无意义的 0 将省略，如对 1.2，显示为 1.2，而非 1.20，对 0.345 显示为.35（省略小数点前的 0，即小于 1 的数字都将以小数点开头）
?	数字占位符，使小数点对齐。对齐的原理是将数字中无意义的零的位置填补空格。例如，格式 0.0?在数字 8.9 后填补一个空格，使其与列中的其他数据（如 88.99）可以小数点对齐
.（句点）	在数字中显示小数点。如格式#.00 对 1.256 显示为 1.26，对 0.1 显示为.10
,（逗号）	如果逗号（,）两旁有（#）或零（0），则在数字中显示千位分隔符（,），如#,##0.00 将千位添加逗号（,）并保留两位小数；如果逗号跟随在数字占位符后面，数字会以 1000 为倍数缩小，如格式"#.0,"对数字 12345 显示为 12.3
%	将数字乘以 100 并显示百分比符号（%）
@	文本占位符。只使用单个@表示单元格中原文本内容本身。可在其之前、之后添加其他内容，如自定义格式："人民币"@"元"，当输入 12 时，将显示为"人民币 12 元"
_	要添加一个空格，应将空格放在下画线（_）之后；或用英文双引号引起空格写为" "
y、m、d	分别表示年、月、日的数字，yy 或 yyyy 分别表示 2 位或 4 位年份；m 和 d 分别表示不带前导 0 的月和日，如需带前导 0，应使用 mm 和 dd；ddd 和 dddd 分别表示星期几的英文缩写和完整形式
aaaa	将日期数据显示为"星期几"，aaa 只显示"一、二……日"。例如，自定义格式"周"aaa，将显示为"周一、周二……周日"
h、m、s	分别表示小时、分钟、秒的数字，且不带前导 0。如需带前导 0，应使用 hh、mm 或 ss。m 必须紧跟在 h 之后，或其后有代码 s，否则将显示为月份，而不是分钟数。h 或 hh 只能显示小于 24 的小时数，如希望显示超过 24 的小时数，应使用[h]；同样，应使用[m]或[s]分别显示超过 60 的分钟数或超过 60 的秒数

*若实际数字的位数长于格式中占位符（0、#、?）的数量，则分小数点左侧、右侧的情况不同。若实际数字的小数点右侧的位数过长，则该数字的小数位数会舍入到与占位符个数相同。若实际数字的小数点左侧的位数过长，则仍原样显示数字，不受占位符个数的限制。例如，格式 0.00 对数字 123.456 显示为 123.46。

例如，为单元格编写如下格式代码。

0.00; [红色]"未达标"; "-"; @"!"

将对正数显示为两位小数，对负数显示为红色的"未达标"字样（不再显示负数数值）；对 0 值显示为一个"-"；对文本则显示单元格的原文本内容后再加一个叹号（!）。"未达标""-"和"!"都是希望直接显示在单元格中的内容，不属控制代码，因此要用英文双引号引起来。对正数、0 和文本的格式没有指定颜色，仍显示为黑色。

高手进阶　可否设置格式代码，使以"万"为单位显示数值呢？用数字占位符 0 代表每一位数，然后在"万"位后显示一个小数点就可以了，即格式代码为：0"."0000。这里的小数点（"."）是用英文双引号引起来的，是原样显示的文字，并非真正的"小数点"。代码也可以是"0!.0000"或"0\.0000"，其中叹号(!)或斜杠(\)也表明后面的小数点(.)原样显示，而非真正的小数点。

然而，以上方法以"万"为单位必须保留 4 位小数。如果要保留 1 位小数，在数字占位符后加逗号将数字大小缩小 1000 倍即可，即格式代码为"0"."0,"或者"0!.0,"，或者"0\.0,"。而保留 2 位、3 位小数是不容易实现的。

【真题链接 8-22】如果 Excel 单元格值大于 0，则在本单元格中显示"已完成"；单元格值小于 0，则在本单元格中显示"还未开始"；单元格值等于 0，则在本单元格中显示"正在进行中"，最优的操作方法是（　　）。

A. 使用 IF 函数　　　　　　　　　　B. 通过自定义单元格格式，设置数据的显示方式
C. 使用条件格式命令　　　　　　　　D. 使用自定义函数

【答案】B

【解析】选项 A 的 IF 函数将在第 9 章介绍，可判断不同情况，给出不同结果，但本题判断的内容是单元格本身，结果也将存入同一单元格，会导致循环引用的错误。选项 C 的条件格式将在本章稍后介绍，要设置多个条件比较烦琐。选项 D 也不易实现。选项 B 最优，其操作方法是：在"设置单元格格式"对话框中选择"自定义"，然后输入代码为""已完成"; "还未开始"; "正在进行中""。

【真题链接 8-23】阿文是某食品贸易公司销售部助理，现需要对 2015 年的销售数据进行分析。请帮助她在"订单明细"工作表中设置 G 列单元格格式，折扣为 0 的单元格显示"-"，折扣大于 0 的单元格显示为百分比格式，并保留 0 位小数（如 15%）。

【解题图示】（完整解题步骤详见随书素材）

【真题链接 8-24】税务员小刘接到上级指派的整理有关减免税政策的任务，请按照下列要求帮助小刘完成相关的整理、统计和分析工作。在"序号"列中输入顺序号 1、2、3…，并通过设置数字格式使其显示为数值型的 001、002、003…。

【解题图示】（完整解题步骤详见随书素材）

【真题链接 8-25】某停车场计划调整收费标准，拟从原来"不足 15 分钟按 15 分钟收费"调整为"不足 15 分钟部分不收费"的收费政策。市场部抽取了历史停车收费记录，期望通过分析掌握该政策调整后对营业额的影响。请帮助市场分析员在"停车收费记录"表中将"停放时间"列的显示方式改为"XX 小时 XX 分钟"。

【解题图示】（完整解题步骤详见随书素材）

上述格式是将数值按正负划分的。如不希望按正负划分，而需控制数值在某个范围时的格式，可将范围条件写在一对 [ ] 中。范围条件只能由一个比较运算符和一个值构成。例如：

[红色][>=90]0.0_ ;[绿色][<60]0.0_ ; 0.0_

将优秀成绩用红色显示，不及格成绩用绿色显示，均保留 1 位小数，且在数字后面添加一个空格。第三段代码表示 60~89 的数值格式，若没有指定颜色，将仍使用黑色。

直接编写格式代码比较困难，在实际工作中，可以某种内置格式为基础，改造或加工它的代码，或将两种内置格式的代码组合起来，实现一种新格式。例如，在"设置单元格格式"对话框中，选择日期格式"2001 年 3 月 14 日"，再切换到"自定义"查看它的代码为"yyyy"年"m"月"d"日""，再选择和查看日期格式"星期三"的代码为"aaaa"，则组合代码"yyyy"年"m"月"d"日" aaaa"就能表示格式"2001 年 3 月 14 日 星期三"。

【真题链接 8-26】财务部助理小王需要向主管汇报 2013 年度公司差旅报销情况，现在请按照如下需求，在 Excel.xlsx 文档中完成工作：在"费用报销管理"工作表"日期"列的所有单元格中标注每个报销日期属于星期几，如日期为"2013 年 1 月 20 日"的单元格应显示为"2013 年 1 月 20 日 星期日"，日期为"2013 年 1 月 21 日"的单元格应显示为"2013 年 1 月 21 日 星期一"。

【解题图示】（完整解题步骤详见随书素材）

【真题链接 8-27】陈颖是某环境科学院的研究人员，现在需要使用 Excel 分析我国主要城市的降水量。帮助她修改单元格区域 B2:M32 的单元格数字格式，使得值小于 15 的单元格仅显示文本"干旱"（注意：不要修改单元格中的数值本身）。

【解题图示】（完整解题步骤详见随书素材）

高手进阶　在自定义的单元格格式代码中可以输入换行，这样单元格中的内容也将在对应位置换行（还需选中对话框"对齐"选项卡的"自动换行"）。然而"类型"文本框中只有一行，要在其中输入换行不能直接按 Enter 键，而要按 Ctrl+J 组合键。输入换行的另一种方法是：按住 Alt 键不放，再依次按小数字键盘上的 1 和 0 键，即 Alt+1、0（按大键盘上的 1、0 键是不行的）。输入换行后，在"类型"文本框中按↑、↓键查看各行。

8.4.2　单元格的字体和对齐

在单元格中输入的文本默认靠左对齐，数字、日期默认靠右对齐。可以改变对齐方式，但改变对齐方式并不会改变数据类型，更不会影响数据内容，这一点要注意。

在"开始"选项卡"字体"组和"对齐方式"组中可设置单元格中文字的字体、字号、颜色、对齐方式等，其中对齐方式包括水平对齐方式和垂直对齐方式，可分别设置。

在素材 8-2 中，读者可练习设置 A1 单元格（即标题单元格）为非宋体的任意字体及大于 13 磅的任意字号。设置 A1:I33 区域水平、垂直均居中对齐。在设置水平对齐时，要注意"居中"按钮最初就是高亮的≡，但也要单击它使其非高亮≡，然后再第 2 次单击它再使其高亮≡。这是因为各单元格的对齐方式有的为居中，有的为其他方式，并不统一。选区内只要存在一个水平居中的单元格，按钮就是高亮的。"居中"按钮高亮≡并不代表选区内所有单元格都已设置了水平居中，应单击 2 次该按钮以统一格式。

【真题链接 8-28】李东阳是某家用电器企业的战略规划人员，正在参与制订本年度的生产与营销计划。为此，他需要对上一年度不同产品的销售情况进行汇总和分析，从中提炼出有价值的信息。将"销售记录"工作表的单元格区域 A3:F891 中的所有记录居中对齐。

【解题图示】（完整解题步骤详见随书素材）

右击单元格，从快捷菜单中选择"设置单元格格式"。在弹出的"设置单元格格式"对话框的"对齐"选项卡中还可设置更多的对齐方式（图 8-17）。例如，"水平对齐"下拉列表中的"分散对齐"使内容撑满单元格，"填充"使单元格内容重复复制，直至填满单元格，"跨列居中"使文字跨越多个单元格居中排版，但不合并单元格。在下拉列表中，凡是有"（缩进）"字样的选项，还可同时在旁边设置缩进距离。另外，在对话框中还可设置文本以一定角度旋转。

【真题链接 8-29】李东阳是某家用电器企业的战略规划人员，正在参与制订本年度的生产与营销计划。为此，他需要对上一年度不同产品的销售情况进行汇总和分析，从中提炼出有价值的信息。在"销售记录"工作表的 A1 单元格中输入文字"2012 年销售数据"，并使其显示在 A1:F1 单元格区域的正中间（注意：不要合并上述单元格区域）。

【解题图示】（完整解题步骤详见随书素材）

8.4.3　边框和底纹

默认情况下，工作表中的表格线是浅灰色的，这些浅灰色的表格线在打印时是不会被打印出来的。要打印表格线，需为单元格单独设置某种线型的边框。

在"开始"选项卡"字体"组中单击"边框"按钮，然后选择边框样式。也可选择"其他边框"命令，弹出"设置单元格格式"对话框，切换到"边框"选项卡。首先设置框线的线型、颜色，然后再单击"预置"或"边框"下面的按钮，将对应位置的边框设置为这种格式的边框，如图 8-37 所示。除横线和纵线外，单击两个斜线按钮，还可为单元格添加斜线。

默认情况下，表格底纹颜色是白色的，要改变底纹颜色，在"开始"选项卡"字体"

组中单击"填充颜色"按钮，然后选择所需颜色。也可在"设置单元格格式"对话框中切换到"填充"选项卡做详细设置，如图 8-38 所示。

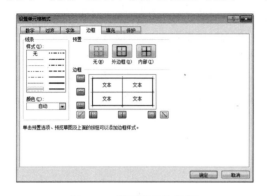
图 8-37 设置单元格边框

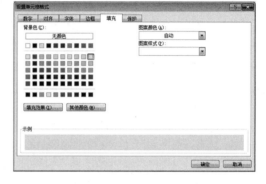
图 8-38 设置单元格填充底纹

例如，图 8-39 是将所有单元格应用了"外边框"和"内部边框"，将标题单元格的字体设为"微软雅黑""加粗"，文字颜色设为"白色,背景 1"，单元格填充色设为"蓝色"的效果。

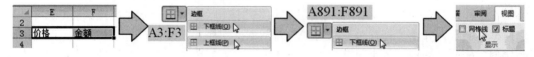
图 8-39 设置单元格字体、边框和底纹（📁素材 8-10 边框和底纹.xlsx）

【真题链接 8-30】李东阳是某家用电器企业的战略规划人员，正在参与制订本年度的生产与营销计划。为此，他需要对上一年度不同产品的销售情况进行汇总和分析，从中提炼出有价值的信息。请帮助李东阳在"销售记录"工作表的 E3 和 F3 单元格中分别输入文字"价格"和"金额"。对标题行区域 A3:F3 应用单元格的上框线和下框线，对数据区域的最后一行 A891:F891 应用单元格的下框线；其他单元格无边框线；不显示工作表的网格线。

【解题图示】（完整解题步骤详见随书素材）

8.4.4 自动套用格式

Excel 2010 中预设了多种内置的表格格式，其中包括预定义的边框和底纹、文字格式、颜色、对齐方式等，可用于快速美化表格。

8.4.4.1 单元格样式

在"开始"选项卡"样式"组中单击"单元格样式"按钮，从下拉列表中选择一种样式可快速美化单元格。例如，如图 8-40 所示，选中 A1 单元格，然后单击"标题"应用这种样式（A1 单元格原被设置了"跨列居中"，文字看上去位于 A1:F1 区域中，而实际仅在 A1 中）。

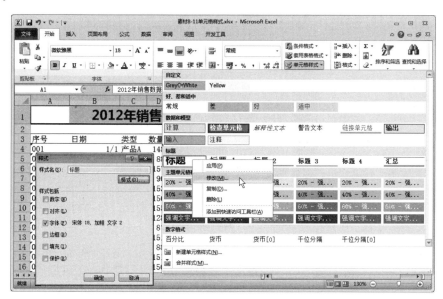

图 8-40 设置单元格样式（📖素材 8-11 单元格样式.xlsx）

同 Word 的样式类似，在 Excel 中也可修改单元格样式或新建样式。例如，要修改"标题"样式，在"单元格样式"按钮的下拉列表中右击"标题"样式，从快捷菜单中选择"修改"，如图 8-40 所示。在弹出的"样式"对话框中单击"格式"按钮。在弹出的"设置单元格格式"对话框中可更改样式的格式。读者可练习将该样式的字体改为"微软雅黑"。

【真题链接 8-31】人事部统计员小马负责本次公务员考试成绩数据的整理，按照下列要求帮助小马完成相关的整理工作。在工作表"名单"中修改单元格样式"标题 1"，令其格式变为"微软雅黑"、14 磅、不加粗、跨列居中，其他保持默认效果。为第 1 行中的标题文字应用更改后的单元格样式"标题 1"，令其在所有数据上方居中排列。

【解题图示】（完整解题步骤详见随书素材）

8.4.4.2 套用表格格式

套用表格格式将把某种系统预定义的格式集合应用到数据区域。选择要套用表格格式的单元格区域，然后在"开始"选项卡"样式"组中单击"套用表格格式"按钮，从下拉列表中选择一种格式，如图 8-41 所示，弹出"套用表格式"对话框，在"表数据的来源"框中确认要套用表格样式的区域是否正确；如果区域的首行为各列标题，要选中"表包含标题"复选框，单击"确定"按钮。

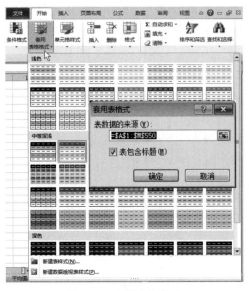

图 8-41　套用表格格式

　　图 8-42 为将"停车收费记录"工作表中的数据区域套用了表格格式"表样式中等深浅12"后的效果。在"表格工具|设计"选项卡"表格样式选项"组中，还可进一步调整格式。例如，如需取消第一列的特殊格式，则取消选中"第一列"；如希望交替的行或列有不同格式，应选中"镶边行"或"镶边列"。

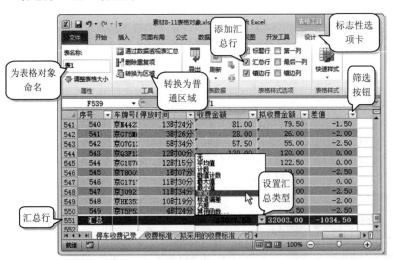

图 8-42　将数据区域转换为表格对象和表格对象的一些特征（📁素材 8-12 表格对象.xlsx）

　　数据区域在被套用表格格式后，会同时被创建为"表格"对象（或称"表"）。被创建为"表格"对象的一个明显标志是：选中数据区的任意单元格后，功能区出现"表格工具|设计"选项卡。

"表格"对象并不是"工作表",它是从早期 Excel 版本中的"列表"演化而来的。"表格"对象是工作表中一部分的单元格区域,独立于工作表中普通的单元格区域,具有更多的方便数据查看、编辑、格式控制和数据分析的功能,很多功能是普通单元格区域没有的。例如,在"表格工具|设计"选项卡"属性"组中,可以为该"表格"对象命名一个名称,如"表 1"(不是为工作表命名,是为工作表中的这个数据区域的表格对象命名),如图 8-42所示。又如,在"表格样式选项"组中,还可选中一些选项,如选中"汇总行",将在该表格对象的最下方自动添加一行"汇总行",方便进行数据汇总,如图 8-42 所示。只要单击汇总行的某个单元格右侧的下三角按钮,选择汇总方式,就可以自动进行汇总计算。而如通过普通单元格的编辑方式,要添加汇总行,则需自行输入文字、设置计算公式等,都不如表格对象来得方便。

【真题链接 8-32】中国的人口发展形势非常严峻,为此国家统计局每 10 年进行一次全国人口普查,以掌握全国人口的增长速度及规模。按照下列要求完成对第五次、第六次人口普查数据的统计分析:打开工作簿 Excel.xlsx,对"第五次普查数据"和"第六次普查数据"两个工作表中的数据区域套用合适的表格样式,要求至少四周有边框,且偶数行有底纹,并将所有人口数列的数字格式设为带千分位分隔符的整数。

【解题图示】(完整解题步骤详见随书素材)

【真题链接 8-33】每年年终,太平洋公司都会给在职员工发放年终奖金,公司会计小任负责计算工资奖金的个人所得税并为每位员工制作工资条。在工作表"员工基础档案"中,创建一个名为"档案"、包含数据区域 A1:N102、包含标题的表,同时删除外部链接。

【解题图示】(完整解题步骤详见随书素材)

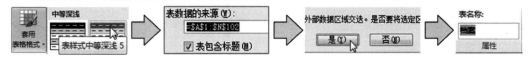

疑难解答

套用表格格式只能用在不包含合并单元格的数据区域中。有的读者在套用表格格式后,发现第 1 行出现"列 1""列 2"的列标题,显然是不正确的。这是因为所选数据区域是不正确的。选中任意一个单元格套用表格格式,只限于无合并单元格的整齐数据区域的情况。如果第一行被合并了单元格,则必须先选中除第一行之外的其他正确的数据区域再套用表格格式。

被创建"表格"对象后,在数据区域的列标题旁边还会出现自动筛选按钮▼,以方便对数据进行筛选,如图 8-42 所示。如不需使用筛选,在"数据"选项卡"排序和筛选"组中单击"筛选"按钮▽,使按钮成为非高亮状态即可取消筛选状态。

套用表格格式、创建"表格"对象,这两个操作实际是一步完成的,即如对数据区域套用了表格格式,就会被创建"表格"对象。

(1)如仅希望创建"表格"对象,而不需套用格式,在套用格式后,单击"表格工具|设计"选项卡"表格样式"组右下角的"其他"按钮▼,从列表中选择"无"样式,或选择"清除"命令即可。

（2）如仅希望套用表格格式，而不希望 Excel 将数据区域创建为"表格"对象，可在被创建"表格"对象后，单击"表格工具|设计"选项卡"工具"组的"转换为区域"按钮，如图 8-42 所示。"转换为区域"按钮确切的含义应该是"转换为普通区域"，单击该按钮后，"表格"对象被取消，"表格工具|设计"选项卡消失，数据区域被转换回工作表上的普通区域。这样仍可通过对普通单元格的操作方法对此区域进行编辑修改，但区域中被套用样式后的字体、颜色、边框等格式都被保留下来。

　　创建"表格"对象的另一种方法是：在"插入"选项卡"表格"组中单击"表格"按钮。

　　要删除表格对象，选中表格对象的所有单元格区域（包含标题），按 Delete 键，表格对象及其中的内容均被删除。

　　【真题链接 8-34】人事部统计员小马负责本次公务员考试成绩数据的整理，按照下列要求帮助小马完成相关的整理工作：在工作表"名单"中，为整个数据区域套用一个表格格式，取消筛选并转换为普通区域。适当加大行高，并自动调整各列列宽至合适的大小。锁定工作表的第 1～3 行，使之始终可见。

　　【解题图示】（完整解题步骤详见随书素材）

　　【真题链接 8-35】陈颖是某环境科学院的研究人员，现在需要使用 Excel 分析我国主要城市的降水量。请帮助她将单元格区域 A1:P32 转换为表，为其套用一种恰当的表格格式，取消筛选和镶边行，将表的名称修改为"降水量统计"。

　　【解题图示】（完整解题步骤详见随书素材）

8.4.5　选择性粘贴

　　通过剪切/复制+粘贴，可在工作表的不同单元格之间，或不同工作表之间移动或复制数据。剪切/复制和粘贴对应的快捷键分别是 Ctrl+X/Ctrl+C 和 Ctrl+V 组合键，或通过"开始"选项卡"剪贴板"组的相应按钮完成。选中单元格区域进行剪切/复制后，区域将呈活动的框线状态，指示这部分内容已在剪贴板中，如图 8-43 所示。如要取消活动框线状态，按 Esc 键即可。

　　粘贴时，只选中粘贴位置左上角的**一个**单元格即可（不必选中与源区域同样大小的单元格区域），Excel 会从这个单元格开始，将所复制的整个区域的内容都粘贴过来。如果按 Ctrl+V 组合键，是通常意义的粘贴，包含数值、公式、格式等都会一起粘贴。也可根据需要选择仅粘贴数值或仅粘贴公式，或仅粘贴格式等，这称为**选择性粘贴**。单击"开始"选项卡"剪贴板"组"粘贴"按钮的向下箭头，从下拉列表中选择"选择性粘贴"，弹出"选择性粘贴"对话框，如图 8-44 所示，在对话框中选择要粘贴的部分即可。

图 8-43　被剪切或复制的单元格的活动框线状态　　图 8-44　"选择性粘贴"对话框

使用"选择性粘贴"，还可在实现粘贴的同时对数据进行运算，在"选择性粘贴"对话框的"运算"组中，如选择"加"（"减""乘"或"除"），则会先使目标位置的原有数据加上（或减去、乘以、除以）剪贴板中的数据进行运算后，再将运算结果粘贴到目标位置。

使用"选择性粘贴"，还可实现数据的行、列转置，即行变为列、列变为行。例如，原来 2 行×6 列的数据经转置将变为 6 行×2 列。这使得在 Excel 中实现转置非常容易，通过复制+粘贴就可以完成：只要在"选择性粘贴"对话框中选中"转置"即可。

将鼠标指针指向选中单元格区域的边框线，当变为十形时按住鼠标左键不放拖动鼠标，可直接将内容移动到另一个位置；如果在拖动的同时按住 Ctrl 键，则实现内容的复制。这时的移动或复制是覆盖式的，即会覆盖目标位置的原有内容。如希望进行插入式移动或复制，则再同时按住 Shift 键，这时拖动到的位置后面的内容会自动后移，新内容将插入到该位置。

高手进阶

【真题链接 8-36】滨海市对重点中学组织了一次物理统考，并生成了所有考生和每一个题目的得分。市教委要求小罗老师根据已有数据统计分析各学校及班级的考试情况。请帮助小罗新建"按学校汇总 2"工作表，将"按学校汇总"工作表中的所有单元格数值转置复制到新工作表中。

【解题图示】（完整解题步骤详见随书素材）

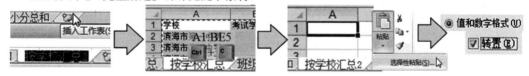

疑难解答

本题选中的单元格区域是 A1:BE5，何谓 BE5 呢？工作表列标常用 A、B、C…等字母表示，当 Z 用完后从第 27 列开始用 AA、AB、AC…，当 AZ 用完后从第 53 列开始用 BA、BB、BC…，当两个字母的都用完后再用三个字母，最大到 XFD（16384 列）。因此，BE5 代表的单元格就是 BE 列的第 5 行，BE 是一个整体，不能拆开，和 A、B、C 一样均表示列标。就像诸葛亮复姓"诸葛"名"亮"，"诸葛"是不能拆开的，不能说诸葛亮姓"诸"。

在"剪贴板"组"粘贴"按钮的下拉列表中，以及在右键菜单中，不同粘贴选项以不同图标列出，如图 8-45 所示，将鼠标移动到图标上会显示图标含义供选择。例如，若单击 图标，则只粘贴格式，这时数据是不会被一起粘贴过来的。这使得可单独复制格式，将已设好格式的单元格的格式可以直接应用到新单元格中，而不必为新单元格做重复的格式设置了。

清除单元格也分为清除内容保留格式、清除格式保留内容、格式内容同时清除等方式。在"开始"选项卡"编辑"组中单击"清除"按钮，从下拉菜单中选择相应命令即可，如图 8-46 所示。按下 Delete 键时，清除的是单元格的内容。

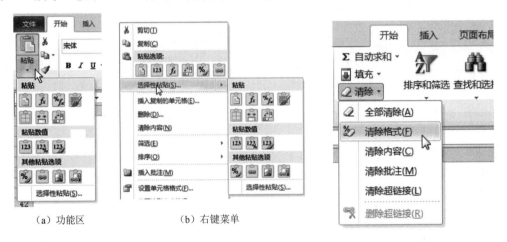

（a）功能区　　　　　（b）右键菜单

图 8-45　选择性粘贴选项　　　　　图 8-46　清除内容或格式

无论是清除内容，还是清除格式，单元格都是仍然存在的，还可以在其中输入新内容或为它设置新格式。这与删除单元格不同，删除单元格是包括单元格本身及其中的内容全被删除。

【真题链接 8-37】期末考试结束了，初三（14）班的班主任助理王老师需要对本班学生的各科考试成绩进行统计分析。将工作表"语文"的格式全部应用到其他科目工作表中，包括行高（各行行高均为 22 默认单位）和列宽（各列列宽均为 14 默认单位）。

【解题图示】（完整解题步骤详见随书素材）

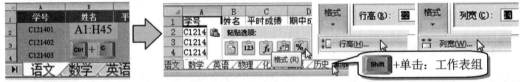

【真题链接 8-38】每年年终，太平洋公司都会给在职员工发放年终奖金，公司会计小任负责计算工资奖金的个人所得税并为每位员工制作工资条。基于工作表"12 月工资表"中的数据，从工作表"工资条"的 A2 单元格开始依次为每位员工生成样例所示的工资条，要求每张工资条占用两行、内外均加框线，第 1 行为工号、姓名、部门等列标题，第 2 行为相应工资奖金及个税金额，两张工资条之间空一行以便剪裁，该空行行高统一设为 40 默认单位，自动调整列宽到最合适大小，字号不得小于 10 磅。

【解题图示】（完整解题步骤详见随书素材）

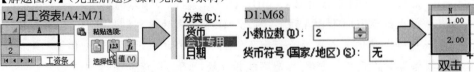

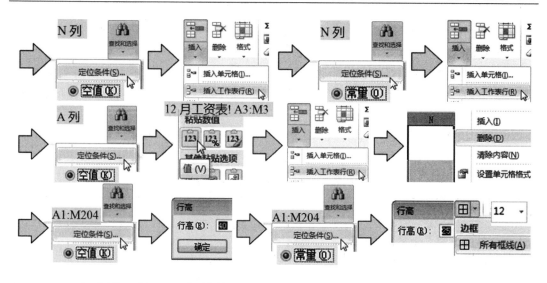

8.4.6 一个也逃不掉——条件格式

条件格式就是有条件地设置格式，而不是对单元格统统都设置格式。这在实际工作中是很实用的：面对眼花缭乱的数据，如何能在成绩表中找出低于 60 分的成绩？全班谁的成绩最高，谁的成绩最低？销售排名表中的前 3 名和后 3 名都是谁？在报告表中有没有重复编号的记录？值在某个范围之间的数据又有哪些？……诸如此类问题，都可用 Excel 的条件格式功能一个不漏地挑出来，并把那些单元格用不同格式（如不同颜色）标记，令人一目了然。

例如，如图 8-47 所示，欲找出在"收费金额"中有哪些达到 100 元，并将这些单元格突出显示为黄底红字。选中"收费金额"列的数据区域 K2:K550（注意：不包含最后一行汇总行），在"开始"选项卡"样式"组中单击"条件格式"按钮，从下拉菜单中选择"突出显示单元格规则"中的"其他规则"。

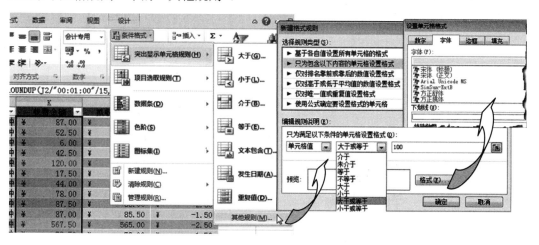

图 8-47 突出显示单元格规则的条件格式（📁素材 8-13 条件格式（突出显示）.xlsx）

在打开的"新建格式规则"对话框中选择规则类型为"只为包含以下内容的单元格设

置格式"，然后设置为"单元格值""大于或等于"、100。再单击"格式"按钮，在弹出的"设置单元格格式"对话框中设置为黄底红字，即在"字体"选项卡的"颜色"中选择标准色红色；在"填充"选项卡中选择标准色黄色，单击"确定"按钮。回到"新建格式规则"对话框，单击"确定"按钮。可见，"收费金额"列中 100 元以上的单元格都被标记了这种颜色。

　　像上例这样，挑出满足某条件的单元格设置格式，只属于条件格式的一种类型，称"突出显示单元格规则"。除此之外，Excel 还支持很多其他类型的条件格式，见表 8-3。

表 8-3　条件格式的各种规则类型

规则类型	功能说明
突出显示单元格规则	通过大于、小于、等于、介于等条件限定数据范围，对属于该数据范围的单元格设置格式
项目选取规则	将按数据大小排名后的第 1 或前几名的单元格，或排名为最后 1 名或最后几名的单元格，或高于/低于平均值的单元格设置格式
数据条	用不同长度的数据条表示单元格中值的大小，有助于查看与其他单元格相比值的相对大小
色阶	使用两种或三种颜色的渐变效果表示单元格中的数据，颜色的深浅表示值的高低。例如，在绿色和黄色的双色色阶中，可以指定数值越大的单元格的颜色越绿，数值越小的单元格的颜色越黄
图标集	使用图标集表示数据，每个图标代表一个值的范围。例如，在三色交通灯图标集中，绿色的圆圈代表较高值，黄色的圆圈代表中间值，红色的圆圈代表较低值

　　下面给出一个通过条件格式标识数据大小排名的例子。如图 8-48 所示，在"各省市选票抽样率"工作表中，找出最高的抽样率。选中 D2:D32 单元格区域，单击"条件格式"按钮，从下拉列表中选择"项目选取规则"中的"值最大的 10 项"。由于只需找抽样率最大的 1 项，而非最大的 10 项，在弹出的对话框中设置为 1；在"设置为"下拉框中可选择一种预设格式，或选择"自定义格式"，这里选择预设格式"浅红填充色深红色文本"。单击"确定"按钮，最高抽样率则被标识出来。

图 8-48　项目选取规则的条件格式（素材 8-13 条件格式（项目选取）.xlsx）

再创建一个条件格式，找出最低的抽样率。保持 D2:D32 为选中状态，再单击"条件格式"按钮"项目选取规则"中的"值最小的 10 项"，在弹出的对话框中设置为 1，选择预设格式"绿填充色深绿色文本"，单击"确定"按钮，则最低的抽样率也被标识出来。

对同一个单元格区域，可以设置多个条件格式规则。如果各规则彼此不冲突，各规则将被同时应用。例如，如果一个规则设置单元格格式为字体加粗，而另一个规则将同一个单元格设置为字体红色，则该单元格的字体将被加粗，并被设为红色。

如果规则冲突，将只应用优先级高的规则，优先级低的规则被覆盖，不起作用。越较晚设置的条件格式，规则的优先级越高，越覆盖其他规则。例如，现在 D2:D32 单元格区域中再增加一个条件格式，将高于平均抽样率值的单元格标记出来。再单击"条件格式"按钮，从下拉菜单中选择"项目选取规则"中的"高于平均值"。在弹出的对话框中设置为"黄填充色深黄色文本"，单击"确定"按钮。这时该规则与刚才设置的"最高抽样率"的规则冲突，最高抽样率的规则失效，使最高抽样率的单元格不再被标识为"浅红填充色深红色文本"。这可通过调整条件格式规则的优先级，使"最高抽样率"的条件格式规则更"优先"解决。再单击"条件格式"按钮，从下拉菜单中选择"管理规则"，弹出"条件格式规则管理器"对话框，如图 8-49 所示，对话框的下方列表中列出了所有规则，越排在列表前面的规则优先级越高。选中某个规则，再单击对话框右上角的 ▼ 和 ▲ 按钮调整规则在列表中的先后排列顺序，即调整了规则的优先级。这里将"前 1 个"的规则移动到"高于平均值"的规则前，最后单击"确定"按钮。

图 8-49　管理条件格式规则

当有多个规则时，若希望满足列表中的某个规则，就对应设置条件格式，而不再考查排在列表后面的其他规则，就选中该规则后面的"如果为真则停止"复选框（如果条件格式规则属于数据条、色阶或图标集，则无法选中或清除该复选框）。

下面再给出一个数据条的例子。如图 8-50 所示，在 N 列计算了各城市全年的合计降水量，现要将数值数据以数据条的方式显示。选中 N2:N32 单元格区域，单击"条件格式"按钮，从下拉菜单中选择"数据条"中的"其他规则"。弹出的对话框如图 8-51 所示，设置填充为"实心填充"，选中"仅显示数据条"，单击"确定"按钮，效果如图 8-50 所示，单元格中的数值已被隐藏，仅显示数据条，表示数据的相对大小。如果在对话框中不选中"仅显示数据条"，则数据和数据条将同时显示在单元格中，如图 8-51 圆圈内的效果图所示。

要清除条件格式，在"开始"选项卡"样式"组中单击"条件格式"按钮，从下拉菜单中选择"清除规则"命令，也可在"条件格式规则管理器"对话框（图 8-49）中选中一个规则后单击"删除规则"按钮。

要为设置格式的单元格限制条件，还可通过公式实现更复杂的条件，这将在第 9 章介绍。

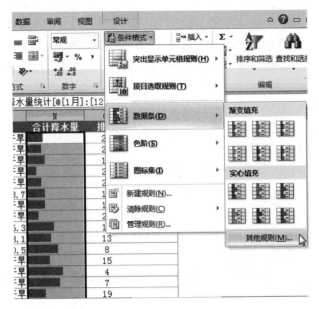

图 8-50　数据条的条件格式（🖼️素材 8-13 条件格式（数据条）.xlsx）

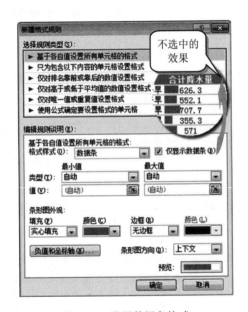

图 8-51　设置数据条格式

【真题链接 8-39】某公司需要在 Excel 中统计各类商品的全年销量冠军，最优的操作方法是
（　　）。
　　A. 在销量表中直接找到每类商品的销量冠军，并用特殊的颜色标记
　　B. 分别对每类商品的销量进行排序，将销量冠军用特殊的颜色标记
　　C. 通过自动筛选功能，分别找出每类商品的销量冠军，并用特殊的颜色标记
　　D. 通过设置条件格式，分别标出每类商品的销量冠军

【答案】D

【真题链接 8-40】期末考试结束了，初三（14）班的班主任助理王老师需要对本班学生的各科
考试成绩进行统计分析，按照下列要求完成该班的成绩统计工作。在工作表"期末总成绩"中分别

用红色（标准色）和加粗格式标出各科第一名成绩，同时将前 10 名的总分成绩用浅蓝色填充。

　　【解题图示】（完整解题步骤详见随书素材）

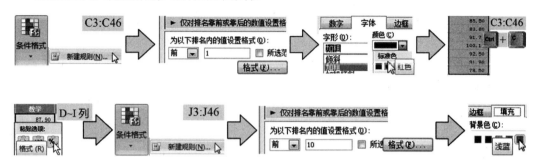

　　【真题链接 8-41】滨海市对重点中学组织了一次物理统考，并生成了所有考生和每一个题目的得分。市教委要求小罗老师根据已有数据，统计分析各学校及班级的考试情况。在"按学校汇总 2"工作表中，将得分率低于 80% 的单元格标记为"浅红填充色深红色文本"格式，将介于 80% 和 90% 之间的单元格标记为"黄填充色深黄色文本"格式。

　　【解题图示】（完整解题步骤详见随书素材）

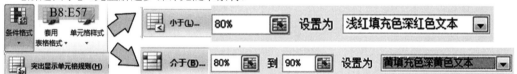

　　【真题链接 8-42】销售部助理小王需要根据 2012 年和 2013 年的图书产品销售情况进行统计分析，以便制订新一年的销售计划和工作任务。请将"销售订单"工作表的"订单编号"列中所有重复的订单编号数值标记为紫色（标准色）字体。

　　【解题图示】（完整解题步骤详见随书素材）

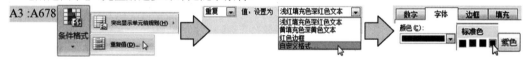

8.4.7　工作表背景

　　可为 Excel 工作表设置背景图片。方法是：单击"页面布局"选项卡"页面设置"组的"背景"按钮，在弹出的浏览文件对话框中选择图片文件，单击"插入"按钮。图 8-52 为"行政区划代码"工作表设置了 map.jpg 的背景图片，并隐藏了工作表网格线的效果（在"视图"选项卡"显示"组中取消选中"网格线"）。

图 8-52　为工作表设置背景图片（素材 8-14 工作表背景图片.xlsx）

8.4.8 应用主题

同 Word 文档类似，为 Excel 工作簿也可应用主题。方法是：在"页面布局"选项卡"主题"组中单击"主题"按钮，从下拉列表中选择一种主题，则本工作簿中的所有工作表、单元格、文字、图表、形状等一整套外观都会发生变化。

【真题链接 8-43】小赵是一名参加工作不久的大学生。他习惯使用 Excel 表格记录每月的个人开支情况。2013 年年底，小赵将每个月各类支出的明细数据录入文件名为 Excel.xlsx 的 Excel 工作簿文档中。请将工作表"小赵的美好生活"应用一种主题，并增大字号，适当加大行高、列宽，设置居中对齐方式，除表名"小赵 2013 年开支明细表"外，还对工作表添加内外边框和底纹，以使工作表更加美观。

【解题图示】（完整解题步骤详见随书素材）

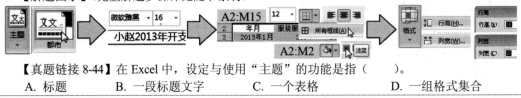

【真题链接 8-44】在 Excel 中，设定与使用"主题"的功能是指（　　）。

A. 标题　　　　B. 一段标题文字　　　　C. 一个表格　　　　D. 一组格式集合

【答案】D

第 9 章　高贵智慧有深度——Excel 的公式和函数

公式和函数，曾几何时，数学中的这两个词就走进了我们的学习。在 Excel 中，这两个词同样很时髦。不过，不管你是玩转它们的数学天才，还是闻之就头大的菜鸟，对 Excel 的学习都没有什么分别。因为学习 Excel 的公式和函数，和学习数学有很大的不同。Excel 中的公式和函数是为了方便计算电子表格的数据而来的，是隐藏高深且富有智慧的利器，能帮助我们把枯燥、重复的计算工作变得快捷简单！无论是加减乘除，还是求和、求平均，它统统给你瞬间搞定，而且保证计算结果正确，还会随着数据变化自动重算和更新结果。这种自动化水平和方便程度都是其他软件或编程语言难以达到的。Excel 有这么强悍、富有智慧的计算利器，难道你不想随心所欲地驾驭它吗？来吧，现在就开始 Excel 公式和函数的学习。不过，不用担心，不需要多么高深的数学知识，会数数就成了！

9.1　公式

9.1.1　公式的概念

Excel 中的公式是在工作表中由人们编写的、对数据进行计算的式子。例如，一个加法算式"=5+2"就是一个公式，Excel 将按照这个式子计算得到结果 7。Excel 就像是一个"大计算器"，只不过不是"按键型"的，而是"算式型"的，想算什么，只要写好算式，Excel 就统统给你算出来——这就是"公式"。之所以称其为"公"，"公"的含义是说同样或相似的算式可由多个单元格共用。例如，要在成绩单中计算每位学生的平均分，只要为其中一位学生编写好计算平均分的算式（公式），Excel 就能按照这个式子计算所有学生的平均分。怎么样，和数学、物理中"公式"的含义不一样吧？

Excel 中的公式（也就是算式）由以下元素组成。

（1）运算值：要进行运算的原始数据，数据可以是手工输入的，也可以是位于其他单元格中的。后者称为**单元格引用**，即在公式中给出单元格的地址或名称，Excel 将自动到对应的单元格中获取数据，再代入公式进行计算。

（2）运算符：对运算值进行各种加工处理的运算符号。除加、减、乘、除等算术运算符外，Excel 还支持比较运算符、文本运算符、引用运算符等丰富的运算符。

（3）函数：在公式中还可以包含函数，可将函数认为是系统预先编写好的公式，使用函数将大大简化公式的编写，提高工作效率，这将在 9.3 节中详细讨论。

9.1.2　运算符及运算优先次序

在开始本小节前，先做一道小学算术题。

$$2×8＋6÷3$$

其运算结果是 18。在四则运算中，当然先乘、除，后加、减。这叫作运算符的优先级：乘、除运算符比加、减运算符优先。优先级相同的多个运算将从左到右进行，如 1+2-3+4-5 将从左至右依次计算，结果为-1。Excel 中的运算符也有类似的优先次序，见表 9-1。其中，引用运算符部分一般是在函数中使用的，待 9.3 节介绍函数时再介绍。

表 9-1　Excel 中的常用运算符及优先级

类别	运算	运算符	优先级*	范例	范例运算结果
引用运算符	区域引用	:	1	B2:C5	B2~C5 区域内的 8 个单元格的内容
	交叉引用	（单空格）	2	B2:D3　C1:C4	两个区域的共有单元格 C2 和 C3 的内容
	联合引用	,	3	(A2,C2:C5)	A2、C2~C5 共 5 个单元格的内容（用于函数时，必须加括号）
算术运算符	幂运算	^	4	3^2	9
	乘法	*	5	3*4	12
	除法	/	5	10/2	5
	加法	+	6	9+6	15
	减法	–	6	6-4	2
文本运算符	连接	&	7	"法律" & "一" & "班"	法律一班
比较运算符	等于	=	8	4=2	FALSE
	大于	>	8	4>2	TRUE
	小于	<	8	4<2	FALSE
	大于等于	>=	8	4>=2	TRUE
	小于等于	<=	8	4<=2	FALSE

* 数值越小，优先级越高，越优先被计算

算术运算符的运算结果是数值。文本连接符（&）是把两段文本连起来，形成一个新文本，所以运算结果也是文本。文本连接符两边的文本须用英文双引号引起来，以区别这个内容是文本，而不是数值，也不是单元格名称。比较运算符用于比较两个数值，结果为逻辑值，结果只有两种：TRUE 或 FALSE，分别表示比较结果为真或为假。注意公式中的运算符都必须是在英文状态下输入的；除双引号内的文本外，任何符号都不能是中文。

在 Excel 中，要改变运算次序，也可以使用括号，但必须都使用小括号( )，不能用中括号[ ]、大括号{ }。如希望实现数学上的中括号、大括号的功能，须逐层嵌套小括号( )。小括号( )的外面再套一层小括号( )就相当于中括号，"中括号"的外面再套一层小括号( )就相当于大括号，"大括号"的外面还可再套小括号( )相当于更大的大括号……。例如：

$$= ((2 * (3 + 5) - 6) * 3 + 10) / 2$$

(3 + 5)相当于小括号，(2…6)相当于中括号，(…10)相当于大括号，运算结果为 20。

9.1.3　输入公式

9.1.3.1　输入公式介绍

要使用 Excel 这个"大计算器"，就要在单元格中输入公式（算式）：想算什么，只要

写好公式（算式）就可以了。在单元格中输入公式时，必须首先输入一个等号（=），然后再输入公式；如果开头没有等号，Excel 不会认为那是公式，而是普通内容，是不会计算的。

例如，如图 9-1（a）所示，在 A1 单元格中首先输入一个等号，然后输入公式"5+2"。单击编辑栏的 ✔ 按钮或按回车键确定后，在单元格内将以结果 7 替换公式内容。注意，这里的 7 是通过公式计算出来的结果，而不是被直接输入的。要查看 7 是怎样算出的，单击该单元格，使其成为活动单元格，在编辑栏中可查看公式，如图 9-1（b）所示。

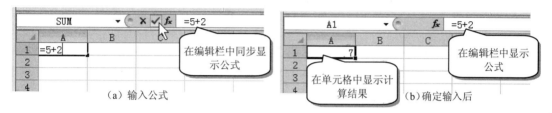

图 9-1　在单元格中输入公式的基本方法

选择包含公式的单元格，在"公式"选项卡"公式审核"组中单击 显示公式 按钮，使按钮为高亮状态，Excel 将自动调整列宽，在单元格中显示公式，而不是计算结果（如显示"=5+2"）。再次单击该按钮，使按钮非高亮，则在单元格中又恢复显示计算结果（如显示 7），且列宽也自动恢复到原来的宽度。

除单击按钮外，还可按 Ctrl+`（重音符）组合键切换这两种状态。

上例直接在公式中写出了要计算的数值（5、2）。还可以在公式中引用单元格，即在公式中不直接写出数值，而是写单元格的地址或名称，Excel 将自动到对应的单元格中获取数值代入公式计算。例如，在如图 9-2 所示的表格中，欲计算报考"国家发展和改革委员会"的总人数，需将报考的女性人数和男性人数相加。选中希望保存计算结果的单元格 F5，使其成为活动单元格，然后在 F5 中输入"=D5+E5"，如图 9-2（a）所示。单击编辑栏的 ✔ 按钮或按回车键确认后，即在 F5 中显示计算结果 185，并在编辑栏中显示公式，如图 9-2（b）所示。

图 9-2　在公式中引用单元格（　素材 9-1 输入公式.xlsx）

公式中的 D5 和 E5 称**单元格引用**（字母大小写均可），它们分别表示要让 Excel 到 D5

和 E5 这两个单元格中获取数值，再进行计算。输入公式时，可以直接键入 D5、E5，但较为烦琐且容易出错。实际上，当输入"="后，直接用鼠标单击原始数据的单元格，Excel 就会把此单元格的地址自动输入到公式中；且自动用不同颜色分别框出单元格，以便查看，如图 9-2（a）所示。因此，在实际工作中，应尽量避免自行键入单元格地址，如 D5、E5 等，而要通过鼠标点选单元格的方法让 Excel 自动输入。公式中的其他部分（如=、+等），再自行键入。例如，本例公式的输入方法是：键入"="、单击 D5 单元格、再键入"+"、再单击 E5 单元格。

注意： 正常状态下单击单元格是选中单元格（将它变为活动单元格），以在其中输入或修改内容。但在公式输入状态下单击单元格是将单元格的地址自动输入到公式中。这是两种选择状态，两种状态的区别是后者是在单元格中输入等号（=）后进入的状态。要取消这种状态，单击编辑栏的 ✖ 按钮或按 Esc 键取消输入公式，这时切换回正常的单元格选择状态。

9.1.3.2 复制和自动填充公式

普通数据可以复制、粘贴，公式也可以复制、粘贴。在图 9-2 所示的表格中，现在单元格 F5 中已计算了报考"国家发展和改革委员会"的总人数。还要分别计算报考其他部门的总人数，就不必再为其他部门一一编写公式了，只将 F5 单元格中的公式复制、粘贴到 F6 及以下的各单元格中即可。选中 F5 单元格，按 Ctrl+C 组合键复制；再选中 F6 及以下的各单元格（F6:F24 区域），按 Ctrl+V 组合键粘贴，则其他各部门都将完成计算，如图 9-3 所示。

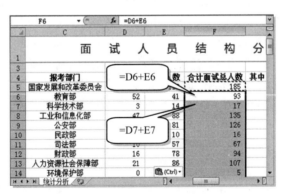

图 9-3 复制粘贴公式（📁素材 9-1 输入公式.xlsx）

虽然是复制、粘贴，然而计算的均是分别的各自行的数据。例如，F6 结果是 93、F7 结果是 17…而不再是 185 了。这称为公式的复制，而非数据的简单复制。公式被复制到每行后，每行的公式都会"智能"地发生变化。选中单元格从编辑栏中可见，F6 中的公式自动变为=D6+E6，F7 中的公式自动变为=D7+E7…而不再是=D5+E5，因而每行都能正确计算。

复制公式，除了复制、粘贴的方法外，还可使用自动填充的方法。在 F5 中输入公式后，选中 F5 单元格，然后将鼠标指针指向 F5 单元格右下角的填充柄处（正方形的小黑方块），当鼠标指针变为十形时按住左键不放向下拖动到 F24 处，则 F6:F24 也都完成计算，如图 9-4 所示。自动填充也可通过双击 F5 的填充柄完成，这可自动填充到数据区的最后一行，与拖动填充柄的效果相同；然而，对数据行较多的大数据表使用双击填充柄的方法更简便。

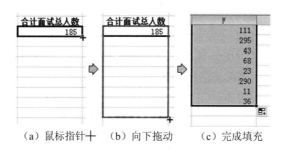

（a）鼠标指针＋　　　　（b）向下拖动　　　　（c）完成填充

图 9-4　通过自动填充复制公式（□素材 9-1 输入公式.xlsx）

读者可继续在此素材文件中练习计算"其中：女性所占比例"列。具体做法是：在 G5 单元格中输入公式"=D5/F5"（注意：除法运算符斜杠的方向/，不要写成\，建议使用键盘上的小数字键区输入除法斜杠/，因为小数字键区只有一种斜杠键，不会输错），然后拖动 G5 的填充柄或双击填充柄填充到本列最后一行。

【真题链接 9-1】期末考试结束了，初三（14）班的班主任助理王老师需要对本班学生的各科考试成绩进行统计分析，按照下列要求完成该班的成绩统计工作。在工作表"语文"中按照平时、期中、期末成绩各占 30%、30%、40%的比例计算每个学生的"学期成绩"并填入相应单元格中。

【解题图示】（完整解题步骤详见随书素材）

9.2　自动计算的奥妙——单元格的引用

9.2.1　单元格地址的引用

在 9.1.3.2 节介绍复制公式时，不知读者是否有这样的疑问：公式被复制后为什么能够"智能"地变化，使各行都能对应正确计算呢？这里的"智能"源于一个概念——相对引用。

在公式中输入的单元格地址（如 A1、B2、C3），称单元格的引用。单元格的引用实际包括 3 种方式：相对引用、绝对引用和混合引用。

9.2.1.1　相对引用

9.1.3.2 节介绍的公式中的 D5 和 E5 就属于相对引用。相对引用的含义是单元格引用（如 D5 和 E5），会相对于公式所在的单元格不同而自动发生变化。

上课时，某同学坐在教室的第 5 排，现由于某种原因需要调换座位，该同学要移动到第 6 排就座。那么，不但这位同学本人要移动到第 6 排，他所携带的书包、书本、文具等物品也都要随他一起移动到第 6 排，这就是相对引用。同学在何处就座，相当于"公式所在的单元格"；而同学携带的书包、书本、文具等物品则相当于公式中的单元格引用。物品如何移动，取决于同学是如何移动的；同学向后移动一排，则这些物品也要向后移动一排。

如图 9-3 所示，公式最初位于 F5 单元格中，公式中的单元格引用是 D5 和 E5。当把公式复制到 F6 中时，公式所在的单元格由 F5→F6 变化，即公式下移了 1 行；因此，公式中的那些"物品"（单元格引用）也都要进行同样的变化：下移 1 行。D5 下移 1 行当然是 D6，E5 下移 1 行当然是 E6，这就是为什么当把公式复制到 F6 中时，公式会自动变为=D6+E6。同理，当把公式复制到 F7 中时，公式所在的单元格由 F5→F7 变化，即公式下移了 2 行；公式中的那些"物品"（单元格引用）也要下移 2 行，于是 F7 中的公式自动变为=D7+E7。

9.2.1.2　绝对引用

如果希望有些"物品"不随公式的移动而移动，就要用到绝对引用。绝对引用是指无论公式在哪个单元格，公式中的单元格引用都不会变化，将始终引用固定位置的单元格。在单元格引用的列标和行号前均加上$，即成为绝对引用，如$A$2。加$则被冻结，如果在公式中使用$A$2，而非 A2 引用单元格，则无论公式被复制到何处，将永远引用 A2，不会变化。

在图 9-5 所示的工作表中，笔记本的单价位于 I3 单元格中。现要计算各行的笔记本"销售额"填入 E 列。如果在 E4 单元格中输入公式"=D4*I3"，虽然 E4 能够计算正确；但将公式复制到 E5 及以后各行的单元格中时，就会发生问题：E5 单元格中的公式将变为"=D5*I4"、E6 单元格中的公式将变为"=D6*I5"……而工作表中的 I4、I5 单元格并没有数据。

（a）在公式中使用绝对引用$I$3　　　　　　　　（b）完成公式复制

图 9-5　在公式中使用绝对引用（📄素材 9-2 绝对引用.xlsx）

因此，在 E4 单元格中应输入公式"=D4*$I$3"，在 I3 的 I、3 之前均加$，让 I3 成为绝对引用；而 D4 不加$，仍使用相对引用。这样，当将 E4 的公式复制到 E5 及以后的单元格中时，公式中只有 D4 部分变化，$I$3 部分不会变化。于是，在 E5 中能得到正确的公式"=D5*$I$3"，在 E6 中也能得到正确的公式"=D6*$I$3"……

不要把符号$和&搞混。&是 AND（和）的意思，用于字符串拼接；$即美元符号，用于"冻结"单元格地址。此处可将$比作"钱"，并记为"给它钱它就不走了"。

疑难解答

Excel 对单元格的引用有两种方式：A1 引用方式和 R1C1 引用方式。"列标字母+行号数字"就属 A1 引用方式，是 Excel 默认的方式。而要使用 R1C1 引用方式，须单击"文件"|"选项"，在"选项"对话框的左侧选择"公式"，然后选中右侧的"R1C1 引用样式"，单击"确定"按钮。这时工作表顶部的列标也变为数字 1，2，3…（而不是 A、B、C…）。在 R1C1 引用方式下将通过"R+行号+C+列号"引用单元格。例如，R3C2 与绝对引用$B$3 等价，相对引用 R[1]C[-1]将引用下面一行和左边一列的单元格。

9.2.1.3　混合引用

绝对引用是在列标和行号前均加$。列标和行号二者也可以只有一个加$，另一个不加，构成混合引用，如$A1、A$1。其中加$的部分（行或列）被"冻结"不会改变，而没有加$的部分（行或列）在复制公式时仍按照相对引用的规则发生变化。

例如，如图 9-6（a）所示，在 B2 单元格中输入公式"=$A2*B$1"，确认输入后，将公式复制到 B3、C2、C3 中（可采用复制、粘贴的方法复制公式）。复制后在 B3、C2、C3 单元格中的公式变化情况如图 9-6（b）所示。这是因为当把公式复制到 C2 中时，公式所在的单元格的变化是 B2→C2，即"行不变，列变下一列"；于是公式中的$A2 和 B$1 也都要"行不变，列变下一列"，但带$的部分被冻结不变，所以$A 不变，于是 C2 的公式变为"=$A2*C$1"。

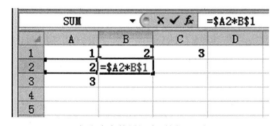
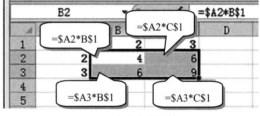

（a）在公式中使用混合引用$A2 和 B$1　　　　　（b）完成公式复制

图 9-6　在公式中使用混合引用（素材 9-3 混合引用.xlsx）

在公式中输入单元格引用的冻结符号（$）时，可以通过键盘键入$，也可通过反复按下 F4 键让 Excel 自动输入$并在 4 种引用形式（A1、$A$1、A$1、$A1）之间来回切换（如使用笔记本电脑操作，注意可能要同时按下 Fn 键，才是按下真正的 F4）。

【真题链接 9-2】在 Excel 工作表单元格中输入公式时，F$2 的单元格引用方式称为（　　）。
　　A. 交叉地址引用　　　　B. 混合地址引用　　　　C. 相对地址引用　　　　D. 绝对地址引用

【答案】B

【真题链接 9-3】将 Excel 工作表 A1 单元格中的公式 SUM(B$2:C$4)复制到 B18 单元格后，原公式将变为（　　）。
　　A. SUM(C$19:D$19)　　B. SUM(C$2:D$4)　　C. SUM(B$19:C$19)　　D. SUM(B$2:C$4)

【答案】B

【解析】由于公式中$2、$4 前有$，无论如何，$2、$4 都不变。公式由 A 列被复制到 B 列，公式所在位置列号增 1 列，因此复制后公式中的 B、C 列也都列号增 1 列，分别变为 C、D 列。

【真题链接 9-4】李晓玲是某企业的采购部门员工，现在需要使用 Excel 分析采购成本并进行辅助决策。请帮助她运用已有的数据完成这项工作。

（1）在"成本分析"工作表的单元格区域 G3:G15，使用公式计算不同订货量下的年存储成本，公式为"年存储成本=单位年存储成本×订货量×0.5"，计算结果应用货币格式并保留整数。

（2）在"成本分析"工作表的单元格区域 H3:H15 使用公式计算不同订货量下的年总成本，公式为"年总成本=年订货成本+年储存成本"，计算结果应用货币格式并保留整数。

【解题图示】（完整解题步骤详见随书素材）

【真题链接 9-5】林明德是某在线销售摄影器材企业的管理人员，于 2017 年初随机抽取了 100 名网站注册会员，准备使用 Excel 分析他们上一年度的消费情况。请修改"2016 年消费"工作表的结构：参照该工作表右侧示例图，根据 A 列内容在 D 列的每个单元格中填入顾客编号。

【解题图示】（完整解题步骤详见随书素材）

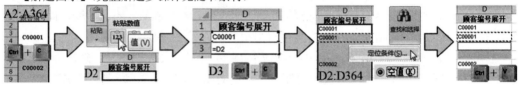

9.2.2 引用其他工作表中的单元格

在公式中直接输入单元格地址引用的单元格，是与公式位于同一工作表中的单元格。若要在公式中引用其他工作表中的单元格，只要在单元格地址前加上"工作表名+叹号(!)"。例如，要计算 Sheet3 工作表中单元格 A2 值的 2 倍，应输入公式为"=Sheet3!A2*2"。

还可以让 Excel 自动输入"工作表名+叹号(!)"及单元格地址：在输入"="后的公式输入状态，可单击其他工作表标签，视图会暂时切换到其他工作表，然后再单击其他工作表中的单元格，则 Excel 会自动在公式中输入"工作表名!单元格地址"。

疑难解答

在点选单元格并自动输入了正确的"工作表名!单元格地址"后，千万不要再单击其他单元格，也**不要再单击回原来的工作表标签**，否则单元格引用还会继续变化，将变为错误的单元格引用。因此，这时不能通过单击工作表标签将视图再切换回原来的工作表了，要修改公式，也不易在原工作表的单元格中进行了，这时对公式的修改或继续输入操作都应在编辑栏中进行。

9.2.3 结构化引用

第 8 章 8.4.4 节曾提到为表格套用格式，除把系统预定义的格式应用到数据区外，还会将该数据区创建为不同于普通单元格区域的"表格"对象。被创建了"表格"对象的一个标志是：选中此区域的任意单元格，功能区将出现"表格工具|设计"选项卡。

在数据区被创建为"表格"对象后，将允许使用表格名称、列标题等引用单元格，代替传统的引用方式（A1 或 R1C1）。例如，如图 9-7 所示，数据区被创建了"表格"对象，在 H3 单元格计算小计的"单价"乘以"销量"的公式被表示为"=[@单价]*[@销量(本)]"，这就是结构化引用，其中@表示当前行，[@单价]表示"单价"列当前行的单元格（相对引用），它与传统引用"=F3*G3"等效。在结构化引用中，列标题应被放在一对中括号[ ]中。

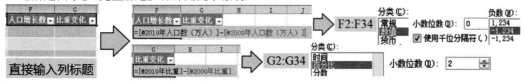

图 9-7　结构化引用（📁素材 9-4 结构化引用.xlsx）

又如"表 2[第 1 季度]"表示表 2"第 1 季度"一整列的数据（绝对引用），"表 3[@[1月]:[12 月]]"表示"表 3"的"1 月"列到"12 月"列当前行一行的数据，"表 4[#数据]"表示"表 4"中仅包含数据的部分，"表 4[#全部]"表示"表 4"中包含数据、标题行及汇总行等的所有内容……，这些都是结构化引用。结构化引用可使表格数据处理更容易、直观，且能动态确定变化区域。在增删行列时，结构化引用的单元格也能随之自动调整。

如不希望使用结构化引用，可将表格"转换为普通区域"。在"转换为普通区域"后，结构化引用都将变为传统的相对引用、绝对引用。

【真题链接 9-6】中国的人口发展形势非常严峻，为此国家统计局每 10 年进行一次全国人口普查，以掌握全国人口的增长速度及规模。请打开文档 Excel.xlsx，按照下列要求完成对第五次、第六次人口普查数据的统计分析：在工作表"比较数据"中的数据区域最右边依次增加"人口增长数"和"比重变化"两列，计算这两列的值，并设置合适的格式。其中，人口增长数=2010 年人口数-2000年人口数；比重变化=2010 年比重-2000 年比重。

【解题图示】（完整解题步骤详见随书素材）

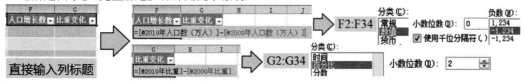

有读者输入公式计算后发现 G 列有很多单元格值显示为 0，或显示为 1E-04，就比较紧张，认为是公式输入错了。实际上，这是由于单元格格式影响的。例如，当单元格格式设置为保留整数时，对 0.0037 当然只能显示为 0。这时只要将单元格格式设置为"百分比"或"增加一些小数位"就可以了。而 1E-04 是数值的科学记数法表示，也不是错误，如读者对此比较陌生，可首先复习第 8 章内容。初学者使用公式时应有信心，不必太过畏惧公式和函数，也不需太过紧张。

疑难解答

9.2.4 使用名称

引用单元格或单元格区域时，除使用 A2、B3 这样的地址外，Excel 还允许自己定义名称，如"单价""部门代码""产品信息"等。在公式中使用后者那样的名称引用单元格，将比 A2、B3 这样的地址更清晰、容易理解，且减少出错。

选择要命名的单元格或单元格区域，在编辑栏左侧的名称框中删除已有内容，输入自己的名称，按 Enter 键即可。也可在"公式"选项卡"定义的名称"组中单击"定义名称"按钮，打开"新建名称"对话框，如图 9-8 所示。在对话框中设置名称并选择名称的适用范围。

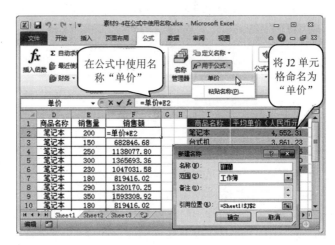

图 9-8　在公式中使用名称（素材 9-5 在公式中使用名称.xlsx）

定义名称时要注意名称的第一个字符必须是字母、下画线（_）或反斜杠（\）；其余字符可以是字母、数字、句点和下画线（字母不区分大小写），但不能包含空格；名称最多可以包含 255 个字符。名称不能与单元格引用相同（如不可以是 A1、A$2 或 R1C1）。

疑难解答

有的读者由于操作失误，将另一个单元格命名为"单价"。然后发现不正确，又选中 J2 单元格，再试图把 J2 单元格命名为"单价"，则操作不能成功。因为名称不能相同，在另一单元格已被命名为"单价"的情况下，就不能再把 J2 命名为"单价"了；这时在名称框中输入"单价"会选中先前已命名为"单价"的单元格，而不能将 J2 再命名为"单价"。因此，要修正错误，必须在名称管理器中首先删除为先前那个单元格命名的"单价"，然后再重新为 J2 命名；而不能试图仅通过重新为 J2 命名修正错误。

命名后，就可以在公式中使用这个名称代表单元格或单元格区域了。例如，在图 9-8 所示的表格中，将 J2 单元格命名为"单价"后，就可以在 F2 单元格中输入公式"=单价*E2"进行计算。其中，"单价"可通过直接键入文本输入，也可通过单击"公式"选项卡"定义的名称"组的"用于公式"按钮，再从下拉列表中选择一个已命名过的名称。

名称总使用绝对引用。例如，公式"=单价*E2"相当于"=$J$2*E2"，"单价"等同于 $J$2，而非 J2（虽然在名称"单价"的字面中似乎看不出它包含$）。因此将此公式复制到 F3 及以后的单元格中后，公式将分别变为"=单价*E3""=单价*E4"……其中"单价"部分不变。

如果希望以第一行或第一列的内容定义本行或本列数据区域的名称，还可使用"根据所选内容创建"功能，这免去了分别选择每一行或列、再逐一设置名称的麻烦。例如，如图 9-9 所示，要分别为数据区中每一列的单元格区域定义一个名称，各列区域分别以首行的内容作为名称，选中 A3:L1777 单元格区域，单击"定义的名称"组的"根据所选内容创建"按钮。在弹出的对话框中仅选中"首行"，单击"确定"按钮，则 A4:A1777 区域被定义了名称为"序号"，B4:B1777 区域被定义了名称为"准考证号"……

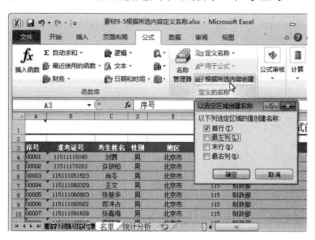

图 9-9　根据所选内容定义名称（素材 9-6 根据所选内容定义名称.xlsx）

除了为单元格命名外，也可为常量命名。例如，可将圆周率 3.14159265 命名为 pi，在编写公式时，就不必编写烦琐的"=3.14159265*F3"，而可简略地写为"=pi*F3"。要为常量命名，在"新建名称"对话框中的"引用位置"文本框中直接输入常量值（而不是单元格区域）即可。

所有已定义的名称都可通过"名称管理器"进行管理。单击"公式"选项卡"定义的名称"组的"名称管理器"按钮，打开"名称管理器"对话框，如图 9-10 所示。在这里可以查看所有已定义的名称。单击"编辑"按钮可修改名称。选择一个或多个名称（按住 Shift 键或 Ctrl 键单击，可选择连续或不连续的多个名称），单击"删除"按钮可删除名称。

图 9-10　"名称管理器"对话框

【真题链接 9-7】阿文是某食品贸易公司销售部助理，现需要对 2015 年的销售数据进行分析，请帮助她命名"产品信息"工作表的单元格区域 A1:D78 名称为"产品信息"；命名"客户信息"工作表的单元格区域 A1:G92 名称为"客户信息"。

【解题图示】（完整解题步骤详见随书素材）

产品信息	A1:D78	*f*x		
	A	B	C	D
1	产品代码	产品名称	产品类别	单价
2	1	苹果汁	日用品	¥18.00

订单明细 / 订单信息 / 产品信息 / 客户信息 / 客户

客户信息	A1:G92	*f*x		
	A	B	C	D
1	客户代码	客户名称	联系人	联系人
2	QUEDE	兰格英语	王先生	结算经

息 / 产品信息 / 客户信息 / 客户等级 / 产品类别分析 /

9.3 "蒙着面"干活——函数

Excel 函数有什么可怕呢？Excel 函数与数学中的函数有很多不同。在 Excel 中讨论函数，实际还是在讨论如何输入公式对数据进行计算。Excel 函数实际是为方便人们计算而预先编写好的公式，可以直接拿来就用，这使很多计算不必再输入烦琐的加、减、乘、除算式，大大简化了公式的编写，提高了工作效率。例如，要计算 C2～F2 的 4 个单元格相加之和，有了函数可直接写为"=SUM(C2:F2)"，而不必再写为"=C2+D2+E2+F2"。这不是一件好事么？

函数一般都有参数和返回值。例如，在 SUM(C2:F2)中，C2:F2 就是**参数**，它表示在这次计算中要"对谁求和"，参数要写在一对英文小括号中（不能是中文），这对小括号必不可少。求和的结果也称函数的**返回值**。可以把函数看作是一个"蒙着面干活"的"黑匣子"，参数就是进入黑匣子里的东西，返回值就是被黑匣子加工后从黑匣子里出来的东西。吃过鱼肉罐头么？吃过！鱼肉罐头是怎样生产出来的？不清楚！只知道，罐头厂是一个黑匣子，只见生鱼进去，罐头就出来了，如图 9-11 所示，具体怎么生产的不必关心，只管吃就是了！Excel 的函数也是同样道理的黑匣子，函数在里面怎么算的？不关心，只管用就是了！就像 SUM 函数，具体怎么求和，不用关心；只管参数进去、返回值出来；C2:F2 进去、这 4个单元格的求和结果出来。

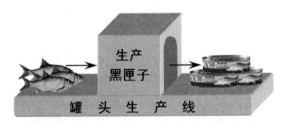

图 9-11　罐头厂生产鱼肉罐头的黑匣子就类似函数

再如，求算术平方根的 SQRT 也是一个黑匣子，具体如何开方求算术平方根？不清楚，只管用就是了！4 进去，2 出来；9 进去，3 出来，即在单元格中写"=SQRT(4)"就得到 2，写"=SQRT(B2)"就得到 3（设 B2 单元格的值为 9）。请读者思考，要对 C2～F2 的和再开方，该如何做呢？让 SUM(C2:F2)进到 SQRT 这个黑匣子里就可以了！答案："=SQRT(SUM(C2:F2))"。像后者这样，用第一个函数求得的结果再进到另一个函数中，继续求下一步的结果，称**函数的嵌套**。这就是函数，Excel 这个"大计算器"是不是很好用呢？

有的函数只有 1 个参数，而有的函数可以有多个参数。为什么还存在多个参数的情况呢？当 1 个参数不足以提供足够的信息时，就要用到多个参数了。例如，"吃饭点菜"是一个函数（后厨如何做菜不必不关心，不就是个黑匣子么？只管点菜来吃），"吃什么"是函数的第 1 个参数，"要放辣椒吗"是函数的第 2 个参数。如果函数有多个参数，多个参数之间应用**英文**逗号分隔（**不是空格分隔**），共同写在小括号中，即用法是：

函数名(参数 1, 参数 2, …)

例如，"吃饭点菜"函数可以这样用：

吃饭点菜(大碗拉面, 多放辣椒)

9.3.1　输入函数

一个函数可以成为独立的算式，如"=SUM(C2:F2)"；也可被嵌入到公式中作为公式的一部分，如"=SQRT(A1)*2"（对 A1 单元格的数据求平方根后再乘以 2）。因此，使用函数一般也要输入公式，在公式中再使用函数。下面以 SUM 函数为例，说明函数的基本输入方法。

如图 9-12 所示，要计算"娃娃菜"4 个部门的销量之和，选中要保存计算结果的单元格 G2，然后执行下面 3 步操作。

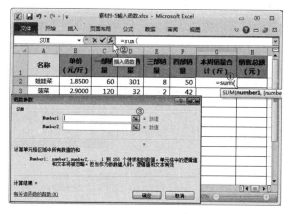

图 9-12　函数基本输入方法的 3 个步骤（📂素材 9-7 输入函数.xlsx）

① 输入"="、函数名（不区分大小写）、左**英文**小括号，即输入为"=sum("。

② 单击编辑栏的"插入函数"按钮 *fx*，打开"函数参数"对话框（这时 Excel 会自动在公式末尾添加右小括号）。

③ 在打开的"函数参数"对话框的每个输入框中分别设置各个参数（不必输入参数之间的分隔逗号），设置好参数后，单击"确定"按钮完成。

在"函数参数"对话框中设置每个参数时，除非特别必要，应尽量避免通过键盘一个一个字符地键入，否则不仅麻烦，也极易出错。例如，对于单元格引用（如 C2:F2），应尽量通过鼠标选区的方式，由 Excel 自动填入鼠标所选单元格区域的引用，而不要自行键入。

SUM 函数可有多个参数，也可以只有一个参数，这里只设置 Number1 这一个参数就可以了。将插入点定位到 Number1 的输入框中，然后通过鼠标选择单元格区域。如果对话框遮挡后面的工作表不便选择，可单击 Number1 输入框右侧的折叠对话框按钮 ，让整个对话框暂时折叠起来，使只保留此输入框的一行，如图 9-13 所示，这样最大限度地减少对话框对后面工作表的遮挡。然后选取要求和的区域：按住鼠标左键拖动选择 C2:F2，可见 C2:F2 被自动填入了输入框。再次单击，还原对话框大小。此时参数已经设置好了，单击"确定"按钮。

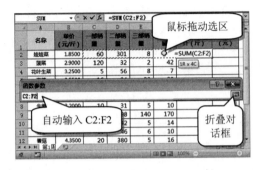

图 9-13　折叠对话框和通过鼠标选区自动输入单元格引用

折叠对话框功能是 Excel 的一大特色，凡在对话框中见到其中的输入框右侧有折叠对话框按钮的，都可单击该按钮折叠对话框，然后再通过鼠标选取单元格区域自动填入单元格引用。

可见，在 G2 单元格中已输入好公式"=SUM(C2:F2)"并完成了计算。这个公式是通过对话框生成的，请读者思考：其中哪些部分是通过键盘输入的，哪些是自动填入的？再次强调：输入公式和函数应尽量**避免通过键盘一个字符一个字符地键入**，有些读者甚至去背诵其中的每个字符，然后试图靠背诵的记忆再一个一个地键入回去，就更不正确了。

这里介绍的输入函数的基本方法的 3 步操作几乎适用于所有函数。由于 SUM 函数比较简单，该方法的优势在这里并不明显。当学习到后面较为复杂的函数、乃至嵌套函数时，读者就能越来越感受到该方法的有效和简便。

当然，输入函数还有很多其他方法，如通过"插入函数"对话框选择函数，如图 9-14 所示。在"公式"选项卡"函数库"组中单击"插入函数"按钮，或直接单击编辑栏的 *fx* 按钮即可打开该对话框。对函数名记忆模糊的函数可使用这种方法查找函数，否则倒不如在单元格中直接键入"="+函数名来得方便。这里，函数名的英文单词也无需强行记忆，只要了解函数名英文的大概形式，输入函数名的前几个字母，Excel 就会自动弹出提示，列出以此开头的所有函数名以及函数的功能，如图 9-15 所示。参照该提示输入函

图 9-14　"插入函数"对话框

数名，则非常便捷、免去了记忆。此外，函数名是不区分大小写的，但在输入函数名时应尽量输入小写字母，这样如果输入正确，Excel 会自动将它们全变为大写，根据是否有此变化可检查函数名是否已输入正确。

现在可以把 G2 单元格的公式复制到 G3 及以下的单元格，为其他蔬菜求销量合计。这可通过单元格复制+粘贴的方法，也可向下拖动 G2 单元格的填充柄，或者双击 G2 的填充柄。由于相对引用的原理，G3 将被复制公式为"=SUM(C3:F3)"、G4 将被复制公式为

"=SUM(C4:F4)"······从而完成每种蔬菜的计算。

图 9-15 在单元格的等号（=）后输入函数名的前几个字母则自动弹出提示

疑难解答

输入公式和函数后，计算结果不正确该怎样做呢？结果正确与否取决于两个因素：一是公式是否正确；二是公式计算用的原始数据是否正确。遇到问题时，应选中错误结果的单元格，在编辑栏查看和检查公式；且要检查公式所用的原始数据，因为原始数据不正确，即使公式正确，也无济于事。

考试时，主要考察计算结果是否正确，而并未要求公式内的字符内容与答案一字不差；反过来说，计算结果不正确，即使字符内容与答案一字不差，也是没有一点成绩的。对同一题公式方法不唯一；即使同一方法，不同场合公式的字符内容与答案也可能不完全一致。因此，学习公式和函数，必须关注计算结果，不应过多关注公式中的字符，而背诵公式则更是不可取的。

9.3.2 Excel 的常用统计函数

9.3.2.1 求和函数 SUM

功能：将参数中的所有数值相加求和；其中每个参数既可以是一个单元格或单元格区域的引用或名称，也可以是一个常量、公式或另一函数（用另一函数的运算结果再求和）等。

使用格式：SUM([单个数值或区域 1]，[单个数值或区域 2]，…)

说明：[参数 1]是必须要给出的，[参数 2]及以后的参数是可有可无的。若通过[参数 1]已指定完所有要相加的数值（如通过[参数 1]指定了一个单元格区域，区域中已包含了所有数值），就不必再给出[参数 2]及以后的参数；当需要更多要相加的数值时，可再通过[参数 2]、[参数 3]…等给出（一般最多不超过 30 个参数）。

例如，SUM(A1:A5)表示对 A1～A5 这 5 个单元格中的数值求和；SUM(A1, A3, A5)表示对单元格 A1、A3 和 A5 中的数值求和（本书中的函数实例均不含"="，因函数应作为公式中的一项写在公式中；"="是用于输入整个公式的，由一个函数组成的公式只是公式的一种特例）。

【真题链接 9-8】以下错误的 Excel 公式形式是（   ）。

A. =SUM(B3:E3)*$F$3   B. =SUM(B3:3E)*F3   C. =SUM(B3:$E3)*F3   D. =SUM(B3:E3)*F$3

【答案】B

【解析】选项 B 的"3E"单元格引用错误，应先写列标，后写行号为"E3"。

【真题链接 9-9】小李今年毕业后，在一家计算机图书销售公司担任市场部助理，主要的工作职责是为部门经理提供销售信息的分析和汇总。请根据"订单明细表"工作表中的销售数据统计所有订单的总销售金额，并将其填写在"统计报告"工作表的 B3 单元格中。

【解题图示】（完整解题步骤详见随书素材）

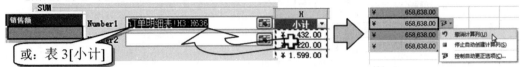

9.3.2.2　条件求和函数 SUMIF

功能：也是相加求和，但会从单元格区域中进行挑选，仅对挑选出的符合指定条件的单元格求和，而不是对区域中的所有单元格都求和。SUMIF 函数仅支持一个条件。

使用格式：SUMIF(条件区域, 条件式, 实际求和区域)

说明：[参数 1]是要进行条件判断的单元格区域。[参数 2]为具体条件的条件式，其形式可以是数字、文本、表达式、单元格引用、公式或函数等。当条件为数值、单元格引用或公式时，应直接写出（如 32、B5、C6*2、SQRT(4)）；当条件为文本、日期或表达式时，应用英文双引号引起来（如"苹果"、"2018/1/1"、">=80"、">=2018/1/1"）；当条件为带单元格引用的表达式时，应使用字符串拼接（如"<=" & A3）。[参数 3]是实际求和的单元格区域，将对[参数 3]中符合条件的单元格求和，不符合条件的不参与求和。如省略[参数 3]，则用[参数 1]的单元格区域既作为条件判断区域，也同时作为实际求和区域；否则[参数 1]仅用作条件判断区域。

例如，SUMIF(B2:B25, ">5")表示对 B2:B5 区域中大于 5 的数值进行相加求和；SUMIF(B2:B5, "John", C2:C5)表示先找到 B2:B5 中等于 John 的单元格，再通过这些单元格找到 C2:C5 中的对应单元格，对 C2:C5 中的这些对应单元格的数值求和。

提示：SUMIF 函数的功能可由 3 个参数的 SUMIFS 函数代替。

SUMIF(参数 1,参数 2)　　　　　　　等效于　　　　　SUMIFS(参数 1, 参数 1, 参数 2)

SUMIF(参数 1,参数 2,参数 3)　　　　等效于　　　　　SUMIFS(参数 3, 参数 1, 参数 2)

9.3.2.3　多条件求和函数 SUMIFS

功能：也是从单元格区域中按条件挑选出部分单元格求和，与 SUMIF 的区别是，SUMIFS 可以支持**多个**条件，这也是函数名称末尾 S 的含义（表示英文复数）。

使用格式：SUMIFS(求和区域, 条件区域 1, 条件式 1, 条件区域 2, 条件式 2, …)

说明：[参数 1]为要求和的单元格区域，后续参数均表示条件。将根据条件从该区域中挑选部分单元格进行求和。可以指定多个条件，多个条件都要同时满足的单元格才能被挑出参与求和。每个条件都由条件区域和条件式组成，条件区域和条件式必须配对使用，按顺序两两一组表示一个条件。每个条件区域都要与求和的单元格区域[参数 1]对应，即每个条件区域包含的行数和列数都必须与[参数 1]的相同。条件式的写法与 SUMIF 函数的相同。[参数 2]和[参数 3]（即第 1 个条件）必须给出，[参数 4]及后续参数（第 2 个及以后的条件）可省略。

例如，SUMIFS(A1:A20, B1:B20, ">0", C1:C20, "<10")表示对区域 A1:A20 中符合以下条件的单元格求和：B1:B20 中的相应数值大于 0，且 C1:C20 中的相应数值小于 10。

这里再给出一个 SUMIFS 函数的简单实例。如图 9-16 所示，在 A~C 三列的前 5 行单元格中分别输入数据，现要从 A 列的 5 个数据中挑选一部分进行求和。挑选的条件并未在 A 列，而是在 B 列和 C 列限制条件。其中，条件 1 是要求 B 列的数据>5，条件 2 是要求 C 列的数据为 c，在两个条件都要同时满足的情况下，求在 A 列的对应数据的和；也就是求 A 列的最后两行（7 和 9）的和（结果为 16）。公式为：=SUMIFS(A1:A5, B1:B5, ">5", C1:C5, "c")。其中求和的总区域为 A1:A5（要从中挑选一部分数据求和），作为第 1 个参数；而每个条件都要通过两个参数给出（条件区域+条件式）：B1:B5 和">5"共同表示条件 1，C1:C5 和"c"共同表示条件 2。

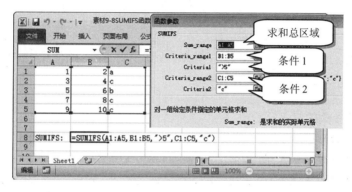

图 9-16　SUMIFS 函数的简单实例（📁素材 9-8 SUMIFS 函数的简单实例.xlsx）

【真题链接 9-10】小李毕业后在一家计算机图书销售公司担任市场部助理，主要的工作职责是为部门经理提供销售信息的分析和汇总。请按照如下要求完成统计和分析工作。

（1）根据"订单明细表"工作表中的销售数据，统计《MS Office 高级应用》书在 2012 年的总销售额，并将其填写在"统计报告"工作表的 B4 单元格中。

（2）根据"订单明细表"工作表中的销售数据，统计隆华书店在 2011 年第 3 季度的总销售额，并将其填写在"统计报告"工作表的 B5 单元格中。

（3）根据"订单明细表"工作表中的销售数据，统计隆华书店在 2011 年的每月平均销售额（保留 2 位小数），并将其填写在"统计报告"工作表的 B6 单元格中。

【解题图示】（完整解题步骤详见随书素材）

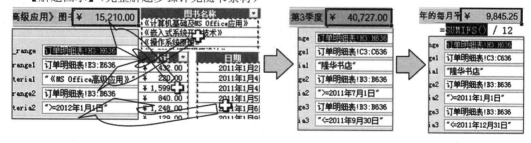

疑难解答　很多初学者在使用公式和函数时遇到的各种问题本质上属于"打字问题"。例如，将英文括号"("错打成中文括号"（"、将英文逗号(,)错打成中文逗号(，)、将"隆华书店"错打成"隆化书店"，将"2011 年 7 月 1 日"错打成"2011 年 7 月 1 号"、将 9 月的最后一天错打成"9 月 31 日"、漏掉书名中

的空格（将《MS Office》错输入为《MSOffice》）、将 sumifs 错打成 sumif、将$错打成&、少加一个引号"、少打一个括号")"等。而属于公式和函数本身用法的问题很少。因此，只要细心，就可以攻克 Excel 公式和函数！

【真题链接 9-11】销售部助理小王需要根据 2012 年和 2013 年的图书产品销售情况进行统计分析，以便制订新一年的销售计划和工作任务。在"2013 年图书销售分析"工作表中，统计 2013 年各类图书每月的销售量，并将统计结果填充在对应的单元格中。为该表添加汇总行，在汇总行单元格中分别计算每月图书的总销量。

【解题图示】（完整解题步骤详见随书素材）

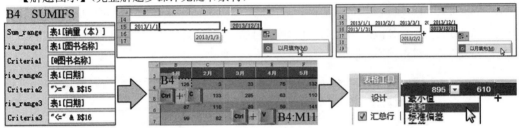

9.3.2.4 求平均值函数 AVERAGE

功能：求各参数的算术平均值。

使用格式：AVERAGE([单个数值或区域 1]，[单个数值或区域 2]，…)

说明：参数的含义与 SUM 函数的相同，只不过是求平均值，而非求和。

例如，AVERAGE(A2:A6)表示对 A2～A6 这 5 个单元格的数值求平均值；AVERAGE(A2:A6, C6)表示对 A2～A6 这 5 个单元格及 C6 单元格中的数值（共 6 个数值）求平均值。

选中一些数据的单元格区域后，Excel 会自动计算这些数据的和、平均值、计数等常用统计量，并立即在状态栏中显示结果，如图 9-17 所示。右击状态栏，从快捷菜单中还可进一步选中"最小值""最大值"等，以使状态栏显示更多的统计量。这使在 Excel 中要计算一批数据的常用统计量非常方便，只要选中这批数据，就可以在状态栏中直接查看结果了。虽然计算结果只能在状态栏中显示，并不能自动被输入到单元格中，但在实际工作中可利用这一功能校验通过公式计算的结果是否正确。

图 9-17 使用状态栏查看常用统计量（█素材 9-7 输入函数.xlsx）

【真题链接 9-12】期末考试结束了，初三（14）班的班主任助理王老师需要对本班学生的各科考试成绩进行统计分析。请在工作表"期末总成绩"中计算各科的平均分。

【解题图示】（完整解题步骤详见随书素材）

9.3.2.5 条件求平均值函数 AVERAGEIF

功能: 也是求平均值, 但会从单元格区域中进行挑选, 仅对挑选出的符合指定条件的单元格求平均, 而不是对区域中的所有单元格都求平均。AVERAGEIF 函数仅支持一个条件。

使用格式: AVERAGEIF(条件区域, 条件式, 实际求平均值的区域)

说明: 参数的含义与 SUMIF 函数的相同, 只不过是求平均值, 而非求和。

例如, AVERAGEIF(A2:A5, "<5000")表示求单元格区域 A2:A5 中小于 5000 的数值的平均值; AVERAGEIF(A2:A5, ">5000", B2:B5)表示对 B2:B5 中的一部分单元格求平均, 这部分的单元格是与 A2:A5 区域中大于 5000 的单元格对应的那部分单元格。

9.3.2.6 多条件求平均值函数 AVERAGEIFS

功能: 从单元格区域中按条件挑选出部分单元格平均, 与 AVERAGEIF 的区别是, AVERAGEIFS 可以支持多个条件, 这也是函数名称末尾 S 的含义（表示英文复数）。

使用格式: AVERAGEIFS(求平均区域, 条件区域 1, 条件式 1, 条件区域 2, 条件式 2, ...)

说明: 参数的含义与 SUMIFS 函数的相同, 只不过是求平均值, 而非求和。

例如, AVERAGEIFS(A1:A20, B1:B20, ">70", C1:C20, "<90")是对 A1:A20 中符合以下条件的单元格的数值求平均: B1:B20 中的相应数值大于 70, 且 C1:C20 中的相应数值小于 90。

9.3.2.7 求最大和最小值函数 MAX 和 MIN

功能: 求一批数值中的最大值（MAX 函数）和最小值（MIN 函数）。

使用格式: MAX([单个数值或区域 1], [单个数值或区域 2], …)

MIN ([单个数值或区域 1], [单个数值或区域 2], …)

说明: 参数的含义与 SUM 函数中参数的含义相同, 只不过是求最大值（最小值）, 而非求和。

例如, MAX(D2:D6)表示求 D2 到 D6 单元格中的最大值; MIN(E55:J55, 10)表示求 E55:J55 区域中所有单元格中的数值, 以及 10 这些数值中的最小值。

9.3.2.8 求第某个最大和最小值函数 LARGE 和 SMALL

功能: 求出一批数值中第几个最大值（LARGE 函数）和第几个最小值（SMALL 函数）。

使用格式: LARGE(数据区域, 第几个最大)

SMALL(数据区域, 第几个最小)。

说明: MAX（MIN）函数只能求排名第 1 位的最大值（最小值）。如要求出排名第 2 位或更多位的最大值（最小值）, 应使用 LARGE（SMALL）函数, 后者将求得[参数 1]区域中排名第[参数 2]位的最大值（最小值）。

例如, 若 A1~A6 的 6 个单元格的值分别为 1、2、3、4、5、6, 则 LARGE(A1:A6, 2)得到 5（第 2 个最大值）, SMALL(A1:A6, 3)得到 3（第 3 个最小值）。

【真题链接 9-13】销售部助理小王需要针对公司上半年产品销售情况进行统计分析, 并根据全年销售计划进行评估。在"按月统计"工作表中, 分别通过公式计算各月排名第 1、第 2 和第 3 的销售业绩, 并填写在"销售第一名业绩""销售第二名业绩"和"销售第三名业绩"对应的单元格中。要求使用人民币会计专用数据格式, 并保留两位小数。

【解题图示】（完整解题步骤详见随书素材）

9.3.2.9　计数函数 COUNT 和 COUNTA

功能：统计某单元格区域中的单元格个数。COUNT 只统计内容为数字的单元格个数，COUNTA 对内容为数字或文本的单元格都统计。两个函数都不计内容为空的单元格。

使用格式：　COUNT([单个数据或区域 1]，[单个数据或区域 2]，…)

　　　　　　COUNTA([单个数据或区域 1]，[单个数据或区域 2]，…)

说明：参数的含义与 SUM 函数的相同，只不过是计数个数，而非求和。

例如，COUNT(A2:A8)表示统计单元格区域 A2:A8 中包含数值的单元格的个数；COUNTA(A2:A8)表示统计单元格区域 A2:A8 中的非空单元格的个数。

9.3.2.10　条件计数函数 COUNTIF

功能：统计某单元格区域中符合指定条件的单元格个数，只支持一个条件。

使用格式：COUNTIF(单元格区域，条件式)

说明：条件式的写法与 SUMIF 函数的相同。

例如，COUNT(A2:A8, "a")统计 A2～A8 中内容为"a"的单元格个数；COUNTIF(B2:B5, ">=80")统计 B2～B5 中值大于等于 80 的单元格个数。

【真题链接 9-14】正则明事务所的统计员小任需要对本所外汇报告的完成情况进行统计分析，并据此计算员工奖金。按照下列要求，帮助小任完成相关的统计工作并对结果进行保存：在工作表"员工个人情况统计"中，对每位员工的"撰写报告数"进行计算、统计，并填入 B3～B7 单元格。

【解题图示】（完整解题步骤详见随书素材）

【真题链接 9-15】销售部助理小王需要针对公司上半年产品销售情况进行统计分析，并根据全年销售计划进行评估。在"按月统计"工作表中，利用公式计算 1～6 月的销售达标率，即销售额大于 60000 元的人数所占比例，并填写在"销售达标率"行中。要求以百分比格式显示计算数据，并保留 2 位小数。

【解题图示】（完整解题步骤详见随书素材）

9.3.2.11　多条件计数函数 COUNTIFS

功能：统计某单元格区域中符合多个条件的单元格个数，COUNTIFS 可以支持多个条件，这也是函数名称末尾 S 的含义（表示英文复数）。

使用格式：COUNTIFS(条件区域 1，条件式 1，条件区域 2，条件式 2，…)

说明：可指定多个条件，这些条件都同时满足，才被计数 1 次。参数的含义与 SUMIFS 的相同，只不过 COUNTIFS 没有 SUMIFS 具有的[参数 1]。每个条件区域包含的行数和列数都必须与[参数 1]的相同。

例如，COUNTIFS(A2:A7, ">80", B2:B7, "<100")表示统计单元格区域 A2:A7 中大于 80 的单元格，并且对应在 B2:B7 中的单元格小于 100 的"行数"。

【真题链接 9-16】在 Excel 工作表中存放了第一中学和第二中学所有班级总计 300 个学生的考试成绩，A 列到 D 列分别对应"学校""班级""学号""成绩"，利用公式计算第一中学 3 班的平均分，最优的操作方法是（　　　）。

A. =SUMIFS(D2:D301,A2:A301,"第一中学",B2:B301,"3 班") / COUNTIFS(A2:A301,"第一中学", B2:B301,"3 班")

B. =SUMIFS(D2:D301,B2:B301,"3 班")/COUNTIFS(B2:B301,"3 班")

C. =AVERAGEIFS(D2:D301,A2:A301,"第一中学",B2:B301,"3 班")

D. =AVERAGEIF(D2:D301,A2:A301,"第一中学",B2:B301,"3 班")

【答案】C

【解析】选项 A 能达到目的，但不如选项 C 简洁。选项 B 没有加入"第一中学"的条件，计算的是两个学校所有"3 班"同学的成绩。选项 D 的公式用法错误，AVERAGEIF 函数仅能有 3 个参数。

【真题链接 9-17】正则明事务所的统计员小任需要对本所外汇报告的完成情况进行统计分析，并据此计算员工奖金。按照下列要求帮助小任完成相关的统计工作，并对结果进行保存：在工作表"员工个人情况统计"中，完成计算统计每位员工的报告完成情况，并填入 C3～G7 单元格。

【解题图示】（完整解题步骤详见随书素材）

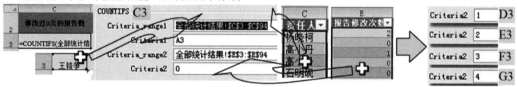

9.3.2.12　求乘积之和函数 SUMPRODUCT

功能：在两组（或多组）数中，将组间的对应数分别依次相乘，再求乘积之和。

使用格式：SUMPRODUCT(第 1 组数, 第 2 组数, 第 3 组数, ……)

说明：最多可有 255 个参数，每个参数表示一个数组或单元格区域，这些数组或单元格区域必须具有相同的维数；否则，组间数据相乘时无法对应数据元素，函数将得到错误值#VALUE!。其中[参数 1]不能省略，[参数 2]、[参数 3]……及以后的参数都可以省略。

例如，如图 9-18 所示，A1:A3 和 B1:B3 单元格区域分别有 3 个数据（4、3、8 和 2、7、6），则 SUMPRODUCT(A1:A3,B1:B3)表示求 4*2 + 3*7 + 8*6，结果为 77。

	D1	▼	f_x	=SUMPRODUCT(A1:A3, B1:B3)	
	A	B	C	D	E	F
1	4	2		77		
2	3	7	+	=4*2 + 3*7 + 8*6		
3	8	6				
4						

图 9-18　SUMPRODUCT 函数的简单实例（　素材 9-9 SUMPRODUCT 函数的简单实例.xlsx）

【真题链接 9-18】人事部专员小金负责本公司员工档案的日常管理，以及员工每年各项基本社会保险费用的计算。为在工作表"身份证校对"中对员工的 18 位身份证号进行正误校对，现已在 D～

T 列中将身份证号的前 17 位数字自左向右分拆到对应列中。为方便后续计算身份证校验码，在此基础上请帮助小金计算以下数据：计算身份证号的前 17 位数与对应系数分别相乘，再将乘积之和除以 11 的所得余数，并将余数填入 X 列。身份证号的前 17 位数各位的对应系数参见工作表"校对参数"。

【解题图示】（完整解题步骤详见随书素材）

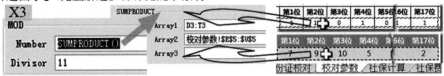

9.3.2.13 排位函数 RANK

功能：获得一个数值在一组数值中的大小排名。

使用格式：RANK(一个数值或一个单元格，一组数值或单元格区域, 升序或降序)

说明：函数的计算结果就是[参数 1]这个数值在[参数 2]这组数中的排名。显然，计算结果将受这组数中的其他数值影响。[参数 3]如果为 0 或省略，则是基于这组数的降序排列求排名；如果为非 0 值，则是基于升序排列求排名。函数名 RANK 也可写为 RANK.EQ。

当多个值具有相同排位时，RANK（或 RANK.EQ）获得最高排位。例如，在一列按升序排列的整数数值中，如果 10 出现 2 次，其排位为 5，则 11 排位将为 7（没有排位为 6 的数值）。如果要获得平均排位，应使用 RANK.AVG 函数（如上例，RANK.AVG 将获得 10 的排位为 5.5；而 RANK.EQ 获得其排位为 5，没有 6）。RANK.AVG 的参数和用法与 RANK 相同。

例如，RANK(95, A2:A6, 1)求数值 95 在单元格区域 A2:A6 中升序排列是第几位。

【真题链接 9-19】期末考试结束了，初三（14）班的班主任助理王老师需要对本班学生的各科考试成绩进行统计分析。在工作表"语文"中按成绩由高到低的顺序统计每个学生的"学期成绩"排名，并按"第 n 名"的形式填入"班级名次"列中。

【解题图示】（完整解题步骤详见随书素材）

为什么 RANK 的计算结果第 1 个单元格正确，拖动填充柄后后面的单元格不正确？分数本来不同，为什么算得都是第 1 名呢？这可能是因为 RANK 函数的第 2 个参数忘记加$绝对引用了。一般来说，排名的数据区对谁都是固定不变的，因此 RANK 的第 2 个参数一般都必须加$。

疑难解答

【真题链接 9-20】在 Excel 成绩单工作表中包含了 20 个同学成绩，C 列为成绩值，第一行为标题行，在不改变行列顺序的情况下，在 D 列统计成绩排名，最优的操作方法是（ ）。

 A. 在 D2 单元格中输入=RANK(C2,$C2:$C21)，然后向下拖动该单元格的填充柄到 D21 单元格

 B. 在 D2 单元格中输入=RANK(C2,C2:C21)，然后向下拖动该单元格的填充柄到 D21 单元格

 C. 在 D2 单元格中输入=RANK(C2,$C2:$C21)，然后双击该单元格的填充柄

 D. 在 D2 单元格中输入=RANK(C2,C$2:C$21)，然后双击该单元格的填充柄

【答案】D

【解析】由于公式将被复制到其他行，公式所在单元格的行会变化，因此公式中 RANK 函数的

第 2 个参数的行部分必须加$，否则第 2 个参数表示的数据范围将变化而导致错误。双击填充柄的操作比拖动填充柄更简便。

9.3.3　Excel 的常用条件函数和逻辑函数

9.3.3.1　条件判断函数 IF

功能：根据一个条件的真假，分别获得两种内容之其一。

使用格式：IF(条件, 条件为真时获得的内容, 条件为假时获得的内容)

说明：IF 函数的含义可被理解为"如果（条件, 为真时则…, 为假时则…）"

例如，IF(C2-B2>0, C2-B2, 0)表示求 C2-B2 的差值，但如所得为负，则直接写作 0，不会出现负数的结果。又如，IF(A2>=60, "及格", "不合格")表示如果单元格 A2 中的值大于等于 60，则获得"及格"字样，否则获得"不合格"字样。

【真题链接 9-21】正则明事务所的统计员小任需要对本所外汇报告的完成情况进行统计分析，并据此计算员工奖金。请帮助小任在"全部统计结果"工作表数据区域的最右侧增加"完成情况"列，在该列中按以下规则运用公式和函数填写统计结果：当左侧三项"是否填报""是否审核""是否通知客户"全部为"是"时显示"完成"，否则显示"未完成"。

【解题图示】（完整解题步骤详见随书素材）

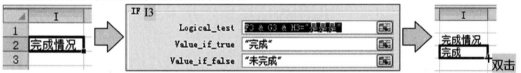

IF 函数只能划分两种分支的情况，当需要更多分支时，可在[参数 2]或[参数 3]中再使用另外的 IF 函数，构成嵌套的 IF 函数。例如，若分"优秀""良好""及格""不合格"4 个档次判断 F2 单元格中的成绩档次，可写为：IF(F2>=90, "优秀", IF(F2>=75, "良好", IF(F2>=60, "及格", "不合格"))))（为便于观察公式结构，不输入下画线，下同）。公式的第一层结构是 IF(F2>=90,"优秀",IF())，即 IF 函数的[参数 3]又是一个 IF 函数，而第 2 个 IF 函数的[参数 3]又是一个 IF 函数，3 层 IF 函数的嵌套实现了 4 个分支。

输入嵌套函数时，由于内容较多，应尽量避免逐字顺序输入每个字符，否则极易出错。实际上，Excel 提供了强大的输入工具，可以帮助方便地输入嵌套函数。在 Excel 中，输入嵌套函数也有多种方法，这里仅介绍一种，如图 9-19 所示。该方法的要点有三：

（1）单击编辑栏中的按钮 *fx*，通过打开的"函数参数"对话框输入参数，尽量避免自己纯手工输入参数，这样至少减少了自行输入参数间逗号（,）的

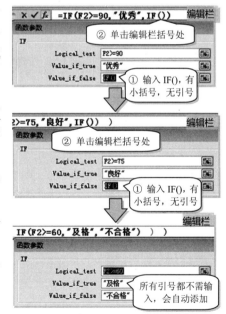

图 9-19　嵌套函数的输入方法

麻烦。

（2）输入嵌套函数时，在上层函数的某个参数框中，输入下层函数的"函数名"+一对英文小括号()，在编辑栏也会同步出现"函数名()"。注意，一对英文小括号不能省略，且这一内容一定不能加引号；如被 Excel 自动加了引号，应再将引号删除。

（3）单击**编辑栏**的"函数名()"这部分内容中的任意位置（注意，不是单击对话框中的这部分内容）。单击后"函数参数"对话框会立即发生变化，各参数输入框变为空白，用以输入下层函数的参数。

如果下层函数仍需继续嵌套，可使用同样方法，继续在某个参数框中输入"函数名()"，然后单击**编辑栏**的这部分内容，"函数参数"对话框继续变化，用以输入更下一层函数的参数……这样一层一层地输入，每层函数的参数均通过对话框输入，都将变得清晰容易，如图 9-19 所示。此外，对带引号的参数（如""优秀""），不必输入引号，对话框会自动添加引号。

【真题链接 9-22】期末考试结束了，初三（14）班的班主任助理王老师需要对本班学生的各科考试成绩进行统计分析。按照下列要求完成该班的成绩统计工作，并按原文件名进行保存：打开工作簿 Excel.xlsx，在工作表"语文"中按照下列条件填写"期末总评"。

语文、数学的 学期成绩	其他科目的 学期成绩	期末总评
≥102	≥90	优秀
≥84	≥75	良好
≥72	≥60	及格
<72	<60	不合格

然后在其他科目的工作表中按与"语文"相同的统计方法统计其他科目的"学期成绩""班级名次"和"期末总评"。

【解题图示】（完整解题步骤详见随书素材）

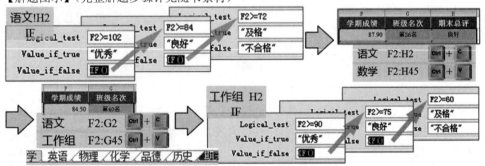

【真题链接 9-23】小李是东方公司的会计，为节省时间，同时又确保记账的准确性，她使用 Excel 编制了员工工资表 Excel.xlsx。请参考本题文件夹下的"工资薪金所得税率.xlsx"文件内容，利用 IF 函数计算"应交个人所得税"列（应交个人所得税=应纳税所得额*对应税率-对应速算扣除数）。

【解题图示】（完整解题步骤详见随书素材）

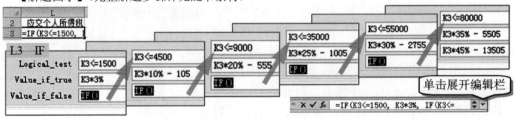

9.3.3.2　逻辑函数 AND 和 OR

功能：当需要多个条件具有"并且""或者"的关系时，要用 AND、OR 函数表示。

使用格式：AND　（条件 1, 条件 2, 条件 3, …）

　　　　　　OR　　（条件 1, 条件 2, 条件 3, …）

说明：这两个函数的所有参数都必须是逻辑判断式（可得到 TRUE 或 FALSE 结果的判断式）或包含逻辑值的数组、单元格（区域）等。AND 函数在当所有参数都成立时，得到 TRUE，否则得到 FALSE。OR 函数在其中有一个参数成立时得到 TRUE，否则得到 FALSE。

例如：若 D2 为数学成绩，E2 为语文成绩，"IF(AND(D2>=60, E2>=60), "合格", "不合格")"表示只有数学、语文成绩都及格的才是"合格"，有一门科目不及格的就是"不合格"。

9.3.3.3　错误捕获函数 IFERROR

功能：当公式或函数计算遇到错误时，IFERROR 可以显示自定义的错误提示。如果不使用 IFERROR 函数，出错时将显示#N/A、#VALUE!、#REF!等的系统错误提示。

使用格式：IFERROR(公式, 如果[参数 1]的公式计算出错显示的内容)

说明：[参数 1]可以是任何公式，其中包含或不包含函数均可。仍然正常计算[参数 1]的公式，如果[参数 1]的公式在计算中没有错误，IFERROR 仍显示该公式的计算结果。如果[参数 1]的公式计算时出错，IFERROR 将显示[参数 2]的内容。

例如，若 B3 单元格的数据为 2，B4 单元格的数据为 0，则 6/B4 将得到#DIV/0!的错误（因为除数为 0）。而 IFERROR(6/B4, "出错啦！")将得到"出错啦！"，而非#DIV/0!；IFERROR(6/B3, "出错啦！")仍得到 6/2 的结果，即 3。

高手进阶　　Excel 还有很多 IS 函数，它们都只有一个参数，用于检验单元格的值是否为相应情况，若是，则得到 TRUE，若不是，则得到 FALSE。例如，ISERROR 函数可检验单元格值是否为任意错误值，它只有一个参数，即单元格引用，当单元格值为错误值时，函数值得到 TRUE，当单元格值不为错误值时，得到 FALSE。例如，=IF(ISERROR(A1), "出错啦", A1*2)表示当 A1 单元格值为错误值时，得到"出错啦"字样，否则得到 A1*2 的计算结果。此外，还有以下一些 IS 函数：ISERR（检验为除#N/A 外的任意错误值，#N/A 表示值不存在的错误）、ISNA（检验为#N/A 的错误）、ISBLANK（检验值为空）、ISEVEN（检验为偶数）、ISODD（检验为奇数）、ISLOGICAL（检验为逻辑值）、ISNONTEXT（检验为非文本）、ISNUMBER(检验为数字)、ISREF（检验为有效单元格引用）、ISTEXT(检验为文本)。

9.3.4　Excel 的常用查找和引用函数

9.3.4.1　垂直查询函数 VLOOKUP

功能：搜索某单元格区域中的第 1 列，然后得到该区域内对应行上的另一列的内容。

使用格式：VLOOKUP(要搜索的内容, 搜索区域, 获得第几列的值, 匹配方式)

说明：[参数 2]是一个单元格区域，要搜索的内容即[参数 1]必须位于该区域的**第 1 列**，或者说函数只能在[参数 2]的**第 1 列**中搜索（要求是[参数 2]区域的第 1 列，而不一定是工作表的第 1 列）；且该区域还要包含搜索后要获得的内容。搜索后要获得的内容位于该区域内的第几列，[参数 3]就是几（[参数 3]是区域内的第几列，而非工作表中的第几列）。如没找到，则得到错误值#N/A。

[参数 4]表示查找是精确匹配，还是近似匹配，值只有 TRUE 或 FALSE 两种（也可写为数值非 0 或 0，非 0 表示 TRUE，0 表示 FALSE；但一般只写为 1 或 0，而不写其他数值）。如果为 TRUE（数值一般写为 1），在找不到精确匹配值时将查找近似匹配值，即找出小于[参数 1]的最大值；如果为 FALSE（或写为数值 0），则只找精确匹配值，有多个精确匹配时只找第一个，找不到精确匹配值时，函数将得到错误值#N/A。

[参数 4]可省略（省略时视为 TRUE），若[参数 4]省略或为 TRUE（数值一般写为 1），则必须按升序排列[参数 2]区域的第 1 列的值，否则查找可能不正确。如果[参数 4]为 FALSE（或 0），则不需排序。因此，一般用 VLOOKUP 时，[参数 4]都不省略，而要写 FALSE（或写为 0）。

例如，要查找学号为 1001 的对应姓名，设 B 列是学号，则[参数 2]区域可以是 B2:C10（保证区域内的**第 1 列**是学号列）；姓名列要包含在此区域中。如果 C 列为姓名（即此区域内的第 2 列为姓名），则[参数 3]应为 2，函数可以是 VLOOKUP(1001, B2:C10, 2, 0)；如果 D 列为姓名（即此区域内的第 3 列为姓名），则[参数 3]应为 3，函数可以是 VLOOKUP(1001, B2:D10, 3, 0)。

【真题链接 9-24】期末考试结束了，初三（14）班的班主任助理王老师需要对本班学生的各科考试成绩进行统计分析。参考工作表"初三学生档案"，在工作表"语文"中输入与学号对应的"姓名"。

【解题图示】（完整解题步骤详见随书素材）

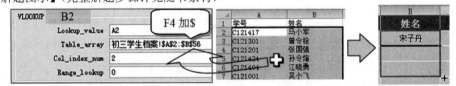

【真题链接 9-25】文涵是大地公司的销售部助理，负责对全公司的销售情况进行统计分析，并将结果提交给销售部经理。年底，她将根据各门店提交的销售报表进行统计分析。将工作表"平均单价"中的区域 B3:C7 定义名称为"商品均价"。运用公式计算工作表"销售情况"中 F 列的销售额，要求在公式中通过 VLOOKUP 函数自动在工作表"平均单价"中查找相关商品的单价，并在公式中引用定义的名称"商品均价"。

【解题图示】（完整解题步骤详见随书素材）

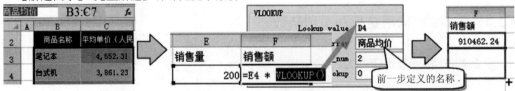

疑难解答

VLOOKUP 中的 "2, 0" 是什么意思呢？不难理解，以上两题的含义分别是：取前一个参数表示的区域（"初三学生档案"表的 A2:B56）中第 2 列，即姓名列的值、精确匹配（0 或 FALSE）；取前一个参数表示的区域（"商品均价"区域）中第 2 列，即平均单价列的值、精确匹配（0 或 FALSE）。通过下一习题深入理解 VLOOKUP 第 3 个参数的含义，在这道题中，第 3 个参数是变化的（可能为 2、3、4 或 5），表示要到折扣表的不同列（第 2、3、4 或 5 列）中找到折扣百分比。

再强调一点，同 RANK 类似，VLOOKUP 第 2 个参数中的 $ 别漏哦！

【真题链接 9-26】李东阳是某家用电器企业的战略规划人员，正在参与制订本年度的生产与营销计划。为此，他需要对上一年度不同产品的销售情况进行汇总和分析，从中提炼出有价值的信息。根据下列要求，帮助李东阳运用已有的原始数据完成上述分析工作。

（1）在"销售记录"工作表的 E4:E891 中，应用函数输入 C 列（类型）对应的产品价格，价格信息可以在"价格表"工作表中进行查询。

（2）在"销售记录"工作表的 F4:F891 中，计算每笔订单记录的金额，计算规则为：金额=价格×数量×（1-折扣百分比），折扣百分比由订单中的订货数量和产品类型决定，可以在"折扣表"工作表中进行查询。例如，某个订单中产品 A 的订货量为 1510，则折扣百分比为 2%（提示：为便于计算，可对"折扣表"工作表中表格的结构进行调整）。

【解题图示】（完整解题步骤详见随书素材）

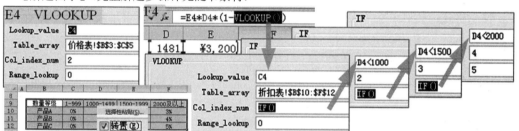

【真题链接 9-27】林明德是某在线销售摄影器材企业的管理人员，于 2017 年初随机抽取了 100 名网站注册会员，准备使用 Excel 分析他们上一年度的消费情况。请帮助他在"客户资料"工作表中根据在 D 列中已计算的年龄，在 E 列中计算每位顾客所处的年龄段，年龄段的划分标准位于"按年龄和性别"工作表的 A 列中。（注意，不要改变顾客编号的默认排序，可使用中间表格进行计算）。

【解题图示】（完整解题步骤详见随书素材）

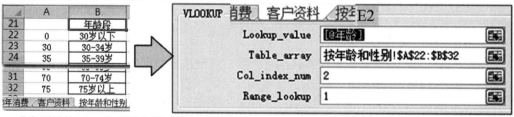

【真题链接 9-28】采购部助理小何负责统计本公司各个销售部本月的销售数据，请帮助小何根据工作表"品种目录"中的数据，在工作表"月销售合计"的 B 列中为每个菜品填入相应的"类别"，如果某一菜品不属于"品种目录"的任何一个类别，则填入文本"其他"。

【解析】应使用 VLOOKUP 函数在"品种目录"中查找，当菜品不属其中的任何一个类别时，VLOOKUP 将找不到。如 VLOOKUP 找不到，将产生一个错误。为了使在找不到时显示"其他"字样，而不是显示错误，可在 VLOOKUP 外再嵌套一层 IFERROR 函数。

【解题图示】（完整解题步骤详见随书素材）

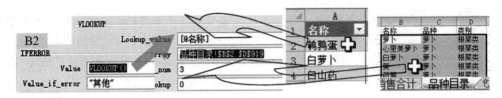

9.3.4.2 获得单元格行号和列号的函数 ROW 和 COLUMN

功能：ROW 获得单元格所在行的行号，COLUMN 获得单元格所在列的列号。

使用格式： ROW (要获得行号的单元格)

COLUMN (要获得列号的单元格)

说明：[参数]可以省略，如果省略，将获得函数所在的单元格的行号（列号）。COLUMN 函数获得的列号也是从 1 开始的整数，其中 1 代表 A 列，2 代表 B 列……

例如，ROW(C10)得到 10，因为 C10 在第 10 行；COLUMN(D10)得到 4，因为 D10 所在的 D 列是第 4 列；ROW(C4:D6)得到 4，因为单元格区域的首行在第 4 行；若在 A2 单元格中输入公式 "=COLUMN()"，将得到 1，因为省略参数是获得公式所在的单元格的列号。

9.3.4.3 获得区域中的单元格或值的函数 INDEX

功能：给定行号和列号，获得区域或数组中该行、列交叉处的单元格引用或值。

使用格式： INDEX (单元格区域或数组, 要获得第几行, 要获得第几列)

INDEX (单元格区域或数组, 要获得第几行, 要获得第几列, 第几个区域)

说明：获得在[参数 1]的区域中，第[参数 2]行、第[参数 3]列交叉处的单元格的引用或值。[参数 2]和[参数 3]如果为 0 或省略，将分别获得整列或整行的区域，[参数 2]和[参数 3]不能同时省略。如果[参数 1]含多个不连续区域，则可由[参数 4]指定要获得第几个区域，[参数 2]和[参数 3]将是这个指定区域中的行和列。

例如，INDEX(A2:B3, 2, 1)获得 A2:B3 区域中第 2 行第 1 列的单元格，即 A3（是[参数 1]区域的第 2 行第 1 列，不是整个工作表的第 2 行第 1 列）。SUM(A1 : INDEX(A2:B3,2,1))计算 A1:A3 区域的和。INDEX(**(A1:C6, A8:C11)**,1, 3, 2)获得单元格区域**(A1:C6, A8:C11)**中的第 2 个区域，即 A8:C11 区域，第 1 行第 3 列的单元格，即 C8 单元格。SUM(INDEX(A1:C11, 0, 3, 1))对第一个区域 A1:C11 中的第三列（即 C1:C11）求和。

9.3.4.4 查找数据在区域中的位置函数 MATCH

功能：在给定的单元格区域中查找某个数据，获得该数据在该单元格区域中位置的相对编号，如没找到，则得到错误值#N/A（查找文本时不区分大小写字母）。

使用格式：MATCH (要查找的数据, 单元格区域范围, 查找方式)

说明：[参数 3]表示查找方式，有 1、0、−1 三种取值。

❑ 1：查找小于或等于[参数 1]的最大值，此时[参数 2]中的数据必须按升序排序。

❑ 0：查找区域范围中等于[参数 1]的第一个值，此时[参数 2]中的数据不需排序。

❑ −1：查找大于或等于[参数 1]的最小值，此时[参数 2]中的数据必须按降序排序。

MATCH 函数获得的是一个位置编号（代表第几项），而非该位置上的数据内容。一般地，可使用 MATCH 函数的计算结果为 INDEX 函数的[参数 2]或[参数 3]提供参数，即先由

MATCH 获取所需内容位于第几行或第几列，再由 INDEX 去这个位置获取单元格内容。

当进行文本查找且[参数 3]为 0 时，可在[参数 1]中使用通配符：?代表一个字符，*代表任意多的字符，~?和~*分别表示?和*本身。

例如，如果单元格 B2~B5 的值分别为 25、38、40、41，则 MATCH(41, B2:B5, 0)得到 4，因为 41 是该区域中的第 4 个值。如 B 列为姓名，J 列为工资，找出工资最高的人的姓名的公式可以是：=INDEX(B4:B21, **MATCH(MAX(J4:J21), J4:J21, 0)**)。

又如，在【真题链接 9-23】分档计算个人所得税时，使用了嵌套 IF 函数。这类问题也可以使用 INDEX 与 MATCH 函数找到工资对应的税率档，然后直接计算。首先在“税率表”中增加一个辅助列“各档下限”，并填入各档下限值，如图 9-20（a）所示（已将税率表工作表移动或复制到 Excel.xlsx 的同一工作簿中，并将工作表命名为“税率表”）。然后将 MATCH 函数的[参数 3]设为 1，就能找到任意工资值（即 K3 单元格的值）的对应档次。因为各“下限值”是由小到大升序排序的，[参数 3]为 1 便可找到≤所找工资的最大值。例如，当工资为 1800 元时将找到 1500，其对应的行（第 3 行）就是 1800 元工资的对应档次。

	A	B	C	D
1	全月应纳税所得额	税率	速算扣除数（元）	各档下限
2	不超过1500元	3%	0	0
3	超过1500元至4500元	10%	105	1500
4	超过4500元至9000元	20%	555	4500
5	超过9000元至35000元	25%	1005	9000
6	超过35000元至55000元	30%	2755	35000
7	超过55000元至80000元	35%	5505	55000
8	超过80000元	45%	13505	80000
9				

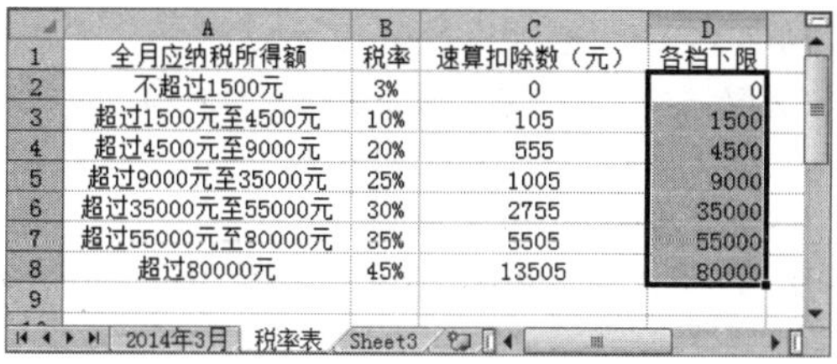

（a）方法一：升序排列各档，设“下限”辅助列

	A	B	C	D
1	全月应纳税所得额	税率	速算扣除数（元）	各档上限
2	超过80000元	45%	13505	9.00E+307
3	超过55000元至80000元	35%	5505	80000
4	超过35000元至55000元	30%	2755	55000
5	超过9000元至35000元	25%	1005	35000
6	超过4500元至9000元	20%	555	9000
7	超过1500元至4500元	10%	105	4500
8	不超过1500元	3%	0	1500
9				

（b）方法二：降序排列各档，设“上限”辅助列

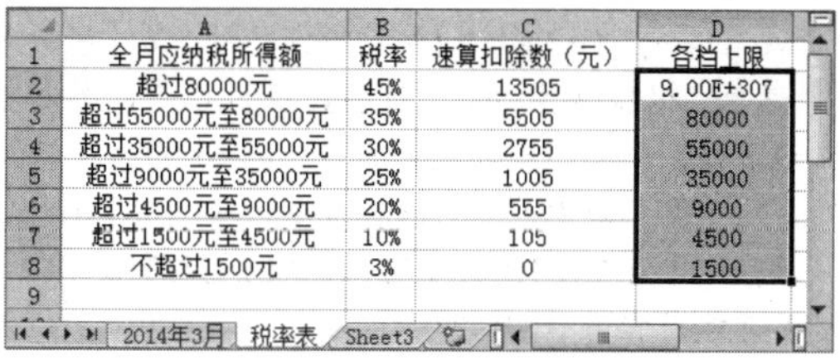

图 9-20　通过 INDEX 和 MATCH 函数计算所得税时“税率表”中的辅助列

计算应交个人所得税时在 L3 单元格中应输入公式：=K3 * INDEX(税率表!$B$2:$B$8, **MATCH(K3, 税率表!$D$2:$D$8,1)**)−INDEX(税率表!$C$2:$C$8, **MATCH(K3, 税率表!$D$2:$D$8,1)**)。公式的结构是：=K3 * INDEX() − INDEX()，其中第 1 个 INDEX 函数获得对应档的税率，第 2 个 INDEX 函数获得对应档的速算扣除数，在两个 INDEX()中都由 MATCH 函数获得行号。两处 MATCH 函数的内容是相同的，均表示在 D 列找到匹配的下限值。

这一问题也可通过添加“上限值”的辅助列按同样思路求解，如图 9-20（b）所示。要注意这时税率表要按照“上限”值降序排序，其中上限值的第 1 个值 9E+307 是接近 Excel 所能表示的最大值 9.99999999999999E+307。计算时，只要把以上公式中的两处 MATCH 函数的[参数 3]都由 1 改为−1 即可，即两处都替换为 MATCH(K3, 税率表!$D$2:$D$8, −1)。再次强调，两种方法除了辅助列和公式不同外，还需对“税率表”进行升序或降序排序。

【真题链接 9-29】陈颖是某环境科学院的研究人员，现在需要使用 Excel 分析我国主要城市的降水量。现在 R3 和 S2 单元格中已建立了数据有效性，仅允许在这两个单元格中分别填入城市名称和月份名称。请帮助她在 S3 单元格中建立公式，使用 Index 函数和 Match 函数，根据 R3 单元格中的城市名称和 S2 单元格中的月份名称查询对应的降水量。以上 3 个单元格最终显示的结果为广州市 7 月份的降水量。

【解题图示】（完整解题步骤详见随书素材）

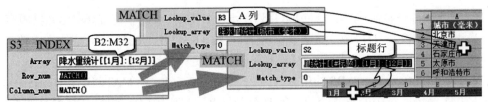

【真题链接 9-30】在某评选投票工作中，小刘需要在 Excel 中根据计票数据采集情况完成相关统计分析。请在"候选人得票率"工作表中根据 C ～AG 列的各地区得票率数据，计算每位候选人的得票率最高的地区并将之填入 AI 列的单元格。

【解题图示】（完整解题步骤详见随书素材）

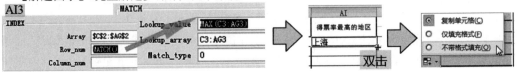

9.3.4.5 选择函数 CHOOSE

功能：给定一个编号，从给定的多个选项中获得其中一项。

使用格式：CHOOSE (要获得第几项，第 1 项内容，第 2 项内容，第 3 项内容，…)

说明：根据[参数 1]，在[参数 2]及以后的各参数中选取一项。这些项可以是数值、单元格引用、已定义的名称、公式、函数或文本等。[参数 1]为 1 时获得"第 1 项内容"、[参数 1]为 2 时获得"第 2 项内容"……。在参数中最多只能提供 254 项内容，[参数 1]取值必须在 1~254 范围。

例如，"SUM(CHOOSE(2, A1:A10, B1:B10, C1:C10))"相当于"SUM(B1:B10)"，因为 CHOOSE 中提供的第 2 项内容是 B1:B10。

9.3.4.6 单元格区域偏移函数 OFFSET

功能：参照某个单元格区域，给定偏移几行和偏移几列，偏移后得到一个新的单元格区域。

使用格式：OFFSET (参照的单元格区域，偏移几行，偏移几列，新区域含几行，新区域含几列)

说明：在[参数 1]的单元格区域的基础上，向上或向下偏移[参数 2]个行（[参数 2]为负时向上，为正时向下），同时向左或向右偏移[参数 3]个列（[参数 3]为负时向左，为正时向右），确定为新区域的左上角。新区域包含的行数和列数分别由[参数 4]和[参数 5]指定，如果[参数 4]和[参数 5]省略，新区域包含的行数和列数与[参数 1]的区域包含的行数和列数相同。

例如，OFFSET(C3, 2, 3, 1, 1)得到单元格 F5，因为 C3 向下偏移 2 行、向右偏移 3 列为 F5。SUM(OFFSET(C3:E5, -1 ,0, 3, 3))将对 C2:E4 区域求和，因为 C3:E5 的左上角向上偏移 1 行、偏移 0 列得到 C2，从 C2 开始的 3×3 区域是 C2:E4。

9.3.5 Excel 的常用数值函数

9.3.5.1 除法求余数函数 MOD

功能：求两数相除的余数，结果的正负号与除数相同。

使用格式：MOD(被除数，除数)。

说明：计算结果是[参数 1]除以[参数 2]的余数，而非商。

例如，如果 A1 单元格中的内容为 9，MOD(A1, 2)得到 1；MOD(0, 2)得到 0。MOD 函数可用于奇数或偶数的判断：求 MOD(某个数, 2)若得 1，则说明这个数为奇数；若得 0，则说明这个数为偶数。

9.3.5.2 求绝对值函数 ABS

功能：求绝对值。

使用格式：ABS(一个数值或单元格引用)。

例如，无论 A2 单元格中的内容为 100 或-100，ABS(A2)均得到 100。

9.3.5.3 求算术平方根函数 SQRT

功能：求算术平方根（正平方根）。

使用格式：SQRT(一个数值或单元格引用)。

说明：如果[参数]为负值，SQRT 将得到错误值#NUM!。

例如，SQRT(9)得到 3；如果 A3 单元格中的内容为-16，SQRT(ABS(A3))将得到 4。

【真题链接 9-31】李晓玲是某企业的采购部门员工，现在需要使用 Excel 分析采购成本并进行辅助决策。帮助她在工作表"经济订货批量分析"的 C5 单元格计算经济订货批量的值，公式为

$$经济订货批量 = \sqrt{\frac{2 \times 年需求量 \times 单次订货成本}{单位年储存成本}}$$

计算结果保留整数。

【解题图示】（完整解题步骤详见随书素材）

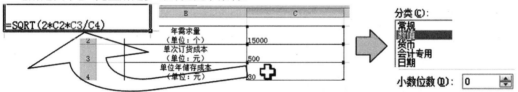

9.3.5.4 向下取整函数 INT

功能：将小数取整为不大于它的最大整数（不四舍五入），结果总是小于等于原值。

使用格式：INT(一个数值或单元格引用)。

例如，INT(18.89)和 INT(18.1)都得到 18；INT(-18.89)和 INT(-18.1)都得到-19。

【真题链接 9-32】阿文是某食品贸易公司销售部助理，现需要对 2015 年的销售数据进行分析。已在"客户信息"工作表中的 H 列计算了每位客户的销售总额，请帮助她根据 H 列的销售总额计算其对应的客户等级（不要改变当前数据的排序），等级评定标准可参考"客户等级"工作表。

【解题图示】（完整解题步骤详见随书素材）

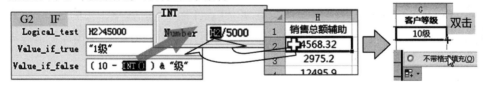

9.3.5.5 四舍五入函数 ROUND

功能：将数值按指定小数位数进行四舍五入。

使用格式：ROUND(一个数值或单元格引用，要保留到的小数位数)。

例如，ROUND(25.7825, 2)得到 25.78；ROUND(25.7825,0)得到 26。

9.3.5.6　向下舍入函数 ROUNDDOWN

功能：无入全舍（不四舍五入），将数值靠近零值（即向绝对值减小的方向）舍入。

使用格式：ROUNDDOWN(一个数值或单元格引用，要保留到的小数位数)。

说明：[参数 2]为 0 时表示取整（即使[参数 2]为 0，也要给出，不能省略）。

例如，ROUNDDOWN(2.89, 0)和 ROUNDDOWN(2.1, 0)都得到 2；ROUNDDOWN(-2.89, 0) 和 ROUNDDOWN(-2.1, 0) 都 得 到 -2 ； ROUNDDOWN(2.89, 1) 得 到 2.8 ； ROUNDDOWN(-2.89, 1)得到-2.8。又如，在员工工龄计算中，每满 1 年才计 1 年的工作年限，应使用 ROUNDDOWN 函数；如工作 2.9 年，应计算 ROUNDDOWN(2.9, 0)得 2，只计 2 年工作年限。

9.3.5.7　向上舍入函数 ROUNDUP

功能：无舍全入（不四舍五入），将数值远离零值（即向绝对值增大的方向）舍入。

使用格式：ROUNDUP(一个数值或单元格引用，要保留到的小数位数)。

说明：[参数 2]为 0 时表示取整（即使[参数 2]为 0，也要给出，不能省略）。

例如，ROUNDUP(2.89, 0)和 ROUNDUP(2.1, 0)都得到 3；ROUNDUP(-2.89, 0)和 ROUNDUP(-2.1, 0)都得到-3；ROUNDUP(2.89, 1)得到 2.9；ROUNDUP(-2.89, 1)得到-2.9。又如，在电话的通话计费中，不足 1 分钟按 1 分钟计算，应使用 ROUNDUP 函数；如通话 2.1 分钟，应计算 ROUNDUP(2.1, 0)得 3 分钟。

9.3.5.8　小数位截断函数 TRUNC

功能：将数值保留指定的小数位数，删去多余的小数位（不四舍五入）。

使用格式：TRUNC(一个数值或单元格引用，要保留到的小数位数)。

说明：[参数 2]可省略，省略时为 0。TRUNC 函数和 ROUNDDOWN 函数的效果是相同的。

例如，TRUNC(8.9589,2)得到 8.95；TRUNC(-8.9)或 TRUNC(-8.9, 0)都得到-8。

通过舍入函数求得的结果，与通过设置单元格数字格式保留小数位的显示结果是不同的。例如，在单元格中输入"=1/3"，设置数字格式保留 2 位小数后显示 0.33，而单元格中的实际值仍为 0.333333……，以后使用此单元格的值参与计算时是使用实际值参与计算的，而非显示值。而输入"=ROUND(1/3, 2)"显示值和实际值均为 0.33，将使用 0.33 参与以后的计算。

单击"文件"|"选项"，打开"Excel 选项"对话框，在左侧选择"高级"，在右侧"公式"组中选中"将精度设为所显示的精度"，可使显示值与实际值一致，将直接采用显示值参与以后的计算。

高手进阶

【真题链接 9-33】在 Excel 中，如需对 A1 单元格数值的小数部分进行四舍五入运算，最优的操作方法是（　　）。

　　A. =INT(A1)　　　B. =INT(A1+0.5)　　　C. =ROUND(A1, 0)　　　D. =ROUNDUP(A1, 0)

【答案】C

【真题链接 9-34】销售部助理小王需要针对 2012 年和 2013 年的公司产品销售情况进行统计分析，以便制订新的销售计划和工作任务。现在，请按照如下需求完成工作：如果每个订单的图书销量超过 40 本（含 40 本），则按照图书单价的 9.3 折进行销售；否则按照图书单价的原价进行销售。

按照此规则，使用公式计算并填写"订单明细"工作表中每笔订单的"销售额小计"，保留 2 位小数。要求该工作表中的金额以显示精度参与后续的统计计算。

【解题图示】（完整解题步骤详见随书素材）

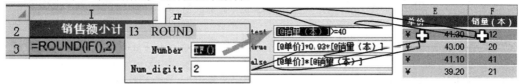

【真题链接 9-35】某停车场计划调整收费标准，拟从原来"不足 15 分钟按 15 分钟收费"调整为"不足 15 分钟部分不收费"的收费政策。市场部抽取了历史停车收费记录，期望通过分析掌握该政策调整后对营业额的影响。请帮助市场分析员小罗完成工作：依据停放时间和收费标准计算当前收费金额并填入"收费金额"列；计算拟采用新收费政策后预计收费金额并填入"拟收费金额"列；计算拟调整后的收费与当前收费之间的差值，并填入"收费差值"列。

【解题图示】（完整解题步骤详见随书素材）

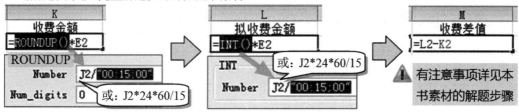

9.3.6 Excel 的常用日期时间函数

9.3.6.1 提取日期各部分的函数 YEAR、MONTH、DAY、WEEKDAY

功能：YEAR 函数提取某日期的年份部分，得到 1900～9999 的一个整数。MONTH 函数提取某日期的月份部分，得到 1～12。DAY 函数提取某日期的日部分，得到 1～31。WEEKDAY 函数提取某日期的星期几的星期数，得到 1～7。

使用格式：　YEAR(一个日期数据或一个单元格引用)

　　　　　　MONTH(一个日期数据或一个单元格引用)

　　　　　　DAY(一个日期数据或一个单元格引用)

　　　　　　WEEKDAY(一个日期数据或一个单元格引用，星期几表示方式)。

说明：WEEKDAY 函数的[参数 2]为 1 时，星期日为 1、星期六为 7；该参数为 2 时，星期一为 1、星期日为 7（符合中国习惯）；该参数为 3 时，星期一为 0、星期日为 6。参数中的日期可以是引号引起的一个日期，如"2016/9/24"，也可以是一个十进制实数，如 42637 也表示日期 2016/9/24，因为它是从 1900 年 1 月 1 日过了 42637 天。

例如，YEAR("2016/9/24")将得到 2016。当在 A4 单元格中输入日期"2016/9/24"时，WEEKDAY(A4, 2)将得到 6（2016/9/24 为星期六）。

【真题链接 9-36】财务部助理小王需要向主管汇报 2013 年度公司差旅报销情况，现在请按照如下需求，在 EXCEL.XLSX 文档中完成工作：如果"日期"列中的日期为星期六或星期日，则在"是否加班"列的单元格中显示"是"，否则显示"否"（必须使用公式）。

【解题图示】（完整解题步骤详见随书素材）

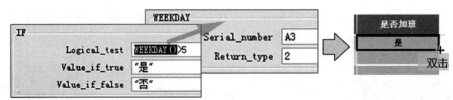

【真题链接 9-37】小赵是一名参加工作不久的大学生。他习惯使用 Excel 表格记录每月的个人开支情况。2013 年底小赵将每个月各类支出的明细数据录入文件名为 Excel.xlsx 的工作簿文档中。根据下列要求帮助小赵整理明细表：在月份右侧插入新列"季度"，数据根据月份由函数生成，例如，1 至 3 月对应"1 季度"、4 至 6 月对应"2 季度"……

【解题图示】（完整解题步骤详见随书素材）

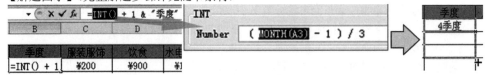

9.3.6.2 提取时间各部分的函数 HOUR、MINUTE、SECOND

功能：HOUR 函数提取一个日期/时间数据的小时部分，得到一个 0～23 的整数。MINUTE 函数提取分钟部分，得到 0～59。SECOND 函数提取秒数部分，得到 0～59。

使用格式：HOUR(一个日期/时间数据或一个单元格引用)

　　　　　　MINUTE(一个日期/时间数据或一个单元格引用)

　　　　　　SECOND(一个日期/时间数据或一个单元格引用)。

说明：参数中的日期/时间数据可以是用引号引起的一个时间，如"6:45 PM"，也可以是一个十进制实数表示的时间，如 0.78125 也表示时间"6:45 PM"，因为 0.78125 天就是 18 小时 45 分钟。

例如，当在 A5 单元格中输入日期"2016/9/24 19:25"后，Hour(A5)将得到 19。

9.3.6.3 获得当前日期时间的函数 TODAY 和 NOW

功能：TODAY 函数获得系统当下的日期；NOW 函数获得系统当下的日期和时间。

使用格式：TODAY() 和 NOW()

说明：这两个函数都不需参数，直接写"函数名()"即可，但括号()不能省略。

例如，TODAY()获得当下日期；NOW()获得当下日期和时间。

9.3.6.4 构造日期函数 DATE

功能：通过给出年、月、日的整数，构造出对应的一个日期数据。

使用格式：DATE(表示年的整数, 表示月的整数, 表示日的整数)

例如，DATE(2015, 2, 4)将得到 2015/2/4 的日期数据。

9.3.6.5 计算两日期间相差天数的函数DATEDIF、NETWORKDAYS、DAYS360、YEARFRAC

功能：这 4 个函数都计算两日期间相差的天数。DATEDIF 不仅能计算两日期间相差的天数，还能计算相差的年数或月数；NETWORKDAYS 只计算两日期间相差的工作日数（不包括周末和专门指定的假期）；DAYS360 按照每月 30 天、一年 360 天计（这种统计方式用于一些会计计算中）；YEARFRAC 计算两日期间相差天数占全年天数的百分比，即年份数。

使用格式：　DATEDIF(较早的一个日期, 较晚的一个日期, "y"或"m"或"d")

NETWORKDAYS(日期 1，日期 2，假期日期的单元格区域)

DAYS360(日期 1，日期 2，TRUE 或 FALSE 表示某月最后一天的处理方法)

YEARFRAC (日期 1，日期 2，日计数基准)

说明：（1）DATEDIF 要求[参数 1]的日期必须早于[参数 2]；其他函数没有必须要求，但若[参数 1]的日期较晚，函数值将为负值。（2）DATEDIF 的[参数 3]只能是"y"、"m"或"d" 3 种，分别表示要计算两个日期相差几年、相差几月或相差几天。（3）DAYS360 的[参数 3]可省略，省略或值为 FALSE 时采用美国方法，为 TRUE 时采用欧洲方法。（4）YEARFRAC 会将求得的两日期间相差的天数再除以某种全年天数得到最终结果。除以的具体全年天数由[参数 3]决定，[参数 3]为 1 时除以全年实际天数、[参数 3]为 2 时除以 360、[参数 3]为 3 时除以 365，或按每月 30 天一年 360 天除以天数（[参数 3]为 0 或 4 分别表示美国方法和欧洲方法），[参数 3]省略时默认为 0。

例如，DATEDIF(A3, TODAY(), "y")计算 A3 单元格中的日期与今天所差的整年数。若 B2～B6 单元格分别为 5 个日期，则 NETWORKDAYS(B2, B3, B4:B6)计算 B2 和 B3 两个日期间相差的工作日数，这是除去 B2 和 B3 两个日期间的周末及 B4～B6 三个单元格中的三天日期（表示 3 天节假日）后的天数。若 C1 单元格中的内容为日期 2016/2/1，则 DAYS360(DATE(2016,1,30), C1)得到 1，DAYS360(C1, DATE(2016,5,1))得到 90。若 D2 单元格为出生日期，则 YEARFARC(D2, TODAY(), 1)得到今天的年龄。

【真题链接 9-38】小谢在 Excel 工作表中计算每个员工的工作年限，每满一年计一年工作年限，最优的操作方法是（　　　）。

A. 根据员工的入职时间计算工作年限，然后手动录入到工作表中

B. 直接用当前日期减去入职日期，然后除以 365，并向下取整

C. 使用 TODAY 函数返回值减去入职日期，然后除以 365，并向下取整

D. 使用 YEAR 函数和 TODAY 函数获取当前年份，然后减去入职年份

【答案】C

【解析】选项 A 过于烦琐；选项 A 和选项 B 都只能计算截止到当前日期的年限，但随着时间的推进，结果值不能更新；选项 D 不满一年也计算了一年的工作年限。

【真题链接 9-39】林明德是某在线销售摄影器材企业的管理人员，于 2017 年初随机抽取了 100 名网站注册会员，准备使用 Excel 分析他们上一年度的消费情况。在"客户资料"工作表的 D 列中，计算每位顾客到 2017 年 1 月 1 日止的年龄，规则为每到下一个生日计 1 岁。

【解题图示】（完整解题步骤详见随书素材）

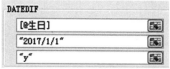

【真题链接 9-40】每年年终，太平洋公司都会给在职员工发放年终奖金，公司会计小任负责计算工资奖金的个人所得税并为每位员工制作工资条。在工作表"员工基础档案"中，利用公式及函数依次输入每位员工截止 2015 年 9 月 30 日的年龄。年龄需要按周岁计算，满 1 年才计 1 岁，每月按 30 天、一年按 360 天计算。

【解题图示】（完整解题步骤详见随书素材）

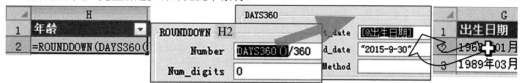

9.3.7 Excel 的常用文本函数

9.3.7.1 文本合并函数 CONCATENATE

功能：将多个文本连接在一起，构成一个较长的文本（类似文本连接符&的功能）。

使用格式：CONCATENATE(文本字符串 1, 文本字符串 2, 文本字符串 3, ……)

说明：各参数为各个要连接的文本，最少给出一个，最多可有 255 个。

例如，如果 A2 单元格中的内容为 "zhni2011"，B2 单元格中的内容为 "163"，则 "CONCATENATE(A2, "@", B2, ".com")" 将得到文本 "zhni2011@163.com"。也可以用文本连接符&代替 CONCATENATE 函数的功能。例如，本例也可用 "A2 & "@" & B2 & ".com"" 得到相同的结果。

9.3.7.2 左侧截取字符串函数 LEFT

功能：从一个文本字符串的最左边起，截取若干个字符组成一个新的文本字符串。

使用格式：LEFT(一个文本字符串, 从左边起截取几个字符)

说明：[参数 2]必须≥0，如果省略，默认值为 1。

例如，若 A6 单元格中的内容为 abcdef，则 LEFT(A6, 3)将得到内容 abc。

【真题链接 9-41】财务部助理小王需要向主管汇报 2013 年度公司差旅报销情况，现在请按照如下需求，在 Excel.xlsx 文档中完成工作：在 "费用报销管理" 工作表中使用公式统计每个活动地点所在的省份或直辖市，并将其填写在 "地区" 列对应的单元格中，如 "北京市""浙江省"。

【解题图示】（完整解题步骤详见随书素材）

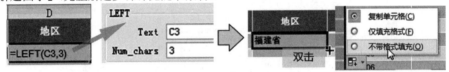

9.3.7.3 右侧截取字符串函数 RIGHT

功能：从一个文本字符串的最右边起，截取若干个字符组成一个新的文本字符串。

使用格式：RIGHT(一个文本字符串, 从右边起截取几个字符)

说明：[参数 2]必须≥0，如果省略，默认值为 1。

例如，若 A6 单元格中的内容为 abcdef，则 RIGHT(A6, 3)将得到内容 def。

9.3.7.4 中间截取字符串函数 MID

功能：从一个文本字符串的中间任意位置起，截取若干个字符组成一个新的文本字符串。

使用格式：MID(一个文本字符串, 从第几个字符位置开始截取, 共截取几个字符)

说明：[参数 2]表示截取开始位置，文本字符串中第 1 个字符位置为 1，第 2 个字符位置为 2……注意，[参数 3]不是截取到第几个字符，[参数 3]必须≥0，如果省略，默认值为 1。

例如，若 A6 单元格中的内容为 abcdef，则 MID(A6, 2, 3)将得到内容 bcd。

【真题链接 9-42】税务员小刘接到上级指派的整理有关减免税政策的任务，请帮助小刘参照工作表 "代码" 中的代码与分类的对应关系，获取相关分类信息并填入工作表 "政策目录" 的 C、D、E 三列中。其中 "减免性质代码" 从左向右其位数与分类项目的对应关系见表 9-2。

【解题图示】（完整解题步骤详见随书素材）

表 9-2　【真题链接 9-42】中的减免性质代码对应关系

减免性质代码	项目名称
第 1、2 位	收入种类
第 3、4 位	减免政策大类
第 5、6 位	减免政策小类

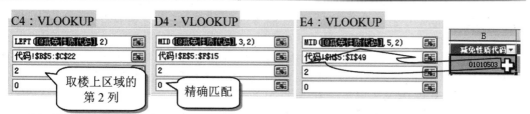

【真题链接 9-43】期末考试结束了，初三（14）班的班主任助理王老师需要对本班学生的各科考试成绩进行统计分析。在工作表"初三学生档案"中，利用公式及函数依次输入每个学生的性别"男"或"女"、出生日期"××××年××月××日"和年龄。其中，身份证号的倒数第 2 位用于判断性别，奇数为男性，偶数为女性；身份证号的第 7～14 位代表出生年月日；年龄需要按周岁计算，满 1 年才计 1 岁。

【提示】（1）判断一个数是奇数或偶数的方法是：将这个数除以 2 取余数，余 1 表示这个数是奇数，余 0 表示这个数是偶数；而取余数可通过 MOD 函数完成。（2）求出生日期除通过拼接字符串外，也可使用函数=DATE(MID(C2, 7, 4), MID(C2, 11, 2), MID(C2, 13, 2))，然后设置单元格格式为"××××年××月××日"（自定义格式为"yyyy"年"mm"月"dd"日""）。（3）求年龄除用 DATEDIF函数外，也可使用=INT(YEARFRAC(E2, TODAY(), 1))。

【解题图示】（完整解题步骤详见随书素材）

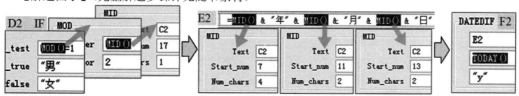

如果计算后"年龄"显示为"1900 年 1 月 XX 日"，并不是因为公式错误，而是由于单元格格式设置"日期"格式导致的。将单元格格式更改为"常规"或"数值"格式即可正常显示年龄的数值。例如，当计算结果为 19 时，数值格式显示为 19，日期格式会将 19 看作是从 1900 年 1 月 1 日开始的天数，自然显示为"1900 年 1 月 19 日"。

疑难解答

【真题链接 9-44】Excel 工作表的 A1 单元格里存放了 18 位二代身份证号码，在 A2 单元格中利用公式计算该人的年龄，最优的操作方法是（　　　）。

A. = YEAR(TODAY()) - MID(A1,6,8)　　　　B. = YEAR(TODAY()) - MID(A1,6,4)

C. = YEAR(TODAY()) - MID(A1,7,8)　　　　D. = YEAR(TODAY()) - MID(A1,7,4)

【答案】D

9.3.7.5　文本按位置替换函数 REPLACE

功能：替换一个文本字符串的中间的部分内容。

使用格式：REPLACE(旧文本, 从第几个字符位置开始改, 共改几个字符, 新文本)

说明：把[参数 1]文本中的部分内容进行修改替换，得到修改替换后的文本内容（[参

282 玩转 Office 轻松过二级（第 3 版）

数 1]的原始内容并不会实际被改变）。[参数 2]和[参数 3]共同说明了文本中要被替换的字符范围（第 1 个字符位置为 1）。注意，[参数 3]不是修改到第几个字符。函数功能是：将[参数 1]中的、从第[参数 2]个字符开始的、连续[参数 3]个字符的内容替换为[参数 4]。

例如，若 B2 单元格保存了 11 位手机号码 13812345678，为将手机号码的后 4 位用*表示，结果存入 C3 单元格，在 C3 单元格输入公式"=REPLACE(B2, 8, 4, "****")"，表示将替换 B2 中的从第 8 个字符开始、连续的 4 个字符内容，将之替换为"****"。C3 得到"1381234****"。

【真题链接 9-45】Excel 工作表 D 列保存了 18 位身份证号码信息，为了保护个人隐私，需将身份证信息的第 3、4 位和第 9、10 位用"*"表示，以 D2 单元格为例，最优的操作方法是（　　）。

    A. = REPLACE(D2, 9, 2, "**")　+　REPLACE(D2, 3, 2, "**")

    B. = REPLACE(D2, 3, 2, "**", 9, 2, "**")

    C. = REPLACE(REPLACE(D2, 9, 2, "**"), 3, 2, "**")

    D. = MID(D2, 3, 2, "**", 9, 2, "**")

【答案】C

【解析】选项 A 将两份被替换后的内容拼接，会得到 36 个字符长的字符串，且拼接用法错误（应用&，而不是用+）；选项 B 用法错误，REPLACE 函数仅能有 4 个参数；选项 D 用法错误，MID 函数仅能有 3 个参数且 MID 函数没有替换字符内容的功能。

9.3.7.6　求字符串的字符个数函数 LEN

功能：统计文本字符串中的字符个数（字符个数也称字符串长度），无论是全角字符，还是半角字符，每个字符均计为 1（如使用 LENB 函数，则每个半角字符计为 1，全角字符计为 2）。

使用格式：LEN(文本字符串)

例如，若 A7 单元格中的内容为"abcdef"，则 LEN(A7)将得到数值 6。

9.3.7.7　文本查找函数 FIND 和 SEARCH

功能：查找一个文本在另一个文本字符串中出现的位置。

使用格式：　FIND (要查找的文本, 要在其中搜索的文本字符串, 开始搜索的位置)

              SEARCH(要查找的文本, 要在其中搜索的文本字符串, 开始搜索的位置)

说明：在[参数 2]的文本字符串中查找是否存在[参数 1]的内容。如果存在，则得到此内容在[参数 2]中第一次出现的位置（第 1 个字符位置为 1）；如果不存在，则得到错误。[参数 3]表示在[参数 2]的字符串中将从第几个字符开始查找，如果省略，则表示从第 1 个字符开始查找。FIND 和 SEARCH 的功能类似，它们的区别是：FIND 的查找区分英文字母大小写，SEARCH 的查找不区分大小写；另外，FIND 不支持通配符，而 SEARCH 支持通配符（?代表一个字符，*代表任意多的字符，~?和~*分别表示?和*本身）。

例如，若 D2 单元格中的内容为"abcabc:ABC"，则 SEARCH("b", D2)得到 2（只找第一次出现的位置），SEARCH("b", D2, 3)得到 5（这是查找第二次出现位置的方法，只要设置[参数 3]为其第一次出现位置的下一个位置），SEARCH("A", D2)得到 1（不区分大小写），FIND("A", D2)得到 8（区分大小写）。

用 FIND 和 SEARCH 找到特定文本的出现位置，再配合 MID 或 REPLACE 函数就能以特定文本为基准提取内容或修改内容。例如，要提取 D2 文本中冒号之后的 3 个字符，可编写函数为 MID(D2, FIND(":", D2)+1, 3)得到 ABC，这里用 FIND 找到冒号（:）的位置，并作为 MID 的第 2 个参数，之所以要+1，是因为 FIND 得到的是冒号的位置，而要求提取的内容并不是从冒号开始的，而是从冒号的下一个字符开始的。如果不+1，得到的将是":AB"。

【真题链接 9-46】税务员小刘接到上级指派的整理有关减免税政策的任务，请按照下列要求帮助小刘完成相关工作。F 列的"政策名称"中大都在括号"〔〕"内包含年份信息，如"财税〔2012〕75 号"中的"2012"即为年份。通过 F 列中的年份信息获取年份并将其填到 G 列（"年份"列）中，显示为"2012 年"形式，如果政策中没有年份，则显示为空。

【解题图示】（完整解题步骤详见随书素材）

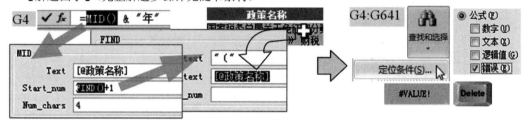

9.3.7.8　文本查找式替换函数 SUBSTITUTE

功能：在文本字符串中查找某一内容，并将所有出现的这一内容的部分替换为另一新内容，类似于 Word 的查找、替换功能。与 REPLACE 函数的区别是，REPLACE 要指明替换第几个位置，而 SUBSTITUTE 不必知晓第几个位置，而是按内容查找决定。

使用格式：SUBSTITUTE(文本, 要查找的内容, 替换后的新内容, 仅替换第几处出现)

说明：[参数 4]可省略，如果省略，函数是把[参数 1]中所有出现的[参数 2]内容替换为[参数 3]。如果不省略，函数仅把第[参数 4]处出现位置的[参数 2]的内容进行替换。函数结果值为替换后的新文本（不会修改[参数 1]的原始内容，而是据此仅获得修改后的新内容）。

例如，若 A2 单元格中的内容为"数字数据"，则 SUBSTITUTE(A2, "数", "shu")得到"shu字shu据"，而 A2 中的内容不变。SUBSTITUTE(" a　b c　", " ", "")将得到删除[参数 1]中所有空格的新文本 abc。注意，本例中的[参数 2]两个引号间有一个空格，[参数 3]是连续的两个引号，引号之间无任何内容。SUBSTITUTE("2011 年", "1", "2", 2)得到"2012 年"（用"2"替换第 2 个"1"）。

9.3.7.9　删除文本首尾空格函数 TRIM

功能：删除文本中的首尾空格（中间如有连续多个空格的删除后只保留 1 个空格，中间的单空格不删除）。

使用格式：TRIM(一个文本字符串)

说明：获得删除空格后的一个新文本字符串（[参数]中的原始文本内容并不会被修改）。

例如，TRIM("　第 1　　季度　　")将得到结果文本"第 1　季度"（1 后面有 1 个空格）。

9.3.7.10　删除文本中的任何不可打印字符的函数 CLEAN

功能：删除文本中的任何不可打印的字符，即删除 ASCII 码为 0～31 的字符（包括前导的、尾部的及文本内部的非打印字符）。在某些特定场合，如从外部程序中输入的文本可能会包含不可打印的字符。

使用格式：CLEAN(文本字符串)

【真题链接 9-47】阿文是某食品贸易公司销售部助理，现需要对 2015 年的销售数据进行分析。请帮助她在"订单信息"工作表中根据 B 列中的客户代码，在 E 列和 F 列填入相应的发货地区和发货城市（提示：需首先清除 B 列中的空格和不可见字符），对应信息可在"客户信息"工作表中查找。

【解题图示】（完整解题步骤详见随书素材）

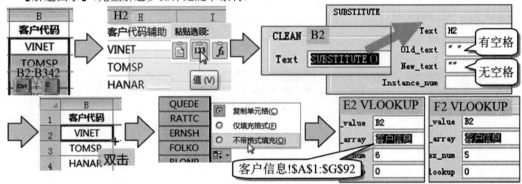

怎样理解一对引号" "之间有无空格呢？写作文时可以写，小明说："今天我上课去了"。小明说过的话要加引号。那么，下面两句话有什么区别呢？

（1）小明说："　"

疑难解答

（2）小明说：""

第 1 句小明说了一个空格，第 2 句小明什么也没说。这里就要在 SUBSTITUTE 函数中分别表示"空格"和"什么也没有"两个内容，即将"空格"替换为"什么也没有"（删除），因此引号之间空格的有无至关重要。注意，函数中的引号必须是英文的，不能用中文引号。

9.3.7.11　文本字符串转换为数值函数 VALUE

功能：将一个代表数值的文本转换为数值（如果文本不经过数值转换，在某些数值计算时可能发生错误）。

使用格式：VALUE(表示数值的文本)

例如，若 A3 单元格中的内容为"abc123"，通过公式"=RIGHT(A3,3)"得到的"123"是文本，不是数值。如使用公式"=VALUE(RIGHT(A3,3))"，则得到数值 123，可进行正常的数值计算。又如，在【真题链接 9-18】中，题目素材在提取身份证号的 1～17 位的每位数值时（D～T 列），就用 VALUE 函数将 MID 截取的一位字符转换为数值，即"=VALUE(MID($C3, COLUMN()-3, 1))；如果不使用 VALUE 函数转换为数值，则在后续用 SUMPRODUCT 函数计算乘积之和时会发生错误。

【真题链接 9-48】人事部专员小金负责本公司员工档案的日常管理，以及员工每年各项基本社会保险费用的计算。在工作表"身份证校对"中，帮助小金对员工的身份证号进行正误校对。

（1）在 U 列的单元格内提取各身份证号的最后一位，即第 18 位内容。

（2）根据在 X 列中已求得的"余数"数据计算校验码，并填入 V 列中。余数与校验码的对应关系参见工作表"校对参数"中所列。

（3）将原身份证号的第 18 位与计算出的校验码进行对比，比对结果填入 W 列，要求比对相符时输入文本"正确"，不符时输入"错误"。

【解题图示】（完整解题步骤详见随书素材）

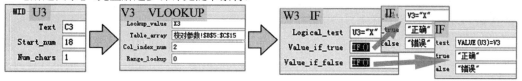

9.4 使用公式和函数设置工作表

9.4.1 在条件格式中使用公式和函数

第 8 章介绍了使用条件格式，可将某些单元格设置为以不同的格式（如颜色）突出显示（8.4.6 节）。条件既可以是大于、小于、重复值、前 10 名等普通的条件，也可以是通过公式或函数确定的较复杂的条件。

如图 9-21 所示，要设置只有在单元格非空时才会以某一浅色自动填充偶数行，且自动添加上下边框线的条件格式，如何确定"非空且偶数行"呢？这就要通过公式和函数确定了。显然，"非空"和"偶数行"是两个条件，两个条件都要同时满足，因此要通过 AND 函数将两个条件拼接起来，即"=AND(非空, 偶数行)"。

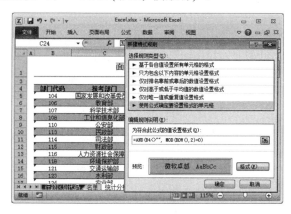

图 9-21　使用公式确定要设置条件格式的单元格（📁素材 9-10 在条件格式中使用公式.xlsx）

如何编写公式表示"非空"呢？只要判断单元格内容与空字符串""不相等即可，即 B4<>""。这里，B4 使用相对引用，这样在设置 B4 单元格的格式时，判断条件的公式为 B4<>""。在设置其他单元格的格式时，公式会自动相应变化。例如，在设置 B5 单元格时，公式会自动变为 B5<>""；在设置 C4 单元格时，公式会自动变为 C4<>""……每个单元格都将分别用自己对应的公式判断：条件成立则设置它的格式，条件不成立则不设置。

如何编写公式表示"偶数行"呢？用 ROW()函数取得要设置格式的这个单元格的行号，然后再判断行号是否为偶数。判断偶数的方法是：用 MOD 函数除以 2 取余数，再判断余数是否为 0。因此，判断是否为"偶数行"的公式为"MOD(ROW(), 2)=0"。

选中 B4:H24 单元格区域，单击"开始"选项卡"样式"组的"条件格式"命令，从下拉菜单中选择"新建规则"。在弹出的"新建格式规则"对话框中选择"使用公式确定要设置格式的单元格"，然后在"为符合此公式的值设置格式"框中输入公式"=AND(B4<>"",MOD(ROW(),2)=0)"，如图 9-21 所示。

再单击"格式"按钮，在弹出的"设置单元格格式"对话框的"填充"选项卡中设置一种非黑非白的任意颜色，如"橄榄色，强调文字颜色 3，淡色 40%"，在"边框"选项卡中选择"实线"、非白色的任意颜色如"黑色,文字 1"，再单击"上边框"和"下边框"按钮，使仅设置这两个边框。最后单击"确定"按钮。

返回到"新建格式规则"对话框后再单击"确定"按钮，效果如图 9-21 所示。

【真题链接 9-49】小赵是一名参加工作不久的大学生。他习惯使用 Excel 表格记录每月的个人开支情况。2013 年年底，小赵将每个月各类支出的明细数据录入文件名为 Excel.xlsx 的工作簿文档中。根据下列要求帮助小赵对明细表进行整理：利用"条件格式"功能，将开支金额中大于 1000 元的数据所在单元格以不同的字体颜色与填充颜色突出显示；将月总支出额中大于月均总支出 110% 的数据所在单元格以另一种颜色显示，所用颜色深浅以不遮挡数据为宜。

【解题图示】（完整解题步骤详见随书素材）

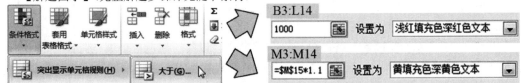

【真题链接 9-50】人事部统计员小马负责本次公务员考试成绩数据的整理，在工作表"名单"中，正确的准考证号为 12 位文本，请帮助小马以标准红色文本标出存在错误的准考证号数据。

【解题图示】（完整解题步骤详见随书素材）

【真题链接 9-51】阿文是某食品贸易公司销售部助理，现需要对 2015 年的销售数据进行分析。在"订单信息"工作表中，使用条件格式将每订单订货日期与发货日期间隔大于 10 天的记录所在单元格填充颜色设置为"红色"，字体颜色设置为"白色,背景 1"。

【解题图示】（完整解题步骤详见随书素材）

【真题链接 9-52】林明德是某在线销售摄影器材企业的管理人员，于 2017 年初随机抽取了 100 名网站注册会员，准备使用 Excel 分析他们上一年度的消费情况。请帮助他在"客户资料"工作表中，对 D 列中的数值应用条件格式，将年龄数值最小的 10 位顾客的年龄应用"浅红填充色深红色文本"的"项目选取规则"条件格式。然后为表格中的数据再添加一个条件格式，将年消费金额最低的 15 位顾客所在的整行记录的文本颜色设置为绿色（注意，如果该顾客属于年龄最小的 10 位顾客，则年龄数值应保持为深红色文本）。

【解题图示】（完整解题步骤详见随书素材）

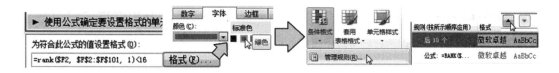

9.4.2　在数据有效性中使用公式和函数

第 8 章中介绍了使用数据有效性，可以限制在单元格中输入的数据内容及其类型。如果限制条件比较复杂，就要通过公式构建条件。例如，如图 9-22 所示，要控制 A2:A11 单元格区域中输入的学号不能重复，单击"数据"选项卡"数据工具"组的"数据有效性"按钮，在打开的"数据有效性"对话框中的"允许"下拉框中选择"自定义"，然后在"公式"框中输入公式 "= COUNTIF($A$2:$A$11, A2) = 1"，单击"确定"按钮。

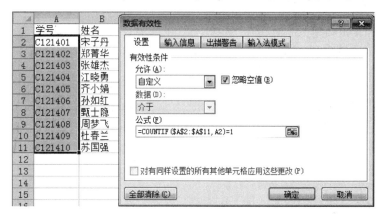

图 9-22　使用公式构建数据有效性条件（■素材 9-11 在数据有效性中使用公式.xlsx）

公式的含义是：首先用 COUNTIF 函数求得在$A$2:$A$11 单元格区域中，值与 A2 单元格值相同的单元格个数，然后判断此个数是否等于 1。公式的主体结构是 "COUNTIF()=1"，这是一个条件判断式，结果只能为 TRUE 或 FALSE 两种值。如果为 TRUE，则表示符合数据有效性规则，允许输入；如果为 FALSE，则表示违反了数据有效性规则，拒绝输入。

为什么"COUNTIF()=1"就表示没有重复值呢？由于 A2 本身就是此区域中的一个单元格，因此 COUNTIF 求得的单元格个数至少有 1 个（不可能为 0）。但此个数可能多于 1 个，即如果除 A2 外，此区域还有其他单元格与 A2 的值相同，此个数就多于 1 个。而后者即大于 1 的情况，正是在区域中有与 A2 重复的值的情况。

与在条件格式中输入公式的原理相同，之所以在公式中 A2 使用相对引用，是使公式中的 A2 这部分可变。因为当判断 A2 单元格的数据有效性时，公式中这部分是 A2；当判断 A3 单元格的数据有效性时，应求得与 A3 值相同的单元格个数，公式中这部分自动变为 A3；当判断 A4 单元格的数据有效性时，公式中这部分自动变为 A4……判断每个单元格的数据有效性时都分别用自己对应的公式判断。而$A$2:$A$11 必须使用绝对引用，因为无论判断哪个单元格的数据有效性，都是在此区域内求单元格个数，此区域都是固定不变的。

9.5　公式和函数的常见错误和公式审核

Excel 的常见公式和函数错误见表 9-3。

表 9-3　Excel 的常见公式和函数错误

错误标识	错误说明
####	单元格中的内容过长，单元格宽度容纳不下；或者在单元格中包含负的日期或时间值（例如，用过去的日期减去将来的日期就会得到负的日期值）也会出现此错误
#DIV/0!	一个数除以了零（0）或除以了不包含值的单元格
#N/A	在函数或公式中没有可用的值，或所引用的值不允许用于函数或公式
#NAME?	公式中的文本无法被识别。例如，区域名称或函数名称拼写错误，或者所引用的名称不存在（如已被删除）
#NULL!	试图为两个并不相交的区域计算交集。例如，区域 A1:A2 和 C3:C5 并不相交，公式"=SUM(A1:A2　C3:C5)"将得到#NULL!
#NUM!	在公式或函数中包含无效数值
#REF!	单元格或单元格区域的引用无效。例如，当公式引用了某个单元格，但却删除了这个单元格，公式便无法计算，就会出现此错误
#VALUE!	使用了错误的参数或数据类型

关于循环引用：如果在公式中引用了自己所在的单元格，无论是直接引用，还是间接引用，都会出现循环引用。因为循环引用会无限次迭代（重复计算），会对系统性能产生很大的负面影响，默认情况下，Excel 会关闭迭代计算。我们在构造公式时应尽量避免循环引用；确实需要循环引用的，可在"文件"|"选项"中的"公式"组中设置"启用迭代计算"。

Excel 还有公式审核的功能。选定单元格后，在"公式"选项卡"公式审核"组中单击"追踪引用单元格"和"追踪从属单元格"按钮。前者是标记出公式引用的单元格；后者是找出所选单元格被哪些公式引用，标记出引用它的公式所在的那些单元格。再次单击"追踪引用单元格"/"追踪从属单元格"按钮可进一步追踪下一级引用/从属的单元格。

高手进阶　要查看工作表中的全部引用关系，在工作表的任意一个空白单元格中输入等号"="，然后单击工作表左上角的"全选"按钮，再按 Enter 键确认。选中这个单元格，在"公式"选项卡的"公式审核"组中连续两次单击"追踪引用单元格"。

在"公式"选项卡"公式审核"组中单击"公式求值"按钮，打开"公式求值"对话框，在这里可以通过逐步计算检查公式是否正确。公式中有下画线的部分是即将进行下一步计算的部分，单击"求值"按钮可进行下一步的求值。在该对话框中单击"错误检查"按钮，打开"错误检查"对话框，可对公式进行错误检查，以便修改公式错误。

【真题链接 9-53】在 Excel 中，要显示公式与单元格之间的关系，可通过以下方式实现（　　　）。
A."公式"选项卡"函数库"组中有关功能　　B."公式"选项卡"公式审核"组中有关功能
C."审阅"选项卡"校对"组中有关功能　　　D."审阅"选项卡"更改"组中有关功能

【答案】B

疑难解答　有时，在一个单元格中输入公式并确认输入后不能计算结果，而仍在单元格中显示公式本身。如果没有在"公式"选项卡"公式审核"组中高亮"显示公式"按钮，可能是由于单元格格式导致的。即该单元格的格式可能被设置了"文本"。只要选中单元格，右击并设置单元格格式，在"设置单元格格式"对话框的"数字"选项卡下设置为"常规"格式就可以了。

【真题链接 9-54】人事部统计员小马负责本次公务员考试成绩数据的整理，请帮助小马在工作表"名单"中的"部门代码"列中填入相应的部门代码，其中准考证号的前 3 位为部门代码。

【解题图示】（完整解题步骤详见随书素材）

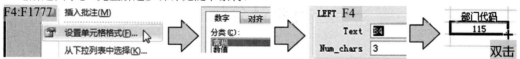

Excel 的函数还有很多，本章只介绍了部分常用函数。在学习 Excel 函数时，要做到面面俱到、掌握全部函数是不切实际的，也不可能牢记所有参数的用法。因此，在实际工作中，当需要使用新函数或对以前学习过的函数用法记忆模糊时，应善于利用 Excel 的联机帮助系统查阅函数的用法，边查边用。

例如，要进行度量单位的转换，该使用哪个函数呢？单击"公式"选项卡"函数库"组的"插入函数"按钮，在"插入函数"对话框中输入关键字"转换"，单击"转到"按钮，搜索到与转换相关的函数。如图 9-23 所示，通过浏览提示知 CONVERT 函数可完成度量单位的转换。选中 CONVERT 再单击对话框底部的"有关该函数的帮助"超链接，打开"Excel 帮助"窗口，从中查阅函数说明不难获知，磅用 lbm 表示，克用 g 表示，要将"磅"转换为"克"，应使用 CONVERT(磅值, "lbm", "g")。除质量单位外，CONVERT 还可进行距离、时间、压强、温度等单位的转换，各种单位的字母表示（用于后两个参数）均可在此查阅得到。显然，这些内容是很难通过识记全被事先记住的，会查比会背的本领更重要。

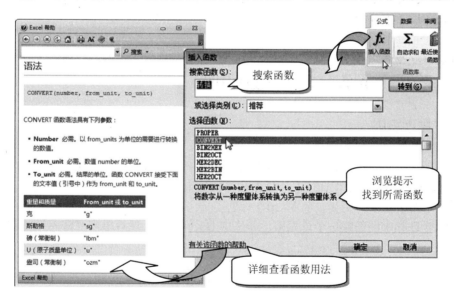

图 9-23 利用 Excel 的联机帮助系统查找所需函数并查阅函数用法

第 10 章　数据分析的内功大法——Excel 的数据处理与统计分析

在计算机被广泛应用之前，人们的生活恐怕是"购物基本靠走，统计基本靠手。少量数据挨个查，太多基本说 No"。当年购物不走个方圆几公里很难货比三家，想花最少的票子买最好的东西那是很难了。80 后也都记得小学时竞选班长的情景吧，班里叫上几位同学，边唱票边画"正"字，要忙活好一阵……如今有了计算机，确实给人们帮了大忙。就拿购物来说，只要在网上按价格或者按销量排个序，足不出户就能找到又好、又便宜的商品。统计个成绩、竞选个班长，就是找出全省、全国的高考冠军，也是件轻而易举的事。Excel 2010 是专业的数据处理软件，诸如这类排序、筛选、分类汇总等工作，对它来说都是小菜一碟。人们只要把数据输入到电子表格，Excel 就能进行深入的处理与分析，真乃办公应用中不可或缺的利器！

别忙，在 Excel 中要进行数据分析，还有一些讲究要遵守。工作表内的数据区域需满足以下条件：① 第一行必须是列标题；② 每列的所有数据类型须相同；③ 数据区域内不要有合并的单元格，最好不要有空行或空列；④ 各单元格内的数据开头不要加空格；⑤ 一张工作表内如果包含多个数据表，多个数据表之间需间隔 2 个以上的空行或空列，这样才能告诉 Excel，虽然同住一张工作表，但它们是两波数据哦。

10.1　按销量？按人气？——数据排序

10.1.1　排序规则

如果只依据某一列的数据对整表进行排序，操作非常简单，只要选中该列中的**任意一个单元格**，然后在"数据"选项卡"排序和筛选"组中单击"升序"按钮 ↑ 或"降序"按钮 ↓ 即可对整表排序。例如，如图 10-1 所示，欲按"报告收费"从高到低的顺序对整表排序，选中 D 列中的**任意一个单元格**，如选中 D5 单元格，然后单击"降序"按钮 ↓。

图 10-1　单列排序（📁素材 10-1 排序.xlsx）

　　单列排序时，也可选中所依据列的整列（如选中 D 列的整列），再单击"排序"按钮。但这种做法是不好的，因为还要在之后弹出的对话框中继续选择"扩展选定区域"，徒增麻烦。因此，最佳的操作方法是，只选中该列的一个单元格（而不是选中全列），然后进行排序。

　　隐藏的行（列）不参与排序，如有隐藏的行（列），在排序前一般应先取消隐藏。

　　对不同类型的数据，Excel 的排序规则也不同，见表 10-1。

表 10-1　Excel 对各种类型数据的排序规则

内容	排序规则（升序）
数字	从最小的负数到最大的正数进行排序
文本	按照字符的 ASCII 码的先后顺序排序，字符串按从左到右一个字符接着一个字符进行比较和排序（类似单词在词典中的顺序）
逻辑值	FALSE 排在 TRUE 之前
错误值	所有错误值的排序优先级别相同
空格	空格始终排在最后

10.1.2　多列排序

　　图 10-1 所示的表格中有不同数据行的"报告收费"列的内容相同。例如，有 2 行数据的"报告收费"都为 3000 元。如果希望对"报告收费"相同的行，再按照"客户简称"列降序排序，则应指定多个关键字。"报告收费"为主要关键字，"客户简称"为次要关键字（如果还指定了第三关键字，对"客户简称"内容也相同的行还可继续按照第三关键字排序）。

　　选中数据区的任意一个单元格，单击"数据"选项卡"排序和筛选"组的"排序"按钮，打开"排序"对话框，如图 10-2（a）所示。在对话框中，一般应首先选中右上角的"数据包含标题"，否则各关键字的下拉列表中不能正确显示为列标题，而且数据表的标题行也将会跟随一起排序（排序后标题行将位于数据行的中间），这样就不正确了。

（a）以数值排序

（b）以单元格颜色排序

图 10-2　"排序"对话框

　　单击一次"添加条件"按钮即添加一个关键字，再次单击"删除条件"按钮则删除一个关键字，单击 ▲、▼ 按钮调整多个关键字之间的顺序。这里添加一个关键字，然后设置"主要关键字"为"报告收费（元）""数值""降序"，设置次要关键字为"客户简称""数值""降序"，最后单击"确定"按钮。可见，对于"报告收费（元）"内容相同的行，将按照"客户简称"的拼音顺序的倒序排列（对于"报告收费（元）"内容不同的行，不会按照"客户简称"排序）。

对于"报告收费（元）"内容相同的行，现希望按"客户简称"的笔划顺序降序排列（而非按照拼音顺序），也在"排序"对话框中设置。再次单击"排序"按钮 📊，打开"排序"对话框，单击对话框上方的"选项"按钮，打开"排序选项"对话框，如图 10-3 所示。选中"笔划排序"单选框，单击"确定"按钮。回到"排序"对话框后再单击"确定"按钮，可见"福美医疗器械"被排列在"上海蓝调科普"前，因为"福"字的笔划比"上"字的笔划多（降序排列）。

图 10-3 排序选项

在"排序选项"对话框中还可指定排序是否区分大小写等。要按行排序，也在这里指定。按行排序是以某"行"作为关键字（例如，将标题行即"行 1"作为关键字），排序列与列之间彼此的顺序（例如，在成绩单中，将各列按列标题的拼音顺序排列为"数学、姓名、学号、英语……"）。

读者可继续用此素材练习再次打开"排序"对话框，删除所有排序条件，然后设置按"报告文号"升序、"客户简称"笔划降序排列数据区域。如果弹出"排序提醒"对话框，应选择"将任何类似数字的内容排序"，这是因为"报告文号"列是以文本形式存储的数字，在排序时应将这些内容当作数字处理，而不应按文本处理（本例中，实际两种排序结果是相同的，但如有类似 01 或 0123 这样的报告文号，就能看出两种排序的不同）。

除按"数值"排序外，在"排序"对话框的"排序依据"中还可选择其他的排序依据，如单元格颜色、字体颜色、单元格图标等。如图 10-2（b）所示，在素材 10-1 中已为"报告文号"列的重复内容设置了条件格式为浅红色填充，因此当选择依据本列的"单元格颜色"排序时，可设置"浅红色"的单元格位于顶端或底端。

当选中任意一个单元格进行排序时，整个数据区都会参与排序。如果仅希望数据区的一部分内容参与排序，则要先选中这部分单元格区域，然后再打开"排序"对话框。

高手进阶 排序后，数据表各行的原始顺序就被改变了，如何恢复？下面介绍添加序号辅助列保存各行原始顺序的技巧。在数据区的最右侧添加新的一列，输入任意列标题，在该列的每个单元格中依次输入 1、2、3……（可使用填充柄自动填充）。这就保存了各行的顺序，之后各行顺序无论怎样被打乱，只要按此辅助列升序排序，表格顺序即恢复如初。读者可练习在素材 10-1 中的 I 列添加序号辅助列，然后按"报告文号"的单元格颜色排序，使被设置了浅红色填充的、重复的内容排列在开头，以便查看。然后在重复的报告文号后依次增加(1)、(2)的序号加以区分（西文括号，如 042(1)）。修改后，再按照 I 列排序，恢复数据表的原有顺序，最后再删除 I 列。

【真题链接 10-1】小赵是一名参加工作不久的大学生。他习惯使用 Excel 表格记录每月的个人开支情况，在 2013 年底，小赵将每个月各类支出的明细数据录入 Excel.xlsx 中。请通过函数计算每个月的总支出、各个类别月均支出、每月平均总支出；并按每个月总支出对工作表进行升序排序。

【解题图示】（完整解题步骤详见随书素材）

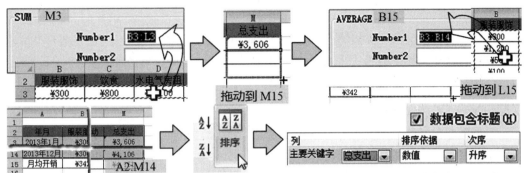

【真题链接 10-2】销售部助理小王需要根据 2012 年和 2013 年的图书产品销售情况进行统计分析，以便制订新一年的销售计划和工作任务。现已将所有重复的订单编号数值标记为紫色（标准色）字体；请将"销售订单"工作表的"订单编号"列按照数值升序方式排序，然后将重复的订单编号排列在销售订单列表区域的顶端。

【解题图示】（完整解题步骤详见随书素材）

10.1.3　自定义序列排序

如果对排序顺序有特殊要求，可自定义排序顺序。例如，如图 10-4 所示，要将部门按"研发部→物流部→采购部→行政部→生产部→市场部"的顺序排序，就要自定义序列顺序。

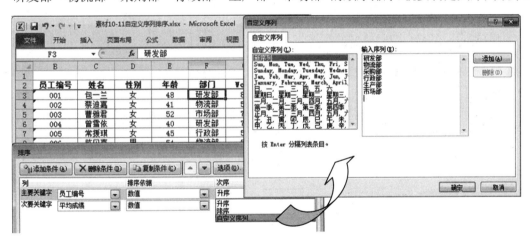

图 10-4　自定义序列排序（📁素材 10-3 自定义序列排序.xlsx）

单击"数据"选项卡"排序和筛选"组的"排序"按钮，打开"排序"对话框。在对话框中设置"主要关键字"为"部门"，"排序依据"为"数值"，"次序"为"自定义序列"，这时弹出"自定义序列"对话框。在对话框左侧选择"新序列"，在右侧的"输入序列"框中依照所期望的部门顺序依次输入几个部门的名称，输入每个名称后按 Enter 键换行，如图 10-4 所示。单击"添加"按钮添加这一序列，再单击"确定"按钮，关闭"自定义序列"对话框。回到"排序"对话框，这时就将"部门"列设置为按照这种特定的顺序排序了。

现要求，如果部门名称相同，再按照平均成绩由高到低排序。单击"添加条件"按钮，然后设置"次要关键字"为"平均成绩""数值""降序"，最后单击"确定"按钮。

本书在 8.3.2.5 节介绍自动填充有规律的文本序列时，也曾介绍过"自定义序列"对话框。在此对话框中输入的序列既能用于排序，也能用于自动填充序列。同样，也可单击"文件"|"选项"，在"Word 选项"对话框中打开"自定义序列"对话框设置自定义序列。

看似简单的排序操作，还有一些巧妙的用法。在数据列表中，要每隔一行或几行插入一个空白行，就可利用辅助列+排序操作实现。例如，如图 10-5 所示，要制作图 10-5（c）所示的工资条，可在原始数据的最右侧（即 N～P 列）依次添加 3 个辅助列，并在 3 个辅助列中分别输入 3 个等差序列，如图 10-5（a）所示。等差序列可通过自动填充的方式输入，例如，在 N2 和 N3 单元格中分别输入 2 和 5，然后选中这两个单元格，双击它们的填充柄即可自动填充 N 列。接着将 O 列的序列数据粘贴到 N 列数据的最后，再将 P 列的数据继续粘贴到 N 列的前两批序列数据的最后，如图 10-5（b）所示，并在 70～137 行粘贴相同的标题行内容。之后，选中 N 列的任意一个单元格，单击"升序"按钮将数据区按 N 列由小到大排序，即制作出图 10-5（c）所示的工资条效果。最后删除 N～P 的三列辅助列和第 1 行标题行。实际上，制作工资条的方法有很多，第 8 章还介绍过使用其他方法制作工资条（参见第 8 章的【真题链接 8-38】）。

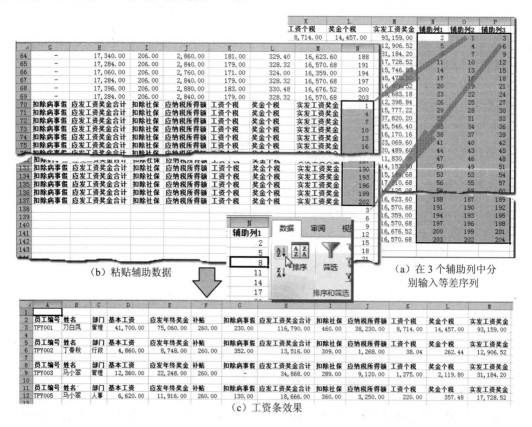

图 10-5　利用辅助列和排序制作工资条（📁素材 10-2 通过辅助列排序生成工资条.xlsx）

10.2 把"名牌"筛出来——数据筛选

如果工作表包含大量数据，而实际只需查看、使用其中一部分数据，则可以使用 Excel 的数据筛选功能将不需要的行暂时隐藏起来。

10.2.1 自动筛选

自动筛选用于通过简单的筛选规则筛选数据。

选中数据区域的任意一个单元格，在"数据"选项卡"排序和筛选"组中单击"筛选"按钮 ，使按钮成为高亮状态。这时表格进入筛选状态，在各列的标题旁边分别显示一个下拉按钮，如图 10-6 所示。单击下拉按钮，从列表中选择一种筛选选项，即可按此条件进行筛选，如图 10-7 所示。在下拉框的下半部分选中相应项目的复选框，单击"确定"按钮，便可使表格只显示该列内容为这个（些）项目的行，而隐藏其他行。

图 10-6 自动筛选（ 素材 10-4 筛选.xlsx）   图 10-7 单击自动筛选的列标题旁的下拉按钮

在下拉列表的"搜索"框中可输入要搜索的文本或数字，并可使用通配符?（代表任意一个字符）和*（代表任意多个字符）。单击"全选"取消对所有复选框的选定状态，然后从搜索到的结果中选中所需项目，以筛选这些内容。

如果要取消对某列进行的筛选，可单击该列旁边的下拉按钮，从列表中选中"全选"复选框，然后单击"确定"按钮，或从列表中直接选择"从×××中清除筛选"。

如果要退出自动筛选，再次单击"数据"选项卡"排序和筛选"组的"筛选"按钮 ，使按钮为非高亮的正常状态，这时表格各列标题旁边的下拉按钮消失。

10.2.2 自定义筛选

要设定条件进行筛选，例如，筛选出销量在 25～40 的记录，可使用自定义筛选。

当表格进入筛选状态后，单击某列标题旁边的下拉按钮。例如，单击图 10-8 的"销量（本）"的下拉按钮，从列表中选择"数字筛选"（当列中的数据格式为数值时，显示"数字筛选"命令；当数据格式为文本时，显示"文本筛选"命令；当数据格式为日期时，显示"日期筛选"命令），再从级联菜单中选择"自定义筛选"，弹出"自定义自动筛选方式"对话框，在对话框的"大于或等于"框中输入 25，在"小于或等于"框中输入 40，中间选择"与"单选框，表示两个条件都要满足。最后单击"确定"按钮。

图 10-8　自定义筛选（素材 10-4 筛选.xlsx）

【真题链接 10-3】李东阳是某家用电器企业的战略规划人员，正在参与制订本年度的生产与营销计划。为此，他需要对上一年度不同产品的销售情况进行汇总和分析，从中提炼出有价值的信息。在"销售记录"工作表中，将发生在周六或周日的销售记录的单元格的填充颜色设为黄色。

【解题图示】（完整解题步骤详见随书素材）

10.2.3　高级筛选

如果需要筛选的字段比较多、筛选条件比较复杂，就应使用高级筛选。

使用高级筛选时，首先要建立一个"条件区域"，即在工作表的一个小范围单元格区域内输入筛选条件。这个小范围区域可以位于数据表旁边，但为了与原始数据区分开，这个"条件区域"应与原始数据区域至少有两个空白行或两个空白列以上的间隔。

在"条件区域"的首行输入字段名，在第二行及以后各行输入筛选条件。位于同一行中的筛选条件各列之间是"与"的关系，不同行中的筛选条件彼此是"或"的关系。例如，图 10-9 的 A681:D684 区域即是在工作表数据下方创建的"条件区域"，其中的条件表示的是 2012 年 5 月 1 日之后鼎盛书店的销售记录，或者隆华书店销量>25 的销售记录，或者不限日期、不限书店、只要销量大于平均销量的记录。在条件区域中可以用公式表示条件，称**计算条件**。在本例中，"销量大于平均销量"这一条件就是使用公式"=G3>AVERAGE(表1[销量（本）])"实现的。在条件区域中，普通条件的列标题需与数据表中的列标题完全一致；而计算条件可以没有列标题，也可以命名新的标题，但不能使用数据表中的原有标题（本例这一计算条件的列标题是新标题"销量平均值"）。。

在条件区域输入条件后，选中上面数据区域的任意一个单元格，在"数据"选项卡"排序和筛选"组中单击"高级"按钮，弹出"高级筛选"对话框，如图 10-9 所示。在"列表区域"中选择原始数据的区域范围，在"条件区域"中选择刚刚输入的条件区域范围（可单击按钮折叠对话框，再用鼠标拖动选择区域）。然后选择筛选结果所放的位置：既可以放在原始工作表中（将隐藏原始工作表中不符合条件的行），也可以将结果另放到其他位置（还要在"复制到"框中指定所要放到位置的起始单元格）。最后单击"确定"按钮。

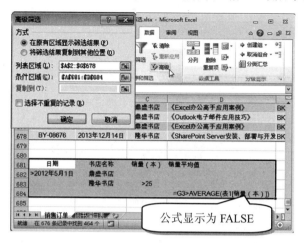

图 10-9　高级筛选（　素材 10-4 筛选.xlsx）

【真题链接 10-4】以下对 Excel 高级筛选功能的说法，正确的是（　　）。

A. 高级筛选通常需要在工作表中设置条件区域

B. 利用"数据"选项卡"排序和筛选"组的"筛选"命令可进行高级筛选

C. 高级筛选前必须对数据进行排序

D. 高级筛选就是自定义筛选

【答案】A

【真题链接 10-5】李东阳是某家用电器企业的战略规划人员，正在参与制订本年度的生产与营销计划。为此，他需要对上一年度不同产品的销售情况进行汇总和分析，从中提炼出有价值的信息。请帮助李东阳在"大额订单"工作表中使用高级筛选功能，筛选出"销售记录"工作表中产品 A 数量在 1550 以上、产品 B 数量在 1900 以上以及产品 C 数量在 1500 以上的记录（请将条件区域放置在 1~4 行，筛选结果放置在从 A6 单元格开始的区域）。

【解题图示】（完整解题步骤详见随书素材）

10.2.4　筛选唯一值或删除重复值

要筛除数据表中相同内容的行，使相同内容的行只保留一份，可采用筛选唯一值或删除重复值的方法。"筛选唯一值"是将重复内容的行暂时隐藏，这些重复数据不会被删除；而"删除重复值"将彻底删除重复内容的行。

要筛选唯一值，单击"数据"选项卡"排序和筛选"组的"高级"命令，打开"高级筛选"对话框（图 10-9），在对话框中设置"列表区域"为数据表范围，但不必设置条件区域，然后选中对话框底部的"选择不重复的记录"复选框，单击"确定"按钮即可。

要删除重复值，单击"数据"选项卡"数据工具"组的"删除重复项"按钮，打开"删除重复项"对话框，如图 10-10 所示。在对话框中选中要进行重复判断的 1 个或多个列，如选中"订单编号"，表示要删除订单编号重复的行（保留第一次出现的行），单击"确定"按钮，则 Excel 会弹出提示，报告发现并删除了多少重复值、保留了多少唯一值，或没有删除重复值。

图 10-10　删除重复项（📁素材 10-5 删除重复项.xlsx）

注意：无法从分级显示的或具有分类汇总的数据中删除重复值。若要删除重复值，必须首先删除分级显示和分类汇总。

请读者思考：要突出显示重复值，应如何做呢？（应使用"开始"选项卡"样式"组的"条件格式"命令）。

【真题链接 10-6】人事部统计员小马负责本次公务员考试成绩数据的整理，请按照下列要求帮助小马完成相关的整理工作：为将来在工作表"统计分析"中对各部门数据进行统计，请首先以工作表"名单"的原始数据为依据，获取所有部门代码及报考部门，填入"统计分析"工作表的对应单元格，并按部门代码升序排列。

【解题图示】（完整解题步骤详见随书素材）

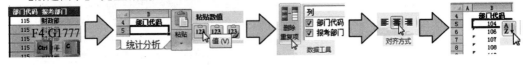

10.3　分类汇总

分类汇总是将数据表中的数据按某一列的内容分门别类地分别予以统计，如求平均值、求和、求最大值、求最小值等。例如，在全年级所有班同学的成绩总表中，按班级分别统计每个班的平均成绩；在全单位所有职工工资总表中，按部门分别统计每个部门的实发工资总和等。

10.3.1　创建分类汇总

对数据进行分类汇总前，必须首先对要分类汇总的列进行排序（可升序排列，也可降序排列），以便把该列中相同内容的行集中到一起，然后才能分类汇总。

　　例如，图 10-11 所示的表格是初一年级三个班的成绩总表，现需分别统计各班同学总分的平均值（1 班 G 列平均值、2 班 G 列平均值、3 班 G 列平均值），也就是要按照"班级"列进行分类汇总。先对"班级"列排序：选中 C 列的任意一个单元格，单击"数据"选项卡"排序和筛选"组的"升序"按钮，将"班级"列按升序排序。

图 10-11　要分类汇总的数据（素材 10-6 分类汇总.xlsx）

　　然后在"数据"选项卡"分级显示"组中单击"分类汇总"按钮，弹出"分类汇总"对话框，如图 10-12 所示。在"分类字段"下拉框中选择要进行分类汇总的字段（也就是刚刚排序的字段），此处选择"班级"。在"汇总方式"下拉框中选择要分类汇总的方式，有求和、平均值、计数、最大值、最小值等。本例选择"平均值"。在"选定汇总项"列表中选择要进行分类汇总的列，本例选中"总分"，即将对"总分"列按不同班级分别求平均值。单击"确定"按钮后，分类汇总的效果如图 10-13 所示。

图 10-12　"分类汇总"对话框

图 10-13　按不同班级总分
求平均的分类汇总

　　如果在"分类汇总"对话框的"选定汇总项"列表中选中"语文""数学""英语" 3 个复选框，而不选中"总分"复选框，则分类汇总的效果如图 10-14 所示。若还希望每组数据分属新的一页，则还应在"分类汇总"对话框中选中"每组数据分页"复选框。

如果在对话框中不选中"汇总结果显示在数据下方"，汇总行将位于明细行的上面。如果在对话框中不选中"替换当前分类汇总"，则可在先前的分类汇总结果基础上再增加分类汇总，而创建多重分类汇总。例如，在"平均值"分类汇总基础上再创建一个"最大值"的分类汇总（不选中"替换当前分类汇总"），可为每班同时分类统计平均分和最高分。

在对数据进行分类汇总后，在工作表左侧出现 3 个显示不同级别的按钮，单击这些按钮可显示或隐藏各级别的内容。

（1）单击 1 按钮，将仅显示整表的总计项，如图 10-15（a）所示。

（2）单击 2 按钮，将显示各类（即各班级）的汇总数据，但不显示各班每位同学的详细成绩，如图 10-15（b）所示。

（3）单击 3 按钮，则显示每位同学的详细信息，同时显示汇总数据，如图 10-14 所示。

（4）单击加号按钮 + 显示某一组的明细数据，单击减号按钮 − 隐藏对应组的明细数据。

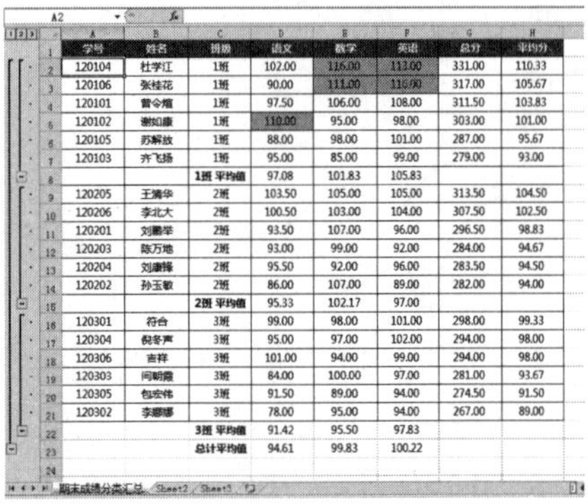

图 10-14　按不同班级对语文、数学、英语
　　　　　进行求平均的分类汇总

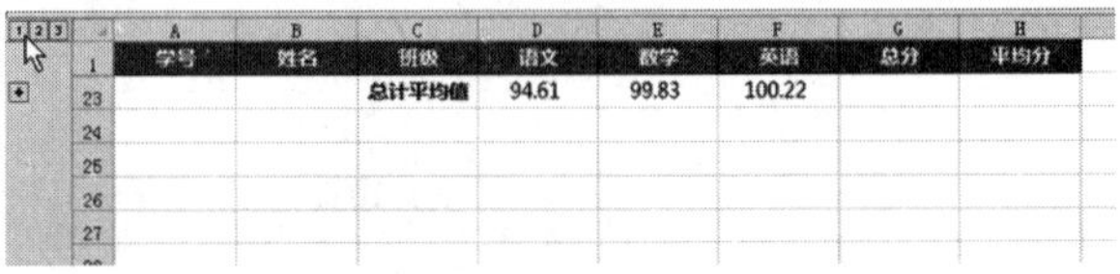

图 10-15　分级显示分类汇总

（a）单击 1 按钮

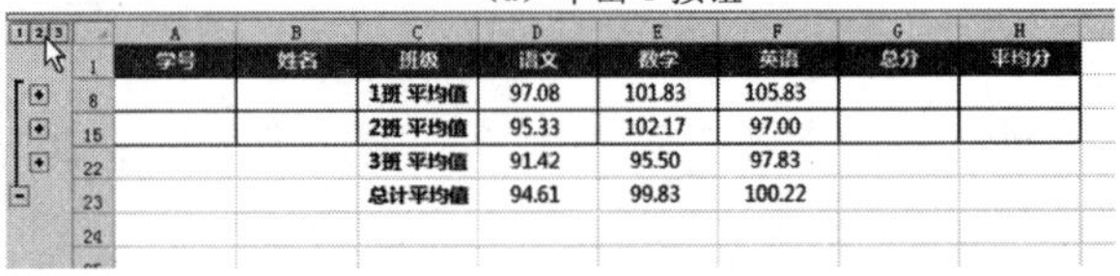

（b）单击 2 按钮

为什么"分类汇总"按钮是灰色的不可用？表格对象不能进行分类汇总，否则分类汇总将插入汇总行，就破坏了表格结构。如果数据区域套用了表格格式，则会被同时创建表格对象，就不能进行分类汇总了。考试时，要检查是否前面的步骤操作错误，误将数据区创建了表格对象？或者还有哪些题目要求尚未完成？在实际工作中，将表格转换为普通区域（具体方法和表格对象的详细内容见 8.4.4.2 节）就可以分类汇总了。

疑难解答

除了在分类汇总时可以分级显示数据外，也可以按需自定义分级显示；分级最多可以分到 8 级。当有更多分级时，左侧将会出现"4""5"等按钮。要自行创建分级，首先也要对分组要依据的列进行排序。再在每组明细行的紧邻上方或紧邻下方行插入带公式的汇总行，或输入摘要说明等。然后选择同组中的行（不包含汇总行），在"数据"选项卡"分级显示"组中单击"创建组"按钮的向下箭头，从下拉菜单中选择"创建组"，所选择将关联为一组。要取消分级，在该组中单击"取消组合"按钮的向下箭头，从下拉菜单中选择"清除分级显示"即可。

分级后的数据表在收缩部分明细后，在选择单元格区域时，中间被隐藏的行也被同时选中，此时进行复制操作则这些隐藏的数据也会被一起复制。如果仅希望复制所显示的内容，则在"开始"选项卡"编辑"组中单击"查找和选择"按钮下拉菜单中的"定位条件"。在"定位条件"对话框中选择"可见单元格"，被隐藏的明细数据就不会被选中和复制了。

10.3.2　删除分类汇总

对数据进行分类汇总后，数据表中就被增加了若干汇总行。若要取消分类汇总、恢复数据表的原始状态，在已分类汇总的数据区域中选择任意一个单元格，单击"数据"选项卡"分级显示"组的"分类汇总"按钮，在弹出的"分类汇总"对话框中单击"全部删除"按钮即可。

【真题链接 10-7】小李是东方公司的会计，为节省时间，同时又确保记账的准确性，她使用 Excel 编制了员工工资表 Excel.xlsx。请根据下列要求帮助小李对该工资表进行整理和分析（提示，本题中若出现排序问题，则采用升序方式）：在"分类汇总"工作表中通过分类汇总功能求出各部门"应付工资合计""实发工资"的和，每组汇总数据不分页。

【解题图示】（完整解题步骤详见随书素材）

【真题链接 10-8】小赵是一名参加工作不久的大学生。他习惯使用 Excel 表格记录每月的个人开支情况，在 2013 年底，小赵将每个月各类支出的明细数据录入文件名为 Excel.xlsx 的 Excel 工作簿文档中。请帮助小赵复制工作表"小赵的美好生活"，将副本放置到原表右侧；改变该副本表标签的颜色，并重命名为"按季度汇总"；删除"月均开销"对应行。通过分类汇总功能，按季度升序求出每个季度各类开支的月均支出金额。

【解题图示】（完整解题步骤详见随书素材）

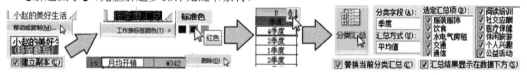

10.4　合并计算

合并计算是将相同布局的多个工作表中的数据合并到一个主工作表中，以便进行统一汇总分析。要合并的工作表可以与主工作表位于同一工作簿中，也可位于不同的工作簿中。

如图 10-16 所示，工作簿"素材 10-7 合并计算.xlsx"中的两个工作表分别为我国第五次、第六次人口普查数据的统计结果表。现需将这两个工作表的内容合并到空白的 Sheet3 工作表中。先双击 Sheet3 工作表的标签，将 Sheet3 工作表的名称改为"比较数据"。选中在"比较数据"工作表中要存放汇总数据的起始单元格 A1，在"数据"选项卡"数据工具"组中单击"合并计算"按钮 ，弹出"合并计算"对话框，如图 10-17 所示。

在"函数"下拉框中选择汇总方式为"求和"，这样可使两个表中同一类型的数据会以求和的方式合并为一个数据。在本例中，"第五次普查数据""第六次普查数据"两个工作表没有相同名称的列，因此将来只是合并相同城市的行，但同时包含两个表的 4 列数据。

在"引用位置"中选择要合并的数据区域（如果要合并的区域位于另一个工作簿中，可单击"浏览"按钮找到该工作簿，并选中相应区域），依次选择每个数据区域后要单击"添加"按钮，添加到下方列表。这里先选择第一个区域为"第五次普查数据!$A$1:$C$34"（可单击"折叠"按钮 后再在"第五次普查数据"工作表中选择），单击"添加"按钮。然后再选择第二个区域为"第六次普查数据!$A$1:$C$34"，单击"添加"按钮。在"标签位置"中选中"首行"和"最左列"，表示相同行标题和相同列标题的数据都进行合并。

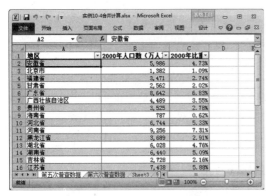

（a）要合并计算的第 1 张工作表　　　　　　（b）要合并计算的第 2 张工作表

图 10-16　要合并计算的两张工作表（📁素材 10-7 合并计算.xlsx）

　　只有要合并的数据区域位于另一个工作簿时，才需选中"创建指向源数据的链接"，以便在另一个工作簿中的源数据发生变化时，合并后的数据能自动更新。

　　单击"确定"按钮，则在"比较数据"工作表中生成合并结果。适当调整结果表格的行高、列宽，并在 A1 单元格中输入"地区"。合并计算的结果如图 10-18 所示。

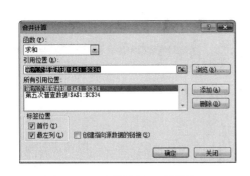

图 10-17　"合并计算"对话框　　　　　　　图 10-18　合并计算的结果

　　【真题链接 10-9】采购部助理小何负责统计本公司各个销售部本月的销售数据，按照下列要求帮助小何完成相关数据的整理和统计工作。分别将"第 1 周"～"第 4 周"4 个工作表中的数据以求和方式合并到新工作表"月销售合计"中，合并数据自工作表"月销售合计"的 A1 单元格开始填。
　　【解题图示】（完整解题步骤详见随书素材）

10.5　模拟分析和计算

　　在单元格中输入公式后，原数据如发生变化，公式的计算结果也会自动更新。模拟分

析就是专门分析公式引用的单元格中的数据改变后，对公式的计算结果有何影响。Excel
有 3 种模拟分析工具：单变量求解、模拟运算表和方案管理器。

10.5.1　单变量求解

单变量求解用于测算当公式引用的单元格取值多少时，公式的计算结果能达到某个特定值？如图 10-19
（a）所示，在工作表"单变量求解"的 C7 单元格中输入求利润公式"利润 = (单价 − 成本) * 销量"，即
"=(C4−C5)*C6"。设 C4 和 C5 中的值固定不变，显然 C7 的计算结果只与 C6 有关。C6 值越大，C7 的计算
结果值也越大。那么，当 C6 的值为多少时，C7 能达到 15000 呢？也就是要测算当销量为多少时，能达到利
润目标 15000 元？

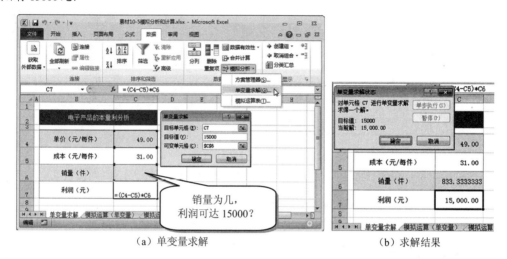

（a）单变量求解　　　　　　　　　　　　　　　（b）求解结果

图 10-19　单变量求解（📁素材 10-8 模拟分析和计算.xlsx）

选中 C7 单元格，在"数据"选项卡"数据工具"组中单击"模拟分析"按钮，从下拉菜单中选择"单
变量求解"，弹出"单变量求解"对话框，如图 10-19（a）所示。在对话框中设置"目标单元格"为公式所
在的单元格 C7，在"目标值"中输入希望达到的利润值 15000，在"可变单元格"中设置为变量单元格 C6。
单击"确定"按钮，弹出"单变量求解状态"对话框，同时在 C6 中显示了求解结果，如图 10-19（b）所示。
这说明当销量达到 833.33 时，利润能达 15000 元。

10.5.2　模拟运算表

公式引用的单元格取值不同，公式的计算结果也不同。模拟运算表将会列出一张"表"，
其中列出引用的单元格的多个不同取值，及对应的公式计算结果。可以取不同值的这个公
式引用的单元格称为**变量**。公式中的变量可以有 1 个或 2 个（模拟运算表最多只能分析两
个变量），分别称**单变量模拟运算表**和**双变量模拟运算表**。

10.5.2.1　单变量模拟运算表

单变量模拟运算表将列出公式中的一个变量（即公式引用的一个单元格）分别取不同值时，公式的计
算结果。如图 10-20（a）所示，在工作表"模拟运算（单变量）"的 E3 单元格中输入公式"=SQRT(2 * B3 *
C3 / D3)"。设其中 C3 和 D3 的值不变，只有 B3 的值可变，即 B3 为变量。现要列出 B3 分别取多个不同值
时，公式的计算结果；即年需求量取不同值时，都能得到哪些经济订货批量？

模拟运算表的结果将是一张"表"，要占据一个单元格区域。因此，首先选择模拟运算表的结果将要位于的单元格区域，要求区域的第 1 行（或第 1 列）应包含变量所在的单元格和公式所在的单元格。这里选择 B3:E12 单元格区域，其中 B3 就是变量所在的单元格，E3 就是公式所在的单元格，它们都位于该区域的第 1 行。在"数据"选项卡"数据工具"组中单击"模拟分析"按钮，从下拉菜单中选择"模拟运算表"，弹出"模拟运算表"对话框，如图 10-20（a）所示。在对话框中可以指定两个变量的单元格，如只指定二者之一，就是单变量模拟运算表，如两个都指定就是双变量模拟运算表。这里希望变量 B3 的不同取值将在 B3~B12 的一列中列出，因此设置"输入引用列的单元格"为该列的第一个位置 B3（如果希望变量的不同取值将在一行中列出，则应设置"输入引用行的单元格"为该行的第一个位置）。

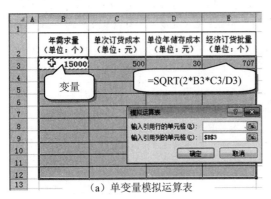

(a) 单变量模拟运算表   (b) 模拟运算表结果

图 10-20　单变量模拟运算表（素材 10-8 模拟分析和计算.xlsx）

单击"确定"按钮，C~E 列被自动填充，但 B 列仍为留白。可在 B4~B12 中输入不同的值（如 11000、12000、13000…），则在 E 列中会自动计算对应的公式结果值，如图 10-20（b）所示。

10.5.2.2　双变量模拟运算表

要列出公式中的两个变量分别取不同值时，公式的计算结果，应使用双变量模拟运算表。双变量模拟运算表有两个变量，将来要把其中一个变量的多个不同取值列在一行中，另一个变量的多个不同取值列在一列中，行列交叉处列出对应两个变量取值下公式的计算结果。

如图 10-21 所示，公式位于 B7 单元格，其中引用了 C2、C3、C4 3 个单元格。设 C3 的值不变，C2 和 C4 的值可变（即两个变量），现要列出 C2 和 C4 的几种不同取值下，公式的值分别为多少，即创建双变量模拟运算表。

选中模拟运算表结果将要显示到的单元格区域，要求区域的第 1 行和第 1 列要包含公式所在的单元格和两个变量的不同值，公式所在的单元格要位于区域的左上角。这里选中区域 B7:M27，因为公式位于 B7 单元格，为区域的左上角。从 B7 开始的一行中，从左到右列出了 C2 的几种不同取值：10000、11000、12000…从 B7 开始的一列中，从上到下列出了 C4 的几种不同取值：21、22、23…（也可以在创建模拟运算表之后，再在这一行和这一列中输入变量的不同取值）。

在"数据"选项卡"数据工具"组中单击"模拟分析"按钮，从下拉菜单中选择"模拟运算表"，弹出"模拟运算表"对话框。在对话框的"输入引用行的单元格"中选择 C2，在"输入引用列的单元格"中选择 C4。单击"确定"按钮，生成的模拟运算表如图 10-21 所示。可见，B7:M27 区域中的行列交叉处分别自动计算了 C2 和 C4 的一种取值下公式的计算结果。

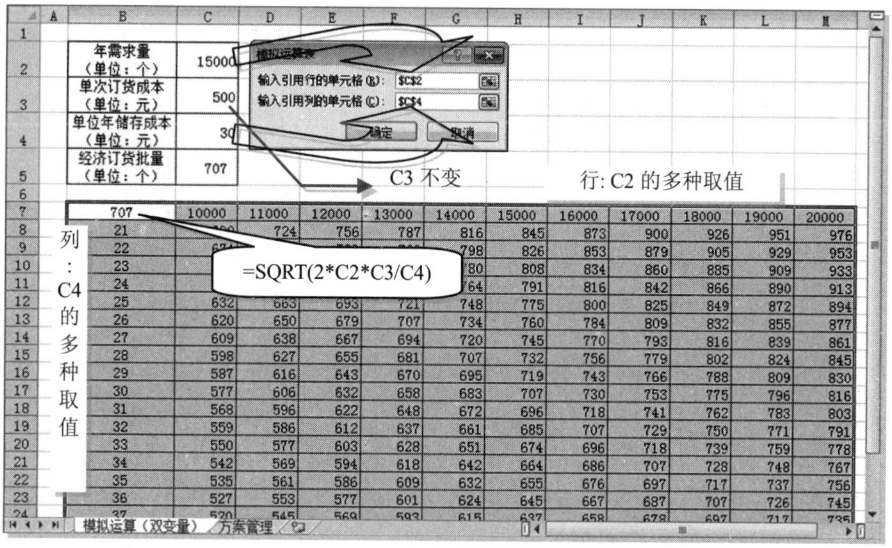

图 10-21　双变量模拟运算表（📁素材 10-8 模拟分析和计算.xlsx）

10.5.3　方案管理器

模拟运算表无法分析两个以上的变量。要分析公式中两个以上的变量（即两个以上单元格引用）取不同值时，公式的计算结果分别如何，应使用方案管理器。

10.5.3.1　建立分析方案

如图 10-22 所示，公式位于 C5 单元格。公式中引用了 C2、C3、C4 3 个单元格，这 3 个单元格的值都可变（3 个变量）。现希望显示出这 3 个单元格的 3 套取值下，公式的计算结果分别如何（自然有 3 个计算结果），应使用方案管理器。所谓方案，就是所有这些变量的一套取值。例如，C2=10000、C3=600 和 C4=35 时，就是一种方案，3 个单元格在这样一套取值下，公式的计算结果为多少呢？C2=15000、C3=500 和 C4=30 时，又是一种方案，3 个单元格在这样一套取值下，公式的计算结果又为多少呢？……这就是方案管理器要完成的任务。本例中总共只考虑 3 套不同的取值，即 3 种方案，这 3 套取值列于图 10-22 的右侧表格。

实际上，在图 10-22 中，将右侧表格一行的 3 个值转置（即行变列）复制、粘贴到 C2～C4 单元格，即修改 C2～C4 的数据，即可在 C5 中看到这套值下公式的计算结果。这样已经能够达到目的，只是要通过"粘贴"反复修改 C2～C4 的数据才能查看过于烦琐。而使用方案管理器，可以让 Excel 自动完成这种类似"粘贴"的数据修改，为这类工作带来方便。

在应用方案管理器前，一般为变量的单元格以及公式所在的单元格首先定义名称，以便操作。这里为 C2、C3、C4 3 个变量单元格分别定义名称为"年需求量""单次订货成本""单位年储存成本"，为公式所在的单元格 C5 定义名称为"经济订货批量"（为单元格定义名称的方法参见 9.2.4 节）。

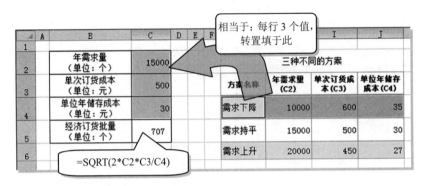

图 10-22　方案管理（📁素材 10-8 模拟分析和计算.xlsx）

选中可变单元格区域 C2:C4（注意，没有 C5），在"数据"选项卡"数据工具"组中单击"模拟分析"按钮，从下拉菜单中选择"方案管理器"，弹出"方案管理器"对话框，如图 10-23 所示。在对话框中单击"添加"按钮，在随后弹出的"添加方案"对话框中输入方案名称"需求下降"，确保"可变单元格"是 C2:C4，如图 10-24 所示，单击"确定"按钮。在随后弹出的"方案变量值"对话框中输入该方案的 3 个变量的值，单击"确定"按钮返回到"方案管理器"对话框。继续单击"添加"按钮，按照同样的方法添加其他两个方案，方案名分别为"需求持平"和"需求上升"，最终使"方案管理器"中有 3 个方案。

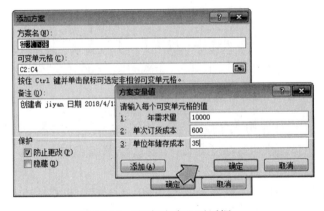

图 10-23　"方案管理器"对话框　　　　　　图 10-24　"添加方案"对话框

这实际上是把这 3 套不同的变量取值输入到了"方案管理器"对话框中，这样做的好处是：以后在对话框中选择一种方案（如"需求持平"），然后单击"显示"按钮，则 C2～C4 中的数据即被修改为这套取值（相当于将图 10-22 右侧表格第 2 行的 3 个值转置、粘贴到 C2～C4 中），那么自然 C5 中的公式会自动更新显示出这套取值下的计算结果。这样，在对话框中选择不同的方案，单击"显示"按钮即可查看对应的公式计算结果。这比通过反复复制、粘贴修改 C2～C4 中的数据查看不同的计算结果方便许多。查看后单击"关闭"按钮关闭对话框。

10.5.3.2　建立方案报表

在方案管理器中通过一个一个单击方案才能查看公式的计算结果还是比较麻烦，能否将所有方案下的公式计算结果同时列出呢？可以，这就是方案报表。再次单击"模拟分析"按钮，从下拉菜单中选择"方案管理器"，打开"方案管理器"对话框。在对话框中单击右侧的"摘要"按钮，在弹出的"方案摘要"对话框中选择"方案摘要"单选项，设置结果单元格为公式所在的 C5 单元格，如图 10-25 所示。单击"确定"按钮，会在当前工作表之前自动插入一个"方案摘要"工作表，其中列出了 C2～C4 当前取值下的公式计算结果，以及那 3 套方案取值下分别的公式计算结果，方便比较各方案的优劣，如图 10-25 所示。

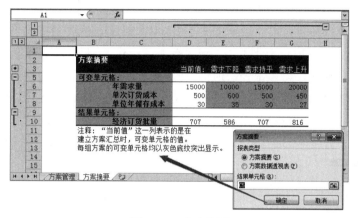

图 10-25　方案摘要

10.5.4　规划求解简介

　　Excel 还提供了规划求解工具，用于求解各类规划方案下的最佳值。默认情况下，规划求解工具并未加载，须首先设置将其显示在功能区中。单击"文件"|"选项"，在"Excel 选项"对话框左侧选择"加载项"，在右侧"管理"下拉列表中选择"Excel 加载项"，单击"转到"按钮，如图 10-26 所示。在打开的"加载宏"对话框中选中"规划求解加载项"，单击"确定"按钮，则在"数据"选项卡上出现"分析"组。单击该组的"规划求解"按钮，打开"规划求解参数"对话框，如图 10-26 所示，在对话框中设置目标公式、指定变量单元格、添加约束条件、选择求解方法，最后单击"求解"按钮。

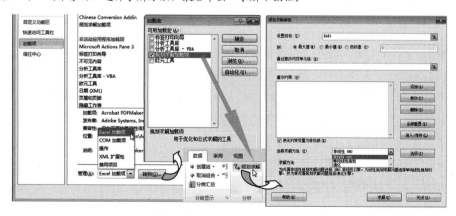

图 10-26　加载规划求解工具和"规划求解参数"对话框

第 11 章　享受图表之美——Excel 的图表和数据透视表

上小学时，不知读者是否像笔者一样，经常把数学题的小数位搞错，要么多算一个零，要么少算一个零。实际上，看错数据并不是小学生的专利，太多数据的确容易使人眼花缭乱，也不容易被看出数据的变化走势。现在有了 Excel，人们再不会被眼花缭乱的数字搞得头大了。在 Excel 中，可以很轻松地将数据通过图表展现、通过数据透视表深入挖掘数据，以及绘制数据透视图。除了创建通常意义上的图表外，Excel 还可以创建被嵌入在单元格内的迷你图，直观地反映数据。这些小巧的迷你图是不是很可爱呢？

11.1　图表

11.1.1　创建图表

第 5 章曾介绍了在 Word 文档中绘制图表。在 Excel 中绘制图表及对图表的编辑修饰，与在 Word 中的操作基本相同。不同的是，图表是 Excel 的功能，Word 是调用 Excel 绘制图表的，因此，在 Excel 中绘制图表才是图表的本原。在 Excel 中绘制图表不必拖动数据区右下角的"三角"调整数据区大小，而只要在工作表中选中所需数据的单元格区域，再插入图表即可。既可在"插入"选项卡"图表"组中单击一种图表类型，也可单击"图表"组右下角的对话框启动器 ，在弹出的"插入图表"对话框中选择图表类型。图表都与创建它所用的单元格的原始数据相链接，可以随单元格中原始数据的更改而自动变化更新。

例如，如图 11-1 所示，在"月统计表"工作表中选中绘制图表所需数据的单元格区域 A2:D5（注意，不包含总计行，也不包含总和列），单击"图表"组的"柱形图"按钮，从下拉列表中选择"二维柱形图"的"堆积柱形图"，直接创建一个堆积柱形图。

如果图表的横坐标为月份、图例为销售经理，单击"图表工具|设计"选项卡"数据"组的"切换行/列"按钮，使横坐标为销售经理、纵坐标为金额。要为图表添加数据标签，单击"图表工具|布局"选项卡"标签"组的"数据标签"按钮，从下拉菜单中任选一种数据标签类型，如"居中"。创建好的图表如图 11-2 所示。

图表可位于数据所在工作表的同一工作表中，这时图表是嵌入在工作表中的一个图形对象，这与嵌入在 Word 文档中的图形类似。可拖动图表边框调整大小、拖动图表上的空白处移动图表位置。这里调整图表大小、移动图表位置，使其覆盖在本工作表的 G3:M20 单元格区域中，如图 11-2 所示。

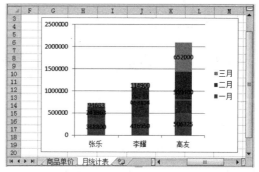

图 11-1 创建图表（▢素材 11-1 绘制图表.xlsx）　图 11-2 在工作表中的图表（▢素材 11-1 绘制图表.xlsx）

【真题链接 11-1】正则明事务所的统计员小任需要对本所外汇报告的完成情况进行统计分析，并据此计算员工奖金。请帮助小任在工作表"员工个人情况统计"中生成一个三维饼图，统计全部报告的修改情况，显示不同修改次数（0、1、2、3、4 次）的报告数所占的比例，并在图表中标示保留两位小数的比例值。图表放置在数据源的下方。

【解题图示】（完整解题步骤详见随书素材）

疑难解答

　　　　【真题链接 11-1】的图表很多读者画不出来，主要原因是数据区域选择得不正确。注意，选择 C2:G2 区域时是不按 Ctrl 键的（选择第 2 块及以后的区域再按 Ctrl 键），否则选区将是之前已选中的某个单元格加上 C2:G2。选中区域也可以在编辑栏左侧的名称框中删除任何内容后输入"C2:G2, C8:G8"，按 Enter 键。另外，不要忘记单击"切换行/列"按钮。

高手进阶

　　　　在 Excel 中可以单独将图表打印或输出为 PDF/XPS 文档。方法是：选中图表，单击"文件"选项卡的"打印"命令，即可单独打印图表。选中图表，单击"文件"选项卡的"保存并发送"命令，再选择中间的"创建 PDF/XPS 文档"，单击右侧的"创建 PDF/XPS 文档"按钮，即可单独输出图表。

【真题链接 11-2】销售部助理小王需要针对公司上半年产品的销售情况进行统计分析，并根据全年销售计划执行进行评估。请按照如下要求完成该项工作：在"销售评估"工作表中创建一标题为"销售评估"的图表，借助此图表可以清晰反映每月"A 类产品销售额"和"B 类产品销售额"之和，与"计划销售额"的对比情况。图表效果可参考"销售评估"工作表中的样例。

【解题图示】（完整解题步骤详见随书素材）

11.1.2 图表工作表

图表也可被移动到其他工作表中。要移动图表，可通过"剪切+粘贴"的方法，也可通过对话框进行。右击图表区，从快捷菜单中选择"移动图表"命令（或单击"图表工具|设计"选项卡"位置"组的"移动图表"按钮），打开"移动图表"对话框，如图 11-3 所示。在"对象位于"下拉列表中选择要移动到的工作表。

与 Word 文档中的图表不同的是，Excel 中的图表既可与数据共同位于同一张工作表中，也可单独位于一张工作表中。如通过对话框移动图表，在对话框中选择"新工作表"并在其后的文本框中输入新工作表表名（如 Chart1），则 Excel 会新建一张特殊的工作表，在该工作表中没有任何单元格，只包含这张图表，称**图表工作表**，如图 11-4 所示。这时图表占满整张工作表，不能被调整大小，也不能在工作表内被移动位置。

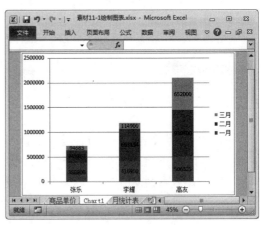

图 11-3 "移动图表"对话框   图 11-4 只包含一张图表的特殊工作表

【真题链接 11-3】小赵是一名参加工作不久的大学生。他习惯使用 Excel 表格记录每月的个人开支情况，在 2013 年底，小赵将每个月各类支出的明细数据录入文件名为 Excel.xlsx 的 Excel 工作簿文档中。已通过分类汇总功能，求出了每个季度各分类的月均支出金额，结果位于"按季度汇总"工作表中。请以分类汇总结果为基础，创建一个带数据标记的折线图，以季度为系列对各分类的季度平均支出进行比较，给每类的"最高季度月均支出值"添加数据标签，并将该图表放置在一个名为"图表"的新工作表中。

【解题图示】（完整解题步骤详见随书素材）

【真题链接 11-4】晓雨任职人力资源部门，她需要对企业员工的 Office 应用能力考核报告进行完善和分析。请按照如下要求帮助晓雨完成数据处理工作。根据"成绩单"工作表中的"年龄"和"平均成绩"两列数据创建名为"成绩与年龄"的图表工作表（参考考生文件夹中的"成绩与年龄.png"示例，图表类型、样式、图表元素均以此示例为准）。设置图表工作表标签颜色为绿色，并将其放置在全部工作表的最右侧。

【解题图示】（完整解题步骤详见随书素材）

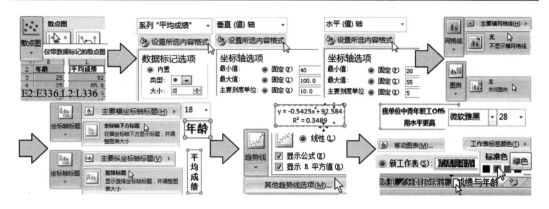

11.1.3 标题链接单元格

在 Excel 中的图表标题、坐标轴标题或数据标签既可被输入文字，也可与工作表上的单元格进行链接。链接后将直接显示单元格中的内容，这免去了在图表的标题或标签中再重新输入一遍的麻烦；且当修改了相应单元格的内容时，图表的标题或标签上的内容会自动更新。

链接单元格的方法是：选中图表标题、坐标轴标题或一个数据标签，然后在编辑栏中输入"="，再用鼠标点选所要链接的单元格，或自行输入单元格地址（在单元格地址前可包含"工作表名+叹号（!）"）。例如，如图 11-5 所示，现利用"统计分析"表格中 C、D、E、G 4 列数据已创建好了一个堆积柱形图，其中 G 列的数据系列的图表类型被改为"带数据标记的折线图"，并使用了次坐标轴。现要设置图标标题，使图表标题的内容与 B1 单元格中的内容一致，并可同步变化。操作方法是：选中图表标题，然后在编辑栏输入"="，再用鼠标单击 B1 单元格，则编辑栏自动被输入"=统计分析!$B$1"，单击编辑栏的 ✔ 按钮或按 Enter 键确定。这样，图表标题也显示"面试人员结构分析"，并可随 B1 同步变化。

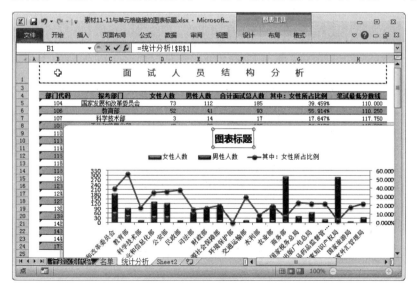

图 11-5 使图表标题与 B1 单元格链接（📁素材 11-2 与单元格链接的图表标题.xlsx）

11.2 "经济适用"图——迷你图

迷你图是被嵌入在一个单元格中的微型图表。迷你图与图表有许多相似之处，但又与图表不同。迷你图一般被放置在数据旁边，只占用很小的空间；迷你图只能有一个数据系列，反映某一行或某一列的数据走势，并可突出显示最大值、最小值等。

11.2.1 创建迷你图

如图 11-6 所示，要在 N4 单元格中绘制一个迷你图用于反映本行 1～12 月销量变化情况。选中 N4 单元格，在"插入"选项卡"迷你图"组中单击一种迷你图的按钮，如"折线图"，弹出"创建迷你图"对话框。在对话框的"位置范围"中选择迷你图要被放置到的单元格，默认已被设为选中的单元格。设置绘图数据所在的单元格范围为 B4:M4（可单击 按钮折叠对话框后选择），单击"确定"按钮。创建好的迷你图如图 11-7 的 N4 单元格中所示。

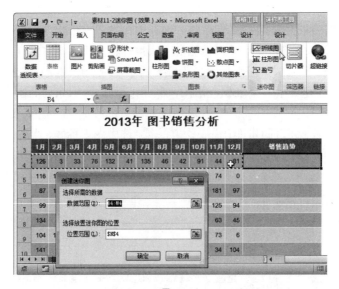

图 11-6　创建迷你图（素材 11-3 迷你图.xlsx）

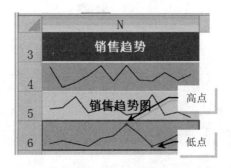

图 11-7　创建好的迷你图

迷你图是以单元格背景的方式位于单元格中的，所以还可以在含有迷你图的单元格中输入文字，以及设置文字格式、为单元格填充颜色等。例如，在图 11-7 的 N5 单元格中又创建了一个迷你图，并在其中输入了文字"销售趋势图"，并适当设置了字体格式。

拖动迷你图所在单元格的填充柄可填充、复制迷你图。例如，向下拖动 N4 单元格的填充柄到 N11，则在 N5～N11 中也创建好了迷你图，所基于的数据分别是各自对应行的 1～12 月销量数据。

要在 N4～N11 的每个单元格中都绘制迷你图，除了先在 N4 中绘制再拖动填充柄复制到其他单元格的方法外，还可首先选中 N4:N11 单元格区域，然后单击"迷你图"组的"折线图"按钮，在弹出的"创建迷你图"对话框中设置数据范围为 B4:M11，一次性创建与各行数据对应的多个迷你图。

当迷你图引用的数据系列中含有空白单元格或被隐藏的数据时，可指定迷你图处理该单元格的规则：在"迷你图工具|设计"选项卡"迷你图"组中单击"编辑数据"按钮的向下箭头，从下拉菜单中选择"隐藏和清空单元格"，如图 11-8 所示，然后在打开的对话框中做相应设置。

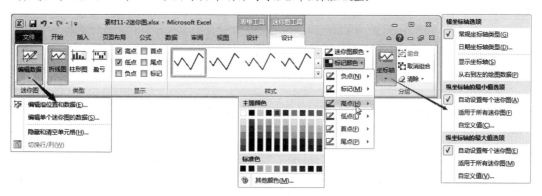

图 11-8　"迷你图工具|设计"选项卡

迷你图也可被设置坐标轴的刻度大小。在"迷你图工具|设计"选项卡"分组"组中单击"坐标轴"按钮，从下拉菜单中分别选择"纵坐标轴的最小值选项"或"纵坐标轴的最大值选项"下的"自定义值"命令，再在随后弹出的对话框中输入值即可。

要清除迷你图，在"迷你图工具|设计"选项卡"分组"组中单击"清除"按钮即可。

11.2.2　更改迷你图类型

迷你图分折线图、柱形图和盈亏 3 类。盈亏图类似柱形图，但不论数据的大小如何，柱形的高度都是相同的。盈亏图只分正值和负值，对正值和负值分别向上和向下绘制柱形表示盈亏。

创建迷你图后，也可更改迷你图类型。选择包含迷你图的单元格，在功能区的"迷你图工具|设计"选项卡的"类型"组单击某一类型即可改变迷你图的类型，如图 11-8 所示。

通过拖动填充柄的方式复制的迷你图，或共同创建的若干个迷你图默认被自动组合为一个"图组"。在对迷你图做各种设置（如改变迷你图类型、设置样式、突出显示数据点等）时，一个"图组"中的所有迷你图都将被同时改变。如果希望只改变其中一个迷你图，需取消组合图组。方法是：选中要取消组合的若干迷你图，单击"迷你图工具|设计"选项卡"分组"组的"取消组合"按钮。

【真题链接 11-5】 不可以在 Excel 工作表中插入的迷你图类型是（ ）。

A. 迷你折线图　　　　B. 迷你柱形图　　　　C. 迷你散点图　　　　D. 迷你盈亏图

【答案】C

11.2.3　突出显示数据点

在迷你图中可以突出显示数据的高点（最高值）、低点（最低值）、首点（第一个值）、尾点（最后一个值）、负点（负数值）和标记（所有数据点）等。要突出显示这些数据点，在"迷你图工具|设计"选项卡"显示"组中选中相应的复选框即可。例如，图 11-7 的 N6 单元格中的迷你图被选中了高点、低点，可见图中的最高值和最低值的数据点都被加了小圆点标记。要改变迷你图标记的颜色，在"迷你图工具|设计"选项卡"样式"组中单击"标记颜色"按钮进行设置，如图 11-8 所示。

11.2.4　迷你图样式

"迷你图工具|设计"选项卡"样式"组中还为迷你图提供了很多预定义的样式，单击相应的样式可快速设置迷你图的外观格式。要自定义迷你图的颜色，可在"样式"组中单击"迷你图颜色"按钮进行设置。

【真题链接 11-6】 陈颖是某环境科学院的研究人员，现在需要使用 Excel 分析我国主要城市的降水量。在单元格区域 P2:P32 中插入迷你柱形图，数据范围为 B2:M32 中的数值，并将高点设置为标准红色。

【解题图示】（完整解题步骤详见随书素材）

11.3　且学且珍惜——数据透视表和数据透视图

数据透视表能综合排序、筛选、分类汇总、图表等多种数据分析方法，还可代替很多 Excel 的公式和函数，直接从源数据表中获取数据，轻松解决许多数据汇总和分析问题。

11.3.1　创建数据透视表

要创建数据透视表，必须先有源数据表，源数据表的每一列都将成为数据透视表的字段。源数据表必须具有列标题，列标题将作为数据透视表的字段名，且源数据表不能有空行。

如图 11-9 所示，选中数据区域的任意单元格，在"插入"选项卡"表格"组中单击"数据透视表"按钮的向下箭头，从下拉菜单中选择"数据透视表"命令，弹出"创建数据透视表"对话框。在对话框中的"选择一个表或区域"下的"表/区域"中，已默认指定了所选单元格所在的整个数据区域，如此区域不正确，可在此修改。然后指定数据透视表将要被放置的位置，可以是"新工作表"或"现有工作表"。如果选择"现有工作表"，还要在"位置"框中指定现有工作表中数据透视表将要位于的第一个单元格。这里选择"新工作表"。单击"确定"按钮后，Excel 插入了一张新工作表 Sheet1，并在该工作表中进入了图 11-10 所示的数据透视表设计环境。可以双击 Sheet1 的标签，将它重命名为"数据透视分析"。

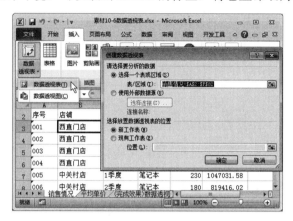

图 11-9　创建数据透视表（■素材 11-4 数据透视表-基本操作.xlsx）

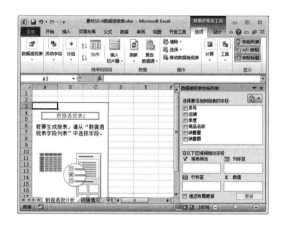

图 11-10　数据透视表设计环境

在设计环境的工作表中已经具有了一张空的数据透视表。右侧同时出现"数据透视表字段列表"任务窗格，窗格上半部分为字段列表，所列出的各字段对应源数据表的各列标题；下半部分为区域部分，包含"报表筛选""列标签""行标签"和"数值"4 个区域。

如果数据透视表右侧的任务窗格被关闭，可再次将其打开。方法是：右击数据透视表，从快捷菜单中选择"显示字段列表"。或者单击功能区"数据透视表工具|选项"选项卡"显示"组的"字段列表"按钮，使按钮高亮。单击任务窗格右上角的 ⬚▾ 按钮，还可设置在任务窗格中是否显示字段列表部分、是否显示区域部分，以及各部分的布局等。

从窗格上半部分的字段列表中拖动某个字段，到窗格下半部分的一个区域中，即可设计数据透视表。现在将"商品名称"字段拖动到"报表筛选"区域中，将"店铺"拖动到"行标签"区域中，将"季度"拖动到"列标签"区域中，将"销售额"拖动到"数值"区域中（也可在字段名上右击，从快捷菜单中选择相应命令将字段放入某个区域中）。创建好的数据透视表如图 11-11 所示，其中汇总了各个店铺每个季度全部商品的销售额。

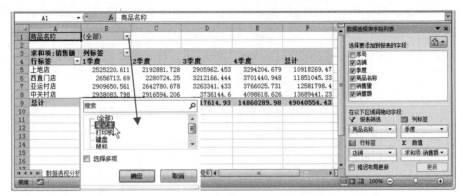

图 11-11 创建好的数据透视表（📁素材 11-4 数据透视表-基本操作.xlsx）

如果在窗格的字段列表中直接选中字段名，则字段将按数据类型不同被自动放入下面的区域中：非数值型字段默认被放到"行标签"区域，"日期和时间"型字段默认被放到"列标签"区域，数值型字段默认被放到"数值"区域。

还可在数据透视表中添加源数据表中没有的新计算字段。在"数据透视表工具|选项"选项卡"计算"组中单击"域、项目和集"按钮，从下拉列表中选择"计算字段"命令，打开"插入计算字段"对话框，在对话框中输入公式，在公式中可利用已有字段的值计算新值。Excel 将按此公式计算出新的一列数据，并将这列数据作为一个新的字段添加到数据透视表中。

在该数据透视表中可筛选"商品名称"，以仅汇总所筛选的这种（些）商品。单击 B2 单元格"商品名称"右侧的下箭头，然后选择某种（些）商品，如选择"笔记本"，如图 11-11 所示，则数据透视表将仅汇总各个店铺每个季度"笔记本"的销售额。

根据需要还可设置数据透视表的格式，美化数据透视表。方法与设置普通表格的格式相同，因为数据透视表本来也是一个表格，如字体、对齐方式、数字格式、边框和底纹等。在"数据透视表工具|设计"选项卡"数据透视表样式"组中选择某个样式，可快速为数据透视表设置一种预设格式，如"数据透视表样式中等深浅 2"，效果如图 11-12 所示。

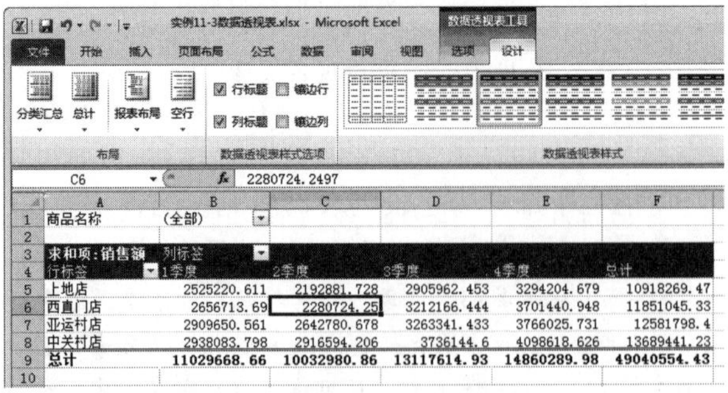

图 11-12 为数据透视表设置样式

可为数据透视表命名，在"数据透视表工具|选项"选项卡的"数据透视表"组中，在"数据透视表"名称下方的文本框中输入新的名称。

【真题链接 11-7】某停车场计划调整收费标准，拟从原来"不足 15 分钟按 15 分钟收费"调整为"不足 15 分钟部分不收费"的收费政策。市场部抽取了历史停车收费记录，期望通过分析掌握该政策调整后对营业额的影响。

请帮助市场分析员小罗新建名为"数据透视分析"的工作表，在该工作表中创建 3 个数据透视表。位于 A3 单元格的数据透视表行标签为"车型"，列标签为"进场日期"，求和项为"收费金额"，以分析当前每天的收费情况；位于 A11 单元格的数据透视表行标签为"车型"，列标签为"进场日期"，求和项为"拟收费金额"，以分析调整收费标准后每天的收费情况；位于 A19 单元格的数据透视表行标签为"车型"，列标签为"进场日期"，求和项为"收费差值"，以分析调整收费标准后每天的收费变化情况。

【解题图示】（完整解题步骤详见随书素材）

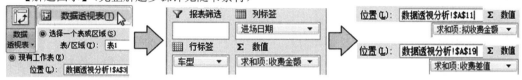

11.3.2　设置汇总方式

位于"数值"区域中的字段默认是"求和"的汇总方式，也可使用其他汇总方式，如求平均值、最大值、最小值、计数、偏差等。选中数据透视表中要改变汇总方式的对应字段的一个单元格，在"数据透视表工具|选项"选项卡"活动字段"组中单击"字段设置"按钮，如图 11-13（a）所示（也可在任务窗格的"数值"区域中单击某个字段，从下拉菜单中选择"值字段设置"），弹出"值字段设置"对话框，如图 11-13（b）所示。在对话框的"计算类型"中选择计算类型，如选择"平均值"，则在透视表中将计算各店铺每季度的销售额平均值。

（a）字段设置　　　　（b）"值汇总方式"选项卡　　　　（c）"值显示方式"选项卡

图 11-13　数据透视表的值字段设置

【真题链接 11-8】滨海市对重点中学组织了一次物理统考，并生成了所有考生和每一个题目的得分。市教委要求小罗老师根据已有数据，统计分析各学校及班级的考试情况。请帮助小罗利用"成绩单"工作表中的数据，完成"按班级汇总"和"按学校汇总"工作表中"最高分""最低分""平均分"3 列的计算。

【解题图示】（完整解题步骤详见随书素材）

在"值字段设置"对话框中切换到"值显示方式"选项卡，可设置显示方式，如图 11-13（c）所示。默认的显示方式是"无计算"，即在透视表中显示原始数据的汇总结果。如选择其他选项，可实现在透视表中自动计算并显示为"总计的百分比""按某一字段汇总的百分比""与某项相比的差值""差值的百分比"或"大小排名（显示 1、2、3）"等。

例如，在素材 11-5 中，利用"销售业绩表"中的数据，在"按部门统计"工作表的 A1 单元格起始位置创建数据透视表。拖动"销售团队"到"行标签"区域，拖动"员工编号"到"数值"区域，再拖动"个人销售总计"到"数值"区域。将 A1、B1、C1 3 个单元格的内容分别修改为"部门""销售团队人数""各部门所占销售比例"。设置"个人销售总计"列的值显示方式为"列汇总的百分比"，设置前后的效果对比如图 11-14 所示。显然，设置为"列汇总的百分比"，使数据透视表不再显示各部门的销售额，而是显示它们占销售总额的百分比。

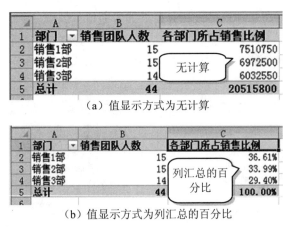

（a）值显示方式为无计算

（b）值显示方式为列汇总的百分比

图 11-14 不同的值显示方式效果对比（ 素材 11-5 数据透视表-字段设置.xlsx）

【真题链接 11-9】晓雨任职人力资源部门，她需要对企业员工 Office 应用能力考核报告进行完善和分析。按照如下要求帮助晓雨完成数据处理工作。在"分数段统计"工作表中，参考考生文件夹中的"成绩分布及比例.png"示例，以该工作表 B2 单元格为起始位置创建数据透视表，计算"成绩单"工作表中平均成绩在各分数段的人数以及所占比例（数据透视表中的数据格式设置以参考示例为准）。

【解题图示】（完整解题步骤详见随书素材）

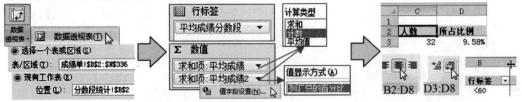

11.3.3　字段分组

如果某个字段是数值或日期型数据，在创建数据透视表后还可对字段分组（无论是列字段或是行字段）。例如，如字段是日期型数据，则可将各日期按月、季度或年等分组后统计。

例如，在素材 11-6 中，利用"销售记录"工作表中的数据创建数据透视表，数据透视表起始位置在"销售量汇总"工作表的 A3 单元格。拖动"日期"字段到"行标签"区域，拖动"类型"字段到"列标签"区域，拖动"数量"字段到"数值"区域。创建好的数据透视表如图 11-15 所示。由于"日期"为行标签，数据透视表中的行以天为单位对数据进行统计。

图 11-15　为数据透视表字段创建组（素材 11-6 数据透视表-字段分组.xlsx）

右击行标签下（A 列）的任意一个单元格，从快捷菜单中选择"创建组"，如图 11-15 所示。在打开的"分组"对话框中，同时选中"月"和"季度"（单击一项即选中它，再次单击取消选中），表示同时按照"月"和"季度"进行分组。单击"确定"按钮，分组后的效果如图 11-16 所示。可见，数据的统计不再以天为单位，而以季度中的月为单位，属同一月的各天的数据被合并统计。

	A	B	C	D	E
1					
2					
3	求和项:数量	列标签 ▼			
4	行标签 ▼	产品A	产品B	产品C	总计
5	⊟第一季				
6	1月	37534	22443	40354	100331
7	2月	26346	23722	31486	81554
8	3月	32440	26487	34701	93628
9	⊟第二季				
10	4月	27704	27784	33901	89389
11	5月	37605	36472	32487	106564
12	6月	36244	34750	32376	103370
13	⊟第三季				
14	7月	35314	37394	29863	102571
15	8月	35816	41031	26327	103174
16	9月	38447	45703	25471	109621
17	⊟第四季				
18	10月	37113	43144	28639	108896
19	11月	33806	49168	26424	109398
20	12月	36291	48128	29012	113431
21	总计	414660	436226	371041	1221927
22					

图 11-16　数据透视表字段分组后的效果

【真题链接 11-10】销售部助理小王需要根据 2012 年和 2013 年的图书产品销售情况进行统计分析，以便制订新一年的销售计划和工作任务。请按照如下需求，在 Excel.xlsx 中完成工作并保存。

（1）根据"销售订单"工作表的销售列表创建数据透视表，并将创建完成的数据透视表放在新工作表中，以 A1 单元格为数据透视表的起点位置。将工作表重命名为"2012 年书店销量"。

（2）在"2012 年书店销量"工作表的数据透视表中，设置"日期"字段为列标签，"书店名称"字段为行标签，"销量（本）"字段为求和汇总项，并在数据透视表中显示 2012 年期间各书店每季度的销量情况。

提示：为了统计方便，请勿对完成的数据透视表进行额外的排序操作。

【解题图示】（完整解题步骤详见随书素材）

11.3.4 数据透视表的布局

在数据透视表的"数值"区域可拖放多个字段，以实现多个汇总项。例如，在素材 11-5 中，拖放"员工编号"和"个人销售总计"两个字段到"数值"区域。在数据透视表的"行标签"或者"列标签"区域也可拖放多个字段，"行标签"或者"列标签"代表的是类别，拖放多个字段将按顺序依次逐级嵌套，可实现大类下再分小类、分级统计数据的效果。

在素材 11-7 中，选中"订单信息"工作表数据区的任意单元格，单击"插入"选项卡"数据透视表"按钮，在"新工作表"从 A1 单元格起始的位置创建数据透视表，并将新工作表命名为"地区和城市分析"。在任务窗格中，先后将"发货地区""发货城市"两个字段拖放到"行标签"区域，将"订单金额"拖放到"数值"区域，所创建的数据透视表如图 11-17 所示，可见各行首先按发货地区（东北、华北、华南…）大类分类，每一地区下再按城市小类分类。注意，在"行标签"区域多个字段拖放的先后顺序决定分类的层次，如果是先拖放"发货城市"，后拖放"发货地区"，则将先按照发货城市大类分类、城市下再分地区，就不正确了。

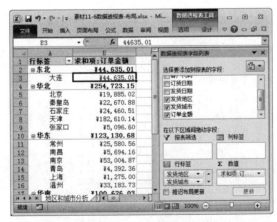

图 11-17　含多个行标签字段的数据透视表（■素材 11-7 数据透视表-布局.xlsx）

在各行地区名称前都有一个减号按钮 ▬，单击该按钮可将该地区下的所有城市折叠起来，同时按钮变为加号 ➕，单击之可再展开其下级城市。要将所有地区全部展开或全部折叠，可单击"数据透视表工具|选项"选项卡"活动字段"组的 展开整个字段 和 折叠整个字段 按钮。

在"数据透视表工具|设计"选项卡"布局"组中可进一步调整数据透视表的布局，如图 11-18 所示。单击"报表布局"按钮，从下拉菜单中可设置行标签多级分类的显示方式，各选项及含义见表 11-1。图 11-17 所示的数据透视表布局即为"压缩形式"且"不重复项目标签"，这也是 Excel 默认的布局方式。

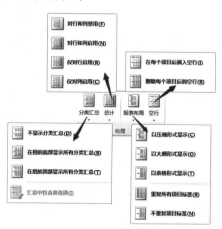

图 11-18 "布局"组按钮的菜单选项

表 11-1　数据透视表的报表布局选项及含义

选项	压缩形式	大纲形式	表格形式
说明	各个行标签字段位于同一列中，占用较少空间，下级字段逐级有缩进	每个行标签字段分别占用一列，下级字段另起一行分级显示	每个行标签字段分别占用一列，下级字段的第一项与上级字段位于同一行
不重复项目标签（示例图示）	行标签／求和项:数据：1=10，1.1=3，1.1.1=1，1.1.2=2，1.2=7，1.2.1=3，1.2.2=4，2=11，2.1=11，2.1.1=5，2.1.2=6	一级／二级／三级／求和项：1=10，1.1=3，1.1.1=1，1.1.2=2，1.2=7，1.2.1=3，1.2.2=4，2=11，2.1=11，2.1.1=5，2.1.2=6	一级／二级／三级／求和项：1，1.1，1.1.1=1；1.1.2=2；1.1 汇总=3；1.2，1.2.1=3；1.2.2=4；1.2 汇总=7；1 汇总=10；2，2.1，2.1.1=5；2.1.2=6；2.1 汇总=11；2 汇总=11
重复所有项目标签（示例图示）	（不适用）	一级／二级／三级／求和项：1=10，1，1.1=3，1，1.1，1.1.1=1；1，1.1，1.1.2=2；1，1.2=7；1，1.2，1.2.1=3；1，1.2，1.2.2=4；2=11，2，2.1=11，2，2.1，2.1.1=5；2，2.1，2.1.2=6	一级／二级／三级／求和项：1，1.1，1.1.1=1；1，1.1，1.1.2=2；1，1.1 汇总=3；1，1.2，1.2.1=3；1，1.2，1.2.2=4；1，1.2 汇总=7；1 汇总=10；2，2.1，2.1.1=5；2，2.1，2.1.2=6；2，2.1 汇总=11；2 汇总=11

每种布局方式都可以包含分类汇总（即每一大类分别有一汇总）。单击"布局"组的"分类汇总"按钮，从下拉菜单中选择所需选项可调整分类汇总的位置或不显示分类汇总。例如，将布局设置为"以表格形式显示"且"不显示分类汇总"的效果如图 11-19（a）所示。

	A	B	C
1	发货地区 ▼	发货城市 ▼	求和项:订单金额
2	东北	大连	¥44,635.01
3	华北	北京	¥19,885.02
4		秦皇岛	¥22,670.88
5		石家庄	¥24,460.51
6		天津	¥182,610.14
7		张家口	¥5,096.60
8	华东	常州	¥25,580.56
9		南昌	¥5,694.16
10		南京	¥53,004.87
11		青岛	¥4,392.36
12		上海	¥1,275.00
13		温州	¥33,183.73
14	华南	海口	¥3,568.00
15		厦门	¥1,302.75
16		深圳	¥95,755.28
17	西北	西安	¥2,642.50
18	西南	重庆	¥56,012.17
19	总计		¥581,769.55

（a）以表格形式显示、无分类汇总

	A	B	C
1	发货地区 ▼	发货城市 ▼	订单金额汇总
2	东北	大连	¥44,635.01
3		北京	¥19,885.02
4		秦皇岛	¥22,670.88
5	华北	石家庄	¥24,460.51
6		天津	¥182,610.14
7		张家口	¥5,096.60
8		常州	¥25,580.56
9		南昌	¥5,694.16
10		南京	¥53,004.87
11	华东	青岛	¥4,392.36
12		上海	¥1,275.00
13		温州	¥33,183.73
14		海口	¥3,568.00
15	华南	厦门	¥1,302.75
16		深圳	¥95,755.28
17	西北	西安	¥2,642.50
18	西南	重庆	¥56,012.17
19	总计		¥581,769.55

（b）数据透视表的最终效果

图 11-19 设置数据透视表的布局（📁素材 11-7 数据透视表-布局.xlsx）

　　如需详细设置分类汇总的方式，选中行或列标签的任意单元格，单击"数据透视表工具|选项"选项卡"活动字段"组的"字段设置"按钮（或者在任务窗格的"行标签"或"列标签"区域中单击某个字段，从下拉菜单中选择"字段设置"命令），在弹出的"字段设置"对话框中详细设置分类汇总。

　　图 11-19（a）所示的数据透视表已很接近一个规整的表格了，但尚有一些需改进之处。能否再将 A 列中属同一地区的单元格合并且居中显示呢？数据透视表不能像普通单元格那样直接操作合并单元格，要达到地区合并的目的，单击"数据透视表工具|选项"选项卡"数据透视表"组的"选项"按钮，从下拉菜单中选择"选项"命令。在打开的"数据透视表选项"对话框中切换到"布局和格式"选项卡，选中"合并且居中排列带标签的单元格"。

　　还有，能否隐藏数据透视表 A 列各地区前的折叠按钮呢（即 ➖ 或 ➕ 按钮）？在"数据透视表选项"对话框中切换到"显示"选项卡，取消选中"显示展开/折叠按钮"即可。

　　按照题目要求，再将 C1 单元格的内容改为"订单金额汇总"。设置好的数据透视表如图 11-19（b）所示。"数据透视表选项"对话框如图 11-20 所示。

（a）"布局和格式"选项卡

（b）"显示"选项卡

图 11-20 "数据透视表选项"对话框

在"数据透视表选项"对话框中切换到"汇总和筛选"选项卡，可设置是否显示汇总行和汇总列。

11.3.5 数据透视表的排序

在数据透视表中排序与在常规表格中排序不同。在数据透视表中可依据行标签纵向排序，也可依据列标签横向排序，还可依据数值区数据值的大小纵向上下或横向左右排序。

在素材 11-8 中，基于"政策目录"工作表的数据在名称为"数据透视总表"的新工作表中创建一个数据透视表。拖动"收入种类"到"行标签"区域，拖动"年份"到"列标签"区域，拖动"序号"到"数值"区域，并单击拖动后的"序号"字段，在"值字段设置"中设置"汇总方式"为"计数"。按照题目要求，透视表中只显示 2006～2015 年的数据。单击 B3 单元格（即"列标签"）右侧的下箭头按钮，在下拉列表中仅选中 2006～2015 的 10 年，完成后的效果如图 11-21 所示。

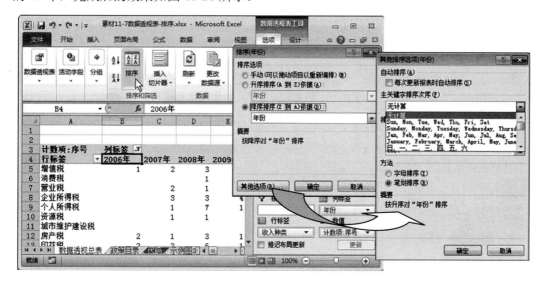

图 11-21 数据透视表排序（素材 11-8 数据透视表-排序.xlsx）

现要对列标签 2006～2015 年横向降序排序，即让 2015 年在第一列，2006 年在最后一列。选中列标签中任意一个年份的单元格，如 B4 单元格。单击"数据透视表工具|选项"选项卡"排序和筛选"组的"排序"按钮，打开"排序（年份）"对话框，如图 11-21 所示。在对话框中选择"降序排序（Z 到 A）依据"单选框，并在下面的下拉列表中选择"年份"，即可按年份数值降序排序。如果希望像第 10 章 10.1.3 节介绍的依据自定义的序列排序，则应再单击对话框底部的"其他选项"按钮，在弹出的"其他排序选项"中取消选中"每次更新报表时自动排序"，然后在"主关键字排序次序"中选择自定义的序列。这里按年份排序不需自定义排序序列，直接单击"确定"按钮即可。

横向从左到右已完成按年份的排序，现希望纵向从上到下再按照最后一列总计列的数值降序排序。选中最后一列"总计"列的任意一个单元格，如 L6 单元格，仍单击"数据透视表工具|选项"组的"排序"按钮，弹出如图 11-22 所示的对话框，该对话框与行列标签排序的对话框不同。在对话框中选择"降序"，并选择排序方向"从上到下"，单击

"确定"按钮。

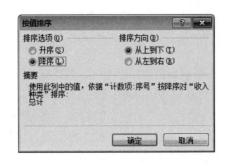

图 11-22 数据透视表的"按值排序"对话框

数据透视表的最终效果样例在本素材的"示例图 2"工作表中，因此应再按照题目要求在 A3、B3、A4 单元格中分别输入"政策数量""年度""分类"。单击 A4 单元格的下三角按钮，选择"值筛选"中的"10 个最大的值"。在弹出的对话框中，设置为最大 10 项，使仅显示总计最大的前 10 项。再设置数据透视表样式为"数据透视表样式浅色 12"。

【真题链接 11-11】采购部助理小何负责统计本公司各个销售部的本月销售数据，请按照下列要求帮助小何完成相关数据的整理、统计和分析工作。以"月销售合计"为数据源，参照工作表"示例"中的图示、自新工作表"数据透视"的 A3 单元格开始生成数据透视表，要求如下：

（1）列标题应与示例相同。

（2）按月销售额由高到低排序，仅"茄果类"展开。

（3）设置销售额和销售量的数字格式，适当改变透视表样式。

【解题图示】（完整解题步骤详见随书素材）

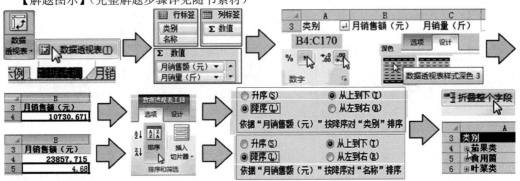

11.3.6　用显示报表筛选页批生成多个工作表

在"报表筛选"区也可被拖放多个字段，多个字段的排列可在"数据透视表选项"对话框中设置（垂直并排、水平并排，以及每行或列的字段个数等），如图 11-20（a）所示。

"报表筛选"字段用于对数据透视表的数据进行筛选，从字段中选择哪项内容，数据透视表就将仅显示那一部分的数据。Excel 的"显示报表筛选页"功能还能为"报表筛选"字段中的每一项内容都自动生成一张同样的数据透视表，这样将各项的筛选结果一次性全部列出，以便查看。筛选字段中有几个项目内容，Excel 就将批量生成几张工作表，在每张工作表中自动创建同样的数据透视表，并自动筛选为不同的项目。

图 11-23 已在工作表 Sheet1 中基于"订单明细"创建了数据透视表。其中，"所属区

域"已被拖动到"报表筛选"区域，因此单击 B1 单元格旁边的下三角按钮，打开筛选窗格则列出该字段中的 4 个项目内容：北区、东区、南区、西区，选择其中一个分区即可让数据透视表只显示对应分区的数据。而"显示报表筛选页"功能就能为这 4 个分区一次性自动生成 4 张数据透视表，并在每张数据透视表中分别筛选一个分区。

图 11-23　数据透视表显示报表筛选页（📁素材 11-9 数据透视表-显示报表筛选页.xlsx）

单击"数据透视表工具|选项"选项卡"数据透视表"组的"选项"按钮，从下拉菜单中选择"显示报表筛选页"。在弹出的对话框中选择"所属区域"，单击"确定"按钮，则 Excel 自动创建了"北区""东区""南区""西区"4 张工作表（工作表名分别为字段中的 4 个项目内容），在每张工作表中自动创建了相同的数据透视表，并在每张表的"所属区域"中自动选择了对应的分区。这样，要查看 4 个分区的筛选情况，只要切换到对应的工作表中即可，免去了在"报表筛选"字段中再选择的麻烦（不必再单击 B1 单元格的下三角按钮才能筛选）。

【真题链接 11-12】税务员小刘接到上级指派的整理有关减免税政策的任务，请按照下列要求帮助小刘完成相关的整理、统计和分析工作。如工作表"示例图 1"中所示，为每类"减免政策大类"生成结构相同的数据透视表，每张表的数据均自 A3 单元格开始，要求如下：

（1）分别以减免政策大类的各个类名作为工作表的表名。

（2）表中包含 2006～2015（含）10 年间每类"收入种类"下按"减免政策小类"细分的减免政策数量，将其中的"增值税"下细类折叠。

（3）按工作表"代码"中"对应的收入种类"所示顺序对透视表进行排序。

（4）如示例图 1 中所示，分别修改行列标签名称。

【解题图示】（完整解题步骤详见随书素材）

11.3.7　数据透视图

　　数据透视图与普通图表基本类似，但略有不同。数据透视图以数据透视表为源数据，在数据透视图中也提供字段筛选器供筛选字段，且数据透视图不能使用 XY 散点图、气泡图或股价图。在数据透视表中对字段布局和数据所做的修改，会立即反映到数据透视图中。

　　要创建数据透视图，选中数据透视表中的任意一个单元格，在"数据透视表工具|选项"选项卡"工具"组中单击"数据透视图"按钮，打开"插入图表"对话框。与创建普通图表一样，选择相应的图表类型，如选择"柱形图"中的"簇状柱形图"。单击"确定"按钮，数据透视图即被插入到当前数据透视表的工作表中，如图 11-24 所示。

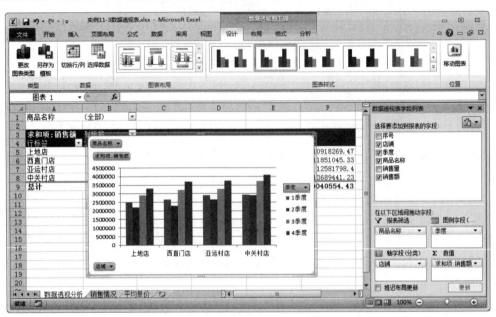

图 11-24　数据透视图（素材 11-4 数据透视表-基本操作.xlsx）

　　选中数据透视图后，在功能区将出现"数据透视图工具|设计""数据透视图工具|布局""数据透视图工具|格式"和"数据透视图工具|分析"4 个选项卡，通过这 4 个选项卡可对透视图进行编辑和修饰。

　　读者可练习为素材 11-8 创建的数据透视表再创建一个"堆积柱形图"的数据透视图，并设置透视图样式为"样式 26"，样例如本素材文件中的"示例图 2"工作表所示。

　　【真题链接 11-13】小李是北京某政法学院教务处的工作人员，法律系提交了 2012 级 4 个法律专业教学班的期末成绩单，为更好地掌握各个教学班学习的整体情况，教务处领导要求她制作成绩分析表，供学院领导掌握宏观情况。请帮助小李完成以下工作：

　　（1）根据"2012 级法律"工作表创建一个数据透视表，放置于表名为"班级平均分"的新工作表中，工作表标签颜色设置为红色。要求数据透视表中按照英语、体育、计算机、近代史、法制史、刑法、民法、法律英语、立法法的顺序统计各班各科成绩的平均分，其中行标签为班级。为数据透视表格内容套用带标题行的"数据透视表样式中等深浅 15"的表格格式，所有列的对齐方式设为居中，成绩的数值保留 1 位小数。

（2）在"班级平均分"工作表中，针对各课程的班级平均分创建二维的簇状柱形图，其中水平簇标签为班级，图例项为课程名称，并将图表放置在表格下方的 A10:H30 区域中。

【解题图示】（完整解题步骤详见随书素材）

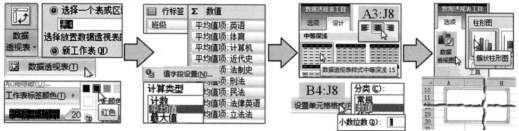

【真题链接 11-14】李东阳是某家用电器企业的战略规划人员，正在参与制订本年度的生产与营销计划。为此，他需要对上一年度不同产品的销售情况进行汇总和分析，从中提炼出有价值的信息。在"销售量汇总"的工作表中已创建了数据透视表，并创建了类型为"带数据标记的折线图"的数据透视图。请继续完成数据透视图的设置：为"产品 B"系列添加线性趋势线，显示"公式"和"R2 值"（数据透视图的样式可参考考生文件夹中的"数据透视表和数据透视图.png"示例文件）。

【解题图示】（完整解题步骤详见随书素材）

11.3.8 切片器

切片器提供了一种可视性极强的筛选方法，可以通过多个按钮简便、快捷地筛选数据透视表中的数据；而无需打开下拉列表后再单击要筛选的项目。单击"数据透视表工具|选项"选项卡"排序和筛选"组的"插入切片器"按钮，从下拉菜单中选择"插入切片器"命令，在弹出的"插入切片器"对话框中选中要筛选的字段（将为每一个所选字段创建一个切片器），单击"确定"按钮。在每个切片器中单击选择要筛选的项目（按住 Ctrl 键可同时选择多个项目），在数据透视表中即可进行筛选。

要断开切片器与数据透视表的连接，选中数据透视表后，单击"插入切片器"按钮下方的三角，从下拉菜单中选择"切片器连接"，在打开的"切片器连接"对话框中清除对应字段前的对钩。也可在选中切片器后，在"切片器工具|选项"选项卡"切片器"组中单击"数据透视表连接"按钮，在打开的"数据透视表连接"对话框中取消数据透视表前的对钩。要删除切片器，选中切片器后按 Delete 键即可。

11.3.9 数据透视表的刷新和删除

创建数据透视表后，如果又对原始数据进行了修改，就需要在"数据透视表工具|选项"选项卡"数据"组中单击"刷新"按钮，才能将修改反映到数据透视表中（选项卡按钮参见图 11-21）。如果在原始数据表中又添加了新的行或列，则需通过更改数据源的方法更新数据透视表。在"数据透视表工具|选项"选项卡"数据"组中单击"更改源数据"按钮，从下拉菜单中选择"更改数据源"命令，在弹出的对话框中重新选择新数据源区域。

要删除数据透视表，在"数据透视表工具|选项"选项卡"操作"组中单击"选择"按钮，从下拉菜单中选择"整个数据透视表"命令，然后按下 Delete 键即可。如果该数据透视表曾用于创建一个数据透

视图，则数据透视图会变为普通图表，并从源数据表中取值绘图。

　　要删除数据透视图，在透视图的任意空白处单击，选中数据透视图，按 Delete 键即可。删除数据透视图不会删除与之相关联的数据透视表。

11.4　Excel 的自拍 DV——宏的简单应用

　　宏是一个有趣的工具，它有点像自拍 DV，可以把你的操作"录制"下来——但不是录视频，而是记录下所执行的各项动作命令。这有什么用呢？用处很大，如果今后要重复这个操作（如对另一批数据实施同样的操作），就不必自己再重做一遍了，可以让 Excel 将以前录制的宏"回放"一遍，那么新的工作就完成了！这将节省很多劳动，大大提高效率。怎么样，是不是很强大？准备录一段 Excel 的自拍 DV 了吗？

　　要使用宏，必须让功能区显示有"开发工具"选项卡（默认情况下，该选项卡是不显示的）。单击"文件"中的"选项"命令，在"Excel 选项"对话框左侧选择"自定义功能区"，在右侧的"主选项卡"中选中"开发工具"，单击"确定"按钮，即可显示出"开发工具"选项卡，如图 11-25 所示。

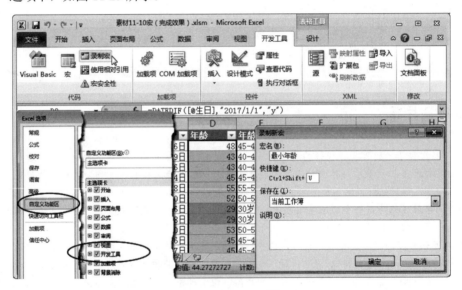

图 11-25　开发工具选项卡和录制宏（素材 11-10 宏.xlsx）

　　文件扩展名为.xlsx 的工作簿文档是不能保存宏的，保存宏需要专门的文件类型。因此，要在工作簿中保存宏，需先将工作簿文件另存为可以保存宏的文件类型。打开"素材 11-10 宏.xlsx"，单击"文件"中的"另存为"，在"另存为"对话框的"保存类型"中选择"Excel 启用宏的工作簿"（文件扩展名为.xlsm），单击"保存"按钮。之后在 xlsm 文件中操作。

　　单击"开发工具"选项卡"代码"组的"录制宏"按钮，弹出"录制新宏"对话框，如图 11-25 所示。在"宏名"框中输入宏的名称，如"最小年龄"。还可以为该宏指定一个快捷键（将来按此快捷键即可执行宏，即"回放"操作），例如，这里指定快捷键为 Ctrl+Shift+U。在对话框中默认已指定了 Ctrl 键，因此只要在"快捷键"下方的文本框中输入 Shift+U 即可（注意，要关闭中文输入法后再按键，否则可能设置失败）。单击"确定"按钮，就可以录制宏了。

　　接下来按照通常的方法做各种操作，如单击功能区按钮执行命令等，这些操作都会被记录下来（但在功能区上的导航（如切换选项卡的步骤）不会被记录）。例如，这里希望把对选定单元格区域中数值最小的 10 项应用条件格式这一操作记录下来。现在单击"开始"选项卡"样式"组的"条件格式"按钮，从下拉菜单中选择"项目选取规则"中的"值最小的 10 项"，在弹出的对话框中设置为 10、"浅红填充色深红色文本"，单击"确定"按钮。单击"代码"组的"停止录制"按钮停止录制，宏录制完成。

　　单击"条件格式"按钮，从下拉菜单中选择"管理规则"，将刚才录制宏的同时为任何单元格设置的条件格式删除。

　　现在就可以"回放"宏了！要将哪些数据设置为这种条件格式，只要选中单元格区域执行宏即可一步到位！单击"开发工具"选项卡"代码"组的"宏"按钮，在弹出的"宏"对话框中选择宏，单击"执行"按钮，如图 11-26 所示。如果为宏指定了快捷键，还可按快捷键执行（在本例中按 Ctrl+Shift+U 组合键就可以了）。例如，现在选中 D2:D101 数据区域，按 Ctrl+Shift+U 组合键，可见 D 列数据中最小的 10 项即被设为了"浅红填充色深红色文本"。

　　Excel 还允许将宏分配给对象。右击图形、艺术字、图片或控件等对象，从快捷菜单中选择"指定宏"，在弹出的对话框中选择某个宏。这样，以后只要单击这个图形、艺术字、图片或控件等对象，就可以执行对应的宏了。此外，在打开工作簿时还可设置自动执行宏。

　　由于执行某些宏可能会引发一些潜在的安全风险，具有恶意企图的人员（如黑客）可以在工作簿文件中引入具有破坏性的宏，或导致传播病毒，因此默认情况下 Excel 是禁用宏的。在重新打开工作簿时，宏被禁用。如果确认宏是安全的，可在打开工作簿的提示中单击"启用内容"按钮。也可设置临时启用宏：单击"开发工具"选项卡"代码"组的"宏安全性"按钮，打开"信任中心"对话框，选择"启用所有宏（不推荐；可能会运行有潜在危险的代码）"单选项，单击"确定"按钮。

图 11-26　"宏"对话框

　　要删除宏，打开"宏"对话框，如图 11-26 所示。在"位置"列表中选择含有要删除的宏的工作簿，再选择要删除的宏，最后单击"删除"按钮。

　　宏的本质是一段程序代码，包含一系列的语句命令和函数。在图 11-26 的"宏"对话框中选择某个宏，单击"编辑"按钮即可查看这些代码。当录制宏时，这些代码可根据所录制的操作由 Excel 自动编写。许多宏还可以使用 Visual Basic for Applications（VBA）由编程人员直接编写代码，本书不涉及通过 VBA 编程语言编写宏的内容。

第 12 章 天真不无"协"——Excel 的协同共享和工作表打印

团结力量大！优秀的人往往注重团队合作。作为一款功能强大的电子表格软件，Excel 也不例外。Excel 支持将来自其他很多软件的数据方便地导入到 Excel 的电子表格中；在 Excel 电子表格中的数据也可被导出，供其他软件使用。Excel 还支持多人共享工作簿，允许在一定范围内有多人同时对一个工作簿进行编辑、修改，达到协同工作的目的。

12.1 与其他应用程序共享数据

除了允许在工作表中直接输入数据外，Excel 还允许从其他来源获取数据，如文本文件、网站内容、Access 数据库等，这极大地扩展了数据来源，提高了工作表的录入效率。

12.1.1 导入文本文件

可以使用"文本导入向导"将数据从文本文件导入到 Excel 工作表中。

图 12-1 所示是一个用制表符（Tab 符）分隔各列字段的文本文件，现要将此文件中的数据导入到 Excel 工作表中。新建或打开一个 Excel 工作簿，在某一工作表中选中要放置导入数据的第一个单元格，如 A1。在"数据"选项卡"获取外部数据"组中单击"自文本"按钮，如图 12-2 所示。在"浏览文件"对话框中选择要导入的文本文件，单击"导入"后弹出"文本导入向导-第 1 步"对话框，如图 12-3（a）所示。

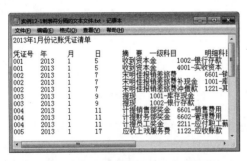

图 12-1 制表符分隔的文本文件（📁素材 12-1 制表符分隔的文本文件.txt）

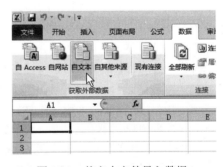

图 12-2 从文本文件导入数据

在"请选择合适的文件类型"下选择文本文件中的列分隔方式，这里文本文件中各列是以制表符（Tab 符）分隔的，应选择"分隔符号"。再选择要导入的起始行，此处选择第 1 行。

单击"下一步"按钮，进入"文本导入向导-第 2 步"，如图 12-3（b）所示。进一步选择列分隔符，这里文本文件中各列是以制表符（Tab 符）分隔的，此处选中"Tab 键"；不指定"文本识别符号"。在"数据预览"中可看到数据分隔的效果。

　　文本识别符号用于识别连续的文本串，被文本识别符号括起来的文本串将被视为 1 个值导入到 1 个单元格中，即使其中含有列分隔符。例如，如果列分隔符为逗号（,），文本识别符号为双引号（"），则文本文件中的"Dallas, Texas"将作为 1 个值整体被导入到 1 个单元格中，而不是导入到 2 个单元格中。如果文本识别符号为单引号（'），或者不指定文本识别符号，则文本文件中的"Dallas, Texas"将被分隔为两部分"Dallas 和 Texas"，并将分别被导入到 2 个相邻的单元格中。

　　单击"下一步"按钮，进入"文本导入向导-第 3 步"，如图 12-3（c）所示。在这里为每列数据指定数据格式。默认情况下，各列数据格式为"常规"，如果要改变数据格式，在"数据预览"框中单击某一列，然后在上方的"列数据格式"中选择数据格式。也可以选中"不导入此列（跳过）"单选框，不导入文本文件中的这一列数据。此处将"凭证号"列指定为"文本"格式，其他保持不变。

　　单击"完成"按钮，弹出"导入数据"对话框，在其中选择导入数据要被放置到的工作表中的起始位置，保持选择 A1 单元格（=$A$1）不变，单击"确定"按钮，文本文件中的数据就被导入到工作表中了，如图 12-3（d）所示。

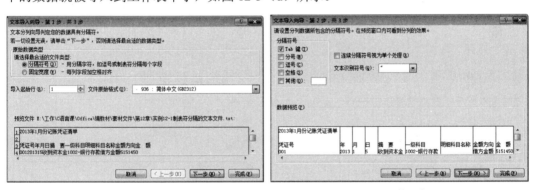

（a）第 1 步　　　　　　　　　　　　　　　　　（b）第 2 步

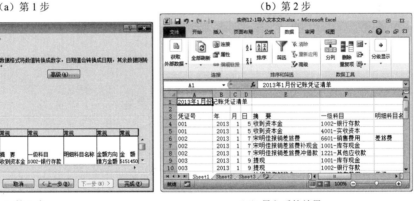

（c）第 3 步　　　　　　　　　　　　　　　　（d）导入后的效果

图 12-3　文本导入向导各步和导入后的效果（⬛素材 12-1 导入文本文件.xlsx）

12.1.2　取消与外部数据的连接

　　默认情况下，所导入的数据与外部数据源（如文本文件）是保持连接关系的，当外部数据源（如文本文件）被改变时，可通过刷新使工作表中的数据同步更新。有时不希望保持连接。断开连接的方法是：在"数据"选项卡"连接"组中单击"连接"按钮，打开"工作簿连接"对话框，如图 12-4 所示。在对话框的列表中选择要取消的连接，单击右侧的"删除"按钮，再在提示框中单击"确定"按钮即可。

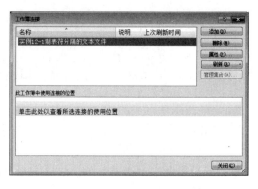

图 12-4　"工作簿连接"对话框

12.1.3　数据分列

从文本文件导入的数据的 F 列"一级科目"包含了科目代码和科目名称两部分，两部分都被放入同一个单元格中，如图 12-3（d）所示。如果希望把这两部分划分开，分别放在相邻的两列单元格中，可使用 Excel 提供的数据分列功能自动完成。

首先在 F 列后、G 列前插入一个新的空白列：右击 G 列标签，从弹出的快捷菜单中选择"插入"。然后选择要分列的单元格区域 F4:F35，在"数据"选项卡"数据工具"组中单击"分列"按钮，弹出"文本分列向导-第 1 步"，如图 12-5（a）所示。

（a）第 1 步

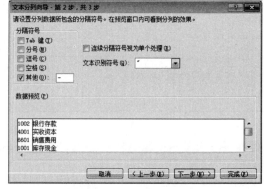

（b）第 2 步

（c）第 3 步

（d）分列后的效果

图 12-5　数据分列向导各步和分列后的效果（素材 12-1 导入文本文件.xlsx）

指定原始数据的分隔类型，此处由于科目代码和科目名称之间都是以"-"分隔的（如

"1002-银行存款""4001-实收资本"等），因此选择"分隔符号"项。

单击"下一步"按钮，进入"文本分列向导-第 2 步"，如图 12-5（b）所示。选择分列数据使用的分隔符号，此处选中"其他"复选框并在其右侧的文本框中输入西文减号"-"。如果在向导"第 1 步"中选择"固定宽度"，则向导"第 2 步"的界面是不同的：在"数据预览"区将提供一个"标尺"，可在数据或标尺上将分隔线拖动到要分隔数据的位置上，如图 12-6 所示。

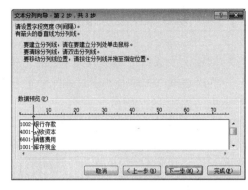

图 12-6　固定宽度分列的文本分列向导第 2 步

单击"下一步"按钮，进入"文本分列向导-第 3 步"，如图 12-5（c）所示，指定列数据格式，此处保持默认设置不变。

单击"完成"按钮，F 列数据已被分到相邻两列中，可再为新列输入列标题，如在 F3 单元格中输入"科目代码"，在 G3 单元格中输入"科目名称"，如图 12-5（d）所示。

【真题链接 12-1】期末考试结束了，初三（14）班的班主任助理王老师需要对本班学生的各科考试成绩进行统计分析。按照下列要求完成该班的成绩统计工作，并按原文件名保存。

（1）打开工作簿"学生成绩.xlsx"，在最左侧插入一个空白工作表，重命名为"初三学生档案"，并将该工作表标签颜色设为"紫色（标准色）"。

（2）将以制表符分隔的文本文件"学生档案.txt"自 A1 单元格开始导入到工作表"初二学生档案"中，注意不得改变原始数据的排列顺序。将第 1 列数据从左到右依次分成"学号"和"姓名"两列显示。最后创建一个名为"档案"、包含数据区域 A1:G56、包含标题的表，同时删除外部链接。

【解题图示】（完整解题步骤详见随书素材）

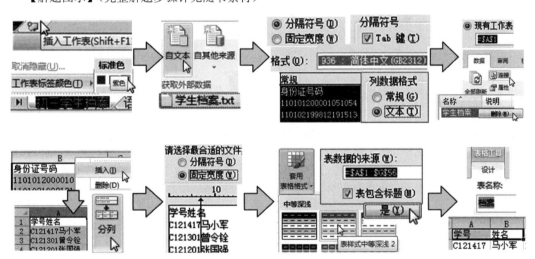

【真题链接 12-2】在 Excel 工作表中，编码与分类信息以"编码|分类"的格式显示在一个数据列内，若将编码与分类分为两列显示，最优的操作方法是（　　　）。

A. 重新在两列中分别输入编码列和分类列，将原来的编码与分类列删除

B. 将编码与分类列在相邻位置复制一列，将一列中的编码删除，另一列中的分类删除

C. 使用文本函数将编码与分类信息分开

D. 在编码与分类列右侧插入一个空列，然后利用 Excel 的分列功能将其分开

【答案】D

12.1.4　从互联网上获取数据

网站上的数据也可被导入 Excel 工作表中，以便用 Excel 进行统计分析。

在"数据"选项卡"获取外部数据"组中单击"自网站"按钮，弹出"新建 Web 查询"对话框，如图 12-7 所示。

在对话框的"地址"栏中输入网址，如在连接到互联网的情况下可以输入 http://www.stats.gov.cn/tjsj/zxfb/201503/ t20150316_694446.html，单击右侧的"转到"按钮，则打开相应的网页，如图 12-7 所示。

网页的每个表格左上角均显示一个黄色箭头➡️，单击所要导入表格的这个黄色箭头，使之变为绿色选中状态☑️。再单击对话框下方的"导入"按钮，打开"导入数据"对话框，确定数据放置的位置，单击"确定"按钮，网站上的数据就被导入到工作表中了，如图 12-8 所示。

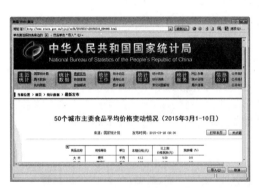

图 12-7　"新建 Web 查询"对话框

图 12-8　导入网站数据（📁素材 12-2
从互联网上获取数据.xlsx）

【真题链接 12-3】小金从网站上查到最近一次全国人口普查的数据表格，他准备将这份表格中的数据引用到 Excel 中以便进一步分析，最优的操作方法是（　　）。

A. 对照网页上的表格，直接将数据输入到 Excel 工作表中

B. 通过复制、粘贴功能，将网页上的表格复制到 Excel 工作表中

C. 通过 Excel 中的"自网站获取外部数据"功能，直接将网页上的表格导入到 Excel 工作表中

D. 先将包含表格的网页保存为.htm 或.mht 格式文件，然后在 Excel 中直接打开该文件

【答案】C

【真题链接 12-4】中国的人口发展形势非常严峻，为此国家统计局每 10 年进行一次全国人口普查，以掌握全国人口的增长速度及规模。按照下列要求完成对第五次、第六次人口普查数据的统计分析。

（1）新建一个空白 Excel 文档，将工作表 Sheet1 更名为"第五次普查数据"，将 Sheet2 更名为"第六次普查数据"，将该文档以 Excel.xlsx 为文件名进行保存。

（2）浏览网页"第五次全国人口普查公报.htm"，将其中的"2000 年第五次全国人口普查主要数据"表格导入到工作表"第五次普查数据"中；浏览网页"第六次全国人口普查公报.htm"，将其中的"2010 年第六次全国人口普查主要数据"表格导入到工作表"第六次普查数据"中（要求均从 A1 单元格开始导入，不得对两个工作表中的数据进行排序）。

【解题图示】(完整解题步骤详见随书素材)

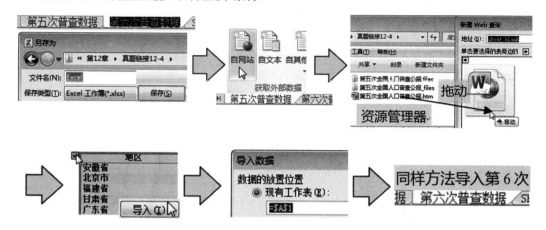

疑难解答

【真题链接 12-4】很多读者都会遇到网页无法打开、打开无法显示,或提示脚本错误等问题。在排除计算机系统故障或浏览器故障后,应检查网页地址是否输入正确。本书随书素材的解题步骤提供了 3 种网页地址的输入方法,可任意选用(详见随书素材)。如出现任何脚本错误提示,单击"否"按钮关闭提示即可。另外注意,由于本题已提供事先下载好的网页文件(htm 文件),因此作答题目不需联网,不可能是由于未连接网络导致的问题。

12.1.5　文本形式存储数字的转换

有时,单元格中的数字是以文本形式存储的,这样的数字常常左对齐(而不是右对齐),且在单元格左上角有一个绿色的小三角█,并在旁边有错误指示器图标⬦提示这一问题,如图 12-9(a)所示。当导入或复制了特定的外部数据,或在已设置为文本格式的单元格中键入数字后,即会产生此类情况。

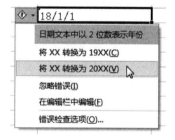

(a)文本形式存储的数字　　(b)2 位数年份的日期文本

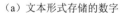

图 12-9　文本形式存储的数字(📁素材 12-3 文本形式存储的数字.xlsx)

一般应将文本形式存储的数字转换为常规数字,否则当进行数值运算或排序时,可能导致问题。选择有此问题的单元格区域,在选定区域旁边单击错误指示器图标⬦,然后从下拉菜单中选择"转换为数字"命令即可,如图 12-9(a)所示。

如果在单元格内未发现绿色小三角█和在旁边未出现错误指示器图标⬦,可单击"文件"|"选项",在打开的"Excel 选项"对话框左侧选择"公式",然后在右侧同时选中"允许后台错误检查"或"文本格式的数字或者前面有撇号的数字"复选框。

转换文本形式的数字为常规数字还可采用其他方法，这里再介绍两种方法：① 使用 Value 函数将文本值转换为数字，但需首先将转换结果保存到另外一个单元格区域，然后再用"选择性粘贴"、只粘贴值的方法将那些结果再粘贴回来，并覆盖原数据区域。② 通过"选择性粘贴"将这些单元格的值都乘以 1。乘以 1 使数值不变，但同时它们会被转换为数字。在其他任意一个"常规"格式的单元格中输入 1，选中该单元格按 Ctrl+C 组合键复制。然后选中要转换的单元格区域，单击"粘贴"按钮-"选择性粘贴"打开"选择性粘贴"对话框，在"运算"中选择"乘"，单击"确定"按钮。

如果有文本形式存储的日期，且日期年份为两位数，Excel 也有类似的指示器提示，如图 12-9（b）所示。当导入或复制了特定的外部数据，或在已设置为文本格式的单元格中输入了 2 位年份的日期时，即会产生此类情况。同样，通过单击指示器菜单的方法可将它转换为 4 位年份的常规日期，如图 12-9（b）所示；也可通过 DateValue 函数转换为日期序列值后再设置单元格格式为一种日期格式来转换。

12.1.6　发布为 PDF

PDF 是可移植文档格式，可保留文档中的数据和格式与他人共享，他人无法轻易更改文档中的数据和格式。单击"文件"中的"保存并发送"命令，在右侧"文件类型"区域中单击"创建 PDF/XPS 文档"，再单击"创建 PDF/XPS"按钮，在打开的对话框中选择保存位置并输入文件名，单击"发布"按钮即可将当前工作表保存为 PDF 文档。

另一种方法是：单击"文件"中的"另存为"命令，在"保存类型"下拉框中选择"PDF(*.pdf)"，单击"保存"按钮。

12.2　共享、修订和批注工作簿

12.2.1　共享工作簿

共享工作簿是指允许网络上的多位用户同时查看和修订工作簿，每位用户可看到其他用户的修订。要设定工作簿共享，单击"审阅"选项卡"更改"组的"共享工作簿"按钮，在弹出的"共享工作簿"对话框中切换到"编辑"选项卡，选中"允许多用户同时编辑，同时允许工作簿合并"复选框，如图 12-10（a）所示。保存文档后，应将工作簿文件放到网络上其他用户可以访问的位置，如一个共享文件夹下。

当多位用户同时编辑同一个共享工作簿时，对同一个单元格如果一个用户希望进行这样的修改，另一位用户希望进行那样的修改，当两位用户同时保存工作簿时就会引发冲突。这时 Excel 会弹出"解决冲突"对话框。如果不希望显示"解决冲突"对话框，而要以自己的更改自动覆盖所有其他人的更改，则在"共享工作簿"对话框的"高级"选项卡中选中"选用正在保存的修订"单选按钮，如图 12-10（b）所示。

共享工作簿后，在"共享工作簿"对话框中的"编辑"选项卡中可查看都有哪些用户正在打开该工作簿。如需将某个用户与共享工作簿断开连接，在"共享工作簿"对话框中的"编辑"选项卡中选择某个用户名称，单击"删除"按钮。要取消共享工作簿，必须先删除其他用户，确保当前用户是"共享工作簿"对话框中列出的唯一用户，然后清除对话框中的"允许多用户同时编辑，同时允许工作簿合并"复选框。（如果设定了共享工作簿保护，还需先取消共享工作簿的保护，否则该复选框不可用；方法是：在"审阅"选项卡"更改"组中单击"撤销对共享工作簿的保护"按钮。）

（a）"编辑"选项卡

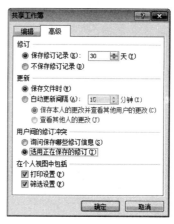

（b）"高级"选项卡

图 12-10　"共享工作簿"对话框

12.2.2　修订工作簿

　　修订可以记录对工作簿所做的更改，修订功能仅在共享工作簿中才可用。实际上，启用修订后，工作簿会自动变为共享工作簿。要启用工作簿修订，单击"审阅"选项卡"更改"组的"共享工作簿"按钮，打开"共享工作簿"对话框。在"编辑"选项卡中选中"允许多用户同时选择，同时允许工作簿合并"复选框。然后在"高级"选项卡的"修订"区中的"保存修订记录"框中设定记录保存的天数，如 30，Excel 会将修订记录保留 30 天，并永久清除早于该天数的修订记录。

　　Excel 有为工作簿突出显示修订的功能，以不同颜色标注每位用户的修订内容，并且在用户将光标停留在修订单元格上时会以批注形式显示修订信息。要使用这一功能，在"审阅"选项卡"更改"组中单击"修订"按钮，从下拉菜单中选择"突出显示修订"。打开"突出显示修订"对话框，如图 12-11 所示。选中"在屏幕上突出显示修订"，然后对要查看的修订进行设置：可突出显示某时间范围、某修定人或某一单元格区域的修订。当不再需要突出显示修订时，应在该对话框中清除"在屏幕上突出显示修订"复选框。

图 12-11　"突出显示修订"对话框

　　如选中"在新工作表上显示修订"复选框，则会自动插入一个新工作表，并在该工作表中显示修订的列表。该复选框只有在已启用修订功能且进行了至少一个修订并保存文件后才可用。

　　如需关闭工作簿的修订跟踪（同时会删除修订记录），有两种方法：一是在"共享工作簿"对话框的"高级"选项卡中选择"不保存修订记录"单选框；二是在"突出显示修订"对话框中取消选中"编辑时跟踪修订信息，同时共享工作簿"复选框。

12.2.3　添加批注

　　为单元格添加批注，可以在不影响单元格数据的情况下对单元格内容添加解释说明。

　　选中要添加批注的单元格，单击"审阅"选项卡"批注"组的"新建批注"按钮，或右击，在快捷菜单中选择"插入批注"，然后在批注框中输入批注内容即可，如图 12-12 所示为 A1 单元格添加了批注。添加批注后，单元格右上角会出现红色三角形 🔻，将鼠标指针指向包含批注的单元格，批注就会显示出来；如希望让批注一直显示，在"审阅"选项卡"批注"组中单击"显示/隐藏批注"按钮或"显示所有批注"按钮。再次单击按钮则隐藏批注。

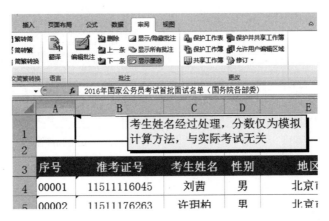

图 12-12 单元格中的批注（📁素材 12-4 批注.xlsx）

在素材 12-4 中，A1 单元格的批注被设置为一直显示，读者可练习单击"显示/隐藏批注"按钮将此批注隐藏。

右击批注框，从快捷菜单中选择"设置批注格式"，在弹出的"设置批注格式"对话框中可设置批注的字体、对齐、颜色、大小、内边距等。要删除批注，选中含有批注的单元格，单击"审阅"选项卡"批注"组的"删除"按钮。

默认情况下，批注不被打印，要打印批注，在"页面设置"对话框的"工作表"选项卡中，在"批注"下拉列表中设置，有"无""工作表末尾""如同工作表中的显示"3 个选项（参见 12.4 节）。

【真题链接 12-5】税务员小刘接到上级指派的整理有关减免税政策的任务，按照下列要求帮助小刘完成相关的整理工作。将工作表"说明"中的全部内容作为工作表"政策目录"标题"减免税政策目录及代码"的批注、将批注字体颜色设为绿色，并隐藏该批注。

【解题图示】（完整解题步骤详见随书素材）

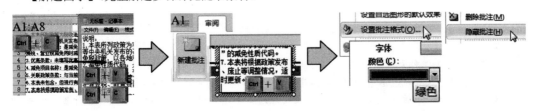

12.3　保密数据怎么破——保护工作簿和工作表

12.3.1　设置工作簿密码

可以在保存工作簿文件时为其设置密码。单击"文件"中的"保存"或"另存为"命令，在"另存为"对话框中单击右下角的 工具(L) ▼ 按钮，从下拉菜单中选择"常规选项"，打开"常规选项"对话框，如图 12-13 所示。在该对话框中输入"打开权限密码"或"修改权限密码"：前者表示打开工作簿文件时需要的密码，设置后将来无此密码者不能打开该工作簿；后者表示对该工作簿中的内容进行修改时需要的密码，设置后将来无此密码者只能查看内容，不能修改内容。两者可同时设置，也可只设置其中一项（如果设定了密码，单击"确定"按钮后还要在"确认密码"对话框中再次输入相同的密码并确定）。

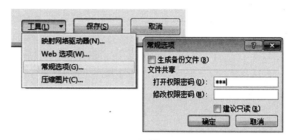

图 12-13　"常规选项"对话框（📁素材 12-5 保护工作表.xlsx）

如果要取消密码，删除对应文本框中的密码即可；这样，将来打开或者修改内容时就不需要密码。如果选中"建议只读"，在下次打开该文件时系统还会弹出提示，询问是否以只读方式打开。

注意，如果设定了密码，一定要牢记自己的密码，否则再也不能打开或修改文档了，因为 Excel 不提供找回密码帮助。

12.3.2　保护工作簿

当不希望他人对工作簿的结构或窗口进行改变时，可以设置工作簿保护。但工作簿保护并不能阻止他人更改工作簿中的数据。如果要阻止更改数据，可进一步设置工作表保护，或者设定"打开权限密码"或"修改权限密码"。

要设置工作簿保护，在"审阅"选项卡"更改"组中单击"保护工作簿"按钮，打开"保护结构和窗口"对话框，如图 12-14 所示。

图 12-14　"保护结构和窗口"对话框

（1）选中"结构"复选框，将阻止他人对工作簿的结构进行修改，包括插入新工作表、移动或复制工作表、删除、隐藏工作表、查看已隐藏的工作表、更改工作表的名称等。

（2）选中"窗口"复选框，将阻止他人移动工作表窗口的位置、改变工作表窗口的大小等。

（3）要阻止他人先取消工作簿保护再修改结构或窗口，应在"密码（可选）"框中设置密码。

【真题链接 12-6】小王要将一份通过 Excel 整理的调查问卷统计结果送交经理审阅，这份调查表包含统计结果和中间数据两个工作表。他希望经理无法看到其存放中间数据的工作表，最优的操作方法是（　　）。

　A. 将存放中间数据的工作表删除

　B. 将存放中间数据的工作表移动到其他工作簿保存

　C. 将存放中间数据的工作表隐藏，然后设置保护工作簿结构

　D. 将存放中间数据的工作表隐藏，然后设置保护工作表隐藏

【答案】C

【解析】右击存放中间数据的工作表标签，从快捷菜单中选择"隐藏"，隐藏该工作表。为了防止他人再次右击，从快捷菜单中选择"取消隐藏"而又将该工作表显示出来，可采用保护工作簿结构的方法。单击"保护工作簿"按钮，在弹出的"保护结构和窗口"对话框中选中"结构"复选框。

12.3.3 保护工作表

为了阻止他人修改工作表中单元格的内容或单元格格式，可以设定工作表保护。设定工作表保护后，如果他人试图修改，将弹出如图 12-15 所示的提示框，Excel 拒绝修改。

图 12-15　不能修改受保护的工作表

要保护工作表，在"审阅"选项卡"更改"组中单击"保护工作表"按钮，如图 12-16 所示。在打开的"保护工作表"对话框中选中允许他人更改的项目。要防止他人先取消工作表保护、然后再更改，可在对话框中设置密码。若他人没有密码，将无法取消工作表保护。

图 12-16　"保护工作表"对话框

要取消工作表保护，在"审阅"选项卡"更改"组中单击"撤销工作表保护"按钮（在保护工作表后，"保护工作表"按钮变为"撤销工作表保护"按钮）。如果在保护工作表时设置了密码，此时还要输入正确的密码才能撤销保护。

默认情况下，当工作表被保护后，所有单元格都被"锁定"，他人不能对所有的单元格进行修改。如希望允许他人对工作表中的一部分单元格进行修改，则要在保护工作表前先取消对这些单元格的"锁定"。注意，要在工作表保护前或先撤销保护后才能进行下面的操作。

例如，在"素材 12-5 保护工作表.xlsx"中，希望保护"全部统计结果"工作表，但仅使"完成情况"和"报告奖金"两列（I 列和 J 列）的数据不能被修改，其他列可以被修改。选中数据区除这两列外的其他列（即 A3:H94），右击，从快捷菜单中选择"设置单元格格式"。在打开的"设置单元格格式"对话框中，切换到"保护"选项卡，如图 12-17 所示。取消"锁定"前的对钩，这些单元格区域就被排除在保护范围外。然后确保"完成情况"和"报告奖金"两列（I 列和 J 列）的"设置单元格格式"的"锁定"被选中（默认是被选中的）。最后单击"保护工作表"按钮保护工作表，这时，A3:H94 可以被修改，其他单元格不能被修改。

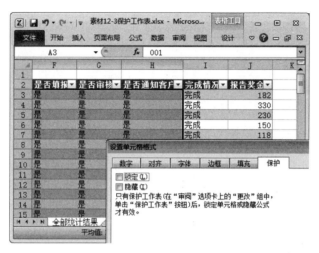

图 12-17　设置单元格格式取消单元格锁定（素材 12-5 保护工作表.xlsx）

如果在对话框中还选中了"隐藏"，则在保护工作表后，公式被隐藏，即在这些单元格中只能看到公式的计算结果，无法看到具体的公式。

如果要允许特定用户修改工作表的某个单元格区域，在"审阅"选项卡"更改"组中单击"允许用户编辑区域"按钮，在打开的"允许用户编辑区域"对话框中单击"新建"添加可编辑区域，单击"权限"指定可以修改该区域的用户，单击左下角的"保护工作表"按钮设定保护工作表。

12.4　打印工作表

可以打印整张工作表，或只打印工作表的一部分区域。例如，如图 12-18 所示，在工作表"成绩单"中要设置其中 B2:M336 为打印区域，其他区域不打印。选中 B2:M336 区域，然后单击"页面布局"选项卡"页面设置"组的"打印区域"按钮，从下拉菜单中选择"设置打印区域"。设置打印区域后，Excel 在工作表中将以"虚线"框出打印范围，如图 12-18 所示。

单击"页面布局"选项卡"页面设置"组的相应按钮，可设置"页边距""纸张方向""纸张大小"等，如图 12-18 所示。单击"页面设置"组右下角的对话框启动器，打开"页面设置"对话框，在对话框中可进行详细设置。

在对话框的"页面"选项卡（图 12-19）可设置页面方向，如这里设置为"横向"。还可设置打印缩放比例，既可直接输入缩放百分比，也可选择"调整为"让 Excel 自动计算缩放比例。如调整为"1 页宽、1 页高"，则 Excel 将自动设置合适的缩放比例，使整个打印内容能容纳在"1 页宽、1 页高"的纸张上。这里设置缩放比例为 100%。

图 12-18　设置打印区域（📁素材 12-6 打印工作表.xlsx）

切换到对话框的"页边距"选项卡，如图 12-20 所示，可设置 4 个方向的打印页边距，若选中"水平"或"垂直"，可使内容在整个页面上水平居中或垂直居中打印。

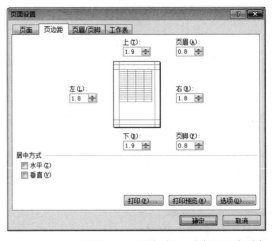

图 12-19　"页眉设置"对话框之"页面"选项卡　　图 12-20　"页面设置"对话框之"页边距"选项卡

切换到对话框的"页眉/页脚"选项卡，可设置打印的页眉和页脚，如图 12-21 所示。既可在下拉列表中选择预设的页眉/页脚样式，也可单击"自定义页眉"和"自定义页脚"按钮自定义。单击"自定义页眉"按钮，弹出的"页眉"对话框如图 12-21 所示，在其中可对页眉的左、中、右分别设置内容，既可直接输入内容，也可单击对话框中的"插入日期""插入页码""插入页数"等按钮插入相应内容。例如，这里在页面中部自行输入文字"成绩报告"，然后在"页脚"下拉列表中选择一种预设的页脚样式"第 1 页，共 ? 页"。

当工作表较大时，工作表打印后纵向可能超过一页长，或横向可能超过一页宽。此时往往希望在每页上都重复打印标题行或标题列，否则用户不得不每次都要翻回第一页查看标题。设置重复打印的方法是：在"页面设置"对话框中切换到"工作表"选项卡，如图 12-22 所示。在"顶端标题行"或"左端标题列"中指定单行（单列）或多行（多列）的单元格区域范围，则这些行（列）将在每页纸上重复打印。例如，这里单击"顶端标题行"输入框右侧的"折叠对话框"按钮，然后选择工作表中的第 2 行，使该输入框中的内容为$2:$2。再次单击"折叠对话框"按钮，还原对话框。图 12-18 中的工作表的第 2 行将在每页纸上重复打印。

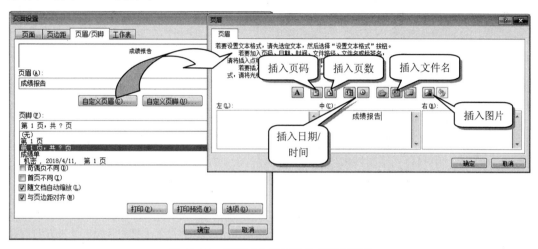

图 12-21　设置工作表打印的页眉和页脚

　　重复打印的标题行或列只在打印后，或在页面布局视图中才会重复，在正常编辑视图下的工作表中不会在第 2 页及以后各页上重复显示。要切换到页面布局视图，在"视图"选项卡"工作簿视图"中单击"页面布局"按钮即可。

　　若对工作表的字体、边框、底纹等设置了各种漂亮的颜色，而打印时却只有黑白打印机，就可能使各种颜色的打印效果较差。在"页面设置"对话框的"工作表"选项卡中选中"单色打印"，可使在不改变工作表显示格式的情况下，以黑白效果打印（数据只以黑色打印，且单元格的填充色不会被打印）。

　　单击"文件"打开后台视图，再选择"打印"命令，在窗口右侧将显示打印后的预览效果。在打印预览区单击右下角的"显示边距"按钮，可直接在打印预览区调整页边距。单击"打印"按钮即可打印工作表，如图 12-23 所示。

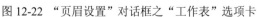

图 12-22　"页眉设置"对话框之"工作表"选项卡

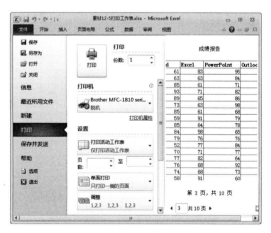

图 12-23　打印预览和打印

　　读者可在素材 12-6 中继续练习，设置"分数段统计"工作表和"成绩与年龄"工作表的纸张方向都为"横向"、页眉中间部分都为"成绩报告"，"页脚"都为"第 1 页，共 ? 页"。

【真题链接 12-7】小李是东方公司的会计，为节省时间，同时又确保记账的准确性，她使用 Excel 编制了员工工资表 Excel.xlsx。请调整表格各列宽度、对齐方式，使得显示更加美观，并设置纸张大小为 A4、横向，整个工作表需调整在 1 个打印页内。

【解题图示】（完整解题步骤详见随书素材）

【真题链接 12-8】期末考试结束了，初三（14）班的班主任助理王老师需要对本班学生的各科考试成绩进行统计分析。请调整工作表"期末总成绩"的页面布局，以便打印：纸张方向为横向，缩减打印输出使得所有列只占一个页面宽（但不得缩小列宽），水平居中打印在纸上。

【解题图示】（完整解题步骤详见随书素材）

【真题链接 12-9】李晓玲是某企业的采购部门员工，现在需要使用 Excel 分析采购成本并进行辅助决策。请帮助她在"方案摘要"工作表中将单元格区域 B2:G10 设置为打印区域，纸张方向设置为横向，缩放比例设置为正常尺寸的 200%，打印内容在页面中水平和垂直方向都居中对齐，在页眉正中央添加文字"不同方案比较分析"，并将页眉到上边距的距离值设置为 3。

【解题图示】（完整解题步骤详见随书素材）

第 13 章　志在展示，天生丽质——PowerPoint 幻灯片的创建与编辑

小 P 是一个比较有"派"的家伙，善于表达与交流。毕业答辩时，他展示论文的 PowerPoint 幻灯片，主题鲜明、图文并茂，被老师称赞有加，最后还被评为优秀毕业生。参加工作后，他在各种会议上常用 PowerPoint 制作幻灯片汇报工作，生动活泼、美观漂亮，深得老板青睐。最近，他又送给即将过生日的朋友一份独特的生日礼物——PowerPoint 幻灯片贺卡：一张意境十足的背景、一些祝福文字、一段背景音乐，朋友说这是他收到的最令他感动，也是最喜爱的礼物！俗话说，"人在衣服马在鞍"，展示时打扮好幻灯片也是同样道理。一份得体、漂亮的幻灯片不但吸引观众，更能展示自己的风貌，体现个人价值。

PowerPoint（也称为 PPT）是微软公司 Office 套装软件中的又一重要组成部分，专用于制作各种多媒体幻灯片。幻灯片可用计算机屏幕或投影仪播放，或者在网络会议或互联网上展示。在现今社会，PowerPoint 实际已成为一种业界标准，在各种演讲、报告、会议、产品展示、教学课件乃至个人家庭相册等诸多专业、非专业领域都能见到它的身影。

13.1　认识 PowerPoint 和演示文稿

PowerPoint 的文档文件称**演示文稿**。一个演示文稿对应一个文件名后缀（即扩展名）为 pptx 的文件，它由多张幻灯片组成；而每张幻灯片中又可以包含文字、图形、声音、动画、影片等。演示文稿与幻灯片的关系就像一本书和书中的每一页之间的关系。

PowerPoint 的启动和退出方法与 Word、Excel 软件是类似的，其使用界面也与 Word、Excel 有许多相似之处。PowerPoint 的操作界面如图 13-1 所示。

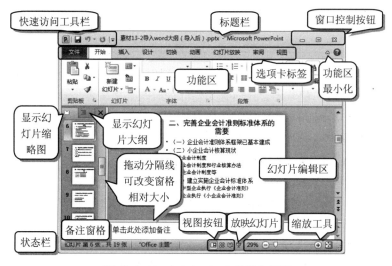

图 13-1　PowerPoint 2010 的操作界面

PowerPoint 2010 提供 4 种视图方式：普通视图、幻灯片浏览视图、阅读视图和备注页视图，见表 13-1。在"视图"选项卡"演示文稿视图"组中可单击相应按钮切换视图，也可在状态栏上单击相应视图按钮切换（状态栏不提供"备注页视图"的切换）。

表 13-1　PowerPoint 的视图方式

视图	功能作用	界面示例
普通视图	默认也是主要的编辑视图。在普通视图的左窗格中，又分为"幻灯片"标签页和"大纲"标签页： 前者（见图 13-1）左窗格将以缩略图显示所有幻灯片，便于整体把握幻灯片，也可利用缩略图添加、复制、删除幻灯片或调整幻灯片的先后顺序；后者"大纲"标签页（如本表格右侧图）的左窗格显示演示文稿文字内容的整体架构，便于直接输入分级的文字内容	
幻灯片浏览视图	同时显示多张幻灯片，并在幻灯片下方显示编号。便于查看演示文稿中所有幻灯片的全貌，但无法编辑个别幻灯片的内容。适于添加、复制、删除幻灯片，调整幻灯片的顺序，设置幻灯片放映时的切换效果等	
阅读视图	将幻灯片在窗口中简单放映。用于希望查看幻灯片放映效果、预览幻灯片动画，又不希望全屏放映的场合。且 PowerPoint 在窗口下方还会提供一个浏览工具。但在该视图下不能对幻灯片进行修改，可以随时按 Esc 键退出该视图	
备注页视图	备注是为幻灯片添加的注释信息，它们不在放映时展示，但会随幻灯片一起保存。在普通视图下，窗口下方仅有很窄的备注窗格可查看或编辑备注文字。而在备注页视图中可查看或编辑大量备注信息，或在备注中插入图片、图形等元素。在视图上方显示幻灯片缩略图，下方编辑备注文字。但在该视图下，无法编辑幻灯片中的内容，只能编辑备注	

要放映幻灯片，可单击状态栏视图按钮中的■按钮，幻灯片将全屏放映，并播放所有设置好的动画效果。后续章节还会介绍有关幻灯片放映的更多使用技巧。

要善于利用状态栏最右侧的缩放工具随时缩放幻灯片。当要处理幻灯片中的细节时，应放大显示；当要观察整张幻灯片的整体效果时，应缩小显示。单击缩放工具最右侧的■按钮，将自动调整显示比例为适应窗口大小的、能够显示整张幻灯片的最佳的大小。

高手进阶　打开演示文稿时显示的视图，默认为上次保存文件时的视图状态。要改变默认设置，如希望每次打开演示文稿都自动进入幻灯片浏览视图，可在选项中设置。单击"文件"选项卡，从后台视图中选择"选项"，在弹出的"PowerPoint 选项"对话框左侧选择"高级"，在右侧设置"显示"组的"用此视图打开全部文档"下拉列表为所希望的视图。

【真题链接 13-1】可在 PowerPoint 同一窗口显示多张幻灯片,并在幻灯片下方显示编号的视图是（　　）。

　　A. 普通视图　　　　B. 幻灯片浏览视图　　　　C. 备注页视图　　　　D. 阅读视图

【答案】B

【真题链接 13-2】在 PowerPoint 中，幻灯片浏览视图主要用于（　　）。

　　A. 对所有幻灯片进行整理编排或次序调整　　　B. 对幻灯片的内容进行编辑修改及格式调整
　　C. 对幻灯片的内容进行动画设计　　　　　　　D. 观看幻灯片的播放效果

【答案】A

13.2　演示文稿的创建和编辑

13.2.1　创建演示文稿

启动 PowerPoint 后，系统就自动创建了一个空白的演示文稿；也可单击"文件"的"新建"命令，然后在右侧窗格中双击"空白演示文稿"创建一个空白的演示文稿。空白的演示文稿不含任何设计方案和示例文本，全部内容可根据需要自己制作。

新建演示文稿时，可选择"样本模板"，然后选择某个预设的模板来创建。模板包含可以直接套用的框架、精美的背景及通用的示范文本等；使用模板创建演示文稿，只要在其中填写内容就可以制作出专业水准的演示文稿了。也可以自己创建 PowerPoint 模板文件（扩展名为.potx、.potm 或.pot）。

如果希望基于已有的演示文稿创建风格相同的新演示文稿，可在"新建"命令的右侧窗格中单击"根据现有内容创建"图标，在弹出的浏览文件对话框中选择已有的一个演示文稿即可。

13.2.2　插入幻灯片

演示文稿由一张张幻灯片组成，新建的空白演示文稿自动包含第一张幻灯片，可根据需要插入新的幻灯片。在"开始"选项卡"幻灯片"组中单击"新建幻灯片"按钮的向下箭头，从下拉列表中选择一种版式，即可新建一张该版式的幻灯片，如图 13-2 所示。

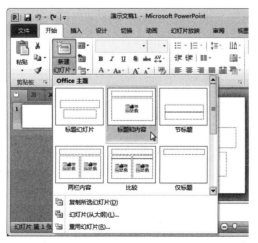

图 13-2　新建幻灯片

所谓幻灯片版式，是指幻灯片所包含内容的种类及各内容的布局方式。例如，同样有标题和内容，但在这种版式中标题在上方、内容在下方；在另外一种版式中标题在右侧、内容在左侧；在第三种版式中又可以包含一个标题和左右的两个内容。

在"普通视图"左侧"幻灯片缩略图"窗格中单击幻灯片之间的空白间隔，将出现一条横向的插入点。这时新建幻灯片，将会在插入点位置插入新幻灯片。如果先选定一张幻灯片，然后再新建幻灯片，则是在选定的幻灯片之后插入新幻灯片。

 插入幻灯片的其他方法：在左侧窗格切换到"幻灯片缩略图"，选择某张幻灯片后，按 Enter 键或按 Ctrl+M 组合键可在当前幻灯片的下方新建一张默认版式的幻灯片。在窗格中右击，从快捷菜单中选择"新建幻灯片"也可新建一张幻灯片。

高手进阶

13.2.3 带着下面的弟兄另立山寨——使用幻灯片大纲

13.2.3.1 使用幻灯片大纲调整幻灯片内容

每张幻灯片一般都有一个标题，标题下的内容往往还要分级。例如，图 13-3（a）所示的幻灯片，"企业如何应对大数据的业务趋势"为幻灯片标题；标题下的"动态监控……""多维度洞察……"等 4 个方面为一级内容；下面又分"及时获取……""与企业战略……"等为二级内容。

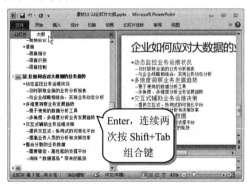
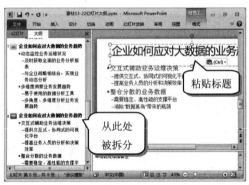

（a）大纲视图 　　　　　　　　　　　（b）拆分为两张幻灯片

图 13-3　通过调整幻灯片大纲拆分幻灯片（📁素材 13-1 幻灯片基本操作.pptx）

利用大纲视图可以快速创建幻灯片，并输入幻灯片中的分级内容，这比在普通视图下右侧的编辑区录入内容要方便很多。如图 13-3（a）所示，单击左侧窗格的"大纲"标签切换到大纲视图，右侧为幻灯片编辑区，可见在大纲视图中已列出幻灯片中的各级文字内容。在左侧的大纲视图中可直接输入或修改文字，右侧幻灯片上的内容会自动跟随变化。

在大纲视图中，每张幻灯片以一个幻灯片图标（如1 ▨）开始，在图标旁边输入幻灯片标题文字，在下方的段落中依次输入幻灯片中的各级内容。要调整内容级别，可在每个段落中按 Tab 键将该段落提高一级（向右缩进），按 Shift+Tab 组合键降低一级（向左缩进）；要提高（降低）多级，连续按 Tab（Shift+Tab）键即可。也可在"开始"选项卡"段落"组中单击"降低列表级别"按钮▣或"提高列表级别"按钮▣调整级别。

在某一段中按 Enter 键将在下方新建一段同级内容（如希望为同一标题中的文本换行，而不产生新段落，应按 Shift+Enter 组合键）。例如，在输入一段一级内容后按 Enter 键，将在下面再新建一段一级内容；如此时希望输入隶属于上段的二级内容，只要按 Tab 键将新段提高一级即可。又如，在输入一个幻灯片的标题后按 Enter 键，则在下面又新建一个幻灯片标题级的段落，即新建了一张幻灯片，此时如果按 Tab 键，则会将新段提高一级，这样它就不再是新幻灯片的标题，而变成隶属于上张幻灯片中的一级内容。相反，如果在某个一级内容的段落中按 Shift+Tab 组合键，会将此内容变为幻灯片标题级别，即它将成为新幻灯片的标题，同时新建了一张幻灯片，原来的幻灯片从此处被拆分为两张幻灯片。就像带着此内容以下的弟兄"另立山寨"一般，这一段连同它以下的内容，都不再属于原来那张幻灯片，而属于新幻灯片。

例如，如图 13-3（b）所示，"多角度、多维度分析业务发展趋势"文字是一段属于第 7 张幻灯片的二级内容。在此段之后按 Enter 键新建一个段落，则新段落也是二级内容的级别。如何让此新段落带着下面的弟兄"另立山寨"呢？将插入点保持在新段落中，按一次 Shift+Tab 组合键，则新段落变为一级级别；再按一次 Shift+Tab 组合键，则新段落变为幻灯片标题级，同时产生了新幻灯片，这一段就是新幻灯片的标题。原来的第 7 张幻灯片被拆分为两张。新幻灯片标题仍为空白，在大纲视图中输入与第 7 张幻灯片同样的标题"企业如何应对大数据的业务趋势"（如果要复制、粘贴第 7 张幻灯片的标题文字，必须在右侧的幻灯片编辑区中粘贴，不能在大纲中粘贴）。

【真题链接 13-3】某注册会计师协会培训部的魏老师正在准备有关审计业务档案管理的培训课件，请帮助魏老师将标题为"七、业务档案的保管"所属的幻灯片拆分为 3 张，其中"（一）～（三）"为 1 张、（四）及下属内容为 1 张，（五）及下属内容为 1 张，标题均为"七、业务档案的保管"。为"（四）业务档案保管的基本方法和要求"所在的幻灯片添加备注"业务档案保管需要做好的八防工作：防火、防水、防潮、防霉、防虫、防光、防尘、防盗"。

【解题图示】（完整解题步骤详见随书素材）

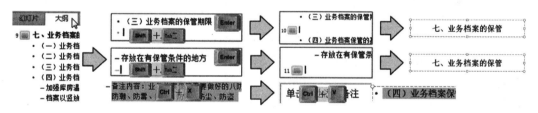

【真题链接 13-4】北京市节能环保低碳创业大赛组委会委托李老师制作有关赛事宣传的演示文稿，用于展台自动播放。请帮助李老师将第 9、10 两张幻灯片合并为一张。

【解题图示】（完整解题步骤详见随书素材）

13.2.3.2　使用幻灯片大纲批量创建幻灯片

可在 Word 中创建和编辑好所有的幻灯片大纲，然后把此 Word 文档导入到 PowerPoint 就可一次批量创建所有幻灯片。然而，必须在 Word 中为各级内容设置好不同的标题样式，否则无法正确导入。具体来说，就是在 Word 中要把将来作为幻灯片标题的文本设为"标题 1"样式、把将来作为幻灯片中一级内容的文本设为"标题 2"样式、把将来二级内容的文本设为"标题 3"样式……例如，图 13-4（a）就是用 Word 创建好的一个幻灯片大纲。

然后，在 PowerPoint 中单击"开始"选项卡"幻灯片"组的"新建幻灯片"按钮的向下箭头，单击下拉列表最下方的"幻灯片（从大纲）"命令（图 13-2）。在弹出的"浏览文件"对话框中选择编辑好大纲的 Word 文档（该 Word 文档如事先已在 Word 中打开，必须先将它关闭），单击"插入"按钮即可。再根据需要删除新建演示文稿时 PowerPoint 自动创建的第一张空白幻灯片。创建好的效果如图 13-4（b）所示。

 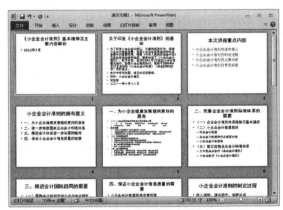

（a）用 Word 创建好的幻灯片大纲　　　　　（b）根据 Word 中的大纲创建的演示文稿
（图为 Word 的大纲视图）　　　　　　　　　（图为 PowerPoint 的幻灯片浏览视图）

图 13-4　使用幻灯片大纲批量创建幻灯片（📁素材 13-2Word 大纲素材.docx）

除了可在 PowerPoint 中操作导入 Word 大纲外，还可在 Word 中操作，将大纲发送到 PowerPoint。由于"将大纲发送到 PowerPoint"的功能按钮在 Word 的默认窗口布局中是隐藏的，因此应首先添加此功能的按钮才能使用。如将按钮添加到快速访问工具栏，单击 Word 窗口的"快速访问工具栏"右侧的自定义按钮，从下拉菜单中选择"其他命令"。在弹出的"Word 选项"对话框中，在左上角的下拉列表中选择"不在功能区中的命令"，然后在左侧列表中找到并选中"发送到 Microsoft PowerPoint"命令，再单击中间的"添加"按钮，将此命令添加到右侧列表，如图 13-5 所示。

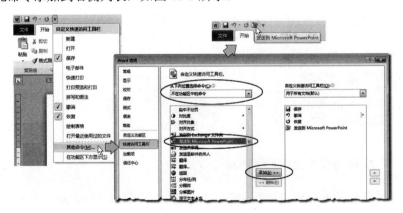

图 13-5　在 Word 中发送大纲到 PowerPoint 创建演示文稿

单击"确定"按钮，此命令按钮就被添加到"快速访问工具栏"中了。今后可用 Word 打开大纲文档，然后在 Word 中单击该按钮创建演示文稿。

并不是所有 Word 文档都可用作大纲创建演示文稿，用于创建演示文稿的 Word 文档必须是将对应段落正确设置了"标题 1""标题 2"等样式的文档（对应样式的文字将作为幻灯片的各级标题），而且只能发送文本，Word 文档中的图片、图形、文本框、艺术字、表格等元素也不能从大纲直接导入到幻灯片中（但那些元素可通过复制、粘贴的方式粘贴到幻灯片）。

疑难解答

【真题链接 13-5】某注册会计师协会培训部的魏老师正在准备有关审计业务档案管理的培训课件，她的助手已搜集并整理了一份相关资料存放在 Word 文档"PPT_素材.docx"中。请按下列要求帮助魏老师制作 PPT 课件。在考生文件夹下创建一个名为 PPT.pptx 的新演示文稿（".pptx"为扩展名），后续操作均基于此文件，否则不得分。该演示文稿需要包含 Word 文档"PPT_素材.docx"中的所有红色、绿色、蓝色文字内容，Word 素材文档中的红色文字、绿色文字、蓝色文字分别对应演示文稿中每页幻灯片的标题文字、第一级文本内容、第二级文本内容。

【解题图示】（完整解题步骤详见随书素材）

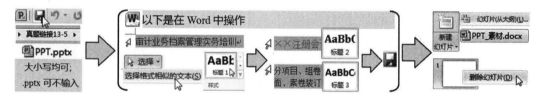

13.2.4　编辑幻灯片

13.2.4.1　编辑幻灯片内容

与在 Word 文档中可以直接输入内容不同，在幻灯片上不能直接输入内容。要在幻灯片上输入内容，一般有两种方式：① 使用占位符；② 使用文本框。

占位符是幻灯片中某些内容的容器，常被线框框起来，并含有提示文字"单击此处添加标题""单击此处添加文本"等，如图 13-6 所示。可按照提示单击它，然后在其中输入内容，或者插入图片、影片、声音等。一般在占位符中 PowerPoint 已预先设置好了文字、段落或对象等的格式。当使用幻灯片版式或设计模板时，PowerPoint 在幻灯片中常提供占位符。拖动占位符四周的 8 个控制点，可改变占位符的大小；拖动占位符的边框，可调整占位符的位置。单击占位符的边框选中占位符，按下 Delete 或 Backspace 键可将占位符连同其中的内容删除。

当在占位符中输入内容后，按 Ctrl+Enter 组合键可直接跳转到下一个占位符，以便在下一个占位符中继续输入。如果在一张幻灯片的最后一个占位符中按 Ctrl+Enter 组合键，则可新建一张幻灯片。在左侧窗格的大纲窗格中按 Ctrl+Enter 组合键，也可新建一张幻灯片。

高手进阶

像在 Word 文档中插入文本框一样，在幻灯片中也可插入文本框。可在文本框中输入文字段落、调整文本框的大小，并可把文本框拖动到幻灯片中的任意位置。在"插入"选项卡"文本"组单击"文本框"按钮，从下拉菜单中选择"横排"或"垂直"文本框，然后在幻灯片上按住鼠标左键不放拖动鼠标绘制文本框，如图 13-7 所示。当幻灯片上的占位符不能满足需要时，可通过插入文本框随心所欲地在幻灯片上输入内容。

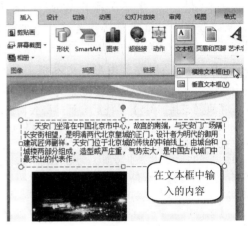

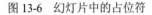

图 13-6　幻灯片中的占位符　　　　　　　图 13-7　在幻灯片中使用文本框

当选中文本框后，功能区会出现"绘图工具|格式"选项卡，如图 13-8 所示。可利用其中的工具按钮对文本框进行颜色填充、边框效果等的设置。

图 13-8　"绘图工具|格式"选项卡

实际上，占位符也是一种文本框，只是被预先设定了格式、大小和位置。

【真题链接 13-6】文小雨加入了学校的旅游社团组织，正在参与组织暑期到台湾日月潭的夏令营活动，现在需要制作一份关于日月潭的演示文稿。根据以下要求，并参考"参考图片.docx"文件中的样例效果，制作演示文稿。

（1）新建一个空白演示文稿，命名为"PPT.pptx"（".pptx"为扩展名），并保存在考生文件夹中，此后的操作均基于此文件，否则不得分。

（2）演示文稿包含 8 张幻灯片，第 1 张幻灯片的版式为"标题幻灯片"，第 2、第 3、第 5 和第 6 张幻灯片为"标题和内容"版式，第 4 张幻灯片为"两栏内容"版式，第 7 张幻灯片为"仅标题"版式，第 8 张幻灯片为"空白"版式；每张幻灯片中的文字内容可以从考生文件夹下的"PPT_素材.docx"文件中找到，并参考样例效果将其置于适当的位置。

【解题图示】（完整解题步骤详见随书素材）

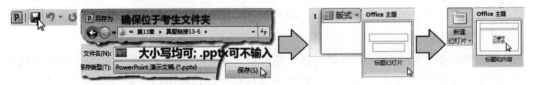

13.2.4.2　设置文字格式

设置占位符或文本框中文字的格式，多数设置方法与在 Word 中是相同的。例如，在"开始"选项卡"字体"组和"段落"组中可分别设置字体、段落格式。单击两个组右下角的对话框启动器，弹出"字体"对话框和"段落"对话框，分别如图 13-9 和图 13-10 所示。PowerPoint 的字体和段落设置不如 Word 的强大、丰富，然而仍可实现一些常规的字体和段落格式。

图 13-9　"字体"对话框

图 13-10　"段落"对话框

另外，在"开始"选项卡"字体"组中有"字符间距"按钮 AV，通过它可方便地调整幻灯片中字符的间距。在"字体"对话框中切换到"字符间距"选项卡，也可调整字符间距。

为占位符或文本框中的文本设置项目符号或编号，与在 Word 中的做法相同。选中文本，在"开始"选项卡"段落"组中单击"项目符号"按钮 或"项目编号"按钮 的向下箭头，从下拉列表中选择所需样式的项目符号或编号即可。单击"项目符号和编号"命令，在弹出的对话框中可自定义项目符号或编号，如定义图片的项目符号。

要为占位符或文本框中的文本分栏，与在 Word 中操作不同。在"开始"选项卡"段落"组中单击"分栏"按钮 ；或者右击占位符或文本框，从快捷菜单中选择"设置形状格式"。在弹出的"设置形状格式"对话框左侧选择"文本框"，然后单击右侧的"分栏"按钮。在弹出的"分栏"对话框中设置"数字"为分栏栏数，设置"间距"为分栏间距，单击"确定"按钮，如图 13-11 所示。

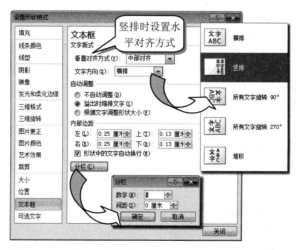

图 13-11　"设置形状格式"对话框之"文本框"选项卡

要改变文本框中的文字方向，如设置为"竖排"文字，以及对齐方式，也在此对话框中设置。如图 13-11 所示，在"文字方向"下拉列表中选择文字方向，在它上面的"垂直对齐方式"下拉列表中选择对齐方式，各选项的含义通过下拉列表中各选项前的图示即可清晰了解。

PowerPoint 的文本框还有根据其中内容的多少自动调整的功能，有"不自动调整""溢出时缩排文字"和"根据文字调整形状大小"等选项，在对话框的"自动调整"组中选择所需选项即可，如图 13-11 所示。

【真题链接 13-7】张老师正在准备有关儿童孤独症的培训课件，请帮助张老师为第 2 张幻灯片的目录内容应用格式为 1.、2.、3.、…的编号，并分为两栏，适当增大其字号。

【解题图示】（完整解题步骤详见随书素材）

【真题链接 13-8】北京市节能环保低碳创业大赛组委会委托李老师制作有关赛事宣传的演示文稿，用于展台自动播放。请帮助李老师将第 10 张幻灯片的内容文本设为竖排，并令文本在文本框中左对齐。

【解题图示】（完整解题步骤详见随书素材）

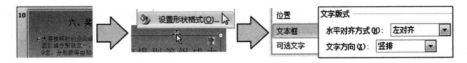

13.2.4.3 编辑幻灯片备注

备注是为幻灯片添加的注释信息，它们不在放映时展示，但会随幻灯片一起保存。在普通视图的窗口下方备注窗格中可查看或编辑简单的备注文字。而要编辑大量的备注内容，或要在备注中插入图片，则要切换到备注页视图。

如图 13-12 所示，单击"视图"选项卡"演示文稿视图"组的"备注页"按钮，切换到"备注页"视图。在备注页视图上方是本张幻灯片的缩略图，在下方文本框内可输入备注文字。除此之外，还可以在备注页中插入图片。在备注页视图中单击"插入"选项卡"图像"组的"图片"按钮，然后在弹出的对话框中选择 Remark.png，单击"插入"按钮。可移动图片位置或改变图片大小，使之位于文字之后，如图 13-12 所示。

备注页实际上是一个大"画布"，其中幻灯片缩略图也是作为画布上的一个图形，也可被移动位置或改变大小。在备注页中，可添加图片、文本框、形状、艺术字、图表、SmartArt 等各种对象。下方备注文字的输入框实际也是这个画布上的一个文本框而已。这样，各种内容均可被加入到幻灯片的备注中。注意，在"普通视图"下方的备注窗格内只能看到文字，是不能看到图片和其他对象的。

【真题链接 13-9】团委张老师正在准备有关"中国梦"学习实践活动的汇报演示文稿，相关资料存放在 Word 文档"PPT 素材及设计要求.docx"中。按下列要求帮助张老师继续制作演示文稿。

（1）将第 3 到第 7 页幻灯片中所有双引号中的文字更改字体、设为红色、加粗。

图 13-12　在备注页视图将图片插入备注（📁素材 13-3 备注页视图插入图片.pptx）

（2）更改第 4 页幻灯片中的项目符号、取消第 5 页幻灯片中的项目符号，并为第 4、5 页添加备注信息。Word 素材文档中的红色字作为幻灯片中的备注出现。

【解题图示】（完整解题步骤详见随书素材）

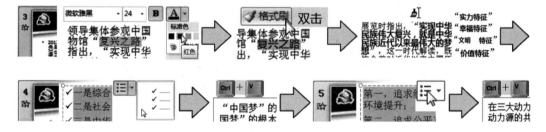

一张幻灯片是否存在备注，在普通视图底部的备注窗格中并不易直观察觉。例如，如图 13-13（a）所示，备注窗格中包含一行提示文字"单击此处添加备注"，表示没有备注。然而，当备注窗格显示比例较小时（在备注窗格中按住 Ctrl 键滚动鼠标滚轮调整备注窗格的显示比例），这一行提示文字很小，易被误认为存在备注文字。相反，如图 13-13（b）所示，看似备注窗格内容为空，而实际上它可能包含空格或空行的备注。单击"视图"选项卡"备注页"按钮，切换到备注页视图，可见存在大量备注内容，之前有很多空行，如图 13-13（c）所示。

因此，要删除所有幻灯片的备注文字，仅靠在备注窗格中对每张幻灯片操作既不易观察，也过于烦琐。实际上，这可通过文档检查功能快速完成。

单击"文件"选项卡进入后台视图，再选择"信息"，在右侧窗格中单击"检查问题"按钮，从下拉菜单中单击"检查文档"命令，如图 13-14 所示。在弹出的"文档检查器"对话框中选中"演示文稿备注"，单击"检查"按钮。在之后的"审阅检查结果"界面中单击"演示文稿备注"中的"全部删除"按钮，即可删除所有幻灯片的备注。

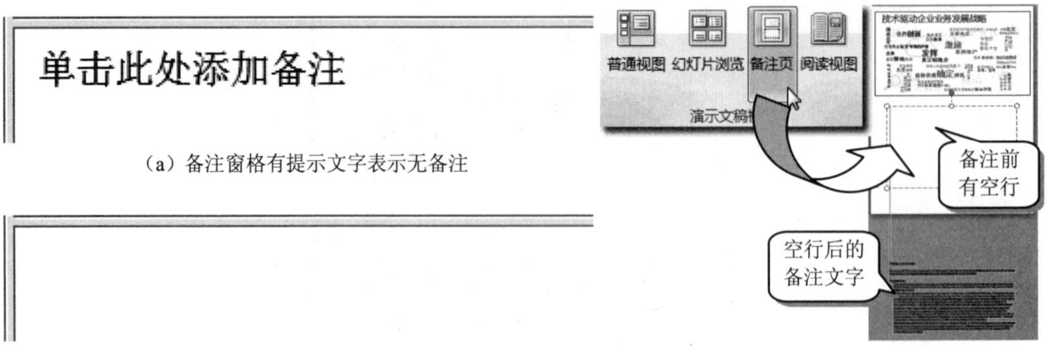

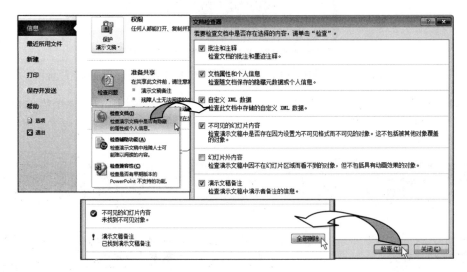

（a）备注窗格有提示文字表示无备注

（b）备注窗格看似空白，实则存在备注　　　　　（c）在备注页视图中查看（b）图的备注

图 13-13　查看幻灯片备注（📁素材 13-1 幻灯片基本操作.pptx）

图 13-14　删除所有幻灯片的备注（📁素材 13-1 幻灯片基本操作.pptx）

13.2.5　移动、复制和删除幻灯片

　　要对幻灯片进行移动、复制和删除的操作，首先要选中幻灯片。选择幻灯片可在"普通视图"左侧的幻灯片缩略图窗格或在"幻灯片浏览视图"下进行。单击一张幻灯片，即可选中它。按住 Shift 键的同时，再单击另一张幻灯片，可选择连续的多张幻灯片；按住 Ctrl 键的同时，再单击其他幻灯片可选择不连续的多张幻灯片。按 Ctrl+A 组合键可选中全部幻灯片。

　　在"普通视图"左侧的幻灯片缩略图窗格或"幻灯片浏览视图"中按住鼠标左键直接拖动选中的幻灯片缩略图可移动幻灯片的位置，按住 Ctrl 键同时拖动则复制幻灯片。在"幻灯片缩略图"窗格中右击一张幻灯片缩略图，从快捷菜单中选择"复制幻灯片"，则直接在它下面复制一张幻灯片。当然，复制幻灯片也可通过"复制+粘贴"的方法进行。

　　要复制幻灯片，还可单击"开始"选项卡"剪贴板"组的"复制"按钮旁边的黑色箭头，从下拉菜单中选择第 2 个"复制"命令；或者单击"幻灯片"组的"新建幻灯片"按钮旁边的黑色箭头，从下拉菜单中选择"复制所选幻灯片"命令。

　　如果以前已经制作过相同或者类似的幻灯片，在新的演示文稿中完全可以利用以前的成果，把以前的幻灯片复制、粘贴到现在的演示文稿中。例如，图 13-15 所示分别为一个物理课件第一章前两节和后三节的内容，它们分属两个演示文稿。

（a）第一部分　　　　　　　　　　　　　　　　（b）第二部分

图 13-15　物理课件两部分内容的两个演示文稿（📁素材 13-4 复制幻灯片_素材 1-2.pptx）

　　现需把这两个演示文稿合并到一个新的演示文稿中，并使所有幻灯片保留原来的格式。操作方法是：新建一个演示文稿，删除系统自动创建的第一张空白幻灯片。同时再打开以前的一个演示文稿，在幻灯片缩略图窗格中选中所有幻灯片，按 Ctrl+C 组合键复制，再在新演示文稿的缩略图窗格中按 Ctrl+V 组合键。为保留原来的格式，还需在粘贴后单击自动出现的"粘贴选项"图标，从下拉列表中选择"保留原格式"图标，如图 13-16所示。也可单击"粘贴"按钮的向下箭头，从下拉列表中单击"保留原格式"图标。再打开以前的另一个演示文稿，按同样方法操作，将后 3 节的幻灯片粘贴过来。

图 13-16　粘贴选项

高手进阶

　　PowerPoint 还提供了"重用幻灯片"功能。在"开始"选项卡"幻灯片"组中单击"新建幻灯片"按钮的向下箭头，单击下拉列表下方的"重用幻灯片"命令（参看图 13-2），出现"重用幻灯片"任务窗格。单击任务窗格的"浏览"按钮，从下拉菜单中选择"浏览"，在"浏览文件"对话框中选择一个演示文稿文件，单击"打开"按钮，则在任务窗格中打开了演示文稿。选中任务窗格中的"保留源格式"，然后依次单击任务窗格中所打开的各张幻灯片，就可将它们依次插入到现在的演示文稿中了。要重用其他演示文稿中的幻灯片，再次单击"浏览"按钮，按照同样的方法操作即可。

　　要删除幻灯片，在"普通视图"左侧的幻灯片缩略图窗格或"幻灯片浏览视图"中选中幻灯片后，按 Delete 键；或右击，从快捷菜单中选择"删除幻灯片"命令。

【真题链接 13-10】在 PowerPoint 演示文稿普通视图的幻灯片缩略图窗格中，需要将第 3 张幻灯片在其后面再复制一张，最快捷的操作方法是（　　）。

　　A. 按下 Ctrl 键再用鼠标拖动第 3 张幻灯片到第 3、4 幻灯片之间

　　B. 右击第 3 张幻灯片并选择"复制幻灯片"命令

　　C. 用鼠标拖动第 3 张幻灯片到第 3、4 幻灯片之间时按下 Ctrl 键并放开鼠标

　　D. 选择第 3 张幻灯片并通过复制、粘贴功能实现复制

【答案】C

【解析】只要在释放鼠标之前按下 Ctrl 键即可。先拖动幻灯片更快捷。

【真题链接 13-11】小马正在制作有关员工培训的新演示文稿，他想借鉴自己以前制作的某个培训文稿中的部分幻灯片，最优的操作方法是（　　）。

　　A. 单击"插入"选项卡上的"对象"按钮，插入原文稿中的幻灯片

　　B. 将原演示文稿中有用的幻灯片一一复制到新文稿

　　C. 放弃正在编辑的新文稿，直接在原演示文稿中进行增、删修改，并另行保存

　　D. 通过"重用幻灯片"功能将原文稿中有用的幻灯片引用到新文稿中

【答案】D

【真题链接 13-12】张老师正在准备有关儿童孤独症的培训课件，请帮助张老师将考生文件夹下"结束片.pptx"中的幻灯片作为 PPT.pptx 的最后一张幻灯片，并保留原主题格式。

【解题图示】（完整解题步骤详见随书素材）

13.2.6　幻灯片的大小和方向

　　默认情况下，幻灯片的大小为"全屏显示（4:3）"、横向方向，即适合 4:3 分辨率的屏幕或显示器。要改变幻灯片大小和方向，在"设计"选项卡"页面设置"组中单击"页面设置"按钮，打开"页面设置"对话框，如图 13-17 所示。在"幻灯片大小"下拉列表中选择其他大小，如"全屏显示（16:9）"，将适合在 16：9 分辨率的显示器或屏幕上全屏播放。如果从中选择"自定义"，然后可分别在"宽度"和"高度"框中自

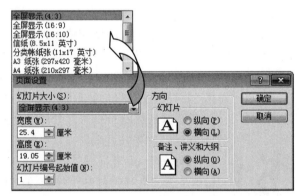

图 13-17　"页面设置"对话框

定义幻灯片大小。在"方向"组中可改变幻灯片方向为横向或纵向。

　　在同一演示文稿中，所有幻灯片的方向必须统一为横向或统一为纵向。如果希望部分幻灯片为横向、部分幻灯片为纵向，可创建两个演示文稿，其中分别设置幻灯片方向为横向和纵向。然后通过设置超链接，使在播放第一个演示文稿时，通过单击某个文字或图形打开超链接，链接到第 2 个演示文稿继续播放，即可实现放映包含两种不同方向幻灯片的演示文稿的效果。

　　【真题链接 13-13】在某动物保护组织就职的张宇要制作一份介绍世界动物日的 PowerPoint 演示文稿。在考生文件夹下新建一个空白演示文稿，将其命名为 PPT.pptx（".pptx"为文件扩展名），之

后所有的操作均基于此文件，否则不得分。然后将幻灯片大小设置为"全屏显示（16:9）"。

【解题图示】（完整解题步骤详见随书素材）

13.3 浓妆淡抹总相宜——美化幻灯片

13.3.1 幻灯片版式

幻灯片版式决定幻灯片中内容的组成和布局，在特定版式的幻灯片中往往还有一些占位符。新建空白演示文稿时，PowerPoint 会自动创建一张"标题幻灯片"版式的幻灯片。插入幻灯片时，一般也要为新幻灯片指定一种版式，如图 13-2 所示。

要对已有幻灯片更改幻灯片版式，选中幻灯片，在"开始"选项卡"幻灯片"组中单击"幻灯片版式"按钮，从下拉列表中选择一种版式即可，如图 13-18 所示。

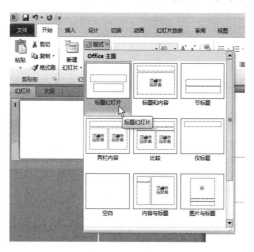

图 13-18 更改幻灯片版式

【真题链接 13-14】文君是新世界数码技术有限公司的人事专员，十一过后，公司招聘了一批新员工，需要对他们进行入职培训。人事助理已经制作了一份演示文稿 PPT.pptx，请将第二张幻灯片的版式设为"标题和竖排文字"，将第四张幻灯片的版式设为"比较"。

【解题图示】（完整解题步骤详见随书素材）

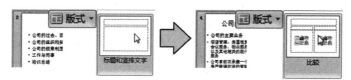

13.3.2 幻灯片背景

幻灯片默认以纯白色为背景。要改变背景，在"设计"选项卡"背景"组中单击"背景样式"按钮，从列表中选择一种背景样式，则演示文稿中所有幻灯片都被设置为这种背景样式。如只希望为选中的一部分幻灯片设置背景样式，右击列表中的某个背景样式，从快捷菜单中选择"应用于所选幻灯片"即可。

要设置样式更丰富的背景，可单击列表下方的"设置背景格式"命令，打开"设置背景格式"对话框，如图 13-19 所示。

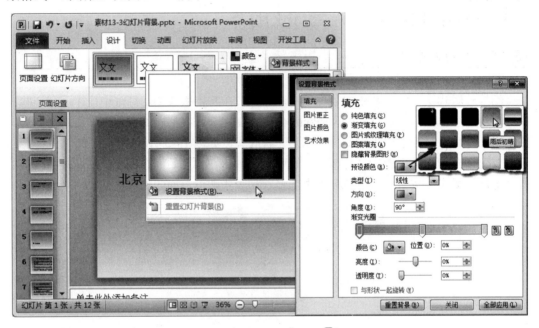

图 13-19 设置幻灯片背景为渐变填充"雨后初晴"（📁素材 13-5 幻灯片背景.pptx）

在对话框左侧选择"填充"项，再在右侧设置填充。"纯色填充"是用单一颜色填充背景，而"渐变填充"是用两种或多种颜色以渐变方式混合填充。这里选择"渐变填充"，然后单击"预设颜色"按钮选择一种预设的渐变效果，如"雨后初晴"，如图 13-19 所示。在对话框中设置的同时，所选中幻灯片的背景就已被改变生效了。如对此背景满意，直接单击"关闭"按钮关闭对话框即可，但只有选中的幻灯片的背景被改变。如希望改变所有幻灯片的背景，单击"全部应用"按钮，然后再单击"关闭"按钮。如单击"重置背景"按钮，则撤销本次设置，恢复之前的背景。这里单击"全部应用"按钮将所有幻灯片的背景设置为"雨后初晴"。

除了使用"预设颜色"按钮选择预设的渐变效果外，还可自定义渐变效果。方法是：在"类型"列表中选择渐变类型，如"矩形"。在"方向"列表中选择渐变方向，如"从左下角"。在"渐变光圈"下，将出现与所需颜色数目相等的渐变光圈（一个渐变光圈显示为一个滑动杆图案📍）；可单击"添加渐变光圈"按钮📍或"删除渐变光圈"按钮📍增、删光圈，在滑动条的空白处单击也可增加光圈。单击某一个光圈，再单击"颜色"按钮📍，为各光圈分别选择颜色；还可拖动"亮度"和"透明度"滑块，设置颜色亮度和透明度。再拖动光圈位置，调节渐变效果中该种颜色的过渡位置。

下面对第 1 张幻灯片（即标题幻灯片）单独应用一种不同的背景，如以一张图片 Background.jpg 作为该幻灯片的背景。选中第 1 张幻灯片右击，从快捷菜单中选择"设置背景格式"也可打开"设置背景格式"对话框，如图 13-20 所示。在对话框的左侧选择"填充"，右侧选择"图片或纹理填充"。再单击"文件"按钮，在弹出的浏览文件对话框中选择文件 Background.jpg。回到"设置背景格式"对话框，再设置"透明度"为 65%，使图片有一定的透明度效果。直接单击"关闭"按钮，使图片背景只应用于所选中的第 1 张幻灯片。

图 13-20　设置幻灯片背景为图片 Background.jpg（■素材 13-5 幻灯片背景.pptx）

此时背景图片 Background.jpg 将被拉伸或缩小以适合幻灯片的大小，作为幻灯片背景（在对话框的"偏移量"中可做细微调整）。如果在对话框中选中了"将图片平铺为纹理"，图片将保持原始大小；如果图片比幻灯片页面小，图片将被重复平铺，铺满在幻灯片背景中。

设置图片为幻灯片背景后，在幻灯片上右击，从快捷菜单中选择"保存背景"，又可把幻灯片背景单独提出另存为图片文件。

要以一张图片填充幻灯片背景，还可单击"剪贴画"按钮，使用剪贴画图片；或者单击"剪贴板"按钮，使用预先复制到剪贴板中的一张图片。如单击"纹理"按钮，可以一种纹理作为幻灯片背景，如"斜纹布""羊皮纸""鱼类化石"等。

如在填充选项中选择"图案填充"，对话框如图 13-21 所示。在图案列表中选择一种图案，如"实心菱形"。通过"前景色"和"背景色"栏，可自定义图案的前景色和背景色。

图 13-21　幻灯片背景的图案填充

如幻灯片已被应用主题，则所设置的背景可能会被主题背景覆盖。此时可在"设置背景格式"对话框中选中位于对话框上半部分的"隐藏背景图形"复选框。"隐藏背景图形"实际隐藏的是在母版中插入的图形，将在 13.4 节介绍幻灯片母版。

【真题链接 13-15】请打开 ppt.pptx，为演示文稿添加第 6 页幻灯片，设置第 6 页幻灯片为空白版式，并修改该页幻灯片背景为纯色填充。

【解题图示】（完整解题步骤详见随书素材）

【真题链接 13-16】张老师正在准备有关儿童孤独症的培训课件，请帮助张老师将第 3 张幻灯片的背景设为"样式 5"。

【解题图示】（完整解题步骤详见随书素材）

【真题链接 13-17】在会议开始前，市场部助理小王希望在大屏幕投影上向与会者自动播放本次会议传递的办公理念。将演示文稿中第 1 页幻灯片的背景图片应用到第 2 页幻灯片。

【解题图示】（完整解题步骤详见随书素材）

13.3.3 应用主题

主题是美化演示文稿的简便方法，它取代了早期 PowerPoint 版本中的设计模板。

要应用主题，在"设计"选项卡"主题"组中单击一种主题即可，如"暗香扑面"，则该种主题将被应用到所有幻灯片，如图 13-22 所示。如所需主题未在视野内显示，可单击 按钮展开下拉列表，然后再从中选择。

若只希望将部分幻灯片应用主题，其他幻灯片不变，可先选择欲设置主题的一张或多张幻灯片，然后右击"主题"组中的某个主题图标，从快捷菜单中选择"应用于选定幻灯片"命令，如图 13-22 所示。

如果希望应用位于另一个演示文稿文件中的主题，在"主题"组中单击 按钮展开下拉列表后，从下拉列表中选择"浏览主题"命令。然后选择包含主题的那个演示文稿文件，单击"应用"按钮，即可将那个演示文稿文件中的主题应用到现在的演示文稿中。

对于已应用主题的幻灯片，还可修改颜色、字体和效果等，在"设计"选项卡"主题"组中单击"颜色""字体"或"效果"按钮，从下拉列表中分别设置。

【真题链接 13-18】文君是新世界数码技术有

图 13-22 应用主题（素材 13-6 主题.pptx）

限公司的人事专员，十一过后，公司招聘了一批新员工，需要对他们进行入职培训。人事助理已经制作了一份演示文稿的素材 PPT.pptx，请为整个演示文稿指定一个恰当的设计主题。

【解题图示】（完整解题步骤详见随书素材）

【真题链接 13-19】在某公司人力资源部就职的张晓鸣需要制作一份供新员工培训时使用的 PowerPoint 演示文稿。为演示文稿应用考生文件夹下的主题"员工培训主题.thmx"，然后再应用"暗香扑面"的主题字体。

【解题图示】（完整解题步骤详见随书素材）

【真题链接 13-20】小江在制作公司产品介绍的 PowerPoint 演示文稿时，希望每类产品可以通过不同的演示主题进行展示，最优的操作方法是（　　　）。

A. 为每类产品分别制作演示文稿，每份演示文稿均应用不同的主题

B. 为每类产品分别制作演示文稿，每份演示文稿均应用不同的主题，然后将这些演示文稿合并为一

C. 在演示文稿中选中每类产品包含的所有幻灯片，分别为其应用不同的主题

D. 通过 PowerPoint 中"主题分布"功能，直接应用不同的主题

【答案】C

【真题链接 13-21】可以在 PowerPoint 内置主题中设置的内容是（　　　）。

A. 字体、颜色和表格　　　　　　　B. 效果、背景和图片
C. 字体、颜色和效果　　　　　　　D. 效果、图片和表格

【答案】C

13.3.4　页眉和页脚

在幻灯片的页眉和页脚中，可以插入幻灯片编号（幻灯片页码）、日期时间，或任意输入的其他内容。在"插入"选项卡"文本"组中单击"幻灯片编号"按钮（或"页眉和页脚"按钮、"日期和时间"按钮），弹出"页眉和页脚"对话框，如图 13-23 所示。在对话框中选中"幻灯片编号"复选框，则为幻灯片添加编号（幻灯片页码）；选中"页脚"复选框，再在下面的文本框中输入内容，则在页眉和页脚添加自行输入的内容，如输入"第一章　物态及其变化"；选中"日期和时间"可添加日期和时间。如果选中"标题幻灯片中不显示"，则不在标题幻灯片中设置这些内容。单击"应用"按钮，为选定的幻灯片设置效果；单击"全部应用"按钮，为演示文稿中的所有幻灯片设置效果。

依据主题的不同，幻灯片编号和页脚等内容可能会位于幻灯片的不同位置，而并不像 Word 那样一定位于幻灯片顶部或底部，如图 13-24 所示。要改变幻灯片编号和页脚的位置，可在母版中移动"数字区"或页脚的占位符；要改变编号的字体、字号、颜色等，也应在母版中修改对应占位符的格式。

图 13-23 "页眉和页脚"对话框

图 13-24 不同主题的幻灯片页脚和幻灯片编号（📁素材 13-7 页眉和页脚.pptx）

当显示幻灯片编号时，如选中"标题幻灯片不显示"，则第 1 张幻灯片的编号隐藏，第 2 张幻灯片编号直接显示为 2。能否让第 2 张幻灯片编号从 1 开始呢？单击"设计"选项卡"页面设置"组的"页面设置"按钮，打开"页面设置"对话框，如图 13-25 所示。在对话框中设置"幻灯片编号的起始值"为 0，这样第 1 张幻灯片编号为 0 但不显示，第 2 张幻灯片编号就从 1 开始了。

图 13-25 "页面设置"对话框

【真题链接 13-22】培训部会计师魏女士正在准备有关高新技术企业科技政策的培训课件 PPT.pptx。按下列要求帮助魏女士完成制作：除标题幻灯片外，其他幻灯片均包含幻灯片编号、自动更新的日期、日期格式为××××年××月××日。

【解题图示】（完整解题步骤详见随书素材）

【真题链接 13-23】小李在课程结业时，需要制作一份介绍第二次世界大战的演示文稿。请帮助他完成演示文稿的制作。除标题幻灯片外，为其余所有幻灯片都添加幻灯片编号，并且编号值从 1 开始显示。

【解题图示】（完整解题步骤详见随书素材）

13.3.5　查找和替换

PowerPoint 也有查找和替换的功能，单击"开始"选项卡"编辑"组的"查找"和"替换"按钮，在弹出的对话框中进行查找和替换即可，如图 13-26 所示。

PowerPoint 的查找和替换功能比较简单，不如 Word 的强大。然而，PowerPoint 有特有的替换字体的功能，可将演示文稿中被应用某种字体的所有文字一次性全部替换为应用另一种字体。单击"替换"按钮右侧的箭头，从下拉菜单中选择"替换字体"，弹出"替换字体"对话框，如图 13-26（c）所示。选择要替换的字体和替换为的字体，单击"确定"按钮即可。读者可练习在"素材 13-8 替换字体.pptx"中将所有"宋体"替换为"微软雅黑"。

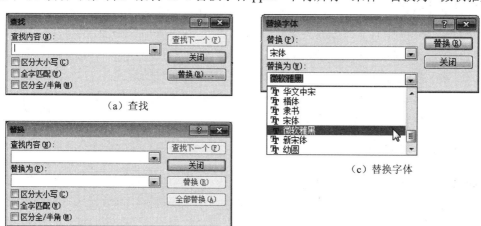

图 13-26　PowerPoint 的查找和替换功能

【真题链接 13-24】在某动物保护组织就职的张宇要制作一份介绍世界动物日的 PowerPoint 演示文稿。请将演示文稿中的所有文本"法兰西斯"替换为"方济各"，并在第 1 张幻灯片中添加批注，内容为"圣方济各又称圣法兰西斯。"

【解题图示】（完整解题步骤详见随书素材）

【真题链接 13-25】张老师正在准备有关儿童孤独症的培训课件。请帮助张老师为演示文稿应用设计主题"聚合"；将幻灯片中所有的中文字体设置为"微软雅黑"。

【解题图示】（完整解题步骤详见随书素材）

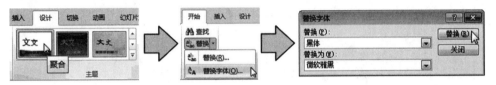

13.4　幻灯片小主——母版

13.4.1　认识幻灯片母版

13.4.1.1　母版概述

母版，不是模板。母版是一组设置，目的是为方便、全局地修改演示文稿中所有幻灯片或多张幻灯片。在母版中更改了字体、颜色、背景等，多张幻灯片都将同时相应改变；如在母版中添加了内容或图形，多张幻灯片也都将同时被添加内容或图形；这免去了逐一手工设置每张幻灯片的麻烦，更能统一演示文稿中各张幻灯片的外观。

在 PowerPoint 中有 3 种母版类型：幻灯片母版、讲义母版和备注母版。

（1）幻灯片母版是设置所有幻灯片格式和风格的母版。

（2）讲义母版仅用于讲义打印，它规定的是讲义打印时的格式。

（3）备注母版规定以备注页视图显示幻灯片或打印备注页时的格式。

通常说的母版是指幻灯片母版，也是应用最多的母版。下面重点介绍幻灯片母版。

13.4.1.2　母版视图

新建或打开演示文稿时，PowerPoint 默认进入的是幻灯片编辑视图；此时所有的操作都是针对幻灯片的，而不是作用于母版上。要查看或更改母版，须首先进入母版视图。

在"视图"选项卡"母版视图"组中单击"幻灯片母版""讲义母版"或"备注母版"按钮，即可进入相应的母版视图，可修改相应母版。这里重点讨论幻灯片母版，单击"幻灯片母版"按钮后进入的幻灯片母版视图如图 13-27 所示。

13.4.1.3　母版和版式

如图 13-27 所示，在幻灯片母版视图中，左侧缩略图中的"大幻灯片"就是母版，它下面包含的多个"小幻灯片"是与此母版相关联的版式（为便于读者理解，以下称母版为

"大幻灯片"，称版式为"小幻灯片"）。单击选中一个缩略图即可在右侧编辑区修改，注意它们都不是真正的幻灯片，而是幻灯片模型，是基于此修改具体幻灯片用的。

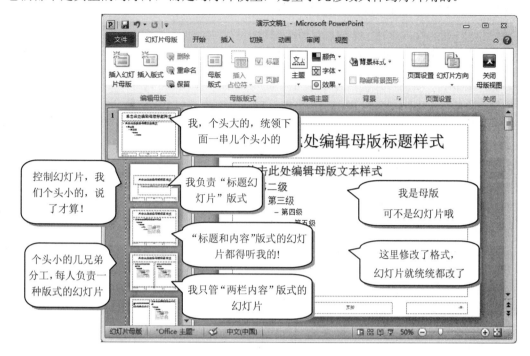

图 13-27　幻灯片母版视图

幻灯片母版、版式和具体的幻灯片之间是什么关系呢？

每个人使用的手机品牌不同，如果把手机看成是一张张具体的幻灯片，那么手机的品牌就相当于幻灯片的版式。大家知道，在新建幻灯片时都要选择幻灯片版式，对已有幻灯片也可通过单击"版式"按钮更改版式。就像手机都有品牌，幻灯片必须都有版式。

不同品牌的手机厂商都有自己的手机生产规范，体现自己品牌的特点，这些生产规范就相当于母版中的那些"小幻灯片"。自己厂商的生产规范，只控制自己品牌的手机；同样，每个"小幻灯片"也都只控制对应版式的具体幻灯片。例如，图 13-27 中的第 2 张"小幻灯片"是"标题和内容"版式，它只控制属于"标题和内容"版式的具体幻灯片。在这张"小幻灯片"上做任何修改，所有"标题和内容"版式的具体幻灯片都被统统修改。然而，其他版式（如"两栏内容"版式）的具体幻灯片不会受影响，那些幻灯片将由对应的其他"小幻灯片"控制。

既然起决定作用的是"小幻灯片"，那么母版视图中的"大幻灯片"又起什么作用呢？它是统领下面那些"小幻灯片"的，即这些版式都隶属于这样一个母版。对手机的生产还有通行的国际标准，这相当于"大幻灯片"。不同品牌的手机都要在遵循国际标准的基础上，再发挥自己的特点。如果修改了国际标准，各个品牌厂商的生产规范一般也要跟随修改。然而，国际标准并不直接生产手机，具体手机是什么样，还是各自品牌的厂商说了算。也就是说，如果修改了"大幻灯片"，下面那些"小幻灯片"一般都会对应修改；然而，各自的"小幻灯片"还可单独修改，后者将只影响属于对应版式的那一部分幻灯片，其他版式的幻灯片不受影响。

13.4.2　通过母版批量修改幻灯片

13.4.2.1　通过母版批量修改幻灯片的格式

可以像修改普通幻灯片一样修改幻灯片母版（包括"大幻灯片"和"小幻灯片"），但要注意母版上的文本只用于样例，修改母版是修改框架模型，不要删除母版中的样例文字，也不要在母版中输入具体的幻灯片内容。具体内容应该在普通视图的幻灯片上进行编辑。

母版中一般都包含若干占位符区域，如标题区、副标题区、对象区、日期区、页脚区、数字区等。这些占位符的位置、大小和格式，将决定具体幻灯片中对应内容的位置、大小和格式。当修改了这些占位符的位置、大小和格式，如改变了其中文字的字体、颜色等，则具体幻灯片上的内容都将随之改变。

例如，现希望修改"素材 13-9 幻灯片母版.pptx"中所有幻灯片的标题字体和内容字体格式，如逐一修改每张幻灯片，将非常烦琐。现通过母版统一修改。

单击"视图"选项卡"母版视图"组的"幻灯片母版"按钮，进入母版视图。如图 13-28（a）所示，在母版视图的左侧缩略图中选中母版（即第 1 张"大幻灯片"）。在右侧编辑区设置标题文字格式：选中标题占位文字"单击此处编辑母版标题样式"（不要修改或删除占位文字，直接用它代替具体文字设置格式），在"开始"选项卡"字体"组中设置字体为"微软雅黑"、加粗；在"绘图工具|格式"选项卡"艺术字样式"组中选择"填充-白色，轮廓-强调文字颜色 1"的艺术字样式，再选择"蓝色，强调文字颜色 1"的文本轮廓。设置内容文字格式：选中内容占位符中的所有各级文本，设置字体为"方正姚体"，颜色为"蓝色，强调文字颜色 1"。这时，该母版下的各"小幻灯片"的字体均已对应修改，达到目的（目的是修改"小幻灯片"）。

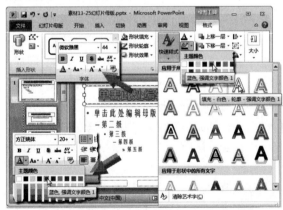

（a）在母版中设置标题和正文的文字格式　　　　（b）关闭母版视图可见幻灯片均已被修改

图 13-28　通过幻灯片母版批量修改幻灯片文字格式（ 素材 13-9 幻灯片母版.pptx）

单击"幻灯片母版"选项卡"关闭"组的"关闭母版视图"按钮，退回到普通视图，可见各幻灯片的标题和内容文字格式均已改变，如图 13-28（b）所示。

如果在设置母版并关闭母版视图后，幻灯片的格式并未跟随自动改变，则应右击幻灯片，从快捷菜单中选择"重设幻灯片"命令（或单击"开始"选项卡"幻灯片"组的"重设"按钮），使幻灯片按母版重新设置。

13.4.2.2　通过母版修改特定版式的幻灯片

修改母版中的"小幻灯片"才是最终目的，以上是通过修改"大幻灯片"连带修改了所有"小幻灯片"。当然，也可以直接修改某一个"小幻灯片"，这时其他"小幻灯片"不受影响。

再次单击"幻灯片母版"按钮，进入母版视图，在母版视图的左侧缩略图窗格中选中"标题幻灯片"版式（即名称为"标题幻灯片 版式"的"小幻灯片"；将鼠标指向缩略图可弹出名称提示和"由 XX 幻灯片使用"的使用提示）。单击"幻灯片母版"选项卡"背景"组的"背景样式"按钮，从下拉列表中选择"设置背景格式"命令。在弹出的"设置背景格式"对话框左侧选择"填充"，右侧选择"图片或纹理填充"。再单击"文件"按钮，从"浏览文件"对话框中选择"图片 1.png"，单击"插入"按钮。返回到"设置背景格式"对话框后，单击"关闭"按钮关闭对话框。

这时只修改了"标题幻灯片版式"这一张"小幻灯片"，其他"小幻灯片"不受影响，如图 13-29 所示。这样，演示文稿中的所有版式属于"标题幻灯片"的幻灯片都会被添加相同的背景。单击"关闭母版视图"按钮退回到普通视图，可见只有第 1 张幻灯片已被添加了图片背景，其他幻灯片没有改变。这是因为在目前的演示文稿中只有第 1 张幻灯片属于"标题幻灯片"版式。

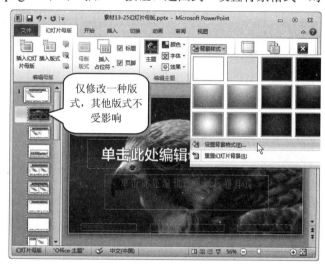

图 13-29　修改标题幻灯片的母版版式

（📁素材 13-9 幻灯片母版.pptx）

那么，在幻灯片普通视图中直接为第 1 张幻灯片添加背景不是很好吗？那样的话只能修改一张幻灯片，而不是一类幻灯片。通过母版修改了属于"标题幻灯片"版式的这一类幻灯片。例如，此时如再新建幻灯片为"标题幻灯片"版式，或者更改已有幻灯片为"标题幻灯片"版式，都将自动具有图片背景；而直接为具体幻灯片添加背景是达不到此效果的。

【真题链接 13-26】李老师希望制作一个关于"天河二号"超级计算机的演示文档，用于拓展学生课堂知识。请打开 PPT.pptx，帮助李老师完成以下任务：幻灯片必须选择一种设计主题，要求字体和色彩合理、美观大方。所有幻灯片中除了标题和副标题，其他文字的字体均设置为"微软雅黑"。

【解题图示】（完整解题步骤详见随书素材）

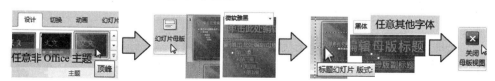

13.4.2.3　通过母版为所有幻灯片添加内容

通过母版不仅能修改幻灯片格式，还能在幻灯片中添加内容。例如，若希望在每张幻灯片的固定位置上都有一张图片（如公司的徽标）、一些固定的文字、一个图形等，只要在母版中插入这样的内容，所有幻灯片中都将自动具有。

例如，现要在"素材 13-10 幻灯片母版-添加水印.pptx"中的每张幻灯片上都添加利用艺术字制作的水印效果。单击"幻灯片母版"按钮，进入母版视图。目标是要将所有"小幻灯片"都添加水印，逐个设置"小幻灯片"虽然可行，但比较烦琐，还是先在"大幻灯片"中设置，争取通过设置"大幻灯片"让所有"小幻灯片"能自动完成设置。如果有个别"小幻灯片"仍未完成的，再个别修补。

如图 13-30 所示，在左侧窗格选择"大幻灯片"（母版），单击"插入"选项卡"文本"组的"艺术字"按钮，从下拉列表中选择一种样式，

图 13-30　通过母版为幻灯片添加水印文字
（📁素材 13-10 幻灯片母版-添加水印.pptx）

如"填充-无，轮廓-强调文字颜色 2"，然后在艺术字中输入"新世界数码"。按照题目要求，应将文字旋转一定的角度，拖动艺术字文本框上的绿色控点，适当旋转一种角度（使角度非 0° 即可）。为了不使艺术字遮挡正文文字，右击艺术字文本框的边框，从快捷菜单中选择"置于底层"中的"置于底层"。

然后在左侧缩略图窗格中依次选择每个"小幻灯片"（各版式），检查每个"小幻灯片"中是否都已被添加了艺术字。如有个别尚未添加的，在那张"小幻灯片"中也添加同样的艺术字（从"大幻灯片"中复制刚刚创建好的艺术字，然后在"小幻灯片"中粘贴，再设置"置于底层"即可），确保所有"小幻灯片"中都有艺术字。

单击"幻灯片母版"选项卡"关闭"组的"关闭母版视图"按钮，即在所有幻灯片中都添加了艺术字。这时幻灯片中的艺术字是"看得见，摸不着"的，无法在幻灯片中编辑修改，因为它们是在母版中添加的。要对艺术字编辑修改，必须进入母版视图中操作。

注意，PowerPoint 中没有直接插入水印的功能。要制作水印，必须通过文本框或艺术字输入文字，并将文本框或艺术字置于底层。可在每张幻灯片中插入文本框或艺术字，但在母版中插入更为方便。

疑难解答

【真题链接 13-27】若需在 PowerPoint 演示文稿的每张幻灯片中添加包含单位名称的水印效果，最优的操作方法是（　　　）。

A. 制作一个带单位名称的水印背景图片，然后将其设置为幻灯片背景

B. 添加包含单位名称的文本框，并置于每张幻灯片的底层

C. 在幻灯片母版的特定位置放置包含单位名称的文本框

D. 利用 PowerPoint 插入"水印"功能实现

【答案】C

【真题链接 13-28】李老师用 PowerPoint 制作课件，她希望将学校的徽标图片放在除标题页之外的所有幻灯片右下角，并为其指定一个动画效果，最优的操作方法是（　　）。

A. 先在一张幻灯片上插入徽标图片，并设置动画，然后将该徽标图片复制到其他幻灯片上

B. 分别在每一张幻灯片上插入徽标图片，并分别设置动画

C. 先制作一张幻灯片并插入徽标图片，为其设置动画，然后多次复制该张幻灯片

D. 在幻灯片母版中插入徽标图片，并为其设置动画

【答案】D

【真题链接 13-29】某注册会计师协会培训部的魏老师正在准备有关审计业务档案管理的培训课件，她的助手已整理了 PPT.pptx。请帮助魏老师在每张幻灯片的左上角添加协会的标志图片 Logo1.png，设置其位于最底层，以免遮挡标题文字。

【解题图示】（完整解题步骤详见随书素材）

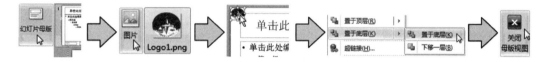

【真题链接 13-30】在科技馆工作的小文需要制作一份介绍诺贝尔奖的 PowerPoint 演示文稿，以便为科普活动中的参观者进行讲解。参考样例文件"幻灯片 5.png"中的完成效果，在第 5 张幻灯片中完成下列操作。

（1）为左下方的图片添加图片边框，并设置图片边框颜色与幻灯片边框颜色相同。

（2）为右下方的图表添加图表区边框，并设置边框颜色与幻灯片边框颜色相同。

【解题图示】（完整解题步骤详见随书素材）

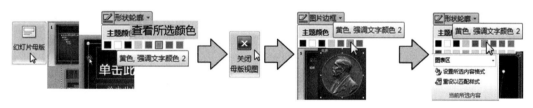

【真题链接 13-31】在科技馆工作的小文需要制作一份介绍诺贝尔奖的 PowerPoint 演示文稿，以便为科普活动中的参观者进行讲解。为演示文稿添加幻灯片编号，并设置在标题幻灯片中不显示；编号位置位于每张幻灯片底部正中。

【解题图示】（完整解题步骤详见随书素材）

在"大幻灯片"（母版）中插入图形或艺术字，它下面的"小幻灯片"（版式）一般都会被添加同样的图形或艺术字。如果希望在个别"小幻灯片"中不需要这个图形或艺术字，该如何做呢？因为图形或艺术字是在"大幻灯片"中插入的，只能在"大幻灯片"中编辑；在"小幻灯片"中是不能修改，也不能直接选中和删除的。在"大幻灯片"中插入的图形和艺术字，实际是作为"小幻灯片"的背景图形。如果不需要，可以右击"小幻灯片"，从

快捷菜单中选择"设置背景格式"，在"设置背景格式"对话框的"填充"选项卡中，选中"隐藏背景图形"（参见图 13-19）。这样，这个"小幻灯片"就被独立出来，它不再受在"大幻灯片"中插入的图形和艺术字的影响，可以自由安排自己的图形了。

在上例中，部分"小幻灯片"没有随着"大幻灯片"被添加"新世界数码"的艺术字，原因就是这些"小幻灯片"被事先设置了"隐藏背景图形"。那么，上例在为没有被添加艺术字的"小幻灯片"进行个别修补时，能否不为每张"小幻灯片"重新添加或粘贴艺术字，而是设置它们取消"隐藏背景图形"呢？取消"隐藏背景图形"对显示艺术字来说也能达到目的，然而后者的方法是不好的，因为这样做虽然艺术字可以显示出来，但是"大幻灯片"中的其他一些形状元素也会同时显示出来，而"小幻灯片"中并不希望出现这些形状元素。

在介绍幻灯片背景时，曾提到在普通视图中设置具体幻灯片的背景时选中"隐藏背景图形"，来屏蔽母版中的图形。在"母版（大幻灯片）→版式（小幻灯片）→具体幻灯片"这样的分层控制中，"隐藏背景图形"实际有两个层次的用途：在母版视图的"小幻灯片"上"隐藏背景图形"是屏蔽"大幻灯片"中的图形，在普通视图的具体幻灯片上"隐藏背景图形"是屏蔽母版（包括母版中的"大、小幻灯片"）中的图形。

【真题链接 13-32】小郑通过 PowerPoint 2010 制作公司宣传片时，在幻灯片母版中添加了公司徽标图片。现在他希望放映时暂不显示该徽标图片，最优的操作方法是（   ）。
A. 选中全部幻灯片，设置隐藏背景图形功能后再放映
B. 在幻灯片母版中插入一个以白色填充的图形框遮盖该图片
C. 在幻灯片母版中调整该图片的颜色、亮度、对比度等参数，直到其变为白色
D. 在幻灯片母版中通过"格式"选项卡上的"删除背景"功能删除该徽标图片，放映过后再加上

【答案】A

【解析】选中全部幻灯片，在设置背景格式中选中"隐藏背景图形"最简洁。需要图形时再取消选中。"删除背景"是删除图片背景中的杂乱细节，以使图片内容的主题突出，与本问题无关。

13.4.3　修改母版

13.4.3.1　重命名母版和版式

为母版（"大幻灯片"）和版式（"小幻灯片"）都可以重新命名。母版的名称默认为"Office 主题"，版式的名称默认为"标题幻灯片""标题和内容""两栏内容"等。要重命名，选中母版（"大幻灯片"）或版式（"小幻灯片"），单击"幻灯片母版"选项卡"编辑母版"组的"重命名"按钮，或右击，从快捷菜单中选择"重命名母版"或"重命名版式"。

例如，为"素材 13-9 幻灯片母版.pptx"中的母版重命名，如图 13-31 所示，在母版视图的左侧缩略图窗格中选中母版（即第 1 张"大幻灯

图 13-31　为母版重命名
（📁 素材 13-9 幻灯片母版.pptx）

片"），然后单击"重命名"按钮，在打开的对话框中删除"**Office 主题**"文字，输入新名称"世界动物日"，单击"重命名"按钮（注意，不能在选中一张"小幻灯片"的情况下重命名，否则重命名的将是版式，而不是母版）。

> 对母版重命名时，在弹出的对话框中提示的是"重命名版式"和"版式名称"，而实际应称"重命名母版"和"母版名称"（对版式重命名时才叫"重命名版式"和"版式名称"），这可能是 PowerPoint 对话框的一个错误，使用时要注意。

13.4.3.2 新建和删除版式

默认情况下，母版下包含 11 种内置的标准幻灯片版式（一个"大幻灯片"下包含 11 个"小幻灯片"）。如果系统预设的版式（"小幻灯片"）不能满足需要，还可新建自己的版式。

如图 13-32 所示，在母版视图中单击"幻灯片母版"选项卡"编辑母版"组的"插入版式"按钮，则新建了一种版式（新建了一个"小幻灯片"）。选中此版式，单击"重命名"按钮，为它重命名为"世界动物日 1"，如图 13-32 所示。

图 13-32　在母版中新建版式（▢素材 13-9 幻灯片母版.pptx）

然后安排新版式中的内容元素和布局。单击"插入"选项卡"图像"组的"图片"按钮，插入"图片 2.png"，单击"图片工具|格式"选项卡"对齐"按钮中的"左对齐"，使图片与幻灯片左侧边缘对齐。

新版式中已经拥有了一个标题占位符，可对它做进一步的调整。选中标题占位符，在"绘图工具|格式"选项卡"大小"组中设置宽度为 17.6 厘米，再将它拖动到图片右侧，以免被图片遮挡。

还可以在新版式中插入新占位符，单击"幻灯片母版"选项卡"插入占位符"按钮的向下箭头，从下拉菜单中选择"内容"。然后拖动鼠标，在标题占位符的下方绘制一个内容占位符。在"绘图工具|格式"选项卡"大小"组中设置其高度、宽度分别为 9.5 厘米、17.6 厘米。选中所插入的内容占位符，然后按住 Shift 键的同时单击标题占位符的边框，同时选中标题占位符，在"绘图工具|格式"选项卡"排列"组中单击"对齐"按钮，从下拉菜单中选择"左对齐"，使内容占位符与标题占位符左对齐，则"世界动物日 1"版式就创建好了。

接下来再创建"世界动物日 2"版式，其基本布局与"世界动物日 1"类似，可通过复制版式创建。在左侧缩略图窗格中右击"世界动物日 1"版式，从快捷菜单中选择"复制版式"，则复制出一个版式，为新版式重命名为"世界动物日 2"，如图 13-33 所示。

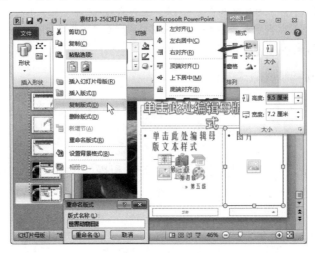

图 13-33　通过复制版式新建版式（📁素材 13-9 幻灯片母版.pptx）

在"绘图工具|格式"选项卡"大小"组中，设置该版式中的内容占位符宽度为 10 厘米。再插入一个图片占位符，单击"插入占位符"按钮，从下拉菜单中选择"图片"，在内容占位符右侧绘制一个图片占位符，并调整它的高度和宽度分别为 9.5 厘米、7.2 厘米。

同时选中两个占位符，采用同样的方法通过"对齐"按钮的下拉菜单使图片占位符和内容占位符顶端对齐，标题占位符和内容占位符左对齐、和图片占位符右对齐。

现在创建了"世界动物日 1"和"世界动物日 2"两个新版式，可以在幻灯片中使用了。单击"幻灯片母版"选项卡"关闭"组的"关闭母版视图"按钮，退回到普通视图。按照通常改变幻灯片版式的方法，单击"开始"选项卡中的"版式"按钮，将第 1 张幻灯片的版式设为"标题幻灯片"，将第 2、4～7 张幻灯片的版式设为"世界动物日 1"，将第 3 张幻灯片的版式设为"世界动物日 2"，如图 13-34 所示。

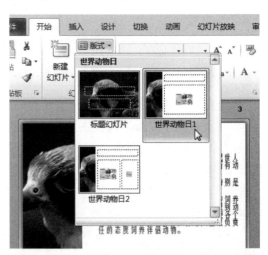

图 13-34　设置幻灯片版式为新版式（📁素材 13-9 幻灯片母版.pptx）

在母版中，不需要的版式可以删除，但删除版式前要确认所有幻灯片都没有使用这个版式，正在使用的版式是不能被删除的。在本例中，只需要两个新建的版式和"标题幻灯片"版式，可以将其他版式都删除。进入母版视图，在母版视图的左侧缩略图窗格中选中除这 3 个版式外的其他"小幻灯片"（可按住 Shift 键连续选择多个），右击，从快捷菜单中选择"删除版式"，最终只保留这 3 个"小幻灯片"。

13.4.3.3 新建和删除母版

在一个演示文稿中至少包含一个幻灯片母版。图 13-27 的演示文稿就是只包含一个母版的例子（只有一个"大幻灯片"）。实际上，一个演示文稿可以同时包含多个幻灯片母版（多个"大幻灯片"），每个母版下又可包含多个版式。

属同一母版下的各版式都使用相同的主题（颜色、字体和效果），不同母版可使用不同的主题。实际上，在演示文稿中应用了某个主题（在"设计"选项卡"主题"组中选择主题），就是应用了那个主题对应的母版（连同它下面的一组版式）。新建演示文稿时，默认使用的是"Office 主题"的母版（背景色为白色、默认字体、无任何装饰的图形图片）。当在同一演示文稿中应用了多种主题时，即在同一演示文稿中同时存在了多个母版。

也可自行新建母版。要新建母版，单击"幻灯片母版"选项卡"编辑母版"组的"插入幻灯片母版"按钮，则在左侧缩略图中会再插入一个"大幻灯片"，并添加若干张它下面的"小幻灯片"。这个"大幻灯片"就是新母版，它下面的一串儿"小幻灯片"就是新母版下的若干版式。对新母版的各种操作，如重命名、增删版式、添加占位符等，与对单一母版的操作相同。

例如，新建演示文稿后，进入母版视图，在原有的"Office 主题"母版的基础上又新建了一个母版。为新母版命名为"环境保护"。在新母版中设置了字体效果，并设置了"标题幻灯片"版式的背景为图片背景，其他版式的背景为渐变填充的"雨后初晴"。创建新母版后的演示文稿为素材"素材 13-11 幻灯片母版-新建母版.pptx"。母版视图的缩略图如图 13-35（a）所示，包含两个"大幻灯片"，下面分别有一串"小幻灯片"。

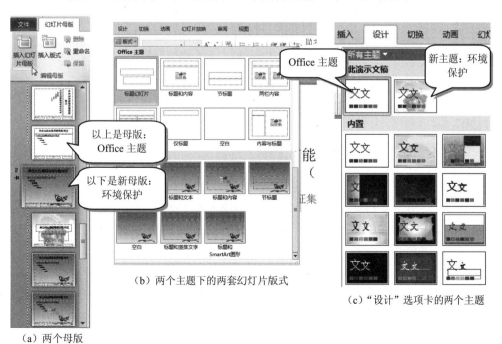

（a）两个母版

（b）两个主题下的两套幻灯片版式

（c）"设计"选项卡的两个主题

图 13-35   新建母版"环境保护"后存在 2 个母版的演示文稿（📁素材 13-11 幻灯片母版-新建母版.pptx）

　　关闭母版视图，退回到幻灯片普通视图，可见"开始"选项卡"版式"按钮的下拉菜单中分别列出了两个主题下的版式，如图 13-35（b）所示。两个不同母版可有同名版式（如都有"标题和内容"版式），但它们的格式不同，在母版中它们是分属两家"大幻灯片"下的两张不同的"小幻灯片"。具体的每张幻灯片都要指定是属于哪个母版下的哪个版式，并受母版中对应的"小幻灯片"控制。

　　在"设计"选项卡"主题"组中，还出现了"环境保护"的新主题，如图 13-35（c）所示。单击该主题，将所有幻灯片应用为该主题，然后在左侧缩略图窗格中按 Ctrl+A 组合键选中所有幻灯片，右击幻灯片，从快捷菜单中选择"重设幻灯片"命令，使幻灯片按母版重新设置，以保证各幻灯片中的占位符大小、位置和字体格式等与母版一致。

　　当为幻灯片应用了主题后，默认情况下未使用主题的母版将自动从演示文稿中删除（除非在母版视图中单击了"保留"按钮）。例如，本例如果所有幻灯片都没有使用"Office主题"的母版，"Office 主题"的母版将被删除。

　　【真题链接 13-33】团委张老师正在准备有关"中国梦"学习实践活动的汇报演示文稿。按下列要求帮助张老师制作。

　　（1）在考生文件夹下创建一个名为 PPT.pptx 的新演示文稿（.pptx 为文件扩展名），后续操作均基于此文件，否则不得分。

　　（2）将默认的"Office 主题"幻灯片母版重命名为"中国梦母版 1"，并将图片"母版背景图片1.jpg"作为其背景。为第 1 张幻灯片应用"中国梦母版 1"的"空白"版式。

　　（3）插入一个新的幻灯片母版，重命名为"中国梦母版 2"，其背景图片为素材文件"母版背景图片 2.jpg"，将图片平铺为纹理。为演示文稿新建幻灯片，演示文稿共包含 8 页幻灯片，为从第 2 页开始的幻灯片应用该母版中的任意版式。

　　【解题图示】（完整解题步骤详见随书素材）

13.5　幻灯片分节

　　如果有一个包含很多幻灯片的演示文稿，在浏览幻灯片时是否由于无法确定幻灯片在整体内容中的位置而感到束手无策呢？不然！在 PowerPoint 2010 中，可以使用"节"的功能组织幻灯片，并可为节命名；就像用文件夹组织文件一样。

　　在"普通"视图或"幻灯片浏览"视图中，在要新增节的两个幻灯片之间右击，从快捷菜单中选择"新增节"命令，如图 13-36 所示，则在此位置划分新节，上一节名称为"默认节"，下一节名称为"无标题节"。要修改节名称，可右击节标题，从快捷菜单中选择"重命名节"，如图 13-37 所示，在弹出的对话框中输入新名称，如将第 2 节"无标题节"重命名为"内容"。采用同样的方法可再将第 1 节"默认节"重命名为"议程"。

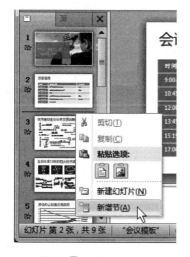　　

图 13-36　新增节(▢素材 13-12 幻灯片分节.pptx)　　图 13-37　重命名节(▢素材 13-12 幻灯片分节.pptx)

　　分节操作也可通过功能区的按钮进行。本例中，再将最后一张幻灯片单独分为一节。选中最后一张幻灯片，单击"开始"选项卡"幻灯片"组的"节"按钮，从下拉菜单中选择"新增节"命令，将最后一张幻灯片划分为一节，然后再次单击"节"按钮，从下拉菜单中选择"重命名节"，为这一节命名为"结束"。

　　分节后，单击节名称的标签，可同时选中本节内的所有幻灯片。单击节名称左侧的三角图标，可展开或折叠显示本节中的所有幻灯片。

　　还可向上或向下移动节，或者删除节：右击节，从快捷菜单中选择相应的命令就可以了。

　　【真题链接 13-34】在 PowerPoint 演示文稿中通过分节组织幻灯片，如果要选中某一节内的所有幻灯片，最优的操作方法是(　　　)。

　　A. 按 Ctrl+A 组合键

　　B. 选中该节的一张幻灯片，然后按住 Ctrl 键，逐个选中该节的其他幻灯片

　　C. 选中该节的第一张幻灯片，然后按住 Shift 键，单击该节的最后一张幻灯片

　　D. 单击节标题

【答案】D

　　【真题链接 13-35】小刘正在整理公司各产品线介绍的 PowerPoint 演示文稿，因幻灯片内容较多，不易于对各产品线演示内容进行管理，快速分类和管理幻灯片的最优操作方法是(　　　)。

　　A. 将演示文稿拆分成多个文档，按每个产品线生成一份独立的演示文稿

　　B. 为不同的产品线幻灯片分别指定不同的设计主题，以便浏览

　　C. 利用自定义幻灯片放映功能，将每个产品线定义为独立的放映单元

　　D. 利用节功能，将不同的产品线幻灯片分别定义为独立节

【答案】D

　　【真题链接 13-36】某会计网校的刘老师正在准备有关《小企业会计准则》的培训课件，她的助手已搜集并整理了一份该准则的相关资料。请帮助刘老师将演示文稿按下列要求分为 5 节，并为每节应用不同的设计主题。

节名	包含的幻灯片
小企业准则简介	1～3
准则的颁布意义	4～8
准则的制定过程	9
准则的主要内容	10～18
准则的贯彻实施	19～20

【解题图示】（完整解题步骤详见随书素材）

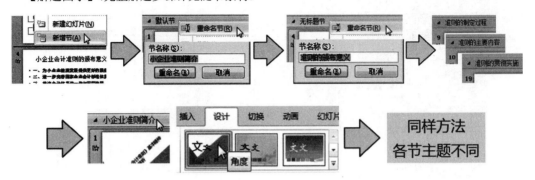

第 14 章　炫技炫耀，各领风骚——在 PowerPoint 幻灯片中使用对象

创建设计师水平的幻灯片很困难么？不！在 PowerPoint 中，只要轻击几下鼠标，就可以在幻灯片中插入图片、形状、艺术字、SmartArt 图形、表格、图表等，并应用预设效果轻松达到专业水准，甚至还可以插入伴奏配音、表现视频……使你的演示文稿美观有趣、醒目张扬、生动活泼、有声有色。

14.1　无图无真相——使用图片

14.1.1　插入图片

选中幻灯片，单击"插入"选项卡"图像"组的"图片"按钮，在弹出的浏览文件对话框中选择图片文件，单击"插入"按钮即可将图片插入到幻灯片中，如图 14-1（a）所示。

　　　（a）通过功能区按钮插入图片　　　　　　　　　　（b）通过占位符插入图片

图 14-1　插入图片（📁素材 14-1 插入图片.pptx）

在很多版式的幻灯片中还提供有占位符，例如，图 14-1（b）所示为一张"两栏内容"版式的幻灯片，在"单击此处添加文本"的占位符中，除可输入文本外，还可单击一些图标，分别插入表格、图表、SmartArt 图形、图片、剪贴画、视频等。单击其中的"插入来自文件的图片"图标，也将打开"浏览文件"对话框插入文件中的图片。读者可练习在

素材 14-1 的第 4 张幻灯片中，通过单击占位符图标插入 "图片 2.png" 图片。

除插入文件中的图片外，还可通过 "复制+粘贴" 的方法将位于其他文档（如 Word 文档）中的图片直接粘贴到幻灯片中。另外，如果缺少合适的图片素材，还可以到 Office 剪贴画中找。在 "插入" 选项卡 "图像" 组中单击 "剪贴画" 按钮，打开 "剪贴画" 任务窗格，单击 "搜索" 按钮（如不输入任何内容直接单击 "搜索" 按钮，将搜索出所有剪贴画），然后在下方搜索出的剪贴画中单击所需剪贴画，即可将它插入到幻灯片中。

14.1.2　设置图片格式

在 PowerPoint 中，对图片的很多操作与在 Word 文档中是类似的，例如，直接拖动图片本身可调整图片位置、拖动图片四周的控点可调整图片大小、拖动上方绿色控点可旋转图片。单击 "图片工具|格式" 选项卡 "大小" 组右下角的对话框启动器，打开 "设置图片格式" 对话框，对图片的大小和位置及旋转角度等可做精确调整。如图 14-2 所示，在对话框的 "大小" 选项卡中，如选中了 "锁定纵横比"，则在更改图片高度的同时宽度会自动变化，以适应纵横比例；在更改宽度的同时高度也会自动变化，以适应纵横比例。要分别设置高度和宽度，应先取消选中 "锁定纵横比"，然后再分别设置。

图 14-2　"设置图片格式" 对话框

【真题链接 14-1】在 PowerPoint 中，旋转图片的最快捷方法是（　　）。

　A. 拖动图片四个角的任一控制点　　B. 设置图片格式
　C. 拖动图片上方的绿色控制点　　D. 设置图片效果

【答案】C

【真题链接 14-2】某会计网校的刘老师正在准备有关《小企业会计准则》的培训课件，她的助手已搜集并整理了一份该准则的相关资料。请将第 1 张幻灯片的版式设为 "标题幻灯片"，在该幻灯片的右下角插入任意一幅剪贴画。将素材文档第 16 页中的图片插入到对应幻灯片中，并适当调整图片大小。

【解题图示】（完整解题步骤详见随书素材）

与在 Word 文档中的操作相同，选中图片，在 "图片工具|格式" 选项卡中可设置图片的各种样式和效果，美化图片。例如，如图 14-3 所示，对在第 1 张幻灯片中插入的图片设置 "柔化边缘矩形" 效果，然后进一步设置柔化边缘：单击 "图片效果" 按钮，从下拉菜单中选择 "柔化边缘" 中的 "50 磅"。读者可在此素材文件中继续练习，对在第 4 张幻灯

片中插入的"图片 2.png"应用"圆形对角,白色"的图片样式。

选中图片，在"图片工具|格式"选项卡"排列"组，通过"对齐"按钮下拉菜单中的命令可控制图片在幻灯片中的水平和垂直对齐方式，如水平居中对齐、垂直顶端对齐等。例如，如图 14-4 所示，选中图片后，选中"对齐"按钮菜单中的"对齐幻灯片"，然后分别再单击菜单中的"右对齐"和"底端对齐"，将图片对齐幻灯片的右侧和下部边缘。

图 14-4 的图片背景为白色，可令其透明。在"图片工具|格式"选项卡"调整"组中单击"颜色"按钮，从下拉列表中选择"设置透明色"。当鼠标指针变为 ✎ 形时，在图片四周的任意白色部分单击，即设置了图片的所有白色部分为透明。右击图片，从快捷菜单中选择"置于底层"中的"置于底层"命令，这样图片就不会遮挡其他内容。

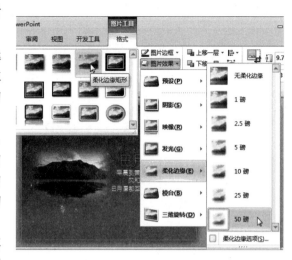

图 14-3　设置图片样式（📁素材 14-1 插入图片.pptx）

【真题链接 14-3】针对 PowerPoint 幻灯片中图片对象的操作，描述错误的是（　　）。

A. 可以在 PowerPoint 中直接删除图片对象的背景

B. 可以在 PowerPoint 中直接将彩色图片转换为黑白图片

C. 可以在 PowerPoint 中直接将图片转换为铅笔素描效果

D. 可以在 PowerPoint 中将图片另存为.PSD 文件格式

【答案】D

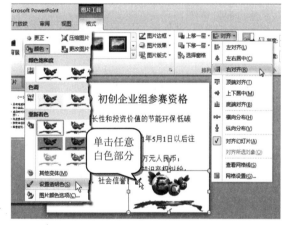

图 14-4　图片对齐幻灯片和设置透明色
（📁素材 14-2 设置图片格式.pptx）

【真题链接 14-4】小吕在利用 PowerPoint 2010 制作旅游风景简介演示文稿时插入了大量的图片，为了减小文档体积，以便通过邮件方式发送给客户浏览，需要压缩文稿中图片的大小，最优的操作方法是（　　）。

A. 在 PowerPoint 中通过调整缩放比例、剪裁图片等操作减小每张图片的大小

B. 直接利用压缩软件压缩演示文稿的大小

C. 先在图形图像处理软件中调整每个图片的大小，再重新替换到演示文稿中

D. 直接通过 PowerPoint 提供的"压缩图片"功能压缩演示文稿中图片的大小

【答案】D

【解析】通过"图片工具|格式"选项卡"调整"组的"压缩图片"功能即可实现。而调整缩放比例、剪裁图片等操作并不能减少文件大小，因为剪裁图片后剪裁掉的部分图片的信息并未被删除，其仍保存在文档中，剪裁掉的部分还可以恢复。

【真题链接 14-5】第十二届全国人民代表大会第三次会议政府工作报告中看点众多，精彩纷呈。为了更好地宣传大会精神，新闻编辑小王需制作一个演示文稿，请打开本题文件夹下的 PPT.pptx,

并根据文件夹下的相关图片文件对演示文稿进行加工，具体要求如下。

（1）"第一节"下的两张幻灯片，展示本题文件夹下 Eco1.jpg～Eco6.jpg 的图片内容，每张幻灯片包含 3 幅图片，图片在锁定纵横比的情况下高度不低于 125px；设置第一张幻灯片中 3 幅图片的样式为"剪裁对角线，白色"，第二张幻灯片中 3 幅图片的样式为"棱台矩形"。

（2）"第二节"下的 3 张幻灯片，其中第一张幻灯片内容为本题文件夹下 Ms1.jpg～Ms6.jpg 的图片，图片大小设置为 100px（高）*150px（宽），样式为"居中矩形阴影"。

（3）"致谢"节下的幻灯片，内容为本题文件夹下的 End.jpg 图片，图片样式为"映像圆角矩形"。

【解题图示】（完整解题步骤详见随书素材）

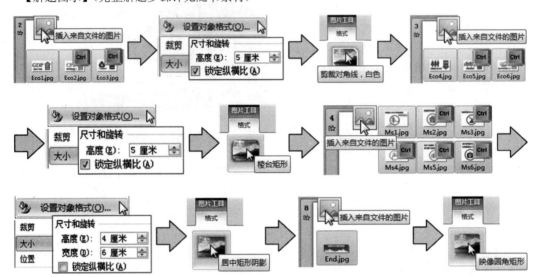

　125px 是什么意思，是多少厘米呢？px 是像素单位，其与厘米之间有一定的比例换算关系，换算比值在不同场合是不一样的。读者可简单地认为，在 PowerPoint 中，25px=1 厘米，即 125px = 125/25 厘米 = 5 厘米。同理，100px = 4 厘米，150px = 6 厘米。

疑难解答

【真题链接 14-6】文小雨加入了学校的旅游社团组织，正在参与组织暑期到台湾日月潭的夏令营活动，现在需要制作一份关于日月潭的演示文稿。根据以下要求，并参考"参考图片.docx"文件中的样例效果制作演示文稿。

（1）在第 5 张幻灯片中插入考生文件夹下的"图片 3.png"和"图片 4.png"，参考样例文件，将它们置于幻灯片中适合的位置；将"图片 4.png"置于底层。

（2）在第 6 张幻灯片的右上角插入考生文件夹下的"图片 5.gif"，并将其到幻灯片上侧边缘的距离设为 0 厘米。

（3）在第 7 张幻灯片中插入考生文件夹下的"图片 6.png""图片 7.png"和"图片 8.png"，参考样例文件为其添加适当的图片效果并进行排列，将它们顶端对齐，图片之间的水平间距相等，左右两张图片到幻灯片两侧边缘的距离相等；在幻灯片右上角插入考生文件夹下的"图片 9.gif"，并将其顺时针旋转 300°。

【解题图示】（完整解题步骤详见随书素材）

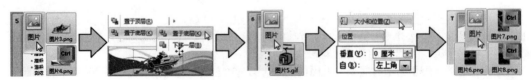

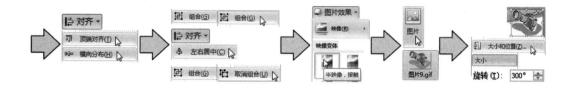

14.1.3　插入相册

如需插入大量图片，可使用相册功能：PowerPoint 会自动将图片分配到每一张幻灯片中。

在"插入"选项卡"图像"组中单击"相册"按钮，从下拉菜单中选择"新建相册"。弹出"相册"对话框，如图 14-5（a）所示。单击"文件/磁盘"按钮，弹出"浏览文件"对话框。在对话框中选择图片（可按住 Shift 键选择连续的多张图片、按住 Ctrl 键选择不连续的多张图片）。例如，这里同时选中 12 张图片，单击"插入"按钮，返回到"相册"对话框。PowerPoint 可以将每张图片单独放在一张幻灯片中，也可以在一张幻灯片中包含多张图片。这里希望在一张幻灯片中包含 4 张图片，在对话框的"图片版式"下拉框中选择"4 张图片"。在"相框形状"中选择一种图片效果，如"居中矩形阴影"。单击"创建"按钮，则自动创建了一个新的演示文稿，其中被创建了包含这些图片的若干张幻灯片，并被创建了标题幻灯片，创建相册后的效果如图 14-5（b）所示。

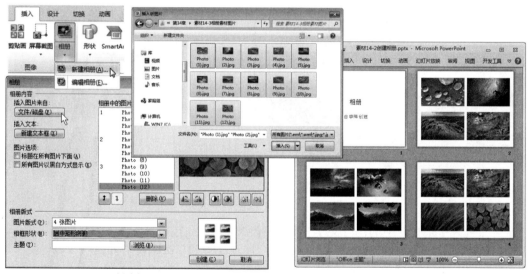

（a）新建相册　　　　　　　　　　　　　（b）创建相册后的效果

图 14-5　创建相册（📁素材 14-3 创建相册.pptx）

【真题链接 14-7】在一次校园活动中拍摄了很多数码照片，现需将这些照片整理到一个 PowerPoint 演示文稿中，快速制作的最优操作方法是（　　）。

A. 创建一个 PowerPoint 相册文件

B. 创建一个 PowerPoint 演示文稿，然后批量插入图片

C. 创建一个 PowerPoint 演示文稿，然后在每页幻灯片中插入图片

D. 在文件夹中选中所有照片，然后右击，直接发送到 PowerPoint 演示文稿中

【答案】A

14.2 Duang! 打造花样文字——使用自选图形和艺术字

在 PowerPoint 中也可绘制自选图形形状，这与在 Word 中是类似的。单击"插入"选项卡"插图"组（或"开始"选项卡"绘图"组）的"形状"按钮，从下拉列表中选择形状并在幻灯片中绘制，绘制形状后也可在形状中添加文字。

例如，如图 14-6 所示，在"素材 14-4 插入自选图形.pptx"的第 5 张幻灯片中绘制了一个椭圆形标注形状。在"绘图工具|格式"选项卡"形状样式"组中单击"形状填充"按钮和"形状轮廓"按钮，为形状设置了无填充颜色、"短划线"的虚线轮廓线，轮廓线颜色为"浅蓝"。右击形状边框，从快捷菜单中选择"编辑文字"，然后在形状中输入文字"开船喽！"（注意，如文字颜色和图形底色相同，暂时看不到文字）。在"开始"选项卡"字体"组中设置文字颜色为标准色的"浅蓝"。适当拖动形状中的黄色控点移动标注指针的位置。

在 PowerPoint 中同样可以插入艺术字，通常在演示文稿的最后一张幻灯片中可以使用艺术字插入"谢谢！"。例如，在图 14-7 所示的最后一张幻灯片中单击"插入"选项卡"文本"组的"艺术字"按钮，从下拉列表中任选一种样式，然后在艺术字中输入"谢谢！"。

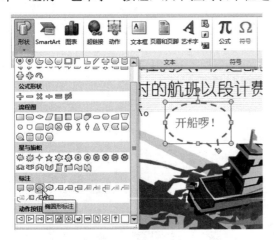

图 14-6　插入标注形状
（📁素材 14-4 插入自选图形.pptx）

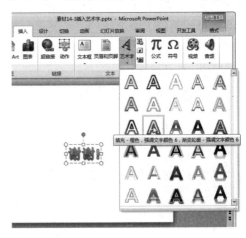

图 14-7　插入艺术字
（📁素材 14-5 插入艺术字.pptx）

如果先选中幻灯片中的已有文本，然后单击"艺术字"按钮，可将文本转换为艺术字。

【真题链接 14-8】小李在课程结业时，需要制作一份介绍第二次世界大战的演示文稿。参考考生文件夹中的"参考图片.docx"文件示例效果，帮助他继续制作。在第 11 张幻灯片文本的下方插入 3 个同样大小的"圆角矩形"形状，并将其设置为顶端对齐及横向均匀分布；在 3 个形状中分别输入文本"成立联合国""民族独立"和"两极阵营"，适当修改字体和颜色。

【解题图示】（完整解题步骤详见随书素材）

【真题链接 14-9】在某公司人力资源部就职的张晓鸣需要制作一份供新员工培训时使用的 PowerPoint 演示文稿。在幻灯片 10 中，参考"完成效果.docx"文件中样例的效果适当调整各形状的位置与大小，将"了解""开始熟悉"和"达到精通"3 个文本框的形状更改为"对角圆角矩形"，但不要改变这些形状原先的样式与效果。

【解题图示】（完整解题步骤详见随书素材）

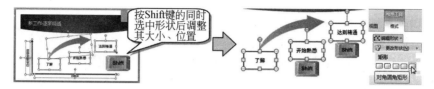

【真题链接 14-10】文小雨加入了学校的旅游社团组织，正在参与组织暑期到台湾日月潭的夏令营活动，现在需要制作一份关于日月潭的演示文稿。在第 8 张幻灯片中，将考生文件夹下的"图片 10.png"设为幻灯片背景，并将幻灯片中的文本应用一种艺术字样式，文本居中对齐，字体为"幼圆"；为文本框添加白色填充色和透明效果。

【解题图示】（完整解题步骤详见随书素材）

【真题链接 14-11】北京市节能环保低碳创业大赛组委会委托李老师制作有关赛事宣传的演示文稿，用于展台自动播放。请帮助李老师将第 3 张幻灯片中的文本转换为字号 60 磅、字符间距加宽至 20 磅的"填充 - 红色，强调文字颜色 2，暖色粗糙棱台"样式的艺术字，文本效果转换为"朝鲜鼓"，且位于幻灯片的正中间。

【解题图示】（完整解题步骤详见随书素材）

【真题链接 14-12】文静是某市场调研机构的工作人员，正在为某次报告会准备关于云计算行业发展的演示文稿。在第 13 张幻灯片中，参考考生文件夹下的"结束页.png"图片，帮助她完成下列任务。

（1）将版式修改为"空白"，并添加"蓝色，强调文字颜色 1，淡色 80%"的背景颜色。

（2）制作与示例图"结束页.png"完全一致的徽标图形，要求徽标为由一个正圆形和一个"太阳形"构成的完整图形，徽标的高度和宽度都为 6 厘米，为其添加恰当的形状样式；将徽标在幻灯片中水平居中对齐，垂直距幻灯片上侧边缘 2.5 厘米。

（3）在徽标下方添加艺术字，内容为 CLOUD SHARE，恰当设置其样式，并将其在幻灯片中水平居中对齐，垂直距幻灯片上侧边缘 9.5 厘米。

【解题图示】（完整解题步骤详见随书素材）

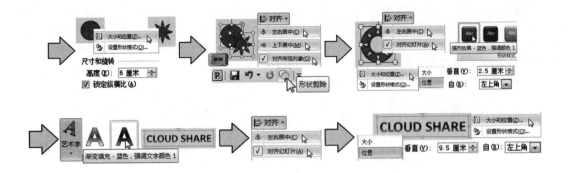

14.3 使用 SmartArt 图形

SmartArt 图形是预先组合并设置好样式的一组文本框、形状、线条等，本书第 6 章曾介绍了在 Word 文档中插入 SmartArt 图形。在幻灯片中更应大量使用 SmartArt 图形，这比使用单纯的文字更能加强图文效果和丰富幻灯片的表现力。

14.3.1 插入 SmartArt 图形

在 PowerPoint 中插入 SmartArt 图形和对 SmartArt 图形的编辑修饰，与在 Word 文档中是类似的。这里仅举例说明。

在"插入"选项卡"插图"组中单击 SmartArt 按钮（在某些具有占位符版式的幻灯片中，也可单击占位符中的"插入 SmartArt 图形"的图标 ），然后在弹出的"选择 SmartArt 图形"对话框中选择一种 SmartArt 图形。例如，如图 14-8 所示，插入了"列表"中的"垂直框列表"的 SmartArt 图形，并通过"SmartArt 工具|设计"选项卡"添加形状"按钮的"在后面添加形状"添加了一个形状。在 4 个形状中依次输入"第一代计算机"～"第四代计算机"。

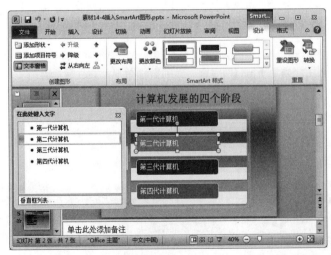

图 14-8　插入 SmartArt 图形（ 素材 14-6 插入 SmartArt 图形.pptx）

与在 Word 中的操作相同，在"开始"选项卡"字体"组中可设置 SmartArt 图形中文字的字体、字号、颜色等，在"SmartArt 工具|设计"选项卡"SmartArt 样式"组中，可更改 SmartArt 图形的颜色和样式。例如，为图 14-8 的 SmartArt 图形选择了"更改颜色"按钮的"彩色，强调文字颜色"。

【真题链接 14-13】小姚在 PowerPoint 中制作了一个包含四层的结构层次类 SmartArt 图形，现在需要将其中一个三级图形改为二级，最优的操作方法是（　　）。

　　A. 选中这个图形，从"SmartArt 工具|设计"选项卡上的"创建图形"组中选择"上移"

　　B. 选中这个图形，从"SmartArt 工具|格式"选项卡上的"排列"组中选择"上移一层"

　　C. 光标定位在"文本窗格"中的对应文本上，然后按 Tab 键

　　D. 选中这个图形，从"SmartArt 工具|设计"选项卡上的"创建图形"组中选择"升级"

【答案】D

【解析】"创建图形"组中的"上移"是在同一层次中调整先后次序；"上移一层"是调整图片的层叠顺序，而不是级别。按 Tab 键可调整级别，但是"降级"，而不是"升级"；要升级，应按 Shift+Tab 组合键。

【真题链接 14-14】某会计网校的刘老师正在准备有关《小企业会计准则》的培训课件，她的助手已搜集并整理了一份该准则的相关资料，并存放在 Word 文档"《小企业会计准则》培训素材.docx"中。请打开 ppt.pptx，帮助刘老师将倒数第二张幻灯片的版式设为"内容与标题"，参考素材文档第 18 页中的样例，在幻灯片右侧的内容框中插入 SmartArt 不定向循环图。

【解题图示】（完整解题步骤详见随书素材）

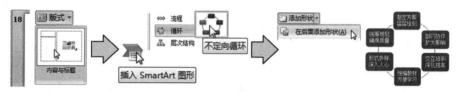

【真题链接 14-15】学生小曾与小张共同制作一份物理课件，小张需要按下列要求完成课件的制作。请在第 3 张幻灯片之后插入一张版式为"仅标题"的幻灯片，输入标题文字"物质的状态"，在标题下方插入一个射线列表式关系图，所需图片在本题文件夹中，关系图中的文字请参考"关系图素材及样例.docx"文件。

【解题图示】（完整解题步骤详见随书素材）

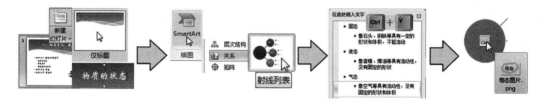

14.3.2　SmartArt 图形的转换

在 PowerPoint 中，可将文本直接转换为 SmartArt 图形。图 14-9（a）已在文本框中输入了若干分级文本。选中这些文本，单击"开始"选项卡"段落"组的"转换为 SmartArt"按钮（或右击，从快捷菜单中选择"转换为 SmartArt"），从下拉列表中选择"其他 SmartArt 图形"命令，同样弹出"选择 SmartArt 图形"对话框。从对话框中选择一种类型，如"列表"中的"水平项目符号列表" ，单击"确定"按钮，文本即被转换为 SmartArt 图形。再为 SmartArt 图形做一些修饰，如在"SmartArt 工具|设计"选项卡"SmartArt 样式"

组中单击"中等效果"，如图 14-9（b）所示。

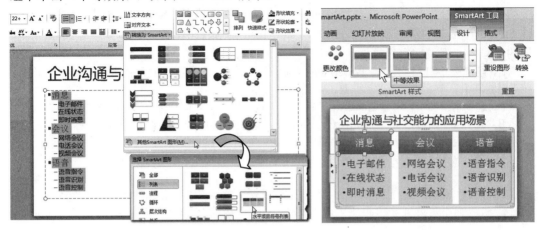

（a）文本转换为 SmartArt 图形　　　　　　（b）转换后并设置样式为中等效果

图 14-9　文本转换为 SmartArt 图形（素材 14-7 文本转换为 SmartArt.pptx）

【真题链接 14-16】张老师正在准备有关儿童孤独症的培训课件，请帮助张老师将第 11 张幻灯片中的文本内容转换为"表层次结构"SmartArt 图形，适当更改其文字方向、颜色和样式；将左侧的红色文本作为该张幻灯片的备注文字。

【解题图示】（完整解题步骤详见随书素材）

【真题链接 14-17】校摄影社团在摄影比赛结束后，希望可以借助 PowerPoint 将优秀作品在社团活动中进行展示。这些优秀的摄影作品保存在本题对应文件夹中，并以 Photo（1）.jpg～Photo（12）.jpg 命名。请你按照如下需求，在 PowerPoint 中完成制作工作。

（1）在标题幻灯片后插入一张新的幻灯片，将该幻灯片设置为"标题和内容"版式。在该幻灯片的标题位置输入"摄影社团优秀作品赏析"，并在该幻灯片的内容文本框中输入 3 行文字，分别为"湖光春色""冰消雪融"和"田园风光"。

（2）将"湖光春色""冰消雪融"和"田园风光"3 行文字转换为样式为"蛇形图片题注列表"的 SmartArt 对象，并将 Photo（1）.jpg、Photo（6）.jpg 和 Photo（9）.jpg 定义为该 SmartArt 对象的显示图片。

【解题图示】（完整解题步骤详见随书素材）

【真题链接 14-18】导游小姚正在制作一份介绍首都北京的演示文稿，帮助她参考文件"城市荣誉图示例.jpg"中的效果，将第 16 张幻灯片中的文本转换为"分离射线"布局的 SmartArt 图形，并进行适当设计，要求：

（1）以图片"水墨山水.jpg"为中间图形的背景。

（2）更改 SmartArt 颜色及样式，并调整图形中文本的字体、字号和颜色与之适应。

（3）将四周的图形形状更改为云形。

【解题图示】（完整解题步骤详见随书素材）

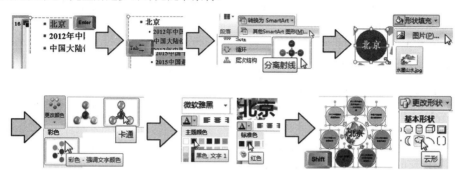

在 PowerPoint 中，SmartArt 图形也可被转换回文本。在"SmartArt 工具|设计"选项卡"重置"组中单击"转换"按钮，从下拉菜单中选择"转换为文本"，则 SmartArt 图形就被转换为文本，文本自动带有项目符号。

从"转换"按钮的下拉菜单中选择"转换为形状"，则 SmartArt 图形将被转换为多个普通形状，其中的任何形状都可被独立移动位置、调整大小、设置格式或删除。

14.3.3　组织结构图

组织结构图是 SmartArt 图形的一种，除了常规 SmartArt 具有的设置外，还有一些特殊的设置。在"选择 SmartArt 图形"对话框中选择"层次结构"中的"组织结构图"即可插入一个组织结构图的 SmartArt 图形。

在组织结构图中有一种特殊的形状：助理级别的形状。如图 14-10 所示，"董事会"下有两个助理形状"监事会"和"总经理"。选中"董事会"的形状，在"SmartArt 工具|设计"选项卡单击"添加形状"按钮，从下拉菜单中选择"添加助理"，即添加一个助理形状。助理形状不同于董事会的下级层次形状，它是一种特殊类别的形状。在"在此处键入文字"窗格中可见此形状前面的符号为 ↵，而非普通的项目符号形状 ●。

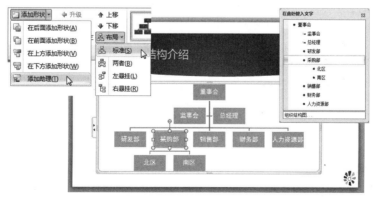

图 14-10　组织结构图的 SmartArt 图形（📁素材 14-8 SmartArt 图形-组织结构图.pptx）

组织结构图也是分层次的形状，与一般分层次的 SmartArt 图形相同，从"添加形状"按钮的下拉菜单中选择"在后面/前面添加形状"添加与选中形状同级别的形状，选择"在

上方/下方添加形状"添加选中形状的上一级或下一级形状。与一般分层次的 SmartArt 图形不同的是，对拥有下级形状的形状，组织结构图还可设置下级形状的布局。如图 14-10 所示，选中第 2 层"采购部"形状，在"SmartArt 工具|设计"选项卡"创建图形"组单击"布局"按钮，下拉菜单中有 4 种布局可供选择：标准、两者、左悬挂、右悬挂，各种布局的含义由菜单项前的图示可见。例如，图 14-10 中设置了"采购部"形状的布局为"标准"，使它的下级形状水平依次排开。"董事会"形状的布局也为"标准"，其下级 5 个部门的形状也沿水平方向依次排在一行。布局仅控制下级形状的排列，不控制助理形状的排列，助理形状总是一左一右排在两侧（即助理形状总是"两者"的排列方式）。

【真题链接 14-19】随着云计算技术的不断演变，IT 助理小李希望为客户整理一份演示文稿，传递云计算技术对客户的价值。打开 PPT.pptx，将第 5 张幻灯片中的文字内容采用"组织结构图"SmartArt 图形表示，最上级内容为"云计算的五个主要特征"，其下级依次为具体的 5 个特征。

【解题图示】（完整解题步骤详见随书素材）

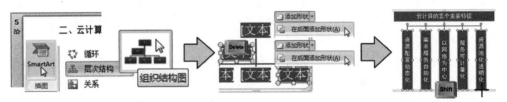

【真题链接 14-20】中国注册税务师协会宣传处王干事正在准备一份介绍本协会的演示文稿，请帮助王干事在第 8 张幻片的下方内容框中插入一个 SmartArt 图，文字素材及完成效果可参见文档"组织机构素材及参考效果.docx"，要求结构与样例图完全一致，并需要更改其默认的颜色及样式。

【解题图示】（完整解题步骤详见随书素材）

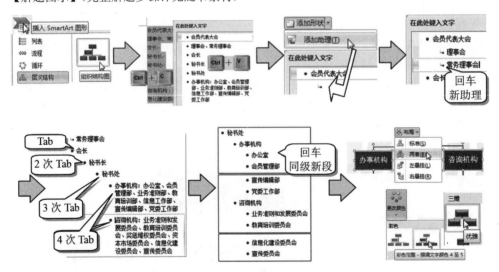

14.4 使用表格和图表

在幻灯片中插入表格及对表格的编辑修改，与在 Word 文档中是类似的。如图 14-11 所示，单击"插入"选项卡"表格"组的"表格"按钮，在下拉列表的预设方格内单击所需的行列数的对应方格；或者单击"插入表格"命令，在弹出的"插入表格"对话框中输入行数和列数。例如，图 14-11 所示在幻灯片中插入了一个 6 行、5 列的表格，然后可以在表格中输入文本，如依次输入各列标题为"图书名称""出版社""作者""定价""销量"。

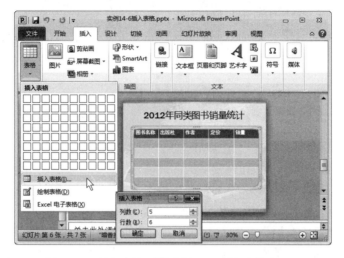

图 14-11　插入表格（📁素材 14-9 插入表格.pptx）

在幻灯片中也可通过单击占位符中的"插入表格"图标▦插入表格。

【真题链接 14-21】学生小曾与小张共同制作一份物理课件，现在小张需要按下列要求完成课件的整合制作。请在第 6 张幻灯片后插入一张版式为"标题和内容"的幻灯片，在这张幻灯片中插入与素材"蒸发和沸腾的异同点.docx"文档中所示相同的表格。

【解题图示】（完整解题步骤详见随书素材）

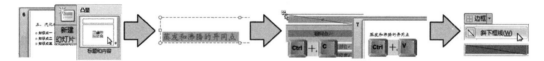

【真题链接 14-22】团委张老师正在准备有关"中国梦"学习实践活动的汇报演示文稿，相关资料存放在 Word 文档"PPT 素材及设计要求.docx"中。按下列要求帮助张老师继续制作演示文稿。第 6 页幻灯片用 3 行 2 列的表格表示其中的内容，表格第 1 列中的内容分别为"强国""富民""世界梦"，第 2 列为对应的文字。为表格应用一个表格样式，并设置单元格凹凸效果。

【解题图示】（完整解题步骤详见随书素材）

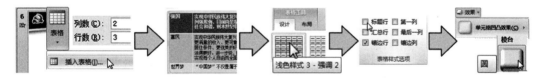

【真题链接 14-23】在某动物保护组织就职的张宇要制作一份介绍世界动物日的 PowerPoint 演示文稿。演示文稿涉及的文字内容保存在"文字素材.docx"文档中，具体对应的幻灯片可参见"完成效果.docx"文档所示样例。将第 4 张幻灯片中的文字转换为 8 行 2 列的表格，适当调整表格的行高、列宽以及表格样式；设置文字字体为"方正姚体"，字体颜色为"白色，背景 1"；并应用图片"表格背景.jpg"作为表格的背景。

【解题图示】（完整解题步骤详见随书素材）

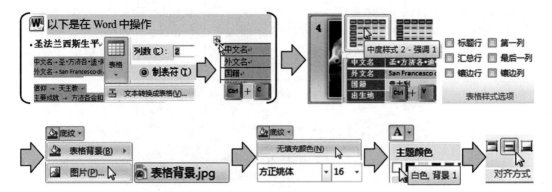

在幻灯片中也可插入图表，与在 Word 文档中插入图表的方法相同。在"插入"选项卡"插图"组中单击"图表"按钮，或单击占位符中的"插入图表"图标。插入图表时，会自动启动 Excel 软件，在 Excel 中编辑表格数据，相应的图表即被插入到幻灯片上。

除图表的固有元素外，还可在图表中自行任意添加图片、形状、文本框等，丰富图表的内容。在"图表工具|布局"选项卡"插入"组中单击"图片""形状"或"绘制文本框"按钮，可将图片插入到图表区，或在图表区绘制形状或文本框，这些元素将成为图表的一部分，且无法拖曳到图表区外。

【真题链接 14-24】公司计划在"创新产品展示及说明会"会议茶歇期间，在大屏幕投影上向来宾自动播放会议的日程和主题，要求市场部助理小王完善 PPT.pptx 的制作。请在第 5 张幻灯片中插入一个标准折线图，并按照如下数据信息调整 PowerPoint 中的图表内容。

	笔记本电脑	平板电脑	智能手机
2010 年	7.6	1.4	1.0
2011 年	6.1	1.7	2.2
2012 年	5.3	2.1	2.6
2013 年	4.5	2.5	3
2014 年	2.9	3.2	3.9

【解题图示】（完整解题步骤详见随书素材）

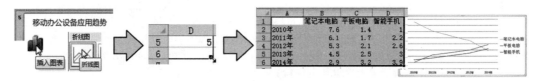

【真题链接 14-25】在某公司人力资源部就职的张晓鸣需要制作一份供新员工培训时使用的 PowerPoint 演示文稿。在幻灯片 9 中，使用考生文件夹下的"学习曲线.xlsx"文档中的数据，参考"完成效果.docx"文件中的样例效果创建图表，不显示图表标题和图例，垂直轴的主要刻度单位为 1，不显示垂直轴；在图表数据系列的右上方插入正五角星形状，并应用"强烈效果-橙色，强调颜色 3"的形状样式（注意，正五角星形状为图表的一部分，无法拖曳到图表区外）。

【解题图示】（完整解题步骤详见随书素材）

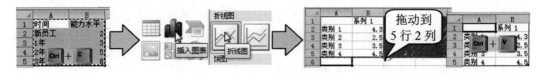

14.5 使用音频和视频

14.5.1 插入音频

在电影或电视剧中，遇到高潮或感人的情节时，往往会伴随播放一些背景音乐烘托气氛。同样，在幻灯片中添加声音也能起到吸引观众注意力和增加新鲜感的目的。然而，在幻灯片中的声音不要用得过多，否则会喧宾夺主，成为噪声。

声音既可以来自声音文件，也可来自剪辑管理器。其中，插入文件中的声音与插入图片的方法类似，插入剪辑管理器中的声音与插入剪贴画的方法类似。

例如，在"素材 14-10 背景音乐.pptx"中选中第 1 张幻灯片，在"插入"选项卡"媒体"组中单击"音频"按钮的向下箭头，从下拉菜单中选择"文件中的音频"，如图 14-12 所示。在弹出的浏览文件对话框中选择声音文件，如BackMusic.MID，单击"插入"按钮。在幻灯片中出现一个音频图标，表示声音已经插入。

音频图标也类似一个图片，可移动它的位置或改变其大小。当选中音频图标时，在它旁边还出现用于预览声音的播放控制条，如图 14-12 所示。单击该播放条中的播放按钮，就可以播放声音预览声音的效果了。

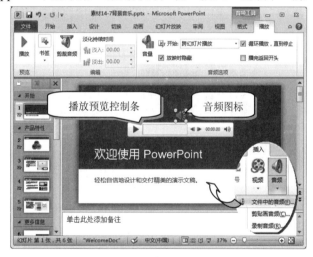

图 14-12 插入音频后的图标和"音频工具|播放"选项卡（素材 14-10 背景音乐.pptx）

要在幻灯片放映时播放声音，还要进行一些设置。单击选中插入到幻灯片中的音频图标，在"音频工具|播放"选项卡"音频选项"组的"开始"列表中设置此音频开始播放的方式，其中包含的 3 个选项及含义见表 14-1。

表 14-1 "音频选项"组"开始"列表中各选项的含义

选项	含义
自动	时间线上的上一动画结束后（如没有上一动画，则是本张幻灯片开始放映后），自动开始播放声音，但切换到下一张幻灯片播放即停止

选项	含义
单击时	时间线上的上一动画结束后（如没有上一动画，则是本张幻灯片开始放映后），并不自动开始播放声音，还需再单击鼠标才开始播放声音
跨幻灯片播放	时间线上的上一动画结束后（如没有上一动画，则是本张幻灯片开始放映后），自动开始播放声音，切换到下一张幻灯片声音也不停止，一直播放到演示文稿的所有幻灯片放映结束或整个声音播放完毕

在幻灯片放映结束前，如果声音已经播放完，则声音还是要停止的，尤其对于时长比较短的声音。如果希望声音在播放一遍结束后还能重新再重头播放，循环播放一直到所有幻灯片都放映结束，则需选中该组中的"循环播放，直到停止"复选框，这样即使对于时长比较短的声音，也能保证全程放映幻灯片时都有背景声音。

音频图标 🔊 如果没有被放到幻灯片外，是会一直显示的。如果在放映时自动播放音频，则往往不希望再显示图标，此时可选中该组中的"放映时隐藏"。

综上，如果希望在幻灯片开始放映时就播放声音，切换到下一张幻灯片时播放也不停止，在播放全程都有持续的背景声音，一般应在"开始"列表中选择"跨幻灯片播放"，并选中"放映时隐藏"。如果音频时长较短，为使全程都有声音，还需选中"循环播放，直到停止"。

【真题链接 14-26】为进一步提升北京旅游行业整体的队伍素质，打造高水平、懂业务的旅游景区建设与管理队伍，北京旅游局将为工作人员进行一次业务培训，主要围绕"北京主要景点"介绍，包括文字、图片、音频等内容。请打开 PPT.pptx，帮助主管人员在第一张幻灯片中插入歌曲"北京欢迎你.mp3"，要求在幻灯片放映期间音乐一直播放，并设置声音图标在放映时隐藏。

【解题图示】（完整解题步骤详见随书素材）

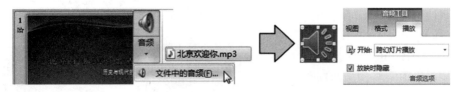

要希望声音在之后放映到某张幻灯片时能停止播放，而不是全程播放到所有幻灯片放映结束，该如何做呢？播放声音实际也是幻灯片中的一个动画，它与幻灯片中的其他动画一起按顺序执行，只不过轮到它时是"放音"，而不是"做动作"（将在第 15 章介绍动画）。单击"动画"选项卡"高级动画"组的"动画窗格"按钮，在"动画窗格"中可见插入的音频正是幻灯片中的一项动画。单击音频动画条目右侧的 🔽 按钮，从下拉菜单中选择"效果选项"，如图 14-13 所示。在弹出的对话框中设置"停止播放"方式。例如，设置为"在 5 张幻灯片之后"，则当放映完第 5 张幻灯片后，从放映第 6 张幻灯片开始，音频停止播放。

实际上，当设置音频播放的开始方式为"跨幻

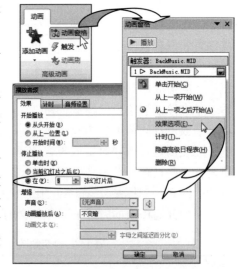

图 14-13　设置音频播放的停止幻灯片

灯片播放"时，正是此选项被 PowerPoint 自动设为"在 999 张幻灯片后"。999 是一个很大的数字，一般演示文稿都不会包含多于 999 张的幻灯片。因此，第 999 张幻灯片后停止播放，就相当于音频不会停止，而会一直播放到所有幻灯片放映结束。这就是"跨幻灯片播放"使全程都有背景声音的奥秘。

高手进阶　可通过动画的触发器实现当单击幻灯片中的其他内容，如单击一个图片、单击一行文本等时播放声音，因为播放声音本身也是一个动画，通过触发器可控制动画的播放。方法是：选中幻灯片中的音频图标🔊，在"动画"选项卡"高级动画"组中单击"触发"按钮，从下拉菜单的"单击"级联菜单中选择要作为触发器的对象，如一个图片、一个文本框等（名称为系统默认名称，如需修改名称，可事先在"开始"选项卡"编辑"组中单击"选择"按钮|"选择窗格"，在"选择和可见性"窗格中修改名称）。这样，对应的图片、文本框将类似一个按钮，在幻灯片播放时可被单击而播放声音。

【真题链接 14-27】在某动物保护组织就职的张宇要制作一份介绍世界动物日的 PowerPoint 演示文稿。在第 1 张幻灯片中插入"背景音乐.mid"文件作为第 1～6 张幻灯片的背景音乐（即第 6 张幻灯片放映结束后背景音乐停止），放映时隐藏图标。

【解题图示】（完整解题步骤详见随书素材）

【真题链接 14-28】导游小姚正在制作一份介绍首都北京的演示文稿，请帮助她在第 1 张幻灯片中插入音乐文件"北京欢迎你.mp3"，当放映演示文稿时，自动隐藏该音频图标，单击该幻灯片中的标题即可开始播放音乐，一直到第 18 张幻灯片后音乐自动停止。

【解题图示】（完整解题步骤详见随书素材）

还可对插入到幻灯片中的声音进行剪裁，截取源声音的一部分进行播放。单击"音频工具|播放"选项卡"编辑"组的"剪裁音频"按钮，打开"剪裁音频"对话框，如图 14-14 所示。在对话框中设置要截取的声音起始和结束位置，单击"确定"按钮。图 14-14 截取了声音的前 10.5 秒，播放时只会播放其前 10.5 秒。如果时长不够，可选中"循环播放，直到停止"，以使这段声音反复播放。

在"编辑"组的"淡入"和"淡出"框中还可设置音频在开始几秒或结束几秒声音由弱到强（淡入）或由强到弱（淡出）的效果，有些格式的音频无法设置此效果。

图 14-14　"剪裁音频"对话框

在"音频工具|播放"选项卡"音频选项"组中单击"音量"按钮，可设置声音播放的

音量，有"低""中""高""静音"等选项。

　　还可为幻灯片添加录制音频，这可为演示文稿添加解说词，在放映时播放解说录音。在"插入"选项卡"媒体"组中单击"音频"按钮的向下箭头，从下拉菜单中选择"录制音频"，弹出"录音"对话框，单击"录音"按钮开始录音，录制完成后单击"确定"按钮即可。

　　【真题链接14-29】团委张老师正在准备有关"中国梦"学习实践活动的汇报演示文稿，请帮助张老师在第 1 页幻灯片中插入剪贴画音频"鼓掌欢迎"，剪裁音频只保留前 0.5 秒，设置自动循环播放、直到停止，且放映时隐藏音频图标。

　　【解题图示】（完整解题步骤详见随书素材）

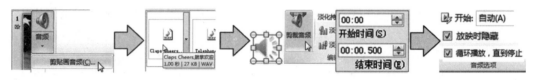

14.5.2　插入视频

　　在"插入"选项卡"媒体"组中单击"视频"按钮，从下拉菜单中选择"文件中的视频"或"剪贴画视频"，可分别插入对应来源的视频，方法与插入音频类似。

　　如图 14-15 所示，在演示文稿的第 7 张幻灯片中插入了文件"动物相册.wmv"中的视频。视频在未播放时，默认显示视频的第一个播放画面（如本例为海龟画面）。PowerPoint 允许改变此画面，这称为设置**标牌框架**。例如，可另设一张图片作为视频未播放时显示的内容。设置适宜的标牌框架不仅能起到视频预览、向观众介绍视频主要内容的作用，更有利于提高观众兴趣，激发观众观看此视频的欲望。要设置标牌框架，选中视频，单击"视频工具|格式"选项卡"调整"组的"标牌框架"按钮，从下拉菜单中选择"文件中的图像"。然后在弹出的"浏览文件"对话框中选择图片文件，如选择本素材的"图片 1.png"（一只小鸟的图片），单击"插入"按钮。则视频在未播放前将显示一只小鸟的图片，而非海龟的画面；但播放后仍从海龟的画面开始播放。

图 14-15　插入媒体视频并设置标牌框架（📁素材 14-11 插入媒体视频.pptx）

在幻灯片放映时，默认情况下也需要单击视频才能播放。如希望自动播放，在"视频工具|播放"选项卡"视频选项"组中设置"开始"为"自动"即可（视频不能被设置为"跨幻灯片播放"），如图 14-16 所示。在该选项卡中可见视频与音频有许多类似的播放设置，如也可被剪裁一部分时间段播放、设置淡入淡出效果等。视频可设置为"全屏播放"，不能设置为"播放时隐藏"，但可设置为"未播放时隐藏"。

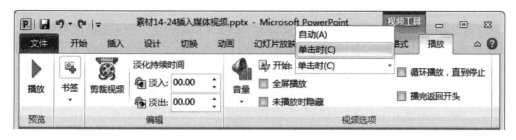

图 14-16　"视频工具|播放"选项卡

在"视频工具|格式"选项卡的"调整"组中，还可进一步调整视频的亮度、对比度、颜色等，在"视频样式"组中可设置视频播放视窗的框架样式。

可以将视频插入到演示文稿中，也可以将演示文稿与外部视频文件进行链接，后者不需将视频文件插入到演示文稿中，可有效减少演示文稿的文件体积。要链接外部视频文件，在单击"文件中的视频"后弹出的"浏览文件"对话框中选择视频文件后，不直接单击"插入"按钮，而单击"插入"按钮旁边的黑色三角箭头，从下拉菜单中选择"链接到文件"即可。

音频和视频等媒体文件通常较大，嵌入到幻灯片中后可导致演示文稿文件体积过大。通过压缩媒体文件，可减少演示文稿文件体积，节省磁盘空间。单击"文件"选项卡打开后台视图，再单击"信息"，在右侧单击"压缩媒体"按钮，从下拉菜单中选择一种质量选项，如图 14-17 所示，系统将弹出对话框对媒体按所选质量进行压缩处理。

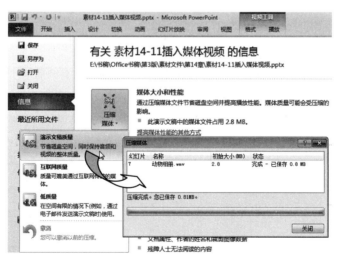

图 14-17　压缩媒体大小（📁素材 14-11 插入媒体视频.pptx）

【真题链接 14-30】在 PowerPoint 演示文稿中，不可使用的对象是（　　）。

A. 图片　　　　　　　　B. 超链接　　　　　　　　C. 视频　　　　　　　　D. 书签

【答案】D

14.6　使用其他文档对象

与在 Word 文档中以对象方式嵌入其他文档类似（参见第 6.5 节），在 PowerPoint 幻灯片中也可以嵌入来自其他应用程序的文档，且可以设置与外部文档链接：当外部文档被修改后，在幻灯片中插入的对象也会对应修改。

例如，如图 14-18 所示，要在第 3 张幻灯片中插入 Excel 文档"业务报告签发稿纸.xlsx"中的模板表格，并保证该表格内容随 Excel 文档的改变而自动变化。在 Excel 中选中要插入的表格数据区（B1:E19 单元格区域），按 Ctrl+C 组合键复制到剪贴板。然后在 PowerPoint 中选中第 3 张幻灯片，单击"开始"选项卡"粘贴"按钮的向下箭头，从下拉列表中选择"选择性粘贴"。在弹出的"选择性粘贴"对话框中选择"Microsoft Excel 工作表对象"，并选择"粘贴链接"单选项，单击"确定"按钮，然后适当调整对象的大小，并移动到幻灯片右侧。

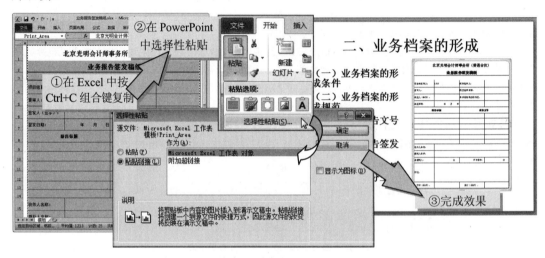

图 14-18　在幻灯片中插入 Excel 表格并保持链接（素材 14-12 插入对象.pptx）

第 15 章　动感媒体，如虎添翼——PowerPoint 幻灯片放映与动画设置

PowerPoint 还可以让幻灯片和幻灯片中的对象"动起来"，幻灯片中的文本、表格、图片等都可被添加动画，幻灯片的切换也可以有不同的动画切换效果，放映时还能实现传统胶片幻灯片无法实现的交互展示。本章就来学习这些动感元素，让演示文稿更加生动有趣!

15.1　锦上添花——对象动画

为幻灯片中的文本、形状、表格、图片等对象添加动画，可使这些对象在幻灯片放映时按一定顺序和规则运动起来，使幻灯片更加生动形象、富于感染力。在幻灯片中可为对象设置四类动画，见表 15-1。

表 15-1　可为幻灯片中的对象设置的 4 类动画

动画类型	功能作用
进入	对象如何出现在幻灯片中的动画方式，有飞入、旋转、淡出等。例如，若为某个文本框对象应用了"飞入"的进入动画效果，那么在幻灯片放映时，文本框中的文本将从幻灯片外逐渐滑入进入幻灯片而显示在幻灯片上
强调	使对象突出显示引起观众注意的动画方式，有放大/缩小、更改颜色、闪烁等。在动画播放结束后，对象恢复原状。例如，若为某个文本框应用了"波浪形"的强调动画效果，在动画播放时，文字会像波浪一样扭动，然后恢复原状
退出	对象如何从幻灯片中消失的动画方式，有飞出、消失、淡出等（一些名称与进入动画类型相同，但功能不同）。例如，若为某个图片设置了"飞出"的退出动画效果，在动画播放时，它将滑出幻灯片而消失不见
动作路径	让对象在幻灯片中按一定路径进行移动，路径可以是直线、弧形、循环等。例如，若为某个图片设置了"直线"的动作路径动画效果，则它将在幻灯片上沿该直线由一个位置移动到另一个位置

15.1.1　为对象添加动画效果

在幻灯片中选择要应用动画的对象（如文本框、形状、表格、图片等），在"动画"选项卡"动画"组中单击某个动画样式就可以了（单击动画样式列表的 ▾ 按钮，可展开列表），如图 15-1 所示，但该动画样式列表中并没有列出可以使用的全部动画，单击下方的"更多进入效果""更多强调效果"等命令，可打开对话框做更多选择。单击"更多进入效果"，打开的对话框如图 15-1 右侧所示，如要设置"上浮"的进入动画效果，就要在对话框中选择了。

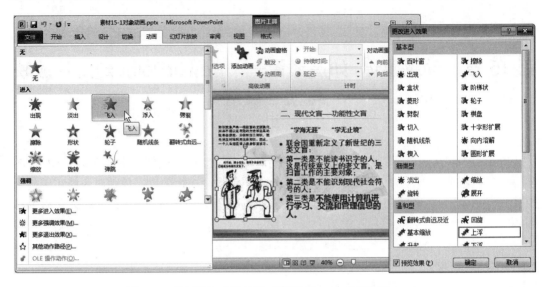

图 15-1　设置进入动画效果（🗀素材 15-1 对象动画.pptx）

例如，在"素材 15-1 对象动画.pptx"中选中第 4 张幻灯片中的图片，然后在动画样式中单击"飞入"，则为图片设置了"飞入"的进入动画效果。这样，在幻灯片放映时，图片将从幻灯片外逐渐滑入幻灯片，而不是直接显示在幻灯片上。

再选中"学海无涯　学无止境"的文本框，单击"动画"组样式列表的⊡按钮展开动画样式列表，从中选择"强调"中的"跷跷板"。这样，在幻灯片放映时，尽管文本框直接显示在幻灯片上，但单击鼠标后，它将像"跷跷板"一样扭动几下然后恢复原状，以提醒观众注意。

现在希望"学海无涯　学无止境"的文本框也能有一个进入的动画效果，仍然选中该文本框，单击动画样式中的"淡出"。这样，在幻灯片放映时，该文本框将由透明逐渐变为不透明而显示在幻灯片上。然而，原来为它设置的"跷跷板"的强调动画已经消失了，文本框只剩"淡出"的一种动画效果。这是因为通过在"动画"组中选择动画样式，只能为一个对象应用一种动画。若要为同一对象应用多种动画效果，应单击"高级动画"组的"添加动画"按钮，该按钮的下拉列表与"动画"组的动画样式列表是相同的，然而，只有从"添加动画"按钮的下拉列表中选择动画，才能为同一元素添加多个动画。

例如，现在希望"学海无涯　学无止境"的文本框在具有"淡出"的进入动画效果的基础上，再获得一种"退出"的动画效果。仍然选中该文本框，单击"高级动画"组的"添加动画"按钮，从下拉列表中选择"退出"中的"缩放"。这样，在幻灯片放映时，单击鼠标一次，该文本框以淡出方式出现，再次单击鼠标，该文本框将由大到小缩放，直至从幻灯片上消失。这说明该文本框目前已同时具有了两种动画效果。

在本素材文件中选中第 6 张幻灯片的"结束"艺术字，单击"动画"组样式列表的⊡按钮展开动画样式列表，从中选择"动作路径"中的圆形形状，则为艺术字应用了动作路径动画，如图 15-2 所示。在幻灯片放映时，该艺术字将沿一个圆形运动一周。

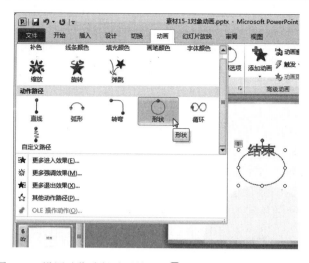

图 15-2　设置动作路径动画效果（素材 15-1 对象动画.pptx）

高手进阶　对"动作路径"动画还可选择"自定义路径"，这时可在幻灯片中的适当位置依次单击鼠标，绘制出一个路径形状（鼠标单击处为路径拐点），绘制好后双击鼠标确定。选中已添加路径动画的路径右击，从快捷菜单中选择"编辑顶点"命令，还可进一步调整路径顶点改变路径形状；在顶点上右击，可选择多种顶点类型，如"平滑顶点"将使路径曲线平滑。

15.1.2　动画的声音效果和播放后的效果

默认情况下，动画在播放时是没有声音的，根据需要可以让动画在播放时伴随一定的声音效果，使幻灯片的播放更富感染力。

选中已设置动画的对象，单击"动画"组右下角的对话框启动器，在弹出的对话框中切换到"效果"选项卡，在"增强"组的"声音"下拉列表中选择一种声音即可，如爆炸、风铃、鼓掌等。图 15-3 为对文本框设置了"缩放"的进入动画效果后打开的对话框。被设置了动画的对象不同，或者动画种类不同，该对话框的外观可能会有所不同。

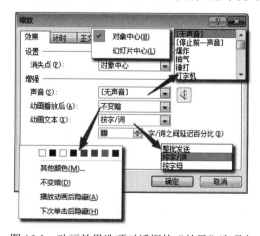

图 15-3　动画效果选项对话框的"效果"选项卡

在对话框的"动画播放后"下拉列表中可设置动画播放后的效果。例如，动画播放后变为另一种颜色，或隐藏等，如设置为"不变暗"，表示动画播放后对象维持原状不变。

15.1.3 动画的运动方式

刚才在图 15-1 的幻灯片中为图片设置的"飞入"的进入动画效果是从底部向上飞入进入幻灯片的，能否改变飞入方向呢？在"动画"选项卡"动画"组中单击"效果选项"按钮，从下拉菜单中可对飞入方向进行设置，如自左侧、自顶部、自右下部等。

并不是对所有的动画都有运动方向的设置。例如，对"翻转式由远及近"动画就没有运动方向的设置；对"随机线条"动画在"效果选项"中也不是设置运动方向，取而代之的是设置随机线条的方向是"水平"的线条，还是"垂直"的线条；对"缩放"动画设置消失点是"对象中心"，还是"幻灯片中心"（对"缩放"动画的选项如图 15-4 所示）。因此，"效果选项"按钮中的选项是设置动画运动方式的，对不同类型的动画选项也不同。

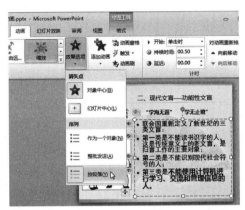

图 15-4　设置动画的效果选项（📁素材 15-1 对象动画.pptx）

也可以在效果选项对话框中设置运动方式，如图 15-3 所示，在"消失点"的下拉列表中设置"缩放"动画的"消失点"方式。对不同类型的动画，此处对话框的下拉列表也不同。

15.1.4 动画的序列方式

当为包含多段文本的一个文本框设置了动画效果后，还可设置其中各段文本是否作为一个整体应用动画，还是每段文本要分别应用动画。主要有 3 种设置，见表 15-2。

表 15-2　包含多段文字文本框动画的序列方式

序列方式	功能作用
作为一个对象	整个文本框中的文本将作为一个整体被创建一个动画
整批发送	文本框中的每个段落将作为一个动画单位，每个段落被分别创建一个动画，但这些动画将被同时播放
按段落	文本框中的每个段落将作为一个动画单位，每个段落被分别创建一个动画，这些动画将按照段落顺序依次先后播放

例如，再为图 15-4 所示幻灯片中的右侧文本框设置"缩放"的进入动画效果，然后单

击"动画"组的"效果选项"按钮，下拉菜单的下方会列出序列选项。如选择"按段落"，则位于该文本框中的 4 段文字将分别被创建一个动画。幻灯片放映时，每单击鼠标 1 次、执行 1 个动画、"飞入"一段；要单击鼠标 4 次，才能将这 4 段全部显示出来。

选中该文本框，单击"动画"组右下角的对话框启动器 ⬚，在弹出的对话框中切换到"正文文本动画"选项卡，可以做更多的序列方式设置。针对"按段落"的方式，可进　步设置为按第一级段落、第二级段落、第三级段落……，如图 15-5 所示。这将用于含多级文本的文本框；而在本例中只有一级文本，不同级段落的动画设置在本例中没有分别。

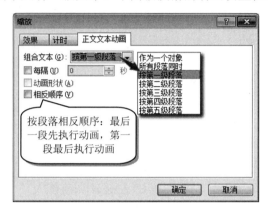

图 15-5　动画效果选项对话框的"正文文本动画"选项卡

在对话框中切换到"效果"选项卡，在"增强"组中可进一步设置是否将文本逐个字母或逐个字/词地制作动画，并设置每个字母或字/词动画之间的延迟百分比，如图 15-3 所示。

【真题链接 15-1】培训部会计师魏女士正在准备有关高新技术企业科技政策的培训课件，请帮助魏女士为第 3 张幻灯片中的标题和文本内容添加不同的动画效果，并令正文文本内容按第二级段落伴随着"锤打"声逐段显示。

【解题图示】（完整解题步骤详见随书素材）

【真题链接 15-2】在科技馆工作的小文需要制作一份介绍诺贝尔奖的 PowerPoint 演示文稿，以便为科普活动中的参观者进行讲解。请帮助他在第 15 张幻灯片中为右侧文本框中的文本应用"淡出"进入动画效果，并设置动画文本按字/词显示、字/词之间延迟百分比的值为 20；将右侧文本框中的文字转换为繁体。

【解题图示】（完整解题步骤详见随书素材）

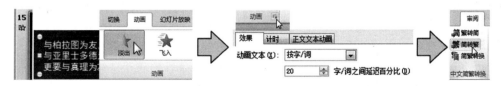

对于 SmartArt 图形，也有类似的设置，但 SmartArt 图形中包含很多形状元素，有更多的序列方式，见表 15-3。选择何种序列方式取决于表现的目的是要强调每个形状元素，还是强调每个层次，或是强调每个分支。

表 15-3　SmartArt 图形动画的序列方式

序列方式	功能作用
作为一个对象	SmartArt 图形中的全部形状元素一起将作为一个整体被创建一个动画
整批发送	每个形状元素分别被创建一个动画，这些动画被同时播放。对有些动画类型，其播放效果与"作为一个对象"的效果相同，所有形状也会同时出现。但对另外一些动画类型，可看出二者不同。例如，对旋转或展开的动画类型，"整批发送"是每个形状单独旋转或展开，"作为一个对象"是整个 SmartArt 图形旋转或展开
逐个	每个形状元素分别被创建一个动画，这些动画的顺序按在图形中的顺序依次进行（当形状有不同级别时为按分支顺序，而非按级别顺序）
逐个按级别	每个形状元素分别被创建一个动画，但是这些动画的顺序是首先按级别进行，同级内再依次逐个进行。例如，如果 SmartArt 图形中有 3 个一级形状、5 个二级形状，则首先将 3 个一级形状的每个形状分别单独创建动画，然后再将 5 个二级形状的每个形状分别单独创建动画
一次按级别	一个级别创建一个动画（同级别的多个形状一起被创建一个动画）。例如，如果 SmartArt 图形中有 3 个一级形状、5 个二级形状，则首先将 3 个一级形状一起制成一个动画，然后再将 5 个二级形状一起制成一个动画
逐个按分支	同"逐个"（有的书中说此方式是"一个分支创建一个动画，同分支的多个形状一起被创建一个动画"是不正确的，称"与逐个相似"也是不确切的，应与"逐个"相同）

例如，如图 15-6 所示，为将一个组织结构图的 SmartArt 图形的动画设置为"一次按级别"的动画显示顺序。SmartArt 图形有三层（三个级别），每层（每个级别）的形状一起制作一个动画，共 3 个动画。其中，"董事会"下有两个助理形状"监事会"和"总经理"，他们将和"董事会"的下一层形状（5 个部门）一起制作一个动画。

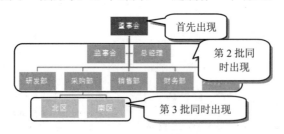

图 15-6　SmartArt 图形动画的一次级别效果（📁素材 15-2 SmartArt 动画一次级别.pptx）

要让 SmartArt 中的图形按"倒序"播放动画（即先播放下层的、后面形状的动画，然后再播放上层的、前面形状的动画），同样单击"动画"组右下角的对话框启动器 🔧，在弹出的动画选项对话框中切换到"SmartArt 动画"选项卡，选中"倒序"，如图 15-7 所示。

高手进阶　可以为整个 SmartArt 图形设置动画，也可只将其中的个别形状设置动画。方法是：为整个 SmartArt 图形设置动画后，选择"效果选项"中的"逐个"，然后单击"动画"选项卡"高级动画"组的"动画窗格"按钮，打开"动画窗格"。在动画窗格中，单击 SmartArt 动画条目的展开按钮 ⌄ 将其中所有形状的动画都在列表中显示出来。再在列表中单击选择某个形状的动画，在"动

画"选项卡"动画"组中为其应用其他动画效果。有些动画效果无法应用于
SmartArt 图形，这时可右击 SmartArt 图形，从快捷菜单中选择"转换为形状"，
然后再设置形状的动画就可以使用这种动画效果了。

图 15-7　SmartArt 图形的动画效果选项对话框的"SmartArt 动画"选项卡

对于图表，也有类似的设置，图表除可"作为一个对象"整体被创建一个动画外，还
可按系列、类别等分别被创建动画。

【真题链接 15-3】如需将 PowerPoint 演示文稿中的 SmartArt 图形列表内容通过动画效果一次性
展现出来，最优的操作方法是（　　　）。

A. 将 SmartArt 动画效果设置为"整批发送"　　　B. 将 SmartArt 动画效果设置为"一次按级别"

C. 将 SmartArt 动画效果设置为"逐个按分支"　　　D. 将 SmartArt 动画效果设置为"逐个按级别"

【答案】A

【真题链接 15-4】学生小曾与小张共同制作一份物理课件，在第 4 张幻灯片中已制作了一张射
线列表式关系图，请为该关系图添加适当的动画效果，要求同一级别的内容同时出现、不同级别的
内容先后出现。

【解题图示】（完整解题步骤详见随书素材）

【真题链接 15-5】张老师正在准备有关儿童孤独症的培训课件，请帮助张老师为第 11 张幻灯片
中的 SmartArt 图形添加动画效果，令 SmartArt 图形伴随"风铃"声逐个按分支顺序"弹跳"式进入。

【解题图示】（完整解题步骤详见随书素材）

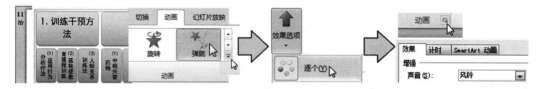

【真题链接 15-6】校摄影社团在摄影比赛结束后，希望可以借助 PowerPoint 将优秀作品在社团
活动中进行展示。请按照如下需求，在 PowerPoint 中完成制作工作：为第 2 张幻灯片的 SmartArt 对
象添加自左至右的"擦除"进入动画效果，并要求在幻灯片放映时该 SmartArt 对象元素可以逐个
显示。

【解题图示】（完整解题步骤详见随书素材）

【真题链接 15-7】中国注册税务师协会宣传处王干事正在准备一份介绍本协会的演示文稿，请帮助王干事为第 8 张幻灯片中的 SmartArt 图形设置以下动画效果：按一次一个级别的方式自底部飞入，然后再按倒序一次一个级别地向底部飞出。

【解题图示】（完整解题步骤详见随书素材）

15.1.5　多个动画的播放顺序

在为幻灯片中的多个对象都添加了动画效果，或者为同一对象添加了多个动画效果后，同一幻灯片中会存在多个动画。这些动画之间孰先播放、孰后播放的播放顺序默认就是添加动画的顺序。PowerPoint 在幻灯片中的对象旁边会以数字 1，2，3…标出这个顺序（打印时该数字不会被打印）。

例如，如图 15-8 所示，在为演示文稿的第 4 张幻灯片设置了若干动画效果后，所有被设置过动画的对象旁边都有一个数字序号。其中，图片旁边的数字序号 1 表示图片动画是本张幻灯片中第 1 个要播放的动画。"学海无涯　学无止境"的文本框旁边有 2 和 3 两个数字（3 被 2 遮挡），表示该文本框有两个动画（进入动画和退出动画），分别是幻灯片中要播放的第 2 个和第 3 个动画。右侧文本框旁边有 4 个数字（4～7），表示该文本框是幻灯片中的第 4～7 个动画；因为文本框的序列方式被设置为"按段落"，所以每一段都有一个动画，共有 4 个动画。

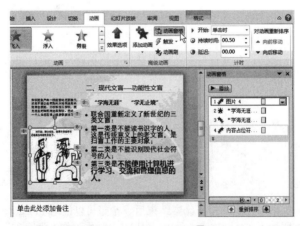

图 15-8　动画播放顺序数字编号和动画窗格（📁素材 15-1 对象动画.pptx）

单击"动画"选项卡"高级动画"组的"动画窗格"按钮，打开"动画窗格"的任务窗格。在窗格中以动画要被播放的先后顺序更为清晰地列出了本张幻灯片中的所有动画，且列表中的顺序就是动画的播放顺序，如图 15-8 右侧所示。在"动画窗格"中，向上或向下直接拖动列表中的动画条目，即可调整动画之间的先后播放顺序。单击窗格底部的  或 ⬇ 按钮；或者在幻灯片中选择已被设过动画的对象，在"动画"选项卡"计时"组中单击 ▲ **向前移动** 或 ▼ **向后移动** 按钮，也都可以调整动画的播放顺序。

对于含多段文字的文本框的动画，在任务窗格中，该文本框的对应条目上还提供了个展开按钮 ⅴ，单击它可展开文本框内每段文字的动画。例如，图 15-8 所示的第 4 个动画即包含 4 个段落的文本框的动画，可展开为显示 4 个段落的动画，展开后可对不同段落做不同的动画设置，同时按钮变为折叠按钮 ⅹ。单击折叠按钮 ⅹ 则折叠各段的动画，使文本框的动画又作为一个条目整体显示。

15.1.6　动画的开始方式

放映幻灯片时，默认情况下，幻灯片中的动画是需要单击鼠标才能播放的；单击一次鼠标播放一个动画。也可以将动画设置为自动播放。幻灯片中对象动画的开始方式见表 15-4。

表 15-4　幻灯片中对象动画的开始方式

开始方式	功能作用
单击时	默认方式。在放映幻灯片时，要单击鼠标才能播放动画，单击一次播放一个。设置为这种方式的动画序号为上一个动画序号"+1"
与上一动画同时	在上一动画播放的同时就自动播放这一动画；如果动画是本幻灯片的第一个动画，则在幻灯片被切换后自动播放。设置为这种方式的动画序号与上一个动画的序号相同
上一动画之后	待上一动画播放完成后自动播放这一动画；如果动画是本幻灯片的第一个动画，则在幻灯片被切换后自动播放。设置为这种方式的动画序号与上一个动画的序号相同

要改变开始方式，在幻灯片中单击选中已被设置了动画的对象（如文本框），然后在"动画"选项卡"计时"组中，在"开始"右侧的下拉列表中选择一种开始方式。

还可以在幻灯片中选中已设置了动画的对象，单击"动画"选项卡"动画"组右下角的对话框启动器 ▣，在弹出的对话框中切换到"计时"选项卡，在"开始"下拉列表中设置开始方式，如图 15-9 所示。在"动画窗格"中单击某个动画条目右侧的下三角按钮 ▼，从下拉菜单中选择"效果选项"命令也可打开该对话框。

图 15-9　动画效果选项对话框的"计时"选项卡

一般情况下，当放映幻灯片时，在任意位置单击鼠标即可播放下一个动画。也可以设置为只有单击幻灯片中的某个特定对象时才播放动画。例如，在放映幻灯片时，单击幻灯片标题则播放图片的动画。要达到后者的效果，选中要被触发的动画（如图片的动画），打开"效果选项"对话框。在"计时"选项卡中单击"触发器"按钮，选择"单击下列对象时启动效果"，并在后面的下拉列表中选择触发动画要单击的对象（如幻灯片标题），如图 15-9 所示。

【真题链接 15-8】在某展会的产品展示区，公司计划在大屏幕投影上向来宾自动播放并展示产品信息，因此需要市场部助理小王完善产品宣传文稿的演示内容。

（1）为了布局美观，将第 2 张幻灯片中的内容区域文字转换为"基本维恩图"SmartArt 布局，更改 SmartArt 的颜色，并设置该 SmartArt 样式为"强烈效果"。

（2）为上述 SmartArt 图形设置由幻灯片中心进行"缩放"的进入动画效果，并要求自上一动画开始之后自动、逐个展示 SmartArt 中的 3 点产品特性文字。

【解题图示】（完整解题步骤详见随书素材）

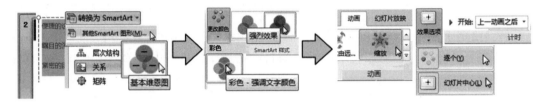

15.1.7 动画的持续时间和延迟时间

在"动画"选项卡"计时"组的"持续时间"框中设置动画播放的持续时间，在"延迟"框中设置本动画与上一动画间隔的延迟时间。注意，这两个时间是不同的，前者是动画从开始播放到结束播放持续的时间长度（持续时间越长，动画播放得越慢），后者是本动画要等待多久后才开始播放。

在动画的效果选项对话框中也可以设置这两种时间，如图 15-9 所示，即分别在"期间"和"延迟"框中设置。在"期间"框中，不仅可以从下拉列表中选择一种播放速度（如"非常慢"），也可以直接输入下拉列表中没有的秒数（如 1.2 秒）。在对话框的"重复"框中可设置动画播放的重复次数。

在"动画窗格"中，每一动画条目右侧也包含一个时间条（浅黄色矩形条），如图 15-8 所示。拖动矩形条的边框可直接调整播放持续时间，而直接拖动矩形条改变其位置可调整延迟时间。

【真题链接 15-9】小李在课程结业时，需要制作一份介绍第二次世界大战的演示文稿。在第 5 张幻灯片中，已插入了布局为"垂直框列表"的 SmartArt 图形。请帮助他为 SmartArt 图形添加"淡出"的动画效果，并设置为在单击鼠标时逐个播放，再将包含战场名称的 6 个形状的动画持续时间修改为 1 秒。

【解题图示】（完整解题步骤详见随书素材）

【真题链接 15-10】小李在课程结业时，需要制作一份介绍第二次世界大战的演示文稿。请帮助

他在第 11 张幻灯片中为文本下方的 3 个圆角矩形形状添加"劈裂"的进入动画效果，并设置单击鼠标后从左到右逐个出现，每两个形状之间的动画延迟时间为 0.5 秒。

【解题图示】（完整解题步骤详见随书素材）

【真题链接 15-11】北京市节能环保低碳创业大赛组委会委托李老师制作有关赛事宣传的演示文稿，用于展台自动播放。请帮助李老师为第 1 张幻灯片中的标题和副标题分别指定动画效果，其顺序为：单击时标题在 5 秒内自左上角飞入，同时副标题以相同的速度自右下角飞入，4 秒钟后标题与副标题同时自动在 3 秒内沿原方向飞出。

【解题图示】（完整解题步骤详见随书素材）

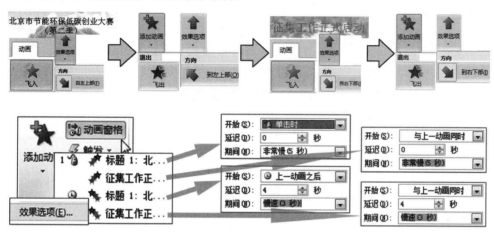

【真题链接 15-12】在某公司人力资源部就职的张晓鸣需要制作一份供新员工培训时使用的 PowerPoint 演示文稿。在幻灯片 13 中，将文本设置为在文本框内水平和垂直都居中对齐，将文本框设置为在幻灯片中水平和垂直都居中；为文本添加一种适当的艺术字效果，设置"陀螺旋"的强调动画效果，并重复到下一次单击为止。

【解题图示】（完整解题步骤详见随书素材）

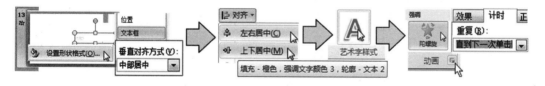

15.1.8　复制和删除动画

如果已为某对象设置好了动画效果，可以使用"动画"选项卡"高级动画"组的"动画刷" ![动画刷图标]动画刷 按钮复制动画设置。选定设置好动画的对象，单击该按钮，再单击其他对象，就将同样的动画设置复制到其他对象上了。如果双击"动画刷"按钮，可连续将动画设置复制给多个对象，直到再次单击该按钮或按 Esc 键取消动画刷复制状态。

要删除动画，在幻灯片中选中要删除动画的对象，在"动画"选项卡"动画"组中选择"无"的动画样式即可。还可在动画窗格中选择动画条目，按 Delete 键；或单击某个动画条目右侧的下三角按钮 ⊡，从下拉菜单中选择"删除"命令。

【真题链接 15-13】公司计划在"创新产品展示及说明会"会议茶歇期间，在大屏幕投影上向来宾自动播放会议的日程和主题，因此需要市场部助理小王完善 PPT.pptx 文件中的演示内容。请为第 5 张幻灯片中的折线图设置"擦除"进入动画效果，效果选项为"自左侧"，按照"系列"逐次单击显示"笔记本电脑""平板电脑"和"智能手机"的使用趋势。最终仅在该幻灯片中保留这 3 个系列的动画效果。

【解题图示】（完整解题步骤详见随书素材）

15.2　幻灯片切换效果

在幻灯片放映时，默认情况下，幻灯片切换是上一张幻灯片直接消失，下一张幻灯片马上就显示出来。如果要使放映的幻灯片之间的过渡充满动感，可为幻灯片设置切换效果。

选择要设置切换效果的幻灯片，在"切换"选项卡"切换到此幻灯片"组中选择一种切换方式（单击列表的 ⊡ 按钮可展开列表）。例如，选择"擦除"，如图 15-10 所示。这样，选择的切换方式是只应用于当前选定的幻灯片的。如希望将切换方式应用于演示文稿的所有幻灯片，再单击"计时"组的"全部应用"按钮（单击"全部应用"按钮，也会同时将所有幻灯片统一换片方式、自动换片时间等选项，使用时要注意）。

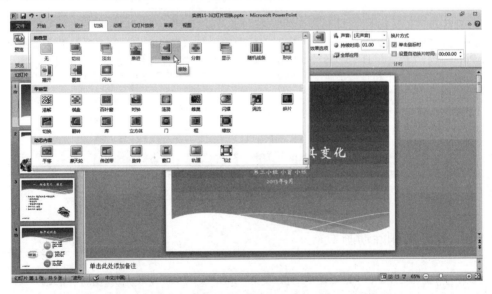

图 15-10　设置幻灯片切换效果（🗂素材 15-3 幻灯片切换.pptx）

在"切换"选项卡"切换到此幻灯片"组中单击"效果选项"按钮，从下拉菜单中选择切换效果，对不同的切换方式在菜单中列出的效果也不同。对"擦除"有"自右侧""自顶部""从右下部"等多种方向的设置，如图 15-11 所示。

若要为幻灯片切换配上声音，在"切换"选项卡"计时"组中，从"声音"下拉列表中选择一种声音即可。

放映幻灯片时除可手动切换幻灯片外，也可自动切换幻灯片。要自动切换，在"切换"选项卡"计时"组中选中"设置自动换片时间"复选框，再在右侧设置换片时间，则为当前选定的幻灯片设置自动切换时间。放映这张幻灯片时，经过指定的时间将自动切换到下一张幻灯片放映。（如果在幻灯片中有动画，且动画播放的持续时间较长，实际会等待动画播放完成

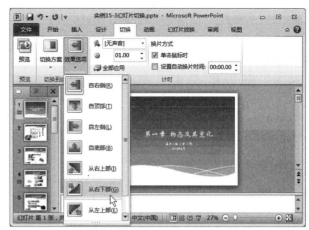

图 15-11　设置擦除切换的效果选项
（素材 15-3 幻灯片切换.pptx）

后才切换到下一张幻灯片，这时实际的幻灯片切换时间可能会多于这里的设置时间）。

要取消幻灯片的切换效果，选择幻灯片，在"切换"选项卡"切换到此幻灯片"组中选择"无"选项。

【真题链接 15-14】在某动物保护组织就职的张宇要制作一份介绍世界动物日的 PowerPoint 演示文稿。为演示文稿中的所有幻灯片应用一种恰当的切换效果，并设置第 1～6 张幻灯片的自动换片时间为 10 秒钟，第 7 张幻灯片的自动换片时间为 50 秒。

【解题图示】（完整解题步骤详见随书素材）

【真题链接 15-15】某会计网校的刘老师正在准备有关《小企业会计准则》的培训课件，她的助手已搜集并整理了一份该准则的相关资料。演示文稿 PPT.pptx 已被分为 5 节，请为每节应用不同幻灯片切换方式。

【解题图示】（完整解题步骤详见随书素材）

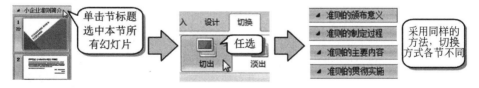

【真题链接 15-16】在 PowerPoint 演示文稿中通过分节组织幻灯片，如果要求一节内的所有幻灯片切换方式一致，最优的操作方法是（　　）。

A．分别选中该节的每一张幻灯片，逐个设置其切换方式

B．选中该节的一张幻灯片，然后按住 Ctrl 键，逐个选中该节的其他幻灯片，再设置切换方式

C．选中该节的第一张幻灯片，然后按住 Shift 键，单击该节的最后一张幻灯片，再设置切换方式

D．单击节标题，再设置切换方式

【答案】D

【解析】单击节标题可同时选中本节内的所有幻灯片，然后设置切换方式。选中的这些幻灯片

就被设置了相同的切换方式。选项 A、B、C 虽也能达到效果，但操作都比较烦琐。

15.3 世界那么大，我想去看看——超链接和动作

PowerPoint 还允许为幻灯片中的文本、图形或图片等对象添加超链接或者动作。在幻灯片放映过程中，通过超链接或者动作可直接跳转到其他幻灯片，或者打开某个文件、运行某个外部程序或跳转到某个网页上等，这起到放映中的导航作用，并赋予幻灯片与用户的互动功能。

15.3.1 插入超链接

15.3.1.1 链接到本文档中的幻灯片

在幻灯片中选择要添加超链接的对象（可以是一个文本框或一个图片，也可以是文本框中的一部分文字）。如图 15-12 所示，选定了幻灯片中一个 SmartArt 图形中的文本框"第一代计算机"（注意，要单击文本框的边框选中它，而不是单击内容文字），然后在"插入"选项卡"链接"组中单击"超链接"按钮，弹出"插入超链接"对话框，如图 15-12 所示。或者在文本框边框上右击，从快捷菜单中选择"超链接"命令，也可打开该对话框。

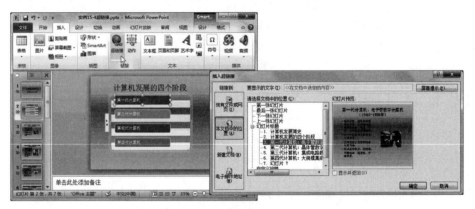

图 15-12 插入超链接（📁素材 15-4 超链接.pptx）

在对话框左侧选择"本文档中的位置"，然后在右侧列表中选择一张幻灯片，也可选择"第一张幻灯片""最后一张幻灯片""下一张幻灯片"等选项。这里选择介绍"第一代计算机"的幻灯片，单击"确定"按钮，即为该文本框添加了超链接。在放映幻灯片时，单击该文本框就可以直接将放映跳转到"第一代计算机"这张幻灯片了。注意，超链接只有在幻灯片放映时才能使用。

采用同样的方法，为第 2 张幻灯片中的其他 3 个文本框也添加超链接，分别链接到对应计算机介绍的幻灯片。这样，第 2 张幻灯片就起到了一个"导航"的作用，在幻灯片放映时，单击第 2 张幻灯片上的文本框，就可直接跳转到相应的幻灯片，并从那张幻灯片继续放映。

右击被添加了超链接的文本框、图片等对象，从快捷菜单中选择"编辑超链接"可修改超链接；如果从快捷菜单中选择"取消超链接"，则可删除超链接。

【真题链接 15-17】校摄影社团在摄影比赛结束后，希望可以借助 PowerPoint 将优秀作品在社团活动中进行展示。请在第 2 张幻灯片的 SmartArt 对象元素中添加幻灯片跳转链接，使得单击"湖光春色"标注形状可跳转至第 3 张幻灯片，单击"冰消雪融"标注形状可跳转至第 4 张幻灯片，单击"田园风光"标注形状可跳转至第 5 张幻灯片。

【解题图示】（完整解题步骤详见随书素材）

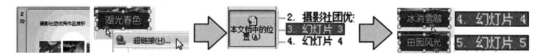

【真题链接 15-18】学生小曾与小张共同制作一份物理课件，请将第 4 张、第 7 张幻灯片分别链接到第 3 张、第 6 张幻灯片的相关文字上。

【解题图示】（完整解题步骤详见随书素材）

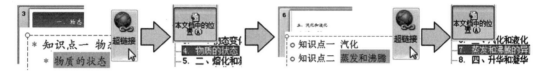

要制作 SmartArt 图形中的超链接，必须单击 SmartArt 中的一个图形元素的**边框**，并在**边框**上设置超链接，以将超链接设置到图形上，而不能将超链接设置到图形中的文字上；否则，文字上的超链接虽然也能工作，但按照考试要求，考试将没有成绩。注意，仅对 SmartArt 图形有此要求，位于普通文本框中的文字可以设置文字上的超链接。

15.3.1.2 链接到网页、电子邮件或文件

除设置超链接为链接到演示文稿中的幻灯片外，还可设置链接到网页、电子邮件、文件等，其操作方法与在 Word 文档中插入超链接类似。如图 15-13 所示，要为幻灯片中的文字"员工守则"创建超链接，使在幻灯片放映时，单击此文字就能打开 Word 文档"素材 15-5 素材_员工守则.docx"。操作方法是：在幻灯片中选中"员工守则"文字，在"插入"选项卡"链接"组中单击"超链接"按钮，弹出"插入超链接"对话框，如图 15-13 所示。

图 15-13　插入超链接并链接到文件（素材 15-5 超链接到文件.pptx）

在对话框左侧选择"现有文件或网页"，然后在右侧找到并选择要链接到的文件"素材 15-5 素材_员工守则.docx"，单击"确定"按钮。在放映幻灯片时单击"员工守则"文字就可以直接打开对应的 Word 文档。注意，超链接只有在幻灯片放映时才能使用。

【真题链接 15-19】在某展会的产品展示区，公司计划在大屏幕投影上向来宾自动播放并展示产品信息，因此需要市场部助理小王完善产品宣传文稿的演示内容。请打开 PPT.pptx，为演示文稿最后一页幻灯片右下角的图形添加指向网址 www.microsoft.com 的超链接。

【解题图示】（完整解题步骤详见随书素材）

【真题链接 15-20】某会计网校的刘老师正在准备有关《小企业会计准则》的培训课件，她的助手已搜集并整理了一份该准则的相关资料。请打开 PPT.pptx，帮助刘老师将第 14 张幻灯片最后一段文字向右缩进两个级别，并链接到文件"小企业准则适用行业范围.docx"。

【解题图示】（完整解题步骤详见随书素材）

【真题链接 15-21】中国注册税务师协会宣传处王干事正在准备一份介绍本协会的演示文稿，请帮助王干事在第 6、7 张幻灯片之间插入一张幻灯片，为新的第 7 张幻灯片应用版式"空白"，在其中插入对象文档"中国注册税务师协会章程.docx"，令其仅显示第 1 页内容，并与原文档保持修改同步。当放映幻灯片时，单击对象即可打开原文档。

【解题图示】（完整解题步骤详见随书素材）

15.3.2　插入动作按钮

动作按钮是带有特定功能效果的图形按钮。例如，在幻灯片放映时单击它们，可实现"向前一张""向后一张""第一张""最后一张"等跳转幻灯片的功能，或者是实现播放声音或打开文件的功能等。

要在幻灯片中使用动作按钮，首先在幻灯片中插入按钮图形。单击"插入"选项卡"插图"组的"形状"按钮，从下拉列表中选择"动作按钮"组中的某个按钮形状，如图 15-14 所示。然后在幻灯片中按住鼠标左键不放拖动鼠标绘制一个按钮图形。

释放左键时，将弹出"动作设置"对话框，如图 15-15 所示。该对话框包含"单击鼠标"选项卡和"鼠标移过"选项卡。在 PowerPoint 幻灯片放映过程中，通过动作按钮激活一个交互功能有两种方式：一是单击动作按钮；二是将鼠标指针移动到动作按钮上面。在对话框的这两个选项卡中可分别设置这两种鼠标方式的功能效果。

这里在"单击鼠标"选项卡中设置：在"超链接到"下拉列表中选择"上一张幻灯片"，

单击"确定"按钮。则在幻灯片放映过程中，当单击了该动作按钮时，会返回上一张幻灯片，并从上一张幻灯片继续放映。

图 15-14 绘制动作按钮

在"超链接到"下拉列表中还可选择"幻灯片……"选项，这时弹出"超链接到幻灯片"对话框，如图 15-16 所示。在后者对话框中可选择固定的一张幻灯片，使单击动作按钮后将跳转到这张幻灯片继续放映。例如，在图 15-16 的对话框中选择"2.北京主要景点"，则在幻灯片放映时，单击动作按钮将跳转到"2.北京主要景点"这张幻灯片继续放映。

图 15-15 "动作设置"对话框　　　图 15-16 为动作按钮选择跳转到的幻灯片

注意，动作按钮的功能效果必须在"动作设置"对话框中设置，不能仅在幻灯片上绘制出按钮图形，而不在对话框中设置；否则按钮是无效的。因此，动作按钮上的箭头形状也并不代表它就具有了那个功能。例如，完全可以在幻灯片上绘制一个左向箭头的动作按钮图形◀，但却在"动作设置"对话框中将它的功能设置为"下一张幻灯片"。那种做法是允许的，但尽量不要那样做，否则在幻灯放映时单击◀不退反进，用户会感觉有些莫名其妙。

除了绘制动作按钮的图形外，也可以让任意的文字、图片、图形等对象具有动作按钮的功能。选中文字或图形等对象，在"插入"选项卡"链接"组中单击"动作"按钮，也可打开"动作设置"对话框，为它设置"单击鼠标"或"鼠标移过"的效果就可以了。

【真题链接 15-22】为进一步提升北京旅游行业整体队伍素质，打造高水平、懂业务的旅游景区建设与管理队伍，北京旅游局将为工作人员进行一次业务培训，主要围绕"北京主要景点"介绍，包括文字、图片、音频等内容。请根据本题文件夹下的文档 PPT.pptx，帮助主管人员完成制作任务：将第 2 张幻灯片列表中的内容分别超链接到后面对应的幻灯片，并添加返回到第 2 张幻灯片的动作按钮。

【解题图示】（完整解题步骤详见随书素材）

【真题链接 15-23】小李在课程结业时，需要制作一份介绍第二次世界大战的演示文稿。请帮助他在第 12～14 张幻灯片中分别插入名为"第一张"的动作按钮，设置动作按钮的高度和宽度均为 2 厘米，距离幻灯片左上角水平 1.5 厘米，垂直 15 厘米，并设置当鼠标移过该动作按钮时，可以链接到第 11 张幻灯片；隐藏第 12～14 张幻灯片。

【解题图示】（完整解题步骤详见随书素材）

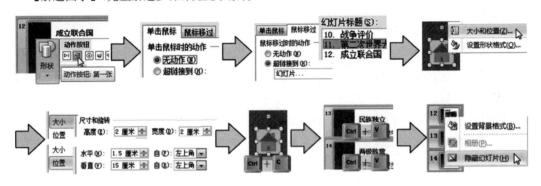

15.4 幻灯片的放映

15.4.1 启动幻灯片放映

演示文稿制作好后，该是让它向观众展示的时候了！放映幻灯片主要有以下两种方法。

（1）单击"幻灯片放映"选项卡"开始放映幻灯片"组的"从头开始"按钮，或按下 F5 键，从第 1 张幻灯片开始按顺序放映。

（2）单击该组中的"从当前幻灯片开始"按钮，或单击状态栏的视图按钮，从当前选中的幻灯片开始按顺序放映。

15.4.2 幻灯片放映中的操作

在幻灯片放映过程中，一般需要人工控制：要翻到下一张幻灯片应单击、按 PageDown 键、Enter 键或"空格"键。要返回上一张幻灯片或更多地控制放映，可在放映时右击，从快捷菜单中选择相应命令，如上一张、下一张、定位至幻灯片（即直接跳转到指定的幻灯片继续放映）等，如图 15-17 所示。

在放映过程中，还可把放映屏幕当作黑板，把鼠标当作笔，在黑板上边讲边画。笔又分为"笔"和"荧光笔"两种，也可被设置不同的墨迹颜色。在鼠标右键菜单中选择"指针选项"，从下级菜单中选择相应命令即可。如果选择"笔"或"荧光笔"，则鼠标就变成小圆点的形状，在放映时的屏幕上拖动鼠标就能画出笔迹。还可在级联菜单中选择"橡皮擦"擦除已画出的笔迹。在鼠标右键菜单"指针选项"级联菜单中选择"箭头"，可恢复鼠标为箭头形状。

图 15-17　放映时的鼠标右键菜单

退出放映时，系统将询问是否保留笔所绘制的痕迹，单击"保留"按钮，绘制痕迹将被保留在幻灯片中，单击"放弃"按钮，将不保留。

在放映过程中，可随时按 Esc 键或从鼠标右键菜单中选择"结束放映"命令结束放映。

15.4.3　设置放映

除以上常规放映方式外，为适应不同场合，在 PowerPoint 中还可设置不同的放映方式。

在"幻灯片放映"选项卡"设置"组中单击"设置幻灯片放映"按钮，弹出"设置放映方式"对话框，如图 15-18 所示。可设置放映类型，有 3 种放映类型，见表 15-5。

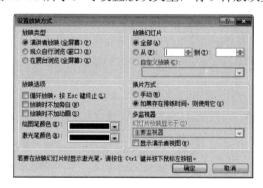

图 15-18　"设置放映方式"对话框

表 15-5　演示文稿的放映类型

放映类型	功能说明
演讲者放映（全屏幕）	最常用，也是默认的方式。全屏幕放映，演讲者具有完全的控制权，可采用人工或自动方式放映，也可暂停放映，添加更多的临场反应，适用于会议、教学等场合
观众自行浏览（窗口）	在标准窗口中放映，允许观众交互式控制播放过程。观众可利用窗口右下角的左、右箭头按钮或按 PageUp、PageDown 键翻页，或者利用左、右箭头按钮之间的菜单键弹出控制菜单做更多控制，适用于展览会等场合
在展台浏览（全屏幕）	全屏幕放映，自动放映幻灯片，适用于无人管理放映的情况，如在会议进行时或展览会上在展示产品的橱窗中放映

在对话框的"放映选项"中，可以设置"循环放映，按 Esc 键终止"等放映选项。在"设置幻灯片放映"对话框的"放映幻灯片"中还可以指定幻灯片的放映范围，使仅放映指定的幻灯片。

在对话框的"换片方式"中可指定如何从一张幻灯片切换到另一张幻灯片。可以手动换片，也可用"排练计时"或自行设定的切换时间自动换片。

【真题链接 15-24】李老师希望制作一个关于"天河二号"超级计算机的演示文档，用于拓展学生课堂知识。请帮助李老师设置该演示文档为循环放映方式，若不单击鼠标，则每页幻灯片放映 10 秒钟后自动切换至下一张。

【解题图示】（完整解题步骤详见随书素材）

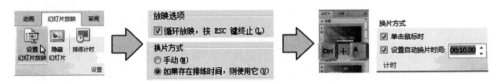

【真题链接 15-25】为进一步提升北京旅游行业整体队伍素质，打造高水平、懂业务的旅游景区建设与管理队伍，北京旅游局将为工作人员进行一次业务培训，主要围绕"北京主要景点"介绍，包括文字、图片、音频等内容。请帮助主管人员设置演示文稿放映方式为"循环放映，按 Esc 键终止"，换片方式为"手动"。

【解题图示】（完整解题步骤详见随书素材）

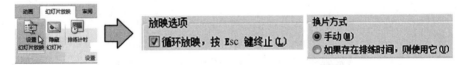

【真题链接 15-26】北京市节能环保低碳创业大赛组委会委托李老师制作有关赛事宣传的演示文稿，用于展台自动播放。按照下列要求帮助李老师组织材料，完成演示文稿的整合制作，制作完成的文档共包含 12 张幻灯片。设置演示文稿由观众自行浏览，且自动循环播放。

【解题图示】（完整解题步骤详见随书素材）

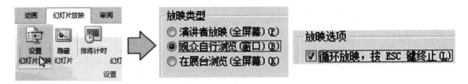

15.4.4　排练计时

"排练计时"是让演讲者实际演练一遍整个放映过程（演练时要演讲者手动换页），PowerPoint 会记录演讲者在排练中的换页时间和各张幻灯片的放映时间；然后在正式放映时，PowerPoint 可根据这个时间自动放映和换页。要进行"排练计时"，在"幻灯片放映"选项卡"设置"组中单击"排练计时"按钮，幻灯片自动进入放映状态。屏幕左上角显示"录制"窗口，如图 15-19 所示。系统将记录下每张幻灯片的放映时间和总放映时间。每翻页到下一张幻灯片，每张幻灯片的放映时间重新计时，但总放映时间累加计时。整个演示文稿放映结束后，将提示放映总时间，同时询问是否保留排练时间，单击"是"按钮，PowerPoint 就把这些时间记录下来。

图 15-19　"录制"窗口

切换到幻灯片浏览视图，在每张幻灯片下方将显示出排练计时中该张幻灯片的放映时间。还可在"切换"选项卡"计时"组中的"持续时间"编辑框中修改每张幻灯片的放映时间。

【真题链接 15-27】李老师制作完成了一个带有动画效果的 PowerPoint 教案，她希望在课堂上可以按照自己讲课的节奏自动播放，最优的操作方法是（　　）。

A．为每张幻灯片设置特定的切换持续时间，并将演示文稿设置为自动播放

B．在练习过程中，利用"排练计时"功能记录适合的幻灯片切换时间，然后播放即可

C．根据讲课节奏，设置幻灯片中每一个对象的动画时间，以及每张幻灯片的自动换片时间

D．将 PowerPoint 教案另存为视频文件

【答案】B

15.4.5　自定义幻灯片放映

若不希望放映所有幻灯片，可将不放映的幻灯片隐藏起来。在"幻灯片放映"选项卡"设置"组中单击"隐藏幻灯片"按钮（或者右击幻灯片缩略图，从快捷菜单中选择"隐藏幻灯片"命令）。隐藏后在缩略图窗格中的幻灯片编号将显示为一条斜杠，如 。要取消隐藏，再次单击"隐藏幻灯片"按钮或从右键菜单中选择"隐藏幻灯片"命令即可。

有时不但需要不放映某些幻灯片，还希望调整幻灯片放映的先后顺序，但又不想调整幻灯片在演示文稿中的真正顺序。这时可建立多种放映方案，在不同的方案中选择不同的幻灯片以及排列它们的顺序。放映时，针对不同的观众选择不同的放映方案，就能放映不同的幻灯片组合。在"幻灯片放映"选项卡"开始放映幻灯片"组中单击"自定义幻灯片放映"按钮，从下拉菜单中选择"自定义放映"命令，弹出"自定义放映"对话框，如图 15-20 所示。

图 15-20　自定义放映（素材 15-6 自定义放映.pptx）

在"自定义放映"对话框中单击"新建"按钮，弹出"定义自定义放映"对话框。在"幻灯片放映名称"中为新放映方案命名，如输入"放映方案 1"。然后在左侧列表中选定该方案中要放映的幻灯片（可按住 Ctrl 键单击，同时选定多张幻灯片条目），单击中间的"添加"按钮，将幻灯片添加到右侧列表。这里将第 1、2、4、7 页幻灯片添加到右侧列表，如图 15-20 所示。单击"确定"按钮，返回到"自定义放映"对话框。再定义一个放映方案，再单击"新建"按钮，将方案命名为"放映方案 2"，包含第 1、2、3、5、6 页幻灯片。返回到"自定义放映"对话框，可见对话框列出"放映方案 1"和"放映方案 2"两个放映方案。单击"关闭"按钮关闭对话框。

这时，在"幻灯片放映"选项卡"开始放映幻灯片"组中单击"自定义幻灯片放映"按钮，下拉菜单中就出现了刚才设置好的放映方案名"放映方案 1"和"放映方案 2"，如图 15-21 所示，单击某个方案就可以按对应方案放映了。例如，单击"放映方案 1"仅放映 1、2、4、7 页幻灯片，而不放映其他幻灯片。

图 15-21　自定义幻灯片放映的放映方案

可以将演示文稿另存为放映文件（扩展名为.ppsx、.ppsm 或.pps），打开后将直接放映，而不是进入编辑状态，要单击放映才能放映。方法是：单击"文件"中的"另存为"命令，在弹出的"另存为"对话框中选择放映文件类型。另外，在"另存为"对话框中，还可以将演示文稿另存为图片文件（扩展名为.gif、.jpg、.bmp、.wmf 等）、视频文件（扩展名为.wmv）等。

【真题链接 15-28】小李利用 PowerPoint 制作产品宣传方案，并希望在演示时能够满足不同对象的需要，处理该演示文稿的最优操作方法是（　　）。

A. 制作一份包含适合所有人群的全部内容的演示文稿，每次放映时按需要进行删减

B. 制作一份包含适合所有人群的全部内容的演示文稿，放映前隐藏不需要的幻灯片

C. 制作一份包含适合所有人群的全部内容的演示文稿，然后利用自定义幻灯片放映功能创建不同的演示方案

D. 针对不同的人群，分别制作不同的演示文稿

【答案】C

【真题链接 15-29】将一个 PowerPoint 演示文稿保存为放映文件，最优的操作方法是（　　）。

A. 在"文件"后台视图中选择"保存并发送"，将演示文稿打包成可自动放映的 CD

B. 将演示文稿另存为.ppsx 文件格式

C. 将演示文稿另存为.potx 文件格式

D. 将演示文稿另存为.pptx 文件格式

【答案】B

15.5　演示文稿的输出和打印

15.5.1　打包演示文稿

通过打包演示文稿，PowerPoint 会创建一个文件夹，其中包含演示文稿文档和一些必要的数据文件。这使演示文稿在没有安装 PowerPoint 的计算机中也可以正常播放。打包的方法是：单击"文件" | "保存并发送"命令，在右侧的"文件类型"组中单击"将演示文稿打包成 CD"命令，单击右侧的"打包成 CD"按钮，弹出"打包成 CD"对话框，如图 15-22 所示。在该对话框中输入 CD 名称，单击"复制到文件夹"按钮。再选择保存位置的一个文件夹，单击"确定"按钮。系统将弹出一个对话框，提示打包演示文稿中的所有链接文件，单击"是"按钮，显示复制进度，完成后，演示文稿将被打包到指定的文件夹中。

图 15-22　"打包成 CD"对话框

还可以将演示文稿另存为视频文件（扩展名为.wmv），使其中的动画、切换、各种媒体内容（包括旁白）都可顺畅播放。单击"文件" | "保存并发送"命令，在右侧选择"创建视频"，设置必要的选项后单击"创建视频"按钮即可。创建视频需要较长时间，具体取决于演示文稿的复杂程度。

有时常需要制作内容相近的不同幻灯片，某些幻灯片可能会在不同演示文稿中多次反复出现。这时可将这些常用的幻灯片发布到幻灯片库中，需要时直接调用就可以了。单击"文件" | "保存并发送"命令，在右侧单击"发布幻灯片"按钮。在打开的"发布幻灯片"对话框中选中幻灯片，再单击"浏览"按钮，在"浏览文件"对话框中选择保存位置。单击"发布"按钮，将所选幻灯片发布到幻灯片库中。

15.5.2　创建和打印讲义

在 PowerPoint 中制作的幻灯片可以发送到 Word，并在 Word 中创建讲义。这一功能按钮在 PowerPoint 的默认窗口布局中是隐藏的，因此应首先将此功能按钮添加到工作界面中才能使用，如将按钮添加到快速访问工具栏，单击 PowerPoint 窗口中"快速访问工具栏"右侧的自定义按钮，从下拉菜单中选择"其他命令"。在弹出的"PowerPoint 选项"对话框中，在左上角的下拉列表中选择"不在功能区中的命令"，然后在左侧列表中找到并选中"使用 Microsoft Word 创建讲义"，再单击中间的"添加"按钮，将此命令添加到右侧列表。单击"确定"按钮，此命令按钮就被添加到"快速访问工具栏"中了。今后在 PowerPoint 中单击该按钮，在弹出的如图 15-23（a）所示的对话框中选择讲义版式，单击"确定"按钮，就能将演示文稿发送至 Word 文档制作讲义了，如图 15-23（b）所示。

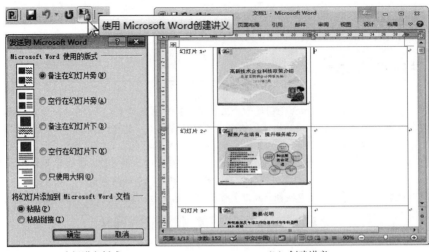

（a）选择讲义版式　　　　　　　　　（b）创建讲义

图 15-23　将演示文稿发送到 Word 创建讲义

　　还可以采用讲义形式打印演示文稿，使每页纸上可打印一张、两张、三张、四张到多张幻灯片。单击"文件"中的"打印"命令，然后在右侧单击"整页幻灯片"右侧的下三角按钮，从下拉列表中选择"讲义"中的一种版式，如"6 张水平放置的幻灯片"，如图 15-24所示。在右侧可以预览打印效果，每页纸上将有 6 张幻灯片，单击"打印"按钮即可。

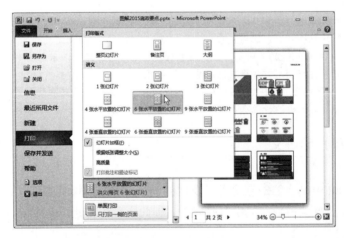

图 15-24　打印讲义

　　对讲义的布局排版可通过讲义母版修改。方法是在"视图"选项卡"母版视图"组中单击"讲义母版"进入讲义母版的编辑状态。然后通过"讲义母版"选项卡中的功能对讲义进行设置，如讲义方向、幻灯片方向、每页幻灯片数量等。

第 16 章 程林高手武功秘籍——公共基础知识

本章将介绍数据结构、程序设计、软件设计、数据库等最基本的知识，这些都是程序设计和软件开发的基本功。"程林高手"就是"编程界的编程高手"，他们的"武功"是怎样炼成的呢？

16.1 编程的经验财富——数据结构与算法

用计算机解决问题，方法很关键。解决同样的问题，不同的人写出的程序不会完全一样。有人写出的程序，执行效率很高，很快就能算出结果；而有人却用了最复杂的方法，费九牛二虎之力、花费比别人多出几倍，甚至几十倍的时间算出同样的结果。在编程解决问题时，如何寻找最有效的方法，提高数据处理的效率，这就是数据结构与算法要解决的问题。

16.1.1 一招鲜——算法

16.1.1.1 算法及其基本特征

算法，字面上看，就是计算的方法。然而，现代计算机除了能计算外，还能帮助人类完成很多复杂的工作，如查找、排序、绘图、机械控制等。因此，算法的概念广义地讲应为计算机解决问题的方法，实际就是解决问题的步骤。算法的基本特征如下。

（1）确定性：算法的每一步都是明确的，都必须有明确定义，不能有模棱两可的解释。

（2）有穷性：算法能在有限的时间内做完，若要执行千万年，显然也就失去了价值。

（3）可行性：算法的每一步在现有条件下必须都能够做得到，如除法分母不能为 0。

（4）输入：算法需要多个输入数据或者没有输入数据。

（5）输出：算法必须有一个或一个以上的结果输出。

算法不等于程序，因为程序不具有上述第（2）个特征，陷入"死循环"的程序也是程序，但不是算法，因为"死循环"不能在有限步骤内结束。

【真题链接 16-1】算法的有穷性是指（　　）。

A．算法程序的运行时间是有限的　　　B．算法程序处理的数据量是有限的

C．算法程序的长度是有限的　　　　　D．算法只能被有限的用户使用

【答案】A

算法可以用自然语言、程序流程图、伪码等形式表示出来。伪码是一种介于自然语言和计算机语言之间的一种语言，没有严格的语法要求，便于描述解决问题的步骤，同时便于向计算机语言过渡。例如，求 3 个数中最大值的算法，可用伪码表示如下。

```
将 a 存入 max
如果 b>max，则将 b 存入 max
如果 c>max，则将 c 存入 max
输出 max 的值
```

一旦算法确定，就可以用任何一种计算机语言（如 C 语言、Java 语言、Python 语言、VB 语言等）编写出对应的程序，再由计算机执行完成功能。算法与相应的程序是对应的，按照一个算法可以写出相应的程序，而一个程序的思路也可用算法描述出来。但人们在讨论解决问题的方法时，更倾向于用"算法"讨论，而不是基于某种计算机语言所编写的程序；因为这样可以更关注描述解决问题的步骤，而不必在此过程中受某种语言语法规则的束缚。

16.1.1.2 算法的基本组成要素

算法的组成要素包括如下两方面。

（1）对数据对象的运算和操作，包括算术运算、逻辑运算、关系运算及数据传输（赋值、输入输出）等。

（2）算法的控制结构，即算法中各操作步骤之间的执行顺序，一般是由**顺序结构**、**选择结构**（或分支结构）、**循环结构** 3 种基本结构组合而成的。

【真题链接 16-2】下列叙述中正确的是（　　）。

A．算法就是程序　　　　　　　　　　B．设计算法时只需考虑数据结构的设计

C．设计算法时只需考虑结果的可靠性　　D．以上 3 种说法都不对

【答案】D

16.1.1.3 算法复杂度

如何衡量算法的优劣呢？自然，越不复杂的算法越优，因而人们引入**算法复杂度**的概念。算法复杂度包括**时间复杂度**和**空间复杂度**，即从时间、空间两个角度衡量。

为了能够比较客观地反映一个算法的效率，在度量算法的工作量时，不仅应与所用的计算机、程序语言及程序编制人无关，而且还应与算法实现中的细节无关。为此，定义时间复杂度是指执行算法所需要的计算工作量，是算法执行过程中所需要的**基本运算次数**；与对应程序长短、语句多少没有关系，更不是算法程序具体运行了几分几秒。

时间复杂度与问题的规模有关，例如，20 个数据相加就比 10 个数据相加基本运算次数多。也与数据或输入有关，例如，在顺序查找中，如输入的被查值恰好是第 1 个元素，则只需比较 1 次；如被查值是最后一个元素，则所有数据全都要翻一遍，n 个数据要比较 n 次。

算法的时间复杂度一般用"$O（n 的表达式）$"的形式表示，n 为问题的规模。例如，$O(n)$、$O(n^2)$、$O(\log_2 n)$ 等，它表示的是当问题的规模 n 充分大时，该算法要进行基本运算次数的一个数量级。

空间复杂度指执行这个算法**需要的存储空间**，包括算法程序所占的空间、输入的初始数据所占的空间以及算法执行过程中所需的额外空间（与输出无关）。若额外空间量相对于问题规模是常数（额外空间量固定），则称该算法是**原地工作**的。空间复杂度一般也用"$O（n 的表达式）$"的形式表示。在许多实际问题中，常采用压缩存储技术，以减少算法所占的存储空间。

【真题链接 16-3】算法的时间复杂度是指（　　　）。

A．算法的执行时间　　　　　　　　B．算法所处理的数据量

C．算法程序中的语句或指令条数　　D．算法在执行过程中所需要的基本运算次数

【答案】D

【真题链接 16-4】下列叙述中错误的是（　　　）。

A．算法的时间复杂度与空间复杂度没有必然的联系

B．算法的时间复杂度与计算机系统无关

C．算法的时间复杂度与问题规模无关

D．算法的空间复杂度与算法运行输出结果的数据量无关

【答案】C

16.1.2　听我嘚啵嘚啵——数据结构

16.1.2.1　什么是数据结构

在实际问题中，要处理的数据往往会有很多，这些数据都要被存放到计算机中。众多的数据在计算机中如果随意乱放，那就是在"自讨苦吃"。如何存储这些数据，才能把它们规范地组织起来，便于增删、修改、查找等，并占用较少的存储空间呢？这就是数据结构要解决的问题。

数据结构，大体上说，就是数据在计算机中如何表示、存储、管理，各数据元素之间具有怎样的关系、怎样相互运算等。研究数据结构，一般要研究数据的**逻辑结构**和**存储结构**两个方面。**数据的逻辑结构**是各数据元素之间固有的前后逻辑关系（**与存储位置无关**）。数据的**存储结构**也称为**物理结构**，是指数据在计算机中存储的方式，或称为数据的逻辑结构在计算机中的表示、逻辑结构在计算机中的存储方式，是面向计算机的。

讨论以上问题，主要目的是为了提高数据处理的效率。其中包括两方面的效率：一是提高数据处理速度；二是尽量节省数据处理过程中占用的计算机存储空间。

16.1.2.2　数据结构的表示

数据结构，顾名思义，就是"数据"+"结构"。因此，一个数据结构应包含两个方面：一是"数据"，就是数据元素的集合，说明本问题中有哪些数据，用 D 表示；二是"结构"，就是这些数据元素之间的前后件关系，用 R 表示。R 是一个集合，其中包含每种前后件关系。两个元素的前后件关系常用二元组表示，如"(a,b)"表示 a 是 b 的前件、b 是 a 的后件。

例如，一年四季的数据元素集合是 $D=\{春，夏，秋，冬\}$，数据元素之间的前后件关系的集合是 $R=\{（春，夏），（夏，秋），（秋，冬）\}$。又如，家庭成员的数据结构 $D=\{父亲，儿子，女儿\}$，$R=\{（父亲，儿子），（父亲,女儿）\}$。

数据结构还可以用图形表示，如上例两个数据结构如图 16-1 所示。

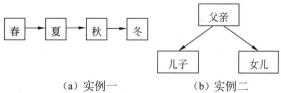

（a）实例一　　　　（b）实例二

图 16-1　数据结构的图形表示实例

16.1.2.3 数据结构的类型

一般将数据结构分为两大类型：**线性结构和非线性结构**。数据结构的逻辑线性结构和非线性结构见表 16-1。

表 16-1 数据结构的逻辑线性结构和非线性结构

线性结构或非线性结构	数据元素之间的关系	数据元素之间关系的说明①	数据结构类型
线性结构	一对一	除开始和末尾元素外，每个数据元素只有**一个**前件（前驱）、**一个**后件（后继）	数组、链表、堆栈、队列
非线性结构	一对多	除开始和末尾元素外，每个数据元素只有**一个**前件，但有**多个**后件	树、二叉树
	多对多	除开始和末尾元素外，每个数据元素可有多个前件，也可有多个后件	图（本书不涉及）

注①：这里，前件、后件都指直接前件、直接后件，即相邻的前、后一个元素。

二维表行与行之间仍是线性结构的关系。矩阵可被看作是下一行衔接在上一行的行尾形成的直线序列，因而也为线性结构。向量可被看作由各分量组成的线性序列，也是线性结构。但是，若首尾相接形成回路的结构，就不是线性结构了（而属于图，本书不涉及）。

线性结构的数据结构又称**线性表**。线性表包含的结点个数称线性表的**长度**；当无结点时，称**空表**。

【真题链接 16-5】下列数据结构中，属于非线性结构的是（ ）。

A．循环队列　　　　B．带链队列　　　　C．二叉树　　　　D．带链栈

【答案】C

【真题链接 16-6】设数据元素的集合 $D=\{1,2,3,4,5\}$，则满足下列关系 R 的数据结构中为线性结构的是（ ）。

A．$R=\{（1,2），（3,4），（5,1）\}$　　　　B．$R=\{（1,3），（4,1），（3,2），（5,4）\}$
C．$R=\{（1,2），（2,3），（4,5）\}$　　　　D．$R=\{（1,3），（2,4），（3,5）\}$

【答案】B

【解析】应像图 16-1 那样画图分析。由题干知，所有图只有 5 个结点。由于选项不同，5 个结点之间的关系不同，位于小括号中的两个元素在图形中有连线。例如，选项 A 的图形为"5-1-2 3-4"。其中，2、3 之间有间断，因而不是线性结构。选项 B 为"5-4-1-3-2"，因而是线性结构（注意，如果出现有回路的情况，也不是线性结构，如选项 B 中，如果(2,5)之间也有连线，就不是线性结构了）。

16.1.3 邮政编码的小方格——数组

16.1.3.1 数组

数组的例子如图 16-2 所示，它的空间类似于邮政编码的小方格，用**连续的**存储空间依次存放每个数据元素。每个数据元素占用连续空间中的一个空间，各空间的大小（所占字节数）相同。数据与数据之间是一个挨着一个的，中间不能有空白间隔。显然，数组各数据元素之间的相对位置是**线性**的，只有一个开始元素和一个末尾元素，除这两个元素外，其他数据元素都只有一个前件，

	$a[0]$	$a[1]$	$a[2]$	$a[3]$	$a[4]$
a	11	20	13	22	5

图 16-2　数组的例子

一个后件，因而数组是线性结构。

图 16-2 的数组名为 a，各数据元素通过下标区分：$a[0]$、$a[1]$、$a[2]$……。这里，下标 0、1、2……决定逻辑结构：在逻辑关系上，$a[0]$ 是 $a[1]$ 的前件，$a[1]$ 是 $a[0]$ 的后件。而 $a[0]$、$a[1]$、$a[2]$……这些数据结点所处的位置是数组的物理（存储）结构。显然，数组中，逻辑关系相邻的数据结点，存储的物理位置也是相邻的。数组的特点是：① 数组中所有元素所占的存储空间是连续的；② 数组中各元素在存储空间中是按逻辑顺序依次存放的，即数组的 逻辑顺序 ＝ 物理存储顺序。

16.1.3.2　数组元素的插入和删除

数组元素连续存储的特点，会给元素的插入和删除带来较大的麻烦。

要在数组的第 i 个位置处插入一个新元素，需要把第 i 个元素及它以后的所有元素顺次向后移动一个位置，"腾"出第 i 个位置的空间，再将新元素放在第 i 个位置上；最坏情况下是要在第 0 个位置插入新元素，如果数组原来有 n 个元素，则全部元素都要移动，需移动 n 次。

要删除第 i 个位置上的元素，也需要把第 i 个元素以后的所有元素（不包括第 i 个元素）依次向前移动一个位置（原来第 i 个位置上的元素被覆盖掉了）；最坏情况下需要移动 $n-1$ 次。

16.1.4　讲座会的座次——链表

16.1.4.1　链表简介

在链表中，一个数据元素的结点由两部分组成：① 用于存放数据值的部分，称为**数据域**；② 用于存放指针（地址）的部分，称为**指针域**。指针（地址）指向前一个或后一个结点，如图 16-3 所示。

链表的例子如图 16-4 所示。图 16-4 的链表有 5 个结点（head 用于找到第一个结点，称为**头结点**，它不保存数据，不属于链表中的结点；无论链表是否为空，头结点都会存在，以方便程序的处理）。各结点左下角的数字表示该结点的地址。在第一个结点的指针域内存入第二个结点的地址，在第二个结点的指针域内又存入第三个结点的地址……如此串联下去，直到最后一个结点；最后一个结点无后续结点，其指针域为 0。

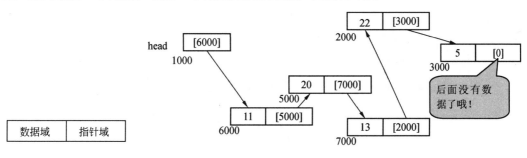

图 16-3　链表中的结点　　　　　图 16-4　链表的例子

由于链表中的每个结点都记录着下一结点的地址，从一个结点就可以找到下一个结点，而下一个结点又记录着再下一个结点的地址，因而又能找到再下一个结点……这样一个一个地找下去，就能得到链表中的所有数据了。然而，必须从第一个结点出发，才能找全所有结点；如果从中间某个结点出发找下去，那么它之前的结点就访问不到了。

链表中，谁保存下一个结点的地址，谁就是"前件"，被保存地址的结点相对来说就是"后件"。这种结点之间的前后件关系是链表的逻辑结构。由于每个结点都只保存**一个**结点的地址，所以每个结点只有**一个**"下一个结点"；反过来说，每个结点的地址都只被一个结点保存着，即每个结点的"上一个结点"也只有一个，所以链表也是**线性结构**。

链表各结点的存储空间可以是动态分配的，即需要空间时，哪里有空间，数据就将位于哪里。这类似于学生听讲座会时的"随便就座"，哪里有座位就坐到哪里，与学号无关（这里，学号顺序为逻辑结构，所坐到的具体位置为存储结构）。链表的结点也不一定连续存储，前件结点的空间也可能在后件结点的后面。例如，结点 11 链接到结点 20，11 在 20 之前，这是逻辑结构。然而，结点 11 的地址是 6000，结点 20 的地址是 5000，结点 11 的地址反而在结点 20 之后，这是物理（存储）结构，与逻辑上的前后关系不同。因此，链表的特点是：链表中，数据元素之间的逻辑关系是由指针域决定的。结点之间逻辑上的前后件关系，不决定于所位于位置的前后关系（地址大小）；各元素的存储空间可以不连续，各元素的存储顺序与元素之间的逻辑关系可以不一致。链表的 逻辑顺序 ≠ 物理存储顺序 。

16.1.4.2　各有利弊——数组与链表的比较

通过数组可以保存一组数，通过链表也可以保存一组数。也就是说，要保存一组数，既可以采用数组，也可以采用链表。这两种数据结构各有各的优缺点。

（1）使用数组保存数据时，必须事先确定数组的大小，数组空间用满后再不能容纳新数据。而链表则可随时用动态存储分配的方式分配新结点的空间，当下内存中哪里有空间，就到哪里分配；然后再把新结点"链接"到链表中就可以了（修改相应结点的指针域，使它指向新结点）。除非计算机的所有内存全部用尽，否则链表不容易出现无法容纳新数据而导致溢出的现象。

（2）数组元素的内存空间连续，这使数组元素的插入和删除都非常麻烦（需依次移动元素腾出位置或填补空缺）；但由于链表的各结点的存储空间可以不连续，这使链表结点的插入和删除都非常方便：只要调整 1～2 个结点的指针域，使它保存正确的地址就可以了。

（3）通过数组名和下标可直接存取数组中间的任何一个元素，想查看中间的哪一个元素都比较方便；然而，链表就比较麻烦了，要访问链表中的一个结点，必须从第一个结点开始，按照各结点的指针域，一个接一个地"找"，直到到达所需结点为止。

（4）用数组保存一批数据时，只要保存数据本身就可以了；而用链表保存时，不但要保存数据本身，还要为每一数据另设指针域的存储空间保存下一数据的地址。因此，保存同样多的数据，链表比数组占用的存储空间多。

16.1.4.3　链表的高级兄弟——循环链表和双向链表

以上介绍的链表称为单向链表，实际应用中，链表还有循环链表、双向链表等。

循环链表最末端结点的指针域不为 0，而是又指回第一个结点，如图 16-5 所示。循环链表类似于某些遥控器按键式的菜单，需要按"下箭头"向下移动菜单项；当已选到最后一个菜单项时，再按"下箭头"就又回到第一个菜单项。循环链表的好处是能从任意一个结点出发遍历整个链表，访问所有结点；而不必只从第一个结点出发。循环链表至少要有一个结点。

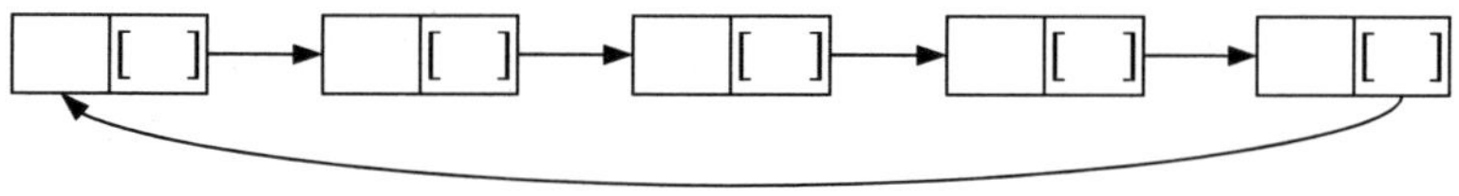

图 16-5　循环链表

在循环链表中，一般设有头结点或头指针，指向第 1 个结点。因而，哪个结点是第 1 个结点是确定的，而第 1 个结点就是没有前件的结点。其最后一个结点虽然指向第一个结点，但并不说明"第 1 个结点的前件是最后一个结点"，因而循环链表并不是构成环路的图，循环链表是线性结构。

双向链表的每个结点都有两个指针域：左指针域指向它的前一结点，右指针域指向它的后一结点，如图 16-6 所示。这样，可以很容易地获得任何一个结点的"前一结点"，链表遍历既可顺向进行，也可逆向进行。像双向链表这样含有两个或更多个指针域的链表称多重键表。

左指针域	数据域	右指针域

双向链表中的结点　　　　　　双向链表

图 16-6　双向链表中的结点和双向链表

16.1.5　早出晚归勤快人儿——栈（堆栈）

16.1.5.1　栈的基本概念

栈也称为堆栈，顾名思义，它就是类似于草堆、土堆、木头堆等堆得高高的一种数据结构。栈有两端，即顶端和底端；顶端称为**栈顶（top）**，底端称为**栈底（bottom）**。

堆放物品时必须先放置最下面接触地面的物品，然后再一层层地摆起来。但在取走物品时，最下面的物品被紧紧压住动弹不得；只有首先取走最顶端的物品，才能逐层向下取走下面的物品。显然，被最先取走的物品当初是最后放的，最后取走的物品当初是最先放的。又如，干电池手电筒中电池的取放也是堆栈的原理（最外端的电池为栈顶，最里面的电池为栈底）。

正是这种原理，栈按照**"先进后出"**（First In Last Out，FILO）或**"后进先出"**（Last In First Out，LIFO）组织数据。栈是只能在一端进行插入与删除的**线性表**。允许插入与删除的一端是**栈顶（top）**；另一端是**栈底（bottom）**。当表中没有元素时，称为**空栈**。

栈具有记忆作用，程序设计中的子程序调用、函数调用、递归调用等都是通过栈实现的。

【真题链接 16-7】支持子程序调用的数据结构是（　　　　）。
A．栈　　　　　　　B．树　　　　　　　C．队列　　　　　　　D．二叉树

【答案】A

【真题链接 16-8】下列关于栈的叙述正确的是（　　　　）。
A．栈顶元素最先被删除　　　　　　　　B．栈顶元素最后才能被删除
C．栈底元素永远不能被删除　　　　　　D．以上 3 种说法都不对

【答案】A

16.1.5.2　栈的逻辑结构和存储结构

栈的逻辑结构也是线性结构。

栈的存储结构呢？任何一种数据结构（无论是堆栈、队列等线性结构，还是树等非线性结构）一般来说都既可以用数组存储，也可以用链表存储。其中，用数组存储的称为**顺序存储**，用链表存储的称为**链式存储**。两种存储方式各有优缺点，16.1.4.2 节中介绍的数组和链表的优缺点，也是对任何数据结构分别采用**顺序存储**和**链式存储**的优缺点。

数组和链表作为两种类型的数据结构本身是线性结构，这是毋庸置疑的。但这两种数据结构还可以行使另一种特殊身份，即用于存储其他类型的数据结构。当行使这种特殊身份时，所要存储的结构就不一定是线性结构了。例如，可以用数组或链表存储树，而树是非线性结构。因此可以说，数组和链表是线性结构，但当它们用于存储其他数据结构时，既可存储（表示）其他类型的线性结构（如堆栈、队列），也可存储（表示）非线性结构（如树）。

回到堆栈的存储问题，堆栈也既可用数组存储（称为顺序存储），也可用链表存储（称为链式存储）。用链表存储时，又称为**带链的栈**。

【真题链接 16-9】线性表的链式存储结构与顺序存储结构相比，链式存储结构的优点是（   ）。

A．节省存储空间   B．插入与删除运算效率高
C．便于查找   D．排序时减少元素的比较次数

【答案】B

下面介绍顺序存储的方法：使用一个数组 s（0:M−1）存储堆栈的各数据元素；堆栈能容纳的最多元素个数为 M，一般设置为足够大。M 个空间不一定全部用满，再设置一个整数变量 top 表示目前栈顶元素所在数组元素的下标。top 称为栈顶指针，如图 16-7 所示，当有新数据入栈（又称为进栈、插入、Push）或栈中有数据出栈（又称为退栈、删除、Pop）时，top 变量的值分别+1、−1 跟随变化；当 top=−1 时表示栈空，top=M−1 时表示栈满。

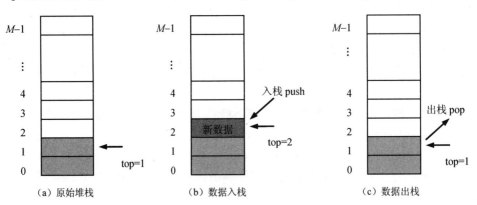

图 16-7 用数组存储堆栈，以及数据入栈、出栈时栈顶指针 top 的变化

如果栈空间已满，不可能再进行入栈操作，如仍入栈，将发生"上溢"错误。如果栈空，不可能再进行退栈操作，如仍退栈，将发生"下溢"错误。

数组各元素空间的下标既可以像图 16-7 那样，最下面编号为 0，最上面编号为最大；也可以最下面编号为最大，最上面编号为 0。当为后者情况时，top 变量值的增减也应对应改变。数组下标既可从 0 开始，也可从 1 开始，即数组空间也可以为 s(1:M)。

【真题链接 16-10】设栈的顺序存储空间为 S(1: 50)，初始状态为 top=0。经过一系列入栈与出栈运算后，top=20，则当前栈中的元素个数为（   ）。

A．30   B．29   C．20   D．19

【答案】C

【解析】本题重点要区分空间是最下面编号为 1，还是最上面编号为 1。由初始状态 top=0，说明最下面空间编号是 1。top=20 时，显然使用了下标为 20～1 的这些空间，因此元素个数为 20。

【真题链接 16-11】设栈的顺序存储空间为 $S(1:m)$，初始状态为 top=m+1。经过一系列入栈与出栈运算后，top=20，则当前栈中的元素个数为（　　）。

A．30　　　　　　　　B．20　　　　　　　　C．m-19　　　　　　D．m-20

【答案】C

【解析】请与【真题链接 16-10】区别，本题的初始状态 top=m+1，说明最下面的空间下标是 m（而不是 1）。top=20 时，显然使用了下标为 20～m 的这些空间，因此元素个数为 m-20+1。

如果堆栈用链式存储（称带链的栈），动态分配各元素的存储空间，不易发生上溢错误。与顺序存储情况相同，也要设置栈顶指针指向栈顶元素，且随出、入栈动态变化。但与顺序存储不同的是，栈底元素也是动态分配的，因此还要设置一个栈底指针 bottom 指向栈底元素。一般情况下，栈底指针不变；但当栈底元素也被删除成为空栈、之后再添加新元素时，就要重新分配新栈底元素的空间，这时栈底指针就会变化了。因此，在带链的栈中，栈底指针是有可能变化的。带链的栈空的条件是 top=bottom=NULL，如仅 top=bottom 但不为 NULL，说明栈仅有 1 个元素。

16.1.6　先来后到——队列

16.1.6.1　队列的基本概念

堆栈的特点是**先进后出或后进先出**，但在实际生活中，"按序排队""先来后到"才是行为的规范。在计算机中，有没有"先来后到"的数据结构呢？有的，这就是**队列**。数据结构中的队列是**先进先出**（First In First Out，FIFO）或**后进后出**（Last In Last Out，LILO）的线性表。

数据结构中的队列也有两端：**队头**和**队尾**。按照先来后到的规则，显然新数据应在队尾**插入**（数据结构中的"插入"是添加新数据的意思），也称为**入队**；删除数据在**队头**进行，也称为**出队**。只能访问和删除队头元素，中间元素和队尾元素都不能被随意访问。只有队头元素被删除后，后面的数据成为新的队头，才能被访问。显然，队列是只允许在一端插入，而在另一端删除的线性表。允许插入的一端是**队尾**，允许删除的一端是**队头**。

【真题链接 16-12】下列与队列结构有关联的是（　　）。

A．函数的递归调用　B．数组元素的引用　C．多重循环的执行　D．先到先服务的作业调度

【答案】D

【解析】函数的递归调用是通过堆栈实现的。数组元素直接通过整数下标引用即可，与队列无关。多重循环是程序设计中的概念，例如，时钟的时针和分针就类似一个两重循环：时针转动 1 格，分针转动 60 格；时针转动 12 格（12 小时），分针则要转动 720 格（60×12=720 分钟），显然与队列也没有关系。作业调度是操作系统中的概念，先提交的作业先执行，自然与队列有关。

16.1.6.2　队列的逻辑结构和存储结构

队列的逻辑结构也是线性结构。

队列的存储结构呢？队列也既可用数组存储（称为顺序存储），也可用链表存储（称为链式存储）。用链表存储时，又称为**带链的队列**。

下面介绍顺序存储：使用一个数组 s（0:M-1）存储队列的各数据元素；队列能容纳的最多元素个数为 M，一般设置为足够大。再设置两个整数变量 rear 和 front，rear 表示目前队尾元素的数组元素下标，front 表示目前队头元素的**前一个元素**的数组元素下标（不是队头元素）。rear 和 front 分别称**队尾指针**和**队头指针**。初始状态时，队列中没有元素，rear 和 front 都为-1。如图 16-8 所示，当有新数据入队（插入）或队列中有数据出队（删除）时，rear 和 front 分别跟随变化。

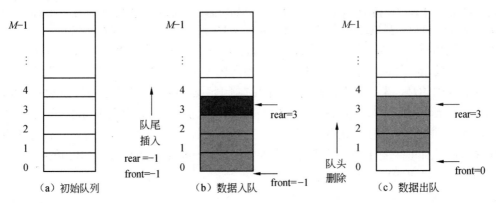

图 16-8　用数组存储队列，以及数据入队、出队时队头指针 front 和队尾指针 rear 的变化

然而，这种方式有一个问题：不断有新数据在队尾加进来，同时又有数据从队头出队离开。队头元素离开后，已用的数组空间不能被再次利用就浪费了；而队尾又在不断延伸，不断需要新空间，过不了多久 M 个空间就会全部用完。能否回收队头已用过的空间，让队列"绿色"一点儿呢？人们常采用**循环队列**（环状队列）的方式，当新数据在队尾用完下标为 M-1 的空间后，还允许返回来使用下标为 0 的空间（如果原来下标为 0 的空间的数据已经离队）。也就是将图 16-8 中的数组空间弯折，上端和下端重合，形成一个环状，如图 16-9 所示。

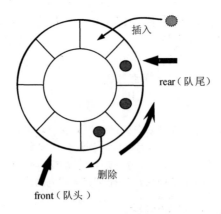

图 16-9　循环队列示意图

【真题链接 16-13】下列叙述中正确的是（　　）。
A．循环队列是队列的一种链式存储结构　　　B．循环队列是队列的一种顺序存储结构
C．循环队列是非线性结构　　　D．循环队列是一种逻辑结构

【答案】B

【解析】循环队列是队列采用数组存储的方式，显然讨论的是存储结构，而非逻辑结构。

16.1.6.3　循环队列的基本运算

在循环队列中仍需通过 rear 和 front 两个变量反映目前队列的状态（队列是空还是满，以及目前队列中有几个元素）。显然，在循环队列"转起来"以后，rear 和 front 孰大孰小就不一定了。循环队列目前的元素个数可简单地用 rear−front 求得，如果所得为负数，再加数组总容量（M）即可（若 rear−front 不为负数，则不加总容量）。

当循环队列满或为空时，都有 rear=front。因此，当 rear=front 时，不能确定循环队列是满，还是空，一般还要增加一个标志变量判满（标志变量=1）或判空（标志变量=0）。

【真题链接 16-14】下列叙述中正确的是（　　）。
A．循环队列中的元素个数随队头指针与队尾指针的变化而动态变化
B．循环队列中的元素个数随队头指针的变化而动态变化
C．循环队列中的元素个数随队尾指针的变化而动态变化
D．循环队列的插入运算不会发生溢出现象

【答案】A

【真题链接 16-15】设循环队列的存储空间为 $Q(1:m)$，初始状态为空。经过一系列正常的入队与出队操作后，front=m−1，rear=m，此后再向该循环队列中插入一个元素，则队列中的元素个数为（　　）。
A．2　　　　　　B．1　　　　　　C．m−1　　　　　　D．m

【答案】A

【解析】队列中元素个数为：$m − (m−1) = 1$ 个元素，则再插入一个元素自然为两个元素。

【真题链接 16-16】设循环队列为 $Q(1:m)$，其初始状态为 front=rear=m。经过一系列入队与出队运算后，front=20，rear=15。现要在该循环队列中寻找最小值的元素，最坏情况下需要比较的次数为（　　）。
A．5　　　　　　B．6　　　　　　C．m−5　　　　　　D．m−6

【答案】D

【解析】2 个元素寻找最小值比较 1 次，3 个元素则比较 2 次……n 个元素比较 n−1 次。队列中的元素个数为：$15 − 20 + m = m$−5 个元素，则寻找最小值需要比较的次数为：$m − 5 − 1 = m − 6$。

16.1.7　倒置的树——树与二叉树

16.1.7.1　树的基本概念

数据结构中的树类似于把生活中的树倒置（树根朝上，叶子在最下面），如图 16-10 所示。在磁盘根目录下建立文件夹，在一个文件夹下再建立多个子文件夹，一个子文件夹下还可以再建立子文件夹，这就是一种"树"的结构。树是**非线性结构**，其所有元素之间具有明显的层次特性。像对生活中的树的称呼一样，对数据结构中树的结点也可分别称为根结点、分支结点（非终端结点）、叶子结点（终端结点），需要注意的是根在上、叶子在下。

除根结点和叶子结点外，每个结点的前驱（前件）只有一个，而后继（后件）有多个，这类似于一个文件夹的上一级文件夹只有一个，而在它下面可以建立多个子文件夹。树的**根结点**是唯一没有前驱的结点，叶子结点都没有后继。

也可以把树想象为一个家族的"家谱"，上面为祖先，下面为子孙，下一层就是下一代子孙。这样，每个结点的唯一前驱结点也称为这个结点的**父结点**，多个后继结点也称为

这个结点的**子结点**（孩子结点），父结点相同的各结点互称为**兄弟结点**，如图 16-10 所示。

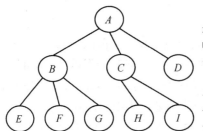

根结点：A
叶子结点：D、E、F、G、H、I
分支结点：A、B、C

B 是 E、F、G 的父结点
E、F、G 是 B 的子结点
E、F、G 互为兄弟结点

图 16-10 树和树中的结点

一个结点拥有的子结点个数称为该结点的**度**（分支度），也就是它的孩子数。所有结点中最大的度称为**树的度**。树的最大层次称为树的**深度**。图 16-10 中，结点 C 的度为 2，A 的度为 3，D 的度为 0，E 的度为 0，树的度为 3；树有 3 层，树的深度为 3。

对于任意的树，除根结点外，每个结点都被挂在一个分支上。因此，**树中的结点数 = 所有结点的度数 + 1**。

【真题链接 16-17】设一棵度为 3 的树，其中度为 2，1，0 的结点数分别为 3，1，6。该树中度为 3 的结点数为(　　)。

A. 1　　　　　　B. 2　　　　　　C. 3　　　　　　D. 不可能有这样的树

【答案】A

【解析】树的度为 3，说明最大分支为 3，即只有度为 0、1、2、3 四种情况的结点。设度为 3 的结点有 x 个，则所有结点的度数表示为 $2×3 + 1×1 + 6×0 + 3x$。根据"树中的结点数=所有结点的度数+1"列方程得 $3+1+6+x = 2×3 + 1×1 + 6×0 + 3x + 1$，解方程得 $x=1$。

根结点和叶子结点的概念也可被延伸到线性结构。通常称没有前件的结点为根结点，没有后件的结点为叶子结点（或终端结点）。例如，在图 16-1（a）所示的数据结构中可称"春"为根结点，"冬"为叶子结点。线性结构是元素间有一对一关系的结构，如果中间有的关系有间断（出现多个根结点），或构成回路（无根结点），就不是线性结构了。因此也可以说线性结构是只有一个根结点，且元素间为一对一关系的结构。

树为非线性结构，具有一个根结点，而无论具有几个叶子结点，都不能改变树是非线性结构的事实。例如，具有一个根、一个叶子的树（〇-〇），也是非线性结构。只要它是树，它就是非线性结构。

16.1.7.2　二叉树及其基本性质

二叉树是树的一种特殊情况，每个结点至多有两个分支（也可有一个分支或没有分支），如图 16-11 所示。那么，在二叉树中就只有 3 类结点：其分支度分别为 0，1，2（其中分支度为 1 的结点包括向左分支的结点和向右分支的结点，都算作分支度为 1 的一类中）。根结点的左边部分称为**左子树**，右边部分称为**右子树**，左、右子树不能互换。

二叉树的基本性质：

（1）在二叉树的第 k 层上，最多有 2^{k-1}（$k≥1$）个结点。

（2）深度为 m 的二叉树最多有 2^m-1 个结点。

（3）**度为 0 的结点（叶子结点）总是比度为 2 的结点多一个。**

【真题链接 16-18】一棵二叉树中共有 70 个叶子结点与 80 个度为 1 的结点，则该二叉树中的总结点数为（　　　）。
　　A. 219　　　　　　　B. 221　　　　　　　C. 229　　　　　　　D. 231

【答案】A

【解析】叶子结点为 70 个，故度为 2 的结点为 70-1=69 个。总结点数为 69+80+70=219。

【真题链接 16-19】设二叉树共有 150 个结点，其中度为 1 的结点有 10 个，则该二叉树中的叶子结点数为（　　　）。
　　A. 71　　　　　　　B. 70　　　　　　　C. 69　　　　　　　D. 不可能有这样的二叉树

【答案】D

【解析】设叶子结点为 x 个，故度为 2 的结点有 $x-1$ 个。可列方程 $x+x-1+10=150$，方程无整数解。

　　每一层上的所有结点数都达到最大的二叉树称为**满二叉树**；除最后一层外，每一层上的结点数都达到最大，只允许最后一层上缺少右边的若干结点的二叉树称为**完全二叉树**，如图 16-12 所示，即完全二叉树的叶子结点只可能出现在最后 1 层或倒数第 2 层。显然，满二叉树也是完全二叉树，但完全二叉树不一定是满二叉树。在满二叉树中不存在度为 1 的结点；在完全二叉树中，度为 1 的结点或者有 0 个或者有 1 个。

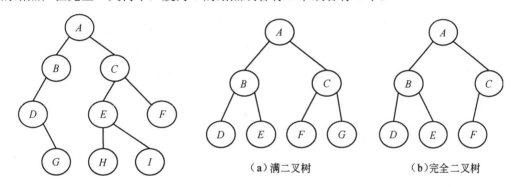

图 16-11　二叉树的例子　　　　　图 16-12　满二叉树与完全二叉树的例子

（a）满二叉树　　　　　　（b）完全二叉树

【真题链接 16-20】一棵完全二叉树共有 360 个结点，则在该二叉树中度为 1 的结点个数为（　　　）。
　　A. 0　　　　　　　B. 1　　　　　　　C. 180　　　　　　　D. 181

【答案】B

【解析】设叶子结点有 x 个，则度为 2 的结点有 $x-1$ 个。完全二叉树度为 1 的结点只有两种情况：0 个或 1 个。分两种情况列出两个方程：（1）$x+x-1+0=360$；（2）$x+x-1+1=360$。舍去无整数解的方程，可知该二叉树应属情况（2），即度为 1 的结点有 1 个。

【真题链接 16-21】在深度为 7 的满二叉树中，度为 2 的结点个数为（　　　）。
　　A. 64　　　　　　　B. 63　　　　　　　C. 32　　　　　　　D. 31

【答案】B

【解析】按照二叉树的"性质（2）深度为 m 的二叉树最多有 2^m-1 个结点"，深度为 7 的二叉树最多有 $2^7-1=127$ 个结点；满二叉树刚好是最多的结点，因此含 127 个结点。设度为 2 的结点有 x 个，则度为 0 的结点（叶子）有 $x+1$ 个。而满二叉树度为 1 的结点必有 0 个，得 $x+x+1+0=127$，解得 $x=63$。

【真题链接 16-22】深度为 5 的完全二叉树的结点数不可能是（　　　）。
　　A. 15　　　　　　　B. 16　　　　　　　C. 17　　　　　　　D. 18

【答案】A

【解析】5 层的完全二叉树，其前 4 层结点数已达最大，前 4 层结点总数为 $2^4-1=15$ 个。但二叉树结点总数还必须大于 15 个（否则是 4 层的，不是 5 层的）。例如，若有 16 个结点，则表示前 4 层已满，第 5 层有 1 个结点。最多结点数应是 5 层所能容纳的最多结点数 $2^5-1=31$ 个，因此允许范围是 16～31 个。

16.1.7.3　二叉树的存储结构

二叉树既可以顺序存储，又可以链式存储。顺序存储一般用于满二叉树或完全二叉树，按层序将各结点依次存储到一个数组的各元素中（顺序存储对于一般的二叉树不适用）。在链式存储中，每个结点有两个指针域，一个指向左子结点，一个指向右子结点。图 16-13 是图 16-12（b）二叉树的链式存储结构。二叉树的链式存储结构也称为**二叉树链表（二叉链表）**。注意，二叉链表是采用链式存储方式的二叉树，它的本质是树，因此是非线性结构。

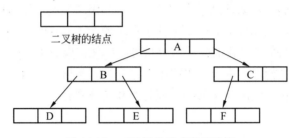

图 16-13　二叉树的链式存储结构

【真题链接 16-23】下列链表中，其逻辑结构属于非线性结构的是（　　　）。
A．二叉链表　　　　B．循环链表　　　　C．双向链表　　　　D．带链的栈

【答案】A

【真题链接 16-24】能从任意一个结点开始没有重复地扫描到所有结点的数据结构是（　　　）。
A．循环链表　　　　B．双向链表　　　　C．二叉链表　　　　D．有序链表

【答案】A

16.1.7.4　二叉树的遍历

二叉树的遍历，就是对二叉树中的各个结点不重不漏地依次访问一遍，使每个结点仅被访问一次。如图 16-11 所示的二叉树，可按层次从上到下依次访问 *ABCDEFGHI*，这就是一种遍历；当然，也可以从下到上依次访问 *IHGFEDCBA*，这又是一种遍历。显然，遍历方式不同，遍历序列就不同。按层次遍历是最简单的遍历方式。此外，二叉树还有许多其他的遍历方式，比较重要的有以下 3 种。

（1）前序遍历（DLR）：首先访问根结点，然后遍历左子树，最后遍历右子树。

（2）中序遍历（LDR）：首先遍历左子树，然后访问根结点，最后遍历右子树。

（3）后序遍历（LRD）：首先遍历左子树，然后遍历右子树，最后访问根结点。

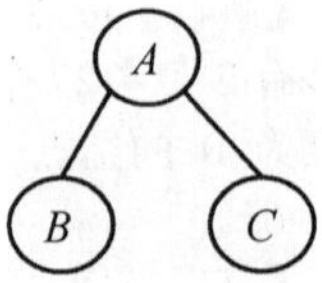

上述遍历名称中的"前""中""后"实际代表的是遍历时"根结点"在前、中、后：前序是先访问根结点，中序是中间访问根结点，后序是最后访问根结点。而左、右均是依"从左到右"的顺序。如图 16-14 所示的二叉树，其前序遍历序列是 *ABC*（根、左、右），中序遍历序列是 *BAC*（左、根、右），后序遍历序列是 *BCA*（左、右、根）。

图 16-14　简单二叉树

那么，对于图 16-11 所示的二叉树，左、右不是一个结点，该如何遍历呢？在遍历到其左、右时，需将左、右单独提出，将提出后的部分单独考虑则又是一棵二叉树，即左子

树、右子树。单独考虑子树这棵二叉树，将子树这棵二叉树按同样方式遍历。如果子树的左、右还不是一个结点，再将子树的左、右子树单独提出遍历……直到左、右都仅剩一个结点为止。例如，对图 16-11 所示的二叉树求前序遍历序列，分析过程如图 16-15 所示。每层都是按照"根、左、右"的顺序写出子树的遍历序列，然后再将子树的遍历序列代回上一层。最终得前序遍历序列为 *ABDGCEHIF*。

类似地，可得图 16-11 的二叉树的中序遍历序列为 *DGBAHEICF*，后序遍历序列为 *GDBHIEFCA*。在中序（后序）遍历时，提出子树和代回子树结果到上一层的方式与求前序遍历序列的都相同，只不过任何一个层次的子树都要按照中序（后序）的方式遍历，即左、根、右（左、右、根）的顺序。总之，二叉树遍历的关键是按照"子树"的思想，将问题逐一缩小，而每一个小问题又都是同样的"遍历"问题。

例如，已知一棵二叉树的前序遍历序列为 *ABDGCFK*，中序遍历序列为 *DGBAFCK*，则它的后序遍历序列是＿＿＿＿＿＿＿＿＿＿＿。

【答案】*GDBFKCA*

【解析】应先画出此二叉树，然后再求其后序遍历序列。

由于前序序列由 *A* 打头，<u>根必为 *A*</u>。谁为 *A* 的左，谁为 *A* 的右呢？需在中序序列中找到 *A*，在中序序列中位于 *A* 左边的结点都是左子树的结点，位于 *A* 右边的结点都是右子树的结点。由 <u>*DGB*</u> ***A*** <u>*FCK*</u>，得 ***D***、***G***、***B*** <u>**为组成左子树的结点**</u>，***F***、***C***、***K*** <u>**为组成右子树的**</u> <u>**结点**</u>。

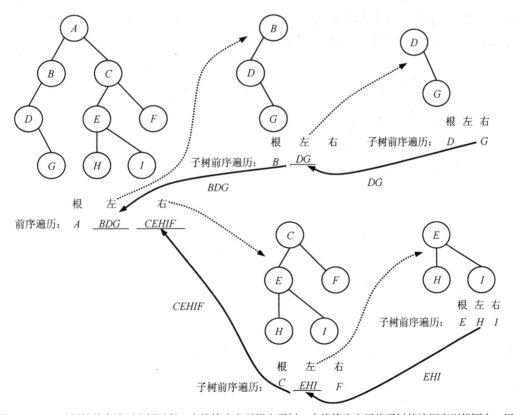

图 16-15　二叉树的前序遍历分析过程（虚线箭头表示提出子树，实线箭头表示将子树的遍历序列代回上一层）

下面确定左子树，方法类似，只不过问题被缩小一层。左子树由 *D*、*G*、*B* 组成，无论是前序，还是中序序列，都只看 *D*、*G*、*B* 的那一部分。先找左子树的根，在前序序列中找到 *D*、*G*、*B* 的部分是···*BDG*···，*B* 在 *BDG* 的开头，因此 **B 是 D、G、B 的根，B 应与 A 直接相连**。再确定 *B* 的左、右：在中序中找到 *D*、*G*、*B* 的部分是 *DGB*···，*D*、*G* 均在 *B* 的左边，因此 **D、G 都是 B 的左子树中的结点，B 无右**。

再确定下一层次，问题进一步缩小为 *D*、*G*。*DG* 在已知的前序序列中由 *D* 打头，故 **D 是 D、G 的根，D 应当与 B 直接相连**；在已知的中序序列中，*G* 在 *D* 后，**G 是 D 的右结点**。

至此，原树左部分已画出，再确定右部分。它由 *F*、*C*、*K* 组成，在已知条件中，无论是前序，还是中序序列，都只看 *F*、*C*、*K* 的那一部分。前序为···*CFK*，**C 是 F、C、K 的根，C 应当与 A 直接相连**；中序 *F*、*K* 分别在 *C* 的一左一右，因此 **F、K 分别是 C 的左、右结点**。

画出这棵二叉树为图 16-16 所示的样子，再求出此二叉树的后序遍历序列。

如果已知后序序列和中序序列，求前序序列，方法是类似的，只不过在后序中找根要找后序序列的最后一个结点，而不是第一个结点了。如果已知前序和后序序列，求中序，是无法画出二叉树的，问题无解。因此，这类问题必已知中序序列，分析方法可归纳为：前序或后序找根，中序找左右；一层一层地画出二叉树。

若一棵二叉树前序遍历和中序遍历序列相同，均为 *ABCDE*，按照同样的分析方法，从前序序列知 *A* 为根，再从中序序列 *ABCDE* 中得到 *BCDE* 均为 *A* 的右分支，*A* 无左分支；*B* 又为 *BCDE* 的根，*CDE* 都为 *B* 的右分支，*B* 无左分支······其他各层分析与此类似，各层均无左分支。画出二叉树如图 16-17 所示。

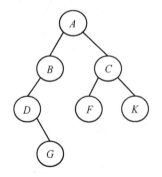

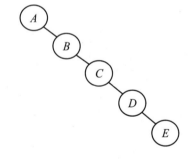

图 16-16　例题中的二叉树　　　　图 16-17　前序遍历序列与中序遍历序列相同的二叉树

若后序遍历和中序遍历序列相同，均为 *ABCDE*，则可分析得：*E* 为根，*ABCD* 均为 *E* 的左分支，*E* 无右分支；*D* 为 *ABCD* 的根，*ABC* 均为 *D* 的左分支，*D* 无右分支······各层均无右分支。画出二叉树如图 16-18 所示。

因此，当二叉树遍历的前序序列与中序序列相同，说明各结点（除最后一层的叶子结点）只有右分支没有左分支；若后序序列与中序序列相同，说明各结点（除最后一层的叶子结点）只有左分支没有右分支，即这两种情况均属各结点（除最后一层的叶子结点）都为单分支结点的情况，那么二叉树有几个结点，就有几层。

对非空二叉树，若在其所有结点中，其左分支上的所有结点值均小于该结点值，而右分支上的所有结点值均大于等于该结点值，则称该二叉树为排序二叉树。例如，根结点为

3，一个左结点为 1，一个右结点为 5，就是一棵简单的排序二叉树。显然，排序二叉树的中序遍历序列为有序序列（如上例为 1、3、5）。

本章介绍的几种数据结构小结如图 16-19 所示。数据结构中的数据元素可以是单个值，也可以是另一数据结构。无论是线性结构，还是非线性结构，都可以是空的数据结构。

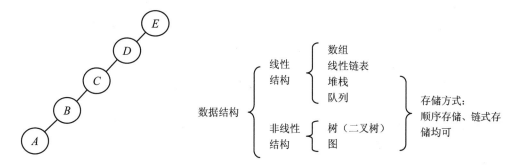

图 16-18　后序遍历序列与中序
遍历序列相同的二叉树

图 16-19　数据结构小结

【真题链接 16-25】某二叉树的前序序列为 *ABCDEFG*，中序序列为 *DCBAEFG*，则该二叉树的后序序列为（　　）。

A. *EFGDCBA*　　　　　B. *DCBEFGA*　　　　　C. *BCDGFEA*　　　　　D. *DCBGFEA*

【答案】D

【真题链接 16-26】设二叉树中共有 31 个结点，其中的结点值互不相同。如果该二叉树的后序序列与中序序列相同，则该二叉树的深度为（　　）。

A. 16　　　　　　　　B. 17　　　　　　　　C. 31　　　　　　　　D. 5

【答案】C

【解析】由后序序列与中序序列相同知二叉树各结点（除最后一层的叶子结点）都为单分支结点，那么二叉树有几个结点，就有几层。

【真题链接 16-27】下列叙述中正确的是（　　）。

A. 顺序存储结构的存储空间一定是连续的，链式存储结构的存储空间不一定是连续的
B. 顺序存储结构只针对线性结构，链式存储结构只针对非线性结构
C. 顺序存储结构能存储有序表，链式存储结构不能存储有序表
D. 链式存储结构比顺序存储结构节省存储空间

【答案】A

16.1.8　这个经常有——查找技术

计算机是人类的伙伴，它凭借强大的存储能力可以帮助人们保存很多信息。保存信息不是目的，人们希望的是能随时方便、快捷地从海量信息中获得所需要的信息，这就是查找。查找操作在计算机中非常常见，如你今天百度了一个什么；或者在网上商城查询一个商品的价格；就连一次账号登录都需要查找，服务器要首先找到你的账号，确认身份是否合法。

计算机是怎样实现查找的呢？最简单的查找方法是顺序查找。

16.1.8.1 顺序查找

顾名思义，顺序查找就是按顺序一个一个地翻，直到找到为止，这是最原始的方法。若扫描完整个线性表后仍未找到，则表示没有找到。

显然，这种查找方式的工作量与数据的多少有关，还与要找的元素所在的位置有关。如果要找的数据恰好位于 0 号元素，则只比较 1 次就可以了；如果要找的数据在 $a[1]$，则需比较 2 次……，最"倒霉"的情况是要找的数据在最后一个位置 $a[n-1]$，所有的元素都要比较，需比较 n 次。这是找到元素的情况。如没有找到元素，都要比较 n 次。因此，顺序查找最好情况需要比较 1 次，**最坏情况需要比较 n 次，平均需要比较** $(1+2+\cdots+n)/n=$**$(n+1)/2$ 次**。

如果 n 是一个很大的值，那么需要比较的次数就太多了！即使计算机有极快的速度，恐怕也得找一会儿了，因此需要研究更快、效率更高的查找方法。

16.1.8.2 二分查找

二分查找又称为**对分查找、折半查找**，这是一种效率很高的查找方法。然而，要使用二分查找必须有两个前提：一是数据必须以数组的方式存储（也称为顺序存储），以链表存储的数据是不能进行二分查找的；二是数据在数组中必须按由小到大或由大到小的有序顺序排列。

【真题链接 16-28】为了对有序表进行对分查找，要求有序表（　　）。
A. 只能顺序存储　　B. 只能链式存储　　C. 可以顺序存储，也可以链式存储　　D. 任何存储方式

【答案】A

例如，要在下面数组中查找 25 是不能用二分查找的：

$a[0]$	$a[1]$	$a[2]$	$a[3]$	$a[4]$	$a[5]$	$a[6]$	$a[7]$	$a[8]$
12	32	5	20	28	18	25	38	3

因为数据大小顺序是乱序的，必须把数据按大小顺序重新组织，如由小到大排序：

$a[0]$	$a[1]$	$a[2]$	$a[3]$	$a[4]$	$a[5]$	$a[6]$	$a[7]$	$a[8]$
3	5	12	18	20	25	28	32	38

这样才能进行二分查找。

二分查找时，第一次并不是比较 $a[0]$ 是否为 25，而是首先检查整个数组中间的一个元素。中间元素的下标用首尾下标相加除以 2 求得：$(0+8)/2=4$。因此，第一次比较 $a[4]$ 是否为 25：发现 $a[4]$ 为 20，不是 25，而小于 25，虽然还未找到，但可得出结论，要找的 25 必在 $a[4]$ 之后，因为数据是由小到大排序的。这样，$a[4]$ 之前的 $a[0]\sim a[3]$ 这"一半"的数据以后就不用看了，而只需要检查 $a[5]\sim a[8]$，工作量减少一半。第二次比较的仍是 $a[5]\sim$ $a[8]$ 中间的一个元素：$(5+8)/2=6$（整数除法直接舍小数），$a[6]$ 为 28，大于 25，再砍掉 $a[7]\sim$ $a[8]$ 这一半。第三次比较 $a[5]$ 就找到了 25。总共比较了 3 次。

实际上，在查英文词典时，也是一种类似二分查找的方式。如图 16-20 所示，例如，要查单词 tea，不会从第一个单词 a 开始翻，而是大概翻到词典一半的位置。如果发现翻到的位置是以 m 开头的单词，则不会再查词典的前一半。下次翻到词典后一半中的大概一半的位置，如又翻到 x 开头的单词，则此处之后的部分也不会再查了，因为 t 在 x 之前。所

剩部分再翻到剩下部分大概一半的位置……如此逐步缩小查找范围，最终找到 tea。然而，这种查找有一个前提是单词在词典中必须是按照字母表顺序 a～z 排列的；如果拿到一本单词乱序的词典，是没法查的！

二分查找每次比较都能"砍掉"一半的工作量，下次再"砍掉"一半中的一半……在最坏情况下它需要的比较次数是 $\log_2 n$，这比顺序查找的效率大大提高。二分查找的效率有多高呢？可以设想做一个游戏。

如图 16-21 所示，假设一张纸的厚度是 0.1 毫米，将它对折，厚度就变成 0.2 毫米，再对折，就变成 0.4 毫米……那么这样对折 100 次后，厚度变成多少了呢？1 米？100 米？还是 1000 米？……都错！答案是：约 134 亿光年（1 光年≈9 万 4600 亿千米）！！这么长的距离，如果让它再除以 0.1 毫米，等于多少呢？恐怕这个数字已经巨大得砸破脑袋也无法形容了吧！如果有"134 亿光年/0.1 毫米"这么多个数据，用二分查找法查找其中的任意一个数据，最坏情况下仅需比较 100 次就足够了，因为那张纸只对折过 100 次。这就是 $\log_2 n$，是二分查找的威力！这么大的数据量，如果用顺序查找……！！

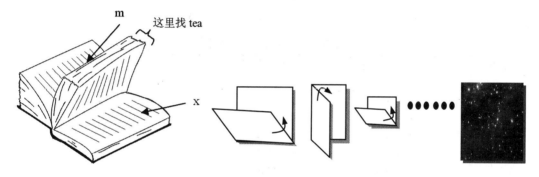

图 16-20　查英文词典的过程类似二分查找　　　　图 16-21　将一张纸对折 100 次

【真题链接 16-29】在长度为 n 的有序线性表中进行二分查找，最坏情况下需要比较的次数是（　　）。

A. $O(n)$　　　　　B. $O(n^2)$　　　　　C. $O(\log_2 n)$　　　　　D. $O(n\log_2 n)$

【答案】C

【真题链接 16-30】在长度为 97 的顺序有序表中作二分查找，最多需要的比较次数为（　　）。

A. 96　　　　　　B. 7　　　　　　C. 48　　　　　　D. 6

【答案】B

【解析】$\log_2 n$ 当不为整数时，应向上取整（否则无法比较完全），$\log_2 97=6.59$ 向上取整得 7。

查找数据与寻找最大/最小项是不同的，寻找最大/最小项，无论如何都要查看所有的数据，与数据原始排列顺序也没有多大关系，更无所谓最坏情况和最好情况，即平均情况与最坏情况时间复杂度是相同的。寻找最大/最小项，若 2 个元素要比较 1 次，3 个元素要比较 2 次……则 n 个元素要比较 $n-1$ 次。

16.1.9　混乱之治——排序技术

排序就是按照各数据的大小重新安排它们在数组或链表中的位置，使它们由小到大或由大到小排列。一副新买的扑克牌就是排好序的；将牌洗乱后，再重新按照花色和 1～13

的顺序整理，使顺序恢复如初，这就是排序。人们是怎样整理好洗乱的扑克牌的顺序的呢？

排序方法之一的冒泡排序法的基本思想是：总是相邻的两个数比较，前者大则交换位置，最终让最大的数沉底；下次不考虑上次沉底的数，让剩余数中的最大数沉底……，直到最后剩余 1 个数排序完成，如图 16-22 所示。

9	1	1	1	1	1
1	9	5	5	5	5
5	5	9	4	4	4
4	4	4	2	2	2
2	2	2	2	9	0
0	0	0	0	0	9

1	1	1	1	1
5	5	4	4	4
4	4	5	2	2
2	2	2	5	0
0	0	0	0	5
9	9	9	9	9

图 16-22　冒泡排序法的基本原理（左：第 1 步排第 1 个数 9；右：第 2 步排第 2 个数 5）

排序方法有很多，现将各种常用的排序方法及它们的效率总结于表 16-2。

表 16-2　常用排序法效率总结

排序法	最坏情况比较次数	平均情况比较次数	一次交换消除逆序	一次交换产生逆序
（简单）选择排序法	$n(n-1)/2$	$n(n-1)/2$	多个	不一定
冒泡排序法	$n(n-1)/2$	$n(n-1)/2$	一个	不一定
（直接）插入排序法	$n(n-1)/2$	$n(n-1)/2$	一个	不一定
快速排序法	$n(n-1)/2$	$n \times \log_2 n$	多个	产生
（累）堆排序法	$n \times \log_2 n$	$n \times \log_2 n$	多个	不一定
谢（希）尔排序法	$n^r, 1<r<2$	$n^r, 1<r<2$	多个	不一定

选择排序法的基本思想是：每次从未排序元素中选择一个最大（或最小）元素，未排序元素个数逐渐减少，最后剩一个元素为止。插入排序法的基本思想是：一个个地将元素插入到已排好序的序列中。快速排序法的基本思想是：任取序列中某个元素为基准，将序列划分为左、右两个子序列，左侧子序列都小于或等于基准元素，右侧子序列都大于基准元素，接下来分别对两个子序列重复上述过程。希尔排序法的基本思想是：将原序列中相隔某个增量的那些元素构成一个子序列，在排序过程中，增量逐渐减小，当增量减小到 1 时，进行一次简单插入排序即可。

如果在一个序列中，两个相邻数据下标小的值反而大（即存在 $i<j$ 但 $A[i]>A[j]$），则称为一个**逆序**。冒泡排序法总比较和交换相邻的两个元素，显然一次交换只能消除一个逆序。而快速排序法交换的并非相邻元素，因而一次交换可消除多个逆序，大大提高排序速度。但快速排序法都是与基准元素比较，一次交换还会产生新的逆序。

（累）堆排序法是借助"堆"的一种排序方法。什么是"堆"呢？具有 n 个元素的序列（$h_1, h_2, \cdots, h_n$），当且仅当满足 $h_i \geq h_{2i}$ 且 $h_i \geq h_{2i+1}$（或者两个条件都是 $\leq$）时称为"堆"。堆实际是一棵完全二叉树，其中根结点的值总要 $\geq$（或 $\leq$）它的左、右分支结点。

【真题链接 16-31】下列各序列中，不是堆的是（　　　）。

A．(91,85,53,36,47,30,24,12)　　　　B．(91,85,53,47,36,30,24,12)

C．(47,91,53,85,30,12,24,36)　　　　D．(91,85,53,47,30,12,24,36)

【答案】C

【解析】根据选项中的数据顺序，按层序画出完全二叉树（每层都达到最多结点，最后一层仅缺少右侧结点）。例如，选项 A 中，91 为根，85、53 分别为第 2 层的左、右结点，36、47、30、24 为第 3 层的 4 个结点……然后判断每层结点是否都有统一的父子大小关系，即要么"所有结点都大于等于它的左、右分支结点"，要么"所有结点都小于等于它的左、右分支结点"。例如，选项 C，47 小于等于它的左、右分支结点 91 和 53；但在同一棵树中，91 却大于等于它的左、右分支结点 85 和 30，父子大小关系不统一，因而选项 C 不是堆。

【真题链接 16-32】下列排序方法中，最坏情况下比较次数最少的是（　　　）。
A．冒泡排序　　　　B．简单选择排序　　　C．直接插入排序　　　D．堆排序

【答案】D

【真题链接 16-33】下列排序法中，每经过一次元素的交换都会产生新的逆序的是（　　　）。
A．冒泡排序　　B．快速排序　　　C．简单插入排序　　　D．简单选择排序

【答案】B

【真题链接 16-34】在最坏情况下，堆排序的时间复杂度是（　　　）。
A．$O(n\log_2 n)$　　　B．$O(\log_2 n)$　　　C．$O(n^2)$　　　D．$O(n^{1.5})$

【答案】A

16.2　编程 Style——程序设计基础

编写程序时，要遵守良好的程序设计风格，这是掌握编程语言语法规则之外的另一方面的问题。这方面问题讨论的是：如何编写程序，能够增强程序的可读性、稳定性；如何使程序便于维护和今后的修改；如何减少编程工作量，提高工作效率等。

16.2.1　程序设计方法和风格

程序设计绝不是一上来就上机编写代码，然后就完事大吉了；在编写代码之前和之后还有许多工作要做。完整的程序设计应包括下面的步骤：①确定**数据结构**；②确定**算法**；③**编写代码**；④上机**调试**程序，消除错误，使运行结果正确；⑤整理并撰写**文档**资料。

"清晰第一、效率第二"是当今主导的程序设计风格，即首先应保证程序的清晰易读，其次再考虑提高程序的执行速度、节省系统资源。说得更明确一点：为了保证程序清晰易读，即使牺牲其执行速度和浪费系统资源，也在所不惜。

良好的编程习惯和风格有很多，例如，符号命名应见名知意；应写必要的注释；一行只写一条语句；利用空格、空行、缩进等使程序层次清晰、可读性强；变量定义时变量名按字母顺序排序；尽可能使用库函数；避免大量使用临时变量；避免使用复杂的条件嵌套语句；尽量减少使用"否定"条件的条件语句；尽量避免使用无条件转向语句（goto 语句）；尽量做到模块功能单一化；输入数据越少越好，操作越简单越好；输入数据时，要给出明确的提示信息，并检验输入的数据是否合法；应适当输出程序运行的状态信息；应设计输出报表格式。

【真题链接 16-35】下列叙述中，不符合良好程序设计风格要求的是（　　　）。
A．程序的效率第一，清晰第二　　　　　B．程序的可读性好
C．程序中有必要的注释　　　　　　　　D．输入数据前要有提示信息

【答案】A

16.2.2 组装零件——结构化程序设计

对于一个实际问题，如何设计程序呢？就程序设计方法的发展而言，主要经历了两个阶段：结构化程序设计和面向对象的程序设计。

结构化程序设计要求首先考虑全局总体目标，然后再考虑细节；把总目标分解为小目标，再进一步分解为更小、更具体的目标；这里把每个小目标称为一个模块。例如，生产一架飞机，就要首先了解飞机是由哪些零件组成的，然后将这些零件分别包给不同的厂商加工，最后再将这些零件组装成一架飞机。这称为"**自顶向下**、**逐步求精**、**模块化**"的原则。

另外，结构化程序设计还有一个原则，就是应限制使用 goto 语句，**不得在程序中滥用 goto 语句**（但并非完全避免 goto 语句）。程序结构应由顺序结构、选择结构（分支结构）和循环结构 3 种基本结构组成；复杂的程序也仅能由这 3 种基本结构衔接、嵌套实现。

【真题链接 16-36】结构化程序设计的基本原则不包括（　　）。
　A．多态性　　　　　　B．自顶向下　　　C．模块化　　　　D．逐步求精

【答案】A

【真题链接 16-37】结构化程序要求的基本结构不包括（　　）。
　A．顺序结构　　　　　B．goto 跳转　　　C．选择（分支）结构　D．重复（循环）结构

【答案】B

16.2.3 面向事物直接编程——面向对象程序设计

16.2.3.1 对象

"对象"在这里是"事物"的意思。现实世界中的任何一个事物都可被看成是一个对象，如一辆汽车、一只狗熊、一部手机、一个学生、一支军队、一篇论文、一台计算机、计算机游戏中的一个人物等都是对象。客观世界就是由一个个对象组成的，从客观世界固有的事物出发进行程序设计，就是面向对象的程序设计（Object Oriented Programming, OOP）。这一概念的首次提出是以 20 世纪 60 年代末挪威计算机中心研制出了 SIMULA 语言为标志。相对于结构化程序设计，面向对象程序设计更接近人类的思维习惯，是现代程序设计方法的主流。

对象 { 数据（属性、状态）
方法（操作、行为）

在面向对象程序设计中，以"对象"为核心，不再将解决问题的方法分解为一步步的过程，而是分解为一个个的事物。如图 16-23 所示，在程序中将任何一个对象都看作由两部分组成：① 数据，也称属性，即对象包含的信息，表示对象的状态；② 方法，也称操作，即对象所能执行的功能、所能具有的行为。

图 16-23　对象的组成

例如，一个人是一个对象，他具有姓名、年龄、身高、肤色、胖瘦等属性；而会跑会跳、会玩会闹、会哭会笑这些都是他具有的方法。一部手机是一个对象，其品牌、型号、大小、颜色、价格是它的属性；接打电话、收发短信、拍照、录像、玩游戏都是它的方法。计算机游戏中的一个小兵也是一个对象，它的等级、生命值、攻击值、防御值、魅力值都是属性；而能在画面中移动、会进攻、被攻击后生命值会减少、生命值为 0 后会爆炸等都是方法。

16.2.3.2　类和实例

类就是类型的类，"物以类聚，人以群分"，人们将同类事物归为一类。例如，张三、李四、王五同属人类；你的手机、我的手机、商场柜台上卖的手机同属手机这一类；计算机游戏中不断出现的一个个"小兵"同属小兵这一类。

"类（class）"只是一个抽象的概念，它并不代表某一个具体的事物。例如，"人类"是一个抽象的概念，它不指任何一个具体的人；而张三、李四、王五才是具体的人。"手机"也是一个抽象的概念，它既不能打电话，也不能接电话；只有具体落实到某一部看得见、摸得着的、实实在在的手机，才能使用。尽管"类"不代表具体事物，但"类"代表了同种事物的共性信息，只要提及"手机"这个概念，人们头脑中都会想象出一部手机的样子，而绝不会出现一幅长着两条腿可以走路的"人"的形象。也可以将"类"看作一张设计图纸，它可用于制造具体的事物。例如，"汽车"类是一张设计图纸，它是不能跑起来的；但按照"汽车"这个类的图纸制造出一辆辆具体的汽车，人们就能坐上去"兜风"了。

一般来说，由"类"这张设计图制造出的一个个具体的事物才能称为"对象"或"类的实例（instance）"，而不应把一个"类"称为对象。但在不引起混淆的情况下，有人也把"类"称为对象，即"对象"这个术语既可指具体的事物，也可泛指类；而"实例"这个术语必然指具体的事物。所以，把一个个具体的事物称为"类的实例"更确切一些。

【真题链接 16-38】下面属于整数类的实例是（　　　　）。

A. 0x518　　　　B. 0.518　　　　C. "-518"　　　　D. 518E-2

【答案】A

【解析】整数是一类，它的实例必是一个整数。选项中涉及一些在 C 语言中数据表示的语法。在整数前加 0x 表示十六进制整数，故 A 项是整数；B 项是小数；C 项是双引号引起来的内容，是字符串文本；D 项是 C 语言中小数的科学记数法的表示形式，表示 518.0×10^{-2}。

【真题链接 16-39】下面属于字符类的实例是（　　　　）。

A. '518'　　　　B. "5"　　　　C. 'nm'　　　　D. '\n'

【答案】D

【解析】这里也涉及一些在 C 语言中数据表示的语法。双引号引起来的内容是字符串文本，不是字符，故 B 项错误；单引号引起来的一个字符才是字符，而单引号中是不能含有多个字符的，故 A 项和 C 项错误。\n 是从\开头的，是特殊情况。\n 整体表示一个字符，即换行符；因而 D 项的单引号中是一个字符。

16.2.3.3　面向对象方法的特点

为什么要采用面向对象的方法呢？面向对象方法有以下特点。

（1）标识唯一性：对象是可区分的，且由对象的内在本质区分，不通过描述区分。

（2）分类性：可以将具有相同或类似属性、方法的对象抽象成类（模板）。

（3）封装性。

用手机发短信的时候，人们只要按下"发送"按钮就可以了，不必关心手机内部电路是如何工作的。内部细节实际上全被包装在手机壳内部，这就是"封装"。在面向对象程序设计中的"对象"也具有"封装性"，即不需用户关心的信息被隐藏在对象内部，使对象对外界仅提供一个简单的操作（例如，仅有一个发送操作）。在程序设计中，这有利于代码的安全，让用户无法看到他不必看到的信息，也就避免了用户随意修改他不应该修改的程序代码。封装性使对象的内部细节与外界隔离，使模块具有较强的独立性。

（4）继承。

继承就是"子承父业""继承祖先优良传统"。在面向对象程序设计中，类与类之间也可以继承，它是指使用已有的类作为基础建立新的类，新类能够直接获得已有类的特性和功能，而不必重复实现它们。"青出于蓝而胜于蓝"，继承后，子类还应具有比父类更多的特性和功能。

例如，"图形"类是"矩形"类的父类，"矩形"类继承自"图形"类。"图形"有大小、位置等属性，也有移动、旋转等操作；"矩形"也有这些属性和操作，对于这些属性和操作，"矩形"只要把它们从"图形"中拿来直接用就可以了，不必重新实现。但"矩形"还有它自己特有的属性（如"顶点坐标""长""宽"），以及特有的方法（如"求周长""求面积"）；继承后，在"矩形"类中仅编程增加这些特有的内容就可以了，这使编程工作量大大减小，提高效率。

需要注意的是，类与类之间的继承应根据需要来做，并不是任何类都要继承。

（5）多态性。

春节晚会的导演在宣布"开始"后，不同类型的工作人员要开始不同的工作：歌唱演员开始演唱，舞蹈演员开始跳舞，音响师打开声音效果，灯光师变换灯光，机械师操控起落架……不同类型的工作人员均属不同的类，虽然他们都有同名的方法"开始"，但同样执行"开始"不同类型的工作人员却有截然不同的行为，这就是多态性。在程序设计中，具有多态性的几个类一般要继承自同一父类。例如汽车、火车、飞机3个类都继承自"交通工具"类，它们都有同名的方法"驾驶"。但对这3类的对象执行"驾驶"，实际的执行效果是不同的。又如，"矩形"类和"圆"类都继承自"图形"类，它们都有"绘制"的方法，对这两类的对象同样执行"绘制"，具体绘制出的图形也是不同的。但注意并不是任何类都要有多态性。

（6）模块独立性好。

【真题链接 16-40】下面对类-对象主要特征描述正确的是（   ）。
A．对象唯一性　　B．对象无关性　　C．类的单一性　　D．类的依赖性

【答案】A

【真题链接 16-41】在面向对象方法中，实现信息隐蔽是依靠（   ）。
A．对象的继承　　B．对象的多态　　C．对象的封装　　D．对象的分类

【答案】C

16.2.3.4　对象之间的烽火台——消息

在面向对象程序设计中，一个对象实例与另一个对象实例间的联系靠的是传递**消息**。对象之间传递消息，实质是执行了对象中的一个方法（调用了对象中的一个函数）。

【真题链接 16-42】下面对对象概念的描述，正确的是（   ）。
A．对象间的通信靠消息传递　　　　B．对象是名字和方法的封装体
C．任何对象都必须有继承性　　　　D．对象的多态性是指一个对象有多个操作

【答案】A

16.3　不懂门道看热闹，看完咱也吊一吊——软件工程基础

没有资质的包工队用盖平房的模式去建几十层的摩天大楼，是很难如期完工的。编写一个程序，甚至制作一个软件，与盖楼的道理一样，都要遵循一定的规范，正所谓"没有规矩，不成方圆"。例如，我们要做一个类似微信的聊天软件，就要好好地规划一下，在编程前做到心中有数、有的放矢，否则随着开发的进行，出现的问题会越来越多，甚至整个项目崩溃。

人们在总结大量软件开发经验教训的基础上，提出了保证程序和软件质量的许多良好规范，总结了一整套比较完善的保证软件开发顺利进行的方法。这就是软件工程。

16.3.1　软件工程的基本概念

16.3.1.1　何谓软件

计算机软件是包括程序、数据及相关文档的完整集合。可见，软件由两部分组成：一是机器可执行的程序和相关数据；二是机器不可执行的，与软件开发、运行、维护、使用等有关的文档。计算机软件具有的特点如下。

（1）软件是一种逻辑实体，具有抽象性（人们只能看到软件的存储介质，无法看到它本身的形态。只有运用逻辑思维，才能把握软件的功能和特性）。

（2）软件的生产与硬件不同，它没有明显的制作过程（软件一旦研制成功，就可以大量地、成本极低地，并且完整地复制）。

（3）软件在运行、使用期间不存在磨损、老化问题。

（4）软件的开发、运行对计算机系统硬件和环境具有依赖性，受计算机系统的限制，这会给软件移植带来很多问题。

（5）软件复杂性高，成本昂贵，现在软件成本已大大超过硬件成本。

（6）软件开发涉及诸多的社会因素。

【真题链接 16-43】构成计算机软件的是（　　　）。
A．源代码　　　　B．程序和数据　　　C．程序和文档　　　　D．程序、数据及相关文档

【答案】D

【真题链接 16-44】下面描述不属于软件特点的是（　　）。
A．软件是一种逻辑实体，具有抽象性　　B．软件在使用中不存在磨损、老化问题
C．软件复杂性高　　　　　　　　　　　D．软件使用不涉及知识产权

【答案】D

16.3.1.2　软件的分类

软件按功能可分为三大类：系统软件、应用软件、支撑软件（或工具软件）。

1．系统软件

属于系统软件的软件很少，主要仅包括以下 4 种：操作系统（OS）、数据库管理系统（DBMS）、编译程序、汇编程序。例如，Windows XP、Windows 7、Windows 10 等就是系统软件，因为它们都属于操作系统；操作系统除 Windows 系列外，还有 UNIX、Linux、苹

果系统 iOS、安卓等，这些都属于系统软件。数据库管理系统是实现、操纵和维护数据库的软件，将在 16.4 节讨论。

2．应用软件

人们日常使用的绝大多数软件都属应用软件，如 Word、QQ、PhotoShop、网页浏览器、暴风影音、迅雷、杀毒软件、学生管理系统、人事管理系统等。

3．支撑软件

支撑软件（工具软件）介于系统软件和应用软件之间，是协助开发人员开发软件的软件，也就是软件开发环境。例如，辅助软件设计、编码、测试的软件，以及管理开发进程的软件等。

【真题链接 16-45】软件按功能可分为应用软件、系统软件和支撑软件。下面属于应用软件的是（　　）。

　A．编译软件　　　　　B．操作系统　　　　　C．教务管理系统　　　　D．汇编程序

【答案】C

【真题链接 16-46】下面属于系统软件的是（　　）。

　A．财务管理系统　　　B．数据库管理系统　　C．编辑软件 Word　　　D．杀毒软件

【答案】B

16.3.1.3　软件危机与软件工程

计算机的软件开发过程总不像想象的那么顺利，开发效率跟不上要求，开发成本却是越来越贵，开发周期也大大超过预期，而且常会出现中途夭折、项目失败的情况。软件即使被开发出来，质量往往也没有可靠保证，常常并不令人十分满意。这些在软件开发和维护过程中遇到的一系列严重问题统称为**软件危机**。软件危机主要表现在软件的成本、质量、生产率等问题上。为了应对软件危机，人们认真研究解决各种软件开发问题的方法，规范软件开发的过程，保证软件的质量，从而形成了一门学科——**软件工程**。

说得更直白一些，软件工程可以看作是对软件开发人员制定的"行为规范"，希望软件开发人员在开发软件的过程中遵照执行，以保证软件开发过程顺利进行、保证软件质量可靠、尽量减少或避免出现软件危机中的各种问题。

软件工程为软件的定义、开发和维护提供了一整套方法、工具、文档、实践标准和工序，使软件走向工程化。软件工程的核心思想是把软件产品看作一个工程产品处理，**方法、工具和过程**是软件工程包含的 3 个要素。抽象、信息隐蔽、模块化、局部化、确定性、一致性、完备性和可验证性是软件工程倡导的软件开发原则。

16.3.1.4　软件生命周期

要做好一件事，必须在事前做好详细的准备工作，软件开发也不例外。软件工程倡导的重要思想之一就是万不可将软件开发粗暴地等同于编程、在软件开发过程中只重视编程。在编程前，要做好详尽的准备和制订周密的计划，这部分工作要占到很大的比重。软件工程提出：软件开发应遵循一个**软件的生命周期（Software Life Cycle）**，一个完整的软件生命周期是指软件产品从提出、实现、使用维护到停止使用退役的全过程，其中"编程"部分实际只占很小的份额。一个完整的软件生命周期可分为 3 个大的阶段：软件定义阶段、软件开发阶段、运行维护阶段。其中，每个大阶段又包含若干个小阶段，如下所示。

定义阶段
- **（1）可行性研究与制订计划**：不是具体解决问题，而是研究问题。
- **（2）需求分析**：确定目标系统的功能。

开发阶段
- **（3）总体设计（概要设计）**：概括地说，应该怎样实现目标系统？
- **（4）详细设计**：详细设计每个模块，确定算法和数据结构。
- **（5）软件实现**：编写源程序，编写用户操作手册等文档，编写单元测试计划。
- **（6）软件测试**：检验软件的各个组成部分。

运行维护阶段
- **（7）运行和维护**：投入运行，并在运行中不断维护，根据需求扩充和修改。

【真题链接 16-47】软件生命周期中的活动不包括（　　）。

A．软件维护　　　B．市场调研　　　C．软件测试　　　D．需求分析

【答案】B

【真题链接 16-48】软件生命周期可分为定义阶段、开发阶段和运行维护阶段。下面不属于开发阶段任务的是（　　）。

A．测试　　　　　B．设计　　　　　C．可行性研究　　　　　D．实现

【答案】C

16.3.2　需求分析及其方法

在软件开发前，必须做的准备工作之一就是需求分析。需求就是用户对软件的期望。软件开发者要把用户的需求做到心中有数，才能有的放矢。需求分析是确定目标软件系统"做什么"，目标是创建所需的数据模型、功能模型和控制模型。需求分析阶段的工作主要有 4 个方面：①需求获取；②需求分析；③编写需求规格说明书；④需求评审。

【真题链接 16-49】下面不属于需求分析阶段任务的是（　　）。

A．确定软件系统的功能需求　　　　　B．确定软件系统的性能需求

C．需求规格说明书评审　　　　　　　D．制订软件集成测试计划

【答案】D

【真题链接 16-50】下面不属于软件需求分析阶段工作的是（　　）。

A．需求获取　　　B．需求计划　　　C．需求分析　　　D．需求评审

【答案】B

在软件开发的方法中，结构化方法是应用较广泛的一种方法。需求分析的结构化分析方法中的常用工具是数据流图（Data Flow Diagram，DFD）。数据流图表达数据在软件中的流动和处理，反映软件的功能。图 16-24 就是一个数据流图的例子，在数据流图中使用以下符号。

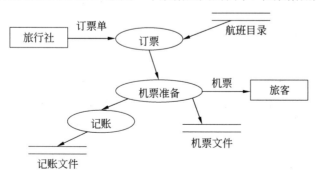

图 16-24　飞机机票预订系统的数据流程图

① ——→ (箭头): 表示数据流, 沿箭头方向传递数据。

② ⬭ (圆或椭圆): 表示数据处理, 又称为加工 (转换)。

③ ══════ (双杠): 表示数据存储, 又称为文件。

④ ▭ (方框): 表示源、池 (潭), 即数据起源的地方和数据最终的目的地。

数据流图上的每个元素都必须命名。加工与加工之间、存储与加工之间应有数据流, 而存储与存储间没有数据流。

一张数据流图中的某个加工可进一步分解成另一张数据流图, 成为分层的数据流图。上层图为父图, 直接下层图为子图。父图与子图应保持平衡, 子图的输入输出数据流, 与父图相应加工的输入输出数据流必须一致。

除数据流图外, 需求分析的常用工具还有**数据字典**、**判定树**、**判定表**等。数据字典 (Data Dictionary, DD) 是对 DFD 中所有图形元素的精确、严格的定义和解释, 是一个有组织的列表, 使得用户和系统分析员对相关概念能有共同的理解。数据流图和数据字典共同构成了系统的逻辑模型, 是需求规格说明书的主要组成部分。

【真题链接 16-51】数据流图中带有箭头的线段表示的是 ( )。

A. 控制流 B. 事件驱动 C. 模块调用 D. 数据流

【答案】D

【真题链接 16-52】数据字典 (DD) 定义的对象都包含于 ( )。

A. 数据流图 (DFD 图) B. 程序流程图 C. 软件结构图 D. 方框图

【答案】A

软件需求规格说明书 (Software Requirement Specification, SRS) 是需求分析阶段得出的最主要的文档 (可以理解为需求分析报告), 用自然语言书写, 而不是用 C 语言或其他程序设计语言书写。软件需求规格说明书的特点: ①正确性; ②无歧义性; ③完整性; ④可验证性; ⑤一致性; ⑥可理解性; ⑦可修改性; ⑧可追踪性。其中最重要的是**正确性**。

【真题链接 16-53】软件需求规格说明书的作用不包括 ( )。

A. 用户与开发人员对软件 "做什么" 的共同理解

B. 软件可行性研究的依据

C. 软件设计的依据

D. 软件验收的依据

【答案】B

【解析】公共基础的很多知识点一定不要死记硬背, 理解了基本含义则不难作答。本题只要理解需求分析是明确软件做什么。当然, 软件要据此设计, 还要据此验收是否合需求。而可行性是软件生命周期中需求分析前一阶段的工作, 前一阶段尚未需求分析, 何以作为依据?

16.3.3 软件设计及其方法

进入软件开发阶段也不是就开始编程了, 此阶段的首要工作是软件设计。软件设计是确定目标软件系统 "怎么做", 包括总体设计 (又称为概要设计、初步设计) 和详细设计两个步骤。顾名思义, 应先大体上设计一番 (总体设计), 然后再设计每一个局部的细节 (详细设计)。

什么是软件设计呢? 要围绕上一步的需求分析的结果进行, 针对用户需要什么设计软件, 使软件体现和满足用户的需要。软件设计就是将软件需求转化为软件表示的过程。需要注意的是, 软件设计只是抽象地 "设计", 并不编写程序代码。

16.3.3.1　总体设计

将软件按功能分解为组成模块，是总体设计的主要任务。划分模块要本着提高模块独立性的原则，衡量模块独立性使用**耦合性**和**内聚性**两个度量标准。

（1）耦合性：不同模块之间相互连接的紧密程度。

（2）内聚性：一个模块内部各元素间彼此结合的紧密程度。

提高模块独立性遵循的原则与我国的政策有些类似：我们国家有 56 个民族，各民族要团结一心，相互扶持帮助，共同为国家发展作贡献，这在软件工程中称为"内聚性"要强。不过，国家内部自己的事要自己解决，绝不允许外国干涉我们的内政，这在软件工程中称为"耦合性"要弱。划分模块的原则就是**提高内聚性，降低耦合性**。耦合和内聚是相互关联的，在程序结构中，各模块的内聚性越强，则耦合性越弱。

【真题链接 16-54】耦合性和内聚性是对模块独立性度量的两个标准。下列叙述正确的是（　　）。

A. 提高耦合，性降低内聚性，有利于提高模块的独立性

B. 降低耦合性，提高内聚性，有利于提高模块的独立性

C. 耦合性是指一个模块内部各个元素间彼此结合的紧密程度

D. 内聚性是指模块间互相连接的紧密程度

【答案】B

在总体设计中，常用**结构图**（SC，也称**程序结构图**）反映整个系统的模块划分及模块之间的联系。图 16-25 就是一个程序结构图的例子，其中模块用矩形表示，箭头表示模块间的调用关系。位于叶子结点的模块为原子模块，是不能再分解的底层模块。

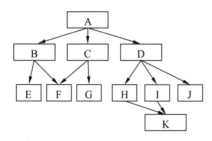

图 16-25　程序结构图的例子

深度：结构图的层数。图 16-25 的结构图的深度为 4。

宽度：结构图的整体跨度（拥有最多模块的层的模块数）。图 16-25 的结构图的宽度为 6。

扇入：调用某个模块的模块个数（模块头顶上的连线数）。图 16-25 的结构图中，模块 F 的扇入数为 2。

扇出：一个模块直接调用其他模块的模块数（模块下部的连线数）。图 16-25 的结构图中，模块 D 的扇出数为 3。

软件设计应该做到：顶层高扇出，中间扇出较少，底层高扇入，即顶层模块大量调用其他模块；底层模块大多被调用，而很少调用别人。每个模块应尽量仅有一个入口、一个出口。

总体设计（概要设计）完成之后，要编写概要设计文档。

【真题链接 16-55】下面不能作为结构化方法软件需求分析工具的是（　　）。

A．系统结构图　　　B．数据字典（DD）　　　C．数据流程图（DFD 图）　　　D．判定表

【答案】A

16.3.3.2　详细设计

详细设计阶段还不是具体地编写程序，而是要得出对软件系统的精确描述。要为总体设计时设计出的结构图中的每一个模块确定实现算法和局部数据结构，要表示出算法和数据结构的细节。**程序流程图（PFD）、N-S 图、问题分析图（PAD 图）**都是详细设计阶段的表达工具。

在程序流程图中表示逻辑条件要用菱形框，如图 16-26 所示。图 16-27 给出了一个程序流程图的例子，其中 Y、N 分别表示条件成立（Yes）或不成立（No）。N-S 图是一个类似表格的方框图，如图 16-28 所示。问题分析图的例子如图 16-29 所示。

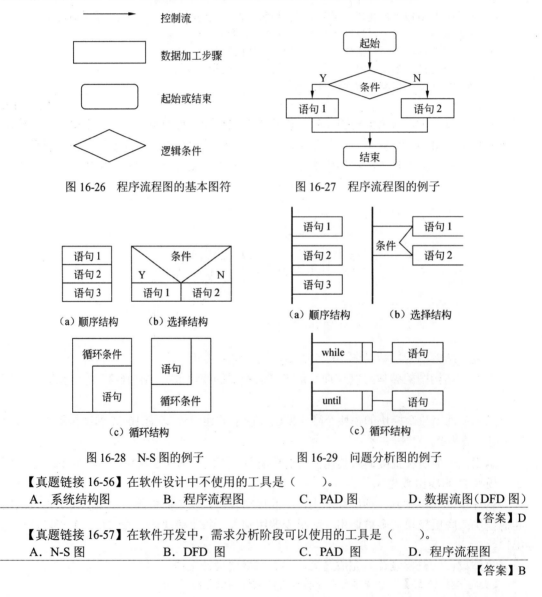

图 16-26　程序流程图的基本图符　　　图 16-27　程序流程图的例子

图 16-28　N-S 图的例子　　　图 16-29　问题分析图的例子

【真题链接 16-56】在软件设计中不使用的工具是（　　　）。

A．系统结构图　　　B．程序流程图　　　C．PAD 图　　　D．数据流图（DFD 图）

【答案】D

【真题链接 16-57】在软件开发中，需求分析阶段可以使用的工具是（　　　）。

A．N-S 图　　　B．DFD 图　　　C．PAD 图　　　D．程序流程图

【答案】B

16.3.4　我是来找茬的——软件测试及其方法

16.3.4.1　软件测试的思想

软件在投入实际运行前，还要经过测试。证明一个软件是绝对正确的，是一件不可能的事，就连微软公司的 Windows 不也要频繁地打补丁、修正漏洞吗？因此，软件测试并不是为了证明软件正确，而是要尽可能多地**发现**软件中的错误。软件工程倡导的思想是：如果你测试了软件，没有发现错误，则不能证明软件没有错误，只能说明是你没有找到错误而已。**软件测试的目的就是为了发现错误，发现了错误就是测试成功；没有发现错误就是测试失败**。这有些"找茬"的味道。在软件工程中有如下一些"官话"。

（1）好的测试方案是发现"迄今为止尚未发现的"错误的测试方案。

（2）成功的测试是发现了"迄今为止尚未发现的"错误的测试。

（3）没有发现错误的测试不是成功的测试。

（4）测试只能证明程序中有错误，不能证明程序中没有错误。

为什么不能通过测试证明软件绝对正确呢？因为只有把程序中所有可能的执行路径都进行检查，才能彻底证明程序正确，这称为**穷举测试**。而实际进行穷举测试是不可能的，即使对于规模较小的程序，其执行路径的排列组合数也大得惊人，不可能做到穷尽每一种组合。

软件测试应遵循的准则是：①所有测试都应追溯到需求；②严格执行测试计划，排除测试的随意性；③充分注意测试中的群集现象，即在已发现错误的地方很有可能还会存在其他错误；④程序员应避免检查自己的程序；⑤穷举测试不可能；⑥妥善保存测试计划、测试用例、出错统计和最终分析报告，为维护提供方便。

【真题链接 16-58】下面对软件测试描述正确的是（　　）。

A．严格执行测试计划，排除测试的随意性　　　B．软件测试的目的是发现错误和改正错误

C．测试用例是程序和数据　　　D．诊断和改正程序中的错误

【答案】A

16.3.4.2　软件测试方法

软件测试可以人工测试；也可以通过计算机自动测试，即设计一批测试用例，实际运行一下软件看结果是否正确。前者称为**静态测试**；后者称为**动态测试**。这是根据是否需要运行被测软件的角度划分的。测试用例是为测试设计的数据，由测试输入数据和与之对应的预期输出结果两部分组成。例如，学生成绩分析系统的"[输入 60，输出及格]"就是一个测试用例，"[输入 90，输出优秀]"又是一个测试用例。

如果从是否考虑软件内部逻辑结构的角度，软件测试还可分为**白盒测试**和**黑盒测试**。顾名思义，"黑盒"就是"黑匣子"，是看不到程序内部逻辑和内部结构的。"白盒"与之相反，是把"黑匣子"打开，软件内部原理包括数据结构、程序流程、逻辑结构、程序执行路径等都暴露无遗。生活中，人们也常见白盒测试和黑盒测试。如何测试你的手机是否能正常发送短信呢？实际发送一条，看能否发送出去，而对内部电路不必关心，这就是黑盒测试。如果把手机拿到维修部，请专业人员打开后盖，直接测试内部电路上的元器件，就是白盒测试。

黑盒测试方法有**等价类划分法**、**边界值分析法**、**错误推测法**等，均不考虑软件内部逻

辑，只依据软件外部功能进行测试。例如，在不知软件如何计算的情况下，测试其对最小值 0 是否计算正确、对最大值 100 是否计算正确？这是边界值分析，因此属于黑盒测试。白盒测试方法有**逻辑覆盖测试**、**基本路径测试**等，要在明确软件内部原理的基础上测试软件的内部逻辑。

【真题链接 16-59】下面属于白盒测试方法的是（　　　）。
　A．等价类划分法　　　　B．逻辑覆盖　　　C．边界值分析法　　　D．错误推测法

【答案】B

【真题链接 16-60】在黑盒测试方法中，设计测试用例的主要根据是（　　　）。
　A．程序外部功能　　　　B．程序内部逻辑　　C．程序数据结构　　　D．程序流程图

【答案】A

16.3.4.3　软件测试的实施

软件测试也应制订详细的测试计划并严格执行。软件测试的过程一般按以下 4 个步骤依次进行：①**单元测试**；②**集成测试**；③**验收测试**（**确认测试**）；④**系统测试**。

单元测试是对软件的最小单位——模块（程序单元）进行，目的是发现模块内部的错误；单元测试依据详细设计说明书和程序进行。集成测试是在把各模块组装起来的同时进行测试，目的是发现与组装接口有关的错误；可以把所有单元模块一次组装在一起进行整体测试，也可将模块一个个地添加逐步测试。确认测试是验证软件各项功能是否满足了需求分析中的需求以及软件配置是否正确。系统测试是在软件实际运行环境下对整个软件产品系统进行测试。

软件测试是很重要的，软件测试的工作量往往要占软件开发总工作量的 40% 以上。

【真题链接 16-61】通常，软件测试实施的步骤是（　　　）。
　A．集成测试、单元测试、确认测试　　　　B．单元测试、集成测试、确认测试
　C．确认测试、集成测试、单元测试　　　　D．单元测试、确认测试、集成测试

【答案】B

【真题链接 16-62】单元测试主要涉及的文档是（　　　）。
　A．编码和详细设计说明书　　　　　　　　B．确认测试计划
　C．需求规格说明书　　　　　　　　　　　D．总体设计说明书

【答案】A

16.3.5　知错必改——程序的调试

软件测试是尽可能多地**发现**软件中的错误，而不一定负责改正。调试（也称为 Debug）是先发现软件的错误，然后**改正错误**，其目的在于**改正**；如果不改正错误，不能称为调试。测试与调试的另一个区别是：软件测试贯穿软件整个生命期，而调试主要在开发阶段。

修改错误的原则有：①在出现错误的地方，很可能还有别的错误。经验表明，错误有群集现象；②注意，不要只修改了这个错误的征兆或表现，而没有修改错误本身；如果提出的修改不能解释与这个错误有关的全部现象，那就表明只修改了错误的一部分；③注意，在修正一个错误的同时，有可能会引入新的错误；④修改错误将迫使人们回到程序设计阶段，修改错误也是程序设计的一种形式；⑤要修改源程序代码，不要修改目标程序。

【真题链接 16-63】软件（程序）调试的任务是（　　　）。
　A．诊断和改正程序中的错误　　　　　　　B．尽可能多地发现程序中的错误

C. 发现并改正程序中的所有错误　　　　D. 确定程序中错误的性质

【答案】A

16.4　信息时代哪里来，你造吗——数据库设计基础

如今是一个信息高度发达的时代，数据库不仅使人们管理数据的工作量大大减轻，它也是信息时代的基础。现在很少有专业级的软件没有数据库的功能，即使一个简单的网站，后台也配有数据库，至少管理着浏览日志、登录账户、网站点击次数等信息。那么，什么是数据库呢？顾名思义，数据库（DataBase，DB）就是数据的仓库，在计算机中保存和管理着数据。数据库有很多种类型，目前最常见的是**关系型数据库**。

16.4.1　关系型数据库及相关概念

16.4.1.1　关系型数据库的相关概念

1. 数据库表的相关概念

关系型数据库由**二维表**组成。一个最简单的关系型数据库就是一张二维表。图 16-30 就是一张二维表，这张表可被认为是一个最简单的数据库。

数据库的概念比较多，有些名词还比较"拗口"，但基本含义都很简单。

① 二维表中的每一行，称为一条**记录**，也称为一个**元组**。

② 二维表中的每一列，称为一个**字段**，也称为一个**属性**。

③ 一张二维表在关系数据库中称为一个**关系**，即"**关系=二维表**"。

④ 对一张二维表的行定义，称**关系模式**（Relation Schema）。

可以简单地认为，关系模式就是一张二维表的"表头"部分。如图 16-30 所示的二维表，表头"学号、姓名、性别、……、系名"就是它的关系模式。关系模式一般表示为"表名（列头 1，列头 2，列头 3……）"的形式。如图 16-30 所示的二维表，它的关系模式就是"学生信息表（学号，姓名，性别，年龄，分数，系名）"。用数据库的语言表述，关系模式的形式如下。

图 16-30　一张二维表就是一个最简单的关系型数据库

关系名（属性 1，属性 2，……，属性 *n*）

数据库中的二维表（也就是关系）比生活中的二维表有一些更严格的规定。

① 同一列是同质的，即同一类型的数据。

② 列的顺序无所谓，行的顺序也无所谓。

③ 任意两个元组不能完全相同（至少有一个属性值不同）。

④ 分量（元组的一个属性值，即一个单元格）必须取原子值，也就是分量是不可再分的内容。例如，若设一个"个人信息"列，把姓名、性别、年龄统统填到一个格里，在数据库中是不允许的。

【真题链接 16-64】在关系模型中，每一个二维表称为一个（　　）。

A．关系　　　　　B．属性　　　　　C．元组　　　　　D．主码（键）

【答案】A

2. 码（键、关键字、Key）

对于一张二维表，有些列的内容可以唯一标识一行，即如果该列的内容确定了，就能找到唯一的一行。如图 16-30 所示的二维表，"学号"列可唯一标识一行，学号确定，则唯一的一行就可以确定；如不考虑同名同姓，"姓名"列也可唯一标识一行，姓名确定，则唯一的一行也可以确定，但"性别""系"就不行了，如性别为"男"的同学不止一个。能唯一标识一行的列（或最小的列组合）称**候选码**（**候选键、候选关键字、Candidate Key**）。

如果候选码有多个，还需要从多个候选码中选出一个用于实际使用时唯一标识一行。例如，选"学号"列用于唯一标识一行，则"学号"称为**主码**（**主键、主关键字、Primary Key**）。一般地，如不特殊说明，主码也简称为码（键、关键字、Key）。从多个候选码中选出一个主码，类似于从多个候选人中选出一个优胜者。

上例是单独一列就能唯一标识一行的情况。有时需要多列的组合才能唯一标识一行，也就是主码可能同时由多列组成，而不是仅有一列。例如，如图 16-31 所示的选课表，每行存储一位学生选一门课的信息。一位学生可选多门课，有多行记录，这些行都有相同的学号；一门课也可同时被多位学生选，这使表中的多行也能具有相同的课号。因此，单独用学号、课号或成绩一列都不能唯一标识一行，需要用"(学号,课号)"两列的组合作为一个候选码，学号、课号确定了，成绩也就确定了。表只有这一个候选码，它将同时作为主码。还有，极端情况下，可能表中的所有列共同组合作为主码，称**全码**。也就是说，表必有主码；因为表中不能有完全相同的行，大不了所有的列一起共同组成主码。

学号	课号	成绩
101	C001	85.0
101	C002	92.0
102	C001	93.0
102	C003	88.0
...	...	...

图 16-31　选课表的数据示例

"学号"可唯一标识一行，"学号+性别"更能唯一标识一行，"学号+性别+系"更能唯一标识一行……这些都称为超码（超键、超关键字、Super Key），而能作为候选码的必须是最小的列组合，如"学号"单独就可唯一标识一行了，那就不要再组合其他多余的列，因此单独用"学号"作为候选码。在图 16-31 的例子中，用"(学号,课号)"两列的组合作为候选码，候选码中不要再组合多余的"成绩"列。

【真题链接 16-65】在满足实体完整性约束的条件下，（　　）。

A．一个关系中可以没有候选关键字　　　B．一个关系中只能有一个候选关键字
C．一个关系中必须有多个候选关键字　　D．一个关系中应该有一个或多个候选关键字

【答案】D

3．多表组成的数据库及表间的关系

如何保存系的详细信息（如系主任、教学楼、联系电话等）呢？这些信息比较多，且不同学生可能有相同的系信息，它们不应挤在图 16-30 的学生表中。一般应再设另外一个表保存系信息，如图 16-32 所示。

系名	系主任	教学楼	电话
数学	赵学	理科教学楼	12345
物理	钱理	理科教学楼	67890
中文	孙文	文科楼	24680
⋮		⋮	⋮

图 16-32　系信息表

在图 16-32 所示的表中，何为候选码，何为主码呢？"系名""系主任""电话"理论上都可以唯一标识一行，它们都是候选码；从中选出主码是"系名"。

现在这个数据库由两张表（两个关系）组成："学生信息表"和"系信息表"。观察这两张表发现，"学生信息表"中有"系名"列，"系信息表"中也有"系名"列，两张表的这一列应该是对应的。"系名"在"学生信息表"中不是主码，但在"系信息表"中是主码。在这种情况下，"系名"在"学生信息表"中还有另外一个称呼，它是"学生信息表"的**外码（外键、外关键字、Foreign Key）**。

归纳一下，什么是外码呢？某一列（或列组合）在某张表中不是主码，但在其他表中是主码，则它就是第一张表的外码。注意，不要说错，它不是其他表的外码——它是其他表的主码。好比在咱班我不是班长，但微信上我是好几个群的群主，则我就是咱班的外码。

【真题链接 16-66】在关系 A（S，SN，D）和 B（D，CN，NM）中，A 的主关键字是 S，B 的主关键字是 D，则 D 是 A 的（　　）。

A．外键（码）　　　B．候选键（码）　　　C．主键（码）

【答案】A

16.4.1.2　关系中的数据约束

这里也涉及几个比较"拗口"的概念，下面结合实例说明。

（1）实体完整性约束：主键中属性值不能为空值（NULL）。

例如，在图 16-30 的"学生信息表"中，新增一行学号为空的记录，这是不允许的。既然学号为主码，唯一标识一行，则每行学号必须都是确定的，不能为空。这称为**实体完整性约束**。

（2）参照完全性约束：不允许在外键中引用其他关系中不存在的元组，即在本关系的外键中，要么是引用其他关系中存在的元组，要么是空值（NULL）。

这个概念比较拗口，仍以图 16-30 所示的"学生信息表"为例，如新增一行记录如下。

学号	姓名	性别	年龄	分数	系名
104	赵六	女	21	89.0	月球

读者看了这条新记录恐怕会"笑出声来"，怎么能有"月球"系呢？这显然是不允许的。也就是说，在填写"系名"这一列时，一定要填写本校存在的系，也就是要**"参照"**"系信息表"来填；如果填上一个"系信息表"中不存在的系，就闹出笑话了。这一规则称为**参照完全性约束**。

（3）用户定义的完整性约束：针对某一具体情况的约束条件，由用户定义。

该约束最好理解。例如，限制性别必须取两个内容"男""女"，限制年龄在 0～150，限制分数在 0～100 等，这些都是用户（也就是人们自己）定义的限制，称为**用户定义的完整性约束**。

【真题链接 16-67】有 3 个关系 R、S、T，如图 16-33 所示，其中 3 个关系对应的关键字分别为 A、B 和复合关键字（A,B），表 T 的记录项（b,q,4）违反了（　　）。

A．实体完整性约束　　　　B．参照完整性约束　　　　C．用户定义的完整性约束

【答案】B

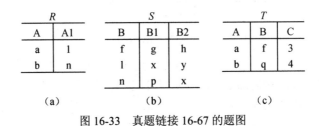

图 16-33　真题链接 16-67 的题图

16.4.2　数据表上的集合运算——关系代数

数据库表与表之间的运算，就是关系与关系之间的运算，称**关系代数**。在关系代数中进行运算的对象都是关系，运算结果也是关系，就是表。

16.4.2.1　关系代数的传统集合运算

在数学上有"集合"的概念。例如，图 16-34 就表示了 A、B 两个集合，以及它们的交集、并集以及 $A-B$ 的含义。其中，$A-B$ 表示 A 中减去 A、B 的公共部分。

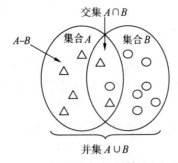

图 16-34　数学上的集合和集合运算

在数据库中，一个关系（一张二维表）也可被看作是一个集合，集合中的元素就是元组（表中的行）。关系之间也可有类似集合的运算（设有两个关系 R、S）。

1．差（difference）

差记为 $R-S$。结果是由属于 R 但不属于 S 的那些行组成的表，要求 R 与 S 的列数相同，

各列的数据类型也应该一致。

2．并（union）

并记为 $R \cup S$。结果是属于 R 或者属于 S 的那些行组成的表，并且除去结果中重复的行。R 和 S 应具有相同的列数，各列的数据类型也应该一致。

3．交（intersection）

交记为 $R \cap S$。结果是既属于 R，又属于 S 的那些行组成的表。$R \cap S = R - (R - S)$。R 和 S 也应具有相同的列数，各列的数据类型也应该一致。

4．笛卡儿积（cartesian product）

笛卡儿积记为 $R \times S$。$R \times S$ 的结果仍是一个关系（二维表），它是 R 中的每一行分别与 S 中的每一行两两组合的结果。结果表的列数为 R、S 列数之和，行数为 R、S 行数的乘积，结果表的每一行前、后部分分别来自 R 的一行和 S 的一行。

这几种运算的例子如图 16-35 所示。注意，在求 R 与 S 的并集 $R \cup S$ 时，消除了一行重复行"d a f"，因为数据库表中不允许有完全相同的行存在。

16.4.2.2　关系代数的特有运算

1．投影（projection）

投影就是"筛选列"。一个数据库表，如仅希望得到其一部分的列的内容（但全部行），就是投影。

例如，从图 16-30 的"学生信息表"中只取姓名和分数两列，即是投影。又如，对图 16-35 的关系 R 只取 A 列、C 列，也是投影。投影操作记为 π，后者投影可记为 $\pi_{A,C}(R)$。

关系 R

A	B	C
a	b	c
d	a	f
c	b	d

关系 S

D	E	F
b	g	a
d	a	f

$R \cap S$

A	B	C
d	a	f

$R \cup S$

A	B	C
a	b	c
d	a	f
c	b	d
b	g	a

$R - S$

A	B	C
a	b	c
c	b	d

投影 $\pi_{A,C}(R)$

A	C
a	c
d	f
c	d

$R \times S$

A	B	C	D	E	F
a	b	c	b	g	a
a	b	c	d	a	f
d	a	f	b	g	a
d	a	f	d	a	f
c	b	d	b	g	a
c	b	d	d	a	f

选择 $\sigma_{B='b'}(R)$

A	B	C
a	b	c
c	b	d

图 16-35　关系代数运算的例子

2. 选择（selection）

投影是对表的垂直筛选（筛选列）；如果水平筛选（筛选行），则是"选择"操作。选择一般要对一张表选择符合条件的行（但包含所有列）。例如，对图 16-30 的"学生信息表"只选取分数大于等于 90 的行，即是选择操作。又如，对图 16-35 的关系 R 只取 B 列值为'b'的行，也是选择。选择操作记为 σ，后者选择操作可记为 $\sigma_{B='b'}(R)$。

3. 除法（division）

除法记为 $R \div S$，是笛卡儿积的逆运算。设关系 R 和 S 分别有 r 列和 s 列（$r>s$，且 $s \neq 0$），那么 $R \div S$ 的结果有（$r-s$）个列，并且是满足下列条件的最大的表：其中每行与 S 中的每行组合成的新行都在 R 中。

关系之间的除法不易理解，可通过对除法做逆运算（笛卡儿积）验证除法的结果。如果 $R \div S = T$，可做 $S \times T$；如果 $S \times T$ 的结果为 R，则说明 $R \div S = T$。注意，有时关系之间的除法也有"余数"，可能 $S \times T$ 的结果为 R 的一部分（最大的一部分），R 中的多余部分为"余数"。

【真题链接 16-68】有 3 个关系 R、S 和 T，如图 16-36 所示，由关系 R 和 S 得到关系 T 的操作是（   ）。
    A. 自然连接   B. 交   C. 除   D. 并

【答案】C

【解析】$S \times T$ 为"c 3 1"，为 R 的一部分，因此 $R \div S$ 为 T；两行"a 1 2"和"b 2 1"为余数。

4. 连接（join）

两表笛卡儿积的结果比较庞大，实际应用中一般仅选取其中一部分的行，如选取两表列之间满足一定条件的行，就是关系之间的连接。如图 16-35 所示的 $R \times S$ 的结果有 6 行，从中选取"B 列=D 列"的行（2 行），就是连接，连接的结果如图 16-37 所示。关系的连接实际就是对关系的结合，即两张表结合组成新的表。

	R			S	T
A	B	C	A	B	C
a	1	2	c	3	1
b	2	1			
c	3	1			

A	B	C	D	E	F
a	b	c	b	g	a
c	b	d	b	g	a

图 16-36　真题链接 16-68 的题图　　图 16-37　对图 16-35 的关系 R、S 进行 $B=D$ 等值连接的结果

这一连接的条件是"B 列=D 列"。根据连接条件的种类不同，关系之间的连接分为**等值连接、大于连接、小于连接、自然连接**。如果条件是类似于"B 列=D 列"的"某列=某列"，就是等值连接；如果条件是"某列>某列"，就是大于连接；如果条件是"某列<某列"，就是小于连接。自然连接是不提出明确的连接条件，但"暗含"着一个条件，就是"列名相同的值也相同"；在自然连接的结果表中，往往还要合并相同列名的列。

这里举一个等值连接的例子，图 16-38 所示是对关系 R、S 按条件"R 表的 B 列=S 表的 B 列"进行连接。R 与 S 的连接记作：$R \bowtie S$，并在 $\bowtie$ 的下面写上连接条件：$R \underset{R.B=S.B}{\bowtie} S$。

图 16-39 和图 16-40 分别是小于连接和自然连接的例子。图 16-40 的自然连接暗含的条件是 $R.B=S.B$ 且 $R.C=S.C$，因为 R、S 中有同名的两列 B、C。

R		
A	B	C
a1	b1	5
a1	b2	6
a2	b3	8
a2	b4	12

S	
B	E
b1	3
b2	7
b3	10
b3	2
b5	2

$R.B=S.B$ 的等值连接 $R \underset{R.B=S.B}{\bowtie} S$

A	$R.B$	C	$S.B$	E
a1	b1	5	b1	3
a1	b2	6	b2	7
a2	b3	8	b3	10
a2	b3	8	b3	2

图 16-38　等值连接的例子

R		
A	B	C
1	2	3
4	5	6
7	8	9

S	
D	E
3	1
6	2

B<D 的小于连接 $R \underset{B<D}{\bowtie} S$

A	B	C	D	E
1	2	3	3	1
1	2	3	6	2
4	5	6	6	2

R		
A	B	C
a	b	c
d	b	c
b	b	f
c	a	d

S		
B	C	D
b	c	d
b	c	e
a	d	b

自然连接 $R \bowtie S$

A	B	C	D
a	b	c	d
a	b	c	e
d	b	c	d
d	b	c	e
c	a	d	b

图 16-39　小于连接的例子　　　　　图 16-40　自然连接的例子

多个条件之间可用"∧"表示"且"，即两边的条件必须同时成立，如 C>4∧D>3 表示"C 列值>4，且 D 列值>3"，两者需同时满足。用∨表示"或"，即两边的条件有一个成立即可，如"性别='女'∨年龄<20"表示"性别为'女'或者年龄在 20 岁以下"。

【真题链接 16-69】一般地，当对关系 R 和 S 进行自然连接时，要求 R 和 S 含有一个或者多个共有的（　　）。

A. 记录　　　　　　B. 行　　　　　　C. 属性　　　　　　D. 元组

【答案】C

【真题链接 16-70】大学生学籍管理系统中有关系模式 S（S#,Sn,Sg,Sd,Sa），其中属性 S#、Sn、Sg、Sd、Sa 分别是学生学号、姓名、性别、系别和年龄，关键字是 S#。检索大于 20 岁男生姓名的表达式为（　　）。

A. $\pi_{Sn}(\sigma_{Sg='男'\wedge Sa>20}(S))$　　B. $\sigma_{Sg='男'}(S)$　　C. $\pi_{S\#}(\sigma_{Sg='男'}(S))$　　D. $\pi_{Sn}(\sigma_{Sg='男'\vee Sa>20}(S))$

【答案】A

【真题链接 16-71】如图 16-41 所示，学生选课成绩表的关系模式是 SC（S#, C#, G），其中 S# 为学号，C# 为课号，G 为成绩，则关系 $T = \pi_{S\#,C\#}(SC)/C$ 表示（　　）。

A. 选修了表 C 中全部课程的学生学号
B. 全部学生的学号
C. 选修了课程 C1 或 C2 的学生学号
D. 所选课程成绩及格的学生学号

【答案】A

【解析】首先对 SC 表取 S# 和 C# 两列，即学号和课号，表示所有选课记录（以下称这样一批记录为"被除数"）。若某个学生选了某门课，则这批记录中就有它的记录；若没选某门课，这批记录中就没有对应的记录。"被除数"除以表 C 的含义是什么呢？可以反过来理解：$T \times C$ 笛卡儿积得到的是 C 中的所有课程与 T 中的学生排列组合，即 T 中的学生都选了 C 中的所有课，这些记录都要包含在"被除数"中。所以，T 中的学生都必须同时选 C1、C2 两门课。例如，S3 就不能在 T 中，因为 S3 只选了 C1，没选 C2。如果 S3 也在 T 中，那么 $T \times C$ 笛卡儿积会同时得到(S3, C1)、(S3,C2)两条记录，两条记录都要被包含在"被除数"中，而实际"被除数"并未包含。换句话说，如果 S3

也在 T 中，那么这个除法的结果就不成立了。因此，T 的含义就是同时选了 C1、C2 两门课的学生学号。

SC			C		T	
S#	C#	G		C#		S#
S1	C1	90		C1		S1
S1	C2	92		C2		S2
S2	C1	91				
S2	C2	80				
S3	C1	55				
S4	C2	59				

图 16-41 真题链接 16-71 的题图

16.4.3 数据库系统

16.4.3.1 数据库系统的发展

1. 数据库管理的发展

数据库并不是一开始就存在的，数据管理也是从"原始社会"到"共产主义"一步步发展的。数据管理发展经历了 3 个阶段：人工管理阶段、文件系统阶段和数据库系统阶段。

在早期的人工管理阶段，管理数据的方法非常原始，人们只有依靠磁带、卡片、纸带等记录、管理数据。后来诞生了计算机，有了磁盘等存储设备，但数据库技术尚不成熟，计算机的功能还比较少，人们主要借助计算机的文件系统管理数据，只能进行文件的打开、关闭、读、写等；这是文件系统阶段，依然比较落后。随着计算机的进一步发展，才出现了数据库，在这一阶段，人们依靠专门的软件——数据库管理系统（DBMS）管理数据。数据库管理系统凭借强大的功能，使数据库技术已经渗入到现代工作生活的方方面面，人们早已感受到它的方便和快捷。数据库系统阶段是这 3 个阶段中最发达的阶段，其数据管理最有效、数据共享性最强、数据独立性最高。

【真题链接 16-72】在数据管理发展的 3 个阶段中，数据共享最好、数据冗余度最小的是（　　）。
　A．人工管理阶段　　　B．文件系统阶段　　　C．数据库系统阶段　　　D．3 个阶段相同

【答案】C

2. 数据库系统的发展

饭是一口一口吃的，技术也是一步一步加深的。数据库技术从诞生至今也在一直不断发展、不断完善。到目前为止，数据库系统已经历了以下 3 个阶段。

（1）第一代的网状、层次型数据库系统：层次模型的数据库系统类似于树形结构，是一对多的；网状模型的数据库类似于图结构，是多对多的，这些早期系统现已很少使用。

（2）第二代的关系型数据库系统：目前大多数据库系统都是关系型数据库系统。

（3）第三代的面向对象的数据库系统：代表数据库技术未来的发展方向。

3. 数据库系统的特点

数据库系统的特点有：①数据的高集成性；②数据的高共享性与低冗余性；③数据的高独立性；④数据统一管理与控制。

【真题链接 16-73】下面描述中，不属于数据库系统特点的是（　　）。
　A．数据共享　　　　B．数据完整性　　　　C．数据冗余度高　　　　D．数据独立性高

【答案】C

16.4.3.2　数据库管理系统

使用计算机的任何功能都离不开软件：如上网聊天就要用 QQ 软件，写一篇文章要用 Word 软件，看电影要用播放器软件；那么，如果要创建、操纵或维护一个数据库呢？这时要使用的软件就是**数据库管理系统**（DataBase Management System，DBMS），它是一个系统软件。目前流行的均为关系型数据库管理系统，如 Oracle、SQL Server、Access 等。

数据库管理系统须提供以下**数据语言**。

（1）数据定义语言（DDL）：负责数据的模式定义与数据的物理存取构建。

（2）数据操纵语言（DML）：负责数据的操纵，如查询、增、删、改等。

（3）数据控制语言（DCL）：负责数据完整性、安全性定义、检查及并发控制、故障恢复等。

【真题链接 16-74】在数据库管理系统提供的数据语言中，负责数据查询、增加、删除和修改等操作的是（　　）。

A. 数据定义语言　　　　B. 数据管理语言　　　　C. 数据操纵语言　　　　D. 数据控制语言

【答案】C

【真题链接 16-75】数据库管理系统的基本功能不包括（　　）。

A. 数据库和网络中其他系统的通信　　　　B. 数据库定义

C. 数据库的建立和维护　　　　D. 数据库访问

【答案】A

在百度搜索、网上购物、个人信息查询时，为什么都没有觉察到还有一个"数据库管理系统"的存在呢？这是因为通常在数据库管理系统上，还会开发应用程序。应用程序一般界面都非常友好，提供非常简便，甚至是"傻瓜式的"操作方式，对不同权限的用户开放不同的功能。通常，人们对数据库的所有操作实际上都是直接与应用程序打交道，由应用程序再与数据库管理系统打交道，最终由数据库管理系统操作数据，如图 16-42 所示。

数据库系统（DataBase System，DBS）是由数据库、数据库管理系统、硬件平台、软件平台和数据库管理员等构成的完整系统，其中核心是数据库管理系统。

16.4.3.3　数据库系统的内部结构体系

数据库系统在其内部有 3 个层次，如图 16-43 所示。最内层直接与磁盘文件存储打交道，反映物理存储形式，称为**内模式**（internal schema），又称为**物理模式**（physical schema）。最外层直接与用户打交道，反映用户的要求，称为**外模式**（external schema），也称为**子模式**（subschema）或**用户模式**（user's schema）。在内、外之间还有一个层次，称为**概念模式**（conceptual schema），它是全局数据的逻辑结构，反映设计者的全局逻辑要求。一个数据库可以有多个外模式（因为用户可有多个），但概念模式和内模式都只能有一个。

如果把这三级模式比作三个端点，它们之间自然可以连出两条线段，如图 16-43 所示。这两条线段称为二级映射：外模式-概念模式映射、概念模式-内模式映射。映射可以给出两种模式间的对应关系，是模式间的联系与转换。由于只有一个概念模式和一个内模式，所以"概念模式-内模式映射"是唯一的。

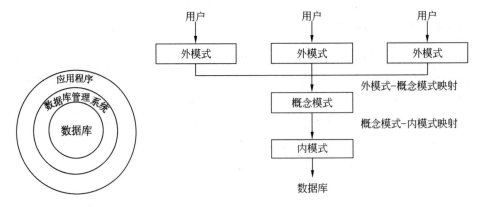

图 16-42　数据库、数据库管理　　　　图 16-43　数据库系统的三级模式和二级映射
　　　　　系统与应用程序的关系

　　这种三级模式的划分是为了保持数据库的**数据独立性**。数据独立性分物理独立性和逻辑独立性两个级别。**物理独立性**是数据的物理（存储）结构改变，不影响逻辑结构，应用程序也不需改变。**逻辑独立性**是指逻辑结构的改变（如修改数据模式、增加数据类型、改变数据联系等），应用程序不需改变。即数据的物理级与逻辑概念级的改变都能独立进行，用户模式不受其影响，不需跟随改变，只要调整映射方式就可以了。

　　【真题链接 16-76】将数据库的结构划分成多个层次，是为了提高数据库的逻辑独立性和（　　）。
　　A．安全性　　　　　B．物理独立性　　　　C．操作独立性　　　　D．管理规范性

【答案】B

　　【真题链接 16-77】在下列模式中，能够给出数据库物理存储结构与物理存取方法的是（　　）。
　　A．内模式　　　　　B．外模式　　　　　C．概念模式　　　　D．逻辑模式

【答案】A

16.4.4　数据库设计师眼里的世界——数据模型

16.4.4.1　E-R 模型

　　要将现实世界的各种数据存入数据库由计算机管理，需将之转换为数据库的形式。要实现这种转换，必须以数据库的眼光看待世界。在数据库设计者的眼里，现实世界是由各种事物和它们之间的联系组成的。

　　（1）现实世界中的各种事物都被看作**实体**。实体既可以是具体的人、事、物，也可以是抽象的概念。例如，一个学生、一门课程、一部手机、学生的一次选课、一笔购物消费等都是实体。实体都具有一些属性，例如，学生有学号、姓名、性别、年龄、系别等属性，手机有品牌、价格、颜色、大小等属性，一笔购物消费有购物者账号、商品条形码、消费时间等属性。

　　同种类型的实体可用实体名及属性名的集合刻画，称为**实体型**。例如，"学生（学号，姓名，性别，年龄，系别）"是一个实体型，而"101，张三，男，19，数学系"不是一个实体型，因为它是用属性值，而不是属性名刻画的；后者实际是一个**元组**（即表中的一行）。

　　同类型实体的集合称为**实体集**，例如，一个学生是一个实体，全体学生就是一个实体集。

　　（2）现实世界中的实体不是孤立存在的，实体与实体之间还有这样或那样的**联系**。两

个实体间的联系有 3 类：**一对一（1:1）**、**一对多（1:*n*）**、**多对多（*m:n*）**。

例如，一个班级只有一个班长，而一个班长只在一个班级中，则班级与班长这两个实体之间具有一对一的联系。一个班级有多名学生，而每个学生只在一个班级中，则班级与学生之间具有一对多的联系；反过来称学生与班级之间具有多对一的联系（多个学生对应一个班级）。一个教师给多个班级上课，而一个班级有多个教师上课，则教师与班级之间具有多对多的联系。

【真题链接 16-78】一间宿舍可住多个学生，则实体宿舍和学生之间的联系是（　　）。

A．一对一　　　　　B．一对多　　　　　C．多对一　　　　　D．多对多

【答案】B

【解析】一间宿舍可住多个学生（多），一个学生只住一间宿舍（一），因此两者是"一对多"的联系。注意，宿舍和学生之间是"一对多"，学生和宿舍之间是"多对一"。

【真题链接 16-79】一个兴趣班可以招收多名学生，而一个学生可以参加多个兴趣班，则实体兴趣班和实体学生之间的联系是（　　）。

A．1:1　　　　　B．1:*m*　　　　　C．*m*:1　　　　　D．*m:n*

【答案】D

【真题链接 16-80】若实体 A 和 B 是一对多的联系，实体 B 和 C 是一对一的联系，则实体 A 和 C 的联系是（　　）。

A．一对多　　　　　B．一对一　　　　　C．多对一　　　　　D．多对多

【答案】A

将现实世界都看作是由实体及它们之间的联系组成的，以这种眼光看待世界，称为**实体-联系**模型，或 **E-R 模型**（Entity-Relationship model）。

E-R 模型一般可用一种直观的图的形式表示出来，这种图被称为 **E-R 图**（Entity-Relationship diagram）。例如，在网上商城数据库中，有客户、商品两种实体，客户实体有账户名、密码、等级等属性，商品有条形码、品牌、价格等属性。客户、商品这两种实体之间具有"购买"的联系，一个客户可以购买多种商品，同种商品也可被多个客户购买，因此客户、商品之间的联系是多对多的联系，可用 E-R 图表示为图 16-44。在 E-R 图中，**实体**用**矩形**表示，矩形框内写实体名；**属性**用**椭圆形**表示，并用无向边将其与相应的"实体"或"联系"连接起来；**联系**用**菱形**表示，菱形框内写联系名，并用无向边将其与有关实体连接起来，在无向边旁标上联系的类型（1:1、1:*n* 或 *m:n*）。

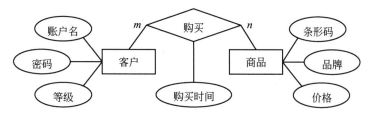

图 16-44　网上商城数据库的 E-R 图简单实例

【真题链接 16-81】在 E-R 图中，用来表示实体联系的图形是（　　）。

A．椭圆形　　　　　B．矩形　　　　　C．菱形　　　　　D．三角形

【答案】C

16.4.4.2　其他数据模型

E-R 模型是数据库设计最重要的数据模型之一，此外还有许多其他的数据模型，如**层次模型、网状模型、谓词模型、面向对象模型**等，它们都以特有的"眼光"看待现实世界，抽象现实世界中的数据，其目的都是为了将现实世界的数据转换为数据库的形式，以便设计、创建数据库，利用数据库这一强大工具管理数据。无论何种数据模型，都应满足以下 3 方面的要求：① 能够比较真实地模拟现实世界；② 容易被人们理解；③ 便于在计算机上实现。数据模型通常由**数据结构、数据操作和数据约束（完整性约束）** 3 部分组成。

【真题链接 16-82】在数据库中，数据模型包括数据结构、数据操作和（　　）。
　A．数据约束　　　　　B．数据类型　　　　　C．关系运算　　　　　D．查询

【答案】A

数据模型按不同的应用层次分成 3 种类型：**概念数据模型、逻辑数据模型、物理数据模型**。E-R 模型实际是属于概念数据模型的一种。

（1）**概念数据模型**：是一种面向客观世界、面向用户的模型。与具体的数据库管理系统和计算机平台无关，它着重对客观世界中复杂事物的结构及它们之间的联系进行描述。目前较有名的概念模型有 E-R 模型、扩充的 E-R 模型、面向对象模型及谓词模型等。

（2）**逻辑数据模型**：又称为数据模型，是一种面向数据库系统的模型，着重于数据库系统一级的实现。概念模型只有在转换成"逻辑数据模型"后，才能在数据库中得以表示。逻辑数据模型有 4 种：**层次模型、网状模型、关系模型**和**面向对象模型**。层次模型类似于树形的结构，是一对多的；网状模型的数据库类似于图的结构，是多对多的，这些都是早期的数据模型。

（3）**物理数据模型**：是一种面向计算机物理表示和存储的模型。

【真题链接 16-83】在数据库系统中，考虑数据库实现的数据模型是（　　）。
　A．概念数据模型　　　　　B．逻辑数据模型　　　　　C．物理数据模型

【答案】B

【真题链接 16-84】逻辑模型是面向数据库系统的模型，下面属于逻辑模型的是（　　）。
　A．关系模型　　　　　B．谓词模型　　　　　C．物理模型　　　　　D．实体-联系模型

【答案】A

16.4.5　数据库设计

16.4.5.1　数据库设计阶段

小到一部手机，大到一座摩天大楼，设计师的设计功不可没。数据库也不例外，只有先设计好数据库，才能建好它，并能正常投入使用。数据库设计也不是一蹴而就的事，要依照阶段一步步保质保量地进行。有人讲**数据库设计是数据库应用的核心**，就是这个道理。数据库设计分 6 个阶段：需求分析、概念设计、逻辑设计、物理设计、数据库实施、运行维护，如图 16-45 所示。狭义地讲，数据库设计可只包含前 4 个阶段。

在设计数据库之前，需求分析必不可少，只有明确要干什么，心中有数，才能有的放矢，这是后续工作成功开展的前提。在数据库的需求分析中，也常用数据流图、数据字典

等方法。

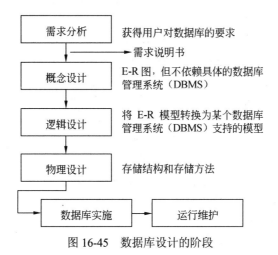

图 16-45 数据库设计的阶段

明确需求之后，也不能直接在计算机上打开软件创建数据库，这之前还有许多工作要做。首先必须进行数据库的概念设计，概念设计不涉及具体的数据库管理系统，更不涉及具体的数据库文件。可以简单地认为，概念设计就是把要管理的现实世界中的数据抽象为E-R 模型，并画出 E-R 图。

然后基于 E-R 图进行逻辑设计。关系数据库是由一张或多张"表"组成的，画出了E-R 图，但还没有设计数据库的"表"。简单地说，逻辑设计就是按照 E-R 图设计数据库的"表"。一般 E-R 图中的每个"实体"都要设计为一张表，每个"联系"也要单独设计为一张表，即 **E-R 图中的每个实体、联系都要转化为关系**。E-R 图中的属性则表示为表中的属性（列）。

最后进行数据库的物理设计，在这一阶段，要考虑数据库在磁盘上的具体存储方式、如何存取数据和提高存取效率；优化数据库系统查询性能的索引设计也在这个阶段完成。

【真题链接 16-85】将 E-R 图转换为关系模式时，E-R 图中的实体和联系都可以表示为（　　）。
A. 属性　　　　　　　B. 键　　　　　　　　C. 关系　　　　　D. 域

【答案】C

【真题链接 16-86】数据库设计中，用 E-R 图描述信息结构，但不涉及信息在计算机中的表示，它属于数据库设计的（　　）。
A. 需求分析阶段　　　B. 逻辑设计阶段　　　C. 概念设计阶段　　D. 物理设计阶段

【答案】C

16.4.5.2　数据库设计规范

在关系型数据库中设计表（关系）要满足一定要求，满足不同程度要求的称不同的范式。满足最低要求的称第一范式（1NF）；在满足第一范式的基础上，进一步满足更多要求的称第二范式(2NF)；在满足第二范式的基础上，再满足更多要求的称第三范式(3NF)……

如果每个列（每个属性）都是不可分解的，称**第一范式**，这是最基本的要求。

表中一列的值（或者几列值的组合）决定其他列的值，称**函数依赖**。例如，"学号"决定"姓名"就是函数依赖，表示为"学号→姓名"。如果某个属性（即某一列）是属于某个候选键中的属性（不必，一定属于主键），则称之为**主属性**，否则称之为**非主属性**。例如，在选课表中"(学号,课号)"为候选键，则"学号""课号"都是主属性；而"成绩"不属于任何候选键，是非主属性。第二范式或更高范式要考虑这种列之间的决定关系，以及主属性/非主属性。

　　如果是第一范式，且当候选键是多列的组合时，每个非主属性都决定于候选键的多列的组合，而没有仅决定于候选键中一部分列的情况（称没有**部分依赖**），称**第二范式**。显然，如果候选键只由一列组成，而不是多列的组合时，就没有其中"一部分列"之说（则总也不会违反此规则），必满足第二范式。例如，有选课表（学号、课程号、教师的姓名、成绩），其中主键（也是候选键）是"学号"和"课程号"的组合，但单独拿出候选键中的"课程号"就能决定"教师的姓名"（部分依赖），因而该选课表不满足第二范式。如将候选键比作管理者，则当候选键是多列的组合时，就好比"委员会制"。则第二范式是说，在委员会制下，各委员成员都要彻底共同议事，各成员都不能"私下结党、另立自己的小山寨"。如果不是"委员会制"，而是权力集中一人，即候选键只由一列组成的情况，显然第二范式的规则就管不着了，必满足第二范式。

　　如果是第二范式，且每个非主属性都不传递依赖于候选键，则称**第三范式**。例如，有学生表（学号、姓名、所在系、所在系的系主任），其中主键（也是候选键）是"学号"，但"学号"决定"所在系"，"所在系"又决定"所在系的系主任"（**传递依赖**）。由于存在传递函数依赖，因而不满足第三范式（但由于主键只由一列组成，满足第二范式）。注意，这里的"所在系的系主任"是非主属性。第三范式是管理者都没有下设分部、下放权力（管普通人）。

　　第三范式只排除了"非主属性"的传递依赖，但没有排除"主属性"的传递依赖。如果规定每个属性（包括非主属性、主属性）都不传递依赖于候选键，则称扩充的第三范式，或 **BCNF 范式**。BCNF 范式是比第三范式更严格的范式。判断是否为 BCNF 范式的一个简单方法是：如果找到在某列的决定关系中，左边不是键，则必不满足 BCNF。这是因为 BCNF 范式对非主属性、主属性两方面都有要求，因此不论右边是主属性/非主属性；左边不是键，那么左边肯定能由表中的某个键决定，则必存在传递依赖"某个键→左边→右边"，因此违反了 BCNF 的规则。BCNF 范式是说管理者都没有下设分部、下放权力（管谁都不行）。

　　例如，有关系"图书表（书号，书名，作者）"，规定一本书可由多位作者合写，且同一作者不会编写书名相同的两本书，则候选键为(书号,作者)或(书名,作者)。找出所有的决定关系（函数依赖）共有 2 个：①书号→书名；②(作者,书名)→书号。由于所有属性都是主属性，没有非主属性，因此它满足 3NF。但由于"书号→书名"，而"书号"并非键，因此不满足 BCNF。（"(作者,书名)→书号→书名"为传递依赖，注意，这里的"书名"为主属性）。

　　【真题链接 16-87】 某图书集团数据库中有关系模式 R（书店编号，书籍编号，库存数量，部门编号，部门负责人），其中要求（1）每个书店的每种书籍只在该书店的一个部门销售；（2）每个书店的每个部门只有一个负责人；（3）每个书店的每种书籍只有一个库存数量，则关系模式 R 最高是（　　）。

　　A. 1NF　　　　　B. 2NF　　　　　C. 3NF　　　　　D. BCNF

【答案】B

　　【解析】 R 的码是"(书店编号,书籍编号)"，其中"书店编号"和"书籍编号"单独之一都不能决定其他列，满足 2NF。但"(书店编号,书籍编号)→部门编号→部门负责人"有传递依赖，不满足 3NF。

　　【真题链接 16-88】 定义学生、教师和课程的关系模式：S(S#,Sn,Sd, SA)（属性分别为学号、姓名、所在系、年龄）；C(C#, Cn, P#)（属性分别为课程号、课程名、先修课）；SC(S#,C#,G)（属性分别为学号、课程号、成绩），则该关系为（　　　）。

　　A．第一范式　　　　B．第二范式　　　　C．第三范式　　　　D．BCNF 范式

【答案】C

　　【解析】一门课程可有多门先修课，表 C 的候选键是"(课程号,先修课)"或"(课程名,先修课)"，即表 C 的所有列都是主属性。由于没有非主属性，因此它满足 3NF。而在决定关系"课程号→课程名"中，左边"课程号"不是键，所以不满足 BCNF（有传递依赖"(课程名,先修课)→课程号→课程名"）。

　　【真题链接 16-89】学生选修课程的关系模式为 SC(S#,Sn,Sd,Sa,C#,G)（其属性分别为学号、姓名、所在系、年龄、课程号和成绩）；C（C#,Cn,P#）（其属性分别为课程号、课程名、先选课）。关系模式中包含对主属性部分依赖的是（　　　）。

　　A．(S#,C#)→G　　B．C#→Cn　　　　C．C#→P#　　　　D．S#→Sd

【答案】D

　　【解析】SC 的码为(S#,C#)，但 S#（学号）单独就可决定 Sd（所在系），为部分依赖。

　　为什么要讨论数据库设计的范式、要让表的设计遵循这些规范呢？下面看一个不合规范设计的数据表的例子，如图 16-46 所示。这样设计的表存在如下问题。

学号	姓名	性别	年龄	系名	系主任	选课课号	选课课名	成绩
101	张三	男	19	数学	赵学	C001	课程 1	92.0
101	张三	男	19	数学	赵学	C002	课程 2	86.0
102	李四	女	18	数学	赵学	C001	课程 1	85.5
102	李四	女	18	数学	赵学	C002	课程 2	95.0
103	王五	男	20	中文	孙文	C001	课程 1	90.0
…	…	…	…	…	…	…	…	…

图 16-46　设计不良的学生选课表

　　（1）数据冗余：表中每个学生的信息（如姓名、性别、年龄）会多次出现，选几门课就出现几次。每门课的信息（如课程名）也重复多次，有多少学生选，就重复多少次。

　　（2）插入异常：如果有学生尚未选课，则该学生的信息无法录入到表中。类似地，如果有课程还没有被学生选，则该课程也不能录入到表中。

　　（3）删除异常：如果一门课只有一个学生选，则删除该学生也会同时删除掉课程。类似地，删除掉课程也会把该学生的信息一并删除。

　　（4）修改异常：如果修改学生信息（如修改年龄），则该学生的所有记录都要逐一修改。一旦有任一记录漏改，就会造成数据不一致。

　　出现这些问题的原因是该表的设计不符合规范，主键为"(学号,选课课号)"，但单独用"学号"就能"学号→姓名""学号→性别""学号→年龄""学号→系名""学号→系主任"，以及单独用"选课课号"就能"选课课号→选课课名"，因此该表连第二范式的要求也没有达到。要达到规范化，需要将该表分解为多个表。

　　将该表分解为以下 3 个表，就能达到第二范式（其中粗体字为主键）。

　　（1）学生信息（**学号**，姓名，性别，年龄，系名，系主任）

　　（2）课程信息（**课号**，课程名）

　　（3）选课信息（**学号**，**选课课号**，成绩）

　　然而，这时仍存在问题，如系主任在表中仍会多次重复。造成这一问题的原因是"系主任"对"学号"有传递依赖，即"学号→系名→系主任"。而"系主任"是非主属性，因

此不满足第三范式。

继续分解，把有传递依赖的属性放到另外一个表中，就能消除传递依赖。最终该表应分解为以下 4 个表，以达到第三范式（其中粗体字为主键），如图 16-47 所示。

（1）学生信息（**学号**，姓名，性别，年龄，系名）

（2）系信息（**系名**，系主任）

（3）课程信息（**课号**，课程名）

（4）选课信息（**学号**，**选课课号**，成绩）

因此，规范化的目的是使关系结构更合理，消除存储异常，使数据冗余更小，便于插入、删除和更新操作等。

学生信息

学号	姓名	性别	年龄	系名
101	张三	男	19	数学
102	李四	女	18	数学
103	王五	男	20	中文
...	...	...	...	...

系信息

系名	系主任
数学	赵学
中文	孙文
...	...

课程信息

课号	课程名
101	课程 1
102	课程 2
...	...

选课信息

学号	选课课号	成绩
101	C001	92.0
101	C002	86.0
102	C001	85.5
102	C002	95.0
103	C001	90.0
...	...	...

图 16-47 规范化后的学生选课数据库表

【真题链接 16-90】定义学生选修课程的关系模式如下：SC($S\#$, Sn, $C\#$, Cn, G，Cr)（其属性分别为学号、姓名、课程号、课程名、成绩、学分）。该关系可进一步规范化为（   ）。

A．S($S\#$,Sn)， C($C\#$,Cn)， SC($S\#$,$C\#$,Cr,G)   B．C($C\#$,Cn,Cr)， SC($S\#$,Sn,$C\#$,G)

C．S($S\#$, Sn, $C\#$,Cn,Cr)， SC($S\#$,$C\#$,G)   D．S($S\#$,Sn)， C($C\#$,Cn,Cr)， SC($S\#$,$C\#$,G)

【答案】D

附录 A 上机考试指导

全国计算机等级考试二级 MS Office 高级应用无纸化考试（以下简称二级 MS Office）测试考生在 Windows 环境下对字处理、电子表格、演示文稿的操作技能和水平。二级 MS Office 采用机考方式，由考试系统进行分时分批考试。考试成绩划分为优秀、良好、合格及不合格四个等级成绩，考试合格者由教育部考试中心颁发统一印制的二级 MS Office 合格证书。

二级 MS Office 考试系统提供了开放式的考试环境，考生可在中文版 Windows 7 环境下自由地使用各种应用软件或工具。考试系统的主要功能是自动计时考试时间、提供试题内容查阅、断点保护、自动阅卷和回收等功能。阅卷以机评为主，人工复查为辅。

1. 考试时间、题型和分值

二级 MS Office 考试时间为 120 分钟，总分 100 分，分选择题和上机操作题两部分。

（1）选择题部分：为 20 道单项选择题，每题 1 分，共 20 分；其中含公共基础知识部分的 10 道选择题。

（2）上机操作题部分：为 3 道上机操作题，即字处理（Word 操作题，30 分）、电子表格（Excel 操作题，30 分）和演示文稿（PowerPoint 操作题，20 分），共 80 分。

2. 考试环境

教育部考试中心提供的考试系统软件。

操作系统：中文版 Windows 7（32/64 位均可）。

应用软件：中文版 MS Office 2010 并选择典型安装。

汉字输入软件：考点应具备全拼、双拼、五笔字型汉字输入法。如考生有特殊要求，其他输入法（如表形码、郑码、钱码）等也可挂接。考点可挂接测试，如无异常，应允许使用。

3. 考试登录

启动计算机后，考生双击桌面上的考试系统图标，考试系统启动并显示考生登录界面，如图 A-1 所示。

考生应输入准考证号（必须满 16 位数字），输入后，单击"下一步"按钮。考试系统将对输入的准考证号进行合法性检查，并获取考生姓名、证件号等信息。然后进入考生信息确认界面，如图 A-2 所示。考生应认真核对信息，如信息正确，则单击"下一步"按钮；如信息有误，则单击"重输准考证号"按钮返回上一步重新输入准考证号。注意，考生不得擅自登录与自己无关的考号。

单击"下一步"按钮，考试系统将进行一系列处理后随机生成一份二级 MS Office 考试的试卷。抽取试题成功后，进入考试须知界面，如图 A-3 所示。考生在认真阅读考试须知后，应单击并选中下方的"已阅读"，然后才能单击"开始考试并计时"按钮。单击该按钮后便正式进入考试并开始计时了，全部考试时间是 120 分钟。注意，在此之前的操作考试系统并不计时，不占用考试时间，因此，在此之前进行输入准考证号、查看考试须知等操作时，考生不必着急。

图 A-1　新版考试系统登录界面

图 A-2　考生信息确认界面

图 A-3　考试须知界面

4．试题内容查阅工具的使用

正式进入考试后，屏幕中间将出现试题内容查阅窗口，如图 A-4 所示。在窗口中有 4 个按钮："选择题""字处理""电子表格"和"演示文稿"。单击相应的按钮，在窗口中就可以分别查看各题的试题内容（单击"选择题"按钮时是查看选择题答题的注意事项）。例如，图 A-4 就是单击"选择题"后的效果。图 A-5（a）和图 A-5（b）分别是单击"字处理"和"电子表格"按钮后的效果。这 4 个按钮考生可根据需要随时、随地单击，没有单击顺序的限制，也没有单击次数的限制。

当在试题内容查阅窗口中出现上下或左右滚动条时，表明该试题内容在一个视野内不能完全显示，考生应通过单击滚动条中的箭头或拖动滚动条滑块进行窗口内容的滚动，以查看位于视野外的试题内容，防止漏做试题而影响考试成绩。

单击并选中试题内容查阅窗口右上角的 保持在最前，可使该窗口始终保持在屏幕最上层，不会被其他窗口遮挡。例如，不会被正在操作的 Word 或 Excel 窗口遮挡，这样便于考生一边查看试题要求，一边做题。考生在实际考试时要善于利用此功能，并根据需要适当调整试题内容查阅窗口的大小和位置，合理安排屏幕窗口布局，以方便答题。例如，在作答"字处理"题时，将试题内容查阅窗口保持在最前，放到正在操作的 Word 窗口之上，并调整其大小和位置，使它遮挡 Word 窗口功能区中暂时不需要的部分，或遮挡暂时不需查看的文档部分。

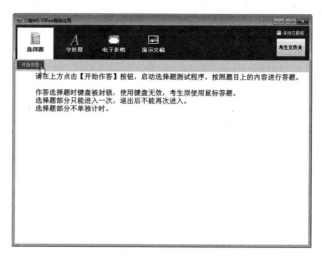

图 A-4　试题内容查阅窗口

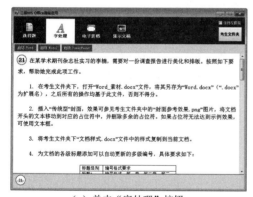

（a）单击"字处理"按钮

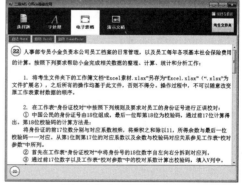

（b）单击"电子表格"按钮

图 A-5　在试题内容查阅窗口中分别查看"字处理"和"电子表格"的试题内容一

试题内容查阅窗口也可被暂时关闭隐藏，单击窗口右上角的 ❌ 按钮就可将窗口关闭。当窗口被关闭后，如何再查看试题的内容呢？

在正式进入考试后，除试题内容查阅窗口外，在屏幕顶部还会出现一个考试工具条，如图 A-6（a）所示，其中包含有考生的准考证号、姓名、考试剩余时间以及"考生文件夹""作答进度""交卷"等功能按钮。在考试过程中，该工具条始终存在。如果试题内容查阅窗口被关闭隐藏，工具条中将显示"显示试题"字样，如图 A-6（b）所示。单击工具条的"显示试题"按钮，就可再次将试题内容查阅窗口显示出来，而这时工具条上的该按钮又恢复变为"隐藏试题"字样，如图 A-6（a）所示。单击"隐藏试题"按钮，也可将试题内容查阅窗口暂时关闭隐藏。因此，在考试过程中，由于屏幕顶部的考试工具条是始终存在的，考生可通过该工具条随时打开试题内容查阅窗口，以查看试题内容（选择题是查看选择题答题的注意事项）。

（a）考试工具条（试题查阅窗口正在显示）

（b）考试工具条（试题查阅窗口正被隐藏）

图 A-6　在试题内容查阅窗口中分别查看"字处理"和"电子表格"的试题内容二

考生在考试过程中还应随时留意工具条中的考试剩余时间的提示，合理安排答题时间。二级 MS Office 考试时间为 120 分钟，是由考试系统自动计时的，在结束前 5 分钟会自动提醒考生及时存盘。考试时间用完，考试系统自动锁定计算机，考生将不能再继续考试。

5．考生文件夹

当考生登录后，考试系统将会自动创建一个以考生准考证号命名的考生文件夹，在屏幕顶部的考试工具条中单击"考生文件夹"按钮，即可自动打开资源管理器并进入该文件夹，如图 A-7 所示。注意，该文件夹的位置对不同考生是不同的，在考试时，考生文件夹的具体位置必须在实际考试时单击"考生文件夹"按钮才能知晓。例如，从图 A-7 中可见，上例考试中的考生文件夹是 C:\KSWJJ\6552999999910001。

图 A-7　用资源管理器打开的考生文件夹

在试题内容查阅窗口中单击右上角的"考生文件夹"按钮，也能自动打开资源管理器并进入考生文件夹。

在考生文件夹中，将存放该考生所有考试的考试内容及答题过程，因此考生不能随意删除该文件夹中与考试内容有关的文件和文件夹，避免在考试和评分时产生错误，从而影响考试成绩。考生在考试过程中的所有操作都不能脱离该考生文件夹，也不得擅自复制或删除与自己无关的其他文件夹和文件。作答试题时，必须将题目要求的任何要保存的文件保存在此文件夹下才能得到成绩；不能保存到计算机中的其他位置（如保存到桌面上是没有成绩的）。

6. 答题方法

在答题过程中允许考生自由选择答题顺序，中间可以退出并允许考生重新答题（选择题除外，选择题只能进入一次，不能重新进入）。

在试题内容查阅窗口中单击"选择题"按钮时，窗口中仅显示选择题答题的注意事项，并不能查看选择题的试题内容和作答选择题。考生应单击试题内容查阅窗口上方的"开始作答"按钮，如图 A-4 所示，进入选择题的答题界面。

选择题的答题界面如图 A-8 所示。答题窗口占满整个屏幕，且键盘被封锁，答题时只能用鼠标选择选项，不能用键盘作答。选择题的选项最大可以到 9，但只能单选。单击屏幕右下角的"上一题""下一题"按钮可逐题查看。

图 A-8　选择题的答题界面

屏幕的下方有一排数字，列出了所有选择题的题号。单击其中的某一个数字便可直接跳转到对应题目。其中，灰色背景的数字表示对应题目还没有答题，绿色背景的数字表示对应题目已经答题，如果数字下面有红色波浪线，则表示考生自行标记了对应题目。在考试过程中，考生可按需自行对一些题目进行标记，例如，对尚需检查的题目、还需进一步思考的题目等进行标记。标记的方法是：进入某题，再单击窗口上方题干左侧的题号，如①，使题号下方出现红色波浪线标记，如表示标记了本题，同时屏幕下方对应的数字也被加了波浪线。再次单击窗口上方题干左侧的题号，如，则取消标记该题，波浪线消失。题目标记是供考生自己查看的，标记与否均不影响成绩，考生在考试过程中可按需自行掌握。

选择题全部作答完毕后，单击屏幕右上角的"结束选择题"按钮，在弹出的确认退出提示中单击"确认"按钮即退出选择题。注意，选择题只能进入一次，考生一定将选择题全部作答完毕后，再退出选择题。退出选择题后，就不能再次进入了。仅选择题有此限制，"字处理""电子表格"和"演示文稿"题都没有进入次数限制，可多次进入。选择题部分不单独计时。

　　"字处理""电子表格"和"演示文稿"题的答题方法类似。这里仅以"字处理"题为例进行介绍：在试题内容查阅窗口中单击"字处理"按钮，在窗口中查看字处理操作题的题目要求（注意，若内容查阅窗口中有滚动条，则应通过滚动滚动条浏览窗口中的全部内容，防止漏做试题而影响考试成绩）。然后单击"考生文件夹"按钮进入考生文件夹，按题目要求打开对应的素材文件进行编辑、修改，或启动 Word 新建 Word 文档，并保存于考生文件夹中。

　　对于操作题，考试系统也会根据题目是否已做过的情况改变题号颜色。如"字处理"题尚未做过，题号为灰色背景，如图 A-5（a）中的㉑。如本题已做过，题号将变为绿色背景，如㉑。注意，"未做过"表示考生对这个 Word 文档没有进行过任何保存；"已做过"仅表示考生对这个 Word 文档进行过保存，"已做过"并不代表所有要求都已作答完毕、可以得到满分。

　　考生在试题作答完毕后，必须进行存盘。存盘时，对从考生文件夹中打开的文档，只要在 Word 软件界面中单击"快速访问工具栏"中的"保存"按钮■，或者单击"文件"中的"保存"命令，即可将该文档保存在考生文件夹下；而不会弹出"另存为"对话框，无须再输入文件名和选择保存位置。但若某些题目要求新建文档，或要求另起名保存时，要单击"文件"中的"另存为"命令，这时弹出"另存为"对话框，需另起名保存。注意，除输入文件名外，一定选择保存位置为考生文件夹。很多考生在考试时没有注意选择保存位置为考生文件夹，而是将文件保存到了默认的"库-文档"下，因而没有成绩（详见 2.4 节）。

7．作答进度

　　单击屏幕顶部的考试工具条中的"作答进度"按钮，或在选择题答题界面单击右上角的"作答进度"按钮，将弹出"作答进度"窗口，如图 A-9 所示。在该窗口中，总结了所有已答题、未答题和标记题。

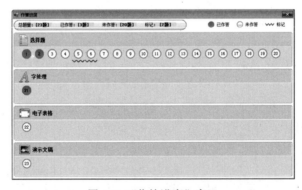

图 A-9　"作答进度"窗口

8．二次登录和文件的恢复

　　当考生在考试时遇到死机等意外情况无法进行正常考试时，考生应向监考人员说明情况，由监考人员确认非人为造成停机时，方可进行二次登录。二次登录时，需由监考人员输入密码方可继续进行考试。因此，考生在考试时不得随意关机或重新启动计算机，否则会影响考试成绩。

考生在考试过程中，如果所操作的文件不能复原或由于误操作将题目文件删除时，可以请监考人员帮助生成或复原所需文件，这样就可以继续进行考试且不会影响考试成绩。

9. 交卷

如果考生要提前结束考试，则单击屏幕顶部考试工具条中的"交卷"按钮。考试系统将显示是否要确认交卷的提示，如图 A-10 所示。此时考生如果单击"确定"按钮，则考试系统将进行交卷处理。

图 A-10　交卷确认

考生交卷时，如果 MS Office 软件正在运行，那么考试系统会提示考生关闭。只有关闭 MS Office 软件后，考生才能交卷。

如果还没有做完试题，则不要单击"交卷"按钮；如果由于误操作单击了"交卷"按钮，则一定要在确认提示框中单击"取消"按钮取消交卷操作，继续进行考试。

附录B 全国计算机等级考试二级 MS Office 高级应用考试大纲
（2018 年版）

1. 基本要求

（1）掌握计算机基础知识及计算机系统组成。

（2）了解信息安全的基本知识，掌握计算机病毒及防治的基本概念。

（3）掌握多媒体技术基本概念和基本应用。

（4）了解计算机网络的基本概念和基本原理，掌握因特网网络服务和应用。

（5）正确采集信息并能在文字处理软件 Word、电子表格软件 Excel、演示文稿制作软件 PowerPoint 中熟练应用。

（6）掌握 Word 的操作技能，并熟练应用编制文档。

（7）掌握 Excel 的操作技能，并熟练应用进行数据计算及分析。

（8）掌握 PowerPoint 的操作技能，并熟练应用制作演示文稿。

2. 考试内容

1）计算机基础知识

（1）计算机的发展、类型及其应用领域。

（2）计算机软硬件系统的组成及主要技术指标。

（3）计算机中数据的表示与存储。

（4）多媒体技术的概念与应用。

（5）计算机病毒的特征、分类与防治。

（6）计算机网络的概念、组成和分类；计算机与网络信息安全的概念和防控。

（7）因特网网络服务的概念、原理和应用。

2）Word 的功能和使用

（1）Microsoft Office 应用界面使用和功能设置。

（2）Word 的基本功能，文档的创建、编辑、保存、打印和保护等基本操作。

（3）设置字体和段落格式、应用文档样式和主题、调整页面布局等排版操作。

（4）文档中表格的制作与编辑。

（5）文档中图形、图像（片）对象的编辑和处理，文本框和文档部件的使用，符号与数学公式的输入与编辑。

（6）文档的分栏、分页和分节操作，文档页眉、页脚的设置，文档内容引用操作。

（7）文档审阅和修订。

（8）利用邮件合并功能批量制作和处理文档。

（9）多窗口和多文档的编辑，文档视图的使用。

（10）分析图文素材，并根据需求提取相关信息引用到 Word 文档中。

3）Excel 的功能和使用

（1）Excel 的基本功能，工作簿和工作表的基本操作，工作视图的控制。

（2）工作表数据的输入、编辑和修改。

（3）单元格格式化操作、数据格式的设置。

（4）工作簿和工作表的保护、共享及修订。

（5）单元格的引用、公式和函数的使用。

（6）多个工作表的联动操作。

（7）迷你图和图表的创建、编辑与修饰。

（8）数据的排序、筛选、分类汇总、分组显示和合并计算。

（9）数据透视表和数据透视图的使用。

（10）数据模拟分析和运算。

（11）宏功能的简单使用。

（12）获取外部数据并分析处理。

（13）分析数据素材，并根据需求提取相关信息引用到 Excel 文档中。

4）PowerPoint 的功能和使用

（1）PowerPoint 的基本功能和基本操作，演示文稿的视图模式和使用。

（2）演示文稿中幻灯片的主题设置、背景设置、母版制作和使用。

（3）幻灯片中文本、图形、SmartArt、图像（片）、图表、音频、视频、艺术字等对象的编辑和应用。

（4）幻灯片中对象动画、幻灯片切换效果、链接操作等交互设置。

（5）幻灯片放映设置，演示文稿的打包和输出。

（6）分析图文素材，并根据需求提取相关信息引用到 PowerPoint 文档中。

3. 考试方式

上机考试，考试时长 120 分钟，满分 100 分。

1）题型及分值

单项选择题 20 分（含公共基础知识部分 10 分）。

Word 操作 30 分。

Excel 操作 30 分。

PowerPoint 操作 20 分。

2）考试环境

操作系统：中文版 Windows 7。

考试环境：Microsoft Office 2010。

附录 C 全国计算机等级考试二级公共基础知识考试大纲（2018 年版）

1. 基本要求

（1）掌握算法的基本概念。

（2）掌握基本数据结构及其操作。

（3）掌握基本排序和查找算法。

（4）掌握逐步求精的结构化程序设计方法。

（5）掌握软件工程的基本方法，具有初步应用相关技术进行软件开发的能力。

（6）掌握数据库的基本知识，了解关系数据库的设计。

2. 考试内容

1）基本数据结构与算法

（1）算法的基本概念：算法复杂度的概念和意义（时间复杂度与空间复杂度）。

（2）数据结构的定义：数据的逻辑结构与存储结构；数据结构的图形表示；线性结构与非线性结构的概念。

（3）线性表的定义：线性表的顺序存储结构及其插入与删除运算。

（4）栈和队列的定义：栈和队列的顺序存储结构及其基本运算。

（5）线性单链表、双向链表与循环链表的结构及其基本运算。

（6）树的基本概念：二叉树的定义及其存储结构；二叉树的前序、中序和后序遍历。

（7）顺序查找与二分法查找算法：基本排序算法（交换类排序、选择类排序、插入类排序）。

2）程序设计基础

（1）程序设计方法与风格。

（2）结构化程序设计。

（3）面向对象的程序设计方法，对象，方法，属性及继承与多态性。

3）软件工程基础

（1）软件工程的基本概念，软件生命周期的概念，软件工具与软件开发环境。

（2）结构化分析方法，数据流图，数据字典，软件需求规格说明书。

（3）结构化设计方法，总体设计与详细设计。

（4）软件测试的方法，白盒测试与黑盒测试，测试用例设计，软件测试的实施，单元测试、集成测试和系统测试。

（5）程序的调试，静态调试与动态调试。

4）数据库设计基础

（1）数据库的基本概念：数据库，数据库管理系统，数据库系统。

（2）数据模型，实体联系模型及 E-R 图，从 E-R 图导出关系数据模型。

（3）关系代数运算，包括集合运算及选择、投影、连接运算，数据库规范化理论。

（4）数据库设计方法和步骤：需求分析、概念设计、逻辑设计和物理设计的相关策略。

3. 考试方式

（1）公共基础知识不单独考试，与其他二级科目组合在一起，作为二级科目考核内容的一部分。

（2）上机考试，10 道单项选择题，占 10 分。

参 考 文 献

[1] 教育部考试中心. 全国计算机等级考试二级教程：MS Office 高级应用（2018 年版）[M]. 北京：高等教育出版社，2017

[2] 教育部考试中心. 全国计算机等级考试二级教程：公共基础知识（2018 年版）[M]. 北京：高等教育出版社，2017

[3] 教育部考试中心. 全国计算机等级考试二级教程：MS Office 高级应用上机指导（2018 年版）[M]. 北京：高等教育出版社，2017.

[4] 全国计算机等级考试命题研究中心，未来教育教学与研究中心. 二级 MS Office 高级应用上机题库[M]. 成都：电子科技大学出版社，2014.

[5] 戚海英，李鹏. 全国计算机等级考试无纸化专用教材：二级 MS Office 高级应用[M]. 北京：清华大学出版社，2015.

[6] 前沿文化. Office 2010 高效办公综合应用从新手到高手[M]. 北京：科学出版社，2011.

[7] 王诚君，杨全月，聂娟. Office 2010 高效应用从入门到精通[M]. 北京：清华大学出版社，2013.

[8] Mark Dodge，Chris Kinata，Craig Stinson，et al. Microsoft Excel for Windows 95 使用指南[M]. 林峰，万瑞萍，译. 北京：清华大学出版社，1996.

[9] 龙马工作室. Word/Excel 2010 办公应用从新手到高手[M]. 北京：人民邮电出版社，2011.

[10] 袁盐. Office 2010 办公应用技巧总动员[M]. 北京：清华大学出版社，2011.

[11] 李云龙，等. 绝了！Excel 可以这样用：数据处理、计算与分析[M]. 北京：清华大学出版社，2013.

[12] 张文霖，刘夏璐，狄松. 谁说菜鸟不会数据分析[M]. 北京：电子工业出版社，2013.

[13] 张宁. C 语言其实很简单[M]. 北京：清华大学出版社，2015.